工业和信息化部"十四五"规划教材

西安交通大学 **研究生"十四五"规划精品系列教材**

XI'AN JIAOTONG UNIVERSITY

核反应堆两相流与沸腾传热

Two phase flow and boiling heat transfer in nuclear reactor

田文喜 张 魁 秋穗正 苏光辉 编著

西安交通大学出版社

XI'AN JIAOTONG UNIVERSITY PRESS

图书在版编目(CIP)数据

核反应堆两相流与沸腾传热 / 田文喜等编著. -- 西安 ：西安
交通大学出版社，2024.5. --(西安交通大学研究生"十四五"规划
精品系列教材). -- ISBN 978 - 7 - 5693 - 3850 - 8

Ⅰ. TL4

中国国家版本馆 CIP 数据核字第 2024UY7926 号

书　　名	核反应堆两相流与沸腾传热
	HEFANYINGDUI LIANGXIANGLIU YU FEITENG CHUANRE
编　　著	田文喜　张　魁　秋穗正　苏光辉
策划编辑	田　华
责任编辑	邓　瑞
责任校对	王　娜
装帧设计	伍　胜

出版发行	西安交通大学出版社
	（西安市兴庆南路 1 号　邮政编码 710048）
网　　址	http://www.xjtupress.com
电　　话	(029)82668357　82667874(市场营销中心)
	(029)82668315(总编办)
传　　真	(029)82668280
印　　刷	西安五星印刷有限公司

开　　本	787mm×1092mm　1/16　印张　23.25　彩图　4 面　字数　589 千字
版次印次	2024 年 5 月第 1 版　　2024 年 5 月第 1 次印刷
书　　号	ISBN 978 - 7 - 5693 - 3850 - 8
定　　价	68.00 元

如发现印装质量问题,请与本社市场营销中心联系。
订购热线:(029)82665248　(029)82667874
投稿热线:(029)82668818　QQ:457634950
读者信箱:457634950@qq.com

前　言

作为一直从事核科学与技术领域的研究者,作者怀着对核反应堆运行中两相流动与沸腾传热问题的浓厚兴趣,在长期科学研究和博采众长的基础上,编写了这本教材,旨在为广大读者提供深入了解和应用该领域知识的工具。

核能动力是国家清洁能源供应和战略核威慑的重要支柱,发展核能对我国实现双碳目标具有重要意义。两相流动与沸腾传热是核反应堆热工水力领域的重要研究课题,由于在两相流动换热过程中相界面结构不断发生演化,且两相之间存在着复杂的质量、动量和能量传递,使得两相流动换热呈现出多相态、非线性、强耦合等复杂特性,给核反应堆热工安全分析带来了新的问题和挑战。国际上对于核反应堆两相流动换热的研究发轫于20世纪40至50年代,针对高功率密度核反应堆设计和安全审评的需要,研究者对两相空泡份额、临界热流密度、两相流动不稳定性、临界流等关键热工安全限值开展了大量研究。1979年,美国三哩岛核事故发生后,大小破口事故后相关的临界喷放、再灌水和再淹没、自然循环冷却特性成为了研究的热点。20世纪90年代,随着最佳估算程序和不确定性评估方法的提出,针对系统分析程序中两相流动换热本构模型的实验和理论研究进一步得到了发展应用。21世纪以来,随着先进测量手段的飞速发展,研究者得以探究特殊环境下的相界面微观演化特征;随着计算流体动力学(CFD)方法和超算技术的迅猛发展,精细化的两相流场模拟和跨维度耦合分析得以实现。近年来,人工智能技术的发展也为复杂两相流动换热研究带来了新的思路和方法。

作者所在西安交通大学核反应堆热工水力研究室(XJTU - NuTheL)围绕核反应堆两相流与沸腾传热问题开展了数十年的系统研究,在部分领域取得了一些突破性研究进展,建立了较为完善的研究方法和理论体系。本书在充分借鉴其他优秀教材和相关研究者丰富成果的基础上,系统总结了作者团队的最新研究成果和理论进展,同时引入了核反应堆两相流动换热研究的国际最新研究动态。

全书共分为十二章。第1章深入探讨两相流的基本概念,包括质量流量、质量流速、体积流量、相速度、表观速度、空泡份额、流动体积份额、质量含气率等参数;第2章介绍核能系统中的两相流输运方程;第3章详细分类和描述不同条件下的两相流流型,包括垂直上升管、垂直下降管、水平管、倾斜管、螺旋管、棒束通道及窄缝通道等几何流道中的两相流流型;第4章全面讨论空泡份额的概念,介绍多种气液两相流空泡份额计算模型,包括滑速比模型、变密度模型、漂移流模型、动量交换模型、环状流空泡份额解析计算方法等;第5章重点关注两相流中的压降问题,包括两相流压降基本概念、压力梯度与压降分量以及压降计算模型;第6章聚焦临界流动和压力波传播的问题;第7章全面阐述各种两相流动不稳定性的机理及特征;第8章介绍沸腾传热的基本原理,深入研究探讨核化机理、气泡动力学、气液交界面不稳定性等内容;第9

章介绍池式沸腾的基本概念,重点关注池式沸腾危机理论模型及影响池式临界热流密度的关键因素;第 10 章将焦点转向流动沸腾传热,深入探讨流动沸腾传热机理和实际应用的关键知识;第 11 章介绍复杂两相流动传热系统模化基本准则与分析方法;第 12 章介绍两相流体计算动力学的相关方法和应用。西安交通大学田文喜教授执笔第 1～4、12 章,张魁副教授执笔第 5、6、11 章,苏光辉教授执笔第 7、8 章,秋穗正教授执笔第 9、10 章,全书由田文喜教授统稿。

本书尽可能地涵盖了核能动力系统两相流与沸腾传热相关的基本概念、基础理论、分析方法和工程应用等知识。希望读者通过系统地学习,能够深入理解和掌握这一复杂而关键领域的基本内涵、研究方法和发展趋势。希望本书能够成为广大核能专业人士和学术研究者的重要参考,激发更多青年学者对核反应堆两相流与沸腾传热领域的研究兴趣,为中国核能事业的持续发展贡献力量,助力中国核能事业走向更加辉煌的未来。

本书的相关科研工作先后得到了国家重点研发计划、大型先进压水堆重大专项、国防 973 和国家自然科学基金等国家课题的支持,也得到了中国核动力研究设计院、中国原子能科学研究院、中国核电工程有限公司、上海核工程研究设计院、中广核研究院、核动力运行研究所等企业和科研院所的大力支持。特别说明的是,XJTU－NuTheL 团队的历届硕士和博士研究生,对本书的出版做出了重要贡献,在此一并表示诚挚的谢意。

本书有幸被遴选为工业和信息化部"十四五"规划教材、西安交通大学研究生"十四五"规划精品系列教材,感谢西安交通大学出版社为本书做出的辛勤工作。

核反应堆两相流与沸腾传热机理现象非常复杂,限于作者的学识水平,书中难免有不足和不当之处,敬请广大兄弟院校以及各核研究、设计和生产单位的读者、专家学者能够不吝批评指正。

编　者
2023 年 12 月

目　录

第1章 两相流基本概念

1.1 两相流概述

两相流在自然界和其他工程领域中广泛存在。例如,雨、雪、云、雾的飘流,生物体中的血液循环,水利工程中的泥沙运动和高速掺气水流,环境工程中烟尘对空气的污染等。通常根据构成系统的相态将两相流分为气液系、液液系、液固系、气固系等。气相和液相既可以连续相形式出现,如气体-液膜系统;也可以离散的形式出现,如气泡-液体系统、液滴-气体系统。固相通常以颗粒或团块的形式处于两相流中。

两相流具有多种流动形态,除了层流和湍流的区别之外,还常以两相相对含量(常称为相比)、相界面的分布特性、运动速度、流场几何条件等方式来划分流动形态。对于常见的管内气液系统,随两相速度的变化,可产生气泡流、塞状流、层状流、波状流、冲击流、环状流、雾状流等形态。本章节主要讨论气液两相流动体系,并重点介绍基本概念与两相流基本分析方法。

1.2 两相流基本参数

1.2.1 质量流量与质量流速

总质量流量(W)指单位时间内流过任意横截面的气液混合物的总质量,单位为 kg/s。

$$W = W_f + W_g \tag{1-1}$$

式中,W_f 和 W_g 分别为液相和气相的质量流量。

总质量流速(G)又称为质量流密度,指流道单位截面通过的质量流量,单位为 kg/(m² · s)。

$$G = \frac{W}{A} \tag{1-2}$$

每一相的质量流速与总质量流速的关系:

$$G = G_f + G_g = \frac{W_f}{A} + \frac{W_g}{A} = (1-x)W + xW \tag{1-3}$$

式中,x 为质量含气率。

1.2.2 体积流量、相速度和表观速度

总体积流量(Q)指单位时间内流过通道任一流通截面的气液混合物的总的体积,单位为 m³/s。

$$Q = Q_f + Q_g = \frac{W_f}{\rho_f} + \frac{W_g}{\rho_g} \tag{1-4}$$

式中,Q_f 和 Q_g 分别为液相容积流量和气相容积流量,m^3/s。

液相真实平均速度(u_f),单位为 m/s:

$$u_f = \frac{Q_f}{A_f} = \frac{W_f}{\rho_f \cdot A_f} = \frac{G_f}{\rho_f(1-\alpha)} \tag{1-5}$$

式中,α 为空泡份额。

气相真实平均速度(u_g),单位为 m/s:

$$u_g = \frac{Q_g}{A_g} = \frac{W_g}{\rho_g \cdot A_g} = \frac{G_g}{\rho_g \cdot \alpha} \tag{1-6}$$

其中,液相:

$$W_f = \rho_f u_f A_f, \qquad M' = \rho' W' A' \tag{1-7}$$

气相:

$$W_g = \rho_g u_g A_g, \qquad M'' = \rho'' W'' A'' \tag{1-8}$$

表观流速(superficial flow flux)又称为容积流密度,也称为折算速度,定义为单位流道截面上的两相流容积流量,单位为 m/s。它也表示两相流的平均速度。

$$j = \frac{Q}{A} = \frac{Q_f}{A} + \frac{Q_g}{A} = j_f + j_g \tag{1-9}$$

式中,j_g 为气相折算速度,表示两相介质中气相单独流过同一通道时的速度,m/s。

$$j_g = \frac{Q_g}{A} = \frac{Q_g}{A_g} \cdot \alpha = u_g \alpha \Rightarrow u_g = \frac{j_g}{\alpha} \tag{1-10}$$

j_f 为液相折算速度,表示两相介质中液相单独流过同一通道时的速度,m/s。

$$j_f = \frac{Q_f}{A} = \frac{Q_f}{A_f}(1-\alpha) = u_f(1-\alpha) \Rightarrow u_f = \frac{j_f}{1-\alpha} \tag{1-11}$$

1.2.3   空泡份额和流动体积份额

就具体流道而言,空泡份额(α)指两相混合物流经任一截面时气相所占的面积(A_g)与总截面积(A)的比值,即气相占有的流道截面份额。所以,α 又常称为截面含气率、空隙率等。即

$$\alpha = \frac{1}{A}\int_A \alpha(\boldsymbol{r})\,\mathrm{d}A = \frac{A_g}{A} \tag{1-12}$$

流动体积份额与表观流速的关系为

$$\beta = \frac{\dfrac{Q_g}{A}}{\dfrac{Q}{A}} = \frac{j_g}{j} = \frac{j_g}{j_g + j_f} \tag{1-13}$$

1.2.4   质量含气率

在气液两相流动体系中,常使用质量含气率(x)这个概念。x 又称为干度或含气率,其定义为任意流道截面上,气相质量流量与两相混合物总质量流量之比,也称为流动质量含气率。即

$$x = \frac{W_{\mathrm{g}}}{W} = \frac{W_{\mathrm{g}}}{W_{\mathrm{g}} + W_{\mathrm{f}}} \tag{1-14}$$

其中,一般按热平衡关系计算的 x 取值范围为 $0 \sim 1$。

经典热力学使用准静态含气率 (x_{s}),指实时流场内气液两相混合物中的气相质量份额,即

$$x_{\mathrm{s}} = \frac{\rho_{\mathrm{g}} A_{\mathrm{g}}}{\rho_{\mathrm{f}} A_{\mathrm{f}} + \rho_{\mathrm{g}} A_{\mathrm{g}}} \tag{1-15}$$

x_{s} 也称为静态质量含气率,定义为气相质量 (M_{g}) 与两相混合物质量 (M) 的比值。在两相流数学解析模型计算中,定义流场参数时,应注意 x 和 x_{s} 两个含气率的区别。由式 $(1-1)$ 和式 $(1-2)$ 可得[1]

$$\frac{x}{1-x} = \frac{S x_{\mathrm{s}}}{1 - x_{\mathrm{s}}} \tag{1-16}$$

$$\frac{\beta}{1-\beta} = \left(\frac{x}{1-x}\right)\left(\frac{\rho_{\mathrm{f}}}{\rho_{\mathrm{g}}}\right) \tag{1-17}$$

$$\beta = \left[1 + \frac{\rho_{\mathrm{g}}}{\rho_{\mathrm{f}}}\left(\frac{1-x}{x}\right)\right]^{-1} \tag{1-18}$$

$$x = \left[1 + \frac{\rho_{\mathrm{f}}}{\rho_{\mathrm{g}}}\left(\frac{1-\beta}{\beta}\right)\right]^{-1} \tag{1-19}$$

$$\alpha = \left[1 + S\frac{\rho_{\mathrm{g}}}{\rho_{\mathrm{f}}}\left(\frac{1-x}{x}\right)\right]^{-1} \tag{1-20}$$

$$S = \left(\frac{1-\alpha}{\alpha}\right)\left(\frac{x}{1-x}\right)\left(\frac{\rho_{\mathrm{f}}}{\rho_{\mathrm{g}}}\right) \tag{1-21}$$

式中,S 为滑速比,定义为气相真实速度与液相真实速度的比值,即 $S = u_{\mathrm{g}}/u_{\mathrm{f}}$。当 $S=1$ 时,β 与 α 相等。

1.2.5　真实密度、流动密度和漂移流密度

两相介质中,单位时间内流过流道某一截面的两相介质质量流量和体积流量之比就是两相介质的流动密度,用 ρ 表示。

$$\rho = \frac{W}{Q} = \beta \cdot \rho_{\mathrm{g}} + (1-\beta) \cdot \rho_{\mathrm{f}} \tag{1-22}$$

而两相介质中的真实密度则是单位体积内两相介质的质量,反映了存在于流道中的两相介质的实际密度,用 ρ_{m} 表示。

$$\rho_{\mathrm{m}} = \alpha \cdot \rho_{\mathrm{g}} + (1-\alpha) \cdot \rho_{\mathrm{f}} \tag{1-23}$$

真实密度和流动密度与滑速比 (S)、空泡份额 (α)、体积流量比 (β) 存在以下关系:

当 $S=1$ 时,$\alpha = \beta$,所以,$\rho = \rho_{\mathrm{m}}$,为均质流动;

当 $S \neq 1$ 时,$\rho_{\mathrm{m}} - \rho = (\beta - \alpha)(\rho_{\mathrm{f}} - \rho_{\mathrm{g}})$。若 $S>1$,$\alpha<\beta$,则 $\rho<\rho_{\mathrm{m}}$;若 $S<1$,$\alpha>\beta$,则 $\rho>\rho_{\mathrm{m}}$。

漂移流密度定义为任一相以两相平均速度通过单位横截面上的体积流量,又称为漂移体积流密度[1]。气相漂移流密度 (J_{gf}) 和液相漂移流密度 (J_{fg}) 可分别表示为

$$\begin{cases} J_{\mathrm{gf}} = \alpha u_{\mathrm{g}} - \alpha j = (1-\alpha)j_{\mathrm{g}} - \alpha j_{\mathrm{f}} \\ J_{\mathrm{fg}} = (1-\alpha)u_{\mathrm{f}} - (1-\alpha)j = \alpha j_{\mathrm{f}} - (1-\alpha)j_{\mathrm{g}} \end{cases} \tag{1-24}$$

1.2.6　速度场

对于运动变量,每一相的贡献不仅与密度有关,还与速度有关。应当以一种与速度有关的运动浓度作为权重函数计算混合物的传输率。但是,不同特征的传输率(质量、动量和能量传输率)与速度呈不同幂指数关系,其混合物特征量计算必然与速度场定义有关。速度场是一个矢量场,因此在两相流动系统中,最常用的速度场有两类,即混合物的质心速度矢量(V_m)和体心表观速度矢量(j),其定义分别为

$$V_{\mathrm{m}} = \frac{\sum_k \alpha_k \bar{\bar{\rho}}_k \bar{V}_k}{\sum_k \alpha_k \bar{\bar{\rho}}_k} = \frac{\sum_k \alpha_k \bar{\bar{\rho}}_k \bar{V}_k}{\rho_{\mathrm{m}}} = \sum_k c_k \bar{V}_k \tag{1-25}$$

$$j = \sum_k V_k = \sum_k \alpha_k \bar{V}_k \tag{1-26}$$

式(1-25)表征了混合物质心速度与每一相的体积流密度之间的关系。各种传送率是矢量,难以定义出三维运动浓度计算式。只有在一维流动下,才可以定义出运动浓度计算式。例如,宏观力学中的流动含气率(x)和流动体积份额(β)即分别对应于[2]

$$x_k = \frac{\alpha_k \bar{\bar{\rho}}_k \bar{V}_k}{\rho_{\mathrm{m}} V_{\mathrm{m}}} \tag{1-27}$$

$$\beta_k = \frac{j_k}{j} \tag{1-28}$$

1.2.7　相对速度、漂移速度和扩散速度

计算三维流场中混合物传输率,需引出以 V_{m} 和 j 为基础的一些速度定义式,包括相对速度(V_r)、扩散速度(V_{km})以及漂移系数(V_{kj}):

$$\begin{cases} V_r = \bar{V}_2 - \bar{V}_1 \\ V_{km} = \bar{V}_k - \bar{V}_{\mathrm{m}} \\ V_{kj} = \bar{V}_k - j \end{cases} \tag{1-29}$$

从上述关系式可以得到

$$j = V_{\mathrm{m}} + \alpha_1 \alpha_2 \frac{(\bar{\bar{\rho}}_1 - \bar{\bar{\rho}}_2)}{\rho_{\mathrm{m}}} V_r = V_{\mathrm{m}} + \alpha_1 \frac{(\bar{\bar{\rho}}_2 - \bar{\bar{\rho}}_1)}{\rho_{\mathrm{m}}} V_{\mathrm{fj}} \tag{1-30}$$

一维流动下,两相间的相对速度为

$$u_r = u_g - u_f = u_{gf} = -u_{fg} \tag{1-31}$$

将 u_g 和 u_f 的定义式代入可得

$$u_r = \frac{j_g}{\alpha} - \frac{j_f}{1-\alpha} \tag{1-32}$$

在某些时候,可以采用相对速度 u_r 来描述两相之间的滑移效应,因此,也将 u_r 称为滑移速度。漂移速度(u_{kj})和扩散系数(u_{km})定义为

$$\begin{cases} u_{kj} = u_k - j \\ u_{km} = u_k - j_{\mathrm{m}} \end{cases} \tag{1-33}$$

于是,液相和气相的漂移速度 u_{fj} 和 u_{gj} 表达式为

$$\begin{cases} u_{fj} = u_f - j \\ u_{gj} = u_g - j \end{cases} \tag{1-34}$$

液相和气相的扩散速度 u_{fm} 和 u_{gm} 表达式为

$$\begin{cases} u_{fm} = u_f - j_m \\ u_{gm} = u_g - j_m \end{cases} \tag{1-35}$$

1.2.8　加权参数

为便于计算的实施以及实验数据的拟合,需要对两相流的真实参数进行权重因子的加权,如对于两相流的黏度和导热系数可分别表示为

$$\begin{cases} \mu_{TP}^{-1} = \dfrac{x}{\mu_g} + \dfrac{1-x}{\mu_f} \\[2mm] k_{TP}^{-1} = \dfrac{x}{k_g} + \dfrac{1-x}{k_f} \end{cases} \tag{1-36}$$

此处,含气率即为加权因子。一般而言,任何参数都可以作为加权因子,但为了取得良好的计算和实验效果,权重因子实际上并不是任意选取的,且在两相流数学模型的建立过程中,物理参数和权重参数的选用对计算结果的正确性有很大影响。

1.3　两相流平均算法

真实反映两相流场特性参数往往需要获得各相的空间、时间或时-空平均分布特性。本小节重点定义并介绍出现在两相流输运方程中的一些参数平均算法。

1.3.1　相密度函数

如果某一空间点 r 被相(k)占据,则相密度函数 α_k 可表示为

$$\begin{cases} \alpha_k(\boldsymbol{r}, t) = 1 & \text{空间点 } \boldsymbol{r} \text{ 被 } k \text{ 相占据} \\ \alpha_k(\boldsymbol{r}, t) = 0 & \text{空间点 } \boldsymbol{r} \text{ 不被 } k \text{ 相占据} \end{cases} \tag{1-37}$$

1.3.2　体积平均算法

任何一个体积 V 可以划分为两相中各相($V_k, k = g$ 或 f)所占体积之和,故可以针对任意一个变量 c 定义两个瞬态体积平均算法。整个区域进行积分的算法为

$$\langle c \rangle = \frac{1}{V} \iiint_V c \, \mathrm{d}V \tag{1-38}$$

对 k 相占据的空间进行积分,有

$$\langle c \rangle_k = \frac{1}{V_k} \iiint_{V_k} c \, \mathrm{d}V = \frac{1}{V_k} \iiint_V c \alpha_k \, \mathrm{d}V \tag{1-39}$$

1.3.3　面积平均算法

对控制体边界的两相流动状态进行描述时,需要了解控制体各表面面积的时空相分布特性。在此,我们针对变量 c 引入面积平均算法的定义:

$$\{c\} = \frac{1}{A}\iint_A c\,\mathrm{d}A \tag{1-40}$$

如果控制体表面均被 k 相占据，变量 c 的面积平均值为

$$\{c\}_k = \frac{1}{A_k}\iint_{A_k} c\,\mathrm{d}A = \frac{1}{A_k}\iint_A c\alpha_k\,\mathrm{d}A \tag{1-41}$$

1.3.4　局部时均算法

由于气相和液相均会间隙地经过空间点 r，因此时均计算方法可表示为

$$\tilde{c} = \frac{1}{\Delta t^*}\int_{t-\Delta t^*/2}^{t+\Delta t^*/2} c\,\mathrm{d}t \tag{1-42}$$

式中，Δt^* 需要足够大，其大小需保证在短时间内的数量统计有意义；同时又要足够小，确保所获取的流动状态信息是非连续性的。因此，在快速瞬态变化的两相系统中，合适的 Δt^* 大小选择非常关键。

当某一相占据空间点 r 时，时间内的该相时空平均值可用下式计算：

$$\tilde{c}^k = \frac{\displaystyle\int_{t-\Delta t^*/2}^{t+\Delta t^*/2} c\alpha_k\,\mathrm{d}t}{\displaystyle\int_{t-\Delta t^*/2}^{t+\Delta t^*/2} \alpha_k\,\mathrm{d}t} \tag{1-43}$$

1.4　两相流基本分析方法

一般而言，两相流动的分析方法有以下几种。

1. 经验关系式法

基于实验数据建立经验关系式是工程设计中最常用的方法，经验关系式法应用方便，只要设计对象与获得关系式的实验条件相同，就可以获得良好的效果。但是，经验关系式无法揭示研究对象的机理本质，也难以指导开展优化设计工作。由于两相流动极其复杂，工程应用仍需借助经验关系式。

2. 简单模型分析法

简单模型分析法是一种常用的工程模型分析法。它并不细致地去分析流动特性，而是选择关键特征并引入合理的物理假设，来建立供分析用的模型。在很多情况下，还可以根据模型来设计实验和估算设计参数。常见的模型有均相模型、分相模型和两流体模型以及适用于特定流型（如环状流流型等）的一些分析方法。相比于均相模型、分相模型和两流体模型，针对不同流型建立的计算模型，还需同时确定流型间的过渡条件。目前基于两流体的六方程模型广泛应用于核动力系统热工水力分析程序 RELAP5、TRACE 等。

3. 积分分析法

以积分形式的流动方程为基础，用满足一定边界条件的分布函数作为积分方程的近似函数。这种积分分析法是单相附面层理论的一种常用方法，也可以应用于如欠沸腾分析之类的两相流动情况。

4. 微分分析法

建立合理的两相流动基本场微分方程组,即质量、动量、能量方程组、边界条件以及结构方程构成闭合微分方程组,由此解出两相参数分布。但是,微分分析法方程多而复杂,必须对其进行简化,两流体模型便是其中一种。这种方法的适用性取决于需要解决的问题,在绝大多数的情况下计算极为复杂。因此在当前的实际设计中,并没有得到广泛运用。但是,这种方法对于研究如何改善工程基本特性和分析变化趋势是有很大帮助的。例如,用于核反应堆严重事故分析。

5. 普适现象分析法

普适现象是指与流型、分析模型和具体系统没有特殊联系的一些普遍的物理现象。据此建立的分析方法便是普适现象分析法。例如,运用波动原理和极值原理等分析两相流动不稳定性。

思考题

1)什么是湍流两相流(turbulent two-phase flow)? 相比于层流两相流,湍流两相流有哪些特点?

2)证明: $S = \left(\dfrac{\beta}{1-\beta}\right)\left(\dfrac{1-\alpha}{\alpha}\right)$。

3)两相流真实密度与流动密度之间有怎样的关系?

4)两相流有哪些常用的分析方法? 各种方法的优劣和实用性如何?

参考文献

[1]徐济鋆. 沸腾传热和气液两相流[M]. 北京:中国原子能出版社,1993.
[2]鲁钟琪. 两相流与沸腾传热[M]. 北京:清华大学出版社,2002.

第 2 章　两相流流动基本数学物理模型

2.1　两相流模型概述

本章节主要介绍核反应堆热工水力工况下两相流质量、动量和能量守恒方程。

计算机的出现促进了应用于核反应堆复杂热工水力场景模型的开发。目前普遍研究的模型大多涉及多相(气体、液体和固体)、多组分(不同化学物质)和多场(连续和分散几何形状)系统中的质量、动量和能量传输。本章节首先概述两相输运研究中的输运方程,特别是与核反应堆安全热工水力相关的输运方程;随后介绍两相流的一维微分守恒方程,并总结核反应堆热工安全分析中使用的模型。在深入研究各种两相流守恒方程之前,首先回顾核反应堆热工水力系统计算程序的发展简史。

由西屋公司和贝蒂斯原子能实验室联合开发的 Flash 程序是美国最早正式记录的核反应堆热工安全分析程序[1]。如图 2-1 所示,该程序使用非常简单的"节点和分支"方法进行建模,适用于压水堆单相流分析研究。每个节点由一个控制体组成,在控制体中求解单相流体瞬态质量和能量守恒方程。在考虑线阻的情况下,每条相连的线之间都使用动量守恒方程来建模。在稳态条件下,回路总阻力等于总浮力。Flash 程序是后续 RELAP 系列程序的早期基础。

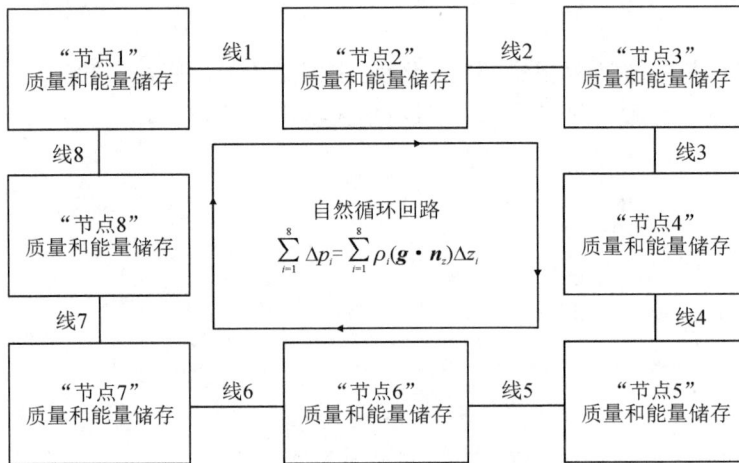

图 2-1　西屋公司和贝蒂斯原子能实验室联合开发的 Flash 程序

自 1955 年到 1975 年,研究人员对沸腾传热和两相流开展了大量的研究,两相流模型发展取得了重大突破。20 世纪 60 年代中期的一项开创性工作是 Zuber(朱伯)开发了漂移流模型,该模型显著推动了程序开发工作。

从 20 世纪 70 年代初至今,美国核管理委员会(Nuclear Regulatory Commission,NRC)持续开发了多套用于预测核电厂破口失水事故(loss of coolant accident,LOCA)现象的程序,包括 RELAP2、RELAP3、RELAP3B(BNL)、RELAP4、RELAP5、TRAC-PF1、TRAC-PD1、TRAC-BF1、RAMONA-3B、THOR、RAMONA-4B、HIPA-PWR、HIPA-BWR 等。洛斯·阿拉莫斯国家实验室负责开发了 TRAC 程序(TRAC-BF1 除外),爱达荷州国家工程实验室和能源公司(一家位于爱达荷州的咨询公司)负责开发 RELAP 程序,布鲁克海文国家实验室负责开发 THOR、RAMONA 和 HIPA 程序[2]。

TRAC、RELAP5 和 RAMONA 等程序被公认为压水反应堆和沸水反应堆电厂热工安全分析的先进模拟计算程序,新版本的程序中两流体模型被应用于描述冷却剂的行为,目前正被用于核电厂行为的最佳评估计算。1996 年,美国核管理委员会决定制作一个分析包,该分析包将 RELAP5、TRAC-PWR、TRAC-BWR 和 RAMONA 的特点结合起来,被称为 TRAC/RELAP 高级计算引擎(TRACE)。目前,该软件包仍在由美国核管理委员会不断开发。

2.2　两相流输运方程

准确描述存在相变的两相流体在复杂几何体(如核反应堆堆芯)中的质量、动量和能量的传输是非常困难的。然而这只是摆在核反应堆安全分析研究人员面前的挑战的一部分。热工水力与堆芯物理耦合(本章节不详细讨论该内容)条件下核反应堆两相流动传热特性参数的获得难度更大。本节将重点介绍各种核反应堆分析程序中使用的两相流方程。

2.2.1　两相流非平衡一维输运方程

本节将介绍两相流非平衡一维输运方程的微分公式。除了流体结构输运项,该公式与 Todreas(托德雷亚斯)等[3]在 1993 年提出的公式相似。

每一相的质量守恒方程如下:

$$\frac{\partial}{\partial t}\{\rho_k \alpha_k\} + \frac{\partial}{\partial z}\{\rho_k v_k \alpha_k\} = \Gamma \tag{2-1}$$

其中,下标"k"代表"l"或"v",当下标设置为"l"时为液相,当下标设置为"v"时为气相。

式(2-1)左侧的第一项表示给定流体相"平均面积"的质量时间变化率。在该式及以下方程中,该相的参数在流动横截面积上取平均值。该相参数 ψ_k 均按以下公式取平均值:

$$\{\psi_k\} \equiv \frac{1}{A}\iint \psi_k \, \mathrm{d}A \tag{2-2}$$

式(2-1)左侧第二项表示沿流动方向的质量变化。Γ_k 表示相变产生的液体或蒸汽质量,也是单位体积的界面传质速率;Γ_v 表示由于液体蒸发产生的单位体积蒸汽质量速率;Γ_l 表示因蒸汽冷凝产生的单位体积液体质量速率。

每一相的动量守恒方程如下:

$$\frac{\partial}{\partial t}\{\rho_k v_k \alpha_k\} + \frac{\partial}{\partial z}\{\rho_k v_k^2 \alpha_k\} = \{\Gamma_k \boldsymbol{v}_{ks} \cdot \boldsymbol{n}_z\} + \sum_{i=1}^{N}\{\boldsymbol{F}_{wk} \cdot \boldsymbol{n}_z\}_i -$$
$$\frac{\partial}{\partial z}\{p_k \alpha_k\} + \{\boldsymbol{F}_{sk} \cdot \boldsymbol{n}_z\} + \{p_k \alpha_k\}\boldsymbol{g} \cdot \boldsymbol{n}_z \tag{2-3}$$

　　式(2-3)左侧第一项表示给定流体相的平均面积动量时间变化率;左侧第二项表示沿流动方向的动量变化量;右侧第一项表示相变引起的动量变化速率,$v_{ks} \cdot n_z$ 是 z 轴方向中该相的界面速度,是一个标量,可以是正的,也可以是负的;右侧第二项表示流场中结构件的液相阻力之和;右侧第三项表示沿流动方向的压力梯度,通常假设气相和液相的压力相等,然而 Ransom(兰塞姆)等[4-5]在 1984 年的研究表明,这种假设会产生病态方程组,可能导致数值不稳定;右侧第四项表示作用在该相界面上的阻力。方程右侧最后一项表示作用在该相上的重力。

　　每一相的能量守恒方程如下:

$$\frac{\partial}{\partial t}\{\rho_k u_k^0 \alpha_k\} + \frac{\partial}{\partial z}\{\rho_k u_k^0 v_k \alpha_k\} = \Gamma_k h_{ks}^0 - \left\{p_k \frac{\partial \alpha_k}{\partial t}\right\} + \sum_{i=1}^{N}\left\{q_k'' \alpha_k \frac{P}{A}\right\}_i - \{\rho_k g v_k \alpha_k\} + \{Q_{sk}\}$$

$$(2-4)$$

　　能量守恒方程可以用多种形式表示。上述方程采用滞止能 u_k^0 和滞止焓 h_k^0 表示能量平衡。两个参数的定义如下:

$$u_k^0 = u_k + \frac{v_k^2}{2} \qquad (2-5)$$

$$h_k^0 = u_k^0 + \frac{p_k}{\rho_k} \qquad (2-6)$$

　　滞止能定义为液相的热力学内能和动能之和。滞止焓有通用的定义,但在式(2-6)中是用滞止能来表示的。

　　式(2-4)左侧第一项表示给定流体相的平均面积能量变化率;左侧第二项表示沿流动方向的能量变化;右侧第一项表示相变引起的能量转移速率;右侧第二项表示与空泡份额变化相关的压力功;右侧第三项表示流动中该相和结构件之间的热传递总和;右侧第四项表示重力做功;右侧最后一项表示界面传热。

　　对于液相和气相组成的两相系统,式(2-1)、式(2-3)和式(2-4)代表两流体六方程模型,表2-1总结罗列了这些方程。下一节内容将介绍如何应用这些方程来获得两相混合输运方程。

表 2-1　两相流体的一维输运方程(流动横截面各相密度均匀、连续)

类别	输运方程
质量方程	$\dfrac{\partial}{\partial t}\{\rho_k \alpha_k\} + \dfrac{\partial}{\partial z}\{\rho_k v_k \alpha_k\} = \Gamma$
动量方程	$\dfrac{\partial}{\partial t}\{\rho_k v_k \alpha_k\} + \dfrac{\partial}{\partial z}\{\rho_k v_k^2 \alpha_k\} = \{\Gamma_k v_{ks} \cdot n_z\} + \sum_{i=1}^{N}\{F_{wk} \cdot n_z\}_i - \dfrac{\partial}{\partial z}\{p_k \alpha_k\} + \{F_{sk} \cdot n_z\} + \{p_k \alpha_k\} g \cdot n_z$
能量方程	$\dfrac{\partial}{\partial t}\{\rho_k u_k^0 \alpha_k\} + \dfrac{\partial}{\partial z}\{\rho_k u_k^0 v_k \alpha_k\} = \Gamma_k h_{ks}^0 - \left\{p_k \dfrac{\partial \alpha_k}{\partial t}\right\} + \sum_{i=1}^{N}\left\{q_k'' \alpha_k \dfrac{P}{A}\right\}_i - \{\rho_k g v_k \alpha_k\} + \{Q_{sk}\}$

2.2.2　两相流混合输运方程

　　两相流分析的一种典型方法是使用混合方程,即假设单独的流体相表现为具有两相混合物性质的流动混合物。为了利用表 2-1 中给出的输运方程得到两相流混合输运方程,首先必须认识到混合物内部的界面传递不会影响混合物的整体行为,可用以下界面跃变条件来描述。

质量方程:

$$\sum_{k=1}^{2} \Gamma_k = 0 \tag{2-7}$$

动量方程:

$$\sum_{k=1}^{2} (\Gamma_k \boldsymbol{v}_{ks} \cdot \boldsymbol{n}_z + \boldsymbol{F}_{sk} \cdot \boldsymbol{n}_z) = 0 \tag{2-8}$$

能量方程:

$$\sum_{k=1}^{2} (\Gamma_k h_{ks}^0 + \boldsymbol{Q}_{sk}) = 0 \tag{2-9}$$

通过对表 2-1 中给出的各相平衡方程进行求和,同时应用界面跃变条件,最终将 6 个方程简化为 3 个,如表 2-2 所示。表 2-2 中定义了混合物的性质,这 3 个混合方程是下一小节的两相流混合模型的基础。

表 2-2　两相流一维混合输运方程(各相密度均匀)

类别	输运方程
混合质量	$\dfrac{\partial \rho_m}{\partial t} + \dfrac{\partial G_m}{\partial z} = 0$
混合动量	$\dfrac{\partial G_m}{\partial t} + \dfrac{\partial}{\partial z}\left(\dfrac{G_m^2}{\langle \rho_m \rangle}\right) = -\sum_{i=1}^{N} F_{wi} - \dfrac{\partial p_m}{\partial z} - \rho_m g\cos\theta$
混合焓(近似)	$\dfrac{\partial}{\partial t}\{\rho_m h_m - p_m\} + \dfrac{\partial}{\partial z}\{G_m \langle h_m \rangle\} = \sum_{i=1}^{N} q_i'' \dfrac{P_i}{A_i} + \dfrac{G_m}{\rho_m}\left(\sum_{i=1}^{N} F_{wi} + \dfrac{\partial p_m}{\partial z}\right)$
混合属性	$\rho_m = \{\rho_v \alpha + \rho_1(1-\alpha)\}$ $\langle \rho_m \rangle = \dfrac{G_m^2}{\{\rho_v v_v^2 \alpha + \rho_1 v_1^2(1-\alpha)\}}$ $G_m = \{\rho_v v_v \alpha + \rho_1 v_1(1-\alpha)\}$ $h_m = \dfrac{\{\rho_v h_v \alpha + \rho_1 h_1(1-\alpha)\}}{\rho_m}$ $\langle h \rangle_m = \dfrac{\{\rho_v h_v v_v \alpha + \rho_1 h_1 v_1(1-\alpha)\}}{G_m}$ $(v^2)_m = \dfrac{\{\rho_v \alpha v_v^2 + \rho_1(1-\alpha)v_1^2\}}{\rho_m}$ $\langle v^2 \rangle_m = \dfrac{\{\rho_v \alpha v_v^3 + \rho_1(1-\alpha)v_1^3\}}{G_m}$ $p_m = \{p_v \alpha + p_1(1-\alpha)\}$

1. 均相平衡混合输运方程

均相平衡混合模型(homogeneous equilibria model, HEM)是两相流输运模型中最简单的一种。在两相混合方程的基础上,假设两相的速度相等(均相)且都处于饱和状态,即可得到均相平衡混合输运方程。该方程的热力学平衡条件意味着每一相的热力学性质均可表示为饱和压力的函数。表 2－3 给出了均相平衡混合输运方程。

表 2－3　均相平衡混合输运方程

类别	输运方程
两相流方程的限制条件	热平衡($T_1 = T_v = T_{sat}$)或饱和焓($h_1 = h_f$ 和 $h_v = h_g$)；各相压力相等($p_1 = p_v = p$)；各相速度相等($v_1 = v_v = v_m$)

	类别	输运方程
守恒方程	混合质量	$$\frac{\partial \rho_m}{\partial t} + \frac{\partial}{\partial z}(\rho_m v_m) = 0$$
	混合动量	$$\frac{\partial}{\partial t}(\rho_m v_m) + \frac{\partial}{\partial z}(\rho_m v_m^2) = -\sum_{i=1}^{N} F_{wi} - \frac{\partial p}{\partial z} - \rho_m g \cos\theta$$
	混合能量	$$\frac{\partial}{\partial t}\left[\rho_m\left(h_m + \frac{v_m^2}{2}\right) - p\right] + \frac{\partial}{\partial z}\left[\rho_m v_m\left(h_m + \frac{v_m^2}{2}\right)\right] = \sum_{i=1}^{N}\left(q_i'' \frac{P_i}{A_i}\right) - \rho_m v_m g \cos\theta$$
混合属性		$$\rho_m = \{\rho_v \alpha + \rho_1(1-\alpha)\}$$ $$v_m = \frac{\{\rho_v v_v \alpha + \rho_1 v_1(1-\alpha)\}}{\rho_m}$$ $$h_m = \frac{\{\rho_v h_v \alpha + \rho_1 h_1(1-\alpha)\}}{\rho_m}$$

2.2.3　两相漂移流输运方程

Zuber 等[6]于 1965 年开发的漂移流模型提供了一种简单但相当精确的方法,该方法将相间相对速度引入混合物方程。该方程的基本前提是相间相对速度(v_r)是与流型相关的漂移速度的函数(见表 2－4)。表 2－4 列出了漂移速度的几个经验关联式。

表 2－4　漂移速度方程

	类别	漂移速度方程
相对速度与漂移速度的关系式		$$v_r = v_v - v_1 = \frac{v_{vj}}{1 - \{\alpha\}}$$
两相流流型	搅混-湍流	$$v_{vj} = 1.41\left[\frac{\sigma g(\rho_1 - \rho_g)}{\rho_1^2}\right]^{1/4}$$
	弹状流	$$v_{vj} = 0.35\left[\frac{g(\rho_1 - \rho_g)D}{\rho_1}\right]^{1/2}$$
	环状流	$$v_{vj} = 23\frac{\Delta\varrho}{\rho_1}\left[\frac{\mu_1(1 - \{\alpha\})v_1}{\rho_v D}\right]^{1/2}$$

表 2－2 所示的两相流混合输运方程可用两相相对速度表示,使用大量的代数知识,根据相对速度重新推导混合方程,最终得到表 2－5 所示的结果。

表 2-5　一维两相漂移流输运方程(各相密度均匀)

类别		输运方程
守恒方程	混合质量方程	$$\frac{\partial \rho_m}{\partial t} + \frac{\partial}{\partial z}(\rho_m v_m) = 0$$
	漂移流动量方程	$$\rho_m \frac{\partial v_m}{\partial t} + \rho_m v_m \frac{\partial v_m}{\partial z} + \frac{\partial}{\partial z}\left[\frac{\rho_v \rho_1 \{\alpha\} v_{vj}^2}{\rho_m(1-\{\alpha\})}\right] = -\sum_{i=1}^{N} F_{wi} - \frac{\partial \rho_m}{\partial z} - \rho_m g\cos\theta$$
	漂移流内能方程	$$\frac{\partial}{\partial t}\{\rho_m u_m\} + \frac{\partial}{\partial z}\{\rho_m u_m v_m\} + \frac{\partial}{\partial z}\left[\frac{\{\alpha\}\rho_1\rho_v(u_v-u_1)v_{vj}}{\rho_m}\right] + $$ $$p_m\frac{\partial v_m}{\partial z} + p_m\frac{\partial}{\partial z}\left[\frac{\{\alpha\}(\rho_1-\rho_v)v_{vj}}{\rho_m}\right] = \sum_{i=1}^{N} q_i''\frac{P_i}{A_i} + v_m\left(\sum_{i=1}^{N} F_{wi}\right)$$
混合属性		$$\rho_m = \{\rho_v\alpha + \rho_1(1-\alpha)\}$$ $$v_m = \frac{\{\rho_v v_v\alpha + \rho_1 v_1(1-\alpha)\}}{\rho_m}$$ $$u_m = \frac{\{\rho_v u_v\alpha + \rho_1 u_1(1-\alpha)\}}{\rho_m}$$ $$p_m = \{p_v\alpha + p_1(1-\alpha)\}$$

2.3　核反应堆热工分析两相流模型

回顾现有公开发表文献中的两相流模型,图 2-2 简单描述了两相流模型的构成。严格来说,建立两相流模型就是建立两流体完全非平衡守恒方程,即包括上一节内容给出的各相质量、动量和能量守恒方程。因此,它被称为典型的两流体六方程模型。

由于直接使用六方程模型较为困难,目前已有学者开发了一系列简化模型。这些简化模型采用混合方程,或者结合使用独立相方程的混合方程,使平衡方程数量减少。利用这种方法,可以得到两相流五方程、四方程或三方程模型。当然,较简单的模型会减少计算参数的数量,这取决于研究对象的限制条件。以下三个限制条件之一通常与相速度相关。

1)均相流。假设各相速度相等,即

$$v_1 = v_v = v_m \tag{2-10}$$

2)相滑移。假设相位之间存在相对速度。蒸汽速度与液体速度的比值定义为滑速比(S):

$$S = \frac{v_v}{v_1} \tag{2-11}$$

3)漂移流。假设相位之间存在相对速度。相对速度由已知的漂移流方程 v_{vj} 确定,v_{vj} 与流型有关,计算式为

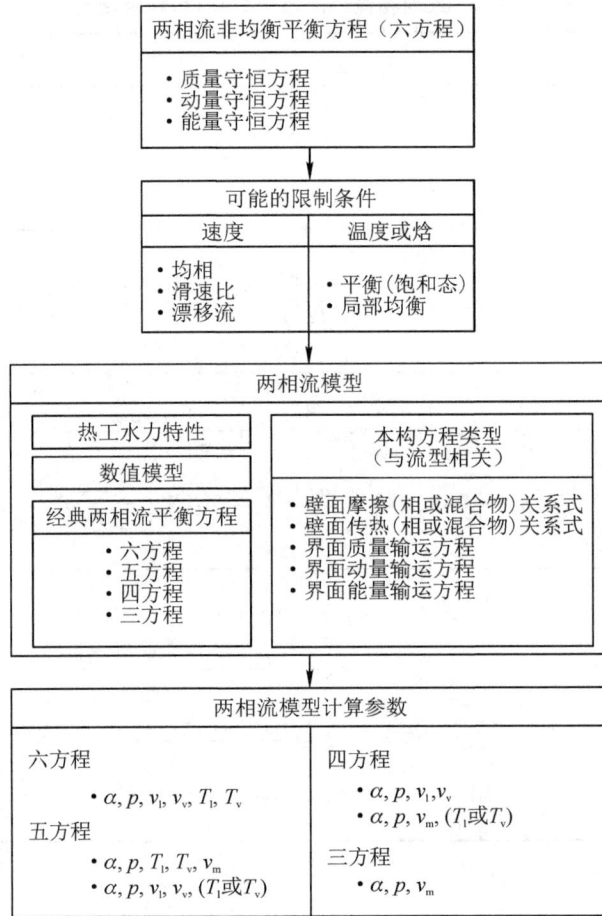

图 2-2　核反应堆安全分析中使用的两相流模型的类型

$$\{v_v - v_1\} = \frac{v_{vj}}{\{1-\alpha\}} \tag{2-12}$$

以下两个限制条件之一就是应用相温度或焓的典型例子。

1)完全热平衡。假设两种流体的温度相等,且等于局部压力对应的饱和温度,即

$$T_1 = T_v = T_{sat(p)} \tag{2-13}$$

2)部分热平衡。假设两相中的某一相温度等于局部压力对应的饱和温度,即

$$T_1 \quad 或 \quad T_v = T_{sat(p)} \tag{2-14}$$

图 2-2 还表明,除了平衡方程外,两相流模型还需要本构方程和热力学性质方程或表格来获得一组封闭的方程。本构方程包括流体本构方程和界面输运方程,具体如下。

1)混合物或各相的壁面摩擦关系式。每个动量平衡方程都需要一个这样的方程。

2)混合物或各相的壁面传热关联式。每个能量平衡方程都需要一个这样的方程。

3)界面质量输运方程。

4)界面动量输运方程。

5)界面能量输运方程。

此外,用于求解方程的数值方法在求解计算预测的准确性和稳定性方面起着重要作用。

最后,每个模型计算的参数数量取决于平衡方程的数量。六方程模型可以用来计算六个未知数: α、p、v_1、v_v、T_1、T_v。

表 2 - 6 提供了用于核反应堆安全分析的不同类型的两相流模型的详细信息。表中共罗列了 11 种模型,涵盖了限制条件、本构方程的类型和计算参数。需要注意的是,对于任何模型,都可以使用混合相守恒方程和单相守恒方程来代替两相守恒方程。图 2 - 3 提供了一个示例。

表 2 - 6　等相压两相流模型($p_v = p_1 = p$)

模型	守恒方程	限制条件	本构定律	计算参数
六方程模型	**两流体非平衡** 质量相平衡 动量相平衡 能量相平衡	无	相壁面摩擦 相热流摩擦 界面质量 界面动量 界面能量	α、p、v_1、v_v、T_1、T_v
五方程模型	**两相流局部非平衡** 质量相平衡 动量相平衡 混合能量平衡	$T_1 = T_{\text{sat}}$ 或 $T_v = T_{\text{sat}}$	相壁面摩擦 混合壁热流 界面质量 界面动量	α、p、v_1、v_v、$(T_1$、$T_v)$
	两相流局部非均衡 混合相平衡 动量相平衡 能量相平衡	$T_1 = T_{\text{sat}}$ 或 $T_v = T_{\text{sat}}$	相壁面摩擦 相热流摩擦 界面质量 界面动量 界面能量	α、p、v_1、v_v、$(T_1$、$T_v)$
	滑移或漂移流非平衡 质量相平衡 混合动量平衡 能量相平衡	滑移或漂移速度	混合壁面摩擦 相热流摩擦 界面质量 界面动量 滑速比或漂移流	α、p、v_1、v_v、v_m
	均相非平衡 质量相平衡 混合动量平衡 能量相平衡	速度相同 $v_1 = v_v = v_m$	混合壁面摩擦 相热流摩擦 界面质量 界面动量	α、p、v_1、v_v、v_m

模型	守恒方程	限制条件	本构定律	计算参数
四方程模型	**两流体平衡模型** 混合质量平衡 动量相平衡 混合能量平衡	$T_v = T_1 = T_{sat}$	相壁面摩擦 混合热流摩擦 界面质量 界面动量	α、p、$v_1 v v_v$
	漂移局部非平衡 质量相平衡 混合动量平衡 混合能量平衡	漂移速度 T_v 或 $T_1 = T_{sat}$	混合壁面摩擦 混合壁面热流 界面质量 漂移流关系式	α、p、v_m、T_v 或 T_1
	滑移局部非平衡 混合质量平衡 混合动量平衡 相能量平衡	滑速比 T_v 或 $T_1 = T_{sat}$	混合壁面摩擦 混合壁面热流 界面质量 漂移流关系式	α、p、v_m、T_v 或 T_1
	均相局部非平衡 混合质量平衡 混合动量平衡 相能量平衡	$v_1 = v_v = v_m$ T_v 或 $T_1 = T_{sat}$	混合壁面摩擦 相壁面热流 界面质量 界面动量	α、p、v_m、T_v 或 T_1
三方程模型	**均相平衡** 混合质量平衡 混合动量平衡 混合能量平衡	$v_1 = v_v = v_m$ $T_v = T_1 = T_{sat}$	混合壁面摩擦 混合壁面热流	α、p、v_m
	滑移或漂移流平衡 混合质量平衡 混合动量平衡 混合能量平衡	滑移或漂移速度 $T_v = T_1 = T_{sat}$	混合壁面摩擦 混合壁面热流 滑移速度或漂移流	α、p、v_m

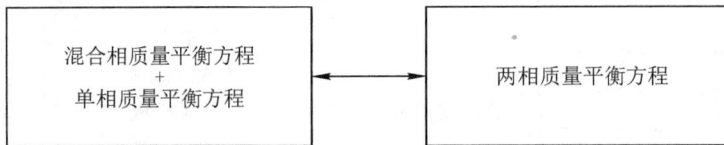

图 2-3　示例

下面简要介绍在两相流模型方面的一些进展,目前建立两相流型结构模型使用的是界面面积浓度输运方程而不是基于静态流型图;美国核管理委员会正努力将现有的反应堆分析程序合并成一个多用途程序 TRACE;爱达荷国家实验室开发了 RELAP7;韩国国家原子能研究院开发了 SPACE 程序。

1. 界面面积输运模型

六方程两流体模型要求建立界面质量、动量和能量传递速率的本构方程。这些本构关系非常重要,因为界面传递速率控制相变速率以及相之间的机械和热的不平衡程度。界面传递速率与相之间的驱动能和混合物单位体积的界面面积有关。

最近的两相流程序模型建立了基于静态流型图的界面输运本构关系。这些程序采用半经验判定准则确定给定的气液两相的流型。确定了两相流流型后,再选择合适的传热和阻力关联式。这种方法相对比较成功,然而,目前研究人员正致力于开发动态流型建模工具。

Kocamustafaogullari(科卡穆斯塔法古拉里)等[7],Wu(吴)等[8-9]的研究成果推动了两群界面面积输运方程的发展。相比于多能群模型在反应堆中子输运中的应用,两群输运概念并不新鲜,然而它在两相流中的应用研究较少。雷耶斯在推导流体-颗粒流守恒方程时使用了玻尔兹曼输运方程,该方法的新颖之处在于考虑了破碎和聚合的"散射积分",随着流动的发展,这些积分会导致粒径分布的变化。界面面积输运模型则考虑了颗粒界面面积,而不是颗粒数密度。

模型主要使用两个气泡组。第一组为球形/扭曲气泡组,第二组为帽状/弹状气泡组。两组气泡数密度输运方程可从玻尔兹曼输运方程推导得出。

第一组密度输运方程:

$$\frac{\partial n_1}{\partial t} + \nabla \cdot n_1 \boldsymbol{v}_{\mathrm{pm},1} = \sum_j (S_{j,1} + S_{j,12}) + (S_{\mathrm{ph},1} + S_{\mathrm{ph},12}) \tag{2-15}$$

第二组密度输运方程:

$$\frac{\partial n_2}{\partial t} + \nabla \cdot n_2 \boldsymbol{v}_{\mathrm{pm},2} = \sum_j (S_{j,2} + S_{j,21}) + (S_{\mathrm{ph},2} + S_{\mathrm{ph},21}) \tag{2-16}$$

式中,S_j 为气泡破灭和聚合过程导致的数量密度函数净变化率;S_{ph} 为由相变导致的数量密度函数净变化率,这两项都是从气泡体积的最小值到最大值的积分;$S_{j,12}$ 和 $S_{j,21}$ 为群间气泡交换项。下标"j"表示不同的破灭和聚合过程。以下表达式用于建立界面面积传输方程:

$$n_k = \psi_k \left(\frac{a_{i,k}^3}{\alpha_k^2} \right) \tag{2-17}$$

式中,$a_{i,k}$ 为界面面积浓度;α 为空隙率;ψ_k 为气泡形状因子。下标"k"表示气泡组。

将式(2-17)代入式(2-15),得到以下两组界面面积输运方程:

$$\frac{\partial a_{i,1}}{\partial t} + \nabla \cdot a_{i,1} \boldsymbol{v}_{i,1} = \frac{1}{3\psi_1} \left(\frac{\alpha_1}{a_{i,1}} \right)^2 \left[\sum_j (S_{j,1} + S_{j,12}) + (S_{\mathrm{ph},1} + S_{\mathrm{ph},12}) \right] +$$
$$\left(\frac{2a_{i,1}}{3\alpha_1} \right) \left[\frac{\partial \alpha_1}{\partial t} + \nabla \cdot \alpha_1 \boldsymbol{v}_{i,1} \right] \tag{2-18}$$

$$\frac{\partial a_{i,2}}{\partial t} + \nabla \cdot a_{i,2} \boldsymbol{v}_{i,2} = \frac{1}{3\psi_2} \left(\frac{\alpha_2}{a_{i,2}} \right)^2 \left[\sum_j (S_{j,2} + S_{j,21}) + (S_{\mathrm{ph},2} + S_{\mathrm{ph},21}) \right] +$$
$$\left(\frac{2a_{i,2}}{3\alpha_2} \right) \left[\frac{\partial \alpha_2}{\partial t} + \nabla \cdot \alpha_2 \boldsymbol{v}_{i,2} \right] \tag{2-19}$$

目前研究人员正在为这两个气泡模型开发合适的破灭和聚合模型。Hibiki(日匹)等[10]的研究结果显示,计算结果与试验数据(包括泡状流到塞状流的转变)符合较好。

2. TRACE 系统分析程序

TRACE 是美国核管理委员会目前正在开发的一个新的反应堆分析程序。该程序将 RA-MONA、RELAP5、TRAC-PWR 和 TRAC-BWR 等程序合并为一个程序。合并的程序被称为 TRAC/RELAP 先进计算引擎或 TRACE。

TRACE 是一个面向部件的程序,采用有限体积法,具备三维模拟功能,适用于可压缩两流体,可针对核反应堆热结构和控制系统进行建模,用于核反应堆热工瞬态事故分析。TRACE 可以和 PARCS 三维反应堆动力学程序耦合运行计算。典型的基于 TRACE 的反应堆模型的尺寸从几百到数千流体控制体积不等,可并行计算。TRACE 已经通过其外部通信接口耦合到安全壳分析程序 CONTAIN,未来还可以使用外部通信接口与精细的燃料模型或 CFD 软件进行耦合。TRACE 被耦合到一个容易操作的前端 SNAP,它支持输入模型开发并接受现有的 RELAP5 和 TRAC-P 输入。图 2-4 给出了 TRACE/SNAP 的体系结构。

表 2-7 给出了 TRACE 程序采用的冷却剂两流体两相流的守恒方程和本构方程。它由一个三维、六方程、非平衡模型组成,该模型可与其他方程耦合,以求解不凝气体压力、硼浓度和热结构温度等参数。

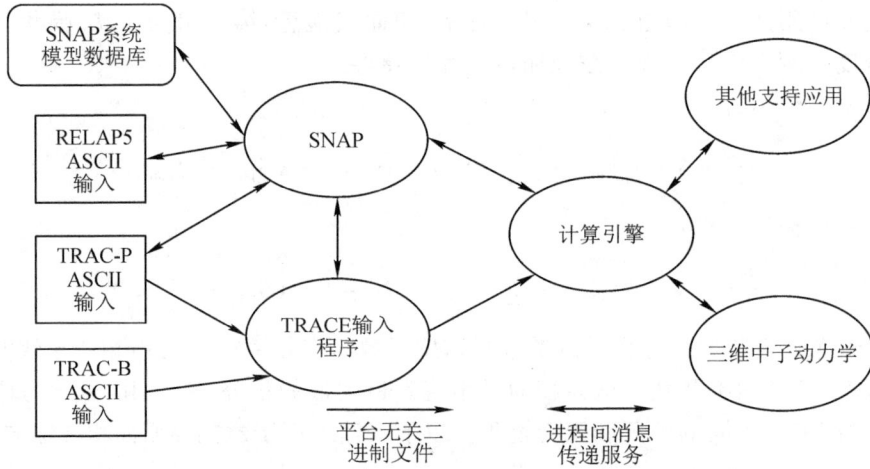

图 2-4　TRACE/SNAP 的体系结构

表 2-7　TRACE 场方程[11]

类　别		方　程
守恒方程	混合质量	$\frac{\partial}{\partial t}\left[\rho_v\alpha+(1-\alpha)\rho_1\right]+\nabla\cdot\left[\rho_v v_v\alpha+\rho_1 v_1(1-\alpha)\right]=0$
	蒸汽质量	$\frac{\partial}{\partial t}(\rho_v\alpha)+\nabla\cdot(\rho_v v_v\alpha)=\Gamma_v$
	液体动量	$\frac{\partial v_1}{\partial t}+v_1\cdot\nabla v_1=-\frac{1}{\rho_1}\nabla p+\frac{c_i}{(1-\alpha)\rho_1}(v_v-v_1)\mid v_v-v_1\mid-\frac{\Gamma_{Cond}}{(1-\alpha)\rho_1}(v_v-v_1)+$ $\frac{c_w}{(1-\alpha)\rho_1}v_1\mid v_1\mid+g$
	气体动量	$\frac{\partial v_v}{\partial t}+v_v\cdot\nabla v_v=-\frac{1}{\rho_v}\nabla p+\frac{c_i}{\alpha\rho_v}(v_v-v_1)\mid v_v-v_1\mid-\frac{\Gamma_{Boiling}}{\alpha\rho_v}(v_v-v_1)+\frac{c_{wv}}{\alpha\rho_v}v_1\mid v_1\mid+g$
	混合能	$\frac{\partial}{\partial t}\left[\rho_v\alpha e_v+\rho_1(1-\alpha)e_1\right]+\nabla\cdot\left[\rho_v\alpha e_v v_v+\rho_1(1-\alpha)e_1 v_1\right]$ $=-p\nabla\cdot\left[\alpha v_v+(1-\alpha)v_1\right]+q_{wl}+q_{dlv}$
	蒸汽能	$\frac{\partial}{\partial t}(\rho_v\alpha e_v)+\nabla\cdot(\rho_v\alpha e_v v_v)=-p\frac{\partial\alpha}{\partial t}-p\nabla\cdot(\alpha v_v)+q_{wv}+q_{dv}+q_{iv}+\Gamma_v h_v$
本构方程		状态方程、壁面阻力、界面阻力、壁面传热、界面传热、静态流态图
其他方程		不凝结气体、溶解硼、控制系统、反应堆功率

注:计算参数有蒸汽空泡份额、蒸汽压力、不凝气体压力、液体速度和温度、蒸汽速度和温度、硼浓度、热构件温度。

3. RELAP-7 系统分析程序

RELAP-7 是下一代核反应堆系统安全分析程序,由爱达荷国家实验室开发。该程序基于爱达荷国家实验室的现代科学软件开发框架 MOOSE (Multi-Physics Object Oriented Simulation Environment)。其目标是利用过去 30 年在计算机体系结构、软件设计、数值积分方法和物理模型方面的进步,保留并改进 RELAP5 的能力,并扩展至所有反应堆系统模拟场景。

RELAP-7 项目于 2012 启动,将成为 LWRS(Light Water Reactor Sustainability)项目 RISMC(Risk Informed Safety Margin Characterization)的主要反应堆系统模拟工具包,也是 RELAP 反应堆安全系统分析程序的下一代工具。RELAP-7 使用现代数值方法,允许隐式时间积分,时间和空间的二阶格式,以及强耦合的多物理耦合[12]。

RELAP-7 采用两流体七方程模型,其场方程如表 28 所示。

表 2 - 8　RELAP-7 场方程[12]

类　别		方　　程
守恒方程	相方程	$\dfrac{\partial \alpha_1 A}{\partial t} + u_i A \dfrac{\partial \alpha_1}{\partial x} = A\mu(p_1 - p_v) - \dfrac{\Gamma^i_{l\to v} A_i A}{\rho_i} - \dfrac{\Gamma^w_{l\to v} P_{hf}}{\rho_i}$
	液体质量方程	$\dfrac{\partial (\alpha\rho)_1 A}{\partial t} + \dfrac{\partial (\alpha\rho u)_1 A}{\partial x} = -\Gamma^i_{l\to v} A_i A - \Gamma^w_{l\to v} P_{hf}$
	液体动量方程	$\dfrac{\partial (\alpha\rho u)_1 A}{\partial t} + \dfrac{\partial \alpha_1 A (\rho u^2 + p)_1}{\partial x} = p_i A \dfrac{\partial \alpha_1}{\partial x} + p_1 \alpha_1 \dfrac{\partial A}{\partial x} + A\lambda(u_v - u_1) - \Gamma^i_{l\to v} A_i u_i A -$ $\Gamma^w_{l\to v} u_i P_{hf} - F_{wf,1} - F_{f,v} + (\alpha\rho)_1 A\boldsymbol{g} \cdot \hat{\boldsymbol{n}}_a$
	液体能量方程	$\dfrac{\partial (\alpha\rho E)_1 A}{\partial t} + \dfrac{\partial \alpha_1 u_1 A (\rho E + p)_1}{\partial x} = p_i u_i A \dfrac{\partial \alpha_1}{\partial x} - \bar{p}_i A\mu(p_1 - p_v) + \bar{u}_i A\lambda(u_v - u_1) +$ $\Gamma^i_{l\to v} A_i \left(\dfrac{p_i}{\rho_i} - H_{1,i}\right) A - \Gamma^w_{l\to v} H_1 P_{hf} + Q_{i,1} + Q^c_{w,1} +$ $(\alpha\rho u)_1 A\boldsymbol{g} \cdot \hat{\boldsymbol{n}}_a$
	气体质量方程	$\dfrac{\partial}{\partial t} \left[\rho_v \alpha e_v + \rho_l (1-\alpha) e_1\right] + \nabla \cdot \left[\rho_v \alpha e_v \boldsymbol{v}_v + \rho_l (1-\alpha) e_1 \boldsymbol{v}_1\right]$ $= -p \nabla \cdot \left[\alpha \boldsymbol{v}_v + (1-\alpha)\boldsymbol{v}_1\right] + q_{wl} + q_{dlv}$
	气体动量方程	$\dfrac{\partial (\alpha\rho u)_v A}{\partial t} + \dfrac{\partial \alpha_v A (\rho u^2 + p)_v}{\partial x} = p_i A \dfrac{\partial \alpha_v}{\partial x} + p_v \alpha_v \dfrac{\partial A}{\partial x} + A\lambda(u_1 - u_v) + \Gamma^i_{l\to v} A_i u_i A +$ $\Gamma^w_{l\to v} u_i P_{hf} - F_{wf,v} - F_{f,1} + (\alpha\rho)_v A\boldsymbol{g} \cdot \hat{\boldsymbol{n}}_a$
	气体能量方程	$\dfrac{\partial (\alpha\rho u)_1 A}{\partial t} + \dfrac{\partial \alpha_1 u_1 A (\rho E + p)_1}{\partial x} = p_i u_i A \dfrac{\partial \alpha_1}{\partial x} - \bar{p}_i Au(p_1 - p_v) + \bar{u}_i A\lambda(u_v - u_1) +$ $\Gamma A_i \left(\dfrac{p_i}{\rho_i} - H_{1,i}\right) A + Q_{i,1} + Q_{w,1}$

注:计算参数有蒸汽空泡份额、气体和液体压力、气体和液体速度、气体和液体温度。

4. SPACE 系统分析程序

韩国核工业界在 2006 年启动了核反应堆热工水力系统分析程序 SPACE（Safety and Performance Analysis Code for Nuclear Power Plants）的开发。SPACE 程序采用先进的两相流物理模型，即两流体三场模型，包括气相、连续液相和液滴相，并使用了结构化和非结构化网格，具备模拟三维效果的能力。2010 年，发布了 SPACE 演示版本[13]。SPACE 场方程如表 2-9 所示。

表 2-9 SPACE 场方程[13]

类 别		方 程
守 恒 方 程	蒸汽相质量方程	$\varepsilon\dfrac{\partial}{\partial t}(\alpha_v\rho_v)+\nabla\cdot(\varepsilon\alpha_v\rho_v\boldsymbol{U}_v)=\varepsilon(\Gamma_1+\Gamma_d)$
	连续液相质量方程	$\varepsilon\dfrac{\partial}{\partial t}(\alpha_1\rho_1)+\nabla\cdot(\varepsilon\alpha_1\rho_1\boldsymbol{U}_1)=\varepsilon(-\Gamma_1-S_E+S_D)$
	液滴相质量方程	$\varepsilon\dfrac{\partial}{\partial t}(\alpha_d\rho_d)+\nabla\cdot(\varepsilon\alpha_d\rho_d\boldsymbol{U}_d)=\varepsilon(-\Gamma_d+S_E-S_D)$
	不凝性气体质量方程	$\varepsilon\dfrac{\partial}{\partial t}(\alpha_v\rho_n)+\nabla\cdot(\varepsilon\alpha_v\rho_n\boldsymbol{U}_v)=0$
	蒸汽相动量方程	$\varepsilon\dfrac{\partial\boldsymbol{U}_v}{\partial t}+\nabla\cdot(\varepsilon\boldsymbol{U}_v\boldsymbol{U}_v)-\boldsymbol{U}_v\nabla\cdot(\varepsilon\boldsymbol{U}_v)=-\dfrac{\varepsilon}{\rho_v}\nabla P-\dfrac{\varepsilon F_{wv}}{\alpha_v\rho_v}\boldsymbol{U}_v-\dfrac{\varepsilon F_{vd}}{\alpha_v\rho_v}(\boldsymbol{U}_v-\boldsymbol{U}_d)-\dfrac{\varepsilon F_{vl}}{\alpha_v\rho_v}(\boldsymbol{U}_v-\boldsymbol{U}_1)+$ $\varepsilon\boldsymbol{B}+\dfrac{\varepsilon}{\alpha_v\rho_v}(\Gamma_{1,E}\boldsymbol{U}_1+\Gamma_{d,E}\boldsymbol{U}_d-\Gamma_{1,E}\boldsymbol{U}_v-\Gamma_{d,E}\boldsymbol{U}_v)-$ $\varepsilon C_{v,vd}\alpha_d\dfrac{\rho_{m,vd}}{\rho_v}\dfrac{\partial(\boldsymbol{U}_v-\boldsymbol{U}_d)}{\partial t}-\varepsilon C_{v,vl}\alpha_1\dfrac{\rho_{m,vl}}{\rho_v}\dfrac{\partial(\boldsymbol{U}_v-\boldsymbol{U}_1)}{\partial t}$
	连续液相动量方程	$\varepsilon\dfrac{\partial\boldsymbol{U}_1}{\partial t}+\nabla\cdot(\varepsilon\boldsymbol{U}_1\boldsymbol{U}_1)-\boldsymbol{U}_1\nabla\cdot(\varepsilon\boldsymbol{U}_1)=-\dfrac{\varepsilon}{\rho_1}\nabla P-\dfrac{\varepsilon F_{wl}}{\alpha_1\rho_1}\boldsymbol{U}_1-\dfrac{\varepsilon F_{lv}}{\alpha_1\rho_1}(\boldsymbol{U}_1-\boldsymbol{U}_v)+\varepsilon\boldsymbol{B}+\dfrac{\varepsilon}{\alpha_1\rho_1}(-\Gamma_{1,c}\boldsymbol{U}_1+$ $\Gamma_{1,c}\boldsymbol{U}_v+S_D\boldsymbol{U}_d-\boldsymbol{U}_1S_D)-\varepsilon C_{v,vl}\alpha_v\dfrac{\rho_{m,vl}}{\rho_1}\dfrac{\partial(\boldsymbol{U}_1-\boldsymbol{U}_v)}{\partial t}$
	液滴相动量方程	$\varepsilon\dfrac{\partial\boldsymbol{U}_d}{\partial t}+\nabla\cdot(\varepsilon\boldsymbol{U}_d\boldsymbol{U}_d)-\boldsymbol{U}_d\nabla\cdot(\varepsilon\boldsymbol{U}_d)=-\dfrac{\varepsilon}{\rho_d}\nabla P-\dfrac{\varepsilon F_{wd}}{\alpha_d\rho_d}\boldsymbol{U}_d-\dfrac{\varepsilon F_{dv}}{\alpha_d\rho_d}(\boldsymbol{U}_d-\boldsymbol{U}_v)+\varepsilon\boldsymbol{B}+\dfrac{\varepsilon}{\alpha_d\rho_d}(-\Gamma_{d,c}\boldsymbol{U}_d+$ $\Gamma_{d,c}\boldsymbol{U}_v+S_E\boldsymbol{U}_1-S_E\boldsymbol{U}_d)-\varepsilon C_{v,dv}\alpha_v\dfrac{\rho_{m,dv}}{\rho_d}\dfrac{\partial(\boldsymbol{U}_d-\boldsymbol{U}_v)}{\partial t}$
	蒸汽相能量方程	$\dfrac{\partial[\varepsilon\alpha_v(\rho_v e_v+\rho_n e_n)]}{\partial t}+\nabla\cdot[\varepsilon\alpha_v(\rho_v e_v+\rho_n e_n)\boldsymbol{U}_v]=-\varepsilon P\dfrac{\partial\alpha_v}{\partial t}-P\nabla\cdot(\varepsilon\alpha_v\boldsymbol{U}_v)+\varepsilon(Q_{iv-1}+\Gamma_1 h_{vl}^*+$ $\Gamma_d h_{vd}^*+Q_{iv-d}+Q_{l-n}+Q_{d-n})$
	连续液相能量方程	$\dfrac{\partial(\varepsilon\alpha_1\rho_1 e_1)}{\partial t}+\nabla\cdot(\varepsilon\alpha_1\rho_1 e_1\boldsymbol{U}_1)=-\varepsilon P\dfrac{\partial\alpha_1}{\partial t}-P\nabla\cdot(\varepsilon\alpha_1\boldsymbol{U}_1)+\varepsilon(Q_{il}-\Gamma_1 h_1^*-S_E h_1+S_D h_d-Q_{l-n})$
	液滴相能量方程	$\dfrac{\partial(\varepsilon\alpha_d\rho_d e_d)}{\partial t}+\nabla\cdot(\varepsilon\alpha_d\rho_d e_d\boldsymbol{U}_d)=-\varepsilon P\dfrac{\partial\alpha_d}{\partial t}-P\nabla\cdot(\varepsilon\alpha_d\boldsymbol{U}_d)+\varepsilon(Q_{id}-\Gamma_d h_d^*+S_E h_1-S_D h_d-Q_{d-n})$

思考题

1）总结核反应堆热工水力安全分析程序的发展趋势。

2）两相流输运方程一般有哪几种，分别有什么假设？

3）两相流计算中通常会忽略输运方程中次要因素的影响，调研 RELAP5 和 TRACE 中的输运方程简化方式。

4）本章介绍的两相流非平衡一维输运方程与三维欧拉-欧拉两相输运方程相比有何异同？

5）核反应堆热工水力计算中，采用两流体六方程两相流模型时如何考虑可溶性硼和不凝性气体？

参考文献

[1] REYES Jr J N. Governing equations in two-phase fluid natural circulation flows[J]. IAEA TECDOC,2005：1474.

[2] ROBERT M. History of nuclear power safety[M]. Public Information Committee of the American Nuclear Society,2000.

[3] TODREAS N E，KAZIMI M S. Nuclear systems I thermal hydraulic[M]. Fundamentals,Taylor and Francis,1993.

[4] RANSOM V H,HICKS D L. Hyperbolic two-pressure models for two-phase flow[J]. Journal of Computational Physics,1984,53：124 – 151.

[5] RANSOM V H, HICKS D L. Hyperbolic two-pressure models for two-phase flow[J]. Revisted,Journal of Computational Physics,1988,75：498 – 504.

[6] ZUBER N, FINDLAY J A. Average volumetric concentration in two-phase flow systems[J]. Journal of Heat Transfer,1965,87：453.

[7] KOCAMUSTAFAOGULLARI G, ISHII M. Foundation of interfacial area transport equation and its closure relations[M]. International Journal of Heat and Mass Transfer,1995,38：481 – 493.

[8] WU Q,KIM S,ISHII M,et al. One-group interfacial area transport in vertical bubbly flow[J]. International Journal of Heat and Mass Transfer,1988,41：1103 – 1112.

[9] WU Q,ISHII M, UHLE K. Framework of two-group model for interfacial area transport I vertical two-phase flows[J]. Transactions of the American Nuclear Society,1988,79：351 – 352.

[10] HIBIKI T, ISHII M. Two-group interfacial area transport equations at bubbly-to-slug transition[J]. Nuclear Engineering and Design,2000,202：39 – 76.

[11] STAUDENMEIER J. TRACE reactor system analysis code[R]. MIT Presentation, Safety Margins and Systems Analysis Branch,Office of Nuclear Regulatory Research, US Nuclear Regulatory Commission,2004.

[12] BERRY R A, PETERSON J W, ZHANG H, et al. Relap-7 theory manual[R]. Idaho

National Lab. (INL), Idaho Falls, ID (United States), 2018.

[13] HA S J, PARK C E, KIM K D, et al. Development of the space code for nuclear power plants[J]. Nuclear Engineering and Technology, 2011, 43(1): 45 – 62.

第 3 章　两相流流型

3.1　两相流流型概述

对于核反应堆热工水力学来说，两相流流型一般指气液两相流中气相和液相存在的形态。流型与系统的压力、流量、质量含气率、壁面热流密度、通道的布置和几何形状，以及流体的流动方向等都有着密切的联系。在计算反应堆热工水力时，为了保证堆芯的安全运行，必须考虑流型对流动和传热的影响。流型变化会使两相流界面重新构建，导致气液两相流动和传热机理发生变化，两相的流动阻力和传热系数也会随之改变。在反应堆热工水力计算时，必须考虑流型对流动和传热的影响。因此，两相流流型是两相流动沸腾传热特性研究的基础，其主要内容如下。

1）对两相流动开展深入分析，依据其特征对两相流流型进行定义和分类。

2）在实验数据基础上建立流型预测关系式和流型图，使研究者能预先判定某一条件下的流型，并确定从一种流型向另一种流型转变的边界条件，揭示几何通道形状、尺寸及热工水力参数等对流型的影响规律。

3）阐明各种流型形成及相互转换的机理，建立两相流型转变准则，加深对两相流的本质认识。

4）研制、改善和发展使用范围广、准确可靠、简单方便且易于实现的两相流型测量技术。

3.2　两相流流型分类、流型转变准则及流型图

由于流动条件的变化和研究角度的多样性，且对流型的定义大多建立在研究者主观观察的结果上，因此不同研究者对流型的定义和划分差异很大。出于工程应用需要，研究者常用简便方法判定一定流动参数下的流型，流型图便成为综合表示流型间过渡关系的一种简便方法。目前较为通用的二维坐标流型图常分别以液体流量和气体流量作为横、纵坐标，且大部分流型图是基于空气-水试验数据获得。有些学者从流体力学角度出发，分析不同流型间主要控制力，采用无量纲化方法，针对某种特定流型建立合理的流型过渡准则，来取代流型图。本节主要介绍竖直上升管、垂直下降管、水平管、倾斜管、螺旋管、竖直棒束通道、水平棒束通道和矩形窄缝通道内的流型特点及流型图，重点介绍竖直上升管、竖直棒束通道和矩形窄缝通道等与核反应堆关键核心设备（如堆芯棒状燃料组件、堆芯板燃料组件及蒸汽发生器等）气液两相流动沸腾换热分析密切相关的几何流道内的两相流型转变理论准则。

3.2.1　垂直上升管

3.2.1.1　绝热流道

针对绝热垂直上升管中的两相流流型,目前普遍采用的流型划分为五种:泡状流、弹状流、搅混流、细束环状流和环状流,如图 3-1 所示,各流型的定义如下。

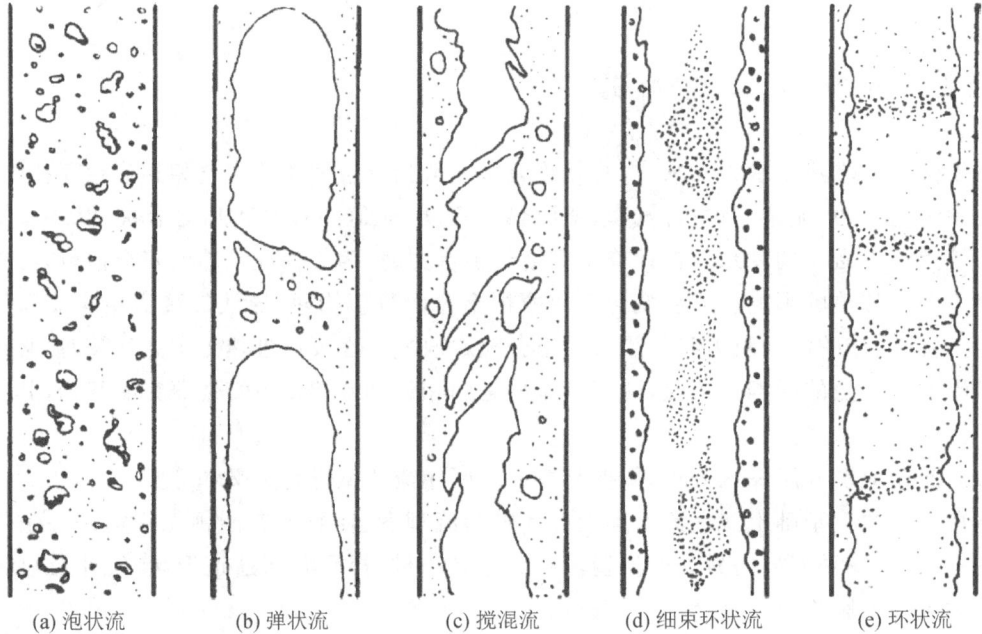

(a) 泡状流　　　(b) 弹状流　　　(c) 搅混流　　　(d) 细束环状流　　　(e) 环状流

图 3-1　垂直上升绝热竖直管内两相流型

1)泡状流:液相呈连续状态,气相以气泡的形式弥散在连续液相内,并与液相一起流动。气泡大小不同、形状各异,但其尺寸远小于管道直径。

2)弹状流:随着气相份额增大,气泡间相互碰撞并聚合成接近管径大小、形如子弹的气泡,该气泡也称为泰勒气泡。大块弹状气泡与含有弥散小气泡的液块间隔出现,在弹状气泡与管壁之间有一层较薄的液膜,尽管液相的净流速方向为竖直向上流动,但由于重力作用,该液膜有可能呈降落状态。

3)搅混流:在孔径较大的流道中,液相呈不定形做上下振荡运动,呈搅混状态。在弹状流动下,若流速进一步增大,气泡发生破裂,伴随发生这类振荡运动。这种不稳定的振荡运动可能与作用于液膜的重力和剪切力有关。在小孔径流动中,这类搅拌流动不一定会发生,可能会出现弹状流向环状流直接平稳过渡的现象。

4)细束环状流:当液相流量进一步增大时,气液交界面呈波状流动,气芯卷吸的液量增加,使气芯内的夹带液滴浓度增大,聚合成束状液块。

5)环状流:液相沿管壁呈膜状流动,气相在流道芯部流动。实际上,纯环状流工况的参数范围很窄,通常呈环状弥散流状态,即部分液相以液滴状态混杂在连续气芯中一起流动,有时液膜内也会夹杂少量气泡。

Hewitt(休伊特)等[1]基于压力 0.14～0.54 MPa、管径 31.2 mm 的竖直圆管内空气-水两相流型试验数据,建立了相应的流型图,如图 3－2 所示。该流型图也能较好地预测压力 3.45～6.90 MPa、管径 12.7 mm 的竖直圆管中的蒸汽-水两相流型试验数据。

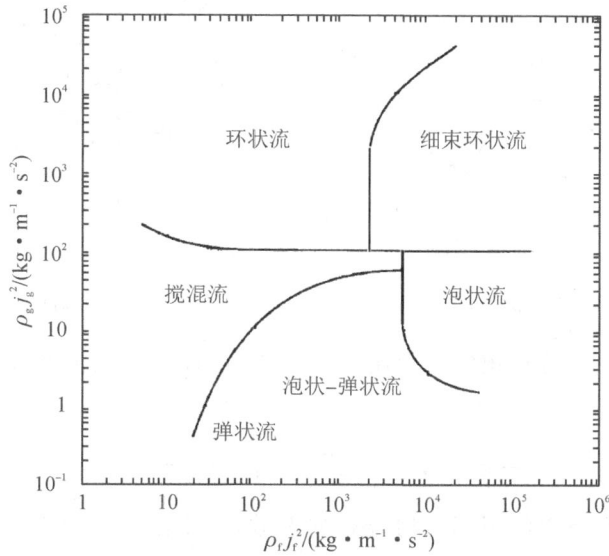

图 3－2　Hewitt 流型图

由于基于试验数据建立流型图具有一定的人为主观性,为了更客观地预测判定两相流型,一些学者针对气液两相进行受力分析,建立了合理的两相流型理论转变准则。本书主要介绍 Mishima(三岛)和 Ishii(石井)提出的竖直向上流动管内两相流型转变准则[2],包括泡状流向弹状流转变准则、弹状流向搅混流转变准则、搅混流向环状流转变准则。他们主要将流型总体分为泡状流、弹状流、搅混流和环状流四种。

1. 泡状流向弹状流转变准则

Radovicich(拉多维奇)等[3]、Griffith(格里菲思)等[4]的研究表明,竖直管内泡状流向弹状流转变的原因是小尺寸气泡的碰撞与聚合形成帽状气泡,一旦帽状气泡形成,在其尾流区域将会出现更多气泡聚合现象。拉多维奇等认为,当空泡份额(α)接近 0.3 时,气泡聚合概率显著增大,此时泡状流向弹状流转变。Dukler(达克勒)等[5]也将式(3-1)作为转变界限,并基于气液表观流速提出了流型转变准则关系式。

$$\alpha = 0.3 \tag{3-1}$$

空泡份额临界值 0.3 可以从一个简单的几何方法推导而得。如图 3－3 所示,假设气泡各自都分布在一个正四面体的边角,并且假设气泡的影响边界范围如图 3－4 所示。如果气泡间距 l 小于 2 倍的气泡半径($2r_b$),气泡的碰撞和聚合概率大大增加,于是有

$$\alpha = \left(\frac{2}{3}\right)^3 = 0.296 \approx 0.3 \tag{3-2}$$

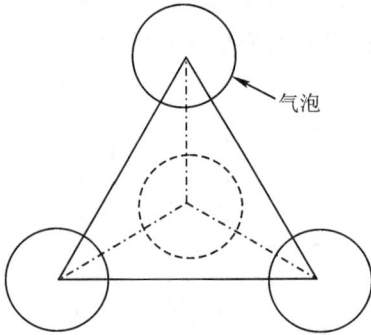

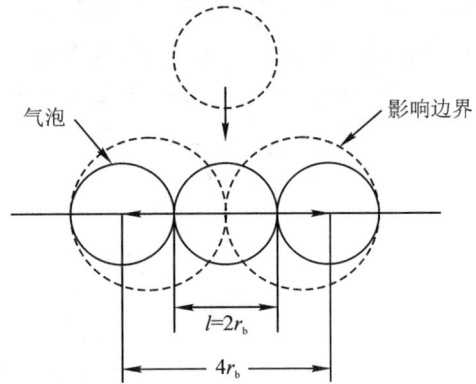

图 3-3　气泡堆积示意图　　　　　　　　　图 3-4　气泡聚合示意图

为了将式(3-1)转变为传统的表观流速关系式,可以结合由泡状流流型漂移速度推导而得的 j_g 和 j_f 关系式[6]:

$$\frac{j_g}{\alpha} = C_0 j + \sqrt{2}\left(\frac{\sigma g \Delta \rho}{\rho_f^2}\right)^{1/4}(1-\alpha)^{1.75} \tag{3-3}$$

式中,C_0 为考虑流速和空泡份额不均匀分布的参数,对于圆管和矩形通道,C_0 可分别采用式(3-4)和式(3-5)计算。

$$C_0 = 1.2 - 0.2\sqrt{\frac{\rho_g}{\rho_f}} \tag{3-4}$$

$$C_0 = 1.35 - 0.35\sqrt{\frac{\rho_g}{\rho_f}} \tag{3-5}$$

$$j = j_g + j_f \tag{3-6}$$

可得基于 j_g 和 j_f 的泡状流向弹状流转变流型准则:

$$j_f = \left(\frac{3.33}{C_0}-1\right)j_g - \frac{0.76}{C_0}\left(\frac{\sigma g \Delta \rho}{\rho_f^2}\right)^{1/4} \tag{3-7}$$

2. 弹状流向搅混流转变准则

当气液两相所有区域的空泡份额平均值大于弹状气泡区域的空泡份额平均值,此时弹状气泡区域的空泡份额平均值即为弹状流向搅混流转变的边界点。该转变准则的推导可以基于一个理想的弹状流理论模型,如上所述,在发生弹状流向搅混流流型转变前,弹状气泡(气弹)各自有序地运动,并且气弹头部与其下游一起运动的离散气泡开始接触。在这种情况下,由于强尾流效应,液弹开始变得不稳定,难以维持其原有形态,于是便发生交替性的破裂与重构现象。此时认为该物理过程转变点即对应弹状流向搅混流流型转变点,也即针对薄膜流动势流分析获得的整个弹状气泡区域的平均空泡份额(α_m)等于充分发展流动两相的空泡份额值。

如图 3-5 所示的弹状流模型,除了特别靠近气弹头部的区域,可用伯努利方程计算从气弹头部到距离头部 h 处的局部空泡份额。

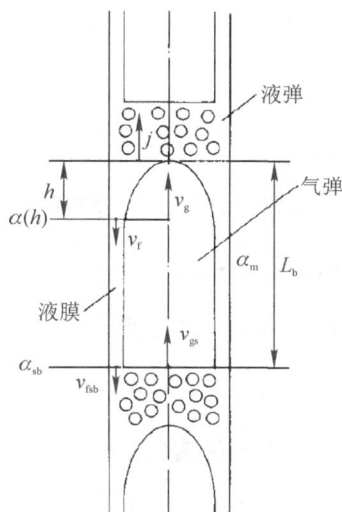

图 3-5　弹状流模型

$$\alpha(h) = \frac{\sqrt{\dfrac{2gh\Delta\rho}{\rho_f}}}{\sqrt{\dfrac{2gh\Delta\rho}{\rho_f}} + (C_0 - 1)j + 0.35\sqrt{\dfrac{\Delta\rho g D}{\rho_f}}} \tag{3-8}$$

弹状气泡的速度 (v_{gs}) 可用下式[6]计算：

$$v_{gs} = C_0 j + 0.35\sqrt{\frac{\Delta\rho g D}{\rho_f}} \tag{3-9}$$

平均空泡份额 (α_m) 计算式为

$$\alpha_m = \frac{1}{L_b}\int_0^{L_b}\alpha(h)\,\mathrm{d}h \tag{3-10}$$

式中，L_b 为弹状气泡平均长度。

联立式(3-8)～式(3-10)可得

$$\alpha_m = 1 - 2X + 2X^2\ln\left(1 + \frac{1}{X}\right) \tag{3-11}$$

式中，X 的计算式为

$$X = \sqrt{\frac{\rho_f}{2g\Delta\rho L_b}}\left[(C_0 - 1)j + 0.35\sqrt{\frac{\Delta\rho g D}{\rho_f}}\right] \tag{3-12}$$

当 $0.6 \leqslant \alpha_m \leqslant 0.9$ 时，式(3-11)可用下式近似计算：

$$\alpha_m = 1 - 0.813X^{0.75} \tag{3-13}$$

当发生弹状流向搅混流流型转变时，弹状气泡的平均长度 (L_b) 可以按照下面的方法进行估算。在气弹头部以下区域，作用于充分发展液膜的重力完全被壁面剪切力平衡。在该区域，存在一个较小的反向压降梯度使液膜向下流动，而由于液膜不再做向下加速运动，流动分离和不稳定性将导致液膜失稳。这样，在超过液膜的终端速度后，气液交界面的平衡被打破并导致弹状气泡被破坏。于是可获得液膜平衡力计算式[6-7]：

$$\frac{f}{2}\rho_{f}v_{fsb}^{2}\pi D=\frac{2}{3}\Delta\rho gA(1-\alpha_{sb}) \tag{3-14}$$

式中,壁面摩擦系数(f)假设用下式表达:

$$f=C_{f}\left[\frac{(1-\alpha_{sb})v_{fsb}D}{v_{f}}\right]^{-m} \tag{3-15}$$

将式(3-15)代入式(3-14)可求解弹状气泡区液膜终端速度(v_{fsb}),即

$$v_{fsb}=(1-\alpha_{sb})^{\frac{1+m}{2-m}}\cdot\left[3C_{f}\left(\frac{D}{v_{f}}\right)^{-m}\frac{\rho_{f}}{\Delta\rho gD}\right]^{1/(m-2)} \tag{3-16}$$

采用两相混合物的基本表达式可将上式转变为式(3-9)和v_{fsb}的表达式:

$$v_{fsb}=\frac{\alpha_{sb}v_{gs}-j}{1-\alpha_{sb}} \tag{3-17}$$

最终可获得液膜终端速度对应的空泡份额(α_{sb})计算式:

$$\alpha_{sb}=\frac{j+(1-\alpha_{sb})^{3/(2-m)}\left[3C_{f}\left(\frac{D}{v_{f}}\right)^{-m}\left(\frac{\rho_{f}}{\Delta\rho gD}\right)\right]^{1/(m-2)}}{C_{0}j+0.35\left(\frac{\Delta\rho gD}{\rho_{f}}\right)^{1/2}} \tag{3-18}$$

对于湍流,可以假定$m=0.2,C_{f}=0.06$。当液膜厚度相对较大时,尽管液膜区可能存在一些小气泡,在实际处理中一般也可以将液膜行为近似用湍流模型进行分析。于是,式(3-18)转化为

$$\alpha_{sb}=\frac{j+3ab(1-\alpha_{sb})^{1.67}}{C_{0}j+0.35b} \tag{3-19}$$

式中,

$$a=\left(\frac{\Delta\rho gD^{3}}{\rho_{f}v_{f}^{2}}\right)^{1/18} \tag{3-20}$$

$$b=\sqrt{\frac{\Delta\rho gD}{\rho_{f}}} \tag{3-21}$$

如果采用近似估算式(3-22),式(3-19)可进一步简化为

$$(1-\alpha_{sb})^{1.67}\approx0.25(1-\alpha_{sb}) \tag{3-22}$$

因此可得

$$\alpha_{sb}=\frac{j+0.75ab}{C_{0}j+0.35b+0.75ab} \tag{3-23}$$

另一方面,式(3-8)给出

$$\alpha(L_{b})=\frac{y}{y+(C_{0}-1)j+0.35b} \tag{3-24}$$

式中,

$$y=\sqrt{\frac{2\Delta\rho gL_{b}}{\rho_{f}}} \tag{3-25}$$

由于$\alpha(L_{b})=\alpha_{sb}$,因此可得

$$y=j+0.75ab \tag{3-26}$$

或者可以采用一个更精确的公式用于计算弹状气泡长度(L_{b}):

$$\sqrt{\frac{2\Delta\rho g L_b}{\rho_f}} = j + 0.75\sqrt{\frac{\Delta\rho g D}{\rho_f}}\left(\frac{\Delta\rho g D^3}{\rho_f v_f^2}\right)^{1/18} \tag{3-27}$$

已有一些学者[8-9]获得了气弹长度的试验数据。通过对比发现,尽管有部分数据预测偏差甚至达到100%,但是总体趋势是相符的,这是因为气弹长度与弹状流的发展程度密切相关,如图3-6所示。基于最初的弹状流向搅混流流型转变的标志:整个区域的空泡份额平均值大于弹状气泡区域的平均空泡份额,可得

$$\alpha \geqslant 1 - 0.813\left[\frac{(C_0-1)j + 0.35\sqrt{\frac{\Delta\rho g D}{\rho_f}}}{j + 0.75\sqrt{\frac{\Delta\rho g D}{\rho_f}}\left(\frac{\Delta\rho g D^3}{\rho_f v_f^2}\right)^{1/18}}\right]^{0.75} \tag{3-28}$$

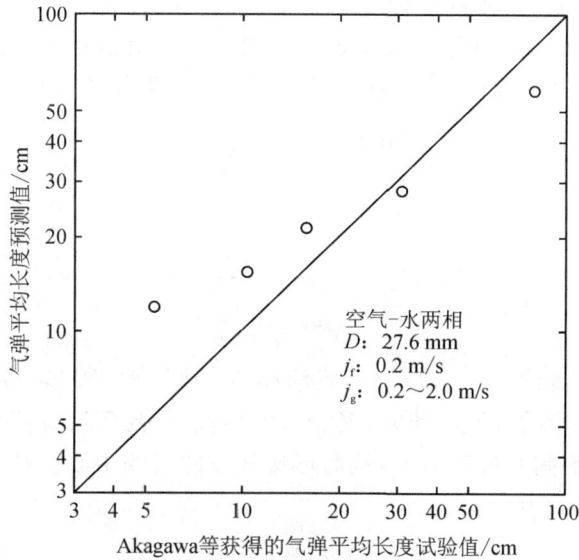

空气-水两相
D: 27.6 mm
j_f: 0.2 m/s
j_g: 0.2～2.0 m/s

图 3-6　气弹平均长度预测值与 Akagawa(赤川)等[9]试验值的对比

上式中含有因式的 1/18 次方,为进一步简化计算,对于黏性较小的流体,如水,可得

$$\left(\frac{\Delta\rho g D^3}{\rho_f v_f^2}\right)^{1/18} \approx 3 \tag{3-29}$$

为了对比式(3-28)的预测数据与现有 j_f 和 j_g 试验数据,需结合下面的漂移流模型关系式:

$$\alpha = \frac{j_g}{C_0 j + 0.35\left(\frac{\Delta\rho g D}{\rho_f}\right)} \tag{3-30}$$

3. 搅混流向环状流转变准则

搅混流向环状流转变准则的机理主要有以下两种。

1)弹状气泡周边的液膜开始倒流。

2)液弹被破坏或夹带引起较大液波。

第一种准则的机理假设可以采用环状漂移速度关系式计算薄膜速度,基于力的平衡分析

可得[6]

$$\frac{j_g}{\alpha} - j = \frac{1-\alpha}{\alpha + \left[\dfrac{1+75(1-\alpha)}{\sqrt{\alpha}}\dfrac{\rho_g}{\rho_f}\right]^{1/2}} \cdot \left[j + \sqrt{\frac{\Delta\rho g D(1-\alpha)}{0.015\rho_f}}\right] \tag{3-31}$$

液膜发生倒流的条件为 $j_f = 0$，于是有

$$j_g = \sqrt{\frac{\Delta\rho g D}{\rho_g}}\,\alpha^{1.25}\left\{\frac{1-\alpha}{0.015[1+75(1-\alpha)]}\right\}^{1/2} \tag{3-32}$$

在这种情况下，搅混流向环状流转变的空泡份额值（α）可采用下式[6]估算：

$$j_g = \sqrt{\frac{\Delta\rho g D}{\rho_g}}\,(\alpha - 0.11) \tag{3-33}$$

式中，α 需要满足式（3-28）要求的条件。

第二种准则推导主要是基于液滴夹带起始机理[6]。针对液相波峰在气泡拖拽剪切力和表面张力牵制力的平衡下进行分析，可以推导得到液膜的夹带起始准则关系式：

$$\frac{u_f j_g}{\sigma}\sqrt{\frac{\rho_g}{\rho_f}} = N_{\mu f}^{0.8} \tag{3-34}$$

式中，

$$N_{\mu f} = \frac{\mu_f}{\left(\rho_f \sigma \sqrt{\dfrac{\sigma}{g\Delta\rho}}\right)^{1/2}} \tag{3-35}$$

上式适用于低黏度流体（$N_{\mu f} < 1/15$），且液相 Re 数较大（$Re_f > 1635$）的情况。一旦气相流速大于搅混流流型对应的气泡流速时，液相将发生波动，随后液桥和液弹也以液滴形式被气相夹带，这将导致大气泡间的液弹消失，从而形成连续的气相中心。基于式（3-34），由夹带效应导致的流型转变关系式为

$$j_g \geqslant \left(\frac{\sigma g \Delta\rho}{\rho_g^2}\right)^{1/4} N_{\mu f}^{-0.2} \tag{3-36}$$

第二种流型转变准则适用于预测大管径内弥散环状流起始点或搅混流向环状流流型转变，管径需满足

$$D > \frac{\sqrt{\dfrac{\sigma}{\Delta\rho g}}\,N_{\mu f}^{0.4}}{\left[\dfrac{(1-0.11C_0)}{C_0}\right]^2} \tag{3-37}$$

式（3-36）预测值可以和式（3-31）（$\alpha < \alpha_m$）及式（3-38）（$\alpha \geqslant \alpha_m$）预测值进行对比：

$$\alpha = \frac{j_g}{C_0 j + \sqrt{2\left(\dfrac{\sigma g \Delta\rho}{\rho_f^2}\right)^{1/4}}} \tag{3-38}$$

基于以上 Mishima-Ishii 流型转变准则，以管径为 25.4 mm 的竖直圆管内常温常压空气-水两相向上流动为例绘制流型图，如图 3-7 所示。

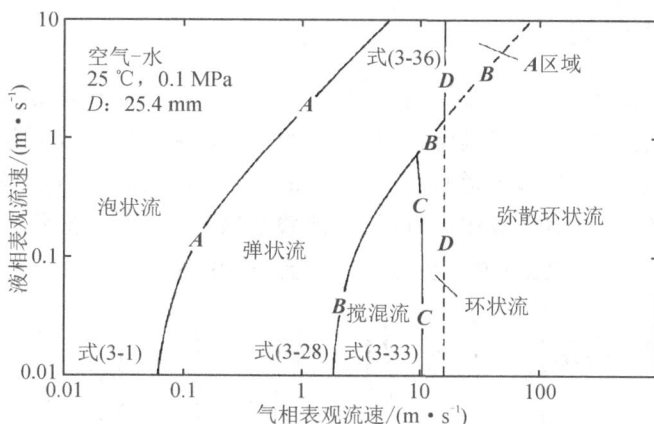

图 3-7　基于 Mishima-Ishii 流型转变准则的常温常压空气-水两相流型图

　　曲线 A 是基于式(3-1)绘制的泡状流向弹状流流型转变边界,该线的位置取决于气液两相的物性。曲线 B 代表弹状流向搅混流转变边界,基于式(3-28)而得。在液相和气相的流速均较大的情况下,弹状流的边界区域将被基于式(3-36)建立的 D 曲线限制。当气相速度比 D 曲线的气相速度临界值还要大时,由于夹带效应,液弹破碎,两相流型转变为弥散环状流。然而,有一个比较有争议的 A 区域,空泡份额相对较低,范围为 $0.3\sim0.7$,该区域很难判定是弹状流还是环状流。同时,该区域也有可能是搅混流,因此该区域的流动特点和搅混流也比较相似。基于式(3-33)建立的曲线 C 为搅混流向环状流转变的边界线。当管道直径增大,曲线 C 倾向朝气相流速更高的方向移动,一直增大到管径大小满足式(3-37)条件。因此,当管径超过特定的限值后,B-D 曲线包笼的 A 区域将会消失。

3.2.1.2　加热流道

　　一般情况下,加热流道内出现的两相流型与具有当地流动条件下的绝热流道内的流型基本相同。若施加在加热流道上的热流密度不太高,只要流道足够长,入口为单相液体,出口可加热成为单相蒸汽。在整个流动过程中,流体会先后经历单相液体、泡状流、弹状流、环状流、滴状流和单相蒸汽等各种流型,如图 3-8 所示。

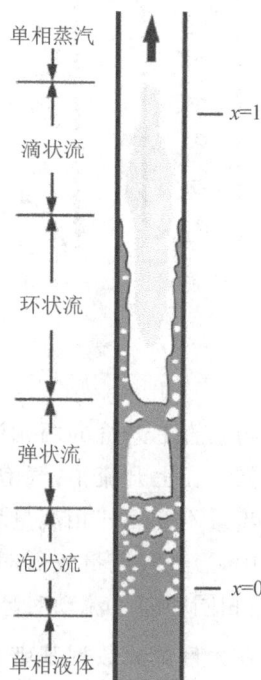

图 3-8　竖直加热流道内的流型

　　在不同的热流密度和流动条件下,竖直加热流道内有些流型可能不会出现。例如,当热流密度较大时,可能会直接由单相液体转变为弹状流。此外,在绝热流道内不会出现滴状流流型。

3.2.2　垂直下降管

Oshimowo(奥希莫沃)等[10]得到了垂直管中空气-水两相向下流动的流型,如图 3-9 所示,先后出现泡状流、弹状流、降落膜流、泡状降落膜流、搅混流和弥散环状流等六种流型。试验工况为:系统压力 0.17 MPa,流道直径 25.4 mm。气相和液相流量均较低时为以壁面降落液膜形式出现的纯环状流;随着液相流量增大,液膜卷吸气泡,形成泡状降落膜流;随着气、液两相流量继续增大,形成搅混流;进一步增大气相流量,两相流型最终转变为弥散环状流。

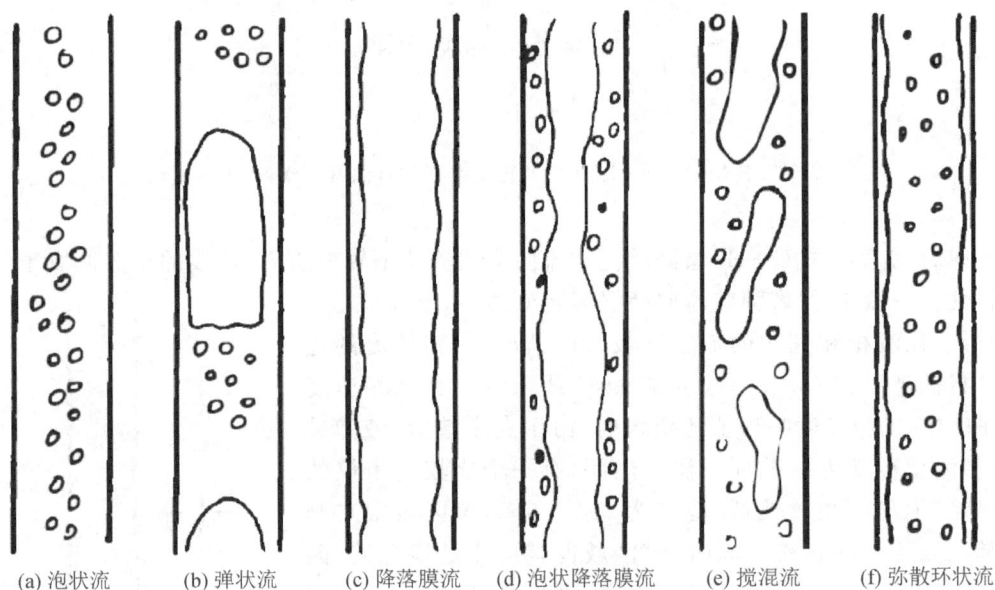

(a) 泡状流　　(b) 弹状流　　(c) 降落膜流　　(d) 泡状降落膜流　　(e) 搅混流　　(f) 弥散环状流

图 3-9　垂直下降管中观察到的流型

与垂直上升管的两相流动相比,垂直下降管的两相流型结果总体有如下不同:①泡状流流型不同。在上升流中,气泡分散在整个管截面,在下降流中气泡集中在管道的核心部分;②当液相流量不变而气相流量增大时,小气泡将聚集成气弹,下降时弹状流比上升时稳定;③下降流动中,当气液流量较低时,会出现液膜沿管壁下流。核心部分为气相的下降液膜形式。此外,两相同时向下流动时环状流比同时向上流时环状流区域宽。

在大量试验数据基础上,Oshimowo 和 Charles(查尔斯)采用 $Fr/\sqrt{\lambda}$ 与 $\sqrt{\beta/(1-\beta)}$ 分别做横、纵坐标,提出了适用于垂直管中气液两相向下流动的流型图,如图 3-10 所示。

弗劳德数(Fr)定义为

$$Fr = \frac{(j_g + j_f)^2}{gD} \tag{3-39}$$

式中,D 为流道直径;λ 为考虑液体物性修正的系数,定义为

$$\lambda = \frac{\mu_f}{\mu_w}\left[\frac{\rho_f}{\rho_w}\left(\frac{\sigma}{\sigma_w}\right)^3\right]^{-1/4} \tag{3-40}$$

式中,下标"w"表示 0.1 MPa、20 ℃工况下水的物性。

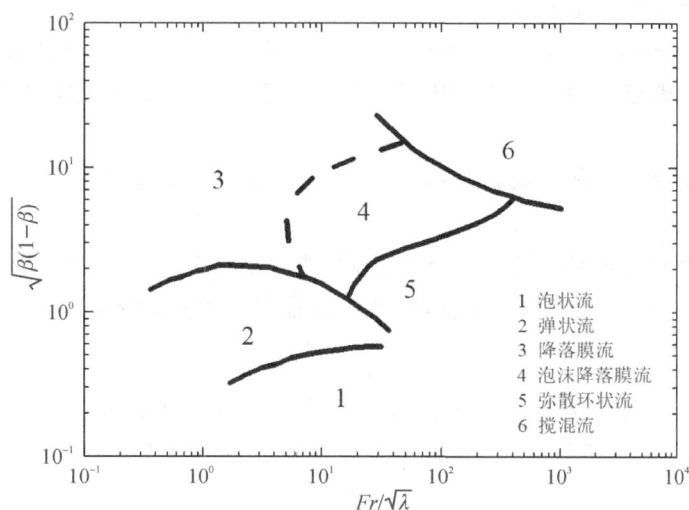

图 3 - 10　垂直下降管 Oshimowo - Charles 流型图

3.2.3　水平管

3.2.3.1　绝热流道

由于水平管内两相流型受重力影响,流道内液相和气相将被分层,液相在管道底部,气相在管道顶部。目前被普遍接受的绝热水平管内两相流型主要分为泡状流、塞状流、分层流、波状流、弹状流和环状流,如图 3 - 11 所示。

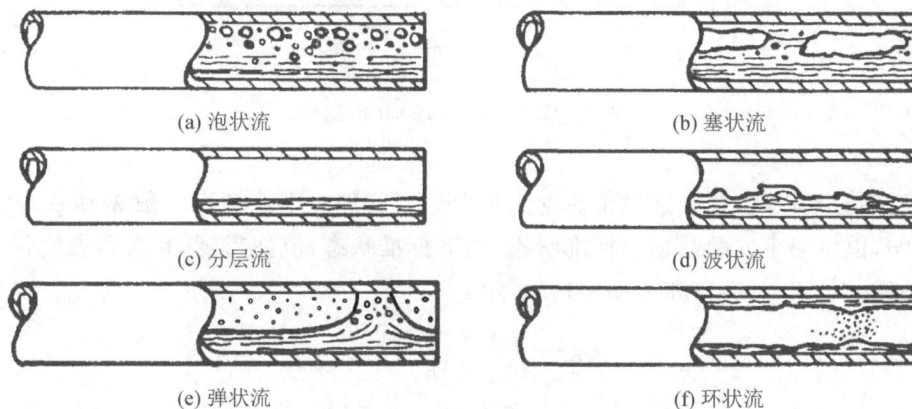

(a) 泡状流　　　　　　　　　　　　　(b) 塞状流

(c) 分层流　　　　　　　　　　　　　(d) 波状流

(e) 弹状流　　　　　　　　　　　　　(f) 环状流

图 3 - 11　水平绝热管内两相流型

1)泡状流:气泡弥散在连续液相中,由于浮力影响,气泡主要集中于管道上半顶部区域。当流速增大时,切应力起主导作用,气泡将均匀弥散分布于整个管道。

2)塞状流:液塞被长气泡分离开来,气泡呈弹状且偏置于流道顶部流动。

3)分层流:当液相和气相速度均较低时,气液两相被一个不稳定的水平交界面完全分离,气相在流道顶部,液相在流道底部。

4)波状流:随着气相速度增大,气液交界面呈波状。波动程度与气液相对速度有关,液相波峰的运动倾向包裹整个流道,但波峰不会触及管道顶部,波峰流过后管道被较薄的液膜包裹。

5)弹状流:液相呈连续相且夹带有部分气泡,夹杂有小液滴的气块偏置于流道顶部并与泡沫状液块相间。

6)环状流:与竖直管内环状流特征基本相同,主要差异是由于重力作用液膜厚度沿水平管轴向分布不均匀。一般不出现纯环状流,气芯中往往夹带大量的弥散液滴。

1. Baker 流型图

Baker(贝克)流型图[11]是建立最早且人们最熟悉的通用流型图之一,目前还在广泛使用,尤其在石油工业和冷凝工程设计中,其适用于内径从几毫米到几十厘米的水平管道,如图3-12所示。

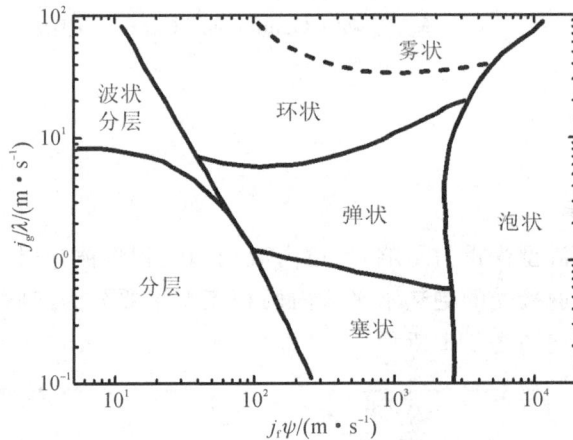

图 3-12 修正的 Baker 流型图

该流型图分别以气、液表观质量流速为横、纵坐标,同时引入两个参数 λ 和 ψ 来考虑流体物性的影响,以室温下实验数据为标准状态,对非标准状态,流体密度、黏度和表面张力要发生变化,其关系式如式(3-41)和式(3-42)所示:

$$\lambda = \left[\left(\frac{\rho_g}{\rho_{air}} \right) \left(\frac{\rho_f}{\rho_w} \right) \right]^{1/2} \tag{3-41}$$

$$\psi = \frac{\sigma_w}{\sigma_f} \left[\left(\frac{\mu_f}{\mu_w} \right) \left(\frac{\rho_w}{\rho_f} \right) \right]^{1/3} \tag{3-42}$$

式中,ρ、μ 和 σ 分别表示流体密度、动力黏度和表面张力;下标"air"和"w"表示空气和水在标准状态(室温 20 ℃、0.1 MPa);下标"g"和"f"表示气相和液相。

2. Mandhane 流型图

Mandhane(曼赫)等[12]根据近 6000 个试验数据(其中 1178 个为空气-水两相),综合归纳了水平管中气液两相流型图,如图3-13所示。此图以按管内压力与温度算得的气相表观速度(j_g)和液相表观速度(j_f)为坐标,目前被广泛采用。Mandhane 流型图适用范围如表 3 - 1 所示。

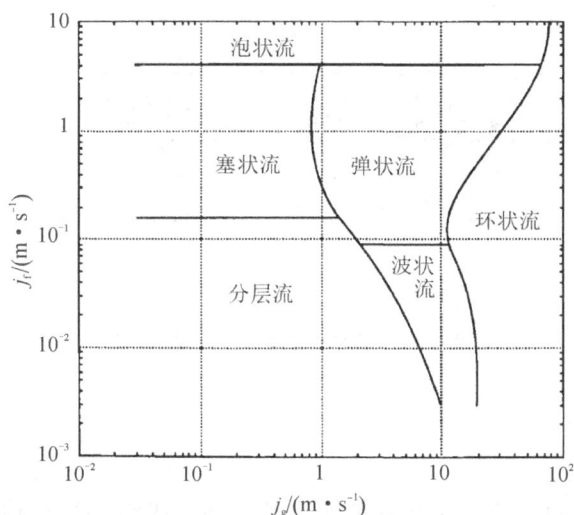

图 3 - 13　Mandhane 流型图

表 3 - 1　Mandhane 流型图的适用范围

参　　数	适用范围
管内径/(mm)	12.7～165.1
液相密度/(kg·m⁻³)	705～1009
气相密度/(kg·m⁻³)	0.8～50.5
液相黏度/(kg·m⁻¹·s⁻¹)	$3\times10^{-4}\sim9\times10^{-2}$
气相黏度/(kg·m⁻¹·s⁻¹)	$1\times10^{-5}\sim2.2\times10^{-5}$
表面张力/(mN·m⁻¹)	24～103
液相表观流速/(m·s⁻¹)	$9\times10^{-4}\sim7.310$
气相表观流速/(m·s⁻¹)	0.04～171

3.2.3.2　加热流道

典型水平加热圆管内的流型如图 3 - 14 所示,其特征与竖直加热管内基本相同。

当加热热流密度较小且入口单相液体速度较小时,重力效应显著,导致两相分布不对称,即出现两相分层流动。在波状层状流区域内,相分布不对称性和流体受热导致流道顶部发生间歇性干涸和再润湿。在环状流区域,顶部会出现逐步扩大的完全干涸区。如果入口单相液体流速较大,重力效应则相对较弱,相分布趋于对称,流型的转变更接近垂直蒸发管中的情况。

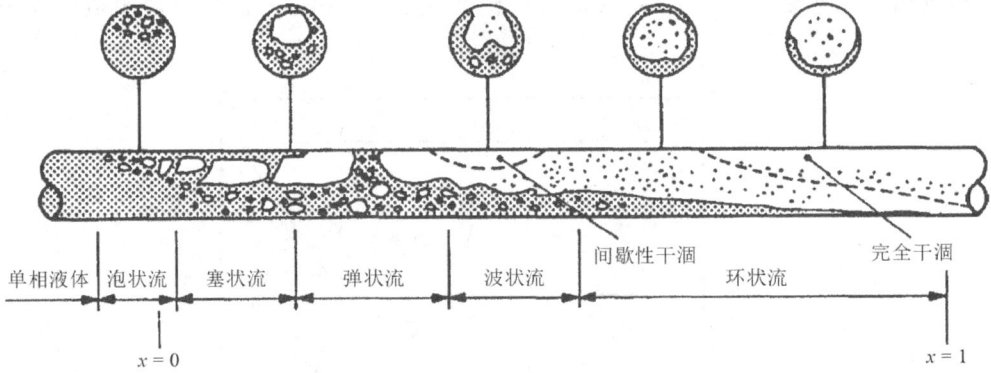

图 3-14 水平蒸发管内两相流型

3.2.4 倾斜管

国内外学者针对微倾斜管内两相流特性开展了持续研究,并对流型受管道倾斜角度的影响规律进行了深入分析。

Barnea(巴尔内亚)等[13]的实验得出了倾角为 $-10°\sim10°$ 的倾斜管中气液两相流流型和流型图,如图 3-15 所示,其指出在微倾斜角 $0.25°\sim10°$ 范围内,直管内分层流动受倾斜角影响最大,当倾角只有 $0.25°$ 时,分层流区域就缩减成顶部类似拱形的小区域,并随着倾斜角度的增加而逐渐缩小,直至在倾角 $\theta\geqslant\arcsin(D/L)$ 时,分层流消失;而间歇流区域相应就明显扩大。此外,倾角对间歇流、泡状流和环状流型之间的转换界限也有影响,但影响不大。倾斜向下流动时,大多数是分层流,倾斜向上流动则转变成间歇流。

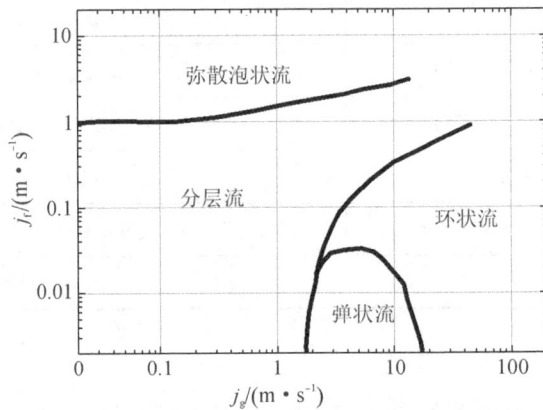

图 3-15 25 mm 倾斜管 0.25°流型图

Spedding(斯佩丁)等[14]针对内径 45.5 mm 的圆管进行了空气-水垂直向上流动到向下流动不同倾斜角度的流型实验。试验观察到 13 种可辨别的流型,如图 3-16 所示,总体可以简化成以下四个典型流型。

1）分层流。各相都是连续的，包括光滑分层流、波状分层流和环状流（不携带液滴和气泡）；

2）泡状流和弹状流。液相连续，气相不连续。

3）滴状流。液相不连续，气相连续。

4）混合流动。两相都是不连续的。

同时还引入了五个重要参数 Q_f、Q_g、β、Q_f/Q_g 和 Fr，以液相流量对气相流量的比（Q_f/Q_g）和弗劳德数（Fr）作为坐标参数。

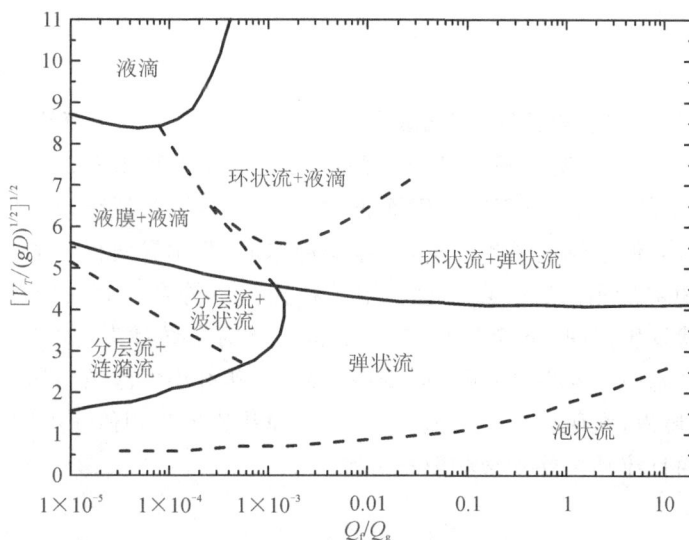

图 3-16　45.5 mm 倾斜管 45°流型图

3.2.5　螺旋管

1. 泡状流

泡状流的定义是气相呈孤立、弥散的气泡分布于连续液相中的流动。在水平管与倾斜管中，气相由于浮力的作用对称地分布于流道上部，并且在高液体流速下由于湍流的扰动呈弥散小气泡。然而在螺旋管中，气相非对称地分布在管道内侧以及上部，即使在高液体流速下，气泡也很难弥散化。液相受到离心力的作用，将气泡挤压至管道内侧，呈现带状分布；并且离心力随流速增大而增大，使气泡分布反而更加密集，因此弥散泡状流无法形成。

由于离心力大小与液体流速紧密相关，不同液体流速对气相的影响程度不同，因此气泡分布和尺寸大小等特征出现了明显差异。如图 3-17（a）所示，高液体流速下，气泡主要受到离心力的影响，呈窄带状分布于管道内侧，并且由于强烈的湍流扰动作用，气泡的尺寸较小；而在低液体流速下，气泡主要受到浮力的影响，分布于螺旋管道外侧，并且气泡尺寸较大，气泡聚团效应较为明显，如图 3-17（b）所示。

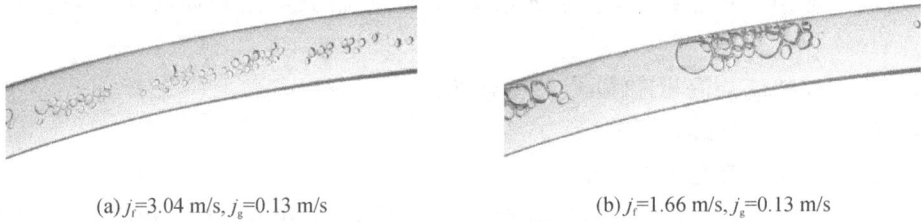

(a) j_f=3.04 m/s, j_g=0.13 m/s   (b) j_f=1.66 m/s, j_g=0.13 m/s

图 3－17 螺旋管内不同液体流速下泡状流图像

2. 塞状流

塞状流的特征是气相以较长气塞(长度大于管径)的形式分布于流道上部,而液相则以长液弹或液桥的形式分布于气塞之间。对于直管而言,气塞呈椭球形并带有一条细长的尾巴,且在液相中弥散着较少的气泡。对于螺旋管而言,塞状流显得更为复杂,在不同气液流量下呈现不同特征。在低气体、低液体流量条件下,气塞呈椭球形,两相界面很光滑,而在液相中几乎没有气泡,如图 3－18(a)所示。这一点与直管中的特征基本符合。而在中等气体、较高液体流量条件下,气塞形状发生扭曲,呈箭头形,在高液体流量时呈纺锤形,如图 3－18(b)所示。随着液体流量增加,气塞头部变尖,两相界面变得模糊,不断有小气泡被剪切至液体中。另外,气塞的后端形成一个尾涡,充斥大量小气泡,此特征与弹状流极为相似。不同点在于塞状流液相含有的气泡较少,而且流动主要受液相驱动。

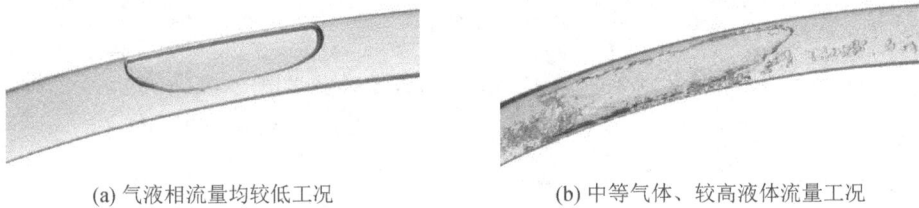

(a) 气液相流量均较低工况   (b) 中等气体、较高液体流量工况

图 3－18 螺旋管内不同气液流速下塞状流图像

3. 弹状流

在几何上,弹状流与塞状流非常相似,主要表现为流道上部气弹与液弹(桥)在时间与空间上的交替流动,流道下部则分布着较厚的液膜,如图 3－19 所示。不同的是,弹状流为气相主导的流动,相应地,气弹长度会更长,一般来说,气弹的长度明显长于液弹(桥)的长度。这样,气相就主要占据了管道的上部区域。由于气体流量的增大,相间的剪切力增强,界面以及液相中产生大量气泡。同时,液膜的厚度变小,相应地,流速变低,造成液弹的流速明显高于液膜的流速。特别在低液体流量时,能够观察到液弹与液膜流动方向相反,即液膜向下流动,而液弹随气弹一起向上流动,如图 3－19(a)所示。此时,界面上的小气泡随液膜向下流动,不断与气弹相遇并发生聚合,同时导致很多气泡聚集于气弹的前端。在高液体流量下,气弹开始向螺旋管内侧移动,界面的相互作用更加剧烈,如图 3－19(b)所示。受湍流扰动的影响,界面与液相中气泡尺寸明显变小。界面剪切的气泡不断进入液弹,但并不发生聚合,呈现带状分布,与泡

状流较为类似。

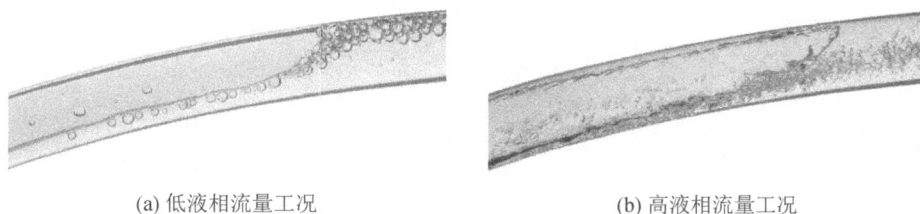

(a) 低液相流量工况　　　　　　　　(b) 高液相流量工况

图 3-19　螺旋管内不同气液流速下弹状流图像

4. 波状流

螺旋管内波状流发生在极低的液体流量下,受离心力的影响较小,所以物理特征与直管非常类似。如图 3-20 所示,波状流表现为液相在流道的底部流动,而气相与液相分离,在其上方流动。气液交界面由于受到相间摩擦影响,形成一些脉动波,而波动的幅度与频率跟具体的气体、液体流量有关。提高气、液流量,波动愈加剧烈,波动幅度更大。波状流通常在低液体流量下产生,弹状流在提高气体流量时产生。由于受到较高流速气相的剪切作用,液膜的流速明显加快,导致即使在极低液相流量下,液膜也不会出现逆流,从而很难汇聚形成液弹。那么,原先的液弹退化为扰动波,波幅小于管径。另外,彼此间隔的气弹开始连通,在液膜上部形成一个连续的气相空间。当气体流量足够大时,气相对液相的拖曳力大于液相自身表面张力,液滴会被气相夹带进入上部空间。由于螺旋管流道的弯曲结构,这些液滴出于惯性将会碰撞并润湿管壁。

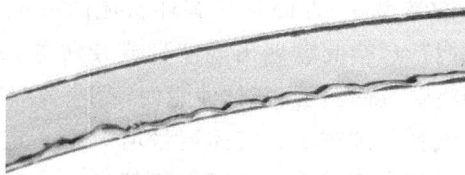

图 3-20　螺旋管内波状流图像($j_f=0.08$ m/s,$j_g=7.87$ m/s)

5. 环状流

环状流出现在极高气体流量、较低液体流量工况下,此时,持续的液膜在整个管壁范围内形成,流道中部则以气芯为主并夹带大量液滴。如图 3-21 所示,环状流工况下,在螺旋管的内侧与外侧均可以观察到明显的液膜。从内侧的图像可以看出,液膜的分布并不均匀,下部区域的液膜厚度要明显高于上部区域,并且气液交界面存在强烈的波动,如图 3-21(a)所示。根据外侧的图像可以发现,液膜厚度分布呈现局部不均匀性,同时液膜表面产生很多纵向的波纹。这些波纹实际是由于高速气体对液膜的冲刷效应造成的。特别值得一提的是,螺旋管内环状流存在一种液膜反转的效应。一般来说,由于液体的密度远大于气体密度,液相受到离心力的影响更加剧烈,往往被甩到螺旋管的外侧。然而,随着气体流量的增加,气体受到离心力影响逐渐增大,液膜开始由外侧位置向中部位置移动,如图 3-22 所示。当气体流速进一步增大时,液膜会由中部位置向内侧位置移动,并且液膜在管壁内侧的位置会随气体流量的增加而上升。

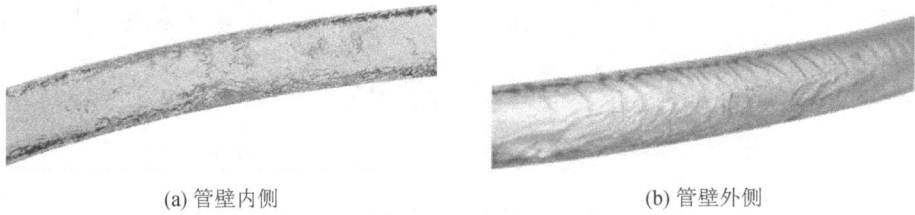

(a) 管壁内侧　　　　　　　　　　　　　　(b) 管壁外侧

图 3-21　环状流图像($j_f=0.08$ m/s,$j_g=12.3$ m/s)

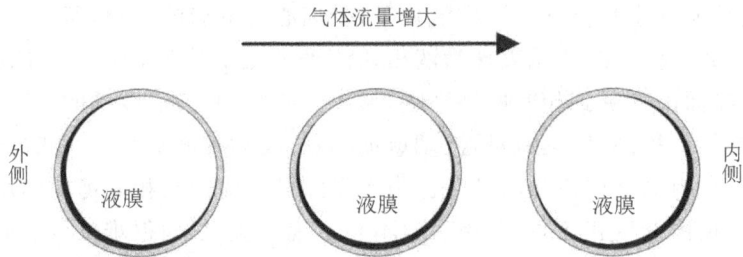

图 3-22　螺旋管内环状流液膜反转

6. 类环状流

类环状流是一种新定义的流型,一方面其具有环状流的一般特征,管壁上覆盖了一层液膜;另一方面其兼具弹状流的特点,会间歇地出现液带或者液雾,如图 3-23 所示。类环状流通常在较高液体流量下,弹状流工况在提高气体流量时产生。在较高液体流量下,提高气体流量会导致气弹频率增加以及气弹间隙减小。气体流量增大到一定程度,液弹界面将受到气相强烈的冲击与剪切作用。当液相表面张力不足以维持其界面轮廓时,大量气体将以气泡或者气塞的形式进入液弹或液桥之中。气相在液弹中的分布极其不稳定,原本稳定的液弹将进入一种混沌的状态,其空泡含量大大增加。液相所处的状态类似于竖直流动中的搅混流,其中充满了高度搅混的液弹与气弹。与此同时,大量的液滴被气体夹带到原本的气弹区域,并且在螺旋管管壁汇聚形成连续的液膜,类似于环状流的状态。此种流型可以理解为弹状流与环状流的过渡流型,但是其分布范围很广,所以将其单独定义为一种新的流型。

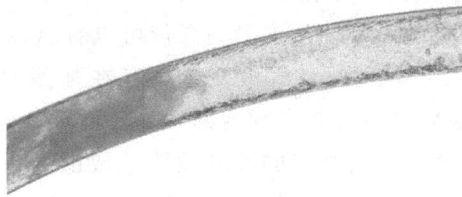

图 3-23　类环状流($j_f=3.04$ m/s,$j_g=6.96$ m/s)

3.2.6 竖直棒束通道

3.2.6.1 流型分类

在核反应堆系统中,堆芯及蒸汽发生器等主系统设备存在大量管束通道。图 3 - 24 给出了竖直棒束通道内气液两相竖直向上流动的五种典型流型图[15],分别为泡状流、弥散泡状流、帽状泡状流、搅混流和环状流。各流型的具体定义如下。

1)泡状(bubbly,B)流:液相为连续相,液体中同时存在离散和变形的球形气泡。气泡大小不一,最大尺寸接近子通道水力直径。大部分气泡均沿着棒束轴向方向运动,部分气泡会在相邻棒束通道间做横向运动。

2)弥散泡状(finely dispersed bubbly,FDB)流:整个棒束通道中气相分散成大小几乎一致的小球形气泡。由于液相湍流力较大,球形气泡不会变形也不会发生聚合现象,并且漂移速度非常小,甚至可以忽略。

3)帽状泡状(cap-bubbly,CB)流:随着气泡数目不断增加,促进了气泡的聚合,使得帽状气泡开始出现。这些帽状气泡大小不一,较小的帽状气泡可占据一个子通道(相邻四根棒组成的空间),较大的帽状气泡能够占据两个子通道甚至整个棒束区域更大的空间。帽状气泡通常以一种交替的方式出现,其周围液体中通常弥散有较多的小气泡。此外,帽状气泡很少会向周边的棒束通道做横向移动。

4)搅混(churn,CH)流:随着气相流量的增加,高度变形的气泡能够占据更多的子通道,液相中的小气泡运动紊乱,相邻子通道间的气泡会发生横向搅混。

5)环状(annular,A)流:夹带有液滴的气相在子通道中心移动,液相以液膜形式沿壁面移动。

需要说明的是,弹状流在实验[15]中并没有被观察到。因此,并没有对棒束通道定义弹状流流型。

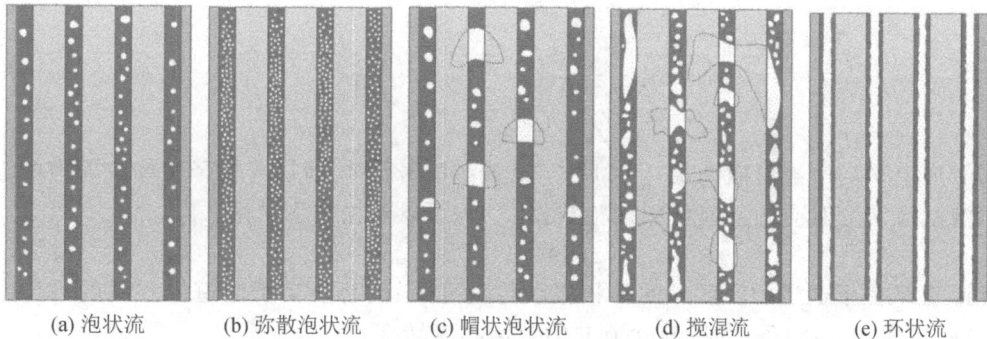

(a) 泡状流　　(b) 弥散泡状流　　(c) 帽状泡状流　　(d) 搅混流　　(e) 环状流

图 3 - 24　竖直棒束通道不同流型图

3.2.6.2 流型转变准则

本书主要介绍 Han(韩)等[15]竖直向上流动棒束通道两相流型转变准则,包括泡状流向帽状泡状流转变准则、帽状泡状流向搅混流转变准则、向环状流转变准则、向弥散泡状流转变准则。

1. 泡状流向帽状泡状流转变准则

图 3-25 为竖直棒束子通道结构示意图,其由四个 1/4 棒和流体区域组成。流体区域又分为中心区和边缘区,中心区的半径 x 可用式(3-43)计算[16]:

$$x = \frac{4}{5} \frac{\sqrt{2}\, p - d}{2} \tag{3-43}$$

式中,p 为棒束中心距,m;d 为棒外径,m。

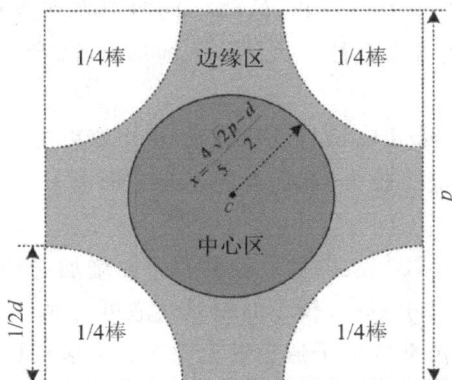

图 3-25　子通道几何结构示意图

子通道区域的平均空泡份额 $\langle \alpha_{\mathrm{sub}} \rangle$ 可采用下式计算:

$$\langle \alpha_{\mathrm{sub}} \rangle = \frac{A_{\mathrm{cen}}}{A_{\mathrm{sub}}} \langle \alpha_{\mathrm{cen}} \rangle + \frac{A_{\mathrm{mar}}}{A_{\mathrm{sub}}} \langle \alpha_{\mathrm{mar}} \rangle \tag{3-44}$$

式中,$\langle \alpha_{\mathrm{cen}} \rangle$ 和 $\langle \alpha_{\mathrm{mar}} \rangle$ 分别为中心区和边缘区的平均空泡份额;A_{cen} 和 A_{mar} 分别为子通道中心区和边缘区的面积,可采用下式计算:

$$A_{\mathrm{sub}} = p^2 - \frac{\pi}{4} d^2 \tag{3-45}$$

$$A_{\mathrm{cen}} = \frac{\pi}{4} \left[\frac{4}{5} (\sqrt{2}\, p - d) \right]^2 \tag{3-46}$$

$$A_{\mathrm{mar}} = A_{\mathrm{sub}} - A_{\mathrm{cen}} \tag{3-47}$$

当子通道平均空泡份额满足 $0.0112 \leqslant \langle \alpha_{\mathrm{sub}} \rangle \leqslant 0.335$ 时,通过分析竖直棒束通道内泡状流向帽状泡状流转变对应的空泡份额试验数据[16-17],可以建立如下关系式:

$$\langle \alpha_{\mathrm{mar}} \rangle = 0.335 \langle \alpha_{\mathrm{cen}} \rangle \tag{3-48}$$

Han 等认为子通道中心区域的两相流动与竖直圆管相似,当子通道中心区的平均空泡份额 $\langle \alpha_{\mathrm{cen}} \rangle$ 满足式(3-48)条件时,泡状流向帽状泡状流转变。

$$\langle \alpha_{\mathrm{cen}} \rangle = 0.25 \tag{3-49}$$

将式(3-45)~式(3-49)代入式(3-44),可得竖直棒束通道泡状流向帽状泡状流转变对应的子通道平均空泡份额临界值 $\langle \alpha_{\mathrm{B-CB}} \rangle$:

$$\langle \alpha_{\mathrm{B-CB}} \rangle = \frac{-1.00353 \left(\dfrac{p}{d} \right)^2 + 0.945 \left(\dfrac{p}{d} \right) - 0.0712}{-4 \left(\dfrac{p}{d} \right)^2 + \pi} \tag{3-50}$$

2. 帽状泡状流向搅混流转变准则

帽状泡状流向搅混流转变的机理是当液弹中帽状气泡和变形小气泡发展到其定义的最大尺寸,部分帽状气泡开始聚合成更大尺寸的扭曲气泡,并且液弹发生破碎,即为发生流型转变。图 3 - 26(a)给出了该流型转变对应的最大气泡尺寸示意图,相应地,由两组最大气泡及变形小气泡组成的流道区域的平均空泡份额$\langle \alpha_{\text{CB-CH}} \rangle$可由下式计算:

$$\langle \alpha_{\text{CB-CH}} \rangle = \langle \alpha_{\text{cap}} \rangle + (1 - \langle \alpha_{\text{cap}} \rangle) \langle \alpha_{\text{sm}} \rangle \tag{3-51}$$

式中,$\langle \alpha_{\text{cap}} \rangle$和$\langle \alpha_{\text{sm}} \rangle$分别为棒束通道液弹中的帽状气泡和变形小气泡的平均空泡份额。$\langle \alpha_{\text{sm}} \rangle$为一定值[15]0.3。

如图 3 - 26(b)所示,Venkateswararao(文卡茨瓦兰)等[18]针对 2×3 棒束通道建立了$\langle \alpha_{\text{cap}} \rangle$经验公式模型:

$$\langle \alpha_{\text{cap}} \rangle = \frac{\pi(p + d)}{6\cos\theta(2p + d)} \tag{3-52}$$

式中,θ 的计算式为

$$\theta = \arcsin \frac{p - d}{p + d} \tag{3-53}$$

因此,可以获得帽状泡状流向搅混流转变对应的$\langle \alpha_{\text{CB-CH}} \rangle$:

$$\langle \alpha_{\text{CB-CH}} \rangle = 0.33 + 0.67 \frac{\pi(p + d)}{6\cos\theta(2p + d)} \tag{3-54}$$

对于竖直管束通道,当 $1.06 \leqslant p/d \leqslant 1.36$ 时,$0.555 \leqslant \langle \alpha_{\text{CB-CH}} \rangle \leqslant 0.562$;当 $1.00 \leqslant p/d \leqslant 2.00$ 时,$0.553 \leqslant \langle \alpha_{\text{CB-CH}} \rangle \leqslant 0.564$。

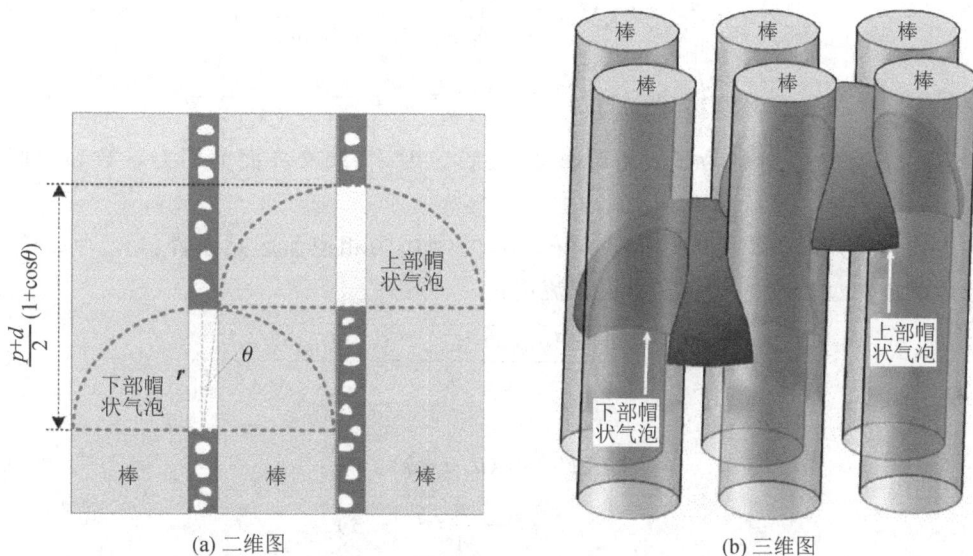

(a) 二维图　　　　　　　　(b) 三维图

图 3 - 26　2×3 棒束通道内帽状泡状流向搅混流转变对应的最大气泡几何定义示意图

3. 向环状流转变准则

棒束通道内向环状流流型转变的机理与 Mishima 等提出的竖直圆管相同,即两相逆流起始和液滴夹带起始。本书针对这两种机理,分别建立了棒束通道内向环状流流型的转变准则。

（1）两相逆流机理模型

Ishii[19]采用环状流漂移速度公式,并结合特定条件:液膜表观流速为零,推导得到了两相逆流起始点对应的气相表观流速计算式。基于该方法,可以得到竖直棒束通道内的气相临界表观流速$\langle j_{g,\text{re}}\rangle$。

图3-27给出了棒束子通道典型环状流液膜示意图。基于气相与液膜的受力平衡关系可得

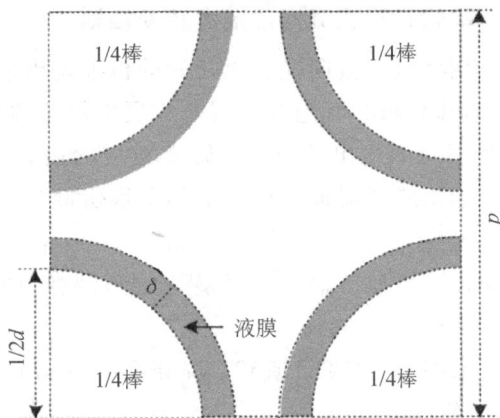

图3-27　子通道内典型环状流液膜示意图

$$-\left(\frac{\mathrm{d}p}{\mathrm{d}z}+\rho_g g\right)=\frac{\tau_i P_i}{\langle\alpha_{\text{sub}}\rangle A_{\text{sub}}}\quad(3-55)$$

$$-\left(\frac{\mathrm{d}p}{\mathrm{d}z}+\rho_f g\right)=\frac{\tau_{\text{wf}} P_{\text{wf}}}{(1-\langle\alpha_{\text{sub}}\rangle)A_{\text{sub}}}-\frac{\tau_i P_i}{(1-\langle\alpha_{\text{sub}}\rangle)A_{\text{sub}}}\quad(3-56)$$

式中,τ_i、τ_{wf}、P_i和P_{wf}分别为气液相界面剪切力、壁面剪切力、界面湿周和壁面湿周。

联合式(3-55)和式(3-56)可得

$$(1-\langle\alpha_{\text{sub}}\rangle)=\frac{\tau_i P_i}{\langle\alpha_{\text{sub}}\rangle A_{\text{sub}}(\rho_f-\rho_g)}-\frac{\tau_{\text{wf}} P_{\text{wf}}}{A_{\text{sub}}(\rho_f-\rho_g)g}\quad(3-57)$$

τ_i和τ_{wf}可采用下式计算:

$$\tau_i=\frac{f_i}{2}\rho_g\langle v_r\rangle^2=\frac{f_i}{2}\rho_g\left(\frac{\langle j_g\rangle}{\langle\alpha_{\text{sub}}\rangle}-\frac{\langle j_f\rangle}{1-\langle\alpha_{\text{sub}}\rangle}\right)^2\quad(3-58)$$

$$\tau_{\text{wf}}=\frac{f_{\text{wf}}}{2}\rho_f\langle\langle v_f\rangle\rangle|\langle\langle v_f\rangle\rangle|=\frac{f_{\text{wf}}}{2}\rho_f\frac{\langle j_f\rangle|\langle j_f\rangle|}{(1-\langle\alpha_{\text{sub}}\rangle)^2}\quad(3-59)$$

式中,v_r、v_f、f_i和f_{wf}分别为气液相对速度、液膜速度、气液交界面剪切力系数和壁面剪切力系数。

将式(3-58)和式(3-59)代入式(3-57),并利用两相逆流起始条件:$\langle j_f\rangle=0$和$\tau_{\text{wf}}=0$。可得向环状流流型转变的气相临界表观流速:

$$\langle j_{g,\text{re}}\rangle=\sqrt{\frac{2(1-\langle\alpha_{\text{sub}}\rangle)\langle\alpha_{\text{sub}}\rangle^3(\rho_f-\rho_g)g}{\rho_g}\frac{A_{\text{sub}}}{P_i f_i}}\quad(3-60)$$

式中,

$$P_i=\pi(d+2\delta)\quad(3-61)$$

$$\langle\alpha_{\text{sub}}\rangle=\frac{p^2-\frac{\pi}{4}(d+2\delta)^2}{p^2-\frac{\pi}{4}d^2}\quad(3-62)$$

于是可得棒束通道环状流流型的液膜厚度(δ):

$$\delta=\frac{\sqrt{\pi[\pi d^2\langle\alpha_{\text{sub}}\rangle-4p^2(\langle\alpha_{\text{sub}}\rangle-1)]}-\pi d}{2\pi}\quad(3-63)$$

将式(3-63)代入式(3-61)可得：

$$P_i = \sqrt{\pi \left[\pi d^2 \langle \alpha_{\text{sub}} \rangle - 4p^2 (\langle \alpha_{\text{sub}} \rangle - 1) \right]} \qquad (3-64)$$

由于环状流流型下，气相表观流速远大于液相表观流速，因此有

$$\langle \alpha_{\text{sub}} \rangle = \frac{\langle j_g \rangle}{C_0 \langle j \rangle + \langle \langle v_{gj} \rangle \rangle} \approx \frac{1}{C_0} \qquad (3-65)$$

气液相界面剪切力系数(f_i)可采用 Wallis(华里士)公式[20]：

$$f_i = 0.005 \left(1 + 300 \frac{\delta}{d} \right) \qquad (3-66)$$

将式(3-45)和式(3-64)~式(3-66)代入式(3-60)可得

$$\langle j_{g,\text{re}} \rangle = 13.313 \sqrt{\frac{(C_0-1)(\rho_f - \rho_g)(4p^2 - \pi d^2) g d}{(C_0)^4 \rho_g C_1 (150 C_1 \sqrt{\pi} - 149 \pi d)}} \qquad (3-67)$$

式中，

$$C_1 = \sqrt{\frac{4p^2(C_0-1) + \pi d^2}{C_0}} \qquad (3-68)$$

因此，竖直棒束通道内发生两相逆流的平均空泡份额$\langle \alpha \rangle$需满足

$$\langle \alpha \rangle \geqslant \langle \alpha_{\text{CB-CH}} \rangle \qquad (3-69)$$

(2)液滴夹带机理模型

当气液两相流的速度均较大时，虽然$\langle \alpha \rangle < \langle \alpha_{\text{CB-CH}} \rangle$，竖直棒束通道内也可能出现环状流，这是因为夹带现象带来的液弹或大尺寸液波破碎，会促使液块转变为液膜，且气相会夹带液滴一起运动[19]。根据 Ishii 等建立的液滴夹带起始准则[21]，夹带起始临界气泡表观流速$\langle \langle j_{g,\text{en}} \rangle \rangle$计算式为

$$\langle \langle j_{g,\text{en}} \rangle \rangle = N_{\mu f}^{-0.2} \left[\frac{\sigma g (\rho_f - \rho_g)}{\rho_g^2} \right]^{0.25} \qquad (3-70)$$

式中，$N_{\mu f}$为黏性数，计算式为

$$N_{\mu f} = \frac{\mu_f}{\left[\sigma \rho_f \sqrt{\frac{\sigma}{g(\rho_f - \rho_g)}} \right]^{0.5}} \qquad (3-71)$$

4. 向弥散泡状流转变准则

向弥散泡状流转变的机理是较高流速的液相带来强烈的湍流扰动，破坏了界面张力并将气泡驱散成球形小气泡，目前主要有两种机理模型。

(1)第一种机理模型[22]

弥散气泡的最大稳定直径($d_{\max}$)减小至球形气泡的最大直径($d_{\text{sph,crit}}$)，表面张力和湍流脉动力之间的平衡被打破，此时流型转变为弥散泡状流，需满足

$$d_{\max} = d_{\text{sph,crit}} \qquad (3-72)$$

$d_{\max}$ 和 $d_{\text{sph,crit}}$ 的计算式[23-24]为

$$d_{\max} = 1.14 \left(\frac{\sigma}{\rho_f} \right)^{3/5} \left[\frac{2 f_{\text{TP}}}{D_h} (\langle j_f \rangle + \langle j_g \rangle)^3 \right]^{-2/5} \qquad (3-73)$$

$$d_{\text{sph,crit}} = \left[\frac{0.4\sigma}{(\rho_\text{f}-\rho_\text{g})g}\right]^{1/2} \tag{3-74}$$

式中，f_TP 为两相摩擦系数，计算式为

$$f_\text{TP} = C\left[\frac{(\langle j_\text{f}\rangle + \langle j_\text{g}\rangle)D_\text{h}}{v_\text{f}}\right]^{-n} \tag{3-75}$$

式中，v_f 和 D_h 分别为液相运动黏度和水力直径；对于竖直棒束，C 值[25]为 0.0506。

将式(3-73)~式(3-75)代入式(3-72)，向弥散泡状流转变准则转化为

$$(\langle j_\text{f}\rangle + \langle j_\text{g}\rangle)_{\text{crit}} = \left(\frac{2.18}{C}\right)^{1/(3-n)} \frac{\left(\dfrac{\sigma}{\rho_\text{f}}\right)^{0.25/(3-n)}(D_\text{h})^{(1+n)/(3-n)}}{(v_\text{f})^{n/(3-n)}}\left[\frac{(\rho_\text{f}-\rho_\text{g})g}{\rho_\text{f}}\right]^{1.25/(3-n)} \tag{3-76}$$

(2)第二种机理模型

当液相的湍流动能高于弥散气泡的最小总表面自由能，两相流型将向弥散泡状流转变。Chen(陈)等[26]假设当流型转变为弥散泡状流时，液相各向湍流状态相同，定义单位流通截面积液相的单位体积湍流动能(E_T)为

$$E_\text{T} = \frac{3}{2}f_\text{f}\frac{\rho_\text{f}\langle j_\text{f}\rangle^3}{2} \tag{3-77}$$

式中，f_f 为单相液体摩擦系数，计算式为

$$f_\text{f} = C\left(\frac{\langle j_\text{f}\rangle D_\text{h}}{v_\text{f}}\right)^{-n} \tag{3-78}$$

单位流通截面积弥散气泡的最小总表面自由能($E_{\text{S,min}}$)的计算式[26-28]为

$$E_{\text{S,min}} = 3\langle j_\text{g}\rangle[2.5\sigma(\rho_\text{f}-\rho_\text{g})g]^{1/2} \tag{3-79}$$

当液相湍流动能与弥散气泡的最小总表面自由能相等时，即

$$E_\text{T} = E_{\text{S,min}} \tag{3-80}$$

将式(3-77)~式(3-79)代入式(3-80)，向弥散泡状流转变准则转化为

$$\left(\frac{\langle j_\text{f}\rangle^{3-n}}{\langle j_\text{g}\rangle}\right)_{\text{crit}} = \frac{6.325}{C}\frac{[\sigma(\rho_\text{f}-\rho_\text{g})g]^{1/2}(D_\text{h})^n}{\rho_\text{f}(v_\text{f})^n} \tag{3-81}$$

需要注意的是，式(3-76)仅适用于预测 $\langle j_\text{g}\rangle$ 不太高工况对应的弥散泡状流转变点，这是因为在某一给定的系统压力和温度工况条件时，式(3-76)计算值为一定值，则向弥散泡状流转变的 $\langle j_\text{f}\rangle$ 临界值随 $\langle j_\text{g}\rangle$ 临界值的增大而减小，这与 Caetano(卡埃塔诺)[29]和 Shoham(肖姆)[30]的试验结论相矛盾。式(3-81)能够合理地预测 $\langle j_\text{g}\rangle$ 较高工况对应的弥散泡状流转变点，但是当 $\langle j_\text{g}\rangle$ 临界值比较小时，对应一个较小的 $\langle j_\text{f}\rangle$ 临界值，这与试验结果不相符。考虑到式(3-76)和式(3-81)的局限性，可以合理假设：当两相流型开始向弥散泡状流转变时，需同时满足式(3-76)和式(3-81)的约束条件。在一个给定的气相表观流速 $\langle j_\text{g}\rangle$ 工况下，竖直棒束通道向弥散泡状流流型转变起始点对应的液相表观流速 $\langle j_\text{f}\rangle$ 应满足

$$\langle j_{\text{f,FDB}}\rangle = \max\left\{\begin{array}{l} 3.83\dfrac{(D_\text{h})^{0.429}\left(\dfrac{\sigma}{\rho_\text{f}}\right)^{0.0893}}{(v_\text{f})^{0.0714}}\left[\dfrac{(\rho_\text{f}-\rho_\text{g})g}{\rho_\text{f}}\right]^{0.446} - \langle j_\text{g}\rangle \\[4mm] 5.61\dfrac{[\sigma(\rho_\text{f}-\rho_\text{g})g]^{0.179}(D_\text{h})^{0.0714}}{(v_\text{f})^{0.0714}(\rho_\text{f})^{0.357}}\langle j_\text{g}\rangle^{0.357} \end{array}\right. \tag{3-82}$$

5. 空泡参数 C_0 与漂移速度 $\langle\langle v_{gj} \rangle\rangle$ 关系式

为了方便制作横纵坐标为表观流速的流型图,即将泡状流向帽状泡状流转变关系式
(3-50)、帽状泡状流向搅混流转变关系式(3-54)转换成和 $\langle j_g \rangle$ 及 $\langle j_f \rangle$ 有关的公式,同时计算两相逆流准则关系式(3-67)中的 C_0,还需要补充合理的竖直棒束通道内气液两相分布参数 C_0 关系式和漂移速度 $\langle\langle v_{gj} \rangle\rangle$ 关系式:

$$\langle\langle v_{gj} \rangle\rangle = \begin{cases} \langle\langle v_{gj,\text{B}} \rangle\rangle \mathrm{e}^{\frac{-1.39\langle j_g \rangle}{\left[\frac{g\sigma(\rho_f-\rho_g)}{\rho_f^2}\right]^{0.25}}} + \langle\langle v_{gj,\text{P}} \rangle\rangle \left\{1 - \mathrm{e}^{\frac{-1.39\langle j_g \rangle}{\left[\frac{g\sigma(\rho_f-\rho_g)}{\rho_f^2}\right]^{0.25}}}\right\} & \text{泡状流和帽状泡状流} \\[4pt] 0 & \text{弥散泡状流} \\[4pt] \sqrt{2}\left[\frac{g\sigma(\rho_f-\rho_g)}{\rho_f^2}\right]^{0.25} & \text{搅混流} \\[4pt] \dfrac{1-\langle\alpha\rangle}{\langle\alpha\rangle + \left[\frac{1+75(1-\langle\alpha\rangle)}{\langle\alpha\rangle^{1/2}}\frac{\rho_g}{\rho_f}\right]^{0.5}}\left[\frac{g(\rho_f-\rho_g)D_h(1-\langle\alpha\rangle)}{0.015\rho_f}\right]^{0.5} & \text{环状流} \end{cases}$$

$$(3-83)$$

$$C_0 = \begin{cases} 1 & \text{弥散泡状流} \\[4pt] C_{\infty,\text{H}} - (C_{\infty,\text{H}}-)\sqrt{\dfrac{\rho_g}{\rho_f}} & Re_g \geqslant Re_{g,\text{crit}} \\[4pt] C_{\infty,\text{L}} - (C_{\infty,\text{L}}-)\sqrt{\dfrac{\rho_g}{\rho_f}} & Re_g < Re_{g,\text{crit}} \end{cases} \quad \text{其他流型} \qquad (3-84)$$

式中,渐进分布参数的指数递减函数($C_{\infty,\text{H}}$)和线性递增函数($C_{\infty,\text{L}}$)分别为

$$C_{\infty,\text{H}} = 1.10 + 2.76\exp\left[-0.0000142Re_f - 1.24\left(\frac{Re_g}{1000}\right)^{0.54}\right] \qquad (3-85)$$

$$C_{\infty,\text{L}} = \left[\frac{(C_{\infty,\text{H}}Re_{g,\text{crit}}-1)}{Re_{g,\text{crit}}}\right]Re_g + 1 \qquad (3-86)$$

$$Re_{g,\text{crit}} = 0.056Re_f + 5710D_h \qquad (3-87)$$

泡状流漂移速度[19]和帽状泡状流漂移速度[31]计算式分别为

$$\langle\langle v_{gj,\text{B}} \rangle\rangle = \sqrt{2}\left[\frac{g\sigma(\rho_f-\rho_g)}{\rho_f^2}\right]^{0.25}(1-\langle\alpha\rangle)^{1.75} \qquad (3-88)$$

$$\langle\langle v_{gj,\text{P}} \rangle\rangle = \begin{cases} 0.0019(D_h^*)^{0.809}\left(\dfrac{\rho_f}{\rho_g}\right)^{-0.157}N_{\mu f}^{-0.562}\left[\dfrac{g\sigma(\rho_f-\rho_g)}{\rho_f^2}\right]^{0.25} & N_{\mu f} \leqslant 0.00225 \text{ 且 } D_h^* \leqslant 30 \\[6pt] 0.03\left(\dfrac{\rho_f}{\rho_g}\right)^{-0.157}N_{\mu f}^{-0.562}\left[\dfrac{g\sigma(\rho_f-\rho_g)}{\rho_f^2}\right]^{0.25} & N_{\mu f} \leqslant 0.00225 \text{ 且 } D_h^* > 30 \\[6pt] 0.92\left(\dfrac{\rho_f}{\rho_g}\right)^{-0.157}\left[\dfrac{g\sigma(\rho_f-\rho_g)}{\rho_f^2}\right]^{0.25} & N_{\mu f} > 0.00225 \text{ 且 } D_h^* > 30 \end{cases}$$

$$(3-89)$$

$$D_h^* = \frac{D_h}{\left[\dfrac{\sigma}{g(\rho_f-\rho_g)}\right]^{0.5}} \qquad (3-90)$$

结合式(3-50)、式(3-54)、式(3-67)、式(3-70)、式(3-81)、式(3-83)和式(3-84),即可得到竖直棒束通道内气液两相流型。本节介绍的两相流型转变准则既适用于空气-水,也适用于蒸汽-水两相介质。

3.2.7 水平棒束通道

本节主要介绍气液两相横掠水平管束的流型特点。Kanizawa(蟹泽)等[32]将气液两相竖直向上横掠水平管束的流型分为六种,如图3-28所示。

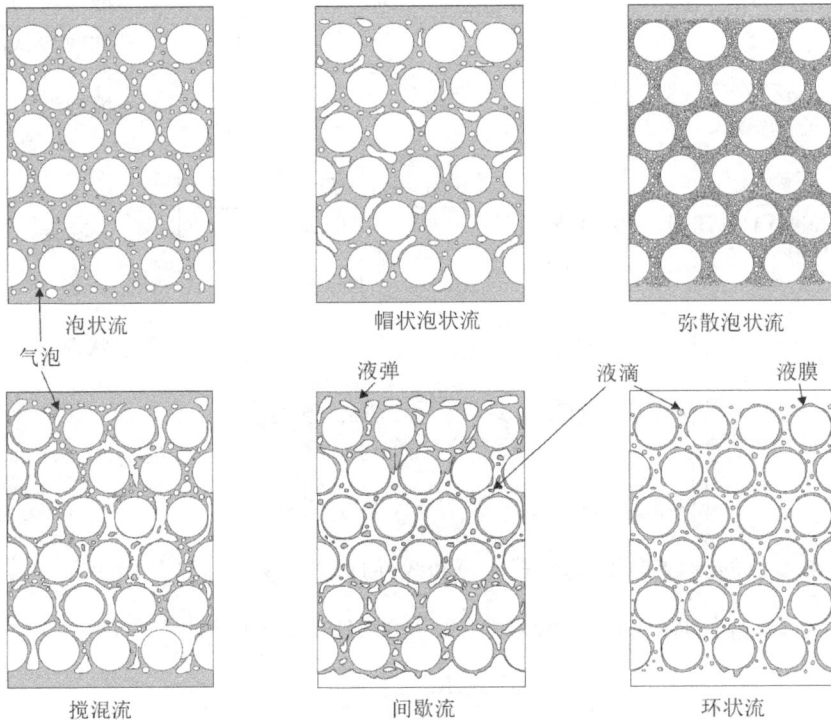

图3-28 水平管束通道竖直向上流动两相流型分类

1)泡状流:液相和气相流速均较小,气泡尺寸较小,气泡间无明显的聚合现象而弥散于液相中。

2)帽状泡状流:液相流速较小,随着气相流速逐渐增大,部分小气泡发生聚合并形成尺寸大于棒束间距的帽状气泡。由于液相流速不足够大到使得帽状气泡破裂,因此该流型中小气泡与帽状气泡均存在。

3)弥散泡状流:当液相流速较大时,液相湍流度足够大到使得管束间的大气泡发生破裂,形成数量较多且尺寸很小的弥散气泡。弥散泡状流的气泡尺寸小于泡状流。

4)搅混流:液相和气相的运动较为混乱,重力对两相流的运动起主导作用。对于该流型,随着聚合气泡的尺寸逐渐增大,部分液体无法维持向上运动而可能在较短的时间内向下运动,随后由较低位置的流体推动继而再次向上运动。

5)间歇流:气相速度较大,惯性力对两相流的运动起主导作用。气液两相呈现周期性类似活塞式的不稳定流动。

6)环状流:环状流的气相流速比间歇流更大,管束壁面形成连续的液膜,气相在管束通道中心流动,同时存在气相夹带液滴向上运动的现象。

需要说明的是,由于搅混流和间歇流的两相流动状态均较为混乱,且间歇流又可以具体细分为多种流型,因此,Mao(马奥)等[33]将搅混流和间歇流统一归类为搅混流。此外,他们还推导得到了适用于空气-水和蒸汽-水介质的竖直向上横掠水平棒束两相流型转变准则,具体内容可参考相关文献。

3.2.8　矩形窄缝通道

3.2.8.1　流型分类

在一体化反应堆中,堆芯一般采用板状燃料元件形式。板状燃料元件具有传热好、燃料芯体温度低等特性,可大幅度提高堆芯的功率体积比。在板状燃料元件反应堆堆芯内,燃料元件之间形成若干平行的具有大宽高比的矩形窄缝流道,燃料板间隙一般为 $1 \sim 3$ mm,属于窄缝通道。

矩形窄缝通道竖直向上流动的气液两相流型总体可分为四类[34-36]:泡状流、弹状流、搅混流和环状流。如图 3-29 所示。

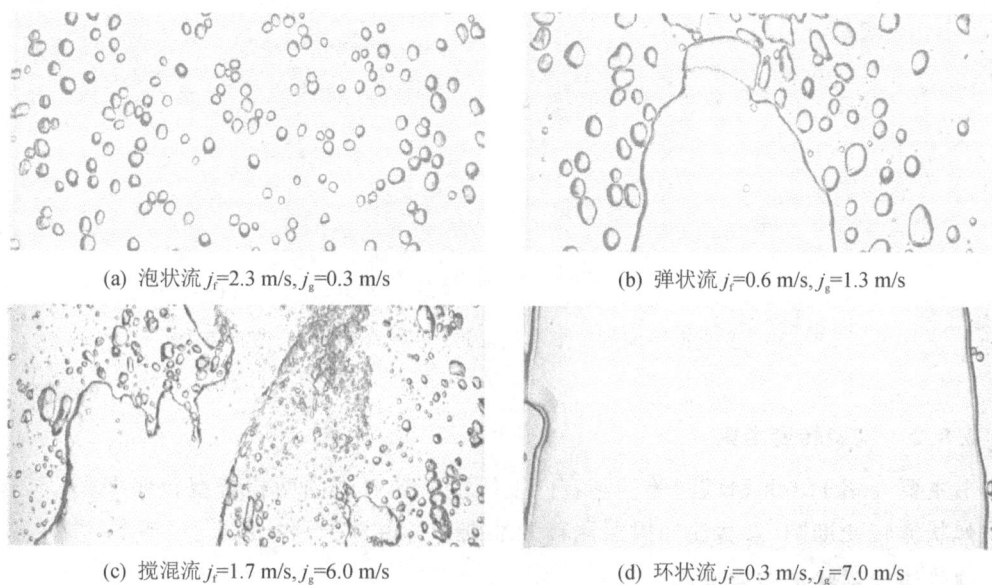

(a) 泡状流 j_f=2.3 m/s, j_g=0.3 m/s

(b) 弹状流 j_f=0.6 m/s, j_g=1.3 m/s

(c) 搅混流 j_f=1.7 m/s, j_g=6.0 m/s

(d) 环状流 j_f=0.3 m/s, j_g=7.0 m/s

图 3-29　竖直向上流动矩形窄缝通道(间隙 2.35 mm)两相流型[36]

矩形窄缝通道竖直向下流动的气液两相流型总体可分为七类[34-36]:泡状流、大气泡泡状流、帽状泡泡状流、弹状流、搅混流、降落膜流和环状流。如图 3-30 所示。

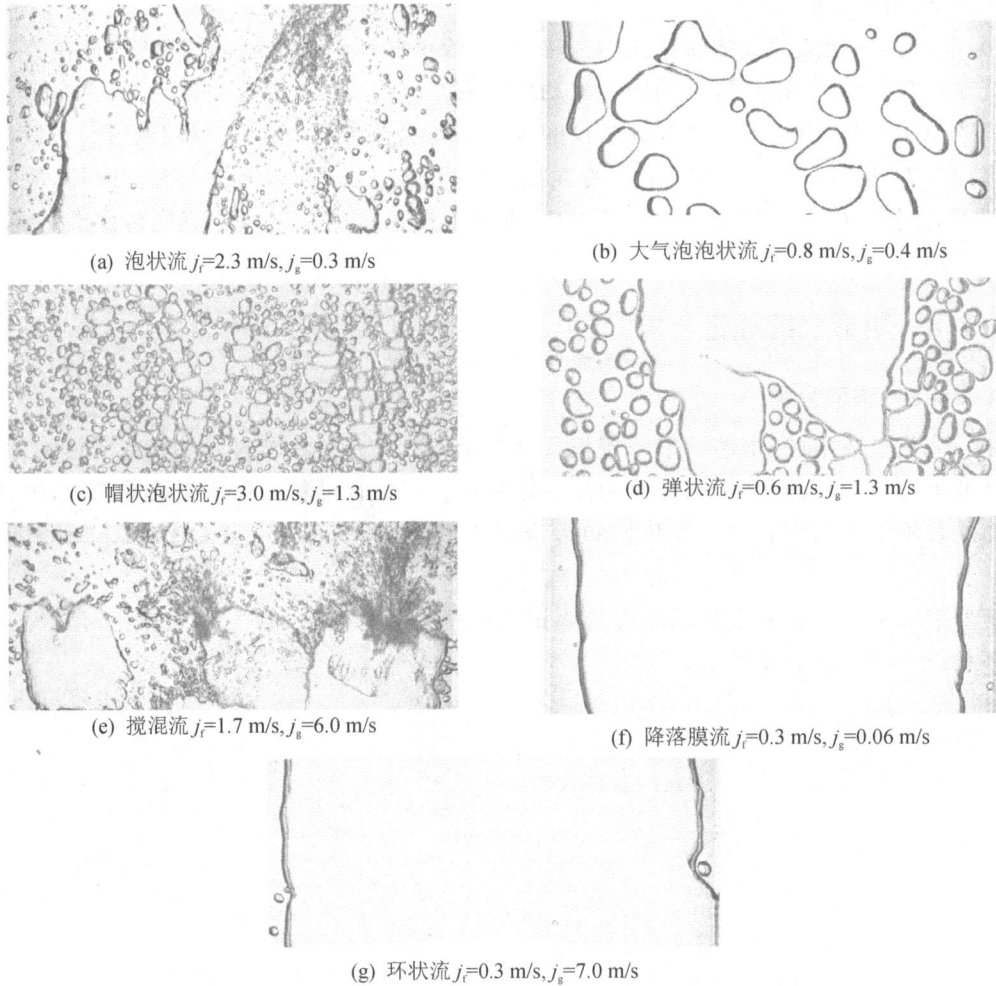

(a) 泡状流 j_f=2.3 m/s, j_g=0.3 m/s

(b) 大气泡泡状流 j_f=0.8 m/s, j_g=0.4 m/s

(c) 帽状泡状流 j_f=3.0 m/s, j_g=1.3 m/s

(d) 弹状流 j_f=0.6 m/s, j_g=1.3 m/s

(e) 搅混流 j_f=1.7 m/s, j_g=6.0 m/s

(f) 降落膜流 j_f=0.3 m/s, j_g=0.06 m/s

(g) 环状流 j_f=0.3 m/s, j_g=7.0 m/s

图 3-30　竖直向下流动矩形窄缝通道(间隙 2.35 mm)两相流型[36]

3.2.8.2　流型转变准则

本书主要介绍 Hibiki(日匹)等的竖直向上矩形窄缝通道内两相流型转变准则[37]，包括泡状流向弹状流转变准则、弹状流向搅混流转变准则和搅混流向环状流转变准则。

1. 泡状流向弹状流转变准则

与竖直圆管通道泡状流向弹状流转变的空泡份额临界值推导方法相似，矩形窄缝通道气液两相竖直向上流动对应的泡状流向弹状流转变的空泡份额临界值 α 为

$$\alpha = \frac{\pi r_b^2}{(4r_b)^2} = 0.196 \approx 0.2 \tag{3-91}$$

需要注意的是，随着通道间隙的增大，泡状流向弹状流转变的空泡份额临界值从 0.2 增大到 0.3，具体取值如下：

$$\alpha = \begin{cases} 0.2 & s < D_b \\ \dfrac{s}{20D_b} + 0.15 & D_b \leqslant s \leqslant 3D_b \\ 0.3 & s > 3D_b \end{cases} \qquad (3-92)$$

式中，D_b 为气泡的当量直径。

气、液相表观流速之间的关系可采用 Ishii[19] 推导的漂移流关系式表达：

$$j_f = \left(\dfrac{1}{\alpha C_0} - 1 \right) j_g - \dfrac{V_{gj}}{C_0} \qquad (3-93)$$

式中，分布参数 C_0 采用式(3-5)进行计算。需要注意的是，在使用式(3-5)计算 C_0 时，窄缝尺寸 s 需要不小于 1 mm。漂移速度 V_{gj} 计算式为

$$V_{gj} = \sqrt{2} \left[\dfrac{\sigma g (\rho_f - \rho_g)}{\rho_f^2} \right]^{0.25} (1 - \alpha)^{1.75} \qquad (3-94)$$

对于窄缝通道，漂移速度 V_{gj} 可视为 0。

2. 弹状流向搅混流转变准则

当整个流道区域的平均空泡份额超过弹状气泡区的平均空泡份额临界值(α_m)时，弹状流开始向搅混流转变。从气弹头部到距离头部 h 处的局部空泡份额 $\alpha(h)$ 和 α_m 计算式为

$$\alpha(h) = \dfrac{\sqrt{\dfrac{2gh\Delta\rho}{\rho_f}}}{\sqrt{\dfrac{2gh\Delta\rho}{\rho_f}} + (C_0 - 1) j + V_{gj}} \qquad (3-95)$$

$$\alpha_m = 1 - 0.813 X^{0.75} \qquad (3-96)$$

式中，

$$X = \sqrt{\dfrac{\rho_f}{2g\Delta\rho L_b}} \left[(C_0 - 1) j + V_{gj} \right] \qquad (3-97)$$

$$V_{gj} = \left(0.23 + 0.13 \dfrac{s}{w} \right) \sqrt{\dfrac{\Delta\rho g w}{\rho_f}} \qquad (3-98)$$

式中，s 和 w 分别为矩形窄缝流道的间隙尺寸和宽度。C_0 采用式(3-5)进行计算。

(1)当 $s \leqslant 2.4$ mm 时

针对弹状气泡周围的液膜进行受力平衡分析，可得[37]

$$f \dfrac{1}{2} \rho_f v_{fsb}^2 (2\delta + s) = \Delta\rho g \delta s \qquad (3-99)$$

式中，v_{fsb} 和 δ 分别为弹状气泡的液膜终端速度和液膜厚度。

弹状气泡区平均空泡份额(α_{sb})为

$$\alpha_{sb} = 1 - \dfrac{2\delta}{w} \qquad (3-100)$$

壁面摩擦系数 f 计算式为

$$f = C_f \left[\dfrac{(1 - \alpha_{sb}) v_{fsb} D_h}{v_f} \right]^{-m} \qquad (3-101)$$

式中，流体为层流时，$m=1$；流体为湍流时，$m=0.25$。

对于矩形窄缝通道内的层流和湍流流动，$C_{f,1}$ 和 $C_{f,t}$ 计算式[38-39]为

$$C_{f,1} = \frac{128w^2}{(w+s)^2 \chi} \tag{3-102}$$

$$\chi = 2.25241 + 5.94208\xi - 4.59384\xi^2 + 1.60646\xi^3 - 0.2071\xi^4 \tag{3-103}$$

$$\xi = \lg\left(\frac{w}{s}\right) \tag{3-104}$$

$$\frac{C_{f,t}}{16} = \left(0.0154\frac{C_{f,1}}{0.079} - 0.012\right)^{1/3} + 0.85 \tag{3-105}$$

联立式(3-99)和式(3-101)可得

$$v_{fsb} = (1-\alpha_{sb})^{\left(\frac{m}{2-m}\right)}\left[\left(\frac{D_h}{v_f}\right)^{-m}\frac{C_f\rho_f}{\Delta\rho g s}\right]^{\left(\frac{1}{m-2}\right)} \tag{3-106}$$

又

$$v_{fsb} = \frac{\alpha_{sb}v_{gs} - j}{1-\alpha_{sb}} \tag{3-107}$$

联立式(3-106)和式(3-107)可得

$$\alpha_{sb} = \frac{j + (1-\alpha_{sb})^{\frac{2}{2-m}}\left[\left(\frac{D_h}{v_f}\right)^{-m}\left(\frac{C_f\rho_f}{\Delta\rho g s}\right)\right]^{\frac{1}{m-2}}}{C_0 j + V_{gj}} \tag{3-108}$$

式中，$(1-\alpha_{sb})^{\frac{2}{2-m}}$ 的近似解为

$$(1-\alpha_{sb})^{\frac{2}{2-m}} \approx \gamma(1-\alpha_{sb}) \tag{3-109}$$

式中，当流动为层流和湍流时，对应的 γ 分别为 0.15 和 0.7。

式(3-108)可转化为

$$\alpha_{sb} = \frac{j + \gamma\left[\left(\frac{D_h}{v_f}\right)^{-m}\left(\frac{C_f\rho_f}{\Delta\rho g s}\right)\right]^{\frac{1}{m-2}}}{\left\{j + \gamma\left[\left(\frac{D_h}{v_f}\right)^{-m}\left(\frac{C_f\rho_f}{\Delta\rho g s}\right)\right]^{\frac{1}{m-2}}\right\} + (C_0-1)j + V_{gj}} \tag{3-110}$$

联立式(3-96)和式(3-110)，令 $h=L_b$，当流型从弹状流转变为搅混流时，弹状气泡平均长度 L_b 为

$$L_b = \frac{\rho_f}{2\Delta\rho g}\left\{j + \left[\left(\frac{D_h}{v_f}\right)^{-m}\left(\frac{C_f\rho_f}{\Delta\rho g s}\right)\right]^{\frac{1}{m-2}}\gamma\right\}^2 \tag{3-111}$$

由式(3-97)～式(3-111)可得矩形窄缝通道内弹状流向搅混流转变的流道平均空泡份额(α)需满足

$$\alpha \geqslant 1 - 0.813X^{0.75} \tag{3-112}$$

$$X = \frac{(C_0-1)j + V_{gj}}{j + \gamma\left[\left(\frac{D_h}{v_f}\right)^{-m}\left(\frac{C_f\rho_f}{\Delta\rho g s}\right)\right]^{\frac{1}{m-2}}} \tag{3-113}$$

式(3-112)和式(3-113)的适用范围为 $s \leqslant 2.4$ mm。联立式(3-93)、式(3-112)和式

(3-113),即可建立弹状流向搅混流转变对应的 j_g 和 j_f 之间的流型图。

（2）当 $s > 2.4$ mm 时

如图 3-31 所示,当 $s \leqslant 2.4$ mm 时,液膜厚度仅需考虑沿流道横截面窄缝长边方向上的尺寸;当 $s > 2.4$ mm 时,液膜厚度需同时考虑沿流道横截面窄缝长边和短边方向上的尺寸。

建立液膜受力平衡方程:

$$f \frac{1}{2} \rho_f v_{lsb}^2 (2w + s) = \Delta \rho g w s (1 - \alpha_{sb})$$

(3-114)

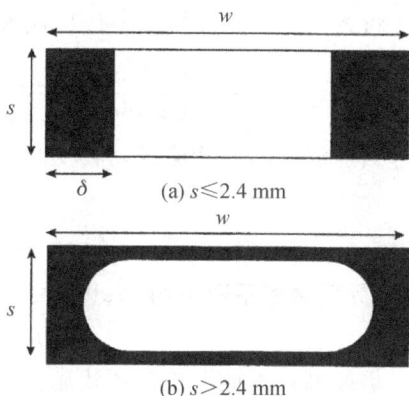

图 3-31　矩形窄缝通道液膜模型

可推导得到 $s > 2.4$ mm 时,弹状流向搅混流转变的准则关系式:

$$\alpha \geqslant 1 - 0.813(X')^{0.75}$$

(3-115)

$$X' = \frac{(C_0 - 1)j + V_{gj}}{j + \gamma' \left[\left(\dfrac{D_h}{v_f} \right)^{-m} \dfrac{C_f \rho_f (w + s)}{\Delta \rho g w s} \right]^{\frac{1}{m-2}}}$$

(3-116)

式中,对于层流和湍流,γ' 分别为 0.02 和 0.25。

3. 搅混流向环状流转变准则

矩形窄缝通道内搅混流向环状流转变的机理与竖直圆管相同,第一种是大气泡周围的液膜开始出现逆流现象;第二种是出现液弹破碎或较大的液波夹带现象。

（1）两相逆流机理模型

针对液膜和中心气芯分别建立受力平衡方程。

液膜:

$$-\frac{dp}{dz} = \rho_f g - \frac{2(s+w)\sqrt{\alpha}}{ws(1-\alpha)} \tau_i + \frac{2(s+w)}{ws(1-\alpha)} \tau_{wf}$$

(3-117)

气芯:

$$-\frac{dp}{dz} = \rho_g g - \frac{2(s+w)\sqrt{\alpha}}{ws\alpha} \tau_i$$

(3-118)

由于气液界面湿周为 $2(s+w)\sqrt{\alpha}$,再联立式（3-117）和式（3-118）可得

$$\Delta \rho g = \frac{2(s+w)\sqrt{\alpha}}{ws\alpha(1-\alpha)} \tau_i - \frac{2(s+w)}{ws(1-\alpha)} \tau_{wf}$$

(3-119)

气液界面剪切力(τ_i)和液膜的剪切力(τ_{wf})分别为

$$\tau_i = \frac{f_i}{2} \rho_g v_r^2$$

(3-120)

$$\tau_{wf} = \frac{f_f}{2} \rho_f v_f |v_f|$$

(3-121)

式中,v_r 为气液相对流速。

将式(3－120)和式(3－121)代入式(3－119)可得

$$\frac{f_i \rho_g (s+w)\sqrt{\alpha}}{\Delta\rho gws\alpha}\left(\frac{j_g}{\alpha}-\frac{j_f}{1-\alpha}\right)^2 - \frac{f_f \rho_f (s+w)j_f|j_f|}{\Delta\rho gws(1-\alpha)^2} = 1-\alpha \tag{3－122}$$

当搅混流向环状流开始转变时，$j_f=0$，于是有

$$j_g = \sqrt{\frac{\Delta\rho g}{\rho_g}\alpha^3(1-\alpha)\left[\frac{f_i(s+w)\sqrt{\alpha}}{ws}\right]^{-1}} \tag{3－123}$$

式中，界面摩擦系数采用 Wallis 关系式[20]：

$$f_i = 0.005[1+75(1-\alpha)] \tag{3－124}$$

最终可获得搅混流向环状流转变准则关系式：

$$j_g = \sqrt{\frac{\Delta\rho g}{\rho_g}\alpha^3(1-\alpha)\left[\frac{0.005[1+75(1-\alpha)](s+w)\sqrt{\alpha}}{ws}\right]^{-1}} \tag{3－125}$$

对于矩形窄缝通道，如果平均空泡份额(α)满足式(3－114)或式(3－117)，式(3－125)简化为

$$j_g = \sqrt{\frac{3\Delta\rho g D_h}{2\rho_g}}(\alpha-0.11) \tag{3－126}$$

同时，结合式(3－5)、式(3－126)～式(3－128)，即可得到以 j_g 和 j_f 为坐标的矩形窄缝通道搅混流向环状流转变的流型图。

$$v_g = C_0 j + V_{gj} \tag{3－127}$$

$$V_{gj} = \sqrt{2}\left(\frac{\sigma g \Delta\rho}{\rho_f^2}\right)^{1/4} \tag{3－128}$$

(2)液滴夹带机理模型

矩形窄缝通道内搅混流向环状流转变的液滴夹带机理与竖直圆管相同，由于该流型转变机理主要取决于液膜特性，几何流道结构可能对机理模型的影响不大。该机理模型对应的计算式为式(3－35)和式(3－36)。Hibiki 等[37]建议，使用液滴夹带机理模型预测矩形窄缝通道内搅混流向环状流转变的边界时，需满足

$$D_h > \frac{2\sqrt{\dfrac{\sigma}{\Delta\rho g}}N_{\mu f}^{-0.4}}{3\left(\dfrac{1-0.11C_0}{C_0}\right)} \tag{3－129}$$

3.3　两相流流型实验测定方法

3.3.1　电容法

电容层析成像(electrical capacitance tomography，ECT)技术[40]的测量原理是基于多相流体各分相介质具有不同的介电常数，当各相组分浓度及其分布发生变化时，会引起多相流混合体等价介电常数的变化，从而使其测量电容值随之发生变化，电容值的大小反映多相流介质相浓度的大小和分布状况。因此，电容值的大小可以作为多相流浓度的变量。采用多电极阵

列式电容传感器,其各电极之间的相互组合可提供反映多相流体浓度分布的多个电容测量值,以此为投影数据采用图像重建算法,即可重建被测区域内多相流相介质分布状况的图像,如图 3-32 所示。

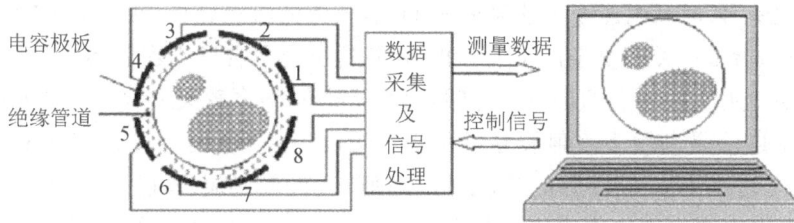

图 3-32　电容层析成像系统组成图

电容层析成像系统由于低成本、适用范围广、系统结构简单、非侵入式、安全性能好等特点,成为今后流动层析成像技术发展的重要方向和研究热点之一。近年来,虽然电容层析成像技术的研究已经取得了很大的进展,但仍有许多难题需要解决。例如,微弱电容检测、敏感场的均匀性、传感器的合理设计、改善系统的抗干扰性能和与工艺装置的适配性等方面问题。随着研究的深入和相关科学技术的发展,这些难题可在不远的将来逐步得以解决,从而获得高精度的多相流参数测量值和高质量的重建图像。电容层析成像技术无疑将是流动层析成像技术发展的主流,并且是目前最有前途的研究方向之一。

3.3.2　电导法

电导法是一种用电导率、截面含气率以及液膜厚度等的脉动特性来识别流型的方法,其基本原理就是根据两相流流体流过管道时,在不同的流动状态下电导率、截面含气率、液膜厚度的变化特性来确定流型。

用电导探针来识别流型的方法最初由 Solomen(索洛缅)等提出,后来由 Barnea 等改进,具体方法可见相关文献[41]。

3.3.3　压降脉动分析法

压降脉动分析法是一种利用管线上某一测点的压力(或某一测量段的压差)随时间变化的规律来确定流型的方法[35],这种方法使用方便而且效果较好,曾被广泛应用。连续测量管路某点的压力,分析压力信号的功率或频谱密度,可区别管路内流型。该方法存在两个不足:一个问题是对压力波动信号的分析不如图像输出清晰,如在较高质量流速和低含气率时,与流型相对应的信号并不是很清晰,辨别起来很困难;另一个问题是易受试验段出口压力反射波的虚假信号影响,在这方面仍需改进。

3.3.4　射线衰减法

目前常用于辨别两相流型的射线衰减法一般借助于射线照相术及多束测光密度法。

X 射线照相术曾被 Benett(贝内特)等应用于流型识别[42],它借助于 X 射线仪向测试管段发出很短的射线脉冲,由于两相相分布不同,因而穿过管道后 X 射线荧光检测仪接收到的 X

射线也就不同,以此来识别流型。

用 X 射线的吸收特征确定含气率。流体对 X 射线的吸收率随流体瞬时密度的增加而增大,即随含气率的增加而减小。用 X 射线吸收特征测定含气率时,检测器输出信号代表管内流体的含气率,在一段时间内连续测量含气率可得含气率的概率分布,以此判断流型。这种方法可避免可见光与气液界面一系列复杂的反射和折射,并透过金属管壁观察流体流动情况。它的不足之处:需要减少管壁对 X 射线的吸收率,提高照相的分辨率;需要解决放射性处理问题。

多束测光密度法是利用多束射线穿过两相流管路时,接收到的光线密度的变化来确定流型。可用 X 射线、γ 射线。射线源的强度越高越好,时间响应越短越好(如^{137}Cs 源)。用射线吸收规律来识别流型时,应注意辐射对人体的伤害;另外,由于存在着管壁因素的影响,因而对于高压下的厚壁管道就不太适用,这是因为管道吸收太多的光线能量。

3.3.5　金属丝网法

金属丝网法的原理是基于对两相混合物的局部瞬时电导率的测量[42],如图 3-33 所示。时间分辨率为每秒 1024 帧。该传感器由两个电极网组成,每个电极网有 16 个电极,这导致了共有 16×16 个敏感点,这些敏感点平均分布在横断面上,信号采集电路保证了对选定和非选定电极之间串扰的抑制。通过这种方式,可以实现最高的空间分辨率,这是由电极的间距决定的。该传感器有两种设计:用于实验室的线网式传感器;用于高机械负荷的带强制电极杆的传感器。第二种设计的电极杆被制造成扁豆形截面,以减少传感器上的压降。

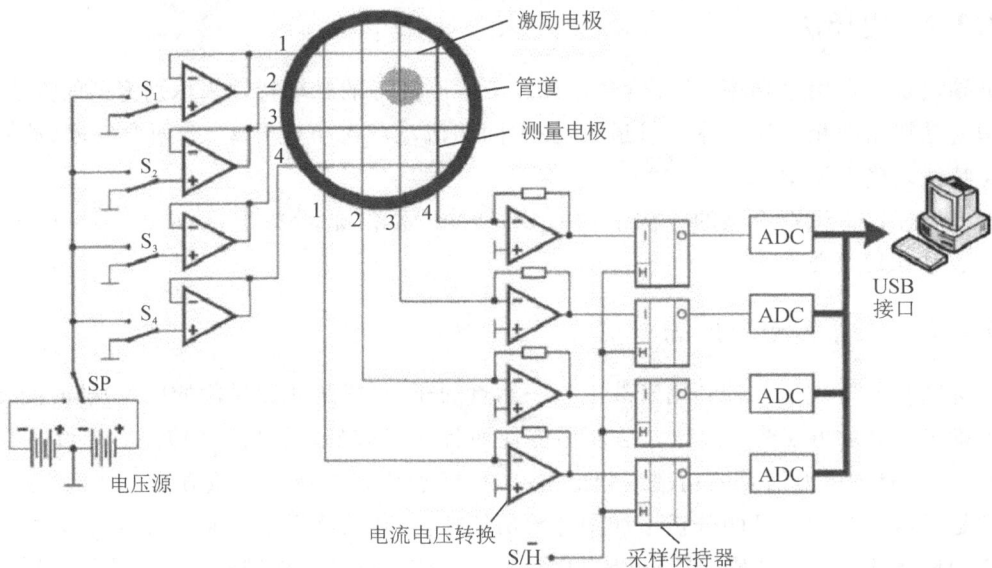

图 3-33　金属丝网法装置的简化方案图

思考题

1)为什么流型图具有定性性质？

2)应当如何正确理解流型图上各流型间的交界线？

3)竖直向上管和竖直向下管内两相流动的流型有何不同,重力起了哪些作用？

4)加热与绝热的竖直向上流道流型有何不同,传热起了哪些作用？

5)请阐述离心力对螺旋管内两相流型的作用。

6)为什么倒流现象可以解释搅混流与环状流之间的过渡？

7)为什么阻液现象可以解释弹状流与搅混流之间的过渡？

参考文献

[1] HEWITT G F,ROBERTS D N. Studies of two-phase flow patterns by simultaneous X-Ray and Flash Photography[C]. AERE-M2159,1969.

[2] MISHIMA K, ISHII M. Flow regime transition criteria for upward two-phase flow in vertical tubes[J]. International Journal of Heat and Mass Transfer,1984,27(5): 723-737.

[3] RADOVICICH N A,MOISSIS R. The transition from two-phase bubble flow to slug flow[C]. MIT Report No. 7-7633-22,1962.

[4] GRIFFITH P, SNYDER G A. The bubbly-slug transition in a high velocity two-phase flow[C]. MIT Report No. 5003-29,1964.

[5] DUKLER A E,TAITEL Y. Flow regime transitions for vertical upward gas liquid flow: A. a model for flow regime transitions for vertical upward gas liquid flow-effect of properties and line sinze. B. a theoretical approach to the prediction of flow regime transitions in unsteady horizontal gas-liquid flow[C]. Progress Report No. 2,NUREG-0163, 1977.

[6] ISHII M. One-dimensional drift-flux model and constitutive equations for relative motion between phases in various two-phase flow regimes[J]. International Journal of Heat and Mass Transfer,2003,46(25): 4935-4948.

[7] HEWITT G F, HALL-TAYLOR N S. Annular two-phase flow[M]. Oxford: Pergamon Press,1970.

[8] GRIFFITH P, WALLIS G B. Two-phase slug flow[J].Journal of Heat Transfer,1961, 83(3):307.

[9] AKAGAWA K, HAMAGUCHI H, SAKAGUCHI T. Studies on the fluctuation of pressure drops in two-phase slug flow (third report,pressure recovery behind a bubble, and bubble and liquid slug lengths)[J]. Trans,Japan Soc. Mech. Engng,1970,36(289): 1535.

[10] OSHIMOWO T，CHARLES M E． Vertical two-phase flow，I． flow pattern correlation [J]. Canadian Journal of Chemical Engineering，1974，52(3)：25 – 35.

[11] BAKER O. Design of pipe lines for simultaneous flow of oil and gas[J]. Oil and Gas Journal，1953：53.

[12] MANDHANE J M，GREGORY G A，AZIZ K. A flow pattern map for gas-liquid flow in horizontal pipes[J]. Int. J. Multiphase Flow，1974，1(4)：537 – 553.

[13] BARNEA D，SHOHAM O，TAITEL Y，et al. Flow pattern transition for gas-liquid flow in horizontal and inclined pipes. Comparison of experimental data with theory[J]. International Journal of Multiphase Flow，1980，6(3)：217 – 225.

[14] SPEDDING P L，NGUYEN V T. Regime maps for air water two phase flow[J]. Chemical Engineering Science，1980，35(4)：779 – 793.

[15] HAN H，SHEN X Z，YAMAMOTO T，et al. Flow regime and void fraction predictions in vertical rod bundle flow channels[J]. International Journal of Heat and Mass Transfer，2021，178：121637.

[16] ZHANG H，XIAO Y，GU H Y. An experimental study of two-phase flow in a tight lattice using wire-mesh sensor[C]. International Conference on Nuclear Engineering，American Society of Mechanical Engineers，2020.

[17] YLÖNEN A T. High-resolution flow structure measurements in a rod bundle[R]. Diss. dgenössische Technische Hochschule Eth Zürich Nr，2013.

[18] VENKATESWARARAO P，SEMIAT R，DUKLER A. Flow pattern transition for gas-liquid flow in a vertical rod bundle[J]. International Journal of Multiphase Flow，1982，8(5)：509 – 524.

[19] ISHII M. One-dimensional drift-flux model and constitutive equations for relative motion between phases in various two-phase flow regimes[J]，ANL-77-47，USA，1977.

[20] WALLIS G B. One-dimensional two-phase flow [M]. Mcgraw-Hill，New York，USA，1969.

[21] ISHII M，GROLMES M. Inception criteria for droplet entrainment in two-phase concurrent film flow[J]. AIChE J. ，1975，21(2)：308 – 318.

[22] TAITEL U，BORNEA D，DUKLER A E. Modelling flow pattern transitions for steady upward gas-liquid flow in vertical tubes[J]. AIChE J. ，1980，26：345 – 354.

[23] HINZE J. Fundamentals of the hydrodynamic mechanism of splitting in dispersion processes[J]. AIChE J. ，1975，21(2)：308 – 318.

[24] BRODKEY S. The phenomena of fluid motions[M]. Addison Wesley，1967.

[25] REHME K. Pressure drop of spacer grids in smooth and roughened rod bundles[J]. Nucl. Technol. ，1977，33(3)：314 – 317.

[26] CHEN X，CAI X，BRILL J. A general model for tansition to dispersed bubble flow [J]. Chem. Eng. Sci. ，1997，52(23)：4373 – 4380.

[27] ADAMSON A. Physical chemistry of surfaces [M]. 5th Edition. New York：

Wiley,1990.

[28] BARNEA D. Transition from annular flow and from dispersed bubble flow-unified models for the whole range of pipe inclinations[J]. International Journal of Multiphase Flow,1986,12(5):733-744.

[29] CAETANO F. Upward vertical two-phase flow through an annulus[D]. The University of Tulsa,Tulsa,Oklahoma,USA,1986.

[30] SHOHAM O. Flow pattern transition and characterization in gas-liquid two-phase flow in inclined pipes[D]. Tel Aviv University,Ramat Aviv,Israel,1982.

[31] KATAOKA I,ISHII M. Drift flux model fow large diameter pipe and new correlation for pool void fraction[J]. International Journal of Heat and Mass Transfer,1987,30 (9):1927-1939.

[32] KANIZAWA F T, RIBATSKI G. Two-phase flow patterns across triangular tube bundles for air-water upward flow[J]. International Journal of Multiphase Flow,2016,80: 43-56.

[33] MAO K, HIBIKI T. Flow regime transition criteria for upward two-phase cross-flow in horizontal tube bundles[J]. Applied Thermal Engineering,2017,112:1533-1546.

[34] ZHANG K, ZHU Z M, SHANG B J,et al. Experimental investigation on flow regimes and transitions of steam-water two-phase flow in narrow rectangular horizontal channels[J]. Progress in Nuclear Energy,2021,131:103601.

[35] ZHOU J C, YE T Z,ZHANG D,et al. Experimental study on vertically upward steam-water twophase flow patterns in narrow rectangular channel[J]. Nuclear Engneering and Technology,2021,53(1):61-68.

[36] CHALGERI V S, JEONG J H. Flow patterns of vertically upward and downward air-water two-phase flow in a narrow rectangular channel[J]. International Journal of Heat and Mass Transfer,2019,128:934-953.

[37] HIBIKI T, MISHIMA K. Flow regime transition criteria for upward two-phase flow in vertical narrow rectangular channels[J]. Nuclear Engineering and Design,2001,203: 117-131.

[38] ITATANI M. Hydrodynamics (suirikigaku in Japanese)[M]. Asakura,Tokyo,1966.

[39] SADATOMI M,SATO Y,SARUWATARI S. Two-phase flow in vertical noncircular channels[J]. International Journal of Multiphase Flow,1982,8:641-655.

[40] EUH D J, KIM S, KIM B D,et al. Identification of two-dimensional void profile in a large slabgeometry using an impedance measurement method[J]. Nuclear Engineering and Design,2013,45(5):613-624.

[41] YUAN P, DENG J, PAN L M,et al. Air-water two-phase flow regime and transition criteria in vertical upward narrow rectangular channel[J]. Progress in Nuclear Energy, 2021,136:103750.

[42] 张志强. 基于电学及射线成像技术的两相流可视化研究[D]. 天津：天津大学,2012.

第4章　空泡份额

空泡份额(void fraction, α)的定义是两相混合物流经任一截面时,气相所占的面积(A_v)与截面总面积(A)之比,即气相所占流道截面份额,反映了流道任意截面上的结构分布变化,是气液两相流动的基本参数之一,又常被称为截面空隙率、截面含气率、空泡率。α 是两相流动压降计算中必须预先求出的参数,且对沸腾传热影响很大,如沸水堆冷却剂的密度、循环倍率、堆芯中子动力学和堆的稳定性等都与空泡份额有关。又如现代压水堆热工设计中,允许堆芯平均通道出口存在欠热沸腾、热通道出口存在饱和沸腾,在过渡工况和事故工况下堆芯可能发生饱和沸腾,因此确定欠热沸腾和饱和沸腾下的空泡份额对压水堆设计非常重要。

4.1　空泡份额概述

气液两相流空泡份额的基本关系式为

$$\alpha = \frac{1}{1 + \left(\dfrac{1-x}{x}\right)\dfrac{\rho_g}{\rho_f}S} = \frac{1}{1 + \left(\dfrac{1-\beta}{\beta}\right)S} \tag{4-1}$$

式中,流动质量含气率(x)和流动体积份额(β)都可通过相应公式计算。当滑速比 $S=1$ 时,$\alpha = \beta$。但在实际流动情况下,气体和液体之间存在相对滑移运动,S 通常情况下并不等于 1,它与系统的压力、含气率、流速、流动方向、流型和热流密度等多种因素有关。

在 20 世纪 40 年代,Lockhart(洛哈特)等[1]就已经对水平通道中等温空气-水两相流进行了空泡份额和流动压降的实验研究,奠定了滑速比模型的基础。1964 年,Zivi(齐维)[2]应用最小熵增原理,给出了具体的滑速比表达式。之后,Thom(汤姆)[3]、Chisholm(奇肖姆)[4]、Hart(哈特)等[5]又陆续在压力梯度、压降、含气率的研究中,给出了基于滑速比模型的 α 计算方法。此后关于空泡份额的实验和理论研究逐渐增多,针对圆形、矩形、环形、棒束等各种流动通道,向上流动、向下流动、气液同向或相向流动等各种两相流动方式进行了广泛的研究。

日本学者世 Sekoguchi(古口言彦)[6]把提出的各种计算空泡份额的模型大致归并为三类,如图 4-1 所示:单相流模型、滑移模型和混合相-单相并流模型。

单相流模型把两相流体视为某种单相混合物流体,其中典型的是均相流模型。均相流模型认为两相流动中气液两相之间不存在相对速度,即滑速比 $S=1$,且认为流动截面上速度和空泡的分布都是均匀的,此时 $\alpha = \beta$。改进的均相流模型,如 Bankoff(班科夫)变密度模型[7]认为气相和液相间没有滑移,但流动截面上的速度分布和空泡分布在径向上是变化的,故亦称为局部均相流模型。此外,如 Zuber-Findlay(朱伯-芬德利)的漂移流模型是考虑了两相之间有相对速度的单相流模型。

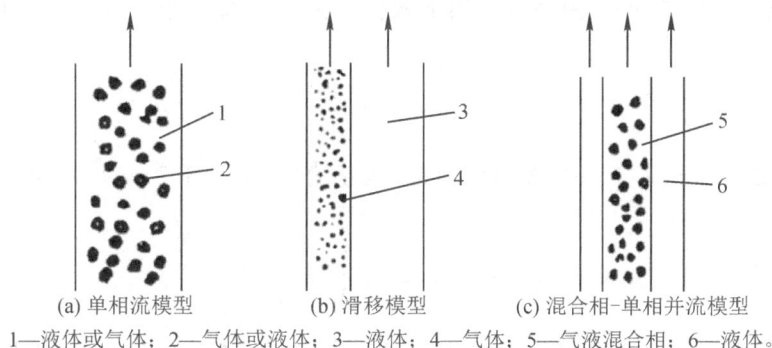

(a) 单相流模型　　　　(b) 滑移模型　　　　(c) 混合相-单相并流模型

1—液体或气体；2—气体或液体；3—液体；4—气体；5—气液混合相；6—液体。

图 4-1　计算空泡份额基本模型示意图

滑移模型假定气相和液相分别具有不同速度，使用该模型的典型例子有 Martinelli（马蒂内利）等的方法、动量交换模型和最小熵增模型等。

混合相-单相并流模型由 Smith（史密斯）[8]提出，该模型考虑了流动截面上气液混合物和液体一起并行同向流动，是单相流模型和滑移模型的结合，适用于具有中心夹带液滴的环状流动。

4.2　滑速比模型

尽管前人在基于滑速比模型的空泡份额计算方法的建立及应用方面进行了大量的研究，但针对众多计算方法尚无统一的评价。不同计算方法的计算精度、预测性能以及适用范围均有不同。对工程应用者和科研人员来说，选择合适的空泡份额计算方法非常重要。

滑速比模型假定气、液两相具有不同速度，并通过定义滑速比参数（S）来表征两相间的滑移。基于滑速比模型的空泡份额计算方法的基本形式见式（4-1）。

式（4-1）中的 x、β 和 ρ_g、ρ_f 可通过理论计算或查表得到，若能获得 S 值，就可计算出 α。因此滑速比模型的实质就是通过实验方法得到滑速比（S）的值。用实验方法得到的 S 计算关系式很多，苏联学者 Осмачкин（奥斯马奇金）[9]于 1970 年提出：

$$S = 1 + \frac{0.16 + 1.5\beta^2}{Fr_f^{0.25}}\left(1 - \frac{p}{p_{cr}}\right) \tag{4-2}$$

徐济鋆[10]提出：

$$S = 1 + \frac{13.5}{(Fr_f)^{5/12}(Re_f)^{1/6}}\left(1 - \frac{p}{p_{cr}}\right) = 1 + \frac{34.8D_e^{1/4}v_f^{1/6}\rho_f}{G}\left(1 - \frac{p}{p_{cr}}\right) \tag{4-3}$$

因为压力 $p = 1 \sim 22$ MPa 下的 $v_f^{1/6}$ 的值为 $0.075 \sim 0.071$，若取平均值为 0.073，则对于 $p > 1$ MPa 下的工况，式（4-3）变换为

$$S = 1 + \frac{2.54D_e^{1/4}\rho_f}{G}\left(1 - \frac{p}{p_{cr}}\right) \tag{4-4}$$

其适用的管径范围为

$$7\left[\frac{\sigma}{g(\rho_f - \rho_g)}\right]^{1/2} < D_e < 20\left[\frac{\sigma}{g(\rho_f - \rho_g)}\right]^{1/2}\left(\frac{\rho_f - \rho_g}{\rho_f}\right)^{1/4} \tag{4-5}$$

若管径大于式(4-5)的上限值,D_e 用上限值代入。若管径小于式(4-5)的下限,则可用下式计算 S:

$$S=\left(\frac{p}{p_{cr}}\right)^{-0.38} \tag{4-6}$$

徐济鋆[10]综合对比了 3～19 根棒束通道(当量直径 $D_e=6.7\sim17.7$ mm)的滑速比试验数据,得到

$$S=1+\frac{2.27\rho_f^{0.7}}{G^{0.7}}\left(1-\frac{p}{p_{cr}}\right)^2 \tag{4-7}$$

式中,p_{cr} 为临界压力;Fr_f 为液体的弗劳德数,$Fr_f=G^2/(gD_e\rho_f^2)$;Re_f 为液体的雷诺数,$Re_f=GD_e/\mu_f$。

式(4-3)和式(4-4)适用于垂直管内流动的气液混合物。对于倾斜管情况,应将垂直管的 S 值乘以考虑倾斜影响的修正系数 K_θ:

$$K_\theta=1+(1-5\times10^{-6}Re_f)\left[1-(\theta/90°)\right] \tag{4-8}$$

式中,θ 为流道与水平面之间的夹角。当 $Re_f>5\times10^6$ 时,$K_\theta=1$。

天津大学孙宏军等[11]综合评价了 9 种实践中应用较为广泛的滑速比模型,对于垂直上升管气液两相,在空泡份额全范围内,Smith 方法[8]预测的平均精度最好;空泡份额为 0.7～1.0时,L-M 方法[1]预测最为准确。在实际使用过程中,需要根据具体的工况选取合适的滑速比模型。

4.3　变密度模型

Bankoff[7]认为泡状流是一种介于完全均匀混合的均相流与完全分离的环状流之间的流动,是一种气泡弥散在液体中的流动。在圆管内垂直向上流动中,流动气泡受到伯努利效应和马格努斯效应产生的作用力而向圆管中心聚集,因此空泡份额在圆管中心处最大,沿径向方向单调减小,到壁面上降为零。同时,流体速度在圆管截面径向上也有着类似的分布,使得气相实际平均速度高于液相平均速度。他假设在圆管径向任意位置气液两相之间不存在滑移,将两相流体视为某种密度是径向位置函数的单相流体,因此称为变密度模型。

变密度模型存在如下基本假设,其假定圆管内两相流的速度和空泡份额按式(4-9)和式(4-10)规律分布:

$$\frac{u}{u_c}=\left(\frac{R-r}{R}\right)^{\frac{1}{m}} \tag{4-9}$$

$$\frac{\alpha}{\alpha_c}=\left(\frac{R-r}{R}\right)^{\frac{1}{n}} \tag{4-10}$$

式中,R 为圆管半径;r 为离圆管中心距离;m 和 n 为分布指数;下标"c"指圆管中心位置;液体和气体的质量流量 W_f 和 W_g 分别为

$$W_f=2\int_0^R\rho_f u(1-\alpha)\pi r\mathrm{d}r=2\pi R^2\rho_f u_c\left[\frac{m^2}{(m+1)(2m+1)}-\alpha_c\frac{(mn)^2}{(mn+m+n)(2mn+m+n)}\right] \tag{4-11}$$

$$W_g = 2\int_0^R \rho_g u\alpha\pi r\,\mathrm{d}r = 2\pi R^2 \rho_g u_c\alpha_c \frac{(mn)^2}{(mn+m+n)(2mn+m+n)} \quad (4-12)$$

基于上述假设,他提出了截面上的平均空泡份额$\langle\alpha\rangle$的计算关系式:

$$\langle\alpha\rangle = \frac{2}{\pi R^2}\int_0^R \alpha\pi r\,\mathrm{d}r = 2\alpha_c \frac{n^2}{(n+1)(2n+1)} \quad (4-13)$$

又有流动含气量$x = W_g/(W_f + W_g)$,结合上述的W_f和W_g计算式得到

$$\frac{1}{x} = 1 - \frac{\rho_f}{\rho_g}\left(1 - \frac{K}{\langle\alpha\rangle}\right) \quad (4-14)$$

$$\langle\alpha\rangle = \frac{K}{\left[1 + \left(\frac{1-x}{x}\right)\frac{\rho_f}{\rho_g}\right]} = K\beta \quad (4-15)$$

其中,K为 Bankoff 流动参数,其计算公式为

$$K = \frac{2(mn+m+n)(2mn+m+n)}{(n+1)(2n+1)(m+1)(2m+1)} \quad (4-16)$$

结合上述公式,滑速比可以表示为

$$S = \frac{u_g}{u_f} = \left(\frac{x}{1-x}\right)\left(\frac{1-\langle\alpha\rangle}{\langle\alpha\rangle}\right)\frac{\rho_f}{\rho_g} = \frac{1-\langle\alpha\rangle}{K-\langle\alpha\rangle} \quad (4-17)$$

$m = 2\sim 7, n = 0.1\sim 5$ 代表了各种合理的速度与空泡份额分布,在此范围内有 $K = 0.5\sim 1.0$,图 4-2 展示了此范围内的 K 与 m、n 的关系。

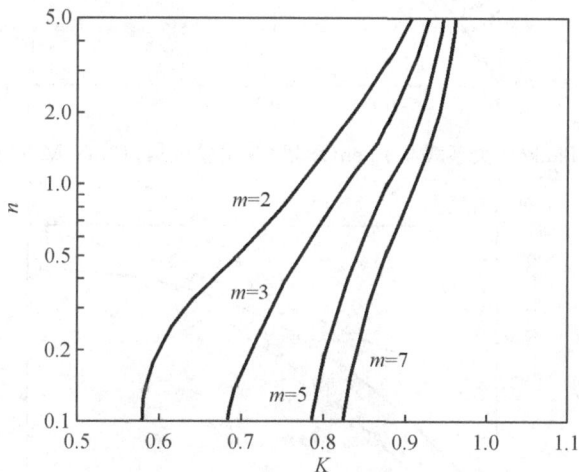

图 4-2　K 与 m、n 的关系

Bankoff 将他的计算式与 Martinelli-Nelson(马蒂内利-内尔森)关系式进行了对比,得出在$\langle\alpha\rangle \leqslant 0.85$范围内,$K = 0.89$时 Bankoff 平均空泡份额计算关系式可得到很好的结果。

随后,他采用了一些试验数据对该模型进行了验证,提出了对于蒸汽-水混合物的 K 与压力 p(单位:Pa)的关系式为

$$K = 0.71 + 1.45 \times 10^{-8} p \quad (4-18)$$

图 4-3～图 4-5 展示了 Bankoff 变密度模型计算关系式与 Martinelli-Nelson 关系式和 Levy(莱维)动量变换模型[12]的对比结果。

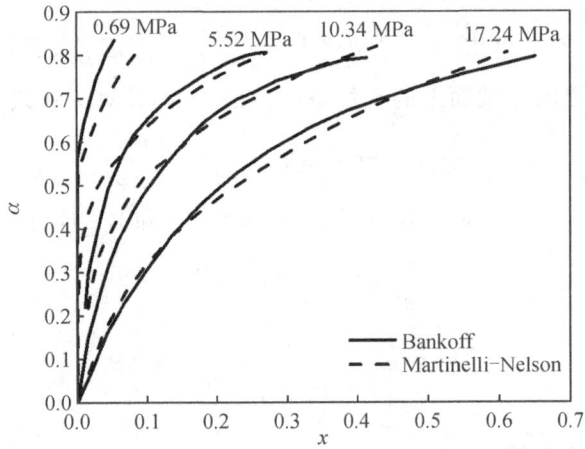

图 4 - 3　Bankoff 关系式与 Martinelli-Nelson 关系式的比较

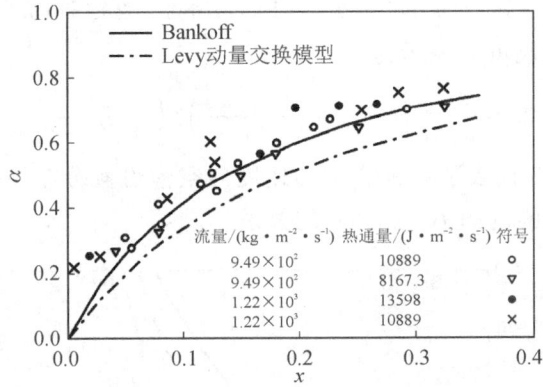

图 4 - 4　Bankoff 关系式与 Egen(埃根)等实验数据(13.79 MPa 下)的比较

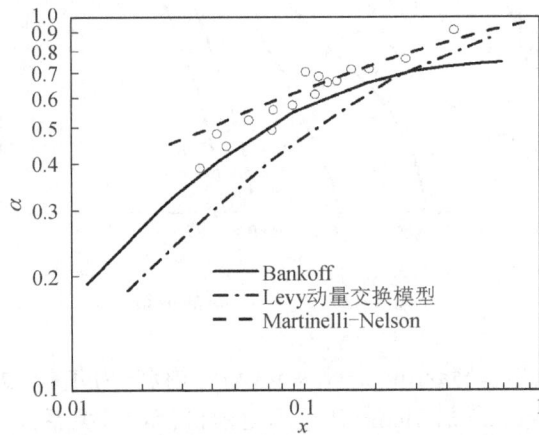

图 4 - 5　Bankoff 关系式与 Larson(拉森)水平管流动实验数据(6.9 MPa 下)的比较

他又推导了气液两相流流过间距为 $2R$ 的无限长平板时的空泡份额,得到类似的关系式:

$$\frac{1}{x} = 1 - \frac{\rho_f}{\rho_g}\left(1 - \frac{K'}{\langle \alpha \rangle}\right) \tag{4-19}$$

式中，K' 的计算关系式为

$$K' = \frac{m + n + mn}{(m + 1)(n + 1)} \tag{4-20}$$

他按理论假设推导得到的变密度模型空泡份额的计算关系式简单，便于应用。根据假定，Bankoff 计算式适用于泡状流和弥散流，但在与试验数据比较时，它也能够包络其他流型。

4.4　漂移流模型

Zuber 等[13]认为必须同时考虑气液两相之间的滑移以及在流通截面上空泡份额和流速的不均匀分布，根据其提出的物理模型，可以推导出空泡份额理论计算式。均值定义如下。

按截面平均有

$$\langle F \rangle = \frac{1}{A} \int_A F \, \mathrm{d}A \tag{4-21}$$

按空泡份额权重平均有

$$\overline{F} = \frac{\langle \alpha F \rangle}{\langle \alpha \rangle} = \frac{\dfrac{1}{A} \int_A \alpha F \, \mathrm{d}A}{\dfrac{1}{A} \int_A \alpha \, \mathrm{d}A} \tag{4-22}$$

按截面平均定义的量有

$$\langle u_g \rangle = \left\langle \frac{j_g}{\alpha} \right\rangle \tag{4-23}$$

$$\langle u_g \rangle = \langle j \rangle + \langle u_{gj} \rangle \tag{4-24}$$

$$\left\langle \frac{j_g}{\alpha} \right\rangle = \langle j \rangle + \langle u_{gj} \rangle \tag{4-25}$$

按权重平均定义的量有

$$\overline{u}_g = \frac{\langle \alpha u_g \rangle}{\langle \alpha \rangle} = \frac{\langle j_g \rangle}{\langle \alpha \rangle} \tag{4-26}$$

$$\langle u_g \rangle = \langle j \rangle + \langle u_{gj} \rangle \tag{4-27}$$

$$\frac{\langle j_g \rangle}{\langle \alpha \rangle} = \frac{\langle \alpha j \rangle}{\langle \alpha \rangle} + \frac{\langle \alpha u_{gj} \rangle}{\langle \alpha \rangle} \tag{4-28}$$

将 $\dfrac{\langle j_g \rangle}{\langle \alpha \rangle}$ 两侧都除以 $\langle j \rangle$，有

$$\frac{\langle j_g \rangle}{\langle \alpha \rangle \langle j \rangle} = \frac{\langle \alpha j \rangle}{\langle \alpha \rangle \langle j \rangle} + \frac{\langle \alpha u_{gj} \rangle}{\langle \alpha \rangle \langle j \rangle} \tag{4-29}$$

令 $C_0 = \dfrac{\langle \alpha j \rangle}{\langle \alpha \rangle \langle j \rangle} = \dfrac{\dfrac{1}{A} \int_A \alpha j \, \mathrm{d}A}{\dfrac{1}{A} \int_A \alpha \, \mathrm{d}A \cdot \dfrac{1}{A} \int_A j \, \mathrm{d}A}$，且令 $\dfrac{\langle j_g \rangle}{\langle j \rangle} = \beta$，可得

$$\frac{\langle \beta \rangle}{\langle \alpha \rangle} = C_0 + \frac{\langle \alpha u_{gj} \rangle}{\langle \alpha \rangle \langle j \rangle} \tag{4-30}$$

或表示为

$$\langle \alpha \rangle = \frac{\langle \beta \rangle}{C_0 + \dfrac{\langle \alpha u_{gj} \rangle}{\langle \alpha \rangle \langle j \rangle}} \qquad (4-31)$$

且有

$$\frac{\bar{u}_g}{\bar{u}_f} = \frac{\dfrac{\langle j_g \rangle}{\langle \alpha \rangle}}{\dfrac{\langle j_g \rangle}{\langle 1-\alpha \rangle}} = (1-\alpha)\left[\frac{1}{C_0 + \dfrac{\langle \alpha u_{gj} \rangle}{\langle \alpha \rangle \langle j \rangle}} - \langle \alpha \rangle\right]^{-1} \qquad (4-32)$$

式中,C_0 考虑了流速和空泡份额不均匀分布的影响,称为分布参数。气相的权重平均漂移速度 $\langle \alpha u_{gj} \rangle / \langle \alpha \rangle$ 考虑了两相间当地相对速度的影响。

假设圆管内轴对称流动和空泡份额的分布为

$$\frac{j}{j_c} = 1 - \left(\frac{r}{R}\right)^m \qquad (4-33)$$

$$\frac{(\alpha - \alpha_w)}{(\alpha_c - \alpha_w)} = 1 - \left(\frac{r}{R}\right)^n \qquad (4-34)$$

式中,R 为圆管半径;r 为离圆管中心距离;下标"w"指壁面,"c"指流道中心。

把上述分布关系式代入 C_0 的定义式中。

当用 α_w 表示时,有

$$C_0 = 1 + \frac{2}{m+n+2}\left[1 - \frac{\alpha_w}{\langle \alpha \rangle}\right] \qquad (4-35)$$

当用 α_c 表示时,有

$$C_0 = \frac{m+2}{m+n+2}\left[1 + \frac{\alpha_c}{\langle \alpha \rangle} \cdot \frac{n}{m+2}\right] \qquad (4-36)$$

由此可知,如果空泡份额是均匀分布的,即 $\alpha_w = \alpha_c = \langle \alpha \rangle$,则 $C_0 = 1$;如果 $\alpha_c > \alpha_w$,则 $C_0 > 1$;如果 $\alpha_c < \alpha_w$,则 $C_0 = 1$。对于 $m = 1 \sim 7$、$n = 1 \sim 7$ 的流动及空泡份额分布情况下的 C_0 值如图 4-6 所示。在 $\alpha_c > \alpha_w$ 情况下,C_0 在 $1.0 \sim 1.5$ 变化。

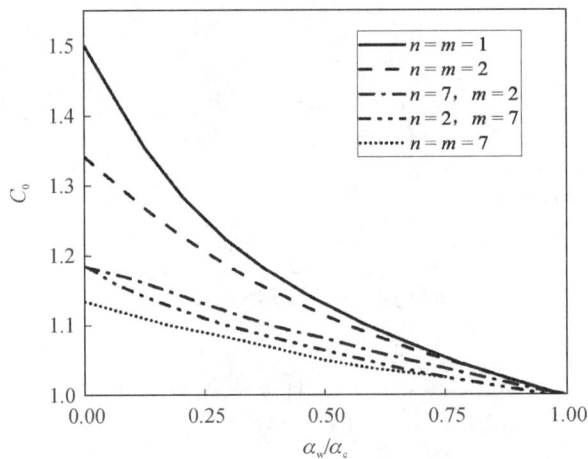

图 4-6　C_0 与流动及空泡分布的关系

一般漂移速度 u_{gj} 是空泡份额的函数,有

$$u_{gj} = u_{\infty}(1-\alpha)^k \tag{4-37}$$

式中, k 为 0~3 的数值, 表征气泡尺寸的大小; u_{∞} 为单个气泡在无限介质中的终极上升速度, 如对于一个弹状气泡, 有

$$u_{\infty} = 0.35\left[\frac{g(\rho_f - \rho_g)}{\rho_f}\right]^{1/2} \tag{4-38}$$

根据截面平均的定义, 有

$$\frac{\langle \alpha u_{gj}\rangle}{\langle \alpha\rangle} = \frac{1}{\langle \alpha\rangle A}\int_A u_{\infty}\alpha(1-\alpha)^k \, dA \tag{4-39}$$

对于弹状流和搅混流, 可以得到简单表达式。

弹状流:

$$\frac{\langle \alpha u_{gj}\rangle}{\langle \alpha\rangle} = 0.35\left[\frac{g(\rho_f - \rho_g)D}{\rho_f}\right]^{1/2} \tag{4-40}$$

搅混流:

$$\frac{\langle \alpha u_{gj}\rangle}{\langle \alpha\rangle} = 1.53\left[\frac{g\sigma(\rho_f - \rho_g)}{\rho_f^2}\right]^{1/4} \tag{4-41}$$

对于搅混流表达式中的系数 1.53, Zuber 提出可以用 Peebles (皮布尔斯) 等建议的 1.18 来代替。式中的 σ 为表面张力。将这些表达式代入空泡份额计算关系式。

弹状流:

$$\alpha = \frac{x}{\rho_g\left\{C_0\left(\dfrac{x}{\rho_g} + \dfrac{1-x}{\rho_f}\right) + \dfrac{0.35}{G}\left[\dfrac{g(\rho_f - \rho_g)D}{\rho_f}\right]^{1/2}\right\}} \tag{4-42}$$

搅混流:

$$\alpha = \frac{x}{\rho_g\left\{C_0\left(\dfrac{x}{\rho_g} + \dfrac{1-x}{\rho_f}\right) + \dfrac{1.18}{G}\left[\dfrac{g\sigma(\rho_f - \rho_g)}{\rho_f^2}\right]^{1/4}\right\}} \tag{4-43}$$

此外, 其他学者也提出漂移流模型中的 C_0 和 $\langle \alpha u_{gj}\rangle/\langle \alpha\rangle$ 的建议值, 例如, Wallis 对于孤立的小气泡 ($\alpha < 0.2$) 的垂直上升流动, 建议如下取值:

$$C_0 = 1.0, \qquad \frac{\langle \alpha u_{gj}\rangle}{\langle \alpha\rangle} = 1.53(1-\alpha)^2\left[\frac{g\sigma(\rho_f - \rho_g)}{\rho_f^2}\right]^{1/4} \tag{4-44}$$

Zuber-Staub (朱伯-斯托布) 等对垂直上升搅混流动, 建议如下取值:

$$\frac{\langle \alpha u_{gj}\rangle}{\langle \alpha\rangle} = 1.41\left[\frac{g\sigma(\rho_f - \rho_g)}{\rho_f^2}\right]^{1/4} \tag{4-45}$$

上式中 C_0 取决于通道直径和系统压力与临界压力之比。

对于圆管:

$$C_0 = \begin{cases} 1.5 - 0.5\dfrac{p}{p_{cr}} & D > 50 \text{ mm} \\[2mm] 1.2 & D < 50 \text{ mm}, \dfrac{p}{p_{cr}} < 0.5 \\[2mm] 1.2 - 0.4\left(\dfrac{p}{p_{cr}} - 0.5\right) & D < 50 \text{ mm}, \dfrac{p}{p_{cr}} > 0.5 \end{cases} \tag{4-46}$$

对于矩形管：

$$C_0 = 1.4 - 0.4 \frac{p}{p_{cr}} \qquad (4-47)$$

对于环状流，Ishii 建议

$$C_0 = 1.0, \qquad \frac{\langle \alpha u_{gj} \rangle}{\langle \alpha \rangle} = \frac{1-\alpha}{\alpha + 4\left(\frac{\rho_g}{\rho_f}\right)^{1/2}} \left\{ J + \left[\frac{D_e g (\rho_f - \rho_g)(1-\alpha)}{0.015 \rho_f} \right]^{1/2} \right\} \qquad (4-48)$$

在 $C_0 > 1.0$ 和 $\langle \alpha u_{gj} \rangle / \langle \alpha \rangle > 0$ 的情况下，当 $x=1$ 时，按 Zuber-Findlay 公式，$\alpha \neq 1$。这显然是不合理的，因此 Rouhani(鲁哈尼)对于 $\alpha > 0.1$ 的情况提出了修正：

$$C_0 = 1 + 0.2(1-x)\left(\frac{g D_e \rho_f^2}{G^2}\right)^{1/4} \qquad (4-49)$$

$$\frac{\langle \alpha u_{gj} \rangle}{\langle \alpha \rangle} = 1.18 \left[\frac{g \sigma (\rho_f - \rho_g)}{\rho_f^2} \right]^{1/4} (1-x) \qquad (4-50)$$

Dix(迪克斯)建议如下：

$$C_0 = \beta \left[1 + \left(\frac{1}{\beta - 1}\right)^b \right] \qquad (4-51)$$

式中，$b = (\rho_g / \rho_f)^{0.1}$；采用 Rouhani 推荐的 $\langle \alpha u_{gj} \rangle / \langle \alpha \rangle$ 值，能够使漂移流模型的空泡份额公式在 $x=0$ 与 $x=1$ 时符合得很好。

由于 Zuber-Findlay 漂移流模型既考虑了流动和空泡分布的不均匀性，又考虑了气液相对速度，一般认为是一种较好的方法。实际上，可以从计算公式中看到如下两点。

(1)当不考虑两相之间的相对速度时，空泡份额计算公式转化为 $\langle \alpha \rangle = \langle \beta \rangle / C_0$，这相当于 Bankoff 关系式，$C_0$ 相当于 Bankoff 关系式中的 $1/K$。

(2)当不考虑流动和空泡分布不均匀时，即 $C_0 = 1.0$，且当两相流动是弹状流或搅混流时，$\langle \alpha u_{gj} \rangle / \langle \alpha \rangle = u_{gj} = u_\infty$。

4.5　动量交换模型

Levy[12] 动量交换模型以气液两相完全分离的动量方程为基础，求得空泡份额(α)和质量含气率(x)之间的关系式。在如图 4-7 所示的 dz 长度对两相中单元体积上气、液两相分别建立动量方程如下。

气相：

$$A_g \frac{dp}{dz} dz + [d(W_g u_g) + u_f dW_f] + \rho_g g A_g \sin\theta dz = A_g \left(\frac{dp}{dz}\right)_{vTP} dz \qquad (4-52)$$

液相：

$$A_f \frac{dp}{dz} dz + W_f du_f + \rho_f g A_f \sin\theta dz = A_f \left(\frac{dp}{dz}\right)_{lTP} dz \qquad (4-53)$$

式中，$\left(\dfrac{dp}{dz}\right)_{vTP}$ 和 $\left(\dfrac{dp}{dz}\right)_{lTP}$ 分别为气相和液相的两相摩擦压降梯度。

将上述两式相减，并消去 $\dfrac{dp}{dz} \cdot dz$ 项，即可得到式(4-54)与式(4-55)：

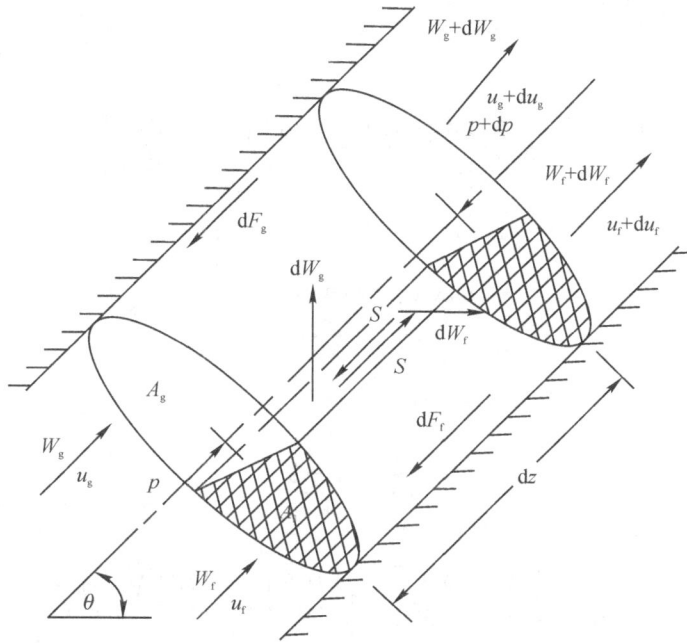

(a) 两相流

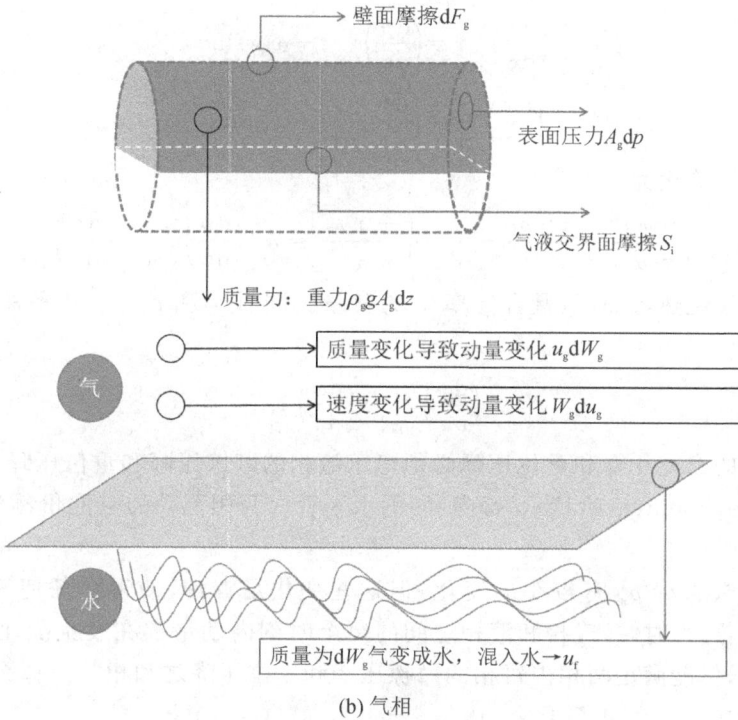

(b) 气相

图 4-7　流道微元上的两相流动简化模型

$$\frac{\mathrm{d}(A_{\mathrm{g}}\rho_{\mathrm{g}}u_{\mathrm{g}}^2)+u_{\mathrm{f}}\mathrm{d}(A_{\mathrm{f}}\rho_{\mathrm{f}}u_{\mathrm{f}})}{A_{\mathrm{g}}}-\rho_{\mathrm{f}}u_{\mathrm{f}}\mathrm{d}u_{\mathrm{f}}+(\rho_{\mathrm{g}}-\rho_{\mathrm{f}})g\sin\theta\mathrm{d}z=\left[\left(\frac{\mathrm{d}p}{\mathrm{d}z}\right)_{\mathrm{vTP}}-\left(\frac{\mathrm{d}p}{\mathrm{d}z}\right)_{\mathrm{lTP}}\right]\mathrm{d}z$$

$$(4-54)$$

$$\frac{\mathrm{d}(A_{\mathrm{f}}\rho_{\mathrm{f}}u_{\mathrm{f}}^2+A_{\mathrm{g}}\rho_{\mathrm{g}}u_{\mathrm{g}}^2)}{A_{\mathrm{g}}}-\frac{(A_{\mathrm{g}}+A_{\mathrm{f}})\mathrm{d}(\rho_{\mathrm{f}}u_{\mathrm{f}}^2)}{2A_{\mathrm{g}}}=\left[\left(\frac{\mathrm{d}p}{\mathrm{d}z}\right)_{\mathrm{vTP}}-\left(\frac{\mathrm{d}p}{\mathrm{d}z}\right)_{\mathrm{lTP}}+(\rho_{\mathrm{f}}-\rho_{\mathrm{g}})g\sin\theta\right]\mathrm{d}z$$

$$(4-55)$$

考虑到

$$\rho_{\mathrm{f}}A_{\mathrm{f}}u_{\mathrm{f}}=GA(1-x) \tag{4-56}$$

$$\rho_{\mathrm{g}}A_{\mathrm{g}}u_{\mathrm{g}}=GAx \tag{4-57}$$

$$\frac{A_{\mathrm{g}}}{A}=\alpha \tag{4-58}$$

$$\frac{A_{\mathrm{f}}}{A}=1-\alpha \tag{4-59}$$

代入后得到

$$\frac{G}{\rho_{\mathrm{f}}}\mathrm{d}\left[\frac{(1-x)^2}{1-\alpha}+\frac{x^2}{\alpha}\frac{\rho_{\mathrm{f}}}{\rho_{\mathrm{g}}}-\frac{1}{2}\frac{(1-x)^2}{(1-\alpha)^2}\right]=\alpha\left[\left(\frac{\mathrm{d}p}{\mathrm{d}z}\right)_{\mathrm{vTP}}-\left(\frac{\mathrm{d}p}{\mathrm{d}z}\right)_{\mathrm{lTP}}+(\rho_{\mathrm{f}}-\rho_{\mathrm{g}})g\sin\theta\right]\mathrm{d}z$$

$$(4-60)$$

若令

$$\left(\frac{\mathrm{d}\varphi}{\mathrm{d}z}\right)_{\mathrm{vTP}}=\left(\frac{\mathrm{d}p}{\mathrm{d}z}\right)_{\mathrm{vTP}}-\rho_{\mathrm{g}}g\sin\theta \tag{4-61}$$

$$\left(\frac{\mathrm{d}\varphi}{\mathrm{d}z}\right)_{\mathrm{lTP}}=\left(\frac{\mathrm{d}p}{\mathrm{d}z}\right)_{\mathrm{lTP}}-\rho_{\mathrm{f}}g\sin\theta \tag{4-62}$$

那么上式可以简化为

$$\frac{G}{\rho_{\mathrm{f}}}\mathrm{d}\left[\frac{(1-x)^2}{1-\alpha}+\frac{x^2}{\alpha}\frac{\rho_{\mathrm{f}}}{\rho_{\mathrm{g}}}-\frac{1}{2}\frac{(1-x)^2}{(1-\alpha)^2}\right]=\alpha\left[\left(\frac{\mathrm{d}p}{\mathrm{d}z}\right)_{\mathrm{vTP}}-\left(\frac{\mathrm{d}p}{\mathrm{d}z}\right)_{\mathrm{lTP}}\right]\mathrm{d}z \tag{4-63}$$

假设流动过程绝热,此时质量含气率 x 为常量。同时 α 和 $p_{\mathrm{f}}/p_{\mathrm{g}}$ 几乎保持不变,那么方程的左侧为 0,即

$$\left(\frac{\mathrm{d}\varphi}{\mathrm{d}z}\right)_{\mathrm{vTP}}=\left(\frac{\mathrm{d}\varphi}{\mathrm{d}z}\right)_{\mathrm{lTP}} \tag{4-64}$$

这表明气相的摩擦压降和重位压降必须等于液相的摩擦压降和重位压降。这个推论也就是 Lockhart - Martinelli(洛哈特-马蒂内利)的水平管内两相流动的空泡份额和压降半经验公式的基本假定。

同时,如果 x、α、$\rho_{\mathrm{f}}/\rho_{\mathrm{g}}$ 有较小的变化,但这些变化足够慢,使得在任何时候都能满足式 (4-64) 的条件。这个时候,气相和液相之间的每个时刻内动量都在发生变化,但是由于两相之间的动量交换,仍能满足两相内每相的摩擦压降和重位压降之和相等。那么有

$$\frac{\mathrm{d}}{\mathrm{d}z}\left[\frac{(1-x)^2}{1-\alpha}+\frac{x^2}{\alpha}\frac{\rho_{\mathrm{f}}}{\rho_{\mathrm{g}}}-\frac{1}{2}\frac{(1-x)^2}{(1-\alpha)^2}\right]=0 \tag{4-65}$$

上式表明方括号内的表达式应该为常数,令初始条件为

$$\alpha=0,\qquad x=0 \tag{4-66}$$

对式 (4-65) 积分可以得到

$$\frac{(1-x)^2}{1-\alpha} + \frac{x^2}{\alpha}\frac{\rho_f}{\rho_g} - \frac{1}{2}\frac{(1-x)^2}{(1-\alpha)^2} = \frac{1}{2} \tag{4-67}$$

化简之后可以得到 x 的表达式：

$$x = \frac{\alpha(1-2\alpha) + \alpha\left\{(1-2\alpha)^2 + \alpha\left[2\frac{\rho_f}{\rho_g}(1-\alpha)^2 + \alpha(1-2\alpha)\right]\right\}^{1/2}}{2\frac{\rho_f}{\rho_g}(1-\alpha)^2 + \alpha(1-2\alpha)} \tag{4-68}$$

该关系式满足以下两个条件：$x=1,\alpha=1$；临界压力下，$\rho_f=\rho_g$，$x=\alpha$。

在低压的情况下，x 较小，此时 $1-x \approx 1$，那么有

$$x^2 = \frac{1}{2}\frac{\alpha^2}{(1-\alpha^2)}\frac{\rho_g}{\rho_f}\alpha \tag{4-69}$$

$$x = \frac{\alpha}{1-\alpha}\left(\frac{\rho_g}{2\rho_f}\alpha\right)^{1/2} \tag{4-70}$$

同时，滑速比计算如下：

$$S = \frac{u_g}{u_f} = \frac{\rho_f}{\rho_g}\frac{x}{1-x}\frac{1-\alpha}{\alpha} = \sqrt{\frac{\rho_f}{2\rho_g}\alpha} \tag{4-71}$$

Levy 动量交换模型的计算结果与许多学者的实验结果符合较好。但是在某些情况下，计算值比实验数据低 $20\%\sim30\%$。其原因是沿整个流道上气相摩擦压降和重位压降之和与液相摩擦压降与重位压降之和相等的假定，在 x 变化较快时并不成立，在实际使用时需要注意。

4.6 环状流空泡份额解析计算方法

针对环状流流型，可以用解析法确定纯环状流的两相流动阻力与空泡份额之间的关系式。

4.6.1 纯环状流

如图 4-8 所示，图中展示了一定常、等温、轴对称的水平环状流动，两相交界面平滑。设管道直径为 D，液膜厚度为 δ，液膜与壁面间剪切力为 τ_w，液相单独流过管道时与壁面的剪切力为 τ_{f0}；气相与两相交界面的剪切力为 τ_i，气相单独流过管道时与壁面的剪切力为 τ_{g0}。在忽略重力和加速度的作用下，各力平衡式分别如下。

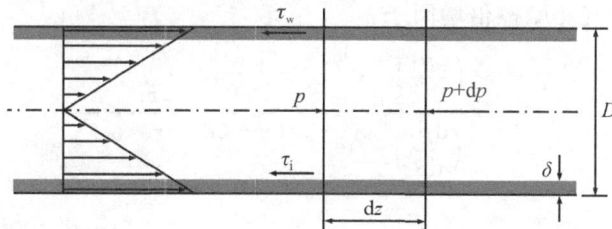

图 4-8 水平环状流动

两相摩擦压降：

$$(\mathrm{d}p_f)_{TP} = \tau_w \pi D \mathrm{d}z \tag{4-72}$$

分液相摩擦压降：

$$(\mathrm{d}p_f)_{f0} = \tau_{f0}\pi D\,\mathrm{d}z \qquad\qquad (4-73)$$

分气相摩擦压降：

$$(\mathrm{d}p_f)_{g0} = \tau_{g0}\pi D\,\mathrm{d}z \qquad\qquad (4-74)$$

气相对气液交界面的摩擦压降：

$$(\mathrm{d}p_f)_i = \tau_i\pi(D-2\delta)\,\mathrm{d}z \qquad\qquad (4-75)$$

由式(4-72)和式(4-73)可得分液相两相摩擦因子，其中 j 为表观流速，指计算介质通过某段宏观距离的平均流速，u 为真实速度，指流体粒子在空间中的实际速度，$j_f=(1-\alpha)u_f$：

$$\Phi_{f0}^2 = \frac{\left(\dfrac{\mathrm{d}p_f}{\mathrm{d}z}\right)_{TP}}{\left(\dfrac{\mathrm{d}p_f}{\mathrm{d}z}\right)_{f0}} = \frac{\tau_w}{\tau_{f0}} = \frac{\dfrac{f_f\rho_f u_f^2}{2}}{\dfrac{f_{f0}\rho_f J_f^2}{2}} = \frac{f_f}{f_{f0}}\frac{1}{(1-\alpha)^2} \qquad\qquad (4-76)$$

对于圆管，摩擦系数(f)可采用 Blasius(布拉修斯)公式 $f=0.079Re^{-0.25}$ 计算，当 $\delta\ll D$ 时，环状液膜流动的水力直径(D_e)为 4δ，则

$$\frac{f_f}{f_{f0}} = \frac{0.079\left(\dfrac{4\delta u_f\rho_f}{u_f}\right)^{-0.25}}{0.079\left(\dfrac{Dj_f\rho_f}{u_f}\right)^{-0.25}} = \left[\frac{Dj_f}{4\delta u_f}\right]^{0.25} = \left(\frac{0.25\pi D^2}{\pi D\delta}\cdot\frac{j_f}{u_f}\right)^{0.25} = \left[\frac{1}{1-\alpha}(1-\alpha)\right]^{0.25} = 1$$

$$(4-77)$$

$$\Phi_{f0}^2 = \frac{1}{(1-\alpha)^2} \qquad\qquad (4-78)$$

式(4-78)也就是 Levy 推导出来的两相摩擦倍增因子与空泡份额之间的关系式，其结果与 Lockhart-Martinelli 关系式预测值符合得很好。再由式(4-74)和式(4-75)可得

$$\frac{1}{A}\left(\frac{\mathrm{d}p_f}{\mathrm{d}z}\right)_{g0} = \frac{1}{0.25\pi D^2}\tau_{g0}\pi D \approx \frac{4\tau_{g0}}{D} \qquad\qquad (4-79)$$

$$\frac{1}{A_g}\left(\frac{\mathrm{d}p_f}{\mathrm{d}z}\right)_i = \frac{1}{0.25\pi(D-2\delta)^2}\tau_i\pi(D-2\delta) \approx \frac{4\tau_i}{D-2\delta} \qquad\qquad (4-80)$$

假定在流通截面上压力分布是均匀的，则

$$\frac{1}{A_g}\left(\frac{\mathrm{d}p_f}{\mathrm{d}z}\right)_i = \frac{1}{A}\left(\frac{\mathrm{d}p_f}{\mathrm{d}z}\right)_{TP} \qquad\qquad (4-81)$$

因此，可以得到分气相摩擦倍增因子：

$$\Phi_{g0}^2 = \frac{\left(\dfrac{\mathrm{d}p_f}{\mathrm{d}z}\right)_{TP}}{\left(\dfrac{\mathrm{d}p_f}{\mathrm{d}z}\right)_{g0}} = \frac{\tau_i}{\tau_{g0}}\frac{D}{D-2\delta} = \frac{\tau_i}{\tau_{g0}}\frac{1}{\alpha^{1/2}} \qquad\qquad (4-82)$$

式中，

$$\tau_i = f_i\frac{\rho_g(u_g-u_{fi})^2}{2} \qquad\qquad (4-83)$$

$$\tau_{g0} = f_{g0}\frac{\rho_g J_g^2}{2} \qquad\qquad (4-84)$$

式中，u_{fi} 为气液交界面处的液体速度，它通常要比气体的速度(u_g)小很多，可以忽略，则

$$\Phi_{g0}^2 = \frac{f_i}{f_{g0}} \frac{u_g^2}{J_g^2} \frac{1}{\alpha^{1/2}} \approx \frac{f_i}{f_{g0}} \frac{1}{\alpha^{5/2}} \tag{4-85}$$

如果气液交界面光滑,则 f_f/f_{g0} 接近于 1,式(4-85)简化为

$$\Phi_{g0}^2 = \frac{1}{\alpha^{5/2}} \tag{4-86}$$

式(4-86)是稳定的纯环状流两相摩擦倍增因子与空泡份额之间的关系式,该式仅适用于液体流速较低的情况($Re_f < 100$)。在较高的液体速度下,交界面有小波纹扰动,致使交界面摩擦系数(f_i)逐渐增大,超过光滑管的值(f_{g0})。当 $Re_f > 400$ 时,随着液膜内部紊乱,气液交界面上产生较大的扰动波,此时式(4-86)不再成立。许多学者的研究表明,交界面摩擦系数或粗糙度是液膜厚度的函数。Wallis 提出了一个简单的关系式,对于没有夹带且不考虑液体在交界面处的速度(u_{fi})情况下,其公式为

$$\frac{f_i}{f_{g0}} = 1 + 300\frac{\delta}{D} \tag{4-87}$$

当 $\delta \ll D$ 时,$1 - \alpha = 4\delta/D$,因此有

$$\frac{f_i}{f_i} = 1 + 75(1-\alpha) \tag{4-88}$$

$$\Phi_{g0}^2 = \frac{1 + 75(1-\alpha)}{\alpha^{5/2}} \tag{4-89}$$

4.6.2　气芯夹带液滴的环状流

参考 Wallis 的液膜与气芯夹带液滴时气液交界面处液体剪切力的影响,假定交界面处液体速度(u_{fi})是液膜平均速度(u_f)的 2 倍,则

$$\tau_i = f_i \frac{\rho_c (u_g - 2u_i)^2}{2} \tag{4-90}$$

式中,ρ_c 为夹带液滴的气芯平均密度,即

$$\rho_c = \frac{W_g + \varphi W_f}{A_g u_g} = \left(\frac{W_g + \varphi W_f}{W_g}\right)\rho_g \tag{4-91}$$

式中,φ 为被夹带的液滴流量占整个液体流量的百分比。

把这些关系式代入式(4-82)可得

$$\Phi_{g0}^2 = \frac{f_i}{f_{g0}} \frac{W_g + \varphi W_f}{W_g}\left(\frac{u_g - 2u_f^2}{J_g}\right)^2 \frac{1}{\alpha^{1/2}} = \frac{W_g + \varphi W_f}{W_g}\left(1 - 2\frac{u_f}{u_g}\right)^2 \frac{1 + 75(1-\alpha)}{\alpha^{5/2}} \tag{4-92}$$

又因为

$$\frac{u_f}{u_g} = \frac{\dfrac{W_f - \varphi W_f}{A_f \rho_f}}{\dfrac{W_g}{A_g \rho_g}} = \frac{W_f - \varphi W_f}{W_g}\frac{\alpha}{1-\alpha}\frac{\rho_g}{\rho_f} \tag{4-93}$$

得到如下关系式:

$$\Phi_{g0}^2 = \frac{1 + 75(1-\alpha)}{\alpha^{5/2}}\frac{W_g + \varphi W_f}{W_g}\left(1 - 2\frac{\alpha}{1-\alpha}\frac{\rho_g}{\rho_f}\frac{W_f - \varphi W_f}{W_g}\right)^2 \tag{4-94}$$

由式(4-94)可知,如果能确定夹带率(φ),就可用分气相摩擦倍增因子确定空泡份额。夹带一般与交界面处的扰动波有关,与气体和液体流量密切相关。对于"光滑"液膜区或"波纹"液膜区($Re_f < 200$),即使气体速度很高,也几乎没有夹带发生。当 $200 \leqslant Re_f < 3000$ 时,液膜开始出现湍流流动,夹带量是气体流量和液体流量二者的函数。当 $Re_f \geqslant 3000$ 时,夹带开始的条件和夹带量主要与气体速度有关,具体关系式可参阅相关文献。

4.7　最小熵增模型

最小熵增原理最初由 Prigogine(普利高津)[14] 在不可逆热力学系统中提出,随后被扩展至随机动力学。Hays(海斯)等将其应用于单相黏性流的分析。Prigogine[15] 认为最小的熵增率可用于表征系统到达稳态的热力过程。亥姆霍兹和瑞利在研究黏性流体的过程中,也发现在常力作用下,运动达到稳态分布时具有最小的能量耗散。Zivi 将最小熵增原理应用于两相流动,并导出空泡份额计算式。

Zivi 研究的两相模型为一个有限长度管道内的稳态两相流动,管道进口为饱和液体,含气率(x)随管道长度而变化,气水混合物由出口流入容器,假设气水混合物离开容器时速度非常低,因此两相动能大部分被容器内摩擦所损耗。

4.7.1　不考虑壁面摩擦的情况

假设管内流动是环状流,蒸汽芯不夹带液滴,对于这种理想情况,管道出口处动能流(管道单位截面上动能)为

$$E = \frac{G}{2} \left[u_g^2 x + u_f^2 (1-x) \right] \tag{4-95}$$

非加热系统中,管道内流体动能变化只与空泡份额有关,最小熵增原理表明仅存在一个空泡份额使得在含气率(x)下,系统内动能流最小,即 $dE/d\alpha = 0$。

$$\frac{dE}{d\alpha} = \frac{G}{2} \left[2u_g x \frac{du_g}{d\alpha} + 2u_f (1-x) \frac{du_f}{d\alpha} \right] = 0 \tag{4-96}$$

因 $u_g = \dfrac{Gx}{\rho_g \alpha}$,$u_f = \dfrac{G(1-x)}{\rho_f (1-\alpha)}$,则 $\dfrac{du_g}{d\alpha} = -\dfrac{Gx}{\rho_g \alpha^2}$,$\dfrac{du_f}{d\alpha} = \dfrac{G(1-x)}{\rho_f (1-\alpha)^2}$。代入得

$$\alpha = \frac{1}{1 + \left(1 - \dfrac{1-x}{x}\right) \left(\dfrac{\rho_g}{\rho_f}\right)^{2/3}} \tag{4-97}$$

滑速比为

$$S = \frac{u_g}{u_f} = \frac{x\rho_f (1-\alpha)}{\alpha \rho_g (1-x)} = \left(\frac{\rho_f}{\rho_g}\right)^{1/3} \tag{4-98}$$

$$\tau_g = f \frac{\rho_f u_f^2}{2} \tag{4-99}$$

则单位流通截面的摩擦能量耗散率为

$$E_F = \frac{1}{A} \tau_w L P_r u_f = \left[\frac{L P_r f}{A(1-\alpha)}\right] \left[\frac{G}{2} u_f^2 (1-x)\right] \tag{4-100}$$

式中,L 为管道长度;P_r 为润湿周界;A 为流通截面积;f 为无因次的摩擦因数。如果令

$$N = \frac{LP_r f}{A(1-\alpha)} \tag{4-101}$$

则计入壁面摩擦后的能量耗散率为

$$E + E_F = \frac{G}{2}\left[u_g^2 x + (1+N) u_f^2 (1-x)\right] \tag{4-102}$$

使 $\mathrm{d}(E+E_F)/\mathrm{d}\alpha = 0$，则有

$$\frac{G}{2}\left[2u_g \frac{\mathrm{d}u_B}{\mathrm{d}\alpha}x + 2(1+N) u_f \frac{\mathrm{d}u_f}{\mathrm{d}\alpha}(1-x) + u_i^2(1-x)\frac{\mathrm{d}N}{\mathrm{d}\alpha}\right] = 0 \tag{4-103}$$

又因为 $\dfrac{\mathrm{d}u_g}{\mathrm{d}\alpha} = -\dfrac{Gx}{\rho_g \alpha^2}, \dfrac{\mathrm{d}u_f}{\mathrm{d}\alpha} = \dfrac{G(1-x)}{\rho_f(1-\alpha)^2}, \dfrac{\mathrm{d}N}{\mathrm{d}\alpha} = \dfrac{LP_r f}{A(1-\alpha)^2} = \dfrac{N}{1-\alpha}$，代入后化简可得

$$\alpha = \left[1 + \left(1 + \frac{3}{2}N\right)^{1/3}\frac{1-x}{x}\left(\frac{\rho_k}{\rho_f}\right)^{2/3}\right]^{-1} \tag{4-104}$$

$$S = \left[\left(1 + \frac{3}{2}N\right)\frac{\rho_f}{\rho_g}\right]^{1/3} \tag{4-105}$$

从以上两式中可以看出，壁面摩擦使空泡份额减小，滑速比增大。Zivi 做出了 α 和 x 的关系曲线图。与其他学者的实验结果相比较，N 的值约为 1。

4.7.2　气芯有夹带的情况

假设在蒸汽相中夹带有 φ 份额水流量的环状流，水滴以蒸汽速度 u_g 流动，液膜速度为 u_f。如果不计壁面摩擦，则

$$E = \frac{G}{2}\left[xu_g^2 + (1-x)\varphi u_g^2 + (1-x)(1-\varphi) u_f^2\right] \tag{4-106}$$

使 $\mathrm{d}E/\mathrm{d}\alpha = 0$，得

$$2xu_g \frac{\mathrm{d}u_g}{\mathrm{d}\alpha} + 2(1-x)\varphi u_g \frac{\mathrm{d}u_g}{\mathrm{d}\alpha} + 2(1-x)(1-\varphi) u_f \frac{\mathrm{d}u_f}{\mathrm{d}\alpha} = 0 \tag{4-107}$$

管道中水占据的面积应该是被夹带的水占据的面积和环状水膜占据的面积之和，所以

$$1 - \alpha = \frac{G(1-x)}{\rho_f}\left(\frac{\varphi}{u_g} + \frac{1-\varphi}{u_f}\right) = \frac{G(1-x)}{\rho_f}\left(\frac{\varphi\rho_s\alpha}{Gx} + \frac{1-\varphi}{u_f}\right) \tag{4-108}$$

则可得到

$$u_f = \frac{G(1-\varphi)(1-x)}{(1-\alpha)\rho_f - \varphi\rho_g\alpha\left(\dfrac{1-x}{x}\right)} \tag{4-109}$$

于是

$$\frac{\mathrm{d}u_f}{\mathrm{d}\alpha} = \frac{G(1-\varphi)(1-x)}{\rho_f}\cdot\frac{\left[1 + \varphi\dfrac{\rho_g}{\rho_f}\left(\dfrac{1-x}{x}\right)\right]}{\left[1 - \alpha - \varphi\dfrac{\rho_g}{\rho_f}\left(\dfrac{1-x}{x}\right)\right]^2} \tag{4-110}$$

又因为 $\dfrac{\mathrm{d}u_g}{\mathrm{d}\alpha} = -\dfrac{Gx}{\rho_g \alpha^2}$，把这些代入 $\mathrm{d}E/\mathrm{d}\alpha = 0$ 的式中，可得

$$\alpha = \left[1 + \varphi \frac{\rho_g}{\rho_f}\left(\frac{1-x}{x}\right) + (1-\varphi)\left(\frac{\rho_g}{\rho_f}\right)^{2/3}\left(\frac{1-x}{x}\right)\left(\frac{1 + \varphi \frac{\rho_g}{\rho_f}\frac{1-x}{x}}{1 + \varphi \frac{1-x}{x}}\right)^{1/3}\right]^{-1} \qquad (4-111)$$

$$S = \left(\frac{\rho_f}{\rho_g}\right)^{1/3}\left(\frac{1 + \varphi \frac{\rho_g}{\rho_f}\frac{1-x}{x}}{1 + \varphi \frac{1-x}{x}}\right)^{1/3} = \left(\frac{\frac{\rho_f}{\rho_g} + \varphi \frac{1-x}{x}}{1 + \varphi \frac{1-x}{x}}\right)^{1/3} \qquad (4-112)$$

Zivi 分别对压力为 0.1 MPa、2.7 MPa、4.1 MPa、6.8 MPa、8.2 MPa 工况下，φ 为 0、0.2、0.4、0.6、0.8、1.0 的情况，绘制了 α 和 x 的关系曲线图。其计算值与 Martinelli-Nelson 的数据相比较，得到 φ 为 0.2 时符合得较好。

4.8　混合相-单相并流模型

Smith[8] 的混合相-单相并流模型中假定：①混合相气液两相间无滑移；②保持热力学平衡，由能量平衡决定质量含气率；③液相的动压和混合相的动压相等，因此也称为等速度头模型。它适用于具有中心夹带液滴的环状流动。

该模型的推导步骤如下。

1)根据连续性方程，得到气相界面的含气率表达式。

2)引入系数 $\psi = W_h/W$，导出液膜界面含液率 α'。

3)推导出混合相中液相截面含液率 α''。

4)由 $\alpha + \alpha' + \alpha'' = 1$，可以得到关系式 $\alpha = f(x, E, \rho''/\rho', W''/W')$。

5)根据假定③，引入混合相中两相平均密度 ρ_m，导出两相滑速比与 ρ_m 的关系，并计算得到 ρ_m 的表达式。

6)返回到第 4)步，经过推到简化，得到 α 的表达式。

下面根据以上的推导步骤，给出具体的推导过程。根据假定③，可得

$$\frac{(u_f)_{spl}^2}{2}\rho_f = \frac{u_m^2}{2}\rho_m \qquad (4-113)$$

式中，$(u_f)_{spl}$ 为单相液体的平均流速；u_m 为混合相的平均流速；ρ_m 为混合相的平均密度。再令单相液体的流量为 $(W_f)_{spl}$，混合相中气体流量和液体流量各为 W_g 和 W_{fm}，那么混合相的平均密度为

$$\frac{1}{\rho_m} = \frac{\frac{W_g}{\rho_g} + \frac{W_{fm}}{\rho_f}}{W_g + W_{fm}} \qquad (4-114)$$

用 ψ 表示混合相中液体流量和全部液体流量之比，即

$$\psi = \frac{W_{fm}}{W_{fm} + (W_f)_{spl}} \qquad (4-115)$$

又

$$x = \frac{W_g}{W_g + W_{fm} + (W_f)_{spl}} \qquad (4-116)$$

于是可得

$$\frac{u_{\mathrm{m}}}{(u_{\mathrm{f}})_{\mathrm{spl}}} = \left(\frac{\rho_{\mathrm{f}}}{\rho_{\mathrm{m}}}\right)^{1/2} = \left[\frac{\frac{x\rho_{\mathrm{f}}}{\rho_{\mathrm{g}}} + (1-x)\psi}{x + (1-x)\psi}\right]^{1/2} \tag{4-117}$$

设流通面积为 A，那么根据总截面是各个分截面之和，得到

$$A = \frac{W_{\mathrm{g}}}{\rho_{\mathrm{g}}u_{\mathrm{m}}} + \frac{\psi[W_{\mathrm{fm}} + (W_{\mathrm{f}})_{\mathrm{spl}}]}{\rho_{\mathrm{f}}u_{\mathrm{m}}} + \frac{(1-\psi)[W_{\mathrm{fm}} + (W_{\mathrm{f}})_{\mathrm{spl}}]}{\rho_{\mathrm{f}}(u_{\mathrm{f}})_{\mathrm{spl}}} \tag{4-118}$$

那么

$$\alpha = \frac{A_{\mathrm{g}}}{A} = \frac{\dfrac{W_{\mathrm{g}}}{\rho_{\mathrm{g}}u_{\mathrm{m}}}}{A} = \left[1 + \frac{\rho_{\mathrm{g}}}{\rho_{\mathrm{f}}}\psi\frac{1-x}{x} + \frac{\rho_{\mathrm{g}}}{\rho_{\mathrm{f}}}(1-\psi)\frac{1-x}{x}\frac{u_{\mathrm{m}}}{(u_{\mathrm{f}})_{\mathrm{spl}}}\right]^{-1}$$

$$= \left\{1 + \psi\frac{\rho_{\mathrm{g}}}{\rho_{\mathrm{f}}}\frac{1-x}{x} + (1-\psi)\frac{\rho_{\mathrm{g}}}{\rho_{\mathrm{f}}}\frac{1-x}{x}\left[\frac{\dfrac{\rho_{\mathrm{f}}}{\rho_{\mathrm{g}}} + \dfrac{\psi(1-x)}{x}}{1 + \dfrac{\psi(1-x)}{x}}\right]^{1/2}\right\}^{-1} \tag{4-119}$$

式中，当 $\psi = 1$ 时，则 $\alpha = \left(1 + \dfrac{\rho_{\mathrm{g}}}{\rho_{\mathrm{f}}}\dfrac{1-x}{x}\right)^{-1} = \beta$，即为均相流的情况；当 $\psi = 0$ 时，则 $\alpha = [1 + (\rho_{\mathrm{g}}/\rho_{\mathrm{f}})^{1/2}(1-x)/x]^{-1}$。

此结论与 Fauske（福斯克）描述两相临界流动时应用最小动量模型求得的空泡份额和滑速比公式相一致。$0 < \psi < 1$ 的流动就是处于均相流和分相流或纯环状流之间的具有夹带液滴的环状流。

通过将 Smith 的计算结果与 Martinelli-Nelson、Bankoff、Levy、Thom（汤姆）等的计算结果相比较，得到 $\psi = 0.4$ 时，分别在某些区域符合得比较好。当 $x < 0.01$ 时，由于热力不平衡的影响较为显著，因此不使用该计算公式。

将 Smith 计算公式与 Zivi 计算公式相比较，不同点仅仅是 $[\rho_{\mathrm{f}}/\rho_{\mathrm{g}} + \psi(1-x)/x]/[1 + \psi(1-x)/x]$ 的幂次不同，若取相同的气相夹带液滴的份额，即取 $\psi = \varphi$，则由 Zivi 计算公式求得的 α 值要比 Smith 计算公式求得的 α 值大一些。

4.9　欠热沸腾空泡份额计算

对于一个具有较高热流密度的冷却剂通道，欠热液体从左侧流入，图 4-9 给出了从单相区、欠热沸腾区（包括：欠热沸腾第一区，高欠热区；欠热沸腾第二区，低欠热区）和饱和沸腾区的空泡份额变化情况。

单相液体流入加热通道后，液体被加热，在壁面温度未达到 z_{ONB} 对应的壁面温度以前，壁面不会产生气泡。z_{ONB} 点称为最初气泡产生点、气泡成核起始点或欠热沸腾起始点，该点对应的主流液体平均温度仍低于饱和温度，但壁面附近形成气泡的液体处于过热状态。随着液体继续前进，不断吸收热量，壁面上的气泡逐渐增多变大，但仍黏附在壁面不脱离，或沿壁面略有滑动，此时的空泡份额可称为壁面空泡份额。当到达 z_{FDB} 点时，壁面上气泡聚集增多，直径变大并开始脱离壁面，进入主流液体，但此时的主流液体平均温度仍低于饱和温度。z_{FDB} 点称

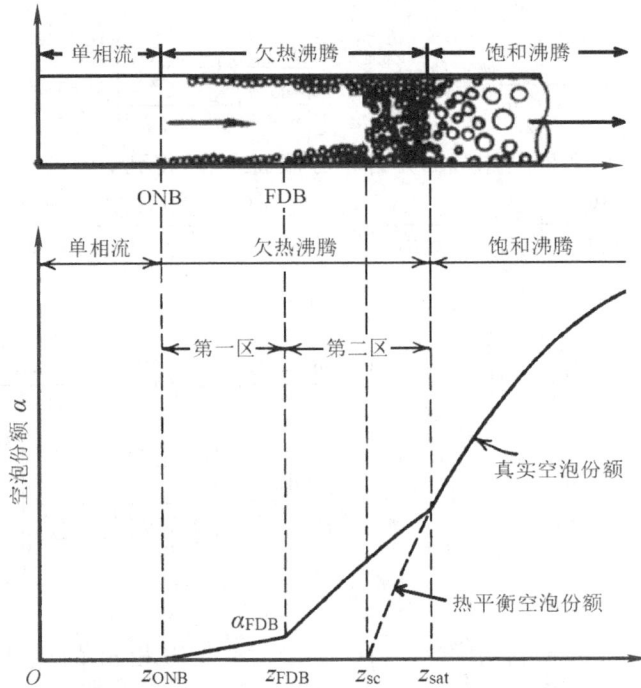

图 4-9　单相区、欠热沸腾区和饱和沸腾区的空泡份额变化规律

为充分发展欠热沸腾起始点或气泡脱离壁面起始点、净蒸汽产生点，或简称为充展沸腾起始点。由于在 z_{FDB} 点以前，空泡份额较小且增长较慢，可将 z_{ONB} 和 z_{FDB} 之间的空泡份额的变化规律看成线性增长。z_{FDB} 点以后，空泡份额迅速增大。气泡进入欠热主流液体后部分被冷凝，但随着热量不断吸收，气泡不断产生和增加，毗邻壁面移动的气泡聚合并长大，不断脱离壁面进入主流液体。因此总体上看，主流液体中已有蒸汽。当到达 z_{sc} 点时，按热平衡计算，液体已达到饱和温度，平衡态含气率(x_e)刚好等于零，且空泡份额数值已相当大，但实际上要达到 z_{sat} 点时，才能真正达到饱和沸腾。

　　综上所述，欠热沸腾可分为两个区，欠热沸腾区的空泡份额计算包括：①确定欠热沸腾起始点(z_{ONB})的位置及相应的主流液体温度$[(T_f)_{ONB}]$；②确定充分发展欠热沸腾起始点(z_{FDB})的位置、相应的主流液体温度$[(T_f)_{FDB}]$和壁面空泡份额(α_{FDB})；③第一区内的空泡份额；④第二区内的空泡份额。本书主要介绍两种方法：机理模型方法，如 Bowring（鲍林）[16]、Rouhani[17]方法，从描述传热过程的物理现象出发，建立机理模型和计算关系式；分布拟合模型方法，如 Levy[18]方法，即在充分发展欠热沸腾起始点和饱和沸腾起始点之间架设一个真实含气率分布的数学拟合，然后再求得空泡份额。

4.9.1　Bowring 方法

　　Bowring 将欠热沸腾区分成两个区，高欠热沸腾区气泡黏附在壁面上，空泡份额为 α_w；低欠热沸腾区的空泡份额为壁面空泡份额和进入液体中的空泡份额之和。

4.9.1.1　高欠热沸腾区

Bowring 认为最初气泡产生点处的主流液体的欠热度[$(\Delta T_{sub})_{ONB}$]应满足下式：

$$\frac{q}{h_{spf}} = (T_w)_{ONB} - (T_f)_{ONB} = (T_w)_{ONB} - T_{sat} + T_{sat} - (T_f)_{ONB} = (\Delta T_{sat})_{ONB} + (\Delta T_{sub})_{ONB}$$

$$(4-120)$$

式中，$(T_{sat})_{ONB}$ 可用 Jens-Lottes(延斯-洛特斯)公式计算，即

$$(\Delta T_{sat})_{ONB} = 25\left(\frac{q}{10^6}\right)^{0.25} \exp\left(-\frac{p}{6.2}\right)$$

$$(4-121)$$

因此有

$$(\Delta T_{sub})_{ONB} = \frac{q}{h_{spf}} - 25\left(\frac{q}{10^6}\right)^{0.25} \exp\left(-\frac{p}{6.2}\right)$$

$$(4-122)$$

式中，q 为热流密度，W/m^2；h_{spf} 为单相液体对流换热系数，$W/(m^2 \cdot ℃)$；p 为压力，MPa。

如果$(\Delta T_{sat})_{ONB}$ 已知，就可以根据热平衡关系式求得最初气泡产生点的位置，对应的壁面空泡份额可看成零。

气泡脱离壁面起始点处的主流液体欠热度为

$$(\Delta T_{sub})_{FDB} = \frac{\eta q}{(u_f)_{in}}$$

$$(4-123)$$

式中，$(u_f)_{in}$ 为液体在通道进口处的速度，m/s；η 为经验系数，对于水，其计算公式为

$$\eta = (14 + 0.987p) \times 10^{-6}$$

$$(4-124)$$

气泡脱离壁面起始点处的空泡份额(α_{FDB})可用下式计算：

$$\alpha_{FDB} = \frac{P_h \delta}{A}$$

$$(4-125)$$

式中，P_h 为通道加热周长，m；A 为通道流通截面积，m^2；δ 为气泡层平均厚度，可用下式计算：

$$\delta = \min \begin{cases} 9.06 \times 10^{-5} p^{-0.237} \\ \dfrac{(u_f)_{in} k_f Pr}{1.07 h_{spf}^2 \eta} \end{cases}$$

$$(4-126)$$

在确定了$(\Delta T_{sub})_{ONB}$、$(\Delta T_{sub})_{FDB}$ 和 α_{FDB} 后，假定 z_{ONB} 点和 z_{FDB} 点之间的空泡份额呈线性增长规律，则主流液体欠热度为 ΔT_{sub} 处的空泡份额(α)为

$$\alpha = \frac{(\Delta T_{sub})_{ONB} - \Delta T_{sub}}{(\Delta T_{sub})_{ONB} - (\Delta T_{sub})_{FDB}} \alpha_{FDB}$$

$$(4-127)$$

4.9.1.2　低欠热沸腾区

Bowring 认为，在欠热沸腾区，传热工况由以下四部分组成：①脱离气泡的潜热(q_e)；②在温度边界层内气泡扰动而引起的传热(q_a)；③黏附在壁面上的气泡顶部的凝结传热(q_c)；④壁面上气泡之间的单相液体的对流传热(q_{spf})。

如果忽略第③项，则总热流密度(q)为

$$q = q_e + q_a + q_{spf}$$

$$(4-128)$$

假设单位传热面积上产生的气泡数量为 n、产生的频率为 f、单个气泡的体积为 V_b，则

$$q_e = nf V_b \rho_g h_{fg}$$

$$(4-129)$$

式中，h_{fg} 为蒸发潜热。当温度边界层内生长一个气泡时，气泡把毗邻的过热液体推入潜热主

流液体,在气泡脱离壁面过程中,继续推动过热液体远离壁面。同时,主流液体的较冷液体补充到壁面。这样对应气泡体积大小的冷液体质量到达加热表面,通过其有效温差(ΔT_e),获得壁面热量。随后又可能被生成的气泡推开,因此

$$q_a = nfV_b\rho_f c_{pf}\Delta T_e \qquad (4-130)$$

式中,ΔT_e 为考虑了主流液体温度、壁面过热度以及气泡和液体的交替效应后的有效温差。由于 ΔT_e、n、f、V_b 均难以确定,因此引入一个经验参数(ε),即

$$\varepsilon = \frac{q_a}{q_e} = \frac{\rho_f c_{pf}}{\rho_g h_{fg}}\Delta T_e \qquad (4-131)$$

ε 与压力有关,可用下式计算:

$$\varepsilon = \begin{cases} 3.2\dfrac{\rho_f c_{pf}}{\rho_g h_{fg}} & 0.1 \leqslant p < 0.95 \text{ MPa} \\[2mm] 1.3 & 0.95 \leqslant p \leqslant 5 \text{ MPa} \end{cases} \qquad (4-132)$$

q_{spf} 随着壁面上的气泡充满程度增大而减小,最终为零。假设当主流液体的欠热度(ΔT_{sub})为(ΔT_{sub})$_{FDB}$ 时,$q_{spf}=0$,(ΔT_{sub})$_{FDB}$ 可采用 Forster(弗斯特)公式计算:

$$(\Delta T_{sub})_{FDB} = \frac{0.7q}{h_{spf}} - 25\left(\frac{0.7q}{10^6}\right)^{0.25}\exp\left(-\frac{p}{6.2}\right) \qquad (4-133)$$

当 $\Delta T_{sub} > (\Delta T_{sub})_{FDB}$ 时,$q_{spf} = h_{spf}\Delta T_{sub}$;当 $\Delta T_{sub} \leqslant (\Delta T_{sub})_{FDB}$ 时,$q_{spf}=0$。把求得的 q_a、q_{spf} 代入式(4-128)中,得

$$q_c = \frac{q - q_{spf}}{1+\varepsilon} \qquad (4-134)$$

于是可以求出真实质量含气率为

$$x_a = \frac{P_h}{\rho_f A(u_f)_{in}h_{fg}}\int_{z_{FDB}}^{z}\frac{q-q_{spf}}{1+\varepsilon}dz \qquad (4-135)$$

如果令 $q_{sub}=q-q_{spf}$,且 $1+\varepsilon=$ 常数,则

$$\overline{q}_{sub} = \frac{1}{z-z_{FDB}}\int_{z_{FDB}}^{z}\frac{q-q_{spf}}{1+\varepsilon}dz \qquad (4-136)$$

因此,

$$x_a = \frac{P_h}{\rho_f A(u_f)_{in}h_{fg}}\overline{q}_{sub}(z-z_{FDB}) \qquad (4-137)$$

在获得了 x 后,可采用下式计算 α_a:

$$\frac{\alpha_a}{1-\alpha_a} = \frac{\rho_f}{\rho_g}\frac{1}{S}\frac{x_a}{1-x_a} \qquad (4-138)$$

式中,滑速比(S)可取值为 1.5~4.1。Bowring 认为在气泡脱离壁面起始点后,壁面处的空泡份额维持不变,均为 α_{FDB},因此在低欠热沸腾区的空泡份额为

$$\alpha = \alpha_{FDB} + \alpha_a \qquad (4-139)$$

4.9.2　Rouhani 方法

Rouhani 提出,在欠热沸腾过程中,通过壁面的热量主要由下列三种传热方式带走:①直接传热给单相液体,直至壁面被气泡全部覆盖;②产生蒸汽;③对替代壁面气泡体积的那部分质量的液体进行加热。于是有

$$q = h(T_{\mathrm{w}} - T_{\mathrm{f}}) + m_{\mathrm{g}} h_{\mathrm{fg}} + \left(\frac{m_{\mathrm{s}}}{\rho_{\mathrm{g}}}\right) c_{p} \rho_{\mathrm{f}} (T_{\mathrm{sat}} - T_{\mathrm{f}}) \tag{4-140}$$

由于在高欠热度的局部沸腾工况下，一部分加热壁面被气泡覆盖，单相液体传热份额有所减小，可认为传热系数（h）比一般的单相传热系数（h_{spf}）小。在没有精确的计算方法情况下，假定

$$h = h_{\mathrm{spf}} \frac{T_{\mathrm{sat}} - T_{\mathrm{f}}}{T_{\mathrm{w}} - T_{\mathrm{f}}} \tag{4-141}$$

则有

$$q = h_{\mathrm{spf}}(T_{\mathrm{sat}} - T_{\mathrm{f}}) + m_{\mathrm{g}} h_{\mathrm{fg}} + \frac{m_{\mathrm{g}}}{\rho_{\mathrm{g}}} c_{p} \rho_{\mathrm{f}} (T_{\mathrm{sat}} - T_{\mathrm{f}}) = h_{\mathrm{spf}} \Delta T_{\mathrm{sub}} + m_{\mathrm{g}} h_{\mathrm{fg}} + \frac{m_{\mathrm{g}}}{\rho_{\mathrm{g}}} c_{p} \rho_{\mathrm{f}} \Delta T_{\mathrm{sub}} \tag{4-142}$$

式中，m_{g} 为单位时间、单位传热面积上产生的蒸汽质量，即

$$m_{\mathrm{g}} = \frac{q - h_{\mathrm{spf}} \Delta T_{\mathrm{sub}}}{\rho_{\mathrm{f}} h_{\mathrm{fg}} + c_{p} \rho_{\mathrm{f}} \Delta T_{\mathrm{sub}}} \rho_{\mathrm{g}} \tag{4-143}$$

在通道 $\mathrm{d}z$ 长度上，单位时间内产生蒸汽所耗的热量为

$$\mathrm{d}Q_{\mathrm{b}} = m_{\mathrm{g}} h_{\mathrm{fg}} P_{\mathrm{h}} \mathrm{d}z = \frac{q - h_{\mathrm{spf}} \Delta T_{\mathrm{sub}}}{\rho_{\mathrm{g}} h_{\mathrm{fg}} + c_{p} \rho_{\mathrm{f}} \Delta T_{\mathrm{sub}}} \rho_{\mathrm{g}} h_{\mathrm{fg}} P_{\mathrm{h}} \mathrm{d}z \tag{4-144}$$

由于进入欠热主流液体中的气泡可能被液体冷凝，令单位通道长度上、单位时间内、单位温压下被冷凝的热量为冷凝系数（K_{c}），则在通道 $\mathrm{d}z$ 长度上单位时间内气泡因冷凝所交换的热量为

$$\mathrm{d}Q_{\mathrm{c}} = K_{\mathrm{c}}(T_{\mathrm{sat}} - T_{\mathrm{f}}) \mathrm{d}z = K_{\mathrm{c}} \Delta T_{\mathrm{sub}} \mathrm{d}z \tag{4-145}$$

则在 $\mathrm{d}z$ 长度内，在体积元 $A\mathrm{d}z$ 内蒸汽实际得到的热量为 $\mathrm{d}Q_{\mathrm{b}} - \mathrm{d}Q_{\mathrm{c}}$。如果忽略气液间的相对速度，则

$$\mathrm{d}Q_{\mathrm{b}} - \mathrm{d}Q_{\mathrm{c}} = A\left[(u + \mathrm{d}u)(\alpha + \mathrm{d}\alpha) - u\alpha\right] \rho_{\mathrm{g}} h_{\mathrm{fg}} \tag{4-146}$$

把 $\mathrm{d}Q_{\mathrm{b}}$、$\mathrm{d}Q_{\mathrm{c}}$ 和 $\mathrm{d}u$ 等式代入式（4-146）中，可得

$$\frac{GAh_{\mathrm{fg}} \rho_{\mathrm{g}}}{\rho_{\mathrm{f}}} \frac{\mathrm{d}\alpha}{\left[1 - \left(\frac{\rho_{\mathrm{g}}}{\rho_{\mathrm{f}}}\right)\alpha\right]^{2}} = \left(\frac{q - h_{\mathrm{spf}} \Delta T_{\mathrm{sub}}}{\rho_{\mathrm{g}} h_{\mathrm{fg}} + c_{p} \rho_{\mathrm{f}} \Delta T_{\mathrm{sub}}} \rho_{\mathrm{g}} h_{\mathrm{fg}} P_{\mathrm{h}} - K_{\mathrm{c}} \Delta T_{\mathrm{sub}}\right) \mathrm{d}z \tag{4-147}$$

由于欠热沸腾下产生的蒸汽量不大，所吸收的热量很小，因此，

$$\mathrm{d}z \approx -\frac{GAc_{p}}{P_{\mathrm{h}} q} \alpha \Delta T_{\mathrm{sub}} \tag{4-148}$$

又因为 $1 - \rho_{\mathrm{g}}/\rho_{\mathrm{f}} \approx 1$，则 $[1 - (1 - \rho_{\mathrm{g}}/\rho_{\mathrm{f}})\alpha]^{2} \approx (1-\alpha)^{2}$，代入上式并进行积分，初始条件为 $\alpha = 0$ 时，$\Delta T_{\mathrm{sub}} = (\Delta T_{\mathrm{sub}})_{\mathrm{in}}$，则

$$\frac{1}{1-\alpha} - 1 = \frac{1}{q}\left\{\left(q + \frac{h_{\mathrm{spf}} h_{\mathrm{fg}} \rho_{\mathrm{g}}}{c_{p} \rho_{\mathrm{f}}}\right) \ln \frac{h_{\mathrm{fg}} \rho_{\mathrm{g}} + c_{p} \rho_{\mathrm{f}} (\Delta T_{\mathrm{sub}})_{\mathrm{in}}}{h_{\mathrm{fg}} \rho_{\mathrm{g}} + c_{p} \rho_{\mathrm{f}} \Delta T_{\mathrm{sub}}} - h_{\mathrm{spf}}\left[(\Delta T_{\mathrm{sub}})_{\mathrm{in}} - \Delta T_{\mathrm{sub}}\right] - \frac{\varphi_{\mathrm{f}} c_{p} \rho_{\mathrm{f}}}{P_{\mathrm{h}} h_{\mathrm{fg}} \rho_{\mathrm{g}}}\right\} \tag{4-149}$$

式中，

$$\varphi_{\mathrm{f}} = 3.5 \times 10^{5} \frac{k_{\mathrm{f}}}{Pr} \frac{\rho_{\mathrm{g}}}{\rho_{\mathrm{f}}} Re \left(\frac{q\mu_{\mathrm{f}}}{h_{\mathrm{fg}} \sigma \rho_{\mathrm{f}} g}\right)^{1/4} A^{2/3} \alpha^{2/3} \left[0.6(\Delta T_{\mathrm{sub}})_{\mathrm{in}} + \Delta T_{\mathrm{sub}}\right] \left[(\Delta T_{\mathrm{sub}})_{\mathrm{in}} - \Delta T_{\mathrm{sub}}\right] \tag{4-150}$$

Rouhani 认为当壁面布满气泡时,气泡逸离壁面,工况由高欠热沸腾区进入低欠热沸腾区,这时气泡层的平均厚度为 $\delta = 9.06 \times 10^{-5} p^{-0.237}$。于是,气泡脱离壁面起始点处,即第一区末的壁面空泡份额为

$$\alpha_{\text{FDB}} = \frac{P_{\text{h}}}{A} \delta = 1.59 \times 10^{-4} (10p)^{-0.237} \frac{P_{\text{h}}}{A} = 9.06 \times 10^{-5} p^{-0.237} \frac{P_{\text{h}}}{A} \qquad (4-151)$$

式(4-151)仅适用于高欠热沸腾区,因为当 $\alpha = \alpha_{\text{FDB}}$ 后,气泡布满了壁面,直接传给单相液体的过程消失,即 $h(T_{\text{w}} - T_{\text{f}}) = 0$。可以按照上述相同的步骤,计算第二区的空泡份额,仅需去掉式(4-140)中的 $h(T_{\text{w}} - T_{\text{f}})$ 项,可得

$$\frac{\text{d}\alpha}{\left[1 - \left(1 - \frac{\rho_{\text{g}}}{\rho_{\text{f}}}\right)\alpha\right]^2} = -\frac{c_p \rho_{\text{f}}}{q}\left(\frac{q}{\rho_{\text{g}} h_{\text{fg}} + c_p \rho_{\text{f}} \Delta T_{\text{sub}}} - \frac{K_{\text{c}} \Delta T_{\text{sub}}}{P_{\text{h}} h_{\text{fg}} \rho_{\text{g}}}\right) \text{d}(\Delta T_{\text{sub}}) \qquad (4-152)$$

略去 $\rho_{\text{g}}/\rho_{\text{f}}$,并对上式按 α 由 α_{FDB} 到 α,ΔT_{sub} 由 $(\Delta T_{\text{sub}})_{\text{FDB}}$ 到 ΔT_{sub} 进行积分,可得

$$\frac{1}{1-\alpha} - \frac{1}{1-\alpha_{\text{FDB}}} = \ln \frac{h_{\text{fg}} \rho_{\text{g}} + c_p \rho_{\text{f}} (\Delta T_{\text{sub}})_{\text{FDB}}}{h_{\text{fg}} \rho_{\text{g}} + c_p \rho_{\text{f}} \Delta T_{\text{sub}}} - \frac{\varphi_2 c_p \rho_{\text{f}}}{P_{\text{h}} h_{\text{fg}} \rho_{\text{g}} q} \qquad (4-153)$$

式中,

$$\varphi_2 = 7.0 \times 10^5 \frac{k_{\text{f}} h_{\text{fg}} \rho_{\text{g}}}{Pr c_p \rho_{\text{f}}} Re^{0.5} \left(\frac{q\mu_{\text{f}}}{h_{\text{fg}} \sigma \rho_{\text{f}} g}\right)^{0.5} A^{2/3} \alpha^{2/3} \left[(\Delta T_{\text{sub}})_{\text{FDB}} + 2\Delta T_{\text{sub}}\right] \qquad (4-154)$$

1970 年 Rouhani 等对上述方法做了改进,考虑了气液间相对速度,在求得真实的质量含气率 (x) 后,用 Zuber-Findlay 公式求空泡份额 (α)。另外,在第一区和第二区用相同的冷凝系数 (K_{c})。他们同样将欠热沸腾分成两个区域,第一区末的壁面空泡份额 $\alpha_{\text{FDB}} = 0.906 \times 10^{-4} p^{0.237} P_{\text{h}}/A$。壁面传热平衡关系式为

$$q = h_{\text{spf}} \Delta T_{\text{sub}} \left(1 - \frac{\alpha}{\alpha_{\text{FDB}}}\right) + m_{\text{g}} h_{\text{fg}} + m_{\text{g}}/\rho_{\text{g}} \cdot c_p \rho_{\text{f}} \Delta T_{\text{sub}} \qquad (4-155)$$

用同样的步骤,可得

$$\text{d}Q_{\text{b}} = \frac{q - h_{\text{spf}} \Delta T_{\text{sub}} \left(1 - \frac{\alpha}{\alpha_{\text{FDB}}}\right)}{h_{\text{fg}} \rho_{\text{g}} + c_p \rho_{\text{f}} \Delta T_{\text{sub}}} \rho_{\text{g}} h_{\text{fg}} P_{\text{h}} \text{d}z \qquad (4-156)$$

$$\text{d}Q_{\text{c}} = K_{\text{c}} \Delta T_{\text{sub}} \text{d}z \qquad (4-157)$$

式中,

$$K_{\text{c}} = 30 \frac{k_{\text{f}}}{Pr} \left(\frac{\rho_{\text{g}}}{\rho_{\text{f}}}\right)^2 \frac{GD}{(1-\alpha)\mu_{\text{f}}} \left[\frac{q\mu_{\text{f}}}{h_{\text{fg}} \sigma (\rho_{\text{f}} - \rho_{\text{g}})}\right]^{-0.5} A^{2/3} \alpha^{2/3} \qquad (4-158)$$

则在通道 $\text{d}z$ 长度内,真实质量含气率的增量为

$$\text{d}x = \frac{\text{d}Q_{\text{b}} - \text{d}Q_{\text{c}}}{GAh_{\text{fg}}} \qquad (4-159)$$

而液体的欠热度变化为

$$\text{d}(\Delta T_{\text{sub}}) = \frac{qP_{\text{h}}\text{d}z - (\text{d}Q_{\text{b}} - \text{d}Q_{\text{c}})}{GAc_p} \qquad (4-160)$$

对式(4-159)进行积分,就可求得通道 z 高度上的真实质量含气率 $x(z)$,则空泡份额为

$$\alpha(z) = \frac{x(z)}{\rho_{\text{g}}} \left\{C_0 \left[\frac{x(z)}{\rho_{\text{g}}} + \frac{1-x(z)}{\rho_{\text{f}}}\right] + \frac{1.18}{G} \left[\frac{g\sigma(\rho_{\text{f}} - \rho_{\text{g}})}{\rho_{\text{f}}^2}\right]^{1/4}\right\}^{-1} \qquad (4-161)$$

对于欠热沸腾,取 $C_0 = 1.12$,当在低质量流速时,可取 $C_0 = 1.54$。由于 K_c 中含有 α,所以必须用迭代法求得正确的 α 值。

4.9.3　Levy 方法

Levy 从作用于气泡上的力来考虑气泡脱离壁面问题。1967 年,他提出了一种确定气泡脱离壁面起始点时气泡尺寸大小以及主流液体欠热度的理论和方法,计算了欠热沸腾下的空泡份额。

他认为作用力有浮力、表面张力和液体流动作用于气泡上的力,如图 4 - 10 所示。表面张力使气泡黏附在壁面上,其他两种力使气泡脱离壁面。这些力作用在气泡所占有的截面积上,而截面积正比于 R_d 的平方,三个力分别表示如下。

气泡浮力:

$$F_b = C_b R_d^2 (\rho_f - \rho_g) G \qquad (4 - 162)$$

表面张力:

$$F_s = C_s R_d \sigma \qquad (4 - 163)$$

液体作用于气泡上的力(F_F),与单位长度上液体流动摩擦压降梯度($\mathrm{d}p_F / \mathrm{d}z$)有关,气泡受到的压力差正比于($\mathrm{d}p_F / \mathrm{d}z$)$R_d$,因此

$$F_F = C_F \frac{\tau_w}{D_e} R_d^3 \qquad (4 - 164)$$

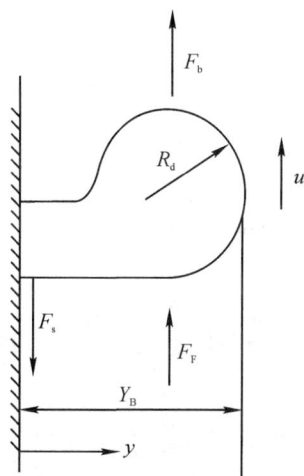

图 4 - 10　Levy 模型气泡受力图

以上各式中,C_b、C_s 和 C_F 均为比例常数;R_d 为气泡半径;σ 为表面张力;τ_w 为壁面剪切应力;D_e 为通道的水力直径。

当三个力平衡时,气泡开始脱离壁面,进入主流液体。由力平衡关系:

$$C_b R_b^3 (\rho_f - \rho_g) g + C_F \left(\frac{\tau_w}{D_e} \right) R_d^2 - C_s R_d \sigma = 0 \qquad (4 - 165)$$

由上式可得

$$R_d = \sqrt{\frac{C_s \sigma}{C_b g (\rho_f - \rho_g) + C_F \dfrac{\tau_w}{D_e}}} \qquad (4 - 166)$$

假定从气泡顶端到壁面的距离(Y_B)与 R_d 成正比,则有

$$Y_B = C \left(\frac{\sigma D_e}{\tau_w} \right)^{1/2} \left[1 + C' g \frac{(\rho_f - \rho_g) D_e}{\tau_w} \right]^{-1/2} \qquad (4 - 167)$$

式中,C 和 C' 为 C_s、C_b 和 C_F 等组成的新系数。运用 $(\tau_w / \rho_f)^{1/2} \rho_f / \mu_f$ 乘以上式,变换成无量纲形式:

$$Y_B^* = Y_B \left(\frac{\tau_w}{\rho_f} \right)^{1/2} \frac{\rho_f}{\mu_f} = C \frac{(\sigma D_e \rho_f)^{1/2}}{\mu_f} \left[1 + C' g \frac{(\rho_f - \rho_g) D_e}{\tau_w} \right]^{-1/2} \qquad (4 - 168)$$

如果液体作用于气泡上的 F_F 比浮力 F_b 大得多,则可略去浮力,于是有

$$Y_B^* = C \frac{(\sigma D_e \rho_f)^{1/2}}{\mu_f} \qquad (4 - 169)$$

其中,系数 C 和 C' 需要由实验来确定。Levy 给出 $C=0.015$,$C'=0$。这表明浮力起的作用很小,即使在低质量流速下也不大。

流动沸腾下,气泡附近的液体温度(T_b)必须超过饱和温度,根据气泡在液体中存在时的力学平衡关系式以及克劳修斯-克拉佩龙关系式可得

$$T_b - T_{sat} = \frac{2\sigma T_{sat}(\rho_f - \rho_g)}{\rho_g \rho_f h_{fg} R_d} \tag{4-170}$$

为了简化问题的讨论,Levy 假定 $T_b = T_{sat}$,再应用 Martinelli 单相液体湍流推荐公式:

$$T_w - T_b = \begin{cases} Q^* Pr Y_B^* & 0 \leqslant Y_B^* < 5 \\ 5Q^* \left\{ Pr + \ln\left[1 + Pr\left(\frac{Y_B^*}{5} - 1\right)\right] \right\} & 5 \leqslant Y_B^* \leqslant 30 \\ 5Q^* \left[Pr + \ln(1 + 5Pr) + 0.5\ln\left(\frac{Y_B^*}{30}\right) \right] & Y_B^* > 30 \end{cases} \tag{4-171}$$

式中,$Q = q / \left[c_{pf} \rho_f (\tau_w / \rho_f) \right]^{1/2}$。单相液体传热公式为

$$T_w - T_f = \frac{q}{h_{spf}} \tag{4-172}$$

合并以上几个式子,可得到气泡脱离壁面起始点处主流液体欠热度为

$$(\Delta T_{sub})_{FDB} = \begin{cases} \dfrac{q}{h_{spf}} - Q^* Pr Y_B^* & 0 \leqslant Y_B^* < 5 \\[2mm] \dfrac{q}{h_{spf}} - 5Q^* \left\{ Pr + \ln\left[1 + Pr\left(\frac{Y_B^*}{5} - 1\right)\right] \right\} & 5 \leqslant Y_B^* \leqslant 30 \\[2mm] \dfrac{q}{h_{spf}} - 5Q^* \left[Pr + \ln(1 + 5Pr) + 0.51\ln\left(\frac{Y_B^*}{30}\right) \right] & Y_B^* > 30 \end{cases}$$

$$\tag{4-173}$$

为了计算空泡份额,必须知道真实质量含气率(x_a),按热力学平衡确定 $x_e = 0$ 处的 x_a 值。反过来说,当气泡脱离壁面起始点处气泡量很小,可认为真实含气率 $x_a \approx 0$。对应地,这时的 $(x_e)_{FDB}$ 应该是一个负值,即

$$(x_e)_{FDB} = \frac{-c_p(\Delta T_{sub})_{FDB}}{h_{fg}} \tag{4-174}$$

Levy 假定:

1)在气泡脱离壁面起始点处,即在通道长度 $z = z_{FDB}$ 处,没有气泡运动,绝大部分热量传给液体,所以

$$\left.\frac{dx_a}{dz}\right|_{z_{FDB}} = \left.\frac{dx}{dz}\right|_{(x_e)_{FDB}} = 0 \tag{4-175}$$

2)当 x_e 增大,变为正值,x_e 与 $(x_e)_{FDB}$ 的比值越大,则 x_a 越接近 x_e。即当达到饱和沸腾区时,热力不平衡情况结束。

于是可应用 x_a 和 x_e 之间的关系,用拟合法得出 x 和 x_e 的拟合曲线关系式:

$$x_a = x_e - (x_e)_{FDB} \exp\left[\frac{x_e}{(x_e)_{FDB}} - 1\right] \tag{4-176}$$

利用 Zuber-Findlay 关系式结合式(4-176)求 α,于是

$$\alpha = \frac{x_{a}}{\rho_{g}} \left\{ 1.13 \left(\frac{x_{a}}{\rho_{g}} + \frac{1-x_{a}}{\rho_{f}} \right) + \frac{1.18}{G} \left[\frac{g\sigma(\rho_{f}-\rho_{g})}{\rho_{f}^{2}} \right]^{1/4} \right\}^{-1} \qquad (4-177)$$

思 考 题

1)总结各类均相模型、分相模型各自的优缺点,及对于层状流、波状流、环状流等不同流型的适用性。

2)对比四方程和六方程模型的区别,并写出其基本的守恒方程式。

3)求得空泡份额 α 和质量含气率 x 间的关系式的工程意义是什么?

4)Levy 方法的本质即模型的基础是什么?

5)Levy 方法的计算结果与许多学者的实验结果符合得较好。但在某些情况下,计算值比实验数据低 $20\% \sim 30\%$,尝试分析其原因。

参 考 文 献

[1] LOCKHART R W, MARTINELLI R C. Proposed correlation of data for isothermal two-phase, two-component flow in pipes[J]. Chemical Engineering Progress, 1949, 45 (39): 39 - 48.

[2] ZIVI S M. Estimation of steady-state steam void-fraction by means of the principle of minimum entropy production[J]. Journal of Heat Transfer, 1964, 86(2): 247.

[3] THOM J R S. Prediction of pressure drop during forced circulation boiling of water [J]. International Journal of Heat and Mass Transfer, 1964, 7(7): 709 - 724.

[4] CHISHOLM D. Pressure gradients due to friction during the flow of evaporating two-phase mixtures in smooth tubes and channels[J]. International Journal of Heat and Mass Transfer, 1973, 16(2): 347 - 358.

[5] HART J, HAMERSMA P J. A pressure drop correlation for gas/liquid pipe flow with a small liquid holdup[J]. Chemical Engineering Science, 1987, 42(5): 1187 - 1196.

[6] 藤井哲,世古口言彦. 传热工学的进展[M]. 株式会社养贤堂, 1973.

[7] BANKOFF S G. Trans[J]. ASME Series C, 1960, 82(4): 265.

[8] SMITH S L. Void fractions in two-phase flow: a correlation based upon an equal velocity head model[J]. ARCHIVE Proceedings of the Institution of Mechanical Engineers, 1968, 184: 647 - 664.

[9] ОСМАЧКИН В С. Трудыи международной конферециипо теплопередаче[M]. Парнж, 1970.

[10] 徐济鋆. 沸腾传热和气液两相流[M]. 北京:原子能出版社, 2001.

[11] 孙宏军,冯越. 基于滑速比模型的气液两相流截面含气率计算方法评价[J]. 电子测量与仪器学报, 2016, 30(7): 983 - 991.

[12] LEVY S. Trans[J]. ASME Series C, 1960, 82(2): 113.

[13] ZUBER N, FINDLAY J A. Average volumetric concentration in two-phase flow sys-

tems[J]. Journal of Heat Transfer,1965,87(4):453 – 468.

[14]   PRIGOGINE I. Etude thermodynamique des phenomenes irreversible[M]. Liege editions desoer,1947.

[15]   PRIGOGINE I. Structure,dissipation and life[R]. Communication Presented at the First International Conference,1967.

[16]   BOWRING R W. Physical model based on bubble detachment and calculation of steam voidage in the subcooled region of a heated channel[S]. OECD Halden Reactor Project Report HPR-10,1962.

[17]   ROUHANI S Z. Calculation of steam volume fraction in subcooled boiling[J]. Journal of Heat Transfer,1968,90(1): 158 – 164.

[18]   LEVY S. Forced convection subcooled boiling—prediction of vapor volumetric fraction [J]. Int. J. Heat Mass Transfer,1967,10 (7): 951 – 965.

第 5 章　两相流压降

5.1　两相流压降概述

两相流压降是两相流动问题中研究最早、最广泛的内容之一,目前两相流压降计算方法已较为成熟。基于大量的试验数据与理论基础,学者们针对不同工质、压力、温度、流速、含气率、流型、受热条件和流道几何结构等参数条件提出了大量的两相流压降经验关系式。本章首先引入基于均相流与分相流的两相流压降模型;其次,重点介绍饱和沸腾环状流区和过冷沸腾区两相流压降计算方法;最后,针对核动力系统堆芯燃料元件通道与常见局部构件,给出相应的两相流压降经验关系式。

两相流压降计算是一个非稳态的二维或三维问题,其与时间、流动空间及其自身流动结构都密切相关。然而实际计算中一般将两相流压降计算简化为一个一维稳态问题进行分析。这样的简化尽管会带来一定的误差,但如果遵守经验关系式的使用条件,其结果对实际应用仍然具有较高的准确性。两相流压降在管道中的计算一般可表示为四部分之和,分别为摩擦压降、加速压降、重力压降和局部压降,其梯度分量的具体计算式与物理模型相关。传统的两相流压降计算方法是采用一些专门定义的系数乘以相对应的单相压降,这些系数称为"乘子"或"倍增因子"。

5.2　压力梯度与压降分量

基于动量守恒方程,z 方向一维流道的两相流压降梯度可采用下式计算:

$$\frac{\partial}{\partial t}(G_{\mathrm{m}}A_z)+\frac{\partial}{\partial z}\left(\frac{G_{\mathrm{m}}^2 A_z}{\rho_{\mathrm{m}}^+}\right)=-\frac{\partial}{\partial z}(pA_z)-\int_{P_z}\tau_{\mathrm{w}}\mathrm{d}P_z-\rho_{\mathrm{m}}g\cos\theta A_z \qquad (5-1)$$

式中,θ 为流动方向与竖直重力方向的夹角,如图 5-1 所示;ρ_{m}^+ 为动态密度,计算式为

$$\frac{1}{\rho_{\mathrm{m}}^+}=\frac{\{\rho_{\mathrm{g}}\alpha v_{\mathrm{g}}^2\}+\{\rho_{\mathrm{f}}(1-\alpha)v_{\mathrm{f}}^2\}}{G_{\mathrm{m}}^2} \qquad (5-2)$$

针对恒定截面积流道的稳态流动,假定截面上的压强 p 沿径向的变化忽略不计,式(5-1)可简化为

$$-\frac{\mathrm{d}p}{\mathrm{d}z}=\frac{\partial}{\partial z}\left(\frac{G_{\mathrm{m}}^2}{\rho_{\mathrm{m}}^+}\right)+\frac{1}{A_z}\int_{P_z}\tau_{\mathrm{w}}\mathrm{d}P_z+\rho_{\mathrm{m}}g\cos\theta \qquad (5-3)$$

式(5-3)即为流道中的静态压强梯度,可表示为加速压降、摩擦压降和重力压降之和:

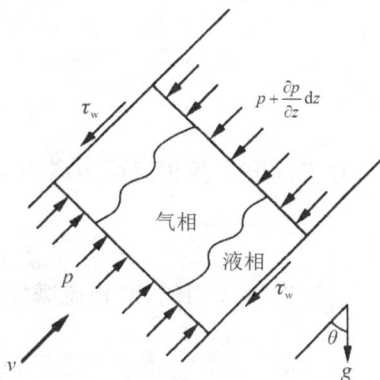

图 5-1　通道内的一维流动模型

$$-\frac{\mathrm{d}p}{\mathrm{d}z}=\left(\frac{\mathrm{d}p}{\mathrm{d}z}\right)_{\mathrm{acc}}+\left(\frac{\mathrm{d}p}{\mathrm{d}z}\right)_{\mathrm{fric}}+\left(\frac{\mathrm{d}p}{\mathrm{d}z}\right)_{\mathrm{gravity}} \tag{5-4}$$

式中，

$$\left(\frac{\mathrm{d}p}{\mathrm{d}z}\right)_{\mathrm{acc}}=\frac{\mathrm{d}}{\mathrm{d}z}\left(\frac{G_{\mathrm{m}}^2}{\rho_{\mathrm{m}}^+}\right) \tag{5-5}$$

$$\left(\frac{\mathrm{d}p}{\mathrm{d}z}\right)_{\mathrm{fric}}=\frac{1}{A_z}\int_{P_z}\tau_{\mathrm{w}}\mathrm{d}P_z=\frac{\bar{\tau}_{\mathrm{w}}P_z}{A_z} \tag{5-6}$$

$$\left(\frac{\mathrm{d}p}{\mathrm{d}z}\right)_{\mathrm{gravity}}=\rho_{\mathrm{m}}g\cos\theta \tag{5-7}$$

式中，$\bar{\tau}$ 为流道轴向平均切应力。需要注意的是，对于沿 z 轴方向运动的流体，$\mathrm{d}p/\mathrm{d}z$ 为负值；$(\mathrm{d}p/\mathrm{d}z)_{\mathrm{fric}}$ 也为负值；另外两项取决于流道条件。对于加热流道，ρ_{m} 随 z 的增大而减小，因此，$(\mathrm{d}p/\mathrm{d}z)_{\mathrm{acc}}$ 是正值。如果 $\cos\theta$ 是正值，则 $(\mathrm{d}p/\mathrm{d}z)_{\mathrm{gravity}}$ 也是正值。

为了获得两相流压降，对压降梯度进行积分：

$$\Delta p=p_{\mathrm{in}}-p_{\mathrm{out}}=\Delta p_{\mathrm{acc}}+\Delta p_{\mathrm{fric}}+\Delta p_{\mathrm{gravity}}=\int_{z_{\mathrm{in}}}^{z_{\mathrm{out}}}\left(-\frac{\mathrm{d}p}{\mathrm{d}z}\right)\mathrm{d}z \tag{5-8}$$

式中，

$$\Delta p_{\mathrm{acc}}=\left(\frac{G_{\mathrm{m}}^2}{\rho_{\mathrm{m}}^+}\right)_{\mathrm{out}}-\left(\frac{G_{\mathrm{m}}^2}{\rho_{\mathrm{m}}^+}\right)_{\mathrm{in}} \tag{5-9}$$

$$\Delta p_{\mathrm{fric}}=\int_{z_{\mathrm{in}}}^{z_{\mathrm{out}}}\left(\frac{\bar{\tau}_{\mathrm{w}}P_z}{A_z}\right)\mathrm{d}z \tag{5-10}$$

$$\Delta p_{\mathrm{gravity}}=\int_{z_{\mathrm{in}}}^{z_{\mathrm{out}}}\rho_{\mathrm{m}}g\cos\theta\mathrm{d}z \tag{5-11}$$

由于平均质量流速和含气率存在以下关系：

$$xG_{\mathrm{m}}=\{\rho_{\mathrm{g}}\alpha v_{\mathrm{g}}\} \tag{5-12}$$

$$(1-x)G_{\mathrm{m}}=\{\rho_{\mathrm{f}}(1-\alpha)v_{\mathrm{f}}\} \tag{5-13}$$

式(5-2)可转变为

$$\frac{G_{\mathrm{m}}^2}{\rho_{\mathrm{m}}^+}=\frac{x^2G_{\mathrm{m}}^2}{c_{\mathrm{g}}\{\rho_{\mathrm{g}}\alpha\}}+\frac{(1-x)^2G_{\mathrm{m}}^2}{c_{\mathrm{f}}\{\rho_{\mathrm{f}}(1-\alpha)\}} \tag{5-14}$$

式中，

$$c_{\mathrm{g}}=\frac{\{\rho_{\mathrm{g}}\alpha v_{\mathrm{g}}\}^2}{\{\rho_{\mathrm{g}}\alpha v_{\mathrm{g}}^2\}\{\rho_{\mathrm{g}}\alpha\}} \tag{5-15}$$

$$c_{\mathrm{f}}=\frac{\{\rho_{\mathrm{f}}(1-\alpha)v_{\mathrm{f}}\}^2}{\{\rho_{\mathrm{f}}(1-\alpha)v_{\mathrm{f}}^2\}\{\rho_{\mathrm{f}}(1-\alpha)\}} \tag{5-16}$$

对于流道中各相速度径向均匀的情况，$c_{\mathrm{g}}=c_{\mathrm{f}}=1$。式(5-14)转变为

$$\frac{1}{\rho_{\mathrm{m}}^+}=\frac{x^2}{\{\rho_{\mathrm{g}}\alpha\}}+\frac{(1-x)^2}{\{\rho_{\mathrm{f}}(1-\alpha)\}} \tag{5-17}$$

与单相流表达式相似，两相流摩擦压降梯度关系式可表达为

$$\left(\frac{\mathrm{d}p}{\mathrm{d}z}\right)_{\mathrm{fric}}=\frac{\bar{\tau}_{\mathrm{w}}P_{\mathrm{w}}}{A_z}=\frac{f_{\mathrm{TP}}}{D_{\mathrm{e}}}\frac{G_{\mathrm{m}}^2}{2\rho_{\mathrm{m}}^+} \tag{5-18}$$

式中，$D_{\mathrm{e}}=4A_z/P_{\mathrm{w}}$，为热工水力直径。

若令管内流动的总质量流量为 W，气相质量流量为 W_g，液相为 W_f，并有 $W=W_g+W_f$。于是总质量流量为 W 的两相混合物在管内流动时的摩擦压降梯度记为 $(\mathrm{d}p/\mathrm{d}z)_{\mathrm{fric}}^{\mathrm{TP}}$；将液相（或气相）质量流量 $[W_f(W_g)]$ 在同一管道内流动时的摩擦压降梯度记为 $(\mathrm{d}p/\mathrm{d}z)_{\mathrm{fric}}^{\mathrm{f}}$ 或 $(\mathrm{d}p/\mathrm{d}z)_{\mathrm{fric}}^{\mathrm{g}}$；将等价于总质量流量 (W) 的液相（或气相）在同一管道内流动时的摩擦压降梯度记为 $(\mathrm{d}p/\mathrm{d}z)_{\mathrm{fric}}^{\mathrm{f0}}$ 或 $(\mathrm{d}p/\mathrm{d}z)_{\mathrm{fric}}^{\mathrm{g0}}$，于是可以定义下述四种不同的两相摩擦倍增因子：

$$\Phi_f^2=\left(\frac{\mathrm{d}p}{\mathrm{d}z}\right)_{\mathrm{fric}}^{\mathrm{TP}}\bigg/\left(\frac{\mathrm{d}p}{\mathrm{d}z}\right)_{\mathrm{fric}}^{\mathrm{f}} \tag{5-19}$$

$$\Phi_g^2=\left(\frac{\mathrm{d}p}{\mathrm{d}z}\right)_{\mathrm{fric}}^{\mathrm{TP}}\bigg/\left(\frac{\mathrm{d}p}{\mathrm{d}z}\right)_{\mathrm{fric}}^{\mathrm{g}} \tag{5-20}$$

$$\Phi_{f0}^2=\left(\frac{\mathrm{d}p}{\mathrm{d}z}\right)_{\mathrm{fric}}^{\mathrm{TP}}\bigg/\left(\frac{\mathrm{d}p}{\mathrm{d}z}\right)_{\mathrm{fric}}^{\mathrm{f0}} \tag{5-21}$$

$$\Phi_{g0}^2=\left(\frac{\mathrm{d}p}{\mathrm{d}z}\right)_{\mathrm{fric}}^{\mathrm{TP}}\bigg/\left(\frac{\mathrm{d}p}{\mathrm{d}z}\right)_{\mathrm{fric}}^{\mathrm{g0}} \tag{5-22}$$

式中，Φ_f^2 或 Φ_g^2 分别为分液相或分气相摩擦倍增因子；Φ_{f0}^2 或 Φ_{g0}^2 分别为全液相或全气相摩擦倍增因子，可表达为

$$\Phi_{f0}^2=\frac{\rho_f}{\rho_m^+}\frac{f_{\mathrm{TP}}}{f_{f0}} \tag{5-23}$$

$$\Phi_{g0}^2=\frac{\rho_g}{\rho_m^+}\frac{f_{\mathrm{TP}}}{f_{g0}} \tag{5-24}$$

因此，沸腾流道内两相摩擦压降梯度计算式为

$$\left(\frac{\mathrm{d}p}{\mathrm{d}z}\right)_{\mathrm{fric}}^{\mathrm{TP}}=\Phi_{f0}^2\frac{f_{f0}}{D_e}\frac{G_m^2}{2\rho_f}=\Phi_{g0}^2\frac{f_{g0}}{D_e}\frac{G_m^2}{2\rho_g} \tag{5-25}$$

5.3　均相模型压降计算

均相模型假定气液两相速度相等，气液两相均匀分布于管道中，且两相间处于热力学平衡状态，于是有

$$V_m=\frac{G_m}{\rho_m}=\frac{\{\rho_g\alpha v_g+\rho_f(1-\alpha)v_f\}}{\{\rho_g\alpha+\rho_f(1-\alpha)\}} \tag{5-26}$$

对于均相模型有

$$v_g=v_f=V_m \tag{5-27}$$

于是可得

$$\frac{1}{\rho_m^+}=\frac{x\{\rho_g\alpha\}V_m}{\{\rho_g\alpha\}G_m}+\frac{(1-x)\{\rho_f(1-\alpha)\}V_m}{\{\rho_f(1-\alpha)\}G_m}=\frac{xV_m+(1-x)V_m}{G_m}=\frac{V_m}{G_m}=\frac{1}{\rho_m} \tag{5-28}$$

因此，$\rho_m^+=\rho_m$，进一步可得

$$\frac{1}{\rho_m^+}=\frac{\alpha V_m+(1-\alpha)V_m}{G_m}=\frac{\dfrac{xG_m}{\rho_g}+\dfrac{(1-x)G_m}{\rho_f}}{G_m}=\frac{x}{\rho_g}+\frac{1-x}{\rho_f} \tag{5-29}$$

对于恒定截面积流道，G_m 为常数，因此均相模型的加速压降梯度计算式为

$$\left(\frac{\mathrm{d}p}{\mathrm{d}z}\right)_{\mathrm{acc}} = G_{\mathrm{m}}^2 \frac{\mathrm{d}}{\mathrm{d}z}\left[\frac{1}{\rho_{\mathrm{f}}} + \left(\frac{1}{\rho_{\mathrm{g}}} - \frac{1}{\rho_{\mathrm{f}}}\right)x\right] = G_{\mathrm{m}}^2\left[\frac{\mathrm{d}v_{\mathrm{f}}}{\mathrm{d}z} + x\left(\frac{\mathrm{d}v_{\mathrm{g}}}{\mathrm{d}z} - \frac{\mathrm{d}v_{\mathrm{f}}}{\mathrm{d}z}\right) + (v_{\mathrm{g}} - v_{\mathrm{f}})\frac{\mathrm{d}x}{\mathrm{d}z}\right]$$

$$(5-30)$$

如果 v_{g} 和 v_{f} 与 z 无关,即假定液相和气相均不可压缩,则有

$$\left(\frac{\mathrm{d}p}{\mathrm{d}z}\right)_{\mathrm{acc}} = G_{\mathrm{m}}^2(v_{\mathrm{g}} - v_{\mathrm{f}})\frac{\mathrm{d}x}{\mathrm{d}z} = G_{\mathrm{m}}^2 v_{\mathrm{fg}}\frac{\mathrm{d}x}{\mathrm{d}z} \tag{5-31}$$

当仅忽略液相可压缩性时,有

$$\left(\frac{\mathrm{d}p}{\mathrm{d}z}\right)_{\mathrm{acc}} = G_{\mathrm{m}}^2\left(x\frac{\partial v_{\mathrm{g}}}{\partial p}\frac{\mathrm{d}p}{\mathrm{d}z} + v_{\mathrm{fg}}\frac{\mathrm{d}x}{\mathrm{d}z}\right) \tag{5-32}$$

对于均相模型,式(5-18)可变换为

$$\left(\frac{\mathrm{d}p}{\mathrm{d}z}\right)_{\mathrm{fric}} = \frac{f_{\mathrm{TP}}}{D_{\mathrm{e}}}\frac{G_{\mathrm{m}}^2}{2\rho_{\mathrm{m}}} \tag{5-33}$$

考虑气相压缩性,均相模型对应的两相总压降为

$$-\left(\frac{\mathrm{d}p}{\mathrm{d}z}\right)_{\mathrm{HEM}} = \frac{\dfrac{f_{\mathrm{TP}}}{D_{\mathrm{e}}}\dfrac{G_{\mathrm{m}}^2}{2\rho_{\mathrm{m}}} + G_{\mathrm{m}}^2 v_{\mathrm{fg}}\dfrac{\mathrm{d}x}{\mathrm{d}z} + \rho_{\mathrm{m}}g\cos\theta}{1 + G_{\mathrm{m}}^2 x\dfrac{\partial v_{\mathrm{g}}}{\partial p}} \tag{5-34}$$

均相模型仅需要采用试验方法即可确定等效的均相摩擦系数 f_{TP},但无法反映两相摩擦压降变化的固有复杂性,难以在限定的试验参数范围内获得较好的拟合度。现介绍两种常用的处理方法。

1. 单相摩擦压降近似

将低含气率的两相流动工况近似处理为整个流体流量为单相液体流量工况,按单相液体计算两相摩擦因数,即 $f_{\mathrm{TP}} = f_{\mathrm{f0}}$;反之,对于高含气率两相流动,取 $f_{\mathrm{TP}} = f_{\mathrm{g0}}$。

2. 经验拟合关系式

假定 f_{TP} 和 f_{f0},均与 Re 相关,则有

$$\frac{f_{\mathrm{TP}}}{f_{\mathrm{f0}}} = \frac{\dfrac{C_1}{Re_{\mathrm{TP}}^n}}{\dfrac{C_1}{Re_{\mathrm{f0}}^n}} = \left(\frac{\mu_{\mathrm{TP}}}{\mu_{\mathrm{f}}}\right)^n \tag{5-35}$$

对于湍流流动,通常取值 $C_1 = 0.316$、$n = 0.25$,或 $C_1 = 0.184$、$n = 0.2$。一些学者提出了计算两相动力黏度(μ_{TP})计算模型。

McAdams(麦克亚当斯)等[1]模型:

$$\frac{\mu_{\mathrm{TP}}}{\mu_{\mathrm{f}}} = \left[1 + x\left(\frac{\mu_{\mathrm{f}}}{\mu_{\mathrm{g}}} - 1\right)\right]^{-1} \tag{5-36}$$

Cichitti(西奇蒂)等[2]模型:

$$\frac{\mu_{\mathrm{TP}}}{\mu_{\mathrm{f}}} = 1 + x\left(\frac{\mu_{\mathrm{g}}}{\mu_{\mathrm{f}}} - 1\right) \tag{5-37}$$

Dukler(达克勒)等[3]模型:

$$\frac{\mu_{TP}}{\mu_f} = 1 + \beta \left(\frac{\mu_g}{\mu_f} - 1 \right) \tag{5-38}$$

若取 McAdams 等效黏度计算式,代入 Re_{TP},则有

$$Re_{TP} = Re_0 \left[x \frac{\mu_f}{\mu_g} + (1-x) \right] \tag{5-39}$$

结合布拉修斯公式,全液相摩擦因子为

$$\Phi_{f0}^2 = \left[1 + x \left(\frac{\rho_f}{\rho_g} - 1 \right) \right] \left[1 + x \left(\frac{\mu_f}{\mu_g} - 1 \right) \right]^{-0.25} \tag{5-40}$$

采用等效黏度计算两相摩擦倍增因子的方法,本质上是单相摩擦压降近似方法的拓展,有时误差会相当大,目前没有一个经验关系式是十分满意的。

如果一相均匀弥散于另一相,两相间动量和能量传递足够快,两相的平均速度和温度便基本相等。这时,如果各参数沿流道变化率不大,即可忽略热力不平衡影响,采用均相模型是合理的。对于其他一些流型,如弹状流、搅混流和环状流等,两相速度差异较大,均相模型便不再适用。总之,系统压力越高,流体速度越快,均相模型越适用。

5.4　分相模型压降计算

通常情况下气液两相的速度与温度并不相同。在分相模型中,即便假定气液两相处于热力平衡状态,两相的速度也不同。忽略液相的压缩性,并假设各相密度与速度径向均匀,则某一固定质量流速对应的分相模型加速压降计算式为

$$\left(\frac{dp}{dz} \right)_{acc} = G_m^2 \frac{d}{dz} \left[\frac{(1-x)^2 v_f}{\{1-\alpha\}} + \frac{x^2 v_g}{\{\alpha\}} \right]$$

$$= G_m^2 \left[-\frac{2(1-x)v_f}{\{1-\alpha\}} + \frac{2xv_g}{\{\alpha\}} \right] \left(\frac{dx}{dz} \right) + G_m^2 \left[\frac{(1-x)^2 v_f}{\{1-\alpha\}} - \frac{x^2 v_g}{\{\alpha\}} \right] \left(\frac{d\alpha}{dz} \right) + G_m^2 \frac{x^2}{\{\alpha\}} \frac{\partial v_g}{\partial p} \left(\frac{dp}{dz} \right) \tag{5-41}$$

相应的分相模型两相总压降计算式为

$$-\left(\frac{dp}{dz} \right)_{SEP} = \frac{\Phi_{f0}^2 \frac{f_{f0}}{D_e} \frac{G_m^2}{2\rho_f} + G_m^2 \left[\frac{2xv_g}{\{\alpha\}} - \frac{2(1-x)v_f}{\{1-\alpha\}} \right] \frac{dx}{dz} + G_m^2 \left[\frac{(1-x)^2 v_f}{\{1-\alpha\}^2} - \frac{x^2 v_g}{\{\alpha\}^2} \right] \frac{d\alpha}{dz} + \rho_m g \cos\theta}{1 + G_m^2 \frac{x^2}{\{\alpha\}} \frac{\partial v_g}{\partial p}} \tag{5-42}$$

对比式(5-34)与式(5-42),可以看出由于空泡份额(α)不仅与含气率(x)有关,还与通道轴向长度(z)有关,因此分相模型两相总压降需要考虑 $d\alpha/dz$ 导致的加速压降项。

5.4.1　Lockhart-Martinelli 关系式

这一关系式是最早的两相流摩擦压降计算式。1944—1949 年,Lockhart-Martinelli(洛哈特-马蒂内利)进行了空气与不同液体介质的混合物在水平玻璃管内流动的摩擦压降实验研究[4],首次提出了分离流模型的想法,并提出了两点基本假设。

1)两相中的气相和液相均可采用类似的单相压降关系式进行计算。

2)在任意轴向位置上,气相压降等于液相压降。

基于两相摩擦倍增因子的定义,有

$$\left(\frac{\mathrm{d}p}{\mathrm{d}z}\right)_{\mathrm{fric}}^{\mathrm{TP}}=\Phi_{\mathrm{f}}^{2}\left(\frac{\mathrm{d}p}{\mathrm{d}z}\right)_{\mathrm{fric}}^{\mathrm{f}}=\Phi_{\mathrm{g}}^{2}\left(\frac{\mathrm{d}p}{\mathrm{d}z}\right)_{\mathrm{fric}}^{\mathrm{g}} \tag{5-43}$$

根据单相摩擦压降计算式:

$$\left(\frac{\mathrm{d}p}{\mathrm{d}z}\right)_{\mathrm{fric}}^{\mathrm{f}}=\frac{f_{\mathrm{f}}}{D_{\mathrm{e}}}\left[\frac{G_{\mathrm{m}}^{2}(1-x)^{2}}{2\rho_{\mathrm{f}}}\right] \tag{5-44}$$

$$\left(\frac{\mathrm{d}p}{\mathrm{d}z}\right)_{\mathrm{fric}}^{\mathrm{g}}=\frac{f_{\mathrm{g}}}{D_{\mathrm{e}}}\left[\frac{G_{\mathrm{m}}^{2}x^{2}}{2\rho_{\mathrm{g}}}\right] \tag{5-45}$$

因此,

$$\Phi_{\mathrm{f}}^{2}=\frac{f_{\mathrm{TP}}}{f_{\mathrm{f}}}\frac{\rho_{\mathrm{f}}}{\rho_{\mathrm{m}}^{+}}\frac{1}{(1-x)^{2}} \tag{5-46}$$

$$\Phi_{\mathrm{g}}^{2}=\frac{f_{\mathrm{TP}}}{f_{\mathrm{g}}}\frac{\rho_{\mathrm{g}}}{\rho_{\mathrm{m}}^{+}}\frac{1}{x^{2}} \tag{5-47}$$

由式(5-25)和式(5-46)可得

$$\Phi_{\mathrm{f0}}^{2}=\frac{f_{\mathrm{TP}}}{f_{\mathrm{f0}}}\frac{\rho_{\mathrm{f}}}{\rho_{\mathrm{m}}^{+}}=\Phi_{\mathrm{f}}^{2}\frac{f_{\mathrm{f}}}{f_{\mathrm{f0}}}\frac{\rho_{\mathrm{f}}}{\rho_{\mathrm{f0}}}(1-x)^{2} \tag{5-48}$$

此外,Re 定义为

$$Re_{\mathrm{f0}}=\frac{G_{\mathrm{m}}D_{\mathrm{e}}}{\mu_{\mathrm{f}}} \tag{5-49}$$

$$Re_{\mathrm{f}}=\frac{G_{\mathrm{m}}(1-x)D_{\mathrm{e}}}{\mu_{\mathrm{f}}} \tag{5-50}$$

则摩擦系数与 Re 的关系式可表示为

$$f_{\mathrm{f}}\sim\left(\frac{\mu_{\mathrm{f}}}{D_{\mathrm{e}}G_{\mathrm{f}}}\right)^{n},\qquad f_{\mathrm{g}}\sim\left(\frac{\mu_{\mathrm{g}}}{D_{\mathrm{e}}G_{\mathrm{g}}}\right)^{n},\qquad f_{\mathrm{f0}}\sim\left(\frac{\mu_{\mathrm{f}}}{D_{\mathrm{e}}G_{\mathrm{m}}}\right)^{n} \tag{5-51}$$

上式中的 n 取决于式(5-35)中的定义值。将式(5-51)代入式(5-50),可得

$$\Phi_{\mathrm{f0}}^{2}=\Phi_{\mathrm{f}}^{2}\frac{\left[\dfrac{G_{\mathrm{m}}(1-x)D_{\mathrm{e}}}{\mu_{\mathrm{f}}}\right]^{-n}}{\left(\dfrac{G_{\mathrm{m}}D_{\mathrm{e}}}{\mu_{\mathrm{f}}}\right)^{-n}}(1-x)^{2}=\Phi_{\mathrm{f}}^{2}(1-x)^{2-n} \tag{5-52}$$

Lockhart 和 Martinelli 定义了一个新的参数(X):

$$X^{2}=\frac{\left(\dfrac{\mathrm{d}p}{\mathrm{d}z}\right)_{\mathrm{fric}}^{\mathrm{f}}}{\left(\dfrac{\mathrm{d}p}{\mathrm{d}z}\right)_{\mathrm{fric}}^{\mathrm{g}}} \tag{5-53}$$

由式(5-43)可得,$X^{2}=\Phi_{\mathrm{g}}^{2}/\Phi_{\mathrm{f}}^{2}$。将式(5-44)、式(5-45)和式(5-51)代入式(5-53),即可获得热平衡条件下的 X^{2}。当 f 分别正比于 $Re^{-0.25}$ 或 $Re^{-0.2}$ 时,有

$$X^{2}=\left(\frac{\mu_{\mathrm{f}}}{\mu_{\mathrm{g}}}\right)^{0.25}\left(\frac{1-x}{x}\right)^{1.75}\left(\frac{\rho_{\mathrm{g}}}{\rho_{\mathrm{f}}}\right) \tag{5-54}$$

$$X^2 = \left(\frac{\mu_f}{\mu_g}\right)^{0.2} \left(\frac{1-x}{x}\right)^{1.8} \left(\frac{\rho_g}{\rho_f}\right) \tag{5-55}$$

他们建议 Φ_f 和 Φ_g 均可表示为仅与 X 有关的函数,如图 5-2 所示,则低压水平流道内气液绝热两相流动摩擦倍增因子计算式如下。

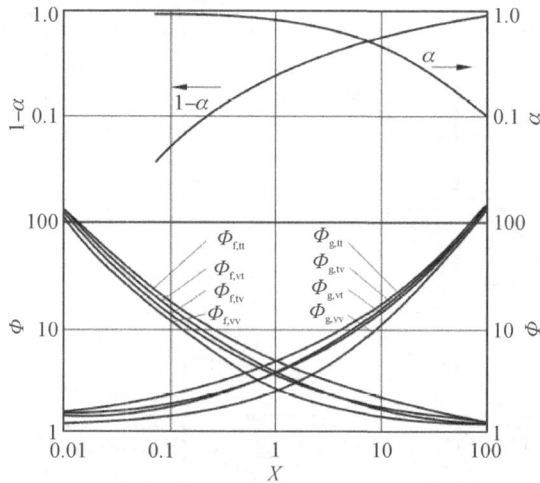

图 5-2　Martinelli 提出的 X、Φ、α 关系曲线[5]

$$\Phi_f^2 = 1 + \frac{C}{X} + \frac{1}{X^2} \tag{5-56}$$

$$\Phi_g^2 = 1 + CX + CX^2 \tag{5-57}$$

$$1 - \alpha = \frac{X}{\sqrt{X^2 + CX + 1}} \tag{5-58}$$

式中,C 的取值如表 5-1 所示。由式(5-56)和式(5-58)可以看出:

$$\Phi_f^2 = (1-\alpha)^{-2} \tag{5-59}$$

式(5-59)已由 Chisholm(奇肖姆)[6] 从理论推导得出。

表 5-1　Martinelli 模型中 C 的取值

液体流动	$G(1-x)D/\mu_f$	气体流动	GxD/μ_g	组合类型	C
湍流	>2000	湍流	>2000	tt	20
层流	<1000	湍流	>2000	vt	12
湍流	>2000	层流	<1000	tv	10
层流	<1000	层流	<1000	vv	5

5.4.2　Martinelli - Nelson 关系式

Lockhart - Martinelli 关系式是根据低压工况下空气-水、空气-油两相流动阻力试验数据得到的。Martinelli 和 Nelson(内尔森)在此基础上,将盘状沸腾管内的蒸汽-水流动总压降推广应用于大气压力到临界压力下的气水混合物。

他们假设两相均是湍流的，即湍流-湍流(tt)型。同时双组分流动的 Lockhart - Martinelli 关系式适用于计算单组分蒸发流动的摩擦压降梯度，在此基础上引入了 Martinelli - Nelson 两相摩擦压降倍增因子(Φ_{f0}^2)，Φ_{f0}^2 与 x 和 p 的关系如图 5 - 3 所示。

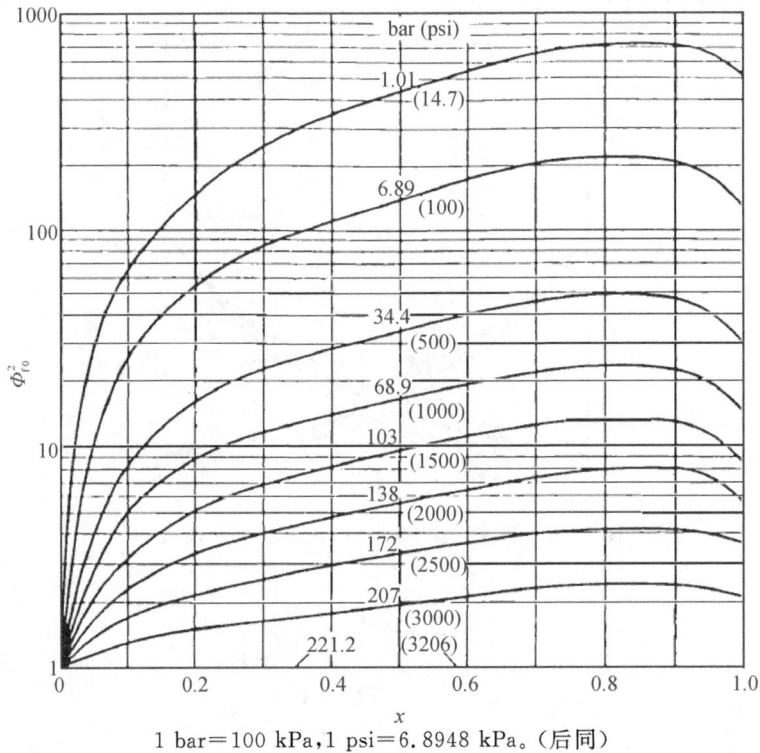

1 bar＝100 kPa,1 psi＝6.8948 kPa。(后同)

图 5 - 3   Martinelli - Nelson 两相摩擦压降倍增因子 Φ_{f0}^2 与 x 和 p 的关系图

当计算加热流道内的总压降时，两相摩擦压降计算需采用 Φ_{f0}^2 的平均值：

$$\overline{\Phi}_{f0}^2 = \frac{1}{x}\int_0^x \Phi_{f0}^2 \mathrm{d}x = \frac{1}{x}\int_0^x \Phi_f^2 (1-x)^{1.75}\mathrm{d}x$$

$$= \frac{1}{x}\int_0^x \left(1 + \frac{C}{X} + \frac{1}{X^2}\right)(1-x)^{1.75}\mathrm{d}x \qquad (5-60)$$

当 $C = 20$ 时，式(5 - 60)中的 $\overline{\Phi}_{f0}^2$ 取值如图 5 - 4 所示。

忽略气相压缩性，积分式(5 - 42)可得

$$\Delta p = \frac{f_{f0}}{D_e}\frac{G_m^2}{2\rho_f}\int_0^L \Phi_{f0}^2 \mathrm{d}z + G_m^2\left[\frac{(1-x)^2}{(1-\alpha)\rho_f} + \frac{x^2}{\alpha\rho_g}\right] + \int_0^L g\cos\theta\left[\alpha\rho_g + (1-\alpha)\rho_f\right]\mathrm{d}z \qquad (5-61)$$

在整个流道内，当 $z = 0$ 时，如果 $\alpha = x = 0$ 且加热热流密度为恒定值，则含气率沿流道线性增大，即

$$\frac{\mathrm{d}x}{\mathrm{d}z} = \frac{x_{out}}{L} = 常数 \qquad (5-62)$$

于是，式(5 - 61)可化为

$$\Delta p = \frac{f_{f0}}{D_e}\frac{G_m^2}{2\rho_f}L\left(\frac{1}{x_{out}}\int_0^{x_{out}}\Phi_{f0}^2\mathrm{d}x\right) + \frac{G_m^2}{\rho_f}\left[\frac{(1-x_{out})^2}{(1-\alpha_{out})} + \frac{x_{out}^2\rho_f}{\alpha_{out}\rho_g} - 1\right] + \frac{L\rho_f g\cos\theta}{x_{out}}\int_0^{x_{out}}\left[1 - \left(1 - \frac{\rho_g}{\rho_f}\right)\alpha\right]\mathrm{d}x$$

$$(5-63)$$

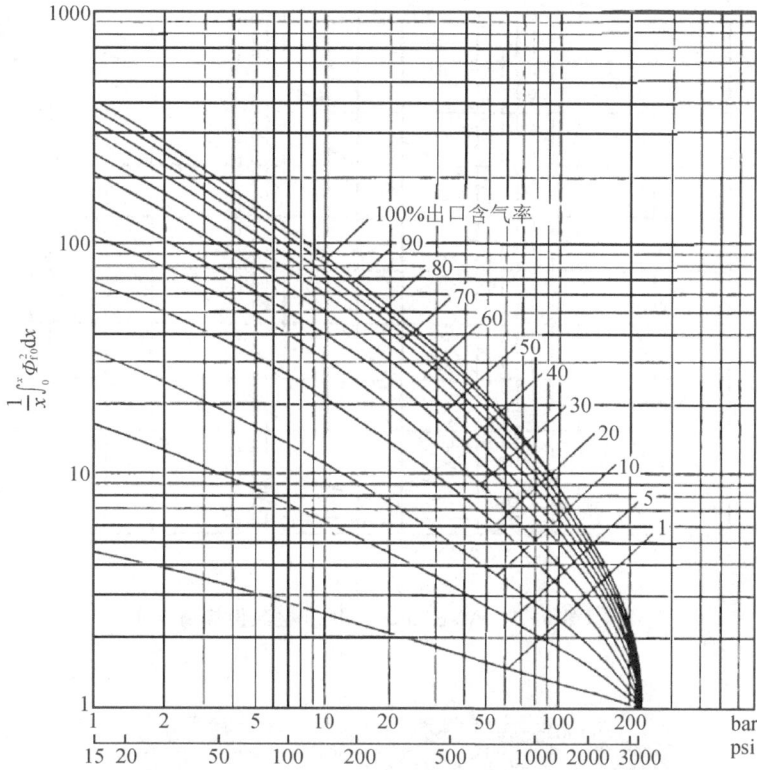

图 5-4　不同压力和含气率下的 $\overline{\Phi}_{f0}^2 (C=20)$

或者

$$\Delta p = \frac{f_{f0}}{D_e} \frac{G_m^2}{2\rho_f} L(r_3) + \frac{G_m^2}{\rho_f}(r_2) + L\rho_f g\cos\theta(r_4) \qquad (5-64)$$

式中，

$$r_2 = \frac{(1-x_{out})^2}{(1-\alpha_{out})} + \frac{x_{out}^2\rho_f}{\alpha_{out}\rho_g} - 1 \qquad (5-65)$$

$$r_3 = \frac{1}{x_{out}}\int_0^{x_{out}} \Phi_{f0}^2 \, \mathrm{d}x \qquad (5-66)$$

$$r_4 = \frac{1}{x_{out}}\int_0^{x_{out}} \left[1 - \left(1 - \frac{\rho_g}{\rho_f}\right)\alpha\right]\mathrm{d}x \qquad (5-67)$$

对于均匀热流密度条件，r_3 的值与 $\overline{\Phi}_{f0}^2$ 相等。空泡份额随含气率的变化如图 5-5 所示。r_2 的值可以根据给定出口含气率下对应的空泡份额值计算而得。常压下出口含气率范围为 0.01~1，对应的 r_2 值为 2.3~1500；当系统压力为 7.0 MPa 时，r_2 的值为 0.2~20。图 5-6~图 5-8 分别给出了 r_2、r_3 和 r_4 随压力的变化曲线。

值得注意的是，均相模型和 Martinelli-Nelson 模型在预测两相压降时本身也存在以下不足。

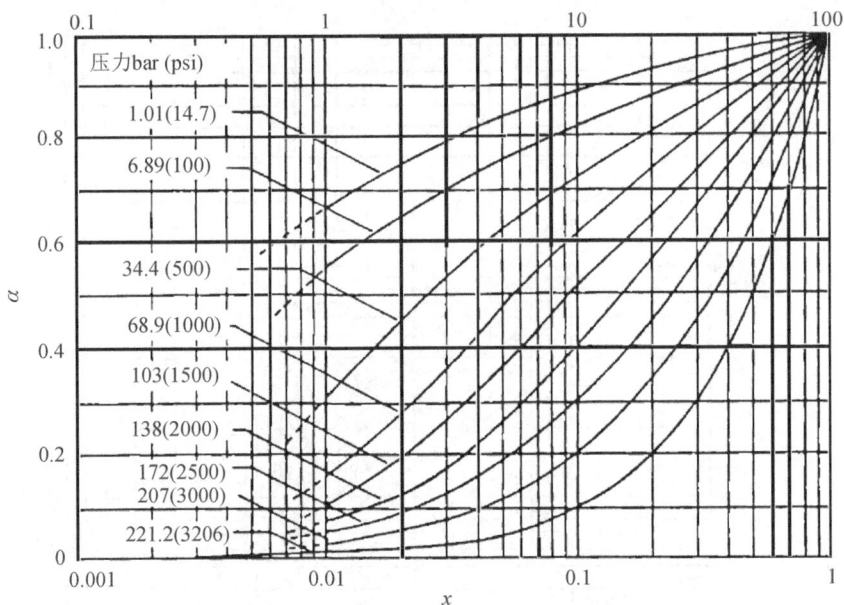

图 5 - 5 Martinelli-Nelson 空泡份额值

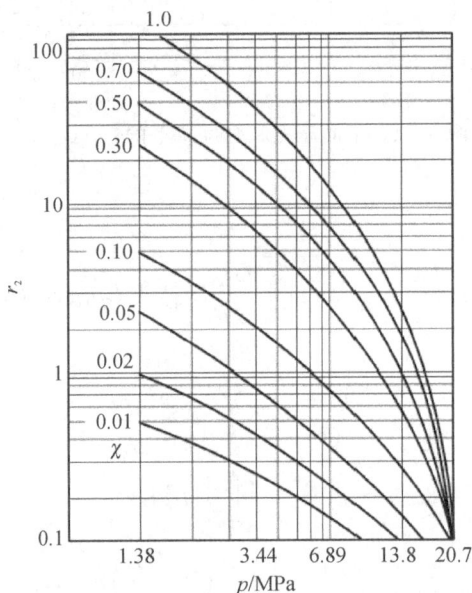

图 5 - 6 Martinelli-Nelson 关系式中 r_2 随压力的变化曲线

1)两个模型均忽略了质量流速 G_m 对两相摩擦压降的影响,一些学者获得的试验数据表明,Φ_{f0}^2、Φ_f^2 和 Φ_g^2 与 G_m 有关。

2)两个模型均未考虑表面张力的影响,表面张力在高压工况下对两相摩擦压降有明显影响,特别是在临界压力点附近。

一些学者发现,当 $500 < G_m < 1000$ kg/($m^2 \cdot$ s)时,Martinelli-Nelson 模型预测精度优于均相模型;均相模型适用于 $G_m > 2000$ kg/($m^2 \cdot$ s)工况范围。由此可见,两相摩擦压降影响

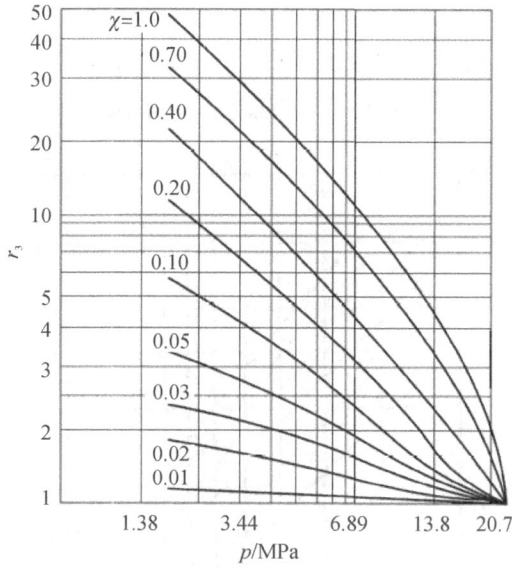

图 5 - 7　Martinelli-Nelson 关系式中 r_3 随压力的变化曲线

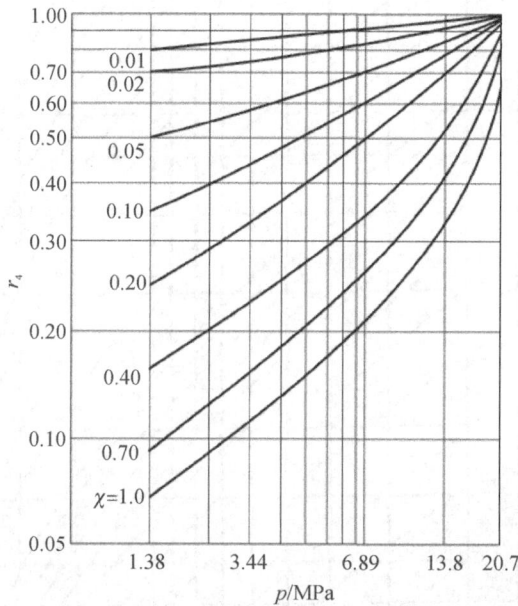

图 5 - 8　Martinelli-Nelson 关系式中 r_4 随压力的变化曲线

因素众多,应寻求更合理的方法,尽可能全面地考虑各个因素影响,建立高精度两相摩擦压降经验模型。

5.4.3　Thom 方法

Thom(汤姆)[7]针对加热或不加热的水平与垂直流道内的蒸汽-水两相流动阻力开展了大量实验研究,实验压力范围:0.1～20.7 MPa,出口含气率 0.03～1,流道内径 25.4～63.7 mm。他获得了形式与 Martinelli-Nelson 相同的两相摩擦倍增因子经验公式,其中 r_2、r_3 和 r_4 的取值如

图5.9～图 5.11 所示。

一般认为 Thom 方法适用于高质量流速$[G_m>2000\ kg/(m^2\cdot s)]$工况,当压力大于 1.38 MPa,质量流速大于 678 $kg/(m^2\cdot s)$时,该方法计算误差在$\pm20\%$以内。

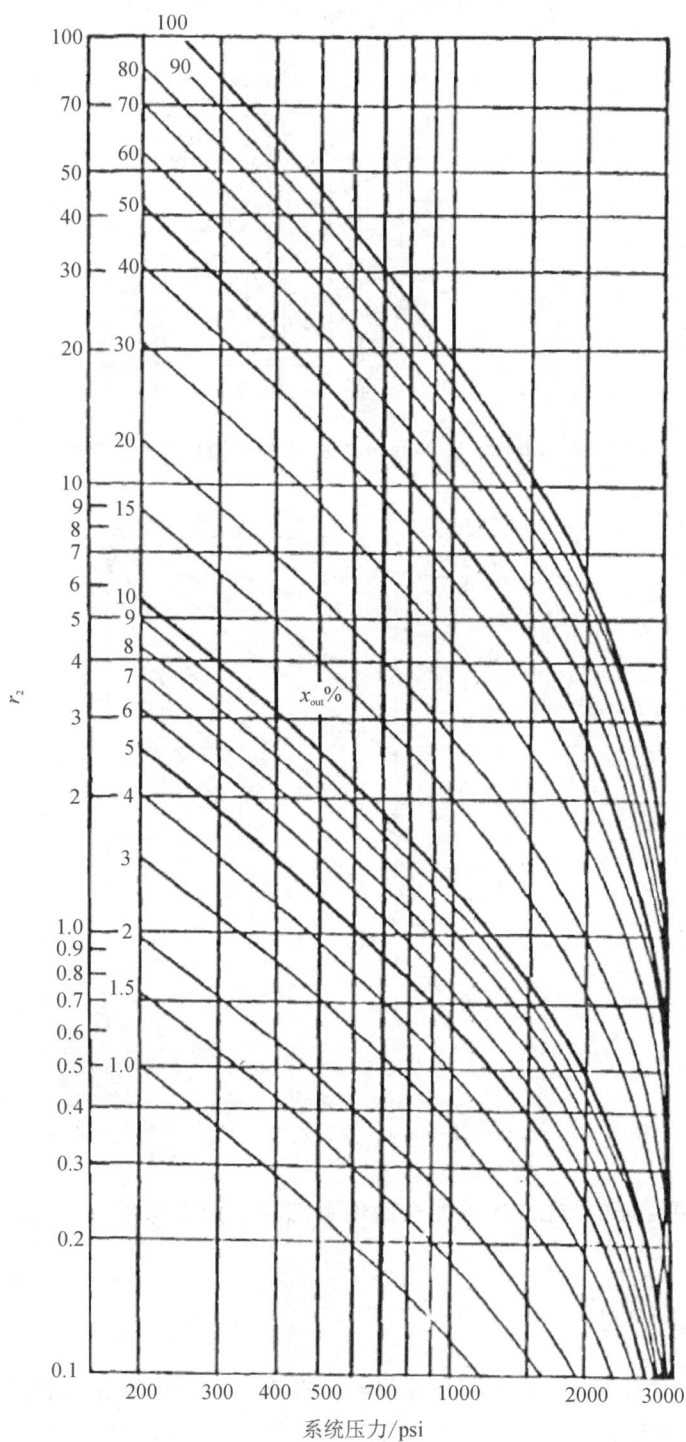

图 5-9 Thom 模型中的 r_2 曲线

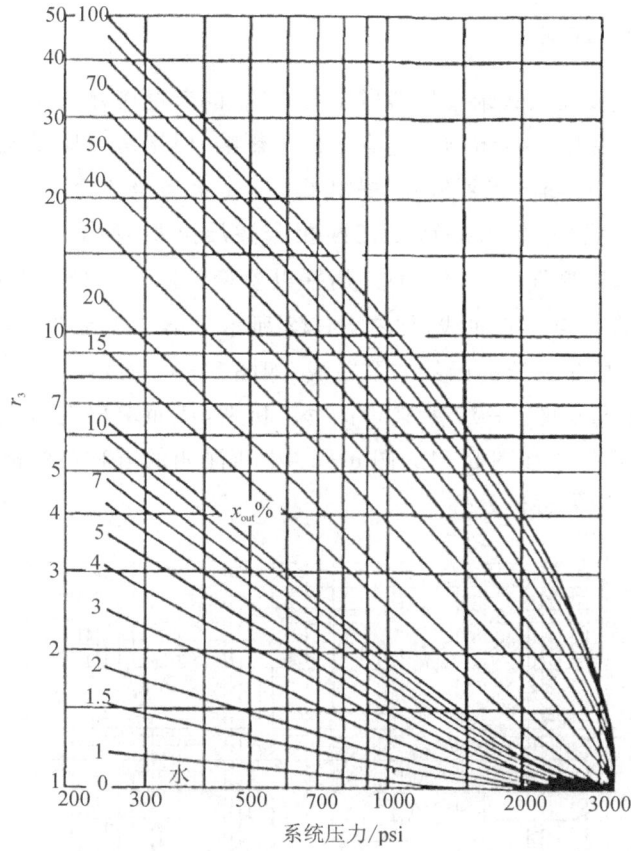

图 5 - 10　Thom 模型中的 r_3 曲线

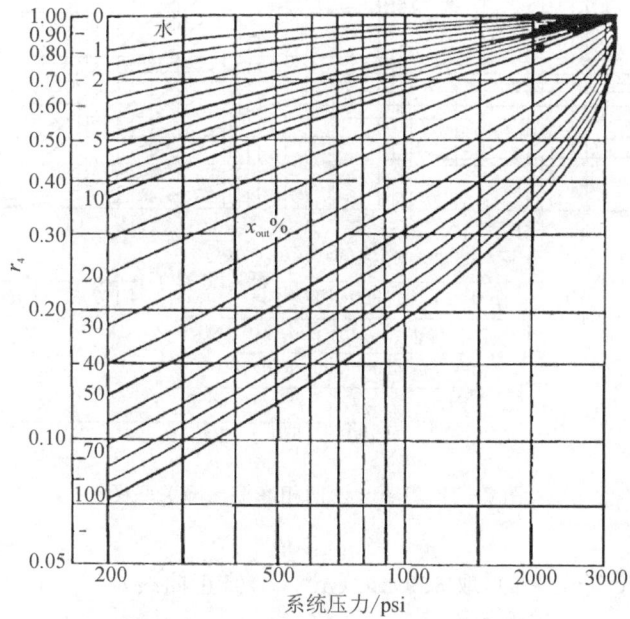

图 5 - 11　Thom 模型中的 r_4 曲线

5.4.4　Baroczy 方法

Lockhart-Martinelli 关系式未直接考虑压力效应,也未直接计及质量流速影响,仅适用于有限种类流体。Martinelli-Nelson 方法包含了压力影响,但未考虑质量流速效应,而且仅基于蒸汽-水两相混合物。Baroczy(巴罗塞)[8] 提出了一个考虑质量流速效应的两相摩擦压降关系式,该关系式用两组曲线表示:第一组是把两相摩擦压降倍增因子 Φ_{fo}^2 作为物性指数(μ_f/μ_g)$^{0.2}/(\rho_f/\rho_g)$ 的函数,以含气率 x_e 作为参量,并以质量流速 $G=1356$ kg/(m^2 · s)[对应 1×10^6 lb/(hr · ft^2)]为基准绘成的曲线,如图 5-12 所示。第二组是两相摩擦压降因子比值 Ω 与含气率、物性指数和质量流速的函数关系曲线,如图 5-13 所示。当 $G\neq1356$ kg/(m^2 · s) 时,就要用这个比值来与从图 5-12 所查得的 Φ_{fo}^2 相乘,从而求出在该质量流速下的 Φ_{fo}^2 值。如果质量流速的数值不等于如图 5-12、图 5-13 中所注明的五种质量流速,则可用线性内插得到,或按照以下的规定做近似处理。

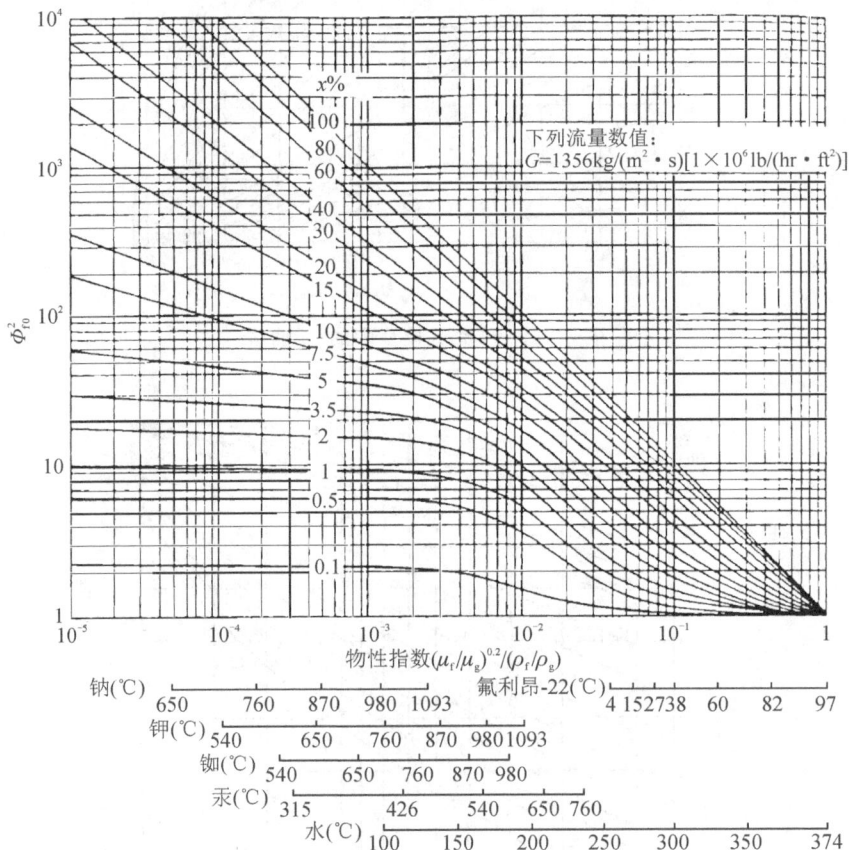

图 5-12　Baroczy 两相摩擦压降关联图

1)若 $G_m<500$ kg/(m^2 · s),取 339 kg/(m^2 · s)修正曲线;

2)若 $500\leqslant G_m<800$ kg/(m^2 · s),取 678 kg/(m^2 · s)修正曲线;

3)若 $800 \leqslant G_m < 2000$ kg/(m² · s),可直接应用图 5 - 12 而无需再进行修正;

4)若 $2000 \leqslant G_m < 3000$ kg/(m² · s),取 2712 kg/(m² · s)修正曲线;

5)若 $G_m \geqslant 3000$ kg/(m² · s),取 4068 kg/(m² · s)修正曲线。

Baroczy 方法也可应用于诸如液态金属(钠、钾、水银)和制冷剂(氟利昂-22)等流体,是获得广泛应用的经验式之一,但其存在着图线过于复杂的问题。

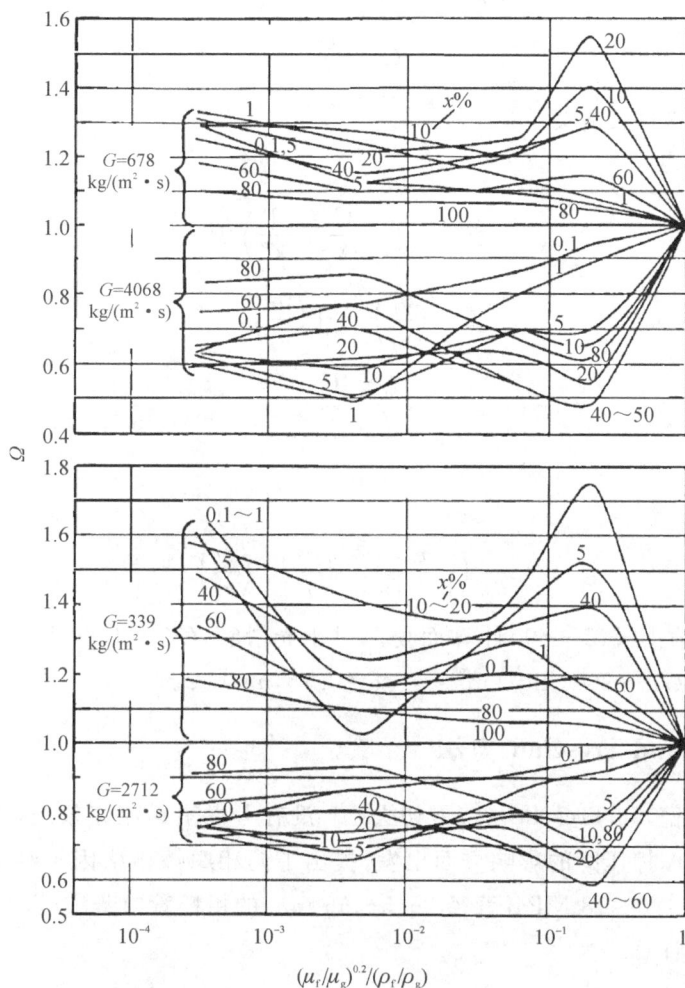

图 5 - 13 Baroczy 质量流速修正因子

5.4.5 Chisholm 方法

Chisholm 等[9]提出了系统压力大于 3 MPa,考虑质量流速效应的蒸汽-水两相摩擦倍增因子经验公式。

当 $G_m \leqslant G^*$(G^* 是一个参考的质量流速值)时,分液相摩擦倍增因子采用式(5-56)进行计算,其中 C 计算式如下:

$$\Phi_f^2 = 1 + \frac{C}{X} + \frac{1}{X^2} \tag{5-68}$$

结合 $\Phi_{f0}^2 = \Phi_f^2 (1-x)^{2-n}$，则

$$C = \left[\lambda + (C_2 - \lambda)\left(\frac{v_{fg}}{v_g}\right)^{0.5}\right]\left[\left(\frac{v_g}{v_f}\right)^{0.5} + \left(\frac{v_f}{v_g}\right)^{0.5}\right] \tag{5-69}$$

$$\lambda = 0.5 \times [2^{(2-n)} - 2] \tag{5-70}$$

$$C_2 = \frac{G^*}{G_m} \tag{5-71}$$

式中，n 与 Re 的定义形式有关。

当 $G_m > G^*$ 时，有

$$\Phi_f^2 = \left(1 + \frac{\overline{C}}{X} + \frac{1}{X^2}\right)\Psi \tag{5-72}$$

$$\overline{C} = \left(\frac{v_g}{v_f}\right)^{0.5} + \left(\frac{v_f}{v_g}\right)^{0.5} \tag{5-73}$$

$$\Psi = \frac{1 + \dfrac{C}{T} + \dfrac{1}{T^2}}{1 + \dfrac{\overline{C}}{T} + \dfrac{1}{T^2}} \tag{5-74}$$

$$T = \left(\frac{x}{1-x}\right)^{\frac{2-n}{2}}\left(\frac{\mu_f}{\mu_g}\right)^{\frac{n}{2}}\left(\frac{v_f}{v_g}\right)^{\frac{1}{2}} \tag{5-75}$$

式(5-74)中的 C 值由式(5-69)计算而得。对于光滑管，$G^* = 1500 \text{ kg/(m}^2 \cdot \text{s)}$，$\lambda = 1.0$，$n = 0$；对于粗糙管，$G^* = 2000 \text{ kg/(m}^2 \cdot \text{s)}$，$\lambda = 0.75$，$n = 0.2$。

5.4.6　Armand-Treschev 方法

Armand(阿曼德)和 Treschev(特雷切夫)[10]没有考虑质量流速效应，而是从更精确地考虑空泡份额对两相摩擦压降的影响方面出发，提出了两相摩擦倍增因子经验模型。模型的数据来源于系统压力 1.0~18 MPa，管径 25.5~56 mm 的粗糙管内蒸汽-水两相流动阻力实验，模型中的空泡份额计算式为

$$\frac{\{\alpha\}}{\{\beta\}} = 0.833 + 0.05\ln(10p) \tag{5-76}$$

式中，p 为系统压力，单位为 MPa。

1)当 $\{\beta\} < 0.9$ 且 $\{\alpha\} < 0.5$ 时，有

$$\Phi_{f0}^2 = \frac{(1-x)^{1.75}}{(1-\{\alpha\})^{1.2}} \tag{5-77}$$

2)当 $\{\beta\} < 0.9$ 且 $\{\alpha\} > 0.5$ 时，有

$$\Phi_{f0}^2 = \frac{0.48(1-x)^{1.75}}{(1-\{\alpha\})^n} \tag{5-78}$$

式中，$n = 1.9 + 1.48 \times 10^{-2} p$，$p$ 单位为 MPa。

3)当$\{\beta\}>0.9$时,有

$$\Phi_{\text{f0}}^2 = \frac{0.025p + 0.055}{(1-\{\beta\})^{1.75}}(1-x)^{1.75} \tag{5-79}$$

5.4.7 各模型的对比

Idsinga(伊德辛加)等[11]采用2220组绝热条件下蒸汽-水两相流动阻力试验数据和1230组非绝热条件下两相流动阻力试验数据校验了18种两相摩擦阻力模型。试验数据覆盖的流道几何结构尺寸、流型及流动工况条件如下。

1)几何流道:圆形管道、环管、矩形窄缝流道和棒束通道。

2)压力:1.7~10.3 MPa。

3)质量流速:270~4340 kg/($\text{m}^2 \cdot \text{s}$)。

4)含气率:0~1。

5)水力直径:2.3~33.0 mm。

模型计算结果对比表明,Baroczy模型、Thom模型、均相模型式(5-80)和式(5-81)预测精度最好。

均相模型一:

$$\Phi_{\text{f0}}^2 = 1 + x\left(\frac{v_{\text{fg}}}{v_{\text{f}}}\right) \tag{5-80}$$

均相模型二:

$$\Phi_{\text{f0}}^2 = \left[1 + x\left(\frac{v_{\text{fg}}}{v_{\text{f}}}\right)\right]\left[1 + x\left(\frac{\mu_{\text{g}}}{\mu_{\text{f}}} - 1\right)\right]^{0.25} \tag{5-81}$$

当热工水力当量直径等于13 mm左右,即接近沸水堆燃料棒尺寸时,Baroczy模型在$x>0.6$情况下预测精度最高;Armand-Treschev模型在$x<0.3$情况下计算偏差最小。其余模型对比结果如表5-2所示。

表 5-2　两相摩擦压降模型预测值与蒸汽-水两相试验值的对比

模型	ESDU[12]			Friedel(弗里德尔)[13]			Idsinga[11]			Harwell(哈韦尔)[14]		
	n	e	σ	n	e	σ	n	e	σ	n	e	σ
均相一	—	—	—	—	—	—	2238	−9.2	26.7	4313	—	—
均相二	1709	−13.0	32.2	2705	−19.9	42.0	2238	−26.0	22.8	4313	−23.1	34.6
Baroczy	1447	4.2	30.5	2705	−11.6	36.7	2238	−8.8	29.7	4313	−2.2	30.8
Chisholm	1536	19.0	36.0	2705	−3.8	36.0	2238	0.5	40.5	4313	13.9	34.4
Martinelli-Nelson	1422	16.3	36.6	—	—	—	2238	47.8	43.7	4313	—	—

注:n表示试验数据个数;e为平均误差$=(\Delta p_{\text{cal}} - \Delta p_{\text{exp}}) \times 100/\Delta p_{\text{exp}}$;$\sigma$为标准差$\times 100$。

5.5 环状流压降解析算法

环状流是核动力系统中发生两相沸腾时常见流型,在蒸汽发生器、蒸汽加热系统中较为常见。环状流的含气率范围非常宽,在特定压力条件下,含气率大于 0.1 时两相流体均为环状流,因而针对环状流的压降计算具有重要的意义。

环状流动至少包含七个相互作用的力,分别为压降梯度、每一相的重力、浮力、表面张力、惯性力和黏性力。分析过程中的基本量包括两相的流量、密度、黏度和表面张力。在环状流型中,气芯液滴和液膜不断发生质量、能量、动量的交换,即液滴向液膜沉积、气芯卷吸液膜并夹带液滴,这使得简单几何结构的环状流压降分析依然十分复杂。环状流动的压降计算具有以下特点。

1)液体夹带和沉积的不平衡过程影响压降计算。

2)纯气芯-液膜光滑交界面的简单环状流工况范围极小。

3)波状交界面使得液体夹带计算复杂化,并使总压降梯度大大高于单相值。

4)流动演变历史、含气率变化速率(蒸发或冷凝)和入口方式等均对压降计算有影响。

1. 守恒方程式

为便于分析流动特性,针对环状流过程进行简化,垂直向上流动简化的物理模型如图 5-14 所示。图中 $(W_f)_f$ 为液膜流量,$(W_f)_E$ 为气芯内夹带的液体流量,则液相流量 $W_f = (W_f)_f + (W_f)_E$,W_g 为气相流量,δ 为液膜厚度,r 为径向位置,r_i 为两相交界面半径,r_0 为管道半径,y 为距壁面距离,z 为轴向位置,D 为沉积率,E 为夹带率。

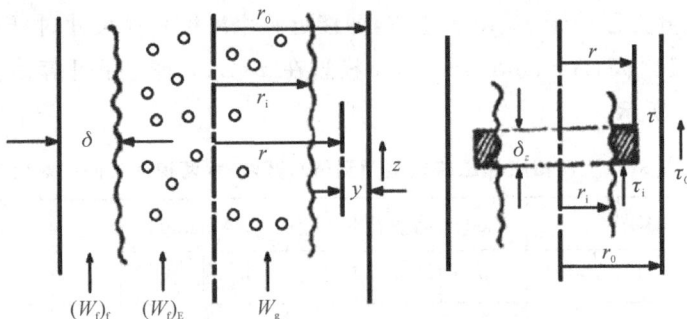

图 5-14 垂直向上流动环状流简化物理模型

(1)连续液膜方程

气芯夹带走液膜中的液滴和气芯中液滴沉积到液膜两个过程使得液相流量沿途发生变化,z 处的液膜连续方程为

$$\frac{(\mathrm{d}W_f)_f}{\mathrm{d}z} = P_\tau \left(D - E - \frac{q}{h_{fg}} \right) \tag{5-82}$$

式中,P_τ 为流道周长;q 为热流密度(蒸发为正值,冷凝为负值);E 与液膜厚度 δ 和交界面剪切力有关,即与压降梯度有关;D 计算公式为

$$D = kC \tag{5-83}$$

式中,C 为气芯内平均液滴密度,与 $(W_f)_E$ 有关,k 为质量沉积传递系数。

（2）动量方程

首先针对气芯内气相和液滴两相,使用均相流模型写出气芯的动量方程：

$$-\frac{\mathrm{d}p}{\mathrm{d}z} = \frac{\tau_i P_i}{A\alpha_c} + \frac{1}{\alpha_c} \cdot \frac{\mathrm{d}}{\mathrm{d}z}(\rho_c \alpha_c u_c^2) + g\rho_c \tag{5-84}$$

式中,下标"c"表示气芯;ρ_c 为均相流密度,可以使用式(5-85)进行计算;α_c 为气芯的体积空泡,为气相空泡份额(α_g)与液滴空泡份额(α_d)之和,其中 α_g 和 α_d 能够使用式(5-87)计算。

$$\rho_c = \frac{(W_f)_E + W_g}{\dfrac{W_g}{\rho_g} + \dfrac{(W_f)_E}{\rho_f}} \approx \frac{\rho_g[(W_f)_E + W_g]}{W_g}\bigg|_{\rho_g \ll \rho_f} \tag{5-85}$$

$$\alpha_c = \alpha_g + \alpha_d \tag{5-86}$$

$$\alpha_c = \alpha_g \frac{\dfrac{W_g}{\rho_g} + \dfrac{(W_f)_E}{\rho_f}}{\dfrac{W_g}{\rho_g}}, \qquad \alpha_c = \alpha_d \frac{\dfrac{W_g}{\rho_g} + \dfrac{(W_f)_E}{\rho_f}}{\dfrac{(W_f)_E}{\rho_f}} \tag{5-87}$$

u_c 为均相气芯速度

$$u_c = W[x + \varphi(1-x)]\rho_c \alpha_d$$

其中,φ 为夹带液滴质量占液体总质量流量份额。根据几何结构,可以得到 $P_i/(\alpha_c A) = 2/(r_0 - \delta)$,可以得到剪切力 τ_i 的表达式：

$$\tau_i = \frac{r_0 - \delta}{2}\left\{-\frac{\mathrm{d}p}{\mathrm{d}z} - \rho_c g - \frac{1}{\alpha_c}\frac{\mathrm{d}}{\mathrm{d}z}\left\{\frac{W^2[x + \varphi(1-x)^2]}{\rho_c \alpha_c}\right\}\right\} \tag{5-88}$$

液膜动量守恒方程可以通过在上式中取半径为 r_i 和 r 组成的液环作为液膜,忽略壁面的液膜加速效应,则液膜动量方程为

$$2\pi r\tau\Delta z = 2\pi r_i \tau_i \Delta z + \rho_f g\pi\Delta z(r_i^2 - r^2) + \pi\left[p - \left(p + \frac{\mathrm{d}p}{\mathrm{d}z} \cdot \Delta z\right)\right](r^2 - r_i^2) \tag{5-89}$$

r 为半径 r 处的剪切力,上式可简化为

$$\tau = \tau_i \frac{r_i}{r} + \frac{1}{2}\left(\rho_f g + \frac{\mathrm{d}p}{\mathrm{d}z}\right)\frac{r_i^2 - r^2}{r} \tag{5-90}$$

（3）三角关系式

在环状流解析分析中的三角关系式,是指 $(W_f)_f$、$\mathrm{d}p/\mathrm{d}z$ 和 δ 或与其有关的参数之间的数值关系,其中三个变量已知任意两个即可求出第三个量。下面以已知 $\mathrm{d}p/\mathrm{d}z$ 和 δ 求解 $(W_f)_f$ 为例,描述求解过程。

1）分别列出气芯动量方程和液膜动量方程,并由此求得交界面剪切力 τ_i 及膜内切应力分布；

2）利用膜内剪切力分布和有效黏度计算液膜速度分布；

3）将液膜速度分布积分得到 $(W_f)_f$。

（4）液膜速度分布和流量分布

根据液膜和气芯的流动状态可以分为同时湍流、同时层流和液膜层流气芯湍流三种组合,

根据牛顿定律有

$$\tau = \mu_E \frac{\mathrm{d}u}{\mathrm{d}y} \tag{5-91}$$

式中，y 为以壁面为坐标原点的径向坐标；u 为液膜内当地液体速度；μ_E 为有效黏度。层流：$\mu_E = \mu_f$，湍流：$\mu_E = \mu_f + \varepsilon \rho_f$，$\varepsilon$ 为涡团扩散率。针对上式进行积分，可以得到膜内速度分布为

$$u = \int_0^{r_0 - r} \frac{1}{\mu_E} \tau \mathrm{d}y \tag{5-92}$$

当液膜为层流时，可以得到

$$u = \frac{1}{\mu_f} \left\{ \left[\tau_i r_i + \frac{1}{2} \left(\rho_f g + \frac{\mathrm{d}p}{\mathrm{d}z} \right) r_i^2 \right] \ln \frac{r_0}{r} - \frac{1}{4} \left(\rho_f g + \frac{\mathrm{d}p}{\mathrm{d}z} \right) (r_0^2 - r_i^2) \right\} \tag{5-93}$$

当液膜为湍流时，可以通过液膜流量的隐式求出 u。

$$(W_f)_f = \int_0^\delta 2\pi r \rho_f u \mathrm{d}y \tag{5-94}$$

在层流流动工况中，代入速度分布可以得到三角关系式，其中需要确定入口条件，即 z 坐标七点三变量的值。

2. 主要变量的经验关系式

(1)沉积率关系式

式(5-83)为常见沉积率关系式，但至今对质量沉积传质系数 k 的研究很少，无法得到一个简单的关系式。Mccoy(麦科伊)等[15]提出了一个适用于低压工况下的无因次式：

$$\frac{k}{u^+} = 4390 \sqrt{\frac{u_g^2}{d_0 \sigma \rho_f}} \tag{5-95}$$

$$u^+ = \sqrt{\frac{\tau_i}{\rho_g}} \tag{5-96}$$

Whalley(惠利)等[16]提出了一个用于高压和低压的 k 关系式：

$$\frac{k}{u^+} = 87 \sqrt{\frac{u_f^2}{d_0 \sigma \rho_f}} \tag{5-97}$$

$$u^+ = \sqrt{\frac{\tau_i}{\rho_c}} \tag{5-98}$$

(2)夹带率关系式

目前精准地测量夹带率依然存在较大难度，通过液体动力平衡条件，即 $E = D$，有

$$E = D = k C_E \tag{5-99}$$

式中，C_E 为平衡条件下气芯内液滴的平均浓度。Hutchinson(哈钦森)等认为要获得精确的 C_E 计算模型，需要研究扰动波生成、气芯与波相互作用效应，以及液滴脱离液膜的初始速度等影响[10]。

(3)解析解与实验值对比

补充相关系数的经验式后，即可形成环状流解析计算封闭方程组，在此计算中心注入液相和壁面注入液相两种情况，计算结果与实验值比较如图 5-15 所示，可以看出解析解达到平衡

状态较快。若 k 不取常数,并考虑入口效应后,计算结果准确性有所改善。

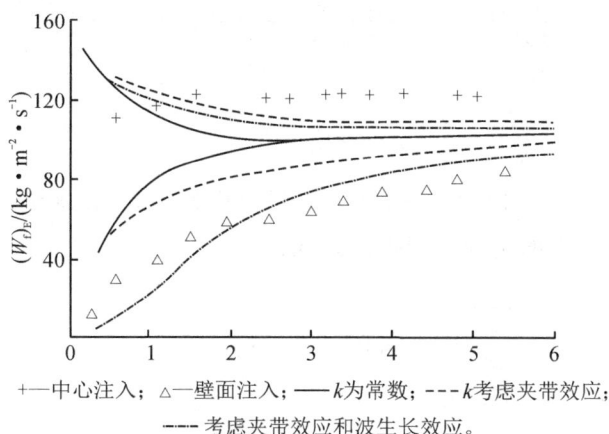

+—中心注入；△—壁面注入；——k为常数；---k考虑夹带效应；
-·-·-考虑夹带效应和波生长效应。

图 5-15　不同注入条件下夹带液体质量流速计算值与实验值比较

5.6　过冷沸腾区的压降计算

在高过冷沸腾区,气泡贴近壁面,呈现一种增加壁面粗糙度的特性。在低过冷沸腾区,气泡已脱离壁面并渗入流体,表现出典型的气液两相流动特性。故在低过冷沸腾区内,压降计算与典型两相流动的计算没有什么区别,原则上只要计算出实际含气率 $x(z)$,便可通过两相摩擦倍增因子估计当地压降梯度。

低过冷沸腾区内,气泡已进入主流,两相流型为泡状流,类似于饱和沸腾工况,可采用式(5-42)近似估计;对于高过冷沸腾区,若已知空泡份额 α,可使用 Levy[17] 方法计算,即

$$\Phi_{f0}^2 = \frac{[1-x(z)]^{1.75}}{(1-\alpha)^2} \qquad (5-100)$$

实际应用中,过冷沸腾区不大,对总压降贡献甚少,因而至今实验研究不多。

雷诺首先发表了过冷沸腾区当地压降梯度测量结果,但没有测定空泡份额,测量结果以总压降形式拟合,即

$$\frac{\left(\dfrac{\mathrm{d}p}{\mathrm{d}z}\right)_{\mathrm{sub}}}{\left(\dfrac{\mathrm{d}p}{\mathrm{d}z}\right)_{f0}} = \cosh\left[a'\left(\frac{Z-Z_{\mathrm{ONB}}}{Z_{\mathrm{S}}-Z_{\mathrm{ONB}}}\right)\right] = \cosh\left[a'\left(1-\frac{\Delta T_{\mathrm{sub}}Z}{\Delta T_{\mathrm{sub}}Z_{\mathrm{ONB}}}\right)\right] \qquad (5-101)$$

式中,$a'=1.2+1.46(q/10^3)$,为拟合经验值;q 为热流密度,kW/m^2;下标"sub"表示过冷状态,"ONB"表示沸腾起始点;Z 为距入口的距离;Z_{S} 为热力平衡条件下过冷度为零的位置;$(\mathrm{d}p/\mathrm{d}z)_{f0}$ 为全液相等温压降梯度。雷诺通过实验发现,在刚出现过冷沸腾的区域内,压降梯度低于纯单相流体流动下的值;而随着含气率逐渐增大,压降梯度迅速增大。式(5-101)与 Buchberg(布赫贝格尔)[18] 的数据进行了比较,当 $q<1.58\ \mathrm{MW/m^2}$ 时,预测值与实验值符合得很好。

Tarasova(塔拉索娃)[19] 提出公式：

$$\frac{\left(\dfrac{\mathrm{d}p}{\mathrm{d}z}\right)_{\mathrm{sub}}}{\left(\dfrac{\mathrm{d}p}{\mathrm{d}z}\right)_{\mathrm{f0}}} = 1 + \frac{20Z^*}{1.315 - Z^*}\left(\frac{\rho_{\mathrm{f}}}{\rho_{\mathrm{g}}}\right)^{0.78}\left(\frac{q}{Gh_{\mathrm{fg}}}\right)^{0.7} \tag{5-102}$$

式中,$Z^* = \dfrac{Z - Z_{\mathrm{ONB}}}{Z_S - Z_{\mathrm{ONB}}} = 1 - \dfrac{\Delta T_{\mathrm{sub}}Z}{\Delta T_{\mathrm{sub}}Z_{\mathrm{ONB}}}$。

Owens(欧文斯)等[20]针对垂直不锈钢管道开展相关实验,在他们的实验压力范围内,压力效应并不显著,基于获得的实验数据提出公式:

$$\frac{\left(\dfrac{\mathrm{d}p}{\mathrm{d}z}\right)_{\mathrm{sub}}}{\left(\dfrac{\mathrm{d}p}{\mathrm{d}z}\right)_{\mathrm{f0}}} = 0.97 + 0.28\exp(6.13Z^*) \tag{5-103}$$

5.7　管束通道两相压降

管束通道两相流动阻力的精确计算对核反应堆系统主设备的正常运行和维护至关重要,如压水堆核电厂蒸汽发生器、沸水堆堆芯组件和汽水分离再热器等设备,均涉及棒束通道两相流动阻力压降计算。

5.7.1　竖直管束通道

西安交通大学核反应堆热工水力研究室(Nuclear THermal-hydraulic Laboratory, NuTHeL)获得了栅径比为1.42,正三角形排列竖直七棒束通道单相水摩擦压降系数($C_{\mathrm{f,\parallel}}$)的计算式[21]:

$$C_{\mathrm{f,\parallel}} = \frac{0.335}{Re_{\mathrm{f,\parallel}}^{0.25}} \tag{5-104}$$

式中,$Re_{\mathrm{f,\parallel}}$为竖直管束单相雷诺数,$Re_{\mathrm{f,\parallel}} = \rho_{\mathrm{f}}u_{\mathrm{f}}d_{\mathrm{h}}/\mu_{\mathrm{f}}$;$D_{\mathrm{h}}$为竖直棒束通道水力直径。式(5-104)适用范围:$5.4 \times 10^3 < Re_{\mathrm{f,\parallel}} < 1.3 \times 10^5$。

竖直管束分液相摩擦压降倍增因子($\Phi_{\mathrm{f,\parallel}}^2$)计算式为

$$\Phi_{\mathrm{f,\parallel}}^2 = 1 + \frac{20}{X^{0.71}} + \frac{1}{X^2} \tag{5-105}$$

上式采用的空泡份额计算式为Woldesemayat(沃尔德塞马亚特)等[22]提出的公式。

图5-16给出了不同质量流速G和不同Martinelli数(X)下竖直管束分液相摩擦压降倍增因子试验数据。从图中可以看出,当$200 \leqslant G \leqslant 850$ kg/(m²·s)时,质量流速对竖直管束分液相摩擦压降倍增因子无明显影响;随着含气率的增大,即Martinelli数的减小,分液相摩擦压降倍增因子逐渐增大。

式(5-105)适用范围:常压空气-水介质,竖直七管束,管束栅径比为1.42,质量流速为$200 \sim 850$ kg/(m²·s),含气率为$0.001 \sim 0.27$。

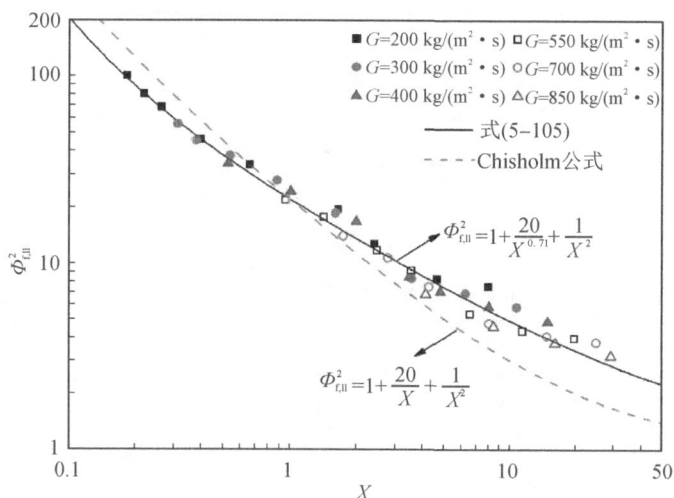

图 5-16　NuTHeL 竖直管束分液相摩擦压降倍增因子试验数据

5.7.2　水平管束通道

NuTHeL 获得了栅径比为 1.42、正三角形排列为 4×16 排的水平管束单相水摩擦压降系数($C_{f,\perp}$)计算式[23]：

$$C_{f,\perp}=\begin{cases} \dfrac{52}{Re_{f,\perp}^{0.6}} & 1.3 \times 10^{3} < Re_{f,\perp} < 2.0 \times 10^{3} \\[2mm] \dfrac{2.9}{Re_{f,\perp}^{0.22}} & 2.0 \times 10^{3} < Re_{f,\perp} < 10^{4} \\[2mm] \dfrac{15.2}{Re_{f,\perp}^{0.4}} & 10^{4} < Re_{f,\perp} < 4.5 \times 10^{4} \end{cases} \qquad (5-106)$$

式中，$Re_{f,\perp}$ 为水平管束单相雷诺数，$Re_{f,\perp}=\rho_{f} u_{f,\perp} d / \mu_{f}$；$d$ 为管束外径。

图 5-17 给出了 NuTHeL 获得的不同质量流速下水平管束分液相摩擦压降倍增因子($\Phi_{f,\perp}^{2}$)随 Martinelli 数的变化。从图中可以看出，当 $G > 200$ kg/($m^{2} \cdot s$) 时，质量流速对 $\Phi_{f,\perp}^{2}$ 的影响很小；当 $G \leqslant 200$ kg/($m^{2} \cdot s$) 时，$\Phi_{f,\perp}^{2}$ 随质量流速的减小而增大。Chan(尚)和 Kawaji(卡瓦吉)[24] 的叉排水平管束分液相摩擦压降倍增因子试验结果也呈现了这一变化趋势，这可能与两相流型、气泡剪切力和重力谁占主导作用有关。因此，NuTHeL 进一步分析了不同质量流速和不同含气率工况下水平管束气液两相流型分布特性，探究水平管束分液相摩擦压降倍增因子与两相流型、质量流速和含气率的关系，最终得到不同流型下水平管束分液相摩擦压降倍增因子的经验公式。

目前，已有试验发现的气液两相竖直向上横掠水平管束的流型主要有五种[25]：泡状流、帽状泡状流、弥散泡状流、搅混流和环状流。

1. 泡状流、弥散泡状流分液相摩擦压降倍增因子

泡状流或弥散泡状流对应的 $\Phi_{f,\perp}^{2}$ 与物性、含气率和管束通道几何形状有关，结合已有试

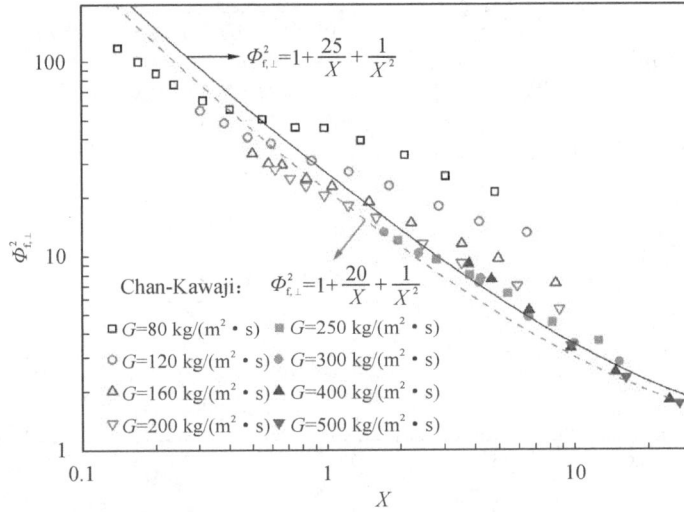

图 5-17　NuTHeL 水平管束分液相摩擦压降倍增因子试验数据

验数据[24,26-27]和 NuTHeL 获得的 $\Phi_{f,\perp}^2$ 随流型的变化可知,泡状流或弥散泡状流对应的 $\Phi_{f,\perp}^2$ 仅与 Martinelli 数和管束通道几何形状有关,对应的计算式为

$$\Phi_{f,\perp}^2 = 1 + \frac{C_{bub}}{X} + \frac{1}{X^2} \tag{5-107}$$

式中,C_{bub} 为泡状流或弥散泡状流分液相摩擦压降倍增因子参数,与管束通道几何形状有关。表 5-3 给出了已有试验和 NuTHeL 试验的泡状流或弥散泡状流对应的最佳 C_{bub} 值。

表 5-3　不同排列方式和栅径比水平管束泡状流和弥散泡状流对应的最佳 C_{bub} 值

作者	管束排列方式	栅径比	C_{bub}
Chan 等[24]	等边三角形叉排	1.3	20
	等边三角形叉排	1.75	30
NuTHeL[23]等	等边三角形叉排	1.42	25
Xu(徐)等[27]	正方形顺排	1.28	10
Dowlati(道拉蒂)等[26]	正方形顺排	1.3	10
	正方形顺排	1.75	50

　　从表中可以看出,对于相同排列方式的水平管束,C_{bub} 随栅径比的增大而增大,这可能与管束顶部流动区域两相尾涡的发展程度有关[12]。尾涡发展得越充分,两相横掠管束的阻力也越大。因此,对于相同排列方式的等边三角形叉排或正方形顺排管束,栅径比越大,管束纵向间距越大,对应的 C_{bub} 越大。但是,由于不同栅径比对应的 C_{bub} 试验数据太少,目前无法确定水平管束尾涡充分发展对应的栅径比临界值。因此,需要开展更多排列方式和栅径比的水平管束两相流动阻力试验,并进行进一步研究。

2. 帽状泡状流分液相摩擦压降倍增因子

质量流速对帽状泡状流分液相摩擦压降倍增因子有一定的影响。但是,现有公开发表的帽状泡状流两相流动阻力试验数据较少,要得到帽状泡状流分液相摩擦压降倍增因子经验公式,需进一步开展更多帽状泡状流工况对应的水平管束两相流动阻力试验。

3. 搅混流分液相摩擦压降倍增因子

搅混流分液相摩擦压降倍增因子计算式为

$$\Phi_{f,\perp}^2 = 1 + \frac{C_{chu}}{X} + \frac{1}{X^2} \tag{5-108}$$

式中,C_{chu} 与气液两相物性与质量流速有关,定义为

$$C_{chu} = C_1 \cdot X^{C_2} \tag{5-109}$$

定义两相弗劳德数为

$$Fr_{tp} = \frac{G^2}{gd(\rho_f - \rho_g)^2} \tag{5-110}$$

对于搅混流,惯性力或重力对两相流动起主导作用。因此,Fr_{tp} 是 C_1 和 C_2 的主要变量。NuTHeL 提出了 C_1 与 C_2 的经验关系式:

$$C_1 = \begin{cases} \dfrac{8}{Fr_{tp}^{0.47}} & Fr_{tp} < 0.2 \\[2mm] 17 & Fr_{tp} \geqslant 0.2 \end{cases} \tag{5-111}$$

$$C_2 = \begin{cases} \dfrac{1}{Fr_{tp}^{0.14}} - 0.85 & Fr_{tp} < 1 \\[2mm] 0.15 & Fr_{tp} \geqslant 1 \end{cases} \tag{5-112}$$

4. 环状流分液相摩擦压降倍增因子

对于环状流,与管束壁面接触的几乎都为液相,因此,环状流两相流动阻力可采用形式类似于单相流动阻力的计算式进行计算,且环状流($\Phi_{f,\perp}^2$)主要与管束通道几何形状、含气率和两相物性有关。NuTHeL 提出了以下公式计算水平管束环状流两相摩擦阻力:

$$\Phi_{f,\perp}^2 = \frac{C_{ann}}{X^{1.4}} \tag{5-113}$$

式中,C_{ann} 为环状流分液相摩擦压降倍增因子参数,与管束通道几何形状有关。表 5-4 给出了已有试验和 NuTHeL 试验环状流对应的最佳 C_{ann} 值。

表 5-4　不同排列方式和栅径比水平管束环状流对应的最佳 C_{ann} 值

作者	管束排列方式	栅径比	C_{ann}
NuTHeL[23]	等边三角形叉排	1.42	8
Xu 等[27]	正方形顺排	1.28	9.6

从表中可以看出,NuTHeL 试验的 C_{ann} 为 8,而 Xu 等[27]试验的 C_{ann} 为 9.6,这可能与栅径比的不同有关。C_{ann} 随栅径比的变化机理与 C_{bub} 不同,环状流两相流动阻力正比于气液界

面拖拽力,气液界面拖拽力正比于气液滑速比,而滑速比随栅径比的增大而减小[28],随含气率的增大而增大,因此,C_{ann} 与栅径比成反比,与 Martinelli 数成反比。由于不同排列方式和栅径比对应的 C_{ann} 试验数据太少,目前无法得到 C_{ann} 的经验公式,需进一步开展更多环状流工况对应的水平管束两相流动阻力试验。

NuTHeL 提出的式(5-107)~式(5-113)可用于预测不同流型对应的水平管束两相摩擦压降。表 5-5 给出了各试验预测偏差在 $\pm 20\%$ 以内和 $\pm 30\%$ 以内的数据占比。除了栅径比为 1.75 的顺排水平管束分液相摩擦压降倍增因子预测偏差稍大外,采用式(5-107)~式(5-113)获得的其余栅径比的顺排或叉排管束($\Phi_{f,\perp}^2$)均与试验值符合得较好。

表 5-5   NuTHeL 水平管束分液相摩擦压降倍增因子经验公式预测偏差

作者	排列方式	栅径比	偏差在 $\pm 20\%$ 以内的数据占比	偏差在 $\pm 30\%$ 以内的数据占比
NuTHeL[23]	叉排	1.42	96.9%	100%
Chan 等[24]	叉排	1.3	94.7%	97.4%
	叉排	1.75	88.1%	98.5%
Xu 等[27]	顺排	1.28	80.6%	100%
Dowlati 等[26]	顺排	1.3	100%	100%
	顺排	1.75	70%	82.5%

思考题

1)好的摩擦压降关系式应满足哪些条件?

2)试述全液相、全气相、分液相和分气相摩擦倍增因子的定义。

3)请思考如何获取倾斜管束通道两相摩擦倍增因子。

4)在两相摩擦阻力计算中,哪些参量会直接影响摩擦倍增因子?

5)试阐述单相压降与两相压降产生机制的异同。

6)请思考对于碱金属工质,其发生的两相流压降现象与水工质有何异同。

7)试阐述两相流中压降包含哪几部分,其各自产生的原因及条件是什么。

8)在沸水堆与压水堆的一回路系统中,其采用的两相流压降计算模型会有什么异同?

9)请思考,对于压力、温度、流速、含气率这四类参数,它们受核电厂蒸汽发生器中两相流压降的影响所产生的变化规律是怎样的,为什么?

10)对于管束通道,其排列方式对两相流压降产生的影响规律是什么,你认为其原因是什么?

参考文献

[1] MCADAMS W H, WOOD W K, BRYAN R L. Vaporization inside horizontal tubes[J].

Trans of the ASME,1942,64: 193.

[2] CICHITTI A,LOMBARDI C,SILVESTRI M,et al. Two-phase cooling experiments-pressure drop,heat transfer and burnout measurements[J]. Energia Nucleare,1960, 7: 407.

[3] DUKLER A E,WICKS M,CLEAVELAND R G. Pressure drop and hold-up in two-phase flow[J]. AIChE,1964,10(1): 38 – 51.

[4] LOCKHART R W. Proposed correlation of data for isothermal two-phase,two-component flow in pipes [J]. Chemical Engneering Progress,1949,45: 39 – 48.

[5] MARTINELLI R T. Prediction of pressure drop during forced-circulation boiling of water [J]. Trans of the ASME,1948,70: 695 – 702.

[6] CHISHOLM D. A theoretical basis for the Lockhart-Martinelli correlation for two-phase flow[J]. International Journal of Heat and Mass Transter,1967,10(12):1767 – 1778.

[7] THOM J R S. Prediction of pressure drop during forced circulation boiling of water[J]. Internatinoal Journal of Heat and Mass Transfer,1964,7(7): 709 – 724.

[8] BAROCZY C. A systematic correlation for two-phase pressure drop[C]. Presented at 8th National Heat Transfer Conference, 1965.

[9] CHISHOLM D,SUTHERLAND L A. A prediction of pressure gradients in pipeline systems during two-phase flow[C]. Proceedings of the Institution of Mechanical Engineers, Conference Proceedings,1969,184: 24 – 32.

[10] ARMAND A A,TRESHCHEV G G. Investigation of the resistance during the movement of steam-water mixtures in heated boiler pipe at high pressures[C]. AERE Lib/ Trans. 81,1959.

[11] IDSINGA W,TODREAS N E,BOWRING R. An assessment of two-phase pressure drop correlations for steam-water systems[J]. International Journal of Multiphase Flow,1977,3(5): 401 – 413.

[12] ESDU. The frictional component of pressure gradient for two-phase gas or vapor/liquid flow through straight pipes[C]. Eng. Sci. ,Data Unit(ESDU), 1976.

[13] FRIEDEL L. Mean void fraction and friction pressure drop: comparison of some correlations with expeirmental data[C]. Presented at the European Two-Phase Flow Group Meeting, 1977.

[14] COLLIER J G. Introduction to two-phase flow problems in the power industry[C]. Two-Phase Flow and Heat Transfer in the Power and Process Industries, 1981.

[15] MCCOY D D,HANRATTY T J. Rate of deposition of droplets in annular two-phase flow [J]. International Journal of Multiphase Flow,1977,3 (4): 319 – 331.

[16] WHALLEY P,HEWITT G,HUTCHINSON P. Experimental wave and entrainment measurements in vertical annular two-phase flows[C]. Symposium Multi-Phase Flow Systems,University of Strathclyde,Scotland, 1974.

[17] LEVY S. Forced convection subcooled boiling—prediction of vapor volumetric fraction [J]. International Journal of Heat and Mass Transfer,1967,10 (7): 951 – 965.

[18] BUCHBERG H,ROMIE F,LIPKIS,et al. Heat transfer and fluid mechanics institute [R]. Preprints of Papers Held at Stanford University,1951.

[19] TARASOVA N,LEONTIEV A,HLOPUSHIN N V,et al. Pressure drop of boiling subcooled water and steam-water mixture flowing in heated channels[C]. Proceedings of the International Heat Transfer Conference Digital Library, 1966.

[20] OWENS W,SCHROCK V. Local pressure gradients for subcooled boiling of water in vertical tubes[Z]. ASME Paper No. 60 – WA-249,1960.

[21] ZHANG K,FAN Y Q,TIAN W X,et al. Pressure drop characteristics of two-phase flow in a vertical rod bundle with support plates [J]. Nuclear Engineering and Design, 2016,300: 322 – 329.

[22] WOLDESEMAYAT M A,GHAJAR A J. Comparison of void fraction correlations for different flow patterns in horizontal and upward inclined pipes[J]. International Journal of Multiphase Flow,2007,33 (4): 347 – 370.

[23] TIAN W X,ZHANG K,HOU Y D,et al. Hydrodynamics of two-phase flow in a rod bundle under cross-flow condition [J]. Annals of Nuclear Energy,2016,91: 206 – 214.

[24] CHAN A,KAWAJI M. Hydrodynamics of two-phase flow across horizontal in-line and staggered rod bundles[J]. Journal of Fluids Engineering,1992,114 (3): 450 – 456.

[25] MAO K,HIBIKI T. Flow regime transition criteria for upward two-phase cross-flow in horizontal tube bundles[J]. Applied Thermal Engineering,2017,112: 1533 – 1546.

[26] DOWLATI R, KAWAJI M, CHAN A. Pitch-to-diameter effect on two-phase flow across an in-line tube bundle[J]. AIChE Journal,1990,36 (5): 765 – 772.

[27] XU G P,TSO C P,TOU K W. Hydrodynamics of two-phase flow in vertical up and down-flow across a horizontal tube bundle[J]. International Journal of Multiphase Flow,1998,24 (8): 1317 – 1342.

[28] FEENSTRA P,WEAVER D,JUDD R. An improved void fraction model for two-phase cross-flow in horizontal tube bundles[J]. International Journal of Multiphase Flow, 2000,26 (11): 1851 – 1873.

第6章 临界流动和压力波传播

6.1 临界流概述

临界流或壅塞流一般出现在破口喷放流体的系统中,当系统进一步泄压而泄漏流量不再进一步增大时,即发生临界流或称壅塞流现象。对于忽略摩擦效应的绝热不可压缩稳态单相流下的临界流现象,已研究得较为透彻,单相临界流动通常出现在流道最小截面积处且该处流速达到等熵声速。而两相临界流比单相临界流动复杂得多,这主要是因为气液两相界面的质量、动量和能量之间的快速交换变化,两相流型演变也在很短暂的时间内完成。此外,如果是单组分流动,如压水堆冷却剂丧失事故,单相液体将从破口处向外喷发并闪蒸成蒸汽,该过程为非平衡热力学过程。压水堆冷却剂丧失事故中的临界流现象至关重要,这是因为破口处的冷却剂泄漏速率不仅直接决定反应堆系统的瞬态压力和水装量,还影响堆芯应急冷却系统的投入工作,Saha(萨哈)[1]、Wallis[2]、Abdollahian(阿卜杜拉希安)[3]及Kim(基姆)[4-5]等学者陆续发表了两相临界流研究的综述文章,总结评估了现有两相临界流模型的适用性。几十年来,尽管针对临界流已开展大量的试验与理论研究,但是针对两相临界流的过程尚无完整的理论来描述。

本章的主要研究对象是两相临界流。首先简要介绍单相临界流现象中的单相临界流动模型;然后重点描述两相临界流现象中的均相临界流模型、分相临界流模型,以及孔道内的两相临界流应用;最后讨论两相流动中的临界流速、压力脉冲传播速度与声速三者之间错综复杂的关系。

6.2 单相临界流

临界流量对反应堆安全有重大影响,临界流量模型被认为是系统热工水力与安全分析规范中的一个重要模型。对于单相可压缩流体管内流动情况,如果下游某处破裂,并与低压力外界相通,这时系统与外界之间的压差就会对管道流体产生压力扰动,扰动以相当于当地流体介质声速的速度向上游传播,扰动向上游传播的绝对速度等于当地声速与流速之差。压差达到某一数值时,可能会使流道某处的流体速度与当地声速大小相等、方向相反。这时,若下游压力进一步减小 ΔP,该 ΔP 压力信号已无法越过该处传递给上游流体,流量不再受下游压力继续下降变化的影响,流量不再增大。该截面处的流动便称为临界流动或壅塞流动,对应的流量则称为临界流量。可见,单相临界流动与压力脉冲传播有密切关系。

1. 平面压力脉冲传播速度和声速方程

等截面水平流道内的静止流体受到一无限小平面压力波作用,波阵面以声速 c 稳定地自左向右传播。受压力波作用的区域,流体以扰动速度 $\mathrm{d}u$ 运动,密度和压力扰动分别为 $\mathrm{d}\rho$ 和

$\mathrm{d}p$。在运动坐标下,跨越波阵面的微控制体建立动量方程和连续方程。忽略流体的黏性、重力效应和壁面摩阻,则分别为 $\mathrm{d}p = \rho c\,\mathrm{d}u$ 和 $\mathrm{d}\rho/\rho = \mathrm{d}u/c$ 解出小压力脉冲传播速度(即声速)。

$$c^2 = \frac{\mathrm{d}p}{\mathrm{d}\rho} \tag{6-1}$$

在无限小压力脉冲作用下,系统的压力变化和温度变化都很小,过程几乎是可逆的,可用等熵过程处理,便有

$$c^2 = \frac{\partial p}{\partial \rho} \tag{6-2}$$

2. 理想喷嘴处的等熵流动

如图 6-1 所示的单相流体通过变截面管道的等熵绝热流动。图中,下标为"0"的参数表示滞止情况下的状态。P_0 为滞止压力或总压力,h_0 为滞止焓。黏性流体在等熵绝热下的运动方程、能量方程和连续方程的微分形式分别为

$$\mathrm{d}p = -\rho u\,\mathrm{d}u \tag{6-3}$$

$$\mathrm{d}h = -u\,\mathrm{d}u, \qquad \mathrm{d}s = 0 \tag{6-4}$$

$$\mathrm{d}(\rho A u) = 0 \tag{6-5}$$

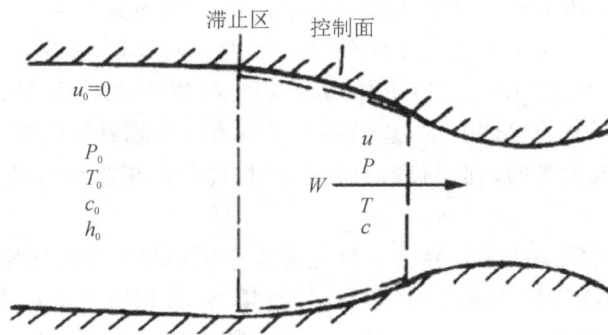

图 6-1　喷嘴等熵流动

有

$$\frac{\mathrm{d}A}{A} = -\left(\frac{\mathrm{d}u}{u} + \frac{\mathrm{d}\rho}{\rho}\right) = \frac{\mathrm{d}p}{\rho}\left(\frac{1}{u^2} - \frac{1}{c^2}\right) = \frac{\mathrm{d}p}{\rho u^2}(1 - Ma^2) \tag{6-6}$$

式中,$Ma = u/c$,为马赫数。由于 $\mathrm{d}A/A = -\mathrm{d}G/G$,则式(6-6)变换为

$$\frac{\mathrm{d}G}{G} = -\frac{\mathrm{d}p}{\rho}\left(\frac{1}{u^2} - \frac{\delta\rho}{\delta p}\right) \tag{6-7}$$

$$\frac{1}{G}\frac{\mathrm{d}G}{\mathrm{d}p} = -\rho\left(\frac{1}{G^2} - \frac{1}{\rho^2}\frac{\delta\rho}{\delta p}\right) \tag{6-8}$$

质量流速随压差 $\mathrm{d}p$ 增大而增大,当 $\mathrm{d}G/\mathrm{d}p \to 0$ 时,流量不再随压力减小而改变,达到最大质量流速 $G_{\max}$(临界流条件):

$$\frac{1}{G_{\max}^2} = \frac{1}{\rho^2}\frac{\partial\rho}{\partial p} \tag{6-9}$$

$$G_\mathrm{c} = G_{\max} = \rho\left(\frac{\partial p}{\partial \rho}\right)^{1/2} \tag{6-10}$$

相应最大流速,即临界流速(u_c)为

$$u_c = u_{max} = \left(\frac{\partial p}{\partial \rho} \right)^{1/2} \tag{6-11}$$

由式(6-6)可见,对应于喷嘴喉部:$dA/A = 0$ 处,发生临界流动。下游压力进一步减少,压力信号已无法越过该断面传递到上游。临界流动条件下,应满足马赫数 $Ma = 1$,即 $u = c$,临界流速等于当地声速,也等于压力脉冲的传播速度。如果流体受一系列小压力脉冲作用,由于压力变化小,过程也几乎是平衡可逆,那么传播方程仍可适用。式(6-2)也表示声速方程。式(6-11)与式(6-2)形式完全一致,热力过程也相同。可见在单相可压缩介质中,声波传播速度与临界流速之间存在着简单关系。

3. 单相临界流动准则

单相临界流动理论采用下述四个彼此完全等价的判断准则。

1)当流动发生壅塞现象时出现临界流动,发生壅塞流动截面上的流量,便是相应于上游滞止工况下的最大流量。

2)流动壅塞现象与小扰动传播相关。即在发生壅塞现象时,该临界截面之前的上游工况变化不再受下游工况变化的影响。下游继续发生的小扰动,无法越过该截面到达上游。

3)一维流动假设下,当发生壅塞现象时,临界截面上的流动速度等于小扰动传播速度,但其方向相反。由于扰动小,一般采用等熵流动假设来计算流体压缩性,求得的临界流速为 $u_c = (\partial p / \partial \rho)^{1/2}$。

4)在数学上,发生临界流动时,临界截面上,定态守恒方程组的系数行列式 $\Delta = (1 - Ma^2) \to 0$,或者马赫数 $Ma \to 1$。

上述四个准则中,第1)准则主要是描述临界流动现象,用于实验判断。第2)和3)准则解释临界流动现象机理,并得到了相应的计算式。第4)准则是模型的数学特征,来源于线性方程组理论。

6.3 两相临界流模型

两相临界流与单相临界流相比差异很大,如下所述。

1)单相流在热力学平衡、等熵等假设条件下,临界流速、声速以及小扰动传播速度这三者几乎是同义词;但是,两相流流动特性复杂得多,此时临界质量流速一般不等于声速。

2)两相之间存在着不平衡状态,如蒸发的滞后、液体的过热等,这种不平衡现象严重影响临界流动。

3)两相间存在滑移、复杂的相互作用,包括质量、动量和能量的交换,这些现象也直接影响临界流动。

由于以上因素的存在使得两相临界流的研究比单相流复杂得多。通常认为两相临界流要比两相中任何一相的单相临界流量小得多。在过去的几十年里,基于不同因素的考虑及不同假设条件,包括是否存在两相滑移、两相是否处于热力学平衡等,学者们相继提出了不同的两相临界流模型。

6.3.1 均相平衡模型

均相平衡模型(homogeneous equilibrium model,HEM)适用于计算可达到平衡状态的长管临界流,是最简单的两相临界流分析模型之一。流体是具有平均热物性的均相混合物,可采取类似单相流体的方法处理两相流动。

均相平衡模型假定条件如下。

1)假设两相速度相等(滑速比 $S=1$)。

2)两相之间达到热力平衡。

3)物性遵循等熵过程变化。

4)混合物性按 x 或 α 进行加权平均。

均相平衡模型临界流量仅取决于上游滞止参数(P_0,H_0),不考虑几何形状及其他因素对临界流量的影响,对长径比 $L/D>40$ 的长管临界流预测效果较好,而对于短管预测效果较差。该模型被广泛于一些系统软件,如早期版本的 RELAP 软件,缺点是对临界压力的估计值过高。

均相平衡模型按等熵膨胀过程计算临界流动,即

$$G_c = \left[-\left(\frac{\mathrm{d}p}{\mathrm{d}v}\right) \right]^{1/2} \tag{6-12}$$

$$G_c = \left\{ -\left[x\left(\frac{\partial v_g}{\partial p}\right) + v_{fg}\left(\frac{\partial x}{\partial p}\right) + (1-x)\left(\frac{\partial v_f}{\partial p}\right) \right]_s \right\}^{-1/2} \tag{6-13}$$

相应的临界流速为

$$u_c = \left\{ -\frac{\left[v_f + x(v_g - v_f) \right]^2}{x\left(\frac{\partial v_g}{\partial p}\right) + v_{fg}\left(\frac{\partial x}{\partial p}\right) + (1-x)\left(\frac{\partial v_f}{\partial p}\right)} \right\}_s^{1/2} \tag{6-14}$$

按照热力平衡等熵假定,含气率(x)应等于热力平衡含气率 $x_e = (s_0 - s_{fe})/(s_{ge} - s_{fe})$。要采用式(6-13)进行计算,需确定 $(\partial v_g/\partial p)$、$(\partial v_f/\partial p)$ 及 $(\partial x/\partial p)$ 的值。式(6-13)大括号外的下标"s"表示整个混合物采用等熵过程处理,这意味着相间有可能发生交换。但也可将整个体系的等熵过程按每一相等熵过程变化进行处理,这两种处理方法有所差别。现将整个混合物等熵膨胀按每一相等熵过程处理,由式(6-13)有

$$G_c = \left\{ -\left[x\left(\frac{\partial v_g}{\partial p}\right)_s + v_{fg}\left(\frac{\partial x}{\partial p}\right)_s + (1-x)\left(\frac{\partial v_f}{\partial p}\right)_s \right] \right\}^{-1/2} \tag{6-15}$$

由于 $\mathrm{d}s = (\partial s/\partial p)_x \mathrm{d}p + (\partial s/\partial x)_p \mathrm{d}x = 0$,于是

$$\left(\frac{\partial x}{\partial p}\right)_s = \frac{-\left(\frac{\partial s}{\partial p}\right)_x}{\left(\frac{\partial s}{\partial x}\right)_p} \tag{6-16}$$

在体系热力平衡假定下有

$$\left(\frac{\partial x}{\partial p}\right)_s = \frac{(1-x_e)\left(\frac{\mathrm{d}s_f}{\mathrm{d}p}\right) + x_e\left(\frac{\mathrm{d}s_g}{\mathrm{d}p}\right)}{s_{ge} - s_{fe}} \tag{6-17}$$

上述诸式中,各热力参数与压力之间的倒数关系,如 $(\partial v_g/\partial p)_s$、$(\partial v_f/\partial p)_s$、$\mathrm{d}s_f/\mathrm{d}p$、$\mathrm{d}s_g/\mathrm{d}p$、

s_{ge} 和 s_{gf},可以使用相应介质的热力特性线图或数表求得。

在均相平衡模型假定下,按等熵过程假定从能量方程出发计算临界流量。

$$h_0 = x_e h_{ge} + (1 - x_e) h_{fe} + \frac{1}{2} G^2 v^2 \qquad (6-18)$$

假定在某一条件下流道出口处达到临界流量,则 $G = G_c$。

$$G_c = \left\{ \frac{\left[2 (h_0 - (1 - x_e) h_{fe} - x_e h_{ge}) \right]}{(1 - x_e) v_{fe} + x_e v_{ge}} \right\}_{out} \qquad (6-19)$$

欲用式(6-18)或式(6-19)计算临界流量,必须知道下游出口端对应临界流量的压力值。一般计算步骤:对应固定的上游条件,依次降低出口(或者喉部)的压力,计算各对应值,直到流量不再增大,即为临界流量;对应下游压力值为临界压力。

6.3.2 Moody 模型

求解两相临界流的模型很多,如 Moody(莫迪)、Levy、Isbin(伊斯宾)、Massene(马森)等模型,在此主要介绍较便于使用的 Moody 模型,该模型的假定条件如下。

1)两相处于热力平衡,流道入口和出口截面处两相受到的静压相同。

2)发生临界工况的出口处于无夹带的环状流状态。

3)两相速度不同。

4)滑速比为一独立变量,只与压力有关。

5)变化过程按等熵流动考虑。

于是,可列出环状流连续方程与能量方程:

$$G = \frac{W}{A} = \frac{\alpha u_g}{x v_g} = \frac{(1 - \alpha) u_f}{(1 - x) v_f} \qquad (6-20)$$

$$h_0 = x \left(h_g + \frac{u_g^2}{2} \right) + (1 - x) \left(h_f + \frac{u_f^2}{2} \right) \qquad (6-21)$$

因为是等熵流动,所以有

$$s_0 = s = s_f = x s_{fg}, \qquad x = \frac{(s_0 - s_f)}{s_{fg}} \qquad (6-22)$$

其中,s_0 为初始滞止比熵。联立式(6-20)~式(6-22),得

$$G = \left\{ \frac{2 \left[h_0 - h_f - \dfrac{h_{fg}}{s_{fg}} (s_0 - s_g) \right]}{\left[\dfrac{s(s_0 - s_g) v_f}{s_{fg}} + \dfrac{(s_0 - s_f) v_g}{s_{fg}} \right]^2 \left(\dfrac{s_0 - s_f}{s_{fg}} + \dfrac{s_g - s_0}{S^2 s_{fg}} \right)} \right\}^{1/2} \qquad (6-23)$$

如果滞止参数 s_0、h_0 已知,且物性只与压力有关,则由式(6-23)可知 G 只是 s 与 p 的函数。当达到临界流量时,应同时满足

$$\left(\frac{dG}{ds} \right)_p = 0 \qquad (6-24)$$

$$\left(\frac{dG}{dp} \right)_s = 0 \qquad (6-25)$$

对式(6-22)求导,并使之等于零,可得

$$\left(\frac{s_0 - s_f}{s_{fg}} + \frac{s_g - s_0}{s_{fg}} \right)^{-1} S^3 - \left[\frac{S(s_g - s_0) v_f + (s_0 - s_f) v_g}{s_{fg}} \right]^{-1} = 0 \qquad (6-26)$$

$$S^3 = \frac{S(s_g - s_0) + (s_0 - s_f)\dfrac{v_g}{v_f}}{(s_0 - s_f) + \dfrac{(s_g - s_0)}{S^2}} \tag{6-27}$$

$$S^3(s_0 - s_f) = (s_0 - s_f)\frac{v_g}{v_f} \tag{6-28}$$

$$S = \left(\frac{v_g}{v_f}\right)^{1/3} \tag{6-29}$$

上式即为 Moody 模型中滑速比(S)的表达式。将 S 值代入式(6-23)后，则 G_c 只与 p 有关，其临界值应满足$(dG/ds)_s = 0$。

将式(6-20)中 u_g、u_f 代入式(6-21)，并令 $S = u_g/u_f$，且使 $dh_c = 0$，则可得到能量方程的另一微分形式：

$$-dh = 0.5d(G^2 a^2 b) \tag{6-30}$$

式中，$a = Sv_f + x(v_g - Sv_f)$；$b = S^{-2} + x(1 - S^{-2})$。

按热力学第一定律，$Tds = dh - vdp$。因为是等熵流动，$ds = 0$，所以 $dh = vdp$。则由式(6-30)得

$$vdp = -0.5d(G^2 a^2 b) \tag{6-31}$$

$$\frac{d(G^2 a^2 b)}{dp} = -2v \tag{6-32}$$

式中，$v = v_f + xv_{fg}$，则有

$$2a^2 b\left(\frac{dG}{dp}\right) = -\left[2v + 2G^2 ab\left(\frac{da}{dp}\right) + G^2 a^2\left(\frac{db}{dp}\right)\right] \tag{6-33}$$

根据临界工况下的条件$(dG/dp)_s = 0$，可得

$$G_c = \left[\frac{-2v}{a\left(a\dfrac{db}{dp} + 2b\dfrac{da}{dp}\right)}\right]^{1/2} \tag{6-34}$$

将式(6-30)的 x 值代入 a、b，并求导可得

$$\frac{da}{dp} = \left[s_{fg}\frac{d}{dp}\left(\frac{Ss_f}{s_{fg}}\right) + \frac{Sv_f}{s_{fg}}\frac{ds_g}{dp} - \left(\frac{Sv_f}{s_{fg}}\right)\frac{ds_f}{dp}\right] + x\left[s_{fg}\frac{d}{dp}\left(\frac{v_g}{s_{fg}}\right) - s_{fg}\frac{d}{dp}\left(\frac{Sv_f}{s_{fg}}\right)\right] = e \tag{6-35}$$

$$\frac{db}{dp} = \left[\frac{1}{S^2 s_{fg}}\frac{ds_g}{dp} - \frac{1}{s_{fg}}\frac{ds_f}{dp} - \frac{1}{S^4 s_{fg}}\frac{d(S^2 s_{fg})}{dp}\right] + x\left[\frac{1}{S^4 s_{fg}}\frac{d(S^2 s_{fg})}{dp} - \frac{1}{s_{fg}}\frac{ds_{fg}}{dp}\right] = d \tag{6-36}$$

最后得到

$$G_c = \left[\frac{-2v}{a(ad + 2be)}\right]^{1/2} \tag{6-37}$$

此为 Moody 模型的临界流量计算式。式中所有参量及其导数均以发生临界工况的当地参数为准。Moody 模型与许多实验值相比较，在低干度范围($x < 0.1$)，计算结果偏大；在中干度范围($0.2 < x < 0.6$)，比较准确；在高干度($x > 0.6$)，计算结果偏小。

6.4　热力不平衡临界流模型

在实际的临界流动中,无论考虑或是不考虑相变,其作用都与两相之间的相互作用过程的特征有关,且因流型的不同而不同。对于这一相互作用过程,迄今为止还没有一种满意的描述,因而这也是今后有待深入研究的内容,在工程上,往往基于一些实验结果,借助于一些简单的假设,建立临界流量的计算模型和方法来解决这一问题。目前,各种两相临界流动计算方法都在企图合理地分析 $\partial S/\partial p$、$\partial v/\partial p$、$\partial x/\partial p$ 三个量的变化特性,以及考虑它们达到平衡的松弛时间。

6.4.1　均相冻结模型

均相冻结模型是考虑膨胀过程中热力不平衡效应的均相模型,其基本假定如下。

1)两相具有相同的平均流速,即 $u_\mathrm{g} = u_\mathrm{f} = u$。

2)相之间不发生传质和传热,即没有蒸发或冷凝,$x = x_0$。

3)蒸汽按理想气体做等熵膨胀,即 $p v_\mathrm{g}^\gamma = p_0 v_\mathrm{g0}^\gamma$,$\gamma$ 为绝热膨胀指数。

4)不考虑耗散及重力做功,动能变化仅由蒸汽膨胀产生。

5)用气动力学原理定义临界流量,即 $u_\mathrm{c}^2 = (\partial p/\partial \rho)_\mathrm{s}$,则

$$\left(\frac{\partial \rho}{\partial p}\right)_\mathrm{s} = \frac{\partial}{\mathrm{d}p}\left[\frac{1}{(1-x)v_\mathrm{f} + xv_\mathrm{g}}\right]_\mathrm{s}$$

$$= -\rho^2 \frac{\partial}{\partial p}\left[(1-x)v_\mathrm{f} + xv_\mathrm{g0}\left(\frac{p_0}{p_\mathrm{r}}\right)^{1/\gamma}\right] = \frac{xv_\mathrm{g0}p_0^{1/\gamma}\rho^2}{\gamma}\left(\frac{1}{p_\mathrm{t}}\right)^{(\gamma+1)/\gamma} \quad (6-38)$$

于是,

$$u_\mathrm{c}^2 = \left[\frac{xv_\mathrm{g0}p_0^{1/\gamma}\rho^2}{\gamma}\left(\frac{1}{p_\mathrm{t}}\right)^{(\gamma+1)/\gamma}\right]^{-1} \quad (6-39)$$

令喉部压力为 p_t、流速为 u_t,按假定的热力过程,将动量方程从 p_0 积分到 p_t,有

$$-\int_{p_n}^{p_\mathrm{t}}\left[xv_\mathrm{g} + (1-x)v_\mathrm{f}\right]\mathrm{d}p = \int_0^{ut} u\,\mathrm{d}u \quad (6-40)$$

若液体不可压缩,并令 $x = x_0$,则在临界条件下有

$$1 - x_0 = v_\mathrm{f0}P_0(1-\eta_\mathrm{e}) + \frac{\gamma}{\gamma-1}xv_\mathrm{g0}p_0\left[1 - \eta_\mathrm{e}^{(\gamma-1)/\gamma}\right]$$

$$= \frac{1}{2}\left[\frac{xv_\mathrm{g0}p_0^{1/\gamma}\rho^2}{\gamma}\left(\frac{1}{p_\mathrm{t}}\right)^{(\gamma+1)/\gamma}\right]^{-1} = \frac{\gamma}{2}\left[\frac{1-x_0}{x_0 v_\mathrm{g0}}v_\mathrm{f} + \eta_\mathrm{e}^{-1/\gamma}\right]^2 = xv_\mathrm{g0}\frac{p_\mathrm{te}^{(\gamma+1)/\gamma}\rho^2}{p_0^{1/\gamma}}$$

$$(6-41)$$

将 $\rho = [xv_\mathrm{g} + (1-x)v_\mathrm{f}]^{-1}$ 代入,两边除以 $x_0 v_\mathrm{g0}p_0$,便得临界条件下的超越方程:

$$\frac{(1-x_0)v_\mathrm{f0}}{x_0 v_\mathrm{g0}}(1-\eta_\mathrm{e}) + \frac{\gamma}{\gamma-1}\left[1 - \eta_\mathrm{e}^{(\gamma-1)/\gamma}\right] = \left[\frac{(1-x_0)v_\mathrm{f0}}{x_0 v_\mathrm{g0}} + \eta_\mathrm{e}^{-1/\gamma}\right]^2 = \frac{\gamma}{2}\eta_\mathrm{e}^{(\gamma+1)/\gamma}$$

$$(6-42)$$

式中,$\eta_\mathrm{e} = p_\mathrm{te}/\rho_0$,即为临界压力比。当 $\dfrac{(1-x_0)v_\mathrm{f0}}{x_0 v_\mathrm{g0}} \ll 1$,即在低压下,或含液量很小时,可以将式(6-42)左边第一项以及右边方括号内的第一项忽略,就简化为标准单相流动的临界压力比

关系式：

$$\eta_e = \left(\frac{2}{\gamma+1}\right)^{\gamma/(\gamma-1)} \tag{6-43}$$

可从式(6-42)计算临界质量流速：

$$\frac{1}{2}v^2 G_e^2 = (1-x_0)v_{f0}p_0(1-\eta_e) + \frac{\gamma}{\gamma-1}x_0 v_{g0}p_0\left[1-\eta_e^{(\gamma-1)/\gamma}\right] \tag{6-44}$$

如果 $\dfrac{(1-x_0)v_{f0}}{x_0 v_{g0}} \ll 1$，则有

$$G_{HF} = \frac{1}{v}\left\{2x_0 v_{g0}p_0\left[\gamma/(\gamma-1)\right]\left[1-\eta_e^{(\gamma-1)/\gamma}\right]\right\}^{1/2} \tag{6-45}$$

式中，下标"HF"表示均相冻结，式中 $v = (1-x_0)v_{g0} + x_0 v_{g0}\eta_e^{-1/\gamma}$。

众多文献指出，均相平衡模型用于计算临界流量时，除均相模型本身的缺点外，尚存在两大缺陷。

1)Collins(科林斯)认为声速条件不是出现临界流动的必要条件。因为在液-气饱和线处，理想平衡混合物声速出现第一类间断点，即 $c_{x=0}^+ \neq c_{x=0}^-$（下标"x"为含气率）。此时在饱和线两侧水的混合物声速变化极大，如149 ℃下，$c_{x=0}^- = 1372$ m/s，$c_{x=0}^+ = 9.05$ m/s。因此，在一定的欠热度且焓值很大的上游滞止条件下，单相水按等熵膨胀，此时虽然不发生临界流动，仍获得了相当大的流速，但有可能在某点开始蒸发，使其进入两相流动区，其混合物流速却大于当地声速，流量不再增大，出现壅塞。

2)实际流体流动的熵变原因有三点，即截面变化、摩擦和加热，其中仅截面变化是等熵的，其余两种(摩擦和加热)不是等熵过程，因此等熵均相平衡模型低估了临界流量。类似流体通过理想的孔板和喷嘴(无摩擦、绝热)的过程才是等熵过程。当然，若流道摩擦效应小，采用等熵假定和等焓假定的计算结果差别很小，但若摩擦过大，则与等熵过程的差别就非常大了[6-7]。

6.4.2　Henry-Fauske 不平衡模型

Henry(亨利)根据其空泡份额实验，计算出两相系统滑速比随含气率减小而减小，他认为低含气率的单组分两相临界流动接近均相流动，可以忽略滑移效应，但必须考虑热力不平衡影响[8]。流动流体的蒸发率低于维持热力平衡所需的蒸发率，蒸汽处于当地压力下的饱和状态、液体处于过热。在收缩喷管内的高速流体，摩擦阻力变化远小于动量和压降梯度的变化，可以略去不计。他运用分相流动量方程，并结合 $\mathrm{d}G/\mathrm{d}p\big|_t = 0$ 的条件，求得

$$G_e^2 = -S\left\{\left[1+x(S-1)\right]x\left(\frac{\partial v_\gamma}{\partial p}\right) + \left\{v_g\left[1+2x(S-1)\right] + Svt\left[2(x-1)+S(1-2x)\right]\right\}\frac{\mathrm{d}x}{\mathrm{d}p} + \right.$$

$$\left. S\left[1+x(S-2)-x^2(S-1)\right]\frac{\mathrm{d}v_t}{\mathrm{d}p} + x(1-x)\left(Sv_t - \frac{v_\gamma}{S}\right)\frac{\mathrm{d}S}{\mathrm{d}p}\right\}^{-1} \tag{6-46}$$

式中，下标"t"表示喷管的喉部。

单组分的混合物流经收缩喷管快速膨胀时，两相不同的温度、自由能和速度导致相间传质、传热和动量传递现象的发生。这样，喉部各变量 v_g、v_f、x 和 s 是滞止状态和喷管沿途热力过程的函数，喉部处的各值也会受传递总量的影响。喉部处各变量的导数，$\mathrm{d}F/\mathrm{d}p\big|_t$，可以代

表喉部处的相间传质、传热和动量传递的速率,受当地的(即喉部处)热力过程控制。Henry-Fauske(亨利-福斯克)模型认为,应当区分沿途和喉部这两种热力过程。基本假定如下。

1)喷管的加速和压降效应主要发生在喉部附近。一般喷嘴都很短,流速又快,故膨胀过程时间极短,传质量少,可以忽略不计,即令 $x_t \approx x_0$。

2)基于同一原因,除喉部区附近外,可忽略相间传热,即假定 $(T_f)_f \approx (T_f)_0$。

3)空泡份额实验指出,喉部压力工况(0.345 MPa)下,等截面长流道的两相速度比为 1.0~1.5 两相密度差异,引起速度差异,其差异随系统压力增大而缩小。对大多数情况,流道的临界折合压力比 $\eta > 0.05$,故可以假定 $u_t = u_f = u$,即令滑速比 $S = 1$。

4)$dS/dp \big|_t$,表示动量传递率,由于滑速比假定为 1,喷管的膨胀类似双组分流动。按 Vogrin(沃格林)的空气-水实验结果,在临界流量条件下,喉部处滑速比呈现极小值,所对应的压降梯度为有限差,故可以假定 $dS/dp \big|_t = 0$。

5)假定沿途膨胀过程中系统熵不变,结合假定 1)和 2),意味着每一相从入口到喉部为等熵膨胀,故 $(s_g)_0 = (s_g)_t$、$(s_f)_0 = (s_f)_t$、$p v_g^\gamma = p_0 v_{g0}^\gamma$,其中 γ 为绝热膨胀指数,$(v_f)_0 = (v_f)_t$。

6)从入口到喉部的膨胀过程中,忽略相间的传质传热会导致喉部处两相温差变大,当地传热率变大,该处的蒸汽不再遵循绝热膨胀过程,无法判定其真实过程。假定气体按多变过程变化,即

$$\frac{dv_g}{dp}\bigg|_t = -\frac{v_g}{np}\bigg|_t \tag{6-47}$$

于是可得

$$n = \frac{(1-x)\dfrac{c_f}{c_{pg}} + 1}{(1-x)\dfrac{c_f}{c_{pg}} + \dfrac{1}{\gamma}} \tag{6-48}$$

式中,n 为热力平衡多变指数[9]。

对于 $dx/dp \big|_t$ 的计算,考虑到喉部处的传热率相当大,在系统绝热膨胀过程假定下,由假定 5)有

$$\frac{dx}{dp}\bigg|_t = -\left[\frac{\left(\dfrac{\partial s}{\partial p}\right)_x}{\left(\dfrac{\partial s}{\partial x}\right)_p}\right]_t = -\left[\frac{(1-x_0)\dfrac{ds_f}{dp} + x_0\dfrac{ds_0}{dp}}{s_{g0} - s_{f0}}\right]_t \tag{6-49}$$

将 $dx/dp \big|_t$ 与易于计算的平衡含气率 $dx_e/dp \big|_t$ 相联系,令

$$\frac{dx}{dp}\bigg|_t = N \frac{dx_e}{dp}\bigg|_t \tag{6-50}$$

式中,$N = N(x_e)$,是由实验确定的常数。在低含气率区,x_0 小,$1 - x_0 \approx 1$。由于蒸汽处于饱和温度,液相处于过热状态,故传质率主要受液相控制。

$dx/dp \big|_t$ 表示不平衡特性,主要由液体在喉部处闪蒸引起,$ds_g/dp \big|_t$ 变化不大,故 $x_0 ds_g/dp \big|_t$ 项小,有

$$\frac{1}{s_{g0} - s_{f0}}\frac{ds_f}{dp}\bigg|_t = N\left[\frac{1}{s_{ge} - s_{fe}}\frac{ds_{fe}}{dp}\right]_t \tag{6-51}$$

假定蒸汽遵从理想气体状态方程,由热力学第一定律,有

$$T_g ds_g = dh_g - v_g dp, \qquad dh_g = c_{pg} dT_g \qquad (6-52)$$

结合假定 5)和 6)可求得

$$\frac{ds_g}{dp}\bigg|_t = \frac{c_{pg}}{p_t}\left(\frac{1}{n_e} - \frac{1}{\gamma}\right) \qquad (6-53)$$

代入则有

$$\frac{dx}{dp}\bigg|_t = \left[\frac{N(1-x_0)}{s_{ge}-s_{fe}}\frac{ds_{fe}}{dp} - \frac{x_0 c_{pg}\left(\dfrac{1}{n}-\dfrac{1}{\gamma}\right)}{p(s_{g0}-s_{f0})}\right] \qquad (6-54)$$

临界流量的计算确定了 x_t、$dx/dp|_t$、s_t、$dS/dp|_t$、$dv_g/dp|_t$、$dv_f/dp|_t$ 的表达式后,代入式(6-46)便可得

$$G_e^2 = \left\{\frac{x_0 v_g}{np} + (v_g - v_{f0})\left[\frac{(1-x_0)N}{s_{ge}-s_{fe}}\frac{ds_f}{dp} - \frac{x_0 c_{pg}\left(\dfrac{1}{n}-\dfrac{1}{\gamma}\right)}{p(s_{g0}-s_{f0})}\right]\right\}^{-1}_t \qquad (6-55)$$

若 $N=1$,则上式近似于均相平衡模型;若 $N=0$,则近似于均相冻结模型。实际上 N 是描述喉部发生的相变量,或者说与平衡过程偏离程度的度量。按实验结果,当 $x>0.1$ 时,临界流量与均相平衡模型结果很接近(相当于 $N=1$)。对应 $x=0.10$,喉部的平衡含气率随压力不同而不同,约为 $0.125\sim0.155$,取其平均值 0.14。于是当 $(x_e)_t<0.14$ 时,N 由下式决定:

$$N = \frac{(X_e)_t}{0.14} \qquad (6-56)$$

若喉部平衡含气率 $(x_e)_t<0.14$,则 $N=1$。也即平衡含气率大于 0.14 后,不考虑热力不平衡效应。

对于临界压力比计算,由于式(6-55)来源于动量方程,将方程自滞止点到喉部(即对整个喷嘴或短管)进行积分后为

$$(1-x_0)v_{f0}(p_0-p_t) + \frac{x_0\gamma}{\gamma-1}(p_0 v_{g0} - p_t v_{gt}) = \frac{[(1-x_0)v_{f0}+x_0 v_{gt}]}{2}G_e^2 \qquad (6-57)$$

令 $\eta = p_t/p_0$,可得

$$\eta = \left[\frac{\dfrac{1-\alpha_0}{\alpha_0}(1-\eta) + \dfrac{\gamma}{1-\gamma}}{\dfrac{1}{2\beta\alpha_t^2} + \dfrac{\gamma}{1-\gamma}}\right]^{\gamma/(\gamma-1)} \qquad (6-58)$$

式中,

$$\beta = \left[\frac{1}{n} + \left(1 - \frac{v_{f0}}{v_{gt}}\right)\right] \qquad (6-59)$$

$$\alpha_0 = \frac{x_0 v_{g0}}{(1-x_0)v_{f0} + x_0 v_{g0}} \qquad (6-60)$$

$$\alpha_t = \frac{x_0 v_{gt}}{(1-x_0)v_{f0} + x_0 v_{gt}} \qquad (6-61)$$

$$v_{gt} = v_{g0}(\eta^{-1/\gamma}) \qquad (6-62)$$

基于 p_0 和 x_0 求解临界压力比(η)的超越方程式(6-58),即可得到相应的临界流量。

6.4.3　其他热力不平衡模型

两相临界流动分相模型计算方法通常认为在临界流动工况下,液体过热和两相间滑移导致均相模型误差。分相守恒方程组引入辅助方程可使方程组封闭可解。这些辅助方程常常是有关临界流本质的假定,或引入第二个临界条件。但是这些假定常缺乏有力的实验依据,有些假定与实验结果差别很大,不同模型预示结果也不一致。

6.4.3.1　Fauske 滑动平衡模型

对于长流道内的两相临界流动,两相之间达到热力平衡状态,但两相的速度差异很大,并应考虑管壁的摩擦效应。Fauske(福斯克)从动量方程出发,考虑管壁的摩擦效应,在等熵过程假定下,得到了临界流量的计算式。其基本假定如下。

1)两相各自以不同的平均速度 u_g、u_f 沿流道运动,相间存在滑移。

2)沿整个流道两相处于热力平衡状态。

3)当下游静压降低到某一值后,若静压进一步降低,流量不再增加,出口处出现临界流动,即 $\mathrm{d}G/\mathrm{d}p=0$。

4)在临界流动条件下,对给定的流量和含气率,出口处压力梯度达有限最大值,即 $\mathrm{d}p/\mathrm{d}z$ =有限最大值。他依据其实验结果,提出最后一个补充临界条件假定[10]。

管壁摩擦损失 $F_\mathrm{w}=\dfrac{f}{D}\dfrac{G^2}{2}v_\mathrm{TP}$,则分相模型的水平流道混合物动量方程为

$$\frac{\mathrm{d}p}{\mathrm{d}z}+G^2\left(\frac{\mathrm{d}v_\mathrm{TP}}{\mathrm{d}z}+\frac{fv_\mathrm{TP}}{2D}\right)=0 \tag{6-63}$$

沿流道积分,则有

$$G^2=\frac{\displaystyle\int_{p_\mathrm{in}}^{p}\frac{\mathrm{d}p}{v_\mathrm{TP}}}{\ln\left[\dfrac{v_\mathrm{TP}}{(v_\mathrm{TP})_\mathrm{in}}\right]+\bar{f}\dfrac{L}{2D}} \tag{6-64}$$

式中,下标"in"表示流道入口处的参数;L 为流道长度;$\bar{f}=\dfrac{1}{L}\displaystyle\int_0^L f\mathrm{d}z$,为两相平均摩擦系数。

将式(6-64)对压力 p 求导,并结合假定3)$\mathrm{d}G/\mathrm{d}p=0$,则有

$$2G\frac{\mathrm{d}G}{\mathrm{d}p}=\frac{\dfrac{1}{v_\mathrm{TP}}\left\{\ln\left[\dfrac{v_\mathrm{TP}}{(v_\mathrm{TP})_\mathrm{in}}\right]+\bar{f}\dfrac{L}{2D}\right\}-\left\{\dfrac{\mathrm{d}}{\mathrm{d}p}\ln\left[\dfrac{v_\mathrm{TP}}{(v_\mathrm{TP})_\mathrm{in}}\right]+\dfrac{L}{2D}\dfrac{\mathrm{d}\bar{f}}{\mathrm{d}p}\right\}\displaystyle\int_{p_\mathrm{in}}^{p}\dfrac{\mathrm{d}p}{v_\mathrm{TP}}}{\left[\ln\dfrac{v_\mathrm{TP}}{(v_\mathrm{TP})_\mathrm{in}}+\bar{f}\dfrac{L}{2D}\right]}=0 \tag{6-65}$$

于是

$$\frac{\displaystyle\int_{p_\mathrm{in}}^{p}\dfrac{\mathrm{d}p}{v_\mathrm{TP}}}{\ln\left[\dfrac{v_\mathrm{TP}}{(v_\mathrm{TP})_\mathrm{in}}\right]+\bar{f}\dfrac{L}{2D}}=\frac{1}{v_\mathrm{TP}\left\{\dfrac{\mathrm{d}}{\mathrm{d}p}\ln\left[\dfrac{v_\mathrm{TP}}{(v_\mathrm{TP})_\mathrm{in}}\right]+\dfrac{L}{2D}\dfrac{\mathrm{d}\bar{f}}{\mathrm{d}p}\right\}}=-G_\mathrm{e}^2 \tag{6-66}$$

由于

$$v_\mathrm{TP}=\frac{x^2 v_\mathrm{g}}{\alpha}+\frac{(1-x)^2 v_\mathrm{f}}{1-\alpha},\qquad \alpha=\left[1+S\frac{v_\mathrm{f}}{v_\mathrm{g}}\left(\frac{1-x}{x}\right)\right]^{-1}$$

故在一定压力下，v_{TP} 仅是含气率(x)和滑速比的函数。于是按式(6-63)，对于给定的 G 和 x 值，dp/dz 仅与滑速比(S)相关。运用假定 4)，应有

$$\frac{\partial}{\partial S}\left(\frac{\partial p}{\partial z}\right)=0$$

结合式(6-63)有

$$\frac{\partial}{\partial S}\left(\frac{\partial p}{\partial z}\right)=-G^{2}\left[\frac{d}{dz}\left(\frac{\partial v_{TP}}{\partial S}\right)+\frac{f}{2D}\left(\frac{\partial v_{TP}}{\partial S}\right)+\frac{v_{TP}}{2D}\left(\frac{\partial f}{\partial S}\right)\right]=0 \tag{6-67}$$

对于给定的 G、x 值，这一等式应始终成立。故必须满足下述条件：

$$\frac{\partial v_{TP}}{\partial S}=0 \tag{6-68}$$

$$\frac{\partial f}{\partial S}=0 \tag{6-69}$$

由上式，求得临界条件下：

$$S=\left(\frac{v_{g}}{v_{f}}\right)^{1/2}=\left(\frac{\rho_{f}}{\rho_{g}}\right)^{1/2} \tag{6-70}$$

式(6-70)表明，在临界流动状态下，滑速比 S 仅是压力的函数。

由于

$$\frac{d\bar{f}}{dp}=\frac{\partial\bar{f}}{\partial S}\frac{\partial S}{\partial p}=0$$

于是临界质量流速为

$$G_{e}=\left\{-\frac{1}{v_{TP}\dfrac{d}{dp}\ln\left[\dfrac{v_{TP}}{(v_{TP})_{in}}\right]}\right\}^{1/2}=\left(-\frac{dv_{TP}}{dp}\right)^{-1/2} \tag{6-71}$$

式(6-71)在形式上与单相流的临界流速表达式相似，区别是用动量体积(v_{TP})代替了单相体积。即在 $f=f(S)$ 假定下，其与忽略摩擦损失的两相混合物流量表达式相同。将动量体积代入后，得到与式(6-46)相似的计算式

$$G_{e}=\left\{\frac{-S}{\left[(1-x+Sx)x\right]\dfrac{dv_{g}}{dp}+\left[v_{g}(1+2Sx-2x)+v_{f}(2Sx-2S-2xS^{2}+S^{2})\right]\dfrac{dx}{dp}+\left[S(1+x(S-2)\right]-x^{2}(S-1)\dfrac{dv_{f}}{dp}}\right\}^{-1/2}$$

$$\approx\left\{\frac{-S}{\left[(1-x+Sx)x\right]\dfrac{dv_{g}}{dp}+v_{g}(1+2Sx-2x)+v_{f}(2Sx-2S-2xS^{2}+S^{2})\right]\dfrac{dx}{dp}}\right\} \tag{6-72}$$

该近似式忽略了液体可压缩性。式中，所有参数为临界截面处、临界压力下的特性参数。为了计算 dx/dp，Fauske 认为，流道内具有相对运动的两相流动是一种非可逆现象，不可能是等熵过程，而假定为等熵等焓过程。即动量变化影响远小于熵值而忽略不计，即令 $h_{0}=h_{f}+xh_{fg}=$ 常数，因此可得到

$$\frac{dx}{dp}=\frac{1}{h_{g}-h_{f}}\left(\frac{dh_{f}}{dp}+x\frac{dh_{fg}}{dp}\right) \tag{6-73}$$

于是，可以从蒸汽表查出 dv_{g}/dp、dv_{f}/dp、dh_{f}/dp、dh_{fg}/dp。

为了计算方便，Fauske 根据实验整理了临界压力 p_{c} 和 L/D(流道长度/直径)的关系。认为对于 $L/D>12$ 的长流道，临界压力和滞止压力之比(p_{c}/p_{0})趋于一不变值，约为 0.55。

对较短的流道,临界压力比似乎与初始压力无关。Fauske 还计算了汽水混合物的临界流量关系。得出结论临界流量随压力增大或含气率减小而增加,一般认为 Fauske 模型适用于 $L/D > 12$ 的流道[11]。

6.4.3.2　Moody 模型

对于理想喷管计算,Moody 的理想喷管滑动平衡模型直接假定滑速比为一独立变量,从能量方程出发,建立临界流方程,并基于入口条件,获得一套曲线图,方便实用,并得到了广泛采用[12-13]。基本假定如下。

1)流道入口和出口截面处两相受到的静压相同,两相处于热力平衡状态。

2)出口为无夹带的环状流。

3)每一相出口速度均匀,但彼此不相同。

4)出口两相滑速比 S 为一独立变量。于是,两相环状流的连续方程和能量方程分别为

$$G = \frac{W}{A} = \frac{a u_g}{x v_g} = \frac{(1-a) u_f}{(1-x) v_f} \tag{6-74}$$

$$h_0 = x \left(h_g + \frac{u_g^2}{2} \right) + (1-x) \left(h_f + \frac{u_f^2}{2} \right) \tag{6-75}$$

在等熵流动假定下,有

$$x = \frac{s_0 - s_f(p)}{s_{fg}} \tag{6-76}$$

联合式(6-74)～式(6-76),得到

$$G = \left\{ \frac{2 \left[h_0 - h_f - \dfrac{h_{fg}}{s_{fg}} (s_0 - s_g) \right]}{\left[\dfrac{S(s_g - s_0) v_f}{s_{fg}} + \dfrac{(s_0 - s_f)}{s_{fg}} \right]^2 \left(\dfrac{s - s_f}{s_{fg}} + \dfrac{s_g - s_0}{s_{fg} S^2} \right)} \right\}^{1/2} \tag{6-77}$$

若混合物为饱和状态,在饱和线上,各热力参数仅是压力(p)的函数,由式(6-77)可知,当 s_0 和 h_0 已知时,G 仅是 S 和 p 的函数。

6.4.3.3　Richter 临界流模型

Richter(里克特)[14]提出了一个气液流速不相等热力学不平衡两流体模型,包含两个质量守恒方程、两个动量守恒方程和一个混合相能量守恒方程。假定为一维稳态流动,质量传递仅限于相之间的热传递,则守恒方程为

$$\frac{1}{W_f} \frac{dW_f}{dz} = \frac{1}{\rho_f} \frac{d\rho_f}{dz} + \frac{1}{\bar{u}_f} \frac{d\bar{u}_f}{dz} - \frac{1}{1-\bar{\alpha}} \frac{d\bar{\alpha}}{dz} + \frac{1}{A} \frac{dA}{dz} \tag{6-78}$$

$$\frac{1}{W_g} \frac{dW_g}{dz} = \frac{1}{\rho_g} \frac{d\rho_g}{dz} + \frac{1}{\bar{u}_g} \frac{d\bar{u}_g}{dz} - \frac{1}{1-\bar{\alpha}} \frac{d\bar{\alpha}}{dz} + \frac{1}{A} \frac{dA}{dz} \tag{6-79}$$

$$\rho_f \bar{u}_f (1-\bar{\alpha}) A \frac{d\bar{u}_f}{dz} = -\frac{dp}{dz} (1-\bar{\alpha}) A + \tau_{gf} A - \tau_{wf} A - \frac{1}{2} (\bar{u}_g - \bar{u}_f) W \frac{d\bar{x}}{dz} - \rho_f g (1-\bar{\alpha}) A \cos\theta \tag{6-80}$$

$$\rho_g \bar{u}_g \bar{\alpha} A \frac{d\bar{u}_g}{dz} = -\frac{dp}{dz} \bar{\alpha} A - \tau_{gf} A - \tau_{wg} A - \frac{1}{2} (\bar{u}_g - \bar{u}_f) W \frac{d\bar{x}}{dz} - \rho_g \bar{g} \bar{\alpha} A \cos\theta \tag{6-81}$$

或

$$W \frac{\mathrm{d}\bar{x}}{\mathrm{d}z} = \left[(H_\mathrm{g} - H_\mathrm{f}) + \frac{1}{2}(\bar{u}_\mathrm{g}^2 - \bar{u}_\mathrm{f}^2) \right] + W_\mathrm{g} \left(\frac{\mathrm{d}H_\mathrm{g}}{\mathrm{d}z} + \bar{u}_\mathrm{g} \frac{\mathrm{d}\bar{u}_\mathrm{g}}{\mathrm{d}z} \right) + W_\mathrm{f} \left(\frac{\mathrm{d}H_\mathrm{f}}{\mathrm{d}z} + \bar{u}_\mathrm{f} \frac{\mathrm{d}\bar{u}_\mathrm{f}}{\mathrm{d}z} \right) + W_\mathrm{g} \cos\theta = 0$$

$$(6-82)$$

式中，W 为质量流量；$\bar{\rho}$ 为密度；$\bar{u}$ 为速度；$\bar{\alpha}$ 为空泡份额；A 为横截面总面积；z 为流动方向坐标轴；下标"g"和"f"分别代表气相和液相；P 为压力；τ 为单位体积剪切力；H 为焓值；θ 为流道与竖直方向的夹角；下标"gf"代表气液交界面；下标"wf"为液体与壁面交界面；下标"wg"为气体与壁面交界面。

此外，需考虑相界面气液间的热量传递。对于泡状流，他提出

$$\frac{6h}{d}(T_\mathrm{f} - T_\mathrm{g})\bar{\alpha}A = W \frac{\mathrm{d}\bar{x}}{\mathrm{d}z} H_\mathrm{gf} + W_\mathrm{g} \frac{\mathrm{d}H_\mathrm{g}}{\mathrm{d}z}$$

$$(6-83)$$

式中，h 为换热系数；d 为气泡直径。上式右边第一项表示质量含气率 $\mathrm{d}\bar{x}$ 的液相在 $\mathrm{d}z$ 流道长度范围内蒸发为气相所需的热量，右边第二项为由于压力和温度变化带来的气泡焓值变化。他假设气泡处于饱和温度，则有

$$\frac{\mathrm{d}H_\mathrm{g}}{\mathrm{d}z} = \left(\frac{\partial H_\mathrm{g}}{\partial p} \right)_\mathrm{sat} \frac{\mathrm{d}p}{\mathrm{d}z}$$

$$(6-84)$$

换热系数（h）的计算可采用流体流过单个球形固体换热关系式，或如下关系式：

$$\frac{hd}{k_\mathrm{f}} = 2 + 0.6 \left[\frac{(\bar{u}_\mathrm{g} - \bar{u}_\mathrm{f})\rho_\mathrm{f}d}{\mu_\mathrm{f}} \right] \cdot Pr_\mathrm{f}^{1/3}$$

$$(6-85)$$

式中，μ_f 为液体动力黏度；k_f 为导热系数；Pr_f 为液相普朗特数。

气体的壁面剪切力设为 0，即 $\tau_\mathrm{wg} = 0$。液相壁面剪切力采用 Martinelli-Nelson 公式。对于气相，界面剪切力采用下式计算：

$$\tau_\mathrm{gf} = \frac{3}{4} \frac{C_\mathrm{D}}{d} \bar{\alpha}(1-\bar{\alpha})^3 \rho_\mathrm{f}(\bar{u}_\mathrm{g} - \bar{u}_\mathrm{f})|\bar{u}_\mathrm{g} - \bar{u}_\mathrm{f}| + 0.5\rho_\mathrm{f}\bar{u}_\mathrm{g}\bar{\alpha} \frac{\mathrm{d}(\bar{u}_\mathrm{g} - \bar{u}_\mathrm{f})}{\mathrm{d}z}$$

$$(6-86)$$

$$C_\mathrm{D} = C_\mathrm{D,SB}(1-\bar{\alpha})^{-4.7}$$

$$(6-87)$$

式中，C_D 为大量气泡运动的拖曳力系数；$C_\mathrm{D,SB}$ 为直径为 d 的单个球形气泡运动拖曳力系数。式（6-86）右边第二项代表惯性力作用，是由气泡在液相中运动产生动能导致的。

他假设泡状流向搅混湍流转变的临界空泡份额值为 0.2～0.3，向环状流转变的临界空泡份额值为 0.8。相界面摩擦系数采用 Wallis 公式，相界面传热系数采用 Colburn（科尔伯恩）公式：

$$\frac{h}{\rho_\mathrm{f}c_{p\mathrm{f}}(\bar{u}_\mathrm{g} - \bar{u}_\mathrm{f})} Pr_\mathrm{f}^{2/3} = \frac{f_\mathrm{i}}{2} = \frac{1}{2} \times 0.005[1 + 75(1-\bar{\alpha})]$$

$$(6-88)$$

在搅混湍流与环状流之间，他采用线性插值法计算界面面积、摩擦系数和传热。

对于气泡成核，他假设成核所需的液相过热度（ΔT_sup）计算式为

$$\Delta T_\mathrm{sup} = \frac{\left(\dfrac{1}{\rho_\mathrm{g}} - \dfrac{1}{\rho_\mathrm{f}} \right)4\sigma}{(s_\mathrm{g} - s_\mathrm{f})d_\mathrm{i}}$$

$$(6-89)$$

式中，σ 为表面张力；s 为熵；d_i 为气泡初始直径，$d_\mathrm{i} = 2.5 \times 10^{-5}$ m。式（6-89）对应的气泡界面压差 $\Delta p = 4\sigma/d_\mathrm{i}$。

他最后一个假设是最初的核化点数量为 N_i，并且在流动过程中没有再被激活的核化点。但是实验发现这个参数并不是一个固定值。在 Reocreux（雷克雷乌）[15]的试验中，N_i 值为 10^9

m^{-3}。对于喷嘴，Sozzi（索齐）等[16]获得的 N_i 值为 10^{11} m^{-3}。Elias（埃利亚斯）等[17]发现 Richter 模型对进口介质为两相的工况预测效果好于过冷水工况，这主要是因为 Richter 模型没有考虑亚稳态条件。

Wallis[18]指出，两流体模型需要大量的两相流型假设，相界面、动量与能量交换本构模型。然而稳态条件下的相界面摩擦与换热系数关系式是否适用于高速流动有待验证，临界流动条件下相界面几何结构的变形是否会超过两流体模型中的理想球形气泡与环状流相界面几何应用范围尚不清楚。当以上假设和本构模型均已确定，Richter 两流体模型还需要一个计算核化数量的经验公式。因此，在实际应用中，Richter 两流体模型并不一定比简化的两相临界流模型预测更精确。

6.5　两相临界流模型应用

6.5.1　管道裂纹临界流

泄漏量的计算对破前漏（leak before-break，LBB）技术在核反应堆系统管道完整性安全分析方面至关重要。LBB 方法的使用需要裂纹破口面积模型，以此计算破口临界流动特性。图 6-2 为会聚型裂纹几何形状示意图，沿裂纹深度方向定义三个截面：裂纹入口截面面积 A_0、裂纹出口截面面积 A_c 和距离进口截面深度为 L 的截面面积 A_i。$L=12D$，由 Henry-Fauske 模型确定。D 为裂纹当量直径，计算式如下：

$$D = \frac{4c\delta}{2c+\delta} \qquad\qquad (6-90)$$

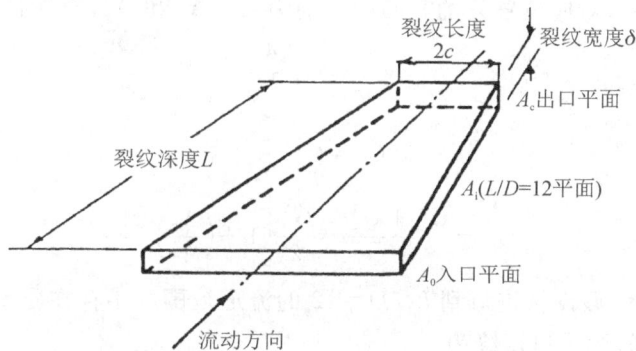

图 6-2　会聚型裂纹几何形状

对于其他裂纹形状，如椭圆形裂纹或菱形裂纹，当裂纹开口距离（crack-opening displacement，COD）δ 相同时，椭圆和菱形裂纹的开口面积（area of crack opening，ACO）与矩形裂纹的比值分别为 0.785 和 0.5。

要计算裂纹泄漏量，首先就需要确定开口面积。Paul（保罗）等[19]总结了一些可用于计算 ACO 的线弹性/非塑性变形裂缝模型。对于线弹性裂纹的 ACO 计算，数值模拟几乎是唯一的手段，如可采用有限元法（FEM）。Kumar（库马尔）等[20]建立了弹塑性断裂力学模型（elastic-plastic fracture mechanics model，EPFM），可用于计算裂纹开口距离（COD）的塑性变形量和弹性变形量。然而,裂纹长度 $2c$ 的计算及其形状的确定问题仍未解决。

另外,还有一些不确定的因素,如裂纹流道的粗糙度及弯曲程度,如图 6-3 所示。对于特别细小的裂纹流道,一定大小的杂质微粒可能会阻塞微裂纹流道,造成流动壅塞。因此,在一些实际裂纹管道临界流应用计算中,不确定因素包括裂纹尺寸、裂纹形状、流道粗糙度、弯曲程度,以及杂质微粒的存在影响等,使得临界流模型计算不确定度非常大。

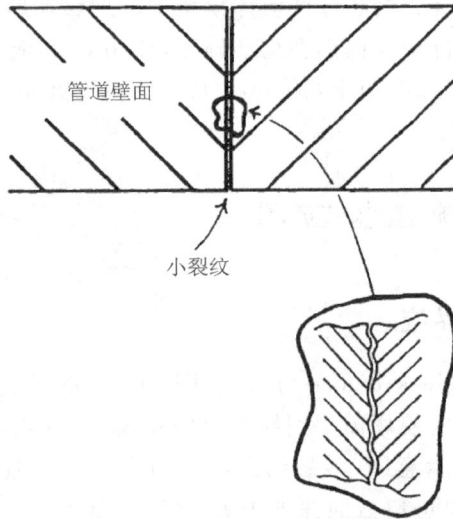

图 6-3　裂纹弯曲流道示意图

设定裂纹流道进口质量流速为 G_0,流道首次出现蒸汽位置处的质量流速为 G_i,流道出口截面的质量流速为 G_c,对应位置处的截面积分别为 A_0、A_i 和 A_c,于是有

$$G_0 = G_c \frac{A_c}{A_0} \tag{6-91}$$

$$G_i = G_c \frac{A_c}{A_i} \tag{6-92}$$

$$\bar{G}^2 = \frac{G_i^2 + G_c^2}{2} = \frac{G_c^2}{2}\left[1 + \left(\frac{A_c}{A_i}\right)^2\right] \tag{6-93}$$

Abdollahian 等[21] 假设从进口到 $L_i/D = 12$ 的流道范围内不存在质量和热量传递,且忽略这段区域的摩擦压降,则进口压降为

$$\Delta p_e = \frac{G_0^2}{2C_D^2 \rho_{f0}} = \frac{G_c^2}{2C_D^2 \rho_{f0}}\left(\frac{A_c}{A_0}\right)^2 \tag{6-94}$$

由于蒸发导致的加速压降为

$$\Delta p_{ae} = \bar{G}^2 x_c\left(\frac{1}{\rho_{gc}} - \frac{1}{\rho_{f0}}\right) = \frac{G_c^2}{2}\left[1 + \left(\frac{A_c}{A_i}\right)^2\right] x_c\left(\frac{1}{\rho_{gc}} - \frac{1}{\rho_{f0}}\right) \tag{6-95}$$

由于流通截面积变化造成的加速压降为

$$\Delta p_{aa} = \frac{G_c^2}{2}\left[\frac{1}{\rho_{f0}}\left(1 - \frac{A_c^2}{A_i^2}\right) + \bar{x}\left(\frac{1}{\rho_g} - \frac{1}{\rho_{f0}}\right)\left(1 - \frac{A_c^2}{A_i^2}\right)\right] \tag{6-96}$$

摩擦压降为

$$\Delta p_f = f\left(\frac{L}{D} - 12\right)\frac{G_c^2}{4}\left(1 + \frac{A_c^2}{A_i^2}\right)\left[(1 - \bar{x})\frac{1}{\rho_{f0}} + \bar{x}\frac{1}{\rho_g}\right] \tag{6-97}$$

式(6-96)和式(6-97)中,$\bar{x}$ 和 $\bar{\rho}_g$ 为从 $L_i/D = 12$ 截面到出口截面间的平均含气率与平均气相密度。C_D 为进口阻力系数,f 为 $L_i/D = 12$ 截面处的阻力系数。

对于开口度较小(0.15 mm 以下)的微裂纹,Paul 等采用式(6-94)计算进口压降,且 $C_D = 0.91$。对于开口度较大的裂纹,$0.62 \leqslant C_D \leqslant 0.95$,$C_D$ 取值与进口边缘形状有关。Abdollahian 等假定对于所有的微裂纹,C_D 为一定值,$C_D = 0.61$。此外,Paul 等提出,从 $L_i/D = 12$ 截面到出口截面之间液相密度变化也会导致加速压降变化,其中最需要关注的是由于裂纹弯曲和凸起带来的压降损失 Δp_k:

$$\Delta p_k = k_B\frac{\bar{G}_r^2}{2}\left[\bar{x}\frac{1}{\rho_g} + (1 - \bar{x})\frac{1}{\rho_f}\right] \tag{6-98}$$

式中,k_B 为裂纹弯曲阻力系数;$\bar{\rho}_f$ 为液相平均密度;$\bar{G}_r$ 为整个裂纹流道内的平均质量流速,$\bar{G}_r \approx (G_c/2)(1 + A_c^2/A_0^2)$。$f$ 采用下式[21]计算:

$$f = \left(C_1 \lg\frac{D}{E} + C_2\right)^{-2} \tag{6-99}$$

$$C_1 = \begin{cases} 2.00 \\ 3.39 \end{cases}, \qquad C_2 = \begin{cases} 1.14 & D/E > 100 \\ -0.866 & D/E < 100 \end{cases} \tag{6-100}$$

式中,E 为裂纹表面粗糙度。当 $D/E < 100$ 时,利用式(6-98)~式(6-100)计算得到的裂纹流道总压降显著增大,临界流速减小。

6.5.2 水平管道小破口临界流

两相临界流模型的第二个应用是核反应堆系统水平管发生小破口事故下的泄漏量特性研究。如图 6-4 所示,当气液两相为分层流流型,冷却剂喷放机理主要取决于破口位置。如果破口处位于管道顶部,如图 6-4(a)所示,气体(汽体)和液体均为主流流体,并从破口处流出。由于气体的加速效应,一些液体也随之夹带流出(伯努利效应)。如果破口处位于管道中部侧向位置,如图 6-4(b)所示,一旦分层流流型的液相高度低于破口处,气液流出机理与破口位于管道顶部的机理相同。如果破口处位于管道底部位置,如图 6-4(c)和图 6-4(d)所示,由于涡流形成效应,气相会流出破口;在无涡流的水平管两相中,气相也会流出破口。Reimann(赖曼)等[22]研究了破口位于管道底部时的气体喷放起始点、破口入口处的两相总质量流速及含气率等规律特性。他们主要发现了两种主流结构:①对于无涡流情况,一部分液体流出破口,剩余液体在管内流动;②由于涡流效应,不会出现垂直于破口轴线方向的液体流动。对于第二种情况,流体流入破口对称分布,或倾向朝管道上游流动,且随着分层流液位降低,涡流效应增强。图 6-5 给出了 Reimann 等获得的不同流道结构对应的气体流出起始点变化规律。

Lubin(卢宾)等[23]获得了图 6-5(a)中无涡流情况下气体流出起始点经验公式:

$$Fr\left(\frac{\rho_f}{\rho_f - \rho_g}\right)^{0.5} = 3.25\left(\frac{h_b}{d}\right)^{2.5} \tag{6-101}$$

图 6-5(a)中有涡流情况下气体流出起始点经验公式:

$$Fr\left(\frac{\rho_f}{\rho_f - \rho_g}\right)^{0.5} = 0.2\left(\frac{h_b}{d}\right)^{2.5} \tag{6-102}$$

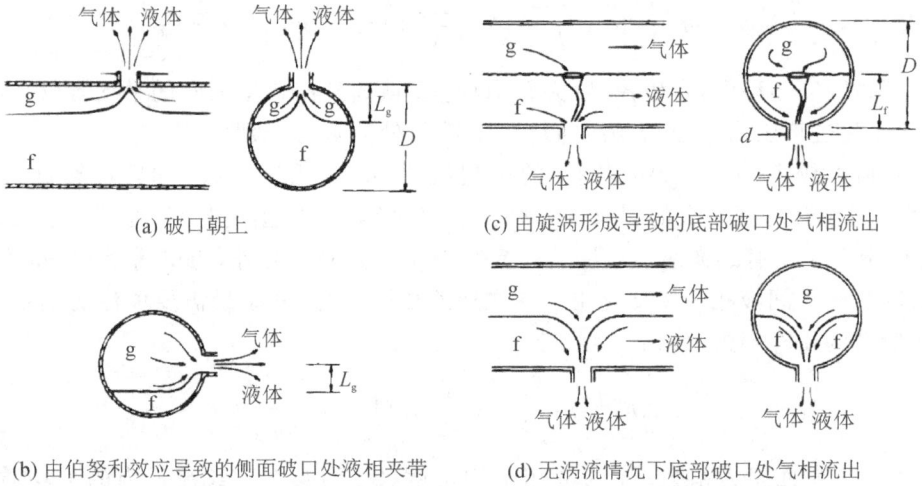

(a) 破口朝上

(c) 由旋涡形成导致的底部破口处气相流出

(b) 由伯努利效应导致的侧面破口处液相夹带

(d) 无涡流情况下底部破口处气相流出

图 6-4　水平管破口处液相夹带与气相流出机理[22]

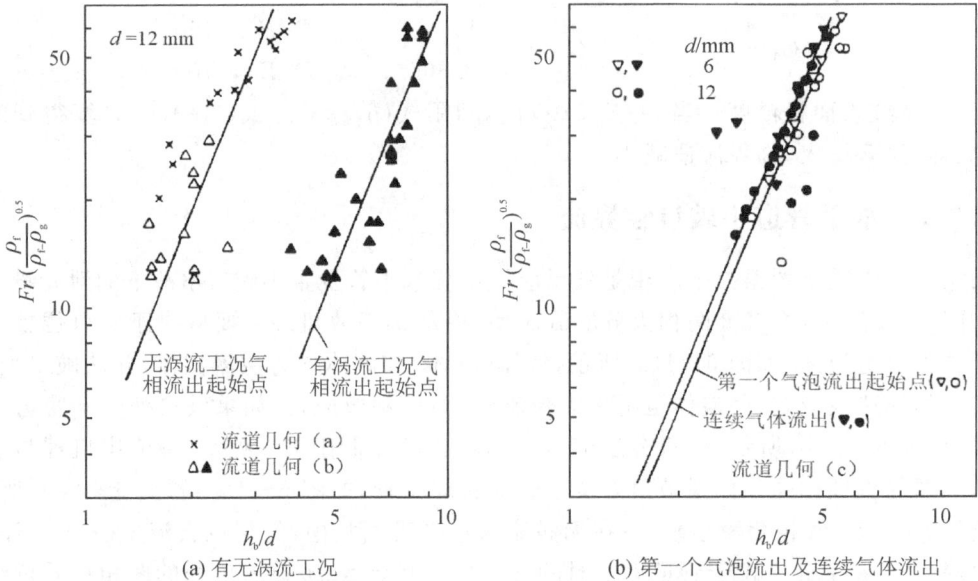

(a) 有无涡流工况

(b) 第一个气泡流出及连续气体流出

图 6-5　不同几何结构气体流出起始点数据[22]

图 6-5(b)中无涡流情况下第一个气泡流出起始点经验公式：

$$Fr\left(\frac{\rho_f}{\rho_f - \rho_g}\right)^{0.5} = 0.94\left(\frac{h_b}{d}\right)^{2.5} \tag{6-103}$$

当气体连续流出时,式(6-103)的系数 0.94 增大为 1.1。式(6-101)~式(6-103)中,d 为破口直径；h_b 为气体流出时的水位高度；Fr 为弗劳德数。

$$Fr = \frac{\bar{u}_{fB}}{\sqrt{gd}} \tag{6-104}$$

式中,$\bar{u}_{\mathrm{fB}}$ 为破口处平均液相速度。

　　对于两相流情况,当气体开始流出后,破口处液相质量流速(G_{fB})将为一固定值,这意味着液体出现了壅塞现象。图 6-6 给出了破口入口处 $\bar{x}_{\mathrm{B}}$ 和总质量流速(G_{B})随无量纲液面高度(h/D)的变化规律。D 为管内经,试验压力为 0.5 MPa,压降 $\Delta p_{1-3}=0.315$ MPa。该图也给出了 Lubin 等及 RELAP4 和 RELAP5 对气体流出起点的预测值。RELAP4 采用了简化假设:空泡份额($\bar{\alpha}_{\mathrm{B}}$)等于分层流空泡份额($\bar{\alpha}$)。对于水平分层流,RELAP5 采用下式计算破口处空泡份额:

$$\bar{\alpha}_{\mathrm{B}} = \bar{\alpha}\left(\frac{\bar{u}_{\mathrm{g}}}{\bar{u}_{\mathrm{gf}}}\right)^{0.5} \tag{6-105}$$

式中,

$$\bar{u}_{\mathrm{gf}} = \frac{1}{4\sqrt{2}}(1-\cos\theta)\left(D\frac{\rho_{\mathrm{f}}-\rho_{\mathrm{g}}}{\rho_{\mathrm{g}}}\frac{2\theta-\sin 2\theta}{\sin\theta}\right)^{0.5} \tag{6-106}$$

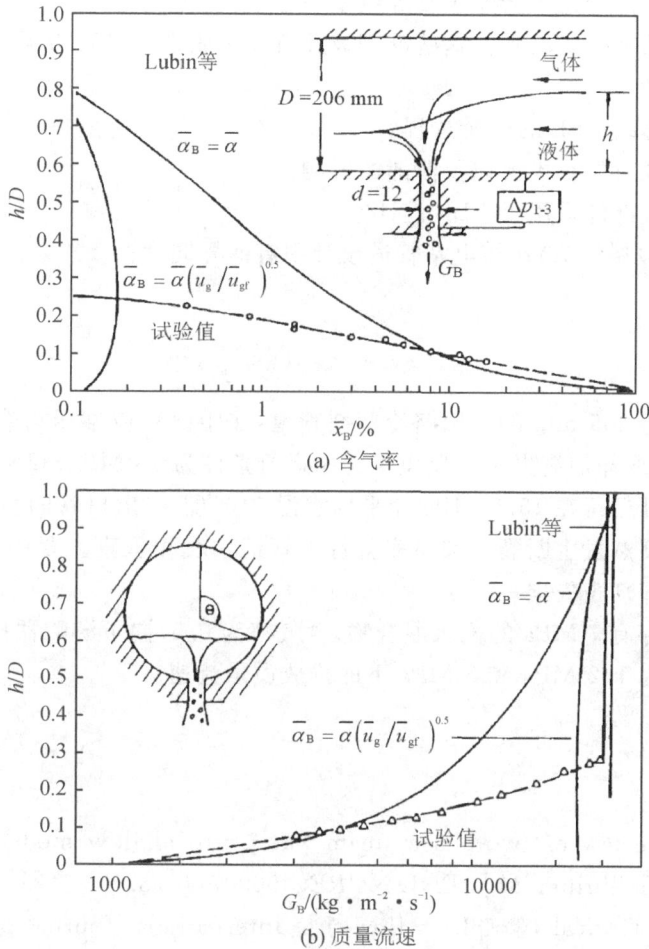

(a) 含气率

(b) 质量流速

图 6-6　竖直向下流动情况下 h/D 随破口处总质量流速和含气率的变化规律
(空气-水,$p_1=0.5$ MPa,$\Delta p_{1-3}=0.315$ MPa)[22]

$\bar{u}_g$ 为分层流流型中的气相流速;θ 的定义如图 6 - 6 所示。为了计算破口处的含气率 $\bar{x}_B$,假定两相为均相流动。

从图 6 - 6 可以看出,对于水平管底部破口的分层流流型,RELAP4 和 RELAP5 预测值与试验值偏差较大。Reimann 等拟合了一个简单的关系式:

$$\frac{G_B}{G_{BB}} = \left(\frac{h}{h_B}\right)^{1.62} \tag{6-107}$$

式中,G_{BB} 为气体流出起点时破口处质量流速;h_B 为同一时刻的液位高度,由式(6 - 101)计算而得。但是,式(6 - 107)是否适用于其他流体与更高压力工况的计算,有待进一步验证。

思考题

1)两相流动系统为什么会形成临界流动?单组分和双组分气液两相流的临界流动过程有什么不同?气固两相流动是否会发生临界流动现象,为什么?

2)单相临界流动有哪些准则?这些准则彼此有什么联系?是否可无条件地应用于判断两相临界流动,为什么?

3)请调研文献总结 LBB 的分析过程。

4)请探讨多裂纹对裂纹扩展以及泄漏的影响。

5)华龙一号哪些部件采用了 LBB 设计?

6)LBB 和 BP(破裂排除)在核电站管道设计中有何异同性?

习题

1)设有一直径为 305 mm 的一回路冷却剂管道,在距离反应堆压力容器 610 mm 处突然完全断裂,计算初始冷却剂流失率。反应堆初始运行条件为 15 MPa、320 ℃的水。

2)设有一压水堆运行在 15.5 MPa 和平均水温 310 ℃下,出口管的直径为 400 mm,离压力容器 600 mm 处突然发生断裂。裂口完整且与管道轴线相垂直。背压为大气压力,试计算发生断裂瞬间的冷却剂丧失率。

3)一压力容器存有 7 MPa 的汽水混合物,含气率为 0.5,向下游贮器排放。试用均相模型计算贮器压力分别为 1.2 MPa 和 5 MPa 下的排放质量流速。

参考文献

[1] SAHA P. A review of two-phase steam-water critical flow models with emphasis on thermal non-equilibrium[M]. BNL-NUREG-50907,1978.

[2] WALLIS G B. Critical two-phase flow[J]. Internatinoal Journal of Multiphase Flow, 1980,6:97 - 112.

[3] ABDOLLAHIAN D,HEALZER J,JANSSEN E. Critical flow data and analysis. final reprot[M]. EPRI NP2192,1982.

[4] KIM Y S. Overview of geometrical effects on the critical flow rate of subcooled and satu-

rated water[J]. Annals of Nuclear Energy,2015,76: 12 - 18.

[5] KIM Y S,KIM J H,KWON T S. A review of meta-stable aspects on a subcooled critical flow in nozzles and orifices[J]. Annals of Nuclear Energy,2021,159: 108328.

[6] ROMEI A,PERSICO G,VIMERCATI D,et al. Non-ideal compressible flows in supersonic turbine cascades[J]. Journal of Fluid Mechanics,2020,882: 121 - 127.

[7] CRAMER M S,BEST L M. Steady,isentropic flows of dense gases[J]. Physics of Fluids A,1991,3(1): 219 - 226.

[8] CRAMER M S,CRICKENBERGER A B. Prandtl-Meyer function for dense gases[J]. AIAA Journal,1992,30(2): 561 - 564.

[9] GORI G,VIMERCATI D,GUARDONE A. Non-ideal compressible-fluid effects in oblique shock waves[J]. Journal of Physics: Conference Series, 2017(3):012003.

[10] VIMERCATI D,GORI G,GUARDONE A. Non-ideal oblique shock waves[J]. Journal of Fluid Mechanics,2018,847: 266 - 285.

[11] SHAPIRO A H. The dynamics and thermodynamics of compressible fluid flow[M]. New York: The Ronald Tress Company,1952.

[12] MOODLY F J. Maximum discharge rate of liquid-vapour mixtures from vessels[C]. ASME,1975.

[13] HERY R E,FAUSKE H K. The two-phase critical flow of one-component mixtures in nozzles,orifices and short tubes[J]. J. Heat Transf,1971,93(2):179 - 187.

[14] RICHTER H J. Separated two-phase flow model: application to critical two-phase flow [J]. International Journal of Multiphase Flow,1983,9(5): 511 - 530.

[15] REOCREUX M. Contribution to the study of critical flow rates in a water-vapour two-phase flow[C]. NUREG,1974.

[16] SOZZI G L, SUTHERLAND W A. Critical flow of saturated and subcooled water at high pressure[C]. ASME meeting,1975.

[17] ELIAS E,LELLOUCHE G S. Two-phase critical flow[J]. International Journal of Multiphase Flow,1994,20(supp - S1):91 - 168.

[18] WALLIS G B. Two-phase potential flow[C]. ASME,1989.

[19] PAUL D D, AHMAD J, SCOTT P M,et al. Evaluating and refinement of leak-rate estimation models[R]. NUREG/CR-5128, Rev. 1, 1994.

[20] KUMAR V, GERMAN M D, SHIH C F. An engineering approach for elastic-plastic fracture analysis[R]. EPRINP-1931, General Electric Co. , Schenectady, NY, USA. , 1981.

[21] ABDOLLAHIAN D, CHEXAL B. Calculation of leak rates through cracks in pipes and tubes[R]. EPRI NP-3395, 1983.

[22] REIMANN J, KHAN M. Flow through a small break at the bottom of a large pipe with stratified flow[J]. Nuclear Science and Engineering, 1984, 88: 297 - 310.

[23] LUBIN B, HURWITZ M. Vapor pull-through at a tank drain with an without dielectrophoretic buf-fling[R]. Proc. Conf. Long-Term Cryopropellant Storage in Space, Huntsville, Alabama, NASA Marshall Space Center, 1966.

第7章 两相流动不稳定性

"两相流动不稳定性"是指恒振幅或变振幅的流动振荡和零频率的流量漂移[1]。如果某一系统或部件中的流动是稳定的,从数学上严格地讲应该是流动的参数仅仅和空间有关;但真实情况下这些参数往往总是存在微小的振动或扰动,这些微小变化可以认为是诱发各种两相流动不稳定性现象的原因。本章介绍两相流动系统中各种类型不稳定性、基本分析方法以及几种典型不稳定性的分析。

7.1 两相流动不稳定性概述

流动不稳定性始于1938年Ledinegg(莱迪内格)[2]研究加热通道在自然对流和强迫对流条件下的特性曲线时发现两相系统的流量漂移现象。随着20世纪60年代高功率锅炉和沸水堆的广泛应用,大量研究者针对两相流动不稳定性现象开展了大量研究。在60年代末,理论模型等方法的发展[3-5],使流动不稳定性的部分机理逐渐清晰。在七八十年代初,理论分析工具的大量使用使核反应堆安全分析中的各种流动不稳定性现象得到了进一步分析[6]。在之后的工业应用中,热交换器与回热器等两相设备中发现了更多的流动不稳定现象。

流动不稳定性会造成以下危害:①可引起结构部件的强迫机械振动;②不稳定现象的发生使系统传热部件的温度发生变化,从而使热应力发生变化,最终可因热疲劳使传热部件发生损坏;③不稳定现象可引起系统控制方面的各种问题,这在水堆中尤为突出;④不稳定现象发生后,引起流量脉动,从而影响到局部传热特性,使热工水力条件恶化,导致沸腾危机提前发生。当流量发生脉动时,可导致临界热流密度降低40%[1]。

两相系统的流动和传热数学模型具有强烈的非线性特性,流体流动、功率传输、压降传播、空泡反馈和热力不平衡等因素与边界条件扰动构成复杂的交互作用。从流动不稳定性研究的历史角度来看,大致可以分为三个阶段:①经典两相流动不稳定性研究比较充分,发展了各种预测稳定域的模型和方法,主要有流量漂移、密度波振荡和压力波振荡;②20世纪70年代后发现新的流动不稳定性现象,如流型转换、核热耦合,不仅发生在流动沸腾系统,也发生在两相凝结系统,呈现出更为复杂的非线性特征,主要来自于水冷反应堆的瞬态和事故运行工况;③为发展新一代固有安全反应堆,对该系统中采用的各种非能动冷却系统进行瞬态特性、事故特性等动态特性研究,如低温核供热堆、先进沸水堆、一体化反应堆、直流蒸汽发生器等。

7.2 两相流动不稳定性机理

7.2.1 流动不稳定性分类

Boure(布雷)等[7]总结了1973年之前的流动不稳定研究状况,提出了如下的分类标准,如

表 7－1 所示。该表在以后的两相流动不稳定性研究中被广泛采用,后人的工作一般是将其充实和细化。例如,Fukuda(福田)等[8]通过对守恒方程线性化和拉普拉斯变换对水动力不稳定进行分析,提出两相流动不稳定性至少可以分为八类,其中三种可以归入 Ledinegg 不稳定性,其余的五种可以归入动力学或者密度波不稳定性,其结果得到了试验支持;其中对于密度波不稳定性,根据发生区域平衡含气率的高低进一步分为第一类密度波不稳定性和第二类密度波不稳定性的分类方法被众多学者认可。低含气率的密度波不稳定性在前期的研究中往往被忽略,Fukuda 通过改变试验中上升段的高度发现由于上升段中重位压降和摩擦压降在低含气率区和高含气率区分别处于支配地位,这两种密度波不稳定在低压下的强迫循环和自然循环中均会出现,只是其具体表现形式不同。Lin(林)等[9]、许圣华[10]、苏光辉等[11]的试验和理论两方面均同上述分类符合得很好。林宗虎[12]将流量脉动分为传热恶化型脉动、流型转变型脉动、间歇性喷气及气爆、声波型脉动、密度波型脉动、热力型脉动和压力降型脉动七类,与 Bergles(伯格尔斯)的不同之处是其将传热恶化型脉动(沸腾危机)归于动力学不稳定性,关于传热恶化引起的流量脉动流动的机理目前还没有文献给出详细的说明,还需要进一步的试验和理论研究。郭烈锦[13]提出的分类同 Bergles 类似,在动力学不稳定性中的复合动力学不稳定性中添加了凝结脉动,认为其机理是凝结界面与池对流的相互作用,通常在蒸汽喷射到气体抑制池中时发生。国内外很多学者[14-16]还对一些特殊管型(U 形管、螺旋管等)的不稳定性进行了大量细致研究,得到的各种不稳定性特征仍可以包含在表 7－1 中。

表 7－1　两相流动不稳定性分类

分类		表现形式	机理	特征
静态不稳定性	基本(或纯)的静不稳定性	① 流量骤增或 Ledinegg 不稳定性; ②沸腾危机	① $\left.\dfrac{\partial \Delta P}{\partial G}\right\|_{int} \leqslant \left.\dfrac{\partial \Delta P}{\partial G}\right\|_{ext}$; ②不能有效地自加热表面带走热量	①流量突然发生大幅度的漂移,达到一个新的稳定运行工况; ②壁温漂移及流量振荡
	基本的松弛型不稳定性	流型变迁不稳定性	泡状流含气率低,但是压降比环状流高	周期性的流型变迁和流量变化过程
	复合松弛型不稳定性	①碰撞声、喷泉声或爆炸声; ②冷凝爆炸	①通常由于缺乏汽化核心,周期性地调整亚稳态; ②气泡生长和冷凝,伴以流体撞击	①周期性的过热和急剧蒸发过程,可能伴以排除和再充满过程; ②由于冷凝水涌入下流管,造成周期性中断,气流排出

分类		表现形式	机理	特征
动态不稳定性	基本（或纯）的动态不稳定性	①声波振荡；②密度波振荡	①压力波的共振；②流量、密度和压降之间的延迟和反馈效应	高频（10～100 Hz）振荡，与压力波在系统中传播时间有关；低频（约 1 Hz）振荡，与连续波的行波时间有关
	复合动态稳定性	①热力振荡；②沸水堆不稳定性；③并行流道不稳定性；④冷凝振荡	①传热系数变化与流动动态之间的相互作用；②空泡反应性与流动动态、传热之间的耦合相互作用；③在少量并行流道间的相互作用；④冷凝界面与池内自然对流相互作用	①发生在膜态沸腾工况；②仅在小时间常数和低压力下不稳定性强烈；③多种膜态流量再分配，或 U 形管测压计式振荡；④当蒸汽注入蒸汽抑止池内时发生
	作为二次现象的复合不稳定性	压降振荡	流量骤增激发流道和可压缩空间之间的动态相互作用	极低频周期（0.1 Hz）振荡过程

目前来看，对静力学不稳定性的归类一般比较简单，分歧较少。动力学不稳定性由于其机理的复杂性，表现形式的多样性，对于某一特定结构装置或者系统中出现的不稳定现象在某些情况下很难精确地分类，这一点在后文中将会看到。一般认为动力学不稳定性的基本特征是具有惯性或其他反馈影响，系统表现为类似处于自动控制中，稳定判据和阈值法则均不满足。系统的稳定状态可能是方程组的一个解，但不是唯一解。

对于某种不稳定性的研究，往往是先预测可能出现某种不稳定性，然后采用某一方法来分析，再对结果讨论是否符合开始判别的不稳定性类型。如果结果和预测的不符合，则要判断这个结果是否符合实际情况，或者初始的判断是错误的。这样的研究方法可能过于苛刻，但不稳定性的研究涉及系统安全，这样严格的步骤是必须的。

7.2.2　各种不稳定性机理

7.2.2.1　静力学不稳定性

1. 纯静力学不稳定性

（1）流量漂移

流量漂移又称 Ledinegg 不稳定性，其特征是受扰动的流体流动偏离原来的流体动力平衡工况，在新的流量值下重新稳定运行。流量漂移现象可以在压降-流量特征曲线中反映为负斜率区中一个压降对应多个不同的质量通量。流量漂移会引起微细通道内部局部干涸点蚀灼伤、换热系统其他结构部件的强迫机械共振，导致系统薄弱环节容易发生疲劳损坏，沸腾危机提前发生。

图 7-1 为流量漂移示意图,其中曲线 a 为沸腾两相混合物流道的压降-流量曲线(又称流道内部特征曲线)。低流量下,流道内水很快被加热至饱和而汽化,出口为过热蒸汽。流速大时,沸腾流道由欠热段、气液两相段和单相过热蒸汽段或饱和蒸汽段组成。这三部分压降变化构成了沸腾流道的总压降变化,具有随流量增加压降反而减少的区域,即曲线有拐点,呈 N 形。当流量变化时,流道摩擦损失的变化大于系统外加压力的变化(通常是泵的压头或自然循环压头)时发生这种不稳定性,稳定性准则为

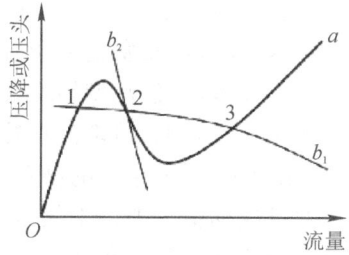

图 7-1　流量漂移示意图

$$\left.\frac{\partial \Delta p}{\partial G}\right|_{\text{F}} > \left.\frac{\partial \Delta p}{\partial G}\right|_{\text{d}} \qquad (7-1)$$

式中,下标"d"表示驱动压头特性,"F"表示阻力特性。

曲线 b_1 和 b_2 为泵的压头-流量曲线,流道的压降-流量曲线与泵的压头-流量曲线的交点为系统的平衡运行点。当流道的压降-流量曲线的斜率小于泵的压头-流量曲线的斜率时就会发生 Ledinegg 不稳定性[2],如曲线 a 与曲线 b_1 的交点 2,此时若有扰动使流量减小,则泵增加的压头比流道增加的压降小,驱动压头不够,流量就会接着减小,直到 1 点重新稳定;反之,若扰动使流量增大,流量就会一直增大到 3 点重新稳定。而在 1 点和 3 点处,流道的压降-流量曲线的斜率大于泵的压头-流量曲线的斜率,经过分析可知这两个平衡运行点是稳定的。另外,当泵的压头-流量曲线为曲线 b_2 时,交点 2 处流道的压降-流量曲线的斜率大于泵的压头-流量曲线的斜率,经过分析可知这时的 2 点是稳定的。

(2)沸腾危机

在流动沸腾和大容积沸腾中,热流密度超过临界热流密度时,会发生沸腾危机,可能会导致设备烧毁。沸腾危机分为两种:过冷或低含气量下的沸腾危机和高含气量下的沸腾危机。过冷或低含气量下的沸腾危机是指由于受热面上逸出的气泡数量太多,以至阻碍了液体的补充,于是在加热面上形成一个蒸汽隔热层,从而使传热性能恶化,加热面的温度骤升。在反应堆中,当热流密度值超过峰值,工况将由核态沸腾区跃升到膜态沸腾区,通常这个温度阶跃可达到近千摄氏度,这样大的温度阶跃,足以导致加热面迅速"烧毁"。在高含气量下,当冷却剂的流型为环状流时,如果由于沸腾而产生过分强烈的汽化,液体层就会被破坏,从而导致沸腾危机,加热面温度虽然上升,但由于环状流工况具有快速流动的蒸汽核心,因而它具有较大的换热系数,所以壁温升高的速率相对较慢,一般尚不会使金属材料立即烧损。除了使加热壁面烧毁,沸腾危机还会导致壁面温度波动,诱发蒸汽反冲及间歇性的干涸、再润湿过程,引发流量振荡,造成流动不稳定。由传热恶化引起的气液两相流体脉动流动,一般认为是由于传热机理的改变引起的,其特征是壁温飞速升高,Mathisen(马西森)[17]通过实验观察到脉动流动和传热恶化同时发生。Umekawa(梅川)[18]及 Ozawa(小泽)[19]开展低压范围试验观察到了加热圆管壁温随入口流量脉动而产生的大幅同周期壁温波动。其流量脉动下沸腾危机的判别标准为管道出口截面壁温波动峰值超过稳定流动时发生沸腾危机前管道出口截面壁温,流量脉动下的临界热流密度随入口流量相对脉动幅值的增大而减小;长脉动周期及高平均质量流速下临界热流密度的下降速率较快。更多的试验数据还有待积累。

2. 松弛型不稳定性

流型转换不稳定性是松弛型不稳定性的典型表现形式。当流动处于泡状流和环状流之间的过渡区域时,容易发生流型转换不稳定性。当流动处于泡状流时,由于随机扰动使流量减少而使气泡增多,会使流型转变为环状流动,而环状流的压降比泡状流压降要小,所以驱动压头会使流量再次增大,恒定的加热量不足以维持环状流,所以流动再次回复到泡状流。阻力再次增大,流量减小,开始新的循环。

在反应堆中大破口事故堆芯的再淹没过程中,安注系统喷放的堆芯过冷紧急冷却液可能和冷段中流动的蒸汽相互作用,引起压力和流量脉动,研究表明,这种脉动也是一种流型转换不稳定性。此外,Bergles 曾建议在低压 CHF 研究中必须考虑流型转换不稳定性的作用。加热长度、进口条件、质量流速和系统压力对 CHF 的复杂影响同弹状流的波动特性有关。目前还没有适合于分析这类不稳定性的模型和方法。

3. 复合松弛型不稳定性

复合的松弛型不稳定性包括撞击、间歇、嘎擦型不稳定性三种类型,这些静态的现象往往在实际中是不断重复产生的,而且有的时候表现为周期性行为,这一点同动态不稳定性非常类似,实际上对于嘎擦型(geysering)不稳定性是否为密度波型不稳定性的一种还存在分歧。

在低压条件下碱金属会出现撞击现象,这可能是由于在气穴中存在气体引起的。间歇不稳定性一般又叫喷泉现象,在低压系统中,底部加热的底部封闭的垂直液柱,底部先开始沸腾,到一定值时,由于沸腾液柱内蒸发量突然急剧增加,开始在流道内喷出蒸汽流。这一现象在火箭发动机系统中曾观察到。

嘎擦型不稳定性是复合松弛型不稳定性中最重要的一种,Griffith(格里菲思)[20] 1962 年观察到这类不稳定性,周期大概为 $10\sim1000$ s。早期的这类研究关注于液态碱金属和氟利昂工质[21-22]。近年来引起广泛关注的是沸水堆(boiling water reactor,BWR)起堆过程中嘎擦型不稳定性的研究。Masanori(正德)等[23] 在沸水堆自然循环起堆过程中发现了热工水力不稳定性,在双通道的试验回路中分别在强迫循环和自然循环工况下研究了加热功率、进口过冷度、上升段长度对嘎擦型不稳定性的影响,认为自然循环条件下的嘎擦型不稳定性同强迫循环条件下的相同,对嘎擦型不稳定性给出了机理上的解释。在某一通道中形成了覆盖整个流道截面的大气泡,由于静压作用这个气泡向出口联箱移动,在到达联箱后被联箱中的过冷水快速冷凝,这时,由于并联通道的压力关系,下部联箱中的过冷水迅速进入该通道中补充,若补充水量大于循环流量,则在同该通道并联的另一通道中可能出现流量反转。由于流量反转,从上部联箱中流回的水温度较高,所以会再次形成大气泡,再一次开始循环。这种不稳定被称为"由冷凝诱发的嘎擦型不稳定性"。

7.2.2.2 动力学不稳定性

1. 纯动力学不稳定性

两相流动是非常复杂的,系统内往往存在着多种扰动,这些扰动最终可归结为以两种方式传播,压力波和空泡波又被称为声波和密度波。在实际系统中,两种波动同时存在,相互作用,但是传播速度相差很大,一般根据频率分为声波和密度波不稳定性两种。

(1)声波不稳定性

通常将振荡频率在声频范围内的压力波传播引起的两相流动不稳定性称为声波振荡型不

稳定性。声波脉动的特点是频率高,这是因为其脉动周期和压力波传给整个管道系统所需的时间具有相同数量级。试验观察到声波振荡发生在过冷沸腾区、泡核沸腾区和膜态沸腾区。Bergles 等研究表明在发生声波脉动时压力降幅度很大,进口压力波动占系统压力份额较高。这种脉动出现在水动力特性曲线的负斜率区,频率超过 35 Hz。

在亚临界和超临界条件下的强迫流动低温流体被加热到膜态沸腾,或低温系统受到迅速加热等工况,均易发生声波型脉动。Thurston(瑟斯顿)[24]认为这种振荡是蒸汽膜受压力波扰动引起的。当压力波的压缩波通过加热面,气膜厚度受到压缩,气膜导热改善,换热量增加,蒸汽产生量加大;当压力波的膨胀波通过该表面时,气膜膨胀,气膜热导减小,换热量减小,蒸汽量也随之减小。这一过程循环下去便产生了声波脉动。

一般来说,声波不稳定性不会形成破坏性压力脉动或流动脉动,但也不希望系统维持运行在高频率的压力振荡条件下。目前,虽有一些分析声波不稳定性的方法,但由于受到测量限制,实测与预测存在一定偏差,需进一步验证。

(2)密度波不稳定性

密度波不稳定性是被研究最多的一种不稳定性,在理论和实验两个方面都比较深入,出现了一些比较成熟的分析方法,在机理上的研究也比较透彻。在两相系统中出现微扰后,如果蒸发量发生周期性改变,也就是空泡份额发生周期性变化,或者说是两相密度发生周期性改变,随着流体流动,影响到重位、摩擦、加速压降以及传热性能的变化,若有不变的外加驱动压头,则会出现流量-空泡份额的反馈作用,形成周期性变化的两相混合物密度波动传播,形成密度波不稳定性。这种不稳定性一般发生在沸腾通道水动力特性曲线的正斜率区和入口密度与出口两相混合物密度相差很大的工况下。

一般对密度波不稳定的发生过程分析如下。在图 7-2 所示的系统中,两相区的阻力全部集中在加热段后部的出口节流圈上,以 ΔP_2 表示。P_{in} 为加热段进口压力,P_i 为水箱中的压力,P_o 为系统出口压力,在 P_i 和 P_o 保持不变的条件下,当热负荷增加时加热段内的蒸汽量增加,混合物的密度降低,低密度工质体积增加,在出口节流处形成气塞,使 ΔP_2 猛增,$P_i - P_{in}$ 减小,阻止流体进入加热段,甚至引起倒流,一旦低密度混合物通过节流圈,则 ΔP_2 减小,压力变化以压力波的形式立即反馈到进口,$P_i - P_{in}$ 上升,进口流量增加,工质迅速通过加热段,汽化量小,形成高密度波。高密度波通过节流圈后,蒸发量又逐渐增加,ΔP_2 再次增加,使进口流量也再次相应地减小。一旦压差与流量变化满足一定的相位关系,流量的脉动就会自动地维持下去。

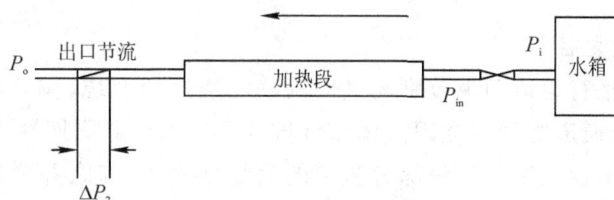

图 7-2 密度波发生过程图

从上面的过程中可以看出,流量、密度、压降三者之间的延迟性和反馈在密度波不稳定性现象中起到了关键的作用。因此,任何扰动只要能改变上述三个因素中的一个,就有可能会对不稳定性产生影响,即水动力边界条件、加热边界条件以及入口边界条件的变化对通道内的流动稳定性都有重要影响。

2. 复合动力学不稳定性

(1)热力学振荡型

热力学振荡型脉动发生时,管壁的传热工况在膜态沸腾与过渡沸腾之间来回地变动,从而产生温度振幅较大的壁温脉动。从目前的研究来看热力脉动总是出现在高含气率密度波型脉动之后,主循环的部分有时会叠加密度波型脉动,脉动周期比密度波型大。Stenning(斯滕宁)等[25]以 Freon-11 为工质对垂直上升管内两相流动不稳定性进行研究时发现热力学振荡型脉动发生在较高的热负荷区,与膜态沸腾有密切的关系,是膜态沸腾条件下管壁对水动力脉动的热力响应。Cho(赵)[26]在文中谈到了在直流式蒸汽发生器中曾记录到温度流量压力等参数的突跳,这可能是由于干涸点位置的移动引起的,可视为热力学振荡的一种。对于热力学振荡型不稳定性的理论方面还没有具体详细的分析资料。

(2)沸水堆不稳定性

在沸水堆中,由于具有空泡反应性-功率反馈效应,当流动振荡的温度变化和反应性变化-燃料元件的温度变化共振时反应效应较为显著。在现代压力较高的沸水堆中这种不稳定性是可以接受的[7]。在沸水堆中,促使施加反应性与反馈反应性之间发生相位滞后的主要因素可以确定为 3 个。其框图如图 7-3 所示。第一个因素是缓发中子的效应,它引起裂变功率(p)和反应性(δk)之间的频率响应;第二个因素是燃料以及热容量和热导率对表面热通量 Q 的影响;第三个因素是冷却剂通道,其热容量和通过时间对建立新工况有影响。当密度变化时,反应性也起变化。在某一频率(ω)下,三种相位滞后的总和是 180°的情况是可能存在的,把此频率下的 3 个有关的振幅加起来就确定了开路"增益",如果增益大于 1,则在此频率下就将发生不稳定性。

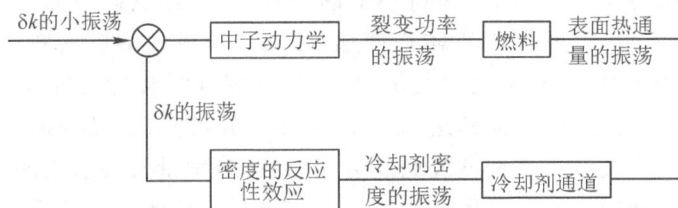

图 7-3 沸水堆不稳定性框图

(3)并联流道不稳定性

许多并联的加热平行通道两端分别与共同的联箱连接的系统,在总流量不变和联箱两端压降不变前提下,部分通道之间可能因流体密度彼此不同而引起周期性的流量波动,这种现象称为并行流道的流动不稳定性。当一部分流道的流量增大时,与之并联的另一部分通道的流量则减少,两部分之间的流量脉动恰呈 180°相位差。同时,流量小的通道,其出口蒸汽量大;流量大的通道,出口蒸汽量小;进口流量最小时,出口蒸汽量最大。因此,脉动通道的进口流量的脉动与其出口蒸汽量的脉动也呈 180°相位差。

压水反应堆失水事故下,堆芯再淹没速率受应急堆芯冷却剂驱动压头和堆芯上腔室背压控制,模拟模型实验表明,此时会发生流量振荡,在再淹没瞬态的初始阶段,这种振荡现象特别剧烈。

3. 第二类现象复合不稳定性（压力降振荡）

出现这种不稳定性的流体系统，其加热流道上游具有可压缩容积（如波动箱），以及加热流道运行在压降-流量内部特性曲线的负斜率区。可压缩容积提供质量调节。波动箱的压力变化与加热流道的流量呈三次曲线。若波动箱和加热流道系统的外加压头 Δp 不变，如果没有波动箱，则当流道运行在负斜率区时，一旦受到扰动，就有可能发生流量漂移，出现 Ledinegg 不稳定性。现在加热流道的入口上游处布置了波动箱，当加热段入口流量因扰动而减少，则蒸发率增加，两相摩擦增大，流量会继续减少，由于总动压头 Δp 不变，迫使部分流量进入波动箱。波动箱内气体容积受压缩，压力升高，与此同时，由于阻力增大，系统总流量也减少，但其减少量低于加热流道流量的减少量，且其响应发生延迟，二者之间无法平衡，产生动态相互作用。一旦低密度的两相混合物离开加热流道，流动阻力就会减少，在波动箱压力和外加驱动压头联合作用下，大量流体进入加热流道，流量漂移到 N 形曲线的右正斜率区，流量突然增高，阻力再次增大，流量又沿该曲线下降接着发生与上述相反的过程，出现压降振荡。

7.3　不稳定性的理论分析方法

7.3.1　频域法

频率响应法，又称频域（分析）法，是 20 世纪初建立的一种工程分析方法，是采用系统的频率特性来分析系统响应的图解法，之后被广泛地用于工程控制系统的研究和设计。采用频域法可较好地预测两相流动系统中发生流动不稳定性的边界，并探讨诱发该系统发生不稳定性现象的原因。

通常情况下流动不稳定性具有高度非线性，然而在系统扰动比较小的情况下，如核反应堆的动态特性可以拟定为稳态条件下的小扰动线性关系，这样就可以建立频域模型来研究反应堆的流动稳定性，从而求解线性化方程组得到反应堆流动不稳定性边界。一个简单的闭环控制系统如图 7-4 所示，$G(s)$ 为正向传递函数，$H(s)$ 为反馈传递函数，Δx 为输入扰动，Δy 为输出扰动。

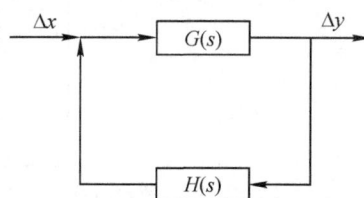

图 7-4　闭环控制系统图

闭环系统的传递函数为

$$\frac{G(s)}{1+G(s)H(s)} \tag{7-2}$$

闭环传递函数的极点通过求解方程（7-3）得到。

$$1+G(s)H(s)=0 \tag{7-3}$$

闭环系统传递函数的极点可能是实数或共轭复数。若具有一个以上的极点，其中一个具有最慢的系统反应的极点比其他后一段时间极点有优势。对于稳定系统，主极点是最接近虚轴的极点（极点的最大值为 $\sigma/|\omega|$），它用来确定系统的稳定性。系统的稳定性取决于 σ 的值，当所有的闭环传递函数的极点具有负实部（$\sigma<0$），则该系统是稳定的。如果一个极点穿过虚轴，进入了 S 平面（$\sigma>0$）的右半边，该系统将变得不稳定。如果极点在虚轴上（$\sigma=0$），这时该系

统将建立并维持在稳定裕度。如果极点离 S 平面的虚轴越远,系统响应越快,系统越稳定;极点在 S 平面内离实轴越远,振荡越快,系统越不稳定。

7.3.1.1　系统稳定判定方法

使用频域法分析两相流动不稳定性时,首先需要建立描述系统的数学模型,对数学模型进行非线性特性方程组线性化,然后利用小扰动原理求得对应增量的微分方程,进行拉普拉斯变换,获得流量随热量(在已给定的其他条件下)的传递函数 $G(s)$,得到系统的的特征方程,求出特征根 s,根据特征根来判断系统的稳定性。或者把传递函数 $G(s)$ 看成为另一种描述系统特性的运动微分方程式,此时 s 成为复变量。在复数坐标平面上画出开环传递函数矢量端点随 ω 的变化曲线,这条曲线称为幅频特性曲线 $G(j\omega)$,也称为 Nuqusit(奈奎斯特)曲线。由此判断系统的稳定性。只要开环幅频特性 $G(j\omega)$ 曲线不包围复平面上的 $(-1,0)$ 点,则系统在闭环状态(输出对输入有反馈)下是稳定的。

1. 系统衰减率

获得系统的特征之后可以通过衰减率来研究其不稳定性,其中衰减率的定义如图 7-5 所示。对于复数极点 $s=\sigma+j\omega$,系统的脉冲响应为 $Ke^{\sigma t}(\cos\omega t + j\sin\omega t)$,这里 K 是一个常数。通过求解特征方程得到系统极点的实部和虚部,然后代入方程(7-4)获得系统衰减率。

$$\mathrm{DR}=\frac{y_2}{y_1}=\frac{\left| Ke^{\sigma t_2}(\cos\omega t_2 + j\sin\omega t_2) \right|}{\left| Ke^{\sigma t_1}(\cos\omega t_1 + j\sin\omega t_1) \right|}=e^{2\pi\sigma/\omega} \tag{7-4}$$

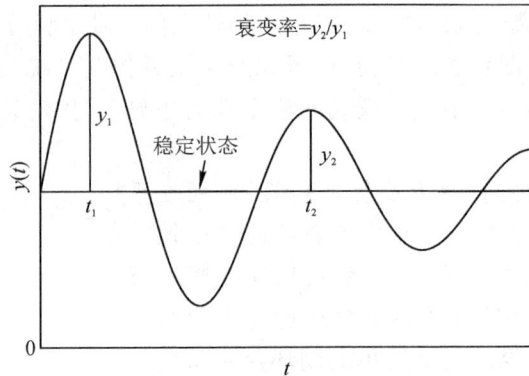

图 7-5　衰减率的定义图

采用衰减率对系统不同工况运行时的流动不稳定性进行分析。正常工况下,一般认为热工水力稳定的衰减率要小于 0.5,物理热工耦合稳定的衰减率要小于 0.25,对于所有工况,衰减率必须小于 1。

2. Nuqusit 稳定判据

Nuqusit 曲线:在极坐标复平面上,开环传递函数矢端随 ω 的变化曲线就称为系统的极坐标幅相频率特征曲线。

Nuqusit 稳定性判据:系统若在开环状态下稳定,则系统在闭环状态下稳定的充要条件是其开环幅相频率特性 $G(j\omega)$ 不包围复平面的 $(-1,j0)$ 点。

若 Nuqusit 曲线恰好通过 $(-1,j0)$ 点,闭环系统处于临界稳定状态,由此可得到闭环系统的稳定边界[27]。

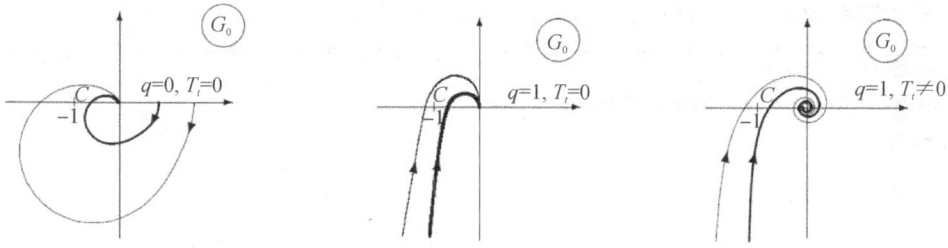

图 7 - 6　Nuqusit 曲线图（箭头方向为 ω 的增加方向）

7.3.1.2　频域法分析两相流动不稳定性

1. 研究对象与基本假设

当系统包括大量并联通道，而每个通道的动态特性完全相同且相互独立时，系统的稳定性等价于其中任何一个通道[28-29]。因此本书以单通道模型为研究对象，如图 7 - 7 所示通道入口为液体，出口为过热蒸汽，为简化推导过程，本书对过热段不进行分析，即认为过热边界处为出口。同时，仅考虑入口流速的扰动，不计入口焓及压力的扰动。为进一步简化分析，做出以下假设[30]。

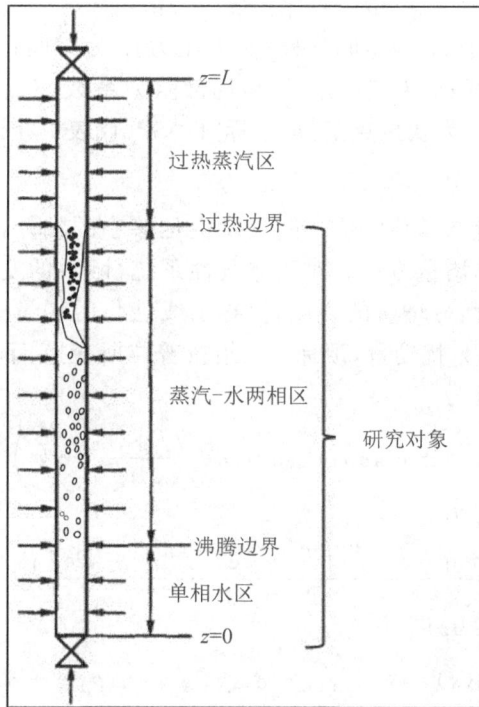

图 7 - 7　两相系统研究对象

1）一维流动。

2）不考虑通道内压力变化对物性参数的影响。

3）瞬态摩擦系数取其稳态值,且摩擦系数假定为常数。

4）忽略压力变化、能量耗散、动能和势能变化引起的焓变化,仅考虑由加热引起的焓变化。

5）在气液两相区,热流密度不随时间变化。

2. 控制方程

液相区的控制方程如下：

$$-\frac{\partial p_{SP}}{\partial z}=\rho_f\frac{\partial v_f}{\partial t}+\rho_f v_f\frac{\partial v_f}{\partial z}+g\rho_f+\rho_f\frac{f_{SP}}{2D_e}v_f^2+\sum k_j\frac{\rho_f v_f^2}{2}\delta(z-z_j) \qquad (7-5)$$

$$\frac{\partial h_f}{\partial t}+v_f\frac{\partial h_f}{\partial z}=\frac{q_w''\zeta_h}{\rho_f A_{x-s}} \qquad (7-6)$$

$$\frac{\partial \rho_f}{\partial t}+\frac{\partial(\rho_f v_f)}{\partial z}=0 \qquad (7-7)$$

两相区采用均相流模型（下标“H”）,其控制方程如下：

$$\frac{\partial \rho_H}{\partial t}+\frac{\partial(\rho_H v_H)}{\partial z}=0 \qquad (7-8)$$

$$-\frac{\partial p_H}{\partial z}=\rho_H\frac{\partial v_H}{\partial t}+\rho_H v_H\frac{\partial v_H}{\partial z}+g\rho_H+\rho_H\frac{f_H}{2d_e}v_H^2 \qquad (7-9)$$

$$\frac{\partial h_H}{\partial t}+v_H\frac{\partial h_H}{\partial z}=\frac{q_w''\zeta_h}{\rho_H A_{x-s}} \qquad (7-10)$$

其中：ρ 为流体密度；v 为流速；z 为空间坐标；p 为压力；t 为时间；g 为重力加速度；f 为摩擦阻力系数；d 为水力当量直径；h 为流体焓；k 为局部阻力系数；A_{x-s} 为流道横截面积；q_w'' 为热流密度；ζ_h 为加热周长；$\delta(z)$ 为狄拉克函数；下标“f”“SP”代表单相液区。

3. 扰动方程

当整个系统的所有变量与其稳定值之间仅发生足够小的偏差,即可将原来的热流体动力方程变为热流体动力方程的增量方程。对于非线性系统,函数的变量可以用泰勒公式在稳定值附近展开,略去高于一阶微分增量的各项,便导出线性化的增量方程式,然后再进行拉普拉斯变换得下列扰动方程。δ 为扰动量,顶标“^”指拉普拉斯变换,下标“0”为稳态值。

液相区的压降扰动方程为

$$\delta\Delta\hat{p}_{SP}=s\rho_f\delta\hat{v}_f\lambda_{1,0}+\rho_f g\delta\hat{\lambda}_1+\rho_f v_{f,0}\delta\hat{v}_f\left(\frac{f_{SP}\lambda_{1,0}}{d_e}+k_i\right)+\rho_f\frac{f_{SP}}{2d_e}v_{f,0}^2\delta\hat{\lambda}_1 \qquad (7-11)$$

两相区的密度扰动方程为

$$\delta\hat{\rho}_H=\rho_f\left[\frac{\delta\hat{v}_H}{v_{f,0}}\cdot\frac{e^{-(s+\Omega)\tau_{2,H}(z)}-e^{-2\Omega\tau_{2,H}(z)}}{1-s/\Omega}+\frac{\Omega\delta\hat{\lambda}_1}{v_{f,0}}e^{-(s+\Omega)\tau_{2,H}(z)}\right] \qquad (7-12)$$

两相区的压降扰动方程为

$$\delta\Delta\hat{p}_{TP}(s)=\delta\Delta\hat{p}_{H,ine}+\delta\Delta\hat{p}_{H,a}+\delta\Delta\hat{p}_{H,e}+\delta\Delta\hat{p}_{H,r} \qquad (7-13)$$

式中,下标“a”“e”“ine”分别为加速压降分量、提升压降分量、惯性分量,“r”为阻力分量。

4. 不确定性分析

本书选取通道两端压降与入口流速的关系式作为传递函数。

输入信号为

$$I(s) = \delta \Delta \hat{p}(s) \qquad (7-14)$$

输出信号为

$$R(s) = \delta \hat{v}_f(s) \qquad (7-15)$$

反馈信号为 $\delta \Delta \hat{p}_{TP}$。

前向传递函数为

$$G(s) = \frac{\delta \hat{v}_f(s)}{\delta \Delta \hat{p}_{SP}(s)} \qquad (7-16)$$

反馈传递函数为

$$H(s) = \frac{\delta \Delta \hat{p}_{TP}(s)}{\delta \hat{v}_f(s)} \qquad (7-17)$$

开环传递函数为

$$G(s) \cdot H(s) = \frac{\delta \Delta \hat{p}_{TP}(s)}{\delta \Delta \hat{p}_{SP}(s)} \qquad (7-18)$$

闭环传递函数为

$$\frac{\delta \hat{v}_f(s)}{\delta \Delta \hat{p}(s)} = \frac{G(s)}{1+G(s)H(s)} = \frac{\delta \hat{v}_f(s)}{\delta \Delta \hat{p}_{SP}(s) + \delta \Delta \hat{p}_{TP}(s)} \qquad (7-19)$$

最终可以通过闭环特征方程(7-3)根的实部是否全部小于 0 判断系统的稳定性,也可以使用 Nuqusit 稳定判据判别系统稳定性。

7.3.1.3　频域法优势

频域分析结果具有较大的通用性,可以从一个系统推广到其他系统。基于频域法分析系统稳定性,既能确定系统的时域特性,又可以避免用时域法分析和设计系统时所遇到的问题。频域法主要采用一些较简单的图解法研究控制系统的稳定性,并且可以根据给定的性能指标改变系统的结构和参数,达到系统分析和控制的目的。

频域法的主要优势列举如下。

1)利用相对直观简单的图解法代替了复杂非线性微分方程的求解来分析系统的稳定性。由于该方法建立起了系统的开环频域特性图,且避免了对复杂非线性方程的求解,使得系统稳定性的分析更加形象直观,同时也降低了计算量。

2)通常情况下,系统的频率特性可以通过实验的方法来确定。对于某些复杂的系统来说,很难列出其完整的微分方程,这种方法就显得非常有效。

3)虽然频域法主要适用于线性稳定系统,但在系统扰动比较小的情况下,还可用于研究传递函数内包含滞后环节的系统和部分非线性系统[31]。

7.3.2　时域法

与频域分析法不同,时域分析法根据描述系统的数学模型,求出在输入信号作用下系统输出参数的瞬态表达式或瞬态响应曲线,用于分析系统稳态性能、动态性能及流动稳定性。具体而言,它通过采用合适的数值解法求解流体流动的三大基本守恒方程及状态方程,直观地呈现流体的瞬态流动以及传热过程,通过系统状态参数(主要是根据流量的变化)来判断系统的稳定性。流量变化一般会出现三种变化:发散振荡、等幅振荡、随时间呈收敛趋势。其中,若出现发散振荡、等幅振荡则认为系统是不稳定的。

7.3.2.1　时域法分析两相流动不稳定性

下面以非均匀加热管道两相流动不稳定性数值分析[32]为例阐述时域法分析过程。

假设：①采用一维近似，考虑压缩性和热膨胀性；②两相处于热力平衡状态，采用均匀流模型来描述；③介质与金属壁只在径向进行换热，不考虑轴向换热；④在同一截面工质温度和速度分布是均匀的，且管内介质只沿轴向流动，无内部流动；⑤在能量方程中忽略黏性耗散、动能和势能的影响。

对控制方程进行离散：采用内节点方法进行网格划分。控制体划分如图 7-8 所示，采用控制容积法对方程进行离散。界面上的物性采用一阶迎风差分，在时间上采用全隐式。

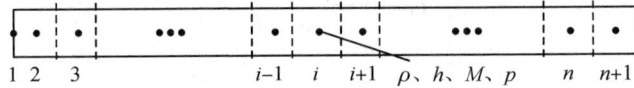

图 7-8　控制体示意图

对于节点 i，质量守恒方程为

$$A\frac{\rho_i^{j+1}-\rho_i^j}{\Delta t}+\frac{M_i^{j+1}-M_{i-1}^{j+1}}{\Delta Z}=0 \qquad (7-20)$$

动量守恒方程为

$$\frac{M_i^{j+1}-M_i^j}{\Delta t}+\frac{1}{A\Delta Z}\left[\left(\frac{M^2}{\rho}\right)_i^{j+1}-\left(\frac{M^2}{\rho}\right)_{i-1}^{j+1}\right]+$$
$$A\frac{P_i^{j+1}-P_{i-1}^{j+1}}{\Delta Z}+\rho_i^{j+1}gA\sin\theta+\frac{f_i^{j+1}}{d_n}\frac{1}{2A}\left(\frac{M^2}{\rho}\right)_i^{j+1}=0 \qquad (7-21)$$

能量守恒方程为

$$A\frac{(\rho h)_i^{j+1}-(\rho h)_i^j}{\Delta t}+\frac{(Mh)_i^{j+1}-(Mh)_{i-1}^{j+1}}{\Delta Z}=q_{1i}^{j+1} \qquad (7-22)$$

状态方程为

$$\rho_i^{j+1}=f(P_i^{j+1},h_i^{j+1}) \qquad (7-23)$$

数值计算步骤如下。

1）计算扰动开始前稳态流动的压力、流量、焓、密度沿管长分布。

2）假设管的进口质量流量为 M_1^{j+1}。

3）对于网格 $i=1,2,3,\cdots,n-1,n$，重复①～⑤：①假设密度 ρ_{i+1}^{j+1}；②根据质量守恒方程求出 M_{i+1}^{j+1}；③根据动量守恒方程求出 p_{i+1}^{j+1}；④根据能量守恒方程求出 h_{i+1}^{j+1}；⑤根据状态方程求出改进的密度 $\rho_{i+1}'^{j+1}$。重复②～⑤直到密度计算满足收敛精度要求。

4）步骤 3）完成后，即可得到出口压力。

如果管压降相对误差满足一定的收敛条件，则假设进口流量 M_1^{j+1} 正确，并进行下一时层的计算；否则，采用弦割法对 M_1^{j+1} 进行迭代修正，直到满足上述边界条件为止。

7.3.2.2　时域法优势

时域法具有直观、准确的优点，不仅可以获得脉动起始点，还可以直观地观察系统相关参数的实时变化，方便更深入地分析流动传热规律，有助于探索其发生机理。非线性稳定性分析中广泛采用的是两种方法,一种是对时域非线性微分方程进行数值迭代求解。许多成熟的瞬态程序如 RELAP5、RETRAN-3D 和 TRAC 都能够进行这样的分析计算。另一种方法是所谓的理论方法,如霍普夫分叉法[33]、李雅普诺夫方法和谐波拟线性化方法。虽然理论方法能够研究流动不稳定性的本质和识别简单模型的稳定性边界,但是随着数值计算方法的不断改进,目前广泛采用瞬态时域法程序来研究系统的非线性稳定性。

因为时域法能够更加完整精确地描述系统,概括条件全面,因此分析的结果适用于具体工程对象,但是通用性有时会受到限制,计算时间的消耗和数值稳定性的困难经常会阻碍其用于确定系统不稳定性起始点。

7.4　典型两相流动不稳定性分析

7.4.1　Ledinegg 不稳定性

研究含有一沸腾流道的系统,其稳态压降为 Δp_s($\Delta p_s = \Delta p_F + \Delta p_1 + \Delta p_g$),即由摩擦压降($\Delta p_F$)、形阻压降($\Delta p_1$)和重力压降($\Delta p_g$)三部分组成。受到外界驱动压头($\Delta p_{ex}$)流道的动力平衡条件为

$$I \frac{\mathrm{d}Q}{\mathrm{d}\tau} = \Delta p_{ex} - \Delta p_s \tag{7-24}$$

式中,Q 为体积流量;I 为对应的流体当量惯性。若对应的流道长度为 L,界面为 A_s,则 $I = \rho L / A_s$。系统不受扰动时,流量 $Q_0 =$ 常数,$\Delta p_{ex} = \Delta p_s$。运用小扰动原理,令 $Q = Q_0 + \Delta Q$,可得增量方程:

$$I \frac{\mathrm{d}\Delta Q}{\mathrm{d}\tau} + \left(\frac{\partial}{\partial Q} \Delta p_s - \frac{\partial}{\partial Q} \Delta p_{ex} \right) \Delta Q = 0 \tag{7-25}$$

上式若直接积分,令积分常数为 C,则

$$Q(\tau) = C \left\{ \exp \left[- \left(\frac{\partial}{\partial Q} \Delta p_s - \frac{\partial}{\partial Q} \Delta p_{ex} \right) \frac{\tau}{I} \right] \right\} \tag{7-26}$$

如果用拉普拉斯变化,则有

$$s = \frac{1}{I} \left(\frac{\partial}{\partial Q} \Delta p_{ex} - \frac{\partial}{\partial Q} \Delta p_s \right) \tag{7-27}$$

无论从式(7-26)或式(7-27)都可得出 $\partial \Delta p_s / \partial Q - \partial \Delta p_{ex} / \partial Q \geqslant 0$ 系统稳定,因此 Ledinegg 稳定性准则为

$$\frac{\partial}{\partial Q} \Delta p_{ex} \leqslant \frac{\partial}{\partial Q} \Delta p_s \tag{7-28}$$

式(7-28)表示沸腾流道的压降-流量内部特性曲线的斜率应比外加驱动系统的特性曲线斜率大,前已指出,沸腾流道的压降流量曲线为 N 形三次曲线。如图 7-9 所示,当初始点在负斜率区时,可能出现以下几种工况。

1)情况 Ⅰ:$\partial \Delta p_{ex} / \partial Q = -\infty$,近似于外部驱动回路中有一固定排量泵,流量不变,运行稳定,一定满足准则式(7-28)。

2)情况 Ⅱ:$\partial \Delta p_{ex} / \partial Q = 0$,类似于并行沸腾通道,如果运行在状态 1,只要稍有流量减少,运行点便漂移到状态 2;若发生小流量增加扰动,即偏移到状态 3。

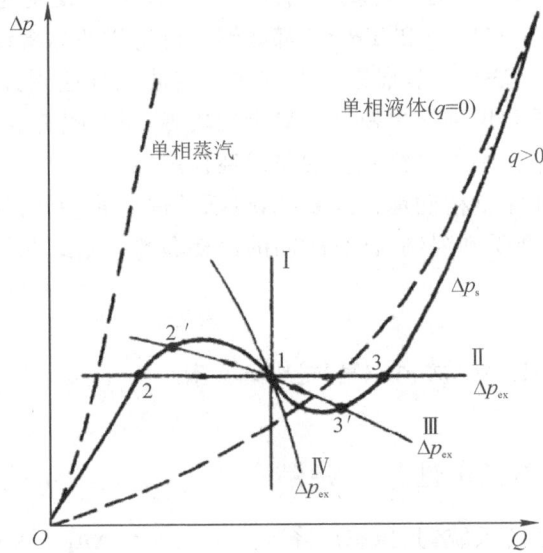

图 7-9　流量漂移示意图

3）情况Ⅲ：外部特性曲线类似于一般的离心泵和喷射泵的特性曲线，若初始运行点也在点 1（负斜率区），则扰动特征与情况Ⅱ类似，应当避免。

4）情况Ⅳ：沸水反应堆的典型运行情况，外部特性曲线匹配良好，满足 Ledinegg 判据，运行恒稳定。

7.4.2　密度波不稳定性

流动不稳定是指反应堆冷却剂系统或局部部件内的冷却剂流量在受到瞬时扰动后偏离原来的稳定状态，发生非周期性漂移或周期性振荡现象[34]。实验研究发现两相流体流动不稳定性中最常见的是密度波型脉动[35-36]，其典型特征是随着流量的周期性变化，高密度流体和低密度流体交替流过通道，脉动周期等于流体质点通过加热段所需时间的 1～2 倍，密度波型脉动通常发生在流量-压降特性曲线的正斜率区[37-38]。

7.4.2.1　基本分析模型

不少学者观察和分析了密度波不稳定性现象，这里主要介绍 Wallis 等[39]的拉格朗日坐标系统分析方法，讨论受恒热流加热、出口具有节流阻力件的沸腾通道。图 7-10 所示为一竖直加热的直管，管壁面热流密度稳定且均匀。沸腾流道的两相混合物段长度与起始沸腾线有关，因此，在密度波振荡下，起始沸腾线呈周期性变化特性。图中 Y 为欠热段长度，Z 为以沸腾起始线为原点的描述两相流体元的坐标，流体在管内的位置为 $h = Y + Z$。流道长度为 H，u_0 为流体入口流速，u 表示两相流体元速度。

假定加热流道进口为欠热水，欠热度不变；忽略两相间的滑移效应；系统处于高压，忽略压力变化对流体物性的影响。设欠热段内，流体元达到液体饱和焓所需的时间间隔为 τ_b，τ 时刻起始沸腾线的瞬时位置 $Y(\tau)$ 应为

$$Y(\tau) = \int_{\tau - \tau_b}^{\tau} u_0(\tau') \mathrm{d}\tau' \qquad (7-29)$$

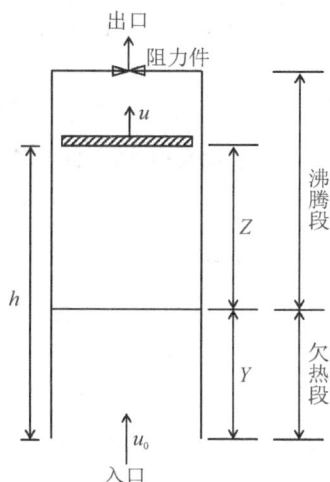

图 7-10　密度波分析模型

沸腾流道体积元 dh 运动的压降特性为

$$\Delta p = \int_0^H \left(\frac{4f\rho u^2}{D} + \rho \frac{du}{d\tau} + \rho g \right) dh \tag{7-30}$$

1. 两相物性和含气率

令均匀加热热流为 q，加热周界为 P_h，流体元质量为 m，流动截面为 A_h。向上流动时，流体平衡蒸发量为 $q\,dh\,P_h/h_{fg}$，$dh = m(v_f + xv_{fg})/A_h$，于是

$$\frac{dx}{d\tau} = \frac{q\,dh\,P_h}{mh_{fg}} \tag{7-31}$$

令 $a_0 = qP_h v_{fg}/(A_h h_{fg})$，则式(7-31)变换为

$$\frac{dx}{d\tau} = a_0 \left(\frac{v_f}{v_{fg}} + x \right) \tag{7-32}$$

令流体元达到饱和(即含气率 $x=0$)时的时刻为 τ_0，相当于 $Z=0$，则 τ 时刻 Z 处该流体元的含气率为

$$x(\tau, \tau_0) = \frac{v_f}{v_{fg}} \left[e^{a_0(\tau - \tau_0)} - 1 \right] = \frac{v - v_f}{v_{fg}} \tag{7-33}$$

$$v = v_f e^{a_0(\tau - \tau_0)} \tag{7-34}$$

2. 运动特性参数

两相区内，下边界自沸腾起始线 $Y(\tau)$ 起，界面长度规定为 Z' 的控制体积是运动着的。于是，τ 时刻下界面运动进入该控制容积的流体体积的流入率为 $A_h(u_0 - dY/d\tau)$，上界面处流体体积的流出率为 $A_h\,dz/d\tau$，流体沸腾体积变化为 $A_h a_0 z'$，τ 时刻 $Z'=Z$，假定流体不可压缩，则有

$$\frac{dZ}{d\tau} = u_0(\tau) - \frac{dY}{d\tau} + a_0 Z \tag{7-35}$$

结合式(7-29)后有

$$\frac{\mathrm{d}Z}{\mathrm{d}\tau} = a_0 Z + u_0(\tau - \tau_b) \tag{7-36}$$

$$Z(\tau,\tau_0) = \mathrm{e}^{a_0\tau} \int_{\tau_0}^{\tau} \mathrm{e}^{-a_0\tau'} u_0(\tau' - \tau_b)\,\mathrm{d}\tau' \tag{7-37}$$

有了 $Y(\tau)$ 和 $Z(\tau,\tau_0)$ 的表达式后,指定流体元在任一时刻的速度 u 和加速度 $\mathrm{d}u/\mathrm{d}\tau$ 的表达式分别为

$$u = \frac{\partial Y}{\partial \tau} + \frac{\partial Z}{\partial \tau} \tag{7-38}$$

$$\frac{\mathrm{d}u}{\mathrm{d}\tau} = \frac{\partial^2 Y}{\partial \tau^2} + \frac{\partial^2 Z}{\partial \tau^2} \tag{7-39}$$

于是得

$$u = a_0\tau + u_0(\tau) = a_0(h - Y) + u_0(\tau) \tag{7-40}$$

$$\frac{\mathrm{d}u}{\mathrm{d}\tau} = a_0^2(h - Y) + a_0 u_0(\tau - \tau_b) + \frac{\mathrm{d}u_0(\tau)}{\mathrm{d}\tau} \tag{7-41}$$

沸腾管于 τ 时刻到达出口处 H 的运动方程为

$$H = Y + Z = \int_{\tau - \tau_b}^{\tau} u_0(\tau')\,\mathrm{d}\tau' + \mathrm{e}^{a_0\tau}\int_{\tau_0}^{\tau}\mathrm{e}^{-a_0\tau'} u_0(\tau' - \tau_b)\,\mathrm{d}\tau' \tag{7-42}$$

τ_0 对应于 $h = H$ 处的流体元的起始沸腾时刻,两相沸腾段长度是 τ_0 的函数,因此 $\mathrm{d}h = (\partial h/\partial \tau_0)_\tau \mathrm{d}\tau$,为任一时刻 τ 下的值,$h(\tau,\tau_0)$ 由式(7-42)计算。

7.4.2.2　计算实例

假定出口处阻力件的摩擦压降(F)是引起不稳定性的唯一原因,为了讨论简单,假定该压降与含气率的变化关系不大,按 ρu^2 函数形式变化,即令 $F = C_0 \rho u^2$,C_0 为常数。则小扰动假定下,增量方程为

$$\Delta F = F\left(\frac{\Delta\rho}{\rho} - \frac{2\Delta u}{u}\right) \tag{7-43}$$

若入口速度 u_0 受到一小扰动为 $u + \varepsilon\mathrm{e}^{s\tau}$,$s$ 为复变数,则密度扰动按式(7-34)为

$$\Delta\rho = \rho_f \mathrm{e}^{-a_0(\tau - \tau_0)}\left[-a_0\Delta(\tau - \tau_0)\right] = -\rho a_0\Delta(\tau - \tau_0) \tag{7-44}$$

u' 为受到扰动后的速度,于是

$$u' = a_0 h - a_0\left[u_0\tau_b + \varepsilon\mathrm{e}^{s\tau}\frac{1}{s}(1 - \mathrm{e}^{-s\tau_b})\right] + u_0 + \varepsilon\mathrm{e}^{s\tau} \tag{7-45}$$

结合式(7-40),速度增量为

$$\Delta u = \left[-\frac{a_0}{s}(1 - \mathrm{e}^{-s\tau_b}) + 1\right]\varepsilon\mathrm{e}^{s\tau} \tag{7-46}$$

流道长度(H)为固定值,由式(7-42)可得

$$\Delta H = 0 = \varepsilon\mathrm{e}^{s\tau}\left[\frac{1 - \mathrm{e}^{-s\tau_b}}{s} + \frac{\mathrm{e}^{-s\tau_b}}{s - a_0}(1 - \mathrm{e}^{(a_0-s)(\tau-\tau_0)})\right] + u_0\mathrm{e}^{a_0(\tau-\tau_0)}\Delta(\tau - \tau_0) \tag{7-47}$$

整个沸腾流道的运动方程可近似为下述增量式:

$$I\frac{\mathrm{d}\Delta u}{\mathrm{d}\tau} + \Delta F = 0 \tag{7-48}$$

其中,I 为回路的当量惯性,此式可变化为

$$Is\varepsilon\, \mathrm{e}^{s\tau} + \Delta F = 0 \tag{7-49}$$

$$\left(1 + \frac{\Delta F}{Is\varepsilon\, \mathrm{e}^{s\tau}}\right)\varepsilon\, \mathrm{e}^{s\tau} = 0 \tag{7-50}$$

将 ΔF 表达式代入后,可以整理出极坐标形式的传递函数:

$$Y(s) = \frac{\Delta F}{Is\varepsilon\, \mathrm{e}^{s\tau}} = \frac{F}{Iu_0\, \mathrm{e}^{a_0(\tau-\tau_0)}}\left[\frac{a_0\, \mathrm{e}^{-a_0\tau_b}}{s(s-a_0)}(1-\mathrm{e}^{(a_0-s)(\tau-\tau_0)}) - \frac{a_0}{s^2}(1-\mathrm{e}^{s\tau_b}) + \frac{2}{s}\right] \tag{7-51}$$

令 $Y(s)=U+V$,则实部 U 和虚部 V 分别为

$$U = \frac{F}{Iu_0\, \mathrm{e}^{a_0(\tau-\tau_0)}}\left\{\frac{a_0}{\omega(a_0^2+\omega^2)}\left[(1-\mathrm{e}^{a_0(\tau-\tau_0)})\cos\omega(\tau-\tau_0)(-\omega\cos\omega\tau_b + a_0\sin\omega\tau_b) - \right.\right.$$

$$\left.\left.(a_0\cos\omega\tau_b C + \omega\sin\omega\tau_b)\mathrm{e}^{a_0(\tau-\tau_0)}\sin\omega(\tau-\tau_0)\right] + \frac{a_0}{\omega^2}(1-\cos\omega\tau_b)\right\}$$

$$\tag{7-52}$$

$$V = \frac{F}{Iu_0\, \mathrm{e}^{a_0(\tau-\tau_0)}}\left\{\frac{a_0}{\omega(a_0^2+\omega^2)}\left[(1-\mathrm{e}^{a_0(\tau-\tau_0)})\cos\omega(\tau-\tau_0)\times(a_0\cos\omega\tau_b + \omega\sin\omega\tau_b) + \right.\right.$$

$$\left.\left.\mathrm{e}^{a_0(\tau-\tau_0)}\sin\omega(\tau-\tau_0)\times(-\omega\cos\omega\tau_b + a_0\sin\omega\tau_b)\right] + \frac{a_0}{\omega^2}\sin\omega\tau_b - \frac{2}{\omega}\right\}$$

$$\tag{7-53}$$

方程形式很复杂,无法使用式(7-51)直接判别,可以用图解法计算。按照 Nuqusit 稳定性准则,当 ω 为实数时,函数 $Y(s=\mathrm{j}\omega)$ 在复平面上的轨迹不包含 $(-1,0)$ 点。但系数 $F/Iu_0\mathrm{e}^{a_0(\tau-\tau_0)}$ 是该轨迹的比例因子。当比例因子大于一定值后,可以使迹线包含 $(-1,0)$ 点,系统出现不稳定。式(7-51)显示 Y 的脉动周期特性由 $\mathrm{e}^{-s(\tau-\tau_0)} = \mathrm{e}^{-\mathrm{j}\omega(\tau-\tau_0)}$ 决定。τ_0 是 τ 时刻处于流道出口 H 处的质点所需时间间隔,它表征了密度波的周期。通常认为粒子通过沸腾段时间 τ_tr 近似等于流体通过加热流道的时间,用以描述密度波不稳定性周期。

7.4.2.3　参数影响

这一简单分析告诉我们,欲使回路的稳定性增大,可以采取如下措施:①加大流动惯性;②尽可能减少加热段压降,特别是减少加热段出口压降损失;③增大流量,同时必须降低平均摩擦系数。当流道几何形状、系统压力、流量入口欠热度一定(中等欠热度情况)时,增大热流密度会引起密度波不稳定性。一般情况下,加热流道欠热段较短时,有可能发生密度波振荡。若加热热流很高,使出口空泡率非常大,通常不会引起密度波不稳定性,绝热的气液两相流动也不会引起密度波不稳定性。

在输入热流不变的情况下,对应于每一流量,在一定的欠热度范围内,可能出现流动不稳定。实验表明,在中等和大欠热度情况下,加大入口欠热度会降低稳定性。在一定的流道几何尺寸和热流密度下,入口流速增加,导致两相区域减少和密度变化量小,流道趋于稳定。若出口含气率一定,增加系统压力,则高压下相变引起的密度变化量小,也起稳定作用。

与流量漂移和自然循环流动振荡不同,密度波振荡发生在压降-流量曲线的正斜率区。实验证明,通过入口节流和液体单相区摩阻的增加,可以提高稳定性。它们增加单相流动压降,且与入口流量变化同步,因而起阻尼作用。通道出口节流起降低稳定性的作用。

7.4.3 压降振荡不稳定性

两相流沸腾不稳定性是一种不良现象,因为它们会导致系统控制问题,这对工艺效率有害,并可能导致设备烧毁和损坏[40]。压降振荡不稳定性属于动态与静态相互作用的复合不稳定性,由静态不稳定性触发。压降振荡发生在加热段上游或内部具有可压缩体积的系统中[41],试验段满足条件 $L/d>150$,流量骤增激发流道和可压缩空间的动态相互作用,振荡发生周期极短($<0.1\ Hz$)。

加热段入口流量因扰动减少,蒸发率增加,两相摩擦增大,流量会继续减少,因为总压头不变,迫使部分流量进入脉冲箱。脉冲箱内气体受压缩,压力升高。与此同时由于阻力增大,系统总流量减少,其减少量低于加热流道的流量减少量,二者之间无法平衡,因此产生动态相互作用。

当两相混合物离开加热流道后,流动阻力减少,在脉冲箱压力和外加驱动压头的联合作用下,大量流体进入加热流道,流量突然增高,阻力增大,之后流量沿该曲线下降发生相反过程,从而出现压降振荡现象。

7.4.3.1 压降振荡模型

Stenning 等[42]于 1965 年完成了第一份显示动态不稳定性三种主要机制的报告。这份报告涉及了压降振荡不稳定性的研究,展示了实验结果和描述每种现象背后物理的第一个相关模型。由于集总参数模型的简单性以及与实验数据的良好一致性,目前仍然使用集总参数模型来解释试验段上游具有可压缩体积的压降振荡不稳定性。然而,该模型是在一定的假设下建立的,必须加以考虑。为了在一维空间中使用集总参数模型,必须验证振荡的周期远大于流体粒子在加热段中的停留时间。这样,就可以说明系统从一个准稳态解移动到另一个准稳态解。在流量偏移期间,情况并非如此,但与振荡的其余部分相比,流量偏移对周期的贡献通常不显著。图 7-11 显示了易于开发压降振荡的典型系统的示意图。

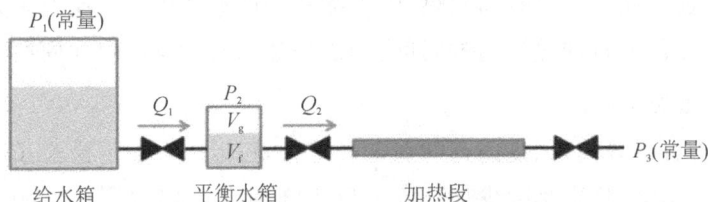

图 7-11 压降振荡系统简图

该系统开发的动力方程组如下:

$$P_1 - P_2 = K_1 Q_1^2 + \rho_f \frac{L_1}{A_1} \frac{dQ_1}{dt} \tag{7-54}$$

$$P_2 - P_3 = (P_2 - P_3)_s + \rho_f \frac{L_2}{A_2} \frac{dQ_2}{dt} \tag{7-55}$$

$$P_1 - P_3 = C \tag{7-56}$$

$$Q_1 - Q_2 = -\left(1 - \frac{\rho_g}{\rho_f}\right) \frac{dV_g}{dt} \tag{7-57}$$

式中,Q_1 和 Q_2 分别为进出缓冲罐的体积流量;$(P_2 - P_3)_s$ 为稳态流量下通过加热器的压降,

是 Q_2 的函数；L_1 和 L_2 分别为缓冲罐前后的管道长度；ρ_f 为液体密度；ρ_g 为饱和蒸汽的密度；V_g 为缓冲罐中的气体体积；C 为常量。如果忽略蒸发导致的液体体积损失，则式（7-57）中与密度相关的项消失。

　　对这些方程稳定性的研究表明，当 $(P_2-P_3)_s$ 的斜率为负值时，系统可能难以达到稳定状态。当 P_2 作为 Q_1 函数的曲线斜率比对应于加热段 $P_2(Q_2)$ 的斜率更负时，可能会发生振荡行为。图 7-12 表示典型的 N 形系统稳态曲线，如果两条曲线 $P_2(Q_1)$ 和 $P_2(Q_2)$ 在非加热段的斜率比加热段的斜率更负的地方被截取，P_2 的小幅增加将导致 Q_2 比 Q_1 减少更多。这将使缓冲罐中的液位升高，P_2 将进一步升

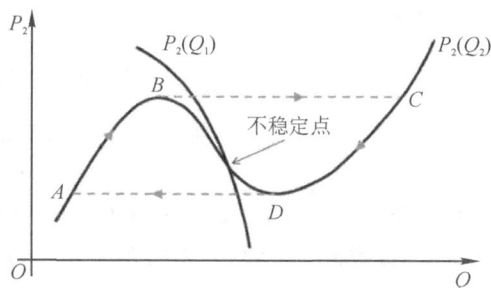

图 7-12　N 形系统稳态曲线

高。由于系统是静态不稳定的，并且在截取两条曲线时没有稳定点，系统将遵循图中所示的 $ABCD$ 限定的极限环。在 Stenning 等所做的研究中，施加在流体上的功率被认为是恒定的，这似乎由管壁温度的微小波动来证明。该报告还指出，并非在负坡度区域的所有点都发生压降振荡，还观察到在加热功率较低的实验中，压降振荡的振幅较小，并停留在负斜率区域，而不遵循准稳态点。

7.4.3.2　压降振荡分析

1966 年，Maulbetsch（莫尔贝奇）等[43]分析了流量偏移和压降振荡，包括分析和实验。所使用的模型是集总参数模型，其中储能机制是沸腾通道中流动的惯性和上游系统的压缩性。分析了加热段上游液体可压缩体积对触发不稳定性的临界热流密度的影响。

　　两位学者在该研究中还发现，对于长度与直径比大于 150 的加热段，有足够的压缩性来引发这种类型的不稳定性。由于蒸汽的生成，这种压缩性是试验段本身固有的。应注意的是，没有记录到振动现象，因为在完成第一个循环之前，试验段总被破坏。

　　图 7-13 为分析压降振荡不稳定性的简化模型，假定加热段入口压力（P_{in}）是总体积流量（Q）的函数，沸腾管出口压力（P_{out}）不变，忽略因蒸汽相变引起的加速效应。加热段上游有一波动容积（波动箱），流道内由单相液体流动段和加热段两部分构成。令 ΔP_1 表示波动箱下游压降之和，且为加热流道体积流量（Q_1）的函数。波动箱入口压降（ΔP_2）与分流量（Q_2）的平方成比例，$\Delta P_2 = K_2 Q_2^2$，其中 K_2 为比例常数。

　　在集中参数假定下，系统的动量平衡方程如下。

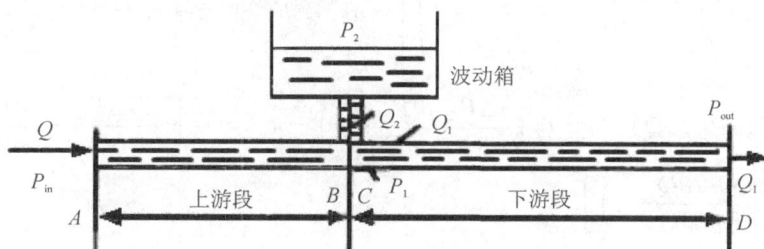

图 7-13　压降振荡系统简化分析模型

主流道：

$$P_{\text{in}}(Q) - P_{\text{out}} = \Delta P_1(Q_1) + I_1 \frac{\mathrm{d}Q_1}{\mathrm{d}\tau} \tag{7-58}$$

波动箱：

$$P_{\text{in}}(Q) - P_2 = K_2 Q_2^2 + I_2 \frac{\mathrm{d}Q_1}{\mathrm{d}\tau} \tag{7-59}$$

式中，I_1 和 I_2 为相应的当量惯性。系统的连续方程为

$$Q = Q_1 + Q_2 \tag{7-60}$$

稳态下，$Q_2 = 0$；$Q = Q_1$；$P_2 = P_0$，$P_{\text{in}}(Q) - P_{\text{out}} = \Delta P_1(Q_1)$，$P_{\text{in}}(Q) - P_2 = K_2 Q_2^2$。在动态情况下，波动箱内的容积变化方程和压力变化方程分别为

$$\Delta V = -\int_0^\tau Q_2 \mathrm{d}\tau \tag{7-61}$$

$$P_2 = P_0 + \left(\frac{\mathrm{d}P}{\mathrm{d}V}\right)_0 \Delta V = P_0 - \left(\frac{\mathrm{d}P}{\mathrm{d}V}\right)_0 \int_0^\tau Q_2 \mathrm{d}\tau \tag{7-62}$$

在不计 $K_2 Q_2^2$ 二阶扰动项和流量小扰动假定下，式（7-58）~式（7-60）的增量方程分别为

$$\frac{\partial P_{\text{in}}(Q)}{\partial Q}\Delta Q = \frac{\partial \Delta P_1(Q)}{\partial Q}\Delta Q_1 + I_1 \frac{\mathrm{d}Q_1}{\mathrm{d}\tau} \tag{7-63}$$

$$\frac{\partial P_{\text{in}}(Q)}{\partial Q}\Delta Q + \left(\frac{\mathrm{d}P}{\mathrm{d}V}\right)_0 \int_0^\tau \Delta Q_2 \mathrm{d}\tau = I_2 \frac{\mathrm{d}\Delta Q_2}{\mathrm{d}\tau} = I_2\left(\frac{\mathrm{d}\Delta Q}{\mathrm{d}\tau} - \frac{\mathrm{d}\Delta Q_1}{\mathrm{d}\tau}\right) \tag{7-64}$$

$$\Delta Q = Q - Q_0 = \Delta Q_1 + \Delta Q_2 \tag{7-65}$$

将式（7-63）、式（7-64）进行拉普拉斯变换后有

$$\frac{\partial P_{\text{in}}}{\partial Q}\Delta Q = \left(\frac{\partial \Delta P_1}{\partial Q} + I_1 s\right)\Delta Q_1 \tag{7-66}$$

$$\frac{\partial P_{\text{in}}}{\partial Q}\Delta Q + \left(\frac{\mathrm{d}P}{\mathrm{d}V}\right)_0\left(\frac{\Delta Q}{s} - \frac{\Delta Q_1}{s}\right) = I_2 s \Delta Q - I_2 s \Delta Q_1 \tag{7-67}$$

将式（7-66）代入式（7-67），整理得到特征方程为

$$\left(\frac{I_1 I_2}{\frac{\partial P_{\text{in}}}{\partial Q}}\right)s^3 + \left[I_2\left(\frac{\frac{\partial \Delta P_1}{\partial Q}}{\frac{\partial P_{\text{in}}}{\partial Q}} - 1\right) - I_1\right]s^2 + \left[-\frac{\partial \Delta P_1}{\partial Q} - \left(\frac{\mathrm{d}P}{\mathrm{d}V}\right)_0 \frac{I_1}{\frac{\partial P_{\text{in}}}{\partial Q}}\right]s +$$

$$\left[-\left(\frac{\mathrm{d}P}{\mathrm{d}V}\right)_0\left(\frac{\frac{\partial \Delta P_1}{\partial Q}}{\frac{\partial P_{\text{in}}}{\partial Q}} - 1\right)\right] = as^3 + bs^2 + cs + d = 0 \tag{7-68}$$

其中，$a = I_1 I_2/(\partial P_{\text{in}}/\partial Q)$，$b = I_2\left(\frac{\partial \Delta P_1}{\partial Q}\bigg/\frac{\partial P_{\text{in}}}{\partial Q} - 1\right) - I_1$，$c = \left[-\frac{\partial \Delta P_1}{\partial Q} - \left(\frac{\mathrm{d}P}{\mathrm{d}V}\right)_0 \frac{I_1}{\partial P_{\text{in}}/\partial Q}\right]$，$d = \left[-\left(\frac{\mathrm{d}P}{\mathrm{d}V}\right)_0\left(\frac{\partial \Delta P/\partial Q}{\partial P_{\text{in}}/\partial Q} - 1\right)\right]$。

令 $s = \mathrm{j}\omega$，代入式（7-68），中性振荡即无阻尼振荡应满足的条件为

$$\omega^2 = \frac{c}{a} = \frac{d}{b} \tag{7-69}$$

进一步可得 $ad-bc=0$，结合 a、b、c、d 的具体参数，可得到关于 $\partial \Delta P/\partial Q$ 的二次方程，用二项式定理解出满足无阻尼自由振荡的临界 $(\partial \Delta P/\partial Q)_c$ 值为

$$\left(\frac{\partial \Delta P_1}{\partial Q}\right)_c = \frac{\left(\frac{\partial P_{in}}{\partial Q}\right)(I_1+I_2) \pm \left[\left(\frac{\partial P_{in}}{\partial Q}\right)^2 (I_1+I_2)^2 + 4I_1^2 I_2 \left(\frac{dP}{dV}\right)_0\right]^{0.5}}{2I_1} \tag{7-70}$$

根据振荡系统特征要求，特征方程系数 a 应为实数，而且 $\omega^2 > 0$，将 a 和 c 的值代入式 (7-69) 得

$$\omega^2 = \frac{1}{I_1 I_2}\left[-\frac{\partial \Delta P_1}{\partial Q}\frac{\partial P_{in}}{\partial Q} - I_1\left(\frac{dP}{dV}\right)_0\right] > 0 \tag{7-71}$$

$$\frac{\partial \Delta P_1}{\partial Q} < 0 \tag{7-72}$$

于是出现振荡的条件为

$$\left|\frac{\partial \Delta P_1}{\partial Q}\right| > \left|\frac{\partial \Delta P_1}{\partial Q}\right|_0 \tag{7-73}$$

加热系统的压降-流量曲线的负斜率绝对值越大，越容易发生振荡，此外由上述式还可以看出：压缩性增大，易发生振荡；惯性减少也趋于增强振荡。

7.4.4　并联通道不稳定性

7.4.4.1　并联通道不稳定性判定方法

对于含有并联通道的自然循环回路，如图 7-14 所示，并联通道之间的流量可能发生同相脉动和异相脉动。当并联通道的流量发生同相脉动时，自然循环系统流量必然发生波动。这种由于自然循环流量波动而表现的并联各通道流量同相脉动现象为系统的流动不稳定性。并联通道的流量发生异相脉动时，各个并联通道流量的总和往往是恒定的，这种由于并联通道自身的流量异相脉动称为并联通道流动不稳定性（管间脉动）。

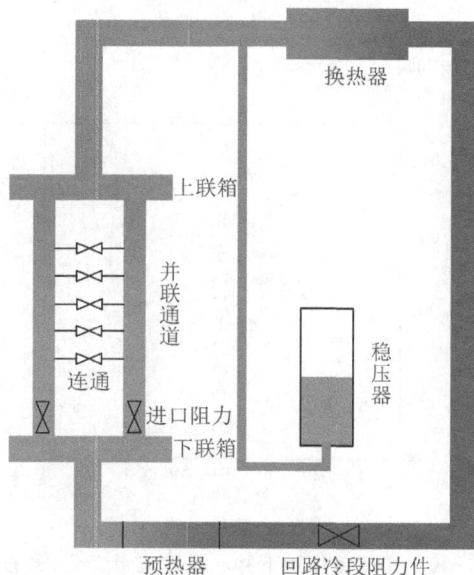

图 7-14　并联通道自然循环系统示意图

　　在分析计算中,可以采用阶梯步进升功率过程结合小扰动方法探测流动不稳定性。对于自然循环系统流动不稳定性,可以直观地根据系统在升功率过程中的流量变化判定,当自然循环系统流量发生大幅值的脉动时,即发生了系统流动不稳定性。对于并联通道流动不稳定性,程序计算时在一个阶梯升功率后,待自然循环系统流量、温度等各参数稳定,给予其中一个通道以 1% 功率时长 1 s 的突增小扰动,根据并联通道的流量响应分为以下三种情况。

　　1)并联通道流量经过若干时间后能够逐渐恢复到其初始的工况状态,则认为这一工况是稳定的,定义这样的流动工况为阻尼振荡。

　　2)并联通道流量经过若干时间以后逐渐稳定过渡到另一个工况并稳定运行,且新的工况相对于初始工况足够大,则认为这一工况是不稳定的,定义这样的流动状态过程为流量漂移,属于静力学不稳定性。

　　3)并联通道流量的脉动幅值在经过若干时间以后逐渐变大并发散,则认为这一工况是不稳定的,称这样的振荡为发散振荡。

　　图 7-15 所示为小扰动作用下并联双通道的流量变化,通道流量在扰动后逐渐收敛[见图 7-15(a)],则认为阻尼振荡,这一工况是稳定的。通道流量在扰动后发散[见图 7-15(c)]或发散至一定值[见图 7-15(b)],则认为是发散振荡,这一工况是不稳定的。

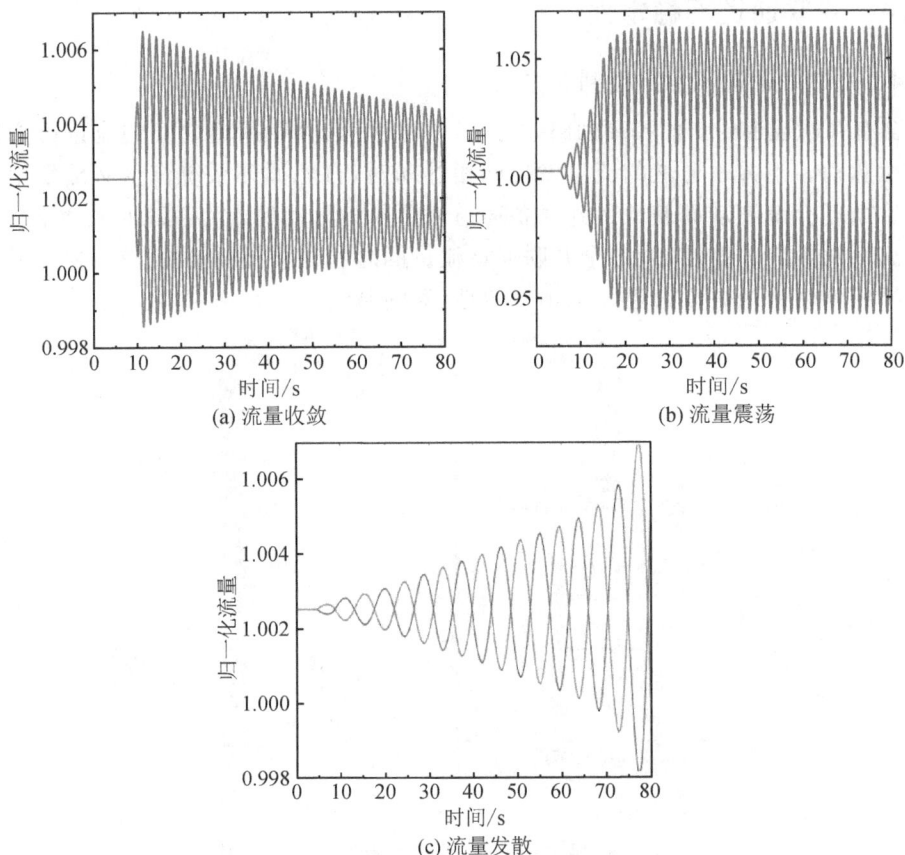

(a) 流量收敛　　　　　　　　　　　(b) 流量震荡

(c) 流量发散

图 7-15　小扰动作用下并联通道流量变化(见彩图)

在特殊的运动条件下,如周期性的海洋运动会给自然循环系统流量引入波动,在考虑流动不稳定性的判定时,应当针对流量的波动进行辨别。一方面可以针对流量的波动是否符合周期性的海洋运动条件判断,另一方面可以对流量波动进行频谱分析,更为直观地区分波形中的各个引起流量波动的成分。通过识别海洋运动引起的流量波动成分,避免因为海洋条件引发的波动干扰流动不稳定性的判定。

7.4.4.2　并联通道不稳定性机理

分析并联通道流动不稳定性的机理可以从密度波的角度出发,密度波振荡是密度波和压力波传递的延迟所致。密度波的传递大致与空泡的流动速度一致,而压力波的传递与声速一致,远大于密度波的传递速度。因此,由于空泡的传递需要一定的时间,单相区和两相区的流量存在一定的相位差。而压力波的传递速度非常快,各区的压降与各区的流量变化一致。因此,单相区和两相区的压降也存在一定的相位差。

图 7-16 为并联通道不稳定性发生时,其中一个通道的重力压降、摩擦压降、加速压降及形阻压降的波动量。在这个工况下,重力压降、形阻压降的波动量基本与进口流量同相,摩擦压降、加速压降的波动量基本与进口流量反相。尽管重力压降的绝对量远大于摩擦压降,但其随流量的波动量与摩擦压降差别不大。由于并联通道的流量之和等于总流量,因此在总流量不变的情况下,两个通道的流量呈异相波动。由于并联通道被上下联箱连通,两个通道的压降趋于一致,两个通道的总压降差决定了流量的变化率。图 7-17 和图 7-18 为并联通道流量收敛及发散情况下,两个通道的各压降差与流量的变化。两个通道的总压降差由单相压降和两相压降的相对大小和相位决定。可以类比为一个弹簧系统,若平衡位置处的回复力不为零,弹簧将收敛振荡或发散振荡。如图 7-17 所示,在一个波动周期内,两相压降差与单相压降差叠加的总压降差最大值提前于流量平衡位置时,流量将收敛。相反地,如图 7-18 所示,总压降差最大值滞后于流量平衡位置时,流量将发散。

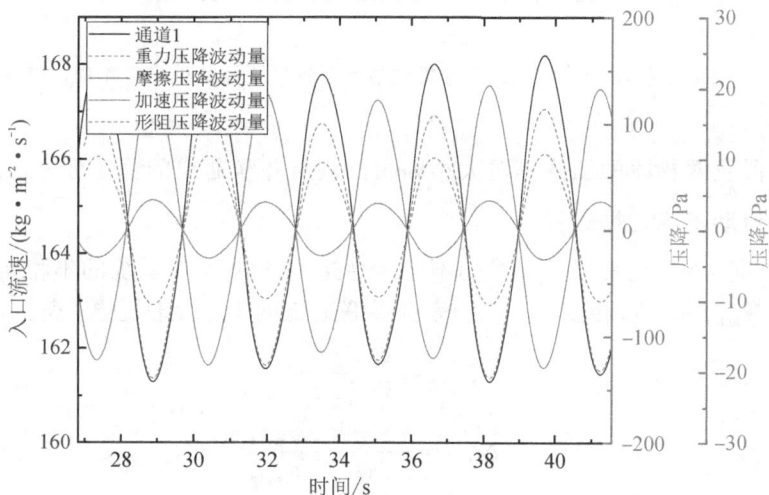

图 7-16　小扰动后各压降成分的波动量(见彩图)

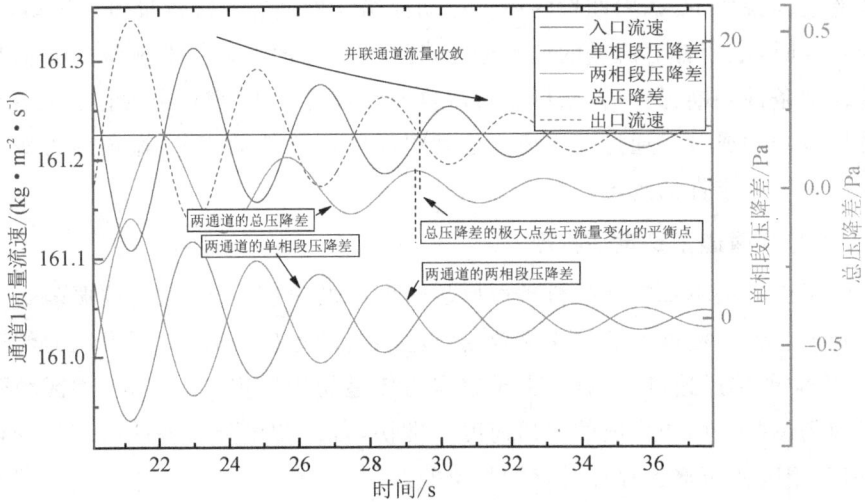

图 7 - 17　小扰动后并联通道流量收敛情况下各段压降及进出口流量（见彩图）

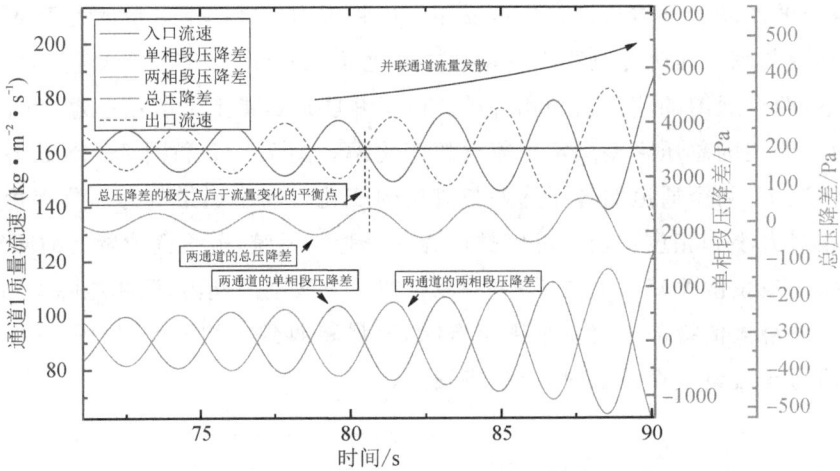

图 7 - 18　小扰动后并联通道流量发散情况下各段压降及进出口流量（见彩图）

因此,单相段及两相段的压降相对大小和相位差与并联通道的稳定性密切相关。

7.4.4.3　流动不稳定性边界

在不稳定性研究中,经常采用二维的不稳定性边界线来表现系统的不稳定性。本书采用进口过冷度数(N_{sub})和出口相变数(N_{pch})表征并联通道的不稳定性边界,表达式如下:

$$N_{pch} = \frac{Q}{W} \frac{v_{fg}}{h_{fg} v_{fs}} \tag{7-74}$$

$$N_{sub} = \frac{h_{fs} - h_{in}}{h_{fg}} \frac{v_{fg}}{v_{fs}} \tag{7-75}$$

过冷度数定义为液相在单相加热段的无量纲时间,表征因进口过冷而流体在单相加热段的延迟。进口过冷度越大,无量纲时间越长。相变数定义为无量纲进口速度的倒数,表征受热系统的相变程度。将进口过冷度和出口相变数这两个无量纲数分别做 y 轴和 x 轴,做出的 N_{sub} - N_{pch} 平面常称为不稳定性边界图。在其他参数保持不变的情况下,平行于横坐标的线代表相同过冷度数下功率的变化,平行于纵坐标的线代表进口过冷度的变化。在不稳定性边界图中,通常标注了通道出口的等含气率线,每一条等含气率线都是一条斜率为正的直线,这条线仅取决于压力。等含气率线在 N_{sub} - N_{pch} 图的做法可通过两个无量纲数的关系推导而来,即

$$N_{sub} = N_{pch} - x_e \cdot \frac{v_{fg}}{v_{fs}} \qquad (7-76)$$

在设计反应堆时,可以通过大量计算系统得到流动不稳定性边界,绘制不同压力下的流动不稳定性边界图,从而可以得到系统的稳定性阈值,使设计的反应堆运行在安全区域。

7.4.4.4　热工参数对并联通道流动不稳定性的影响[44]

由于并联通道进口参数随自然循环工况不断地变化,在发生流动不稳定性时,流量是由自然循环特性所决定的。因此,与强迫循环不同,自然循环工况下的流动不稳定性边界处的流量并不是一个定值。分析并联通道流动不稳定性边界时,需同时给出边界处的流量、含气率等热工参数。

1. 进口温度

当进口温度增大时,并联通道不稳定性边界流量略微减小,但变化不大,含气率先减小后增大,与之对应的并联通道流动不稳定性边界如图 7 - 19 所示。在高过冷度区域,进口温度增大,边界含气率降低,系统趋于不稳定。在较低的过冷度区域,进口温度增大,边界含气率升高,系统趋于稳定。造成非单值性的原因是进口温度对于并联通道的不稳定性同时存在促进和抑制两个方面。由并联通道流动不稳定性的机理出发,稳定性取决于单相区及两相区的相对大小和相位差。一方面,进口温度增大,在相同的功率和流量下,加热段内单相流动的区域减小,单相区的阻力减小,两相区的阻力越大,不利于并联通道的稳定。另一方面,进口温度增大,在相同的功率和流量下,单相段的长度越小,流体通过单相段的时间延迟变小,进而导致进出口流量及压降的变化相位差变小,并联通道的流量难以维持持续的振荡,这有利于并联通道

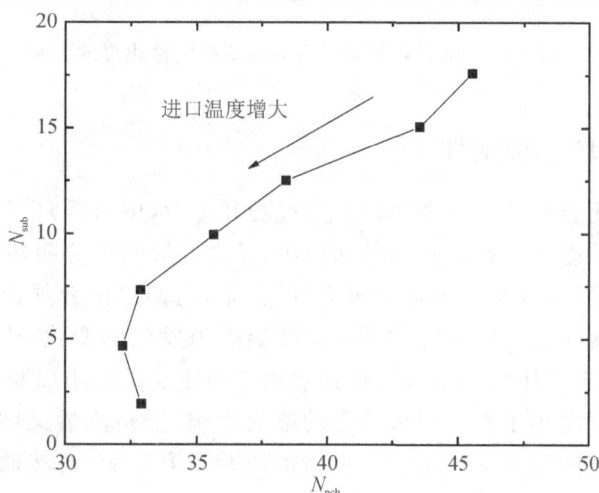

图 7 - 19　进口温度对并联通道流动不稳定性的影响

的稳定。因此综合两方面因素,进口温度对并联通道流动不稳定性的影响是非单值性的,在低过冷度区域存在一个拐点。

2. 系统压力

由于不同压力下的等含气率线不同,二维的流动不稳定性边界难以直观描述不同压力下的流动不稳定性区域,图 7-20 以压力为 z 坐标,将二维流动不稳定性边界图做成三维形式,也称为流动不稳定性空间图[45]。流动不稳定性空间图中的每个压力下的流动不稳定性边界由含气率为 0、含气率为 1 以及流动不稳定性边界组成。由图中可以发现压力降低,流动不稳定性区域在整个两相区域的占比升高,表明系统压力的增大会加强并联通道的稳定性。其原因为系统压力增大,气液两相的密度差变小,相同热负荷下,高压下引起的压差波动比低压下的压差波动要小,从而增强了系统的稳定性。

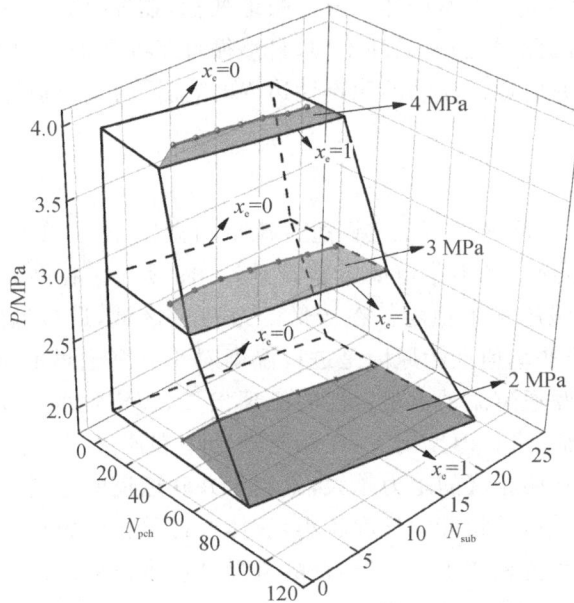

图 7-20 压力对并联通道流动不稳定性边界的影响

7.4.5 自然循环不稳定性

自然循环是指在闭合回路内依靠热段(上行段)和冷段(下行段)中的流体密度差所产生的驱动压头来实现的流动循环。在自然循环回路中,浮力的影响十分明显,回路特性中摩擦阻力(包括加速阻力)与重位压头(实即负重位阻力)的关系,对回路中介质流动的稳定性有明显的影响。假如由于介质流速有一较小的增量而使摩擦阻力发生的变化,小于因流速增加而使重力压头发生的变化(即重位压头减小)时,流速会由于净压头的减小而减小。当流速减小时,又会使摩擦阻力的减小程度小于重位压头所受的增大影响,于是流量又增大。如此反复产生所谓自然循环不稳定性。同时一些学者[46-47]所做的实验研究表明,自然循环不稳定性发生在含气率相对较低的区域,并具有复杂的周期性特征,影响因素也较多。

7.4.5.1　自然循环不稳定性数学模型

很多学者对自然循环不稳定性开展了研究,以郭赟[48]对中国先进研究堆自然循环回路的研究为例介绍分析模型和求解方法。自然循环回路如图 7-21 所示。自然循环运行时,水从下部水箱进入反应堆内,通过加热段,再经上升段流入水池。水池视为下降段,池内水视为常压常温,其中的摩擦压降和局部阻力损失均忽略不计。

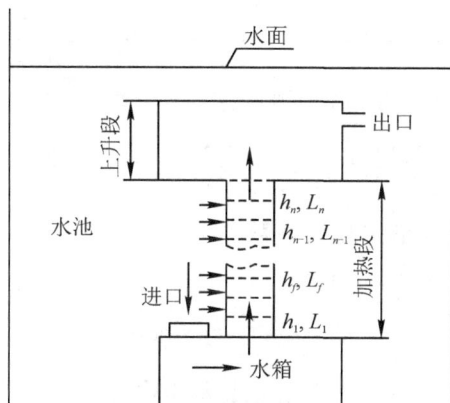

图 7-21　中国先进研究堆自然循环回路

自然循环流量是一变量,与加热段高度以及回路其他几何结构和运行工况密切相关。自然循环流量由下列动量守恒方程(7-77)和能量守恒方程(7-78)耦合求解得到,有

$$\frac{\partial}{\partial t}\left(\frac{W}{A}\right) + \frac{\partial}{\partial z}\left(\frac{W^2}{\rho A^2}\right) = -\frac{\partial p}{\partial z} - \frac{fW|W|}{2D_e\rho A^2} - \rho g \tag{7-77}$$

$$\frac{\partial (H\rho)}{\partial t} + \frac{\partial}{\partial z}\left(\frac{WH}{A}\right) = \frac{qU}{A} \tag{7-78}$$

式(7-77)中未计入形阻损失。

对于一稳态闭式自然循环回路,其冷却剂满足以下动量方程:

$$\oint [\Delta p_f + \Delta p_c + \Delta p_a + \Delta p_{el}] = 0 \tag{7-79}$$

式中,Δp_f、Δp_c、Δp_a、Δp_{el} 分别为冷却剂流经回路的摩擦压降、局部压降、加速压降和提升压降。

自然循环压头(Δp_d)等于沿程所有提升压降的代数和,即 $\Delta p_d = -\oint \Delta p_{el}$。

为求解自然循环流量波动,需联立求解式(7-77)和式(7-78)。为分析自然循环不稳定性,做如下简化。

1)忽略过冷沸腾及下降段各阻力和黏度耗散。

2)两相区摩擦压降采用均匀流模型。

3)冷却剂进口压力温度恒定,加热段进口过冷。

4)加热段两控制体间焓值线性变化。

5)假设质量守恒方程中的 $(\partial \rho / \partial t)_n = 0$。

对于整个自然循环回路,根据流通截面积划分控制体。加热段和上升段是计算的关键部

分,对其控制体划分加密。对各控制体,均有如下差分形式:

$$\frac{\partial(H_n\rho_n)}{\partial t}+\frac{\dfrac{W_nH_n}{A_n}-\dfrac{W_{n-1}H_{n-1}}{A_{n-1}}}{\Delta L}=\frac{q_nU_n}{A_n} \tag{7-80}$$

式中,密度项(ρ_n)通过物性模型根据各控制体焓值(H_n)和压力(p_n)求解,故上式转换为

$$\frac{\partial(H_n)}{\partial t}+\frac{\dfrac{W_nH_n}{A_n}-\dfrac{W_{n-1}H_{n-1}}{A_{n-1}}}{\Delta L\rho_n}=\frac{q_nU_n}{\rho_nA_n} \tag{7-81}$$

对式(7-77)沿回路积分,可得到如下形式:

$$\frac{\mathrm{d}W}{\mathrm{d}t}\sum_{i=1}^{n}\left(\frac{L}{A}\right)_i+\left[\sum_{i=1}^{n}\left(\frac{C_f}{2A^2\rho}\right)_i+\sum_{i=1}^{n}\left(\frac{C_k}{2A^2\rho}\right)_i\right]W^2+\sum_{i=1}^{n}\int_{L_i}\rho g\,\mathrm{d}L=0 \tag{7-82}$$

式中,C_f、C_k 为转化后的沿程和形阻损失系数。

式(7-79)中的各压降求解公式如下:

$$\Delta p_{el}=\int_{z_1}^{z_2}\rho g\sin\theta\,\mathrm{d}L \tag{7-83}$$

$$\Delta p_f=f\,\frac{L}{D_e}\,\frac{\rho V^2}{2} \tag{7-84}$$

对于单相区,层流壁面、过渡区壁面和紊流壁面的摩擦阻力系数分别为

$$f_{1\varphi}=\frac{64}{Re}\quad(Re\leqslant1000) \tag{7-85}$$

$$f_{1\varphi}=0.048\quad(1000<Re<2000) \tag{7-86}$$

$$f_{1\varphi}=\frac{0.316}{Re^{0.25}}\quad(Re\geqslant2000) \tag{7-87}$$

对于两相区,采用均匀流模型,则有

$$f_{2\varphi}=f_{1\varphi}\Phi_{tp}^2 \tag{7-88}$$

$$\Phi_{tp}^2=\left[1.0+\frac{x_e(v_g-v_f)}{v_f}\right]\left(1.0+\frac{\mu_f-\mu_g}{\mu_g}\right)^{-0.25} \tag{7-89}$$

自然循环不稳定发生时,流量波动,各控制体参数随之变化。其中,壁温变化对换热有一定的影响。根据能量守恒得到简化的壁温的微分方程为

$$\frac{\mathrm{d}T_w}{\mathrm{d}t}=\frac{q_g-q_f}{\rho c_p} \tag{7-90}$$

在计算具体工况时,单相区和两相区需选取不同的换热公式,此外,还需根据 Re 数的变化选用合适的换热计算公式。

在单相区,根据 Collier(科利尔)公式,则有

$$Nu=0.17Re^{0.33}Pr^{0.43}\left(\frac{Pr}{Pr_w}\right)^{0.25}Gr^{0.1}\quad(Re<2000) \tag{7-91}$$

根据 Petukhov(佩图霍夫)公式,有

$$Nu=\frac{fRePr}{8X}\left(\frac{\mu_b}{\mu_w}\right)^{0.11}\quad(Re\geqslant3000) \tag{7-92}$$

式中,$X=1.07+12.7(Pr^{2/3}-1.0)(f/8)^{0.5}$,$f=(1.82\lg Re-1.64)^{-2}$。

当 $2000 \leqslant Re < 3000$ 时,应用式(7-91)与式(7-92)插值计算。

在两相区,采用 Chen(陈)公式[49]计算换热系数。

综上所述,联立式(7-80)、式(7-81)、式(7-90)并结合物性模型、换热模型和阻力模型可进行自然循环瞬态工况的求解。

在给定功率和给定进口参数下,自然循环稳态流量可通过迭代求解式(7-78)得到,也可视为式(7-81)中对时间的偏导数为零求得的解。对于瞬态工况的计算,根据方程组的特点,采用 Gear(吉尔)算法(差分法)进行求解。利用迭代求解得到的工况作为初始值,每一步根据前一步的值计算得到的偏导数值来逐步推进计算。Gear 算法可自动实现变阶和变步长。这一方法在求解偏微分方程组时有良好的稳定性和精确性。

7.4.5.2　实例分析

图 7-22 为一自然循环系统简易图,以该系统模型为例,展开自然循环不稳定性分析。

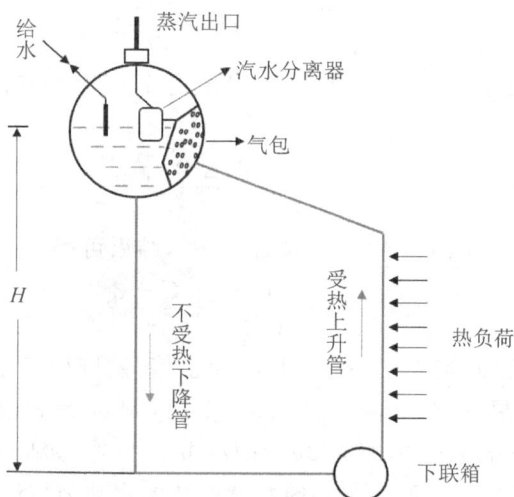

图 7-22　自然循环系统简图

对于垂直布置的自然循环受热管,与其对应的,有不受热的下降管,于是受浮力的作用,产生驱动压头。设以 m 为单位的驱动压头为 H,则

$$L = \alpha_e (L_e + L_r) \tag{7-93}$$

式中,α_e、L_e 分别为受热段出口处的空泡率与当量压头长度;L_r 为上升段长度,根据质量与能量守恒,H 随时间 t 的变化率为

$$\frac{dH}{dt} = \frac{Q}{A \rho_1 \lambda_{1g}} \left(1 - \frac{Z_1}{L}\right) - \alpha_e u_e \tag{7-94}$$

式中,Q 为介质体积流量;A 为流通截面积;Z_1 为沸腾起始点位置;L 为流道总长;u_e 为出口流速。

由式(7-93)和式(7-94)消去 α_e 得

$$\frac{dH}{dt} = \frac{Q}{A \rho_1 \lambda_{1g}} \left(1 - \frac{Z_1}{L}\right) - \frac{u_e}{L_e + L_r} H \tag{7-95}$$

工况稳定时,$dH/dt = 0$,于是

$$H_0 \frac{u_e}{L_e + L_r} = \frac{Q}{A\rho_1 \lambda_{1g}}\left(1 - \frac{Z_1}{L}\right) \tag{7-96}$$

由式(7-95)至式(7-96)可得

$$\tau_B \frac{dH}{dt} = H_0 - H \tag{7-97}$$

式中,$\tau_B = (L_e + L_r)/u_e$,即介质流过含气区的时间。如果由于浮头压力(H)发生扰动 $\Delta H = H_0 - H$,而使流速产生微量变动(Δu),则可得

$$\tau_B \frac{d(\Delta H)}{dt} = -\Delta H + \frac{dH_0}{du}\Delta u \tag{7-98}$$

稳定情况下的阻力平衡式和扰动情况下的阻力平衡式分别为

$$I \frac{du}{dt} = H - F_F \tag{7-99}$$

$$I \frac{d(\Delta u)}{dt} = \Delta H - \frac{dF_F}{du}\Delta u \tag{7-100}$$

将式(7-100)对 t 微分,求得 $d(\Delta H)/dt$,代入式(7-98),同时将式(7-100)中的 ΔH 代入式(7-98),可得

$$I \frac{d^2(\Delta u)}{dt^2} + \left(a + \frac{I}{\tau_B}\right)\frac{d(\Delta u)}{dt} + \frac{C+a}{\tau_B}\Delta u = 0 \tag{7-101}$$

式中,$a = (dF_F/du)_0$;$C = (-dH/du)_0$。取 $\Delta u = e^{\omega t}$,结果可得

$$I\omega^2 + \left(A + \frac{I}{\tau_B}\right)\omega + \frac{C+a}{\tau_B} = 0 \tag{7-102}$$

由式(7-102)分析可知:当 $C+a<0$ 时,ω 为正值,系统处于不稳定的状态,此时相当于 $dF_F/du < dH/du$。而如果 $a + I/\tau_B = 0$,$C+a>0$ 时,则 ω 为虚数,系统流量呈不发散的脉动,这就相当于 $dF_F/du + I/\tau_B = 0$,$dF_F/du = dH/du$。另外,如果 $C+a>0$ 时,即 $dF_F/du > dH/du$,则 ω 为负数,系统稳定,相当于一般自然循环的水动力特性,其 F_F 的斜率角小于 90°,H 的斜率角大于 90°[50]。结合上文可见,维持自然循环不稳定性的必要因素,是回路本身的摩擦阻力(包括加速阻力)相对于流量的变化率小于回路的重位压头对于流量的变化率。可用数学关系式表示,即 $d\Delta p_F/du < dH/du$。H 为循环重力压头,$H = \int_0^h \alpha \, dh \,(m)$。只要控制与上述不等式相反,即可避免自然循环不稳定性发生。

7.4.6 沸水堆不稳定性

在反应堆堆芯系统中,热工水力和中子物理之间存在密切的耦合关系,称为核热耦合。在核热耦合的情况下,堆芯功率沿着轴向和径向都是不均匀分布的,相对于均匀功率分布的情况,堆芯系统两相流动不稳定性特性将会不同。此外,当发生两相流动不稳定性时,由于管道进口流量会发生变化,会引起管道冷却剂密度、冷却剂温度和燃料温度的变化,在核热耦合效应作用下,堆芯功率分布也会跟随变化,进而影响系统的稳定性。因此,为了准确地研究反应堆堆芯的两相流动不稳定性现象,必须考虑核热耦合效应。

下面以西安交通大学核反应堆热工水力研究室(XJTU-NuTHeL)开发的两相流动不稳定性程序 FIACO-MC/DONJON 对运动条件下的反应堆堆芯的计算结果为参考展开分析[51]。

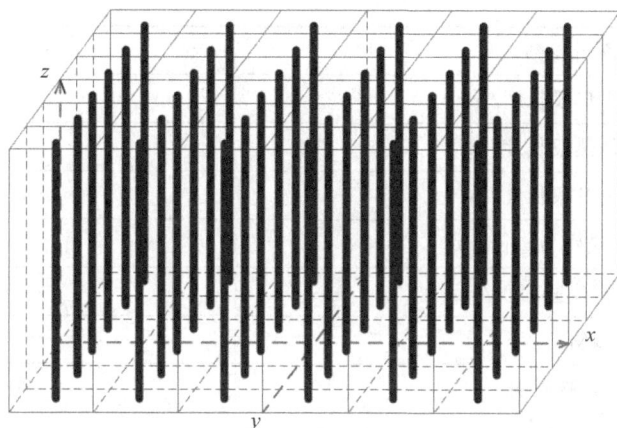

图 7-23　反应堆堆芯通道布置

反应堆堆芯通道布置如图 7-23 所示。可以看出,反应堆堆芯由 36 个平行的堆芯通道构成,且为正方形排布,如图 7-24 所示。表 7-2 给出了反应堆堆芯详细计算参数。值得注意的是,在进行堆芯系统不稳定性边界计算之前,首先需要进行稳态核热耦合计算,获得反应堆堆芯功率分布以及各个通道的进口流量分布,如图 7-25、图 7-26 所示。

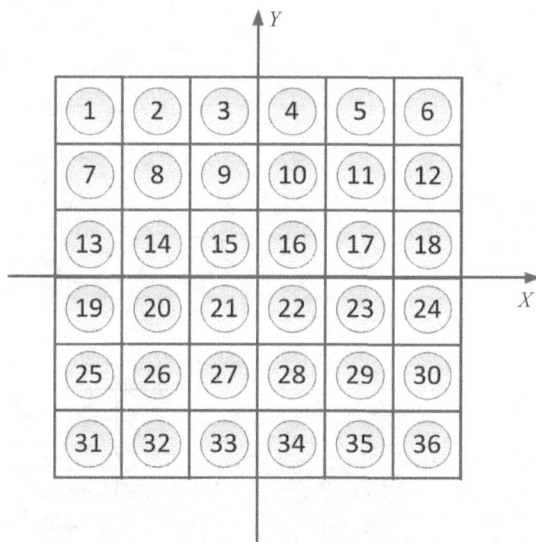

图 7-24　热工径向控制体划分

表 7-2　反应堆堆芯详细计算参数

系统参数名称	参数值范围
系统压力/MPa	15
进口流体温度/K	480~560
进口总流量/(t·h⁻¹)	400
并联通道数/个	36

系统参数名称	参数值范围
入口段长度/m	0.05
加热段长度/m	1.0
上升段长度/m	0.05
通道水力直径/m	0.004
通道流通面积/m²	0.007
倾斜角度/(°)	15～45
升潜周期/s	3～8
起伏加速度/(m·s⁻²)	0.2g
摇摆周期/s	3～8
摇摆幅值/(°)	5～20

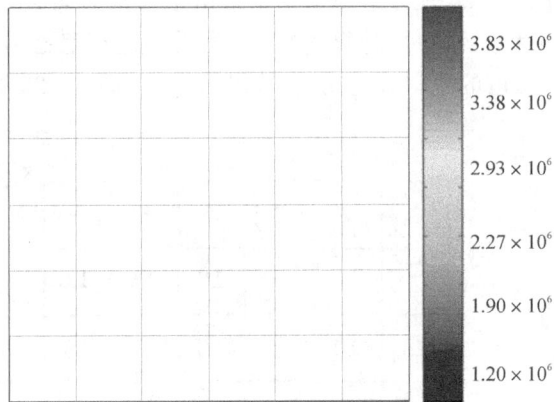

P=15 MPa；T_{in}=480 K；Q=96.04 MW。

(a) 径向功率

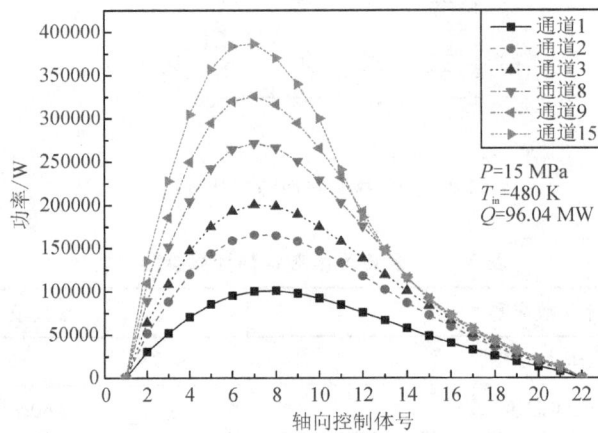

(b) 轴向功率

图 7-25　堆芯径向和轴向功率分布示意图(见彩图)

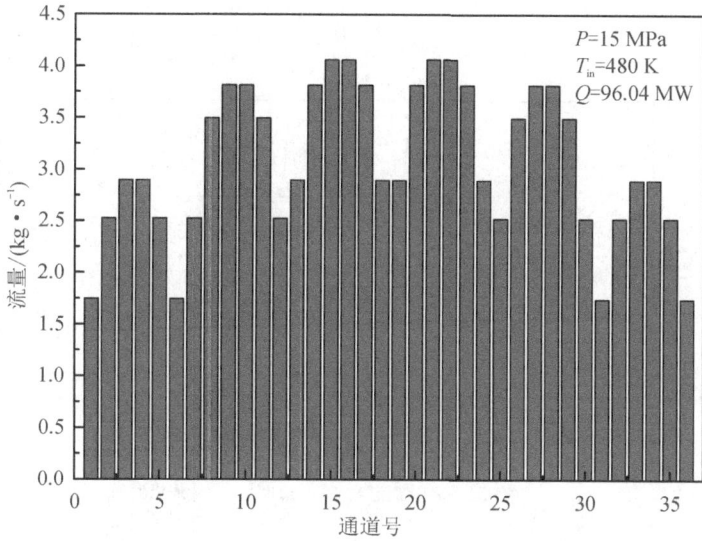

图 7 - 26 各个通道的进口流量分布

针对径向和轴向功率不均匀分布和核反馈效应对系统不稳定性的影响,进行了两种情况的研究:瞬态计算时不考虑核反馈效应和考虑核反馈效应。图 7 - 27 和图 7 - 28 分别给出了无核反馈效应和有核反馈效应系统处于临界功率时各类通道的流量脉动曲线。

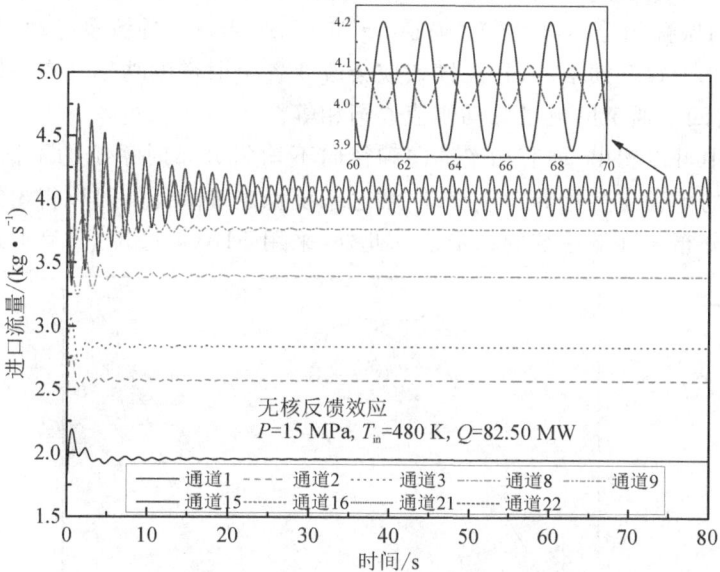

图 7 - 27 无核反馈效应系统处于临界功率的各类通道的流量脉动曲线(见彩图)

从图中可以看出,当系统受到扰动后,六类功率通道的各个通道进口流量都会发生振荡,功率较低的通道流量振荡逐渐衰减,而最先处于极限环振荡的通道为功率最大的那类通道之间(通道 15、16、21 和 22),因此选取这四个通道处于极限环振荡时的功率为系统的临界功率。同时可以得出结论:在反应堆堆芯中,最热通道最先出现两相流动不稳定性现象。在图 7 - 27

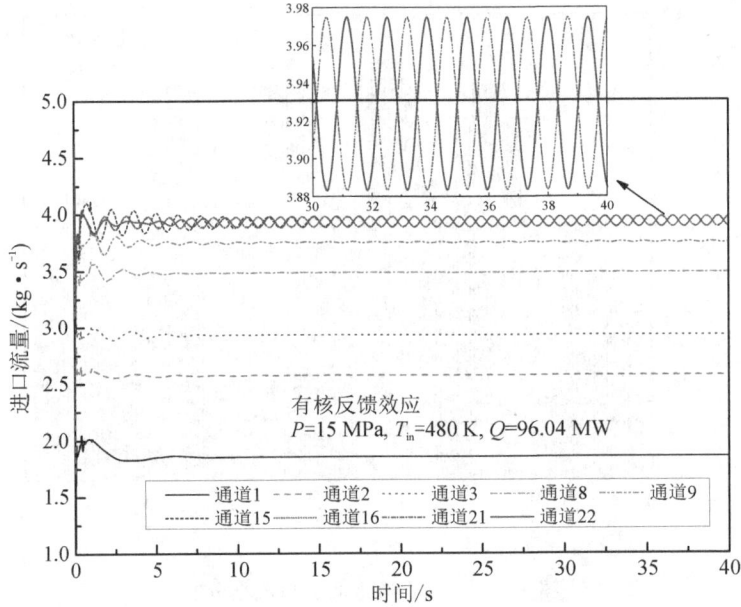

图 7-28　有核反馈效应系统处于临界功率的各类通道流量脉动曲线（见彩图）

中，无核反馈效应时，受扰动通道（通道 15）的流量脉动振幅是其他通道（通道 16、21 和 22）的三倍。而在图 7-28 中，有核反馈效应时，受扰动通道（通道 15）与不受扰动通道（通道 16、21 和 22）的流量脉动振幅相等，对称通道（通道 15 与 16，21 与 22）的流量脉动相位相差 180°。这是由于本研究堆芯为负反馈堆芯，核反馈效应会改变各个通道的功率分布，进而抑制通道之间的流量振荡，使这四个通道的流量脉动幅值逐渐相等。

　　从图 7-29 中可以看出，堆芯功率轴向和径向不均匀分布时系统的不稳定性边界相对于均匀功率分布时的不稳定性边界向左移动，堆芯系统稳定性降低。可以得出结论：堆芯功率轴向和径向不均匀分布会降低系统的稳定性。此外，采用 FIACO-MC/DONJON 程序计算获得

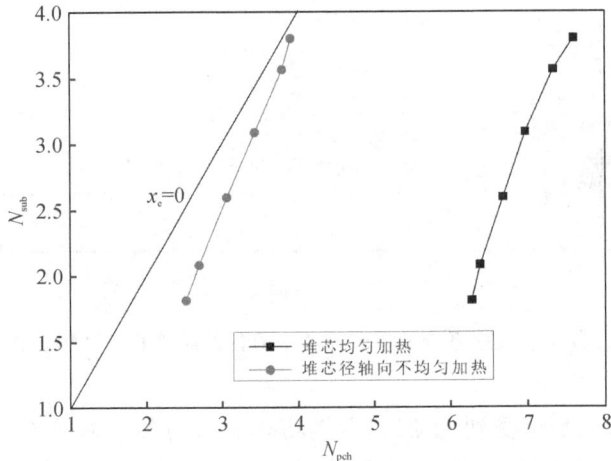

图 7-29　功率分布对系统稳定性的影响

了堆芯瞬态核热耦合系统的不稳定性边界,如图 7-30 所示。在稳态核热耦合的基础上,瞬态核热耦合在探寻系统不稳定性边界时考虑了核反馈效应。从图中可以看出,有核反馈效应时的系统不稳定性边界相对于无核反馈效应时系统的不稳定性边界向右移动,系统稳定性增强。因此,核反馈效应能增强并联通道系统的稳定性。

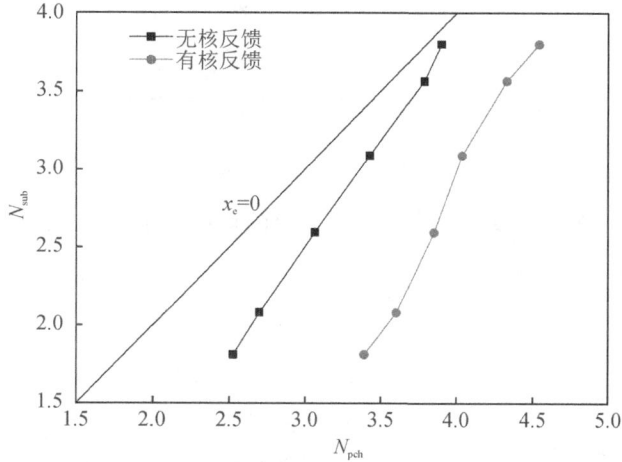

图 7-30　核反馈效应对系统稳定性的影响

思 考 题

1)流动不稳定性研究对两相流动系统和反应堆安全各有什么意义?

2)单相流动系统是否会发生流动不稳定现象?

3)阐明 Ledinegg 不稳定性机理。

4)在怎样的系统中易发生自然循环不稳定性?

5)并联通道不稳定性与密度波传播的联系是什么?

6)进口温度对并联通道流动不稳定性有何影响?

7)生活中常见的流动不稳定现象有哪些?哪些设备需要利用流动不稳定性?

8)在三泵、两泵、单泵运行环路下,哪个更容易发生堆芯流动不稳定现象?为什么?

9)阐明密度波传播物理过程和压降振荡物理过程。它们各发生在流量-压降曲线的哪一区域?彼此有什么区别?

10)列举克服流动不稳定性的方法。

习 题

1)如图 7-31 所示,曲线 $ADBC$ 是系统压降 Δp 随质量流量 M 变化的曲线,即系统的水动力特性曲线,曲线 a 和 b 是水泵的驱动压头 Δp_d 随质量流量变化的曲线,即泵特性曲线,请问哪条水泵压头曲线能在 B 点有稳定的流量?为什么?

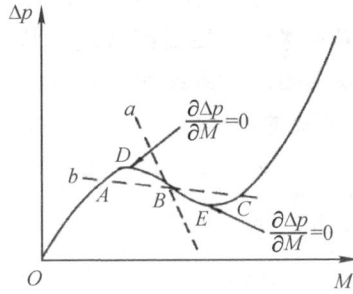

图 7 - 31　习题 1 图

2)根据图 7 - 32 说明欠热度 Δt 对水动力系统的影响。若欠热度大于一定界限值,为提高流动稳定性,应采取什么措施?

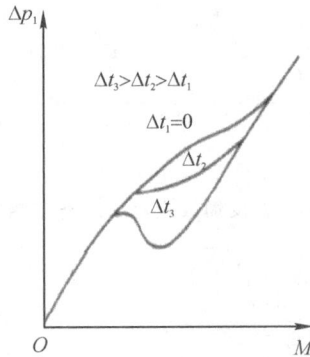

图 7 - 32　习题 2 图

参考文献

[1] 于平安,朱瑞安,喻真烷,等. 核反应堆热工分析[M]. 2 版. 北京:原子能出版社,1986.

[2] LEDINEGG M. Instability of flow during natural and forced circulation[J]. Die Wärme, 1938,61(8):891 - 898.

[3] ZUBER N. Flow excursions and oscillations in boiling,two-phase flow systems with heat addition[C]. Symposium on Two-phase Flow Dynamics,1967.

[4] ISHII M,ZUBER N. Thermally induced flow instabilities in two phase mixtures[C]. International Heat Transfer Conference,1970.

[5] ISHII M. Thermally induced flow instabilities in two-phase mixtures in thermal equilibrium[D]. Atlanta,GA, USA:Georgia Institute of Technology,1971.

[6] FUKUDA K,KOBORI T. Classification of two-phase flow instability by density wave oscillation model[J]. Journal of Nuclear science and Technology,1979,16(2):95 - 108.

[7] BOURE J A,BERGLES A E,TONG L S. Review of two-phase instability[J]. Nuclear Engineering and Design,1973(25),165 - 192.

[8] FUKUDA K,KOBORI K. Classification of two-phase flow instability by density wave

oscillation model[J].Journal of Nuclar Science and Technology,1979 16 (2):95－108.

[9] LIN Y N, PAN C. Non-linear analysis for a natural circulation boiling channel[J]. Nuclear Engineering and Design,1994(152):349－360.

[10] 许圣华.高压系统平行通道自然循环不稳定性研究[D]. 上海:上海交通大学,1991.

[11] 苏光辉,郭予飞,郭玉君,等. 垂直上升管内密度波不稳定性的研究[J]. 核动力工程,1992,19(1):12－14.

[12] 林宗虎. 气液两相流和沸腾传热[M]. 西安:西安交通大学出版社,2003.

[13] 郭烈锦. 两相与多相流体动力学[M]. 西安:西安交通大学出版社,2002.

[14] 冯自平,郭烈锦,陈学俊. 卧式螺旋管内气液两相流不稳定性试验研究[J]. 工程热物理学报,1996,17(12):219－223.

[15] 冯自平,郭烈锦,陈学俊. 卧式螺旋管内气液两相压力降脉动试验研究[J]. 西安交通大学学报,1996,30(6):54－87.

[16] FUKUDA K, KOBORI T. Two-phase flow instability in parailel channels[C]. Proceedings of VI International Heat Transfer Conference,Toronto,1978.

[17] MATHISEN R P. Out of Pile Channel Instability in the Loop Skalvan[C]. On Two-Phase Dynamics,1967.

[18] UMEKAWA H,OZAWA M,MITSUNAGA T,et al. Scaling parameter of CHF under oscillatory flow conditions[J]. Heat Transfer-Asian Research,1999,28(6):541－550.

[19] OZAWA M,UMEKAWA H,MISHIMA K,et al. CHF in oscillatory flow boiling channels[J]. Chemical Engineering Research & Design,2001,79(A4):389－401.

[20] GRIFFITH P. Geysering in liquid-filled lines[C]. ASME,1962.

[21] SINGER R M,HOLTZ R E. Comparison of the expulsion dynamics of sodium and non-metallic fluids[C]. ASME,1970.

[22] GROLMES M A, FAUSKE H K. Modeling of sodium expulsion with freon-11[C]. ASME,1970.

[23] MASANORI A,JING H C,MICHITSUGU M. Geysering in parallel boiling channels[J]. Nuclear Engineering and Design,1993(141):111－121.

[24] THURSTON R S. Similarity of flow oscillation induced by heat transfer in cryogenic system[C]. On Two-phase Flow Dynamics at Eindhoven,1967.

[25] STENNING A H,VEZIROGLU T N. Flow oscillations modes in forced convection boiling[C]. On Two-Phase Flow Dynamics at Eindhoven,1967.

[26] CHO S M,ANGE L J,FENTON R E,et al. Performance change of a sodium-heated steam generator[C]. ASME,1971.

[27] 王划一. 自动控制原理[M]. 2 版.北京:国防工业出版社,2012.

[28] YADIGAROGLU G,BERGLES A E. Fundamental and higher-mode density-wave oscillations in two-phase flow[J]. J. Heat Transfer,1972,94(2):189－189.

[29] PENG S J,PODOWSKI M Z,LAHEY R T. A digital computer code for the linear stability analysis of boiling water nuclear reactors[C]. NUFREQ-NP,1985.

[30] 王飞,卓文彬,肖泽军,等. 流动不稳定性频域法分析模型研究[C]. 全国反应堆热工流体

力学会议,2007.

[31] ISAO K,MAMORU I. Mechanistic modeling of pool entrainment phenomenon[J]. International Journal of Heat and Mass Transfer,1984,27 (11): 1999 – 2014.

[32] LEDINEGG M. Instability of flow during natural and forced circulation[J]. Die Wärme,1938,61(8):891 – 898.

[33] LAHEY JR R T,PODOWSKI M Z. On the analysis of various instabilities in two-phase flows[J]. Multiphase science and technology,1989,4 (1 – 4): 183 – 370.

[34] 汤煨孙,韦斯曼. 压水反应堆热工分析[M]. 袁乃驹,等译. 北京:中国原子能出版社,1983.

[35] BOURE J A,BERGLES A E,TONG L S. Review of two-phase flow instability[J]. Nuclear engineering and design,1973,25(2): 165 – 192.

[36] ARITOMI M,AOKI S,INOUE A. Instabilities in parallel channel of forced-convection boiling upflow system,(I) Mathematical model[J]. Journal of Nuclear Science and Technology,1977,14(1): 22 – 30.

[37] BOURE J A,IHAILA K F. The Oscillation Behavior of Heated Channels[R]. KICDF-5697,1967.

[38] ISHII M,ZUBER N. Thermally induced flow instabilities in two-phase mixtures[C]. International Heat Transfer Conference,Pairs,1970.

[39] WALLIS G B,HEASLEY J H. Oscillation in two-phase flow system[J]. J Heat Transfer,Trans ASME,1961,83: 363 – 369.

[40] BOURE J A,BERGLES A E,TONG L S. Review of two-phase flow instability[J]. Nuclear Engineering & Design,1973,25(2):165 – 192.

[41] CHIAPERO E M, FERNANDINO M, DORAO C A. Review on pressure drop oscillations in boiling systems[J]. Nuclear Engineeringand Design,2012,250:436 – 447.

[42] STENNING A H, VEZIROGLU T N. Flow oscillation modes in forced-convection boiling[J]. Proc Heat Transfer and Fluid Mechanic Institute,1965;301 – 316.

[43] Maulbetsch J S, Griffith P. Proc. 3rd Int. Heat Trans[J]. Conf. AlGhE, 1966, 4: 247 – 257.

[44] 刘镝. 海洋条件下核动力自然循环系统及并联通道不稳定性研究[D]. 西安:西安交通大学,2018.

[45] YUN G,QIU S Z,SU G H,et al. Theoretical investigations on two-phase flow instability in parallel multichannel system[J]. Annals of Nuclear Energy,2008,35(4):665 – 676.

[46] 徐锡斌,徐济鋆,黄海涛,等. 低压下两相自然循环流动不稳定性的实验研究（Ⅱ）影响因素的研究[J]. 核科学与工程,1996(3): 200 – 207.

[47] 徐锡斌,徐济鋆,黄海涛,等. 低压下两相自然循环流动不稳定性的实验研究（Ⅰ）机理探索[J]. 核科学与工程,1996(2): 104 – 113.

[48] 郭赟,苏光辉,田文喜,等.中国先进研究堆自然循环两相流动不稳定性分析[J].原子能科学技术,2006(2):228 – 234.

[49] CHEN X,GAO P,TAN S,et al. An experimental investigation of flow boiling instabili-

ty in a natural circulation loop[J]. International Journal of Heat and Mass Transfer，2018，117：1125 − 1134.

[50] HSU Y Y, GRAHAM R W. Transport processes in boiling and two-phase system[M]. New York：MeGraw-Hill Book Company，1976.

[51] 鲁晓东. 运动条件下堆芯核热耦合流动不稳定性研究[D]. 西安：西安交通大学，2014.

第8章 沸腾传热基本原理

8.1 沸腾传热概述

沸腾是工质内部形成大量气泡并由液态转换到气态的一种剧烈汽化过程。沸腾传热是工质通过气泡运动带走加热面热量并使其冷却的一种传热方式。按照沸腾发生的不同方式,沸腾传热可分为均匀沸腾和非均匀沸腾两类。前者是指在工质内部没有固定的加热面,在较大的液体过热度下,气泡由能量较集中的液体高能分子团的运动与集聚而产生。非均匀沸腾是指气泡在与液体相接触的固定加热面上产生、成长的过程,又常称表面沸腾,所需过热度低得多,是一种最常见、应用最多的沸腾类型之一。

按照液体的流动特性可以将非均匀沸腾分为两大类。第一类是沸腾液体沿一定方向流动(自然循环设备和受迫流动设备),称为流动沸腾,它包含着两相流体的流动与沸腾传热的相互影响,在工业应用中非常普遍。第二类是沉浸在原为静止的液体内或为静止液体覆盖的加热面上的沸腾,由自然对流和气泡的成长、运动引起容器内液体的运动。因此,流体的流动和传热现象仅与纯沸腾相联系,常称为池式沸腾或大容器沸腾。

无论是池式沸腾还是流动沸腾,都可以观察到传热性质和机理彼此完全不同的两种沸腾工况,即泡核沸腾和膜态沸腾。按液体主流温度又细分为饱和泡核沸腾和欠热泡核沸腾。

研究沸腾传热的方法可分为宏观方法和微观方法两种。宏观方法把工质视为连续介质,采用物理变量(如温度、速度等)的时间、空间平均值去描述系统,根据基本物理定律和质量、动量、能量守恒方程,以实验或理论方法阐明和分析各类沸腾过程。微观方法基于大量微观粒子的统计性能和量子概念去研究各种沸腾现象。这两种研究方法彼此依存,互为联系。本书主要阐述宏观方法,并以微观解析作为辅助。由于沸腾传热现象的复杂性,无论采用宏观方法或微观方法,普遍把研究的现象分解为几个单项问题来探讨,将各个研究结果与整个沸腾现象综合起来进行考察,以得到接近实际的结论。例如,将气泡的形成、成长与运动过程分解为核化、气泡成长、脱离及运动等专题,分别加以研究。为便于展开讨论,本章将集中阐述与气泡的形成、成长和运动密切相关的一些现象。

8.2 核化机理

在液池中,气核既可以在加热表面上形成,也可以在拥有足够过热度的液体内形成,这一过程被称为核化过程。如果液池上方预先存在一个饱和的蒸汽空间,则加热时会在自由液面处产生蒸汽,这一过程有别于核化过程,被称为蒸发。如果通过快速或局部减压来实现流体的核化,则此过程也被称为空化(如船舶快速旋转的螺旋桨上发生的过程)。

在过热的纯净液体中发生的核化被称为均匀核化。学者在光子穿越过热液态氢气泡室的早期粒子物理实验中,曾观察到这一现象。当液体中分子团的自由能足以产生远离容器壁的蒸汽界面时,就会发生均匀核化。固体表面或表面的空穴中的自由能形成气核,或空穴中预先存在的气核达到足够的过热度以引发气泡生长时,就会发生非均匀核化。要想发生均匀或非均匀核化,温度必须高于液体的饱和温度才能形成或激活气核。因此,沸腾并不是液体达到饱和温度时开始,而是在达到一定的过热度时才开始。通常,核化发生于空穴内预先存在的气核中或近壁面热边界层的气核中。

8.2.1　核化过热度

液体达到核化所需的过热度称为核化过热度。首先,我们考虑均匀核化的过程。如图 8-1 所示,液体中球形气核(半径为 r_{nuc})的界面在均匀温度 T_g 和均匀压力 p_g 条件下,其力的平衡关系可通过拉普拉斯方程给出:

$$p_g - p_f = \frac{2\sigma}{r_{nuc}} \tag{8-1}$$

式中,p_g 为气核内蒸汽压力;p_f 为局部液体压力;σ 为表面张力。

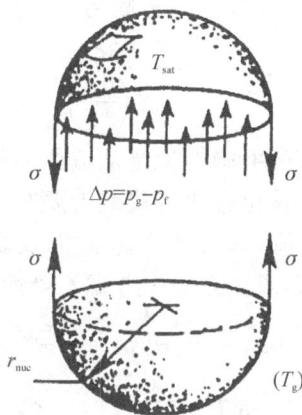

图 8-1　液池中的气核

由于 $p_g > p_f$,表面张力平衡了整个界面的压力差,并且压力差随核化半径(r_{nuc})的减小而增大。此外,界面曲率对液体的饱和蒸汽压曲线有影响,使得相同温度下气核中的压力相较于平面界面降低,这一点已经被开尔文[2]所证明:

$$p_g = p_\infty \exp\left(\frac{-2\sigma v_f M}{r_{nuc} \bar{R} T}\right) \approx p_\infty \left(1 - \frac{2\sigma v_f}{p_\infty r_{nuc} v_g}\right) \tag{8-2}$$

式中,M 为摩尔质量, kg/mol;$\bar{R}$ 为理想气体常数,$\bar{R} = 8.3144$ J/(mol·K);v_g 和 v_f 分别为蒸汽和液体的比体积。将式(8-1)代入式(8-2)中,整理可得

$$p_\infty - p_f = \frac{2\sigma}{r_{nuc}}\left(1 + \frac{v_f}{v_g}\right) \tag{8-3}$$

对于平面形式的气液交界面,蒸汽压曲线的斜率由克劳修斯-克拉佩龙方程给出:

$$\left(\frac{dp}{dT}\right)_{sat} = \frac{h_{fg}}{T_{sat}(v_g - v_f)} \tag{8-4}$$

式中,T_{sat} 的单位为 K。假设蒸汽是理想气体,则

$$Mp_g v_g = \bar{R}T \tag{8-5}$$

因此，当 $v_g \gg v_f$ 时，式（8-4）变为

$$\frac{1}{p}\mathrm{d}p = \frac{h_{fg}M}{\bar{R}T^2}\mathrm{d}T \tag{8-6}$$

然后，上式两边同时积分，积分上、下限分别从 p_f 至 p_∞ 和 T_{sat} 至 T_g，此时有

$$\ln\frac{p_\infty}{p_f} = -\frac{h_{fg}M}{\bar{R}}\left(\frac{1}{T_g}-\frac{1}{T_{sat}}\right) = \frac{h_{fg}M}{\bar{R}T_g T_{sat}}(T_g - T_{sat}) \tag{8-7}$$

将上式代入式（8-3）中，整理可得

$$T_g - T_{sat} = \frac{\bar{R}T_{sat}T_g}{h_{fg}M}\ln\left[1 + \frac{2\sigma}{p_f r_{nuc}}\left(1 + \frac{v_f}{v_g}\right)\right] \tag{8-8}$$

当 $v_g \gg v_f$，并且 $2\sigma/(p_f r_{nuc}) \ll 1$ 时，上式简化为

$$T_g - T_{sat} = \Delta T_{nuc} = \frac{\bar{R}T_{sat}^2}{h_{fg}M}\frac{2\sigma}{p_f r_{nuc}} \tag{8-9}$$

该式给出了核化过热度，其含义是压力为 p_g 的气核内蒸汽饱和温度（T_g）与压力为 p_f 的周围液体饱和温度（T_{sat}）的差值。一个等价且更简易的形式是

$$\Delta T_{nuc} = \frac{2\sigma}{r_{nuc}\left(\dfrac{\mathrm{d}p}{\mathrm{d}T}\right)_{sat}} \tag{8-10}$$

式中，$(\mathrm{d}p/\mathrm{d}T)_{sat}$ 由式（8-4）获得，更准确地说是从流体的状态方程获得。通过向式（8-1）中引入 $(\mathrm{d}p/\mathrm{d}T)_{sat}$ 也可以获得该式。核化过热度代表着要存在半径为 r_{nuc} 的稳定气泡所需的液体平均过热度。如果过热度小于该值，那么气核会塌缩；反之，将会成长为气泡。

如果气核内存在不凝性气体，必须在方程中考虑不凝性气体分压，即

$$p_g + p_a - p_f = \frac{2\sigma}{r_{nuc}} \tag{8-11}$$

$$T_g - T_{sat} = \frac{\bar{R}T_{sat}T_g}{h_{fg}M}\ln\left(1 + \frac{2\sigma}{p_f r_{nuc}} - \frac{p_a}{p_f}\right) \tag{8-12}$$

因此，不凝性气体的存在降低了初始沸腾所需的核化过热度。

对于平面上的非均匀核化，生成气核所需的自由能要比均匀核化更小。非均匀核化过热度可以在均匀核化的基础上乘以系数 ϕ。图 8-2 表明，ϕ 取决于壁面和液体之间的接触角 β：

$$\phi = \frac{2 + 2\cos^2\beta\sin^2\beta}{4} \tag{8-13}$$

当 $\beta = 0$ 时，壁面完全被液体润湿，此时 $\phi = 1$；当 $\beta = \pi$ 时，壁面完全未润湿，此时 $\phi = 0$（如核化不再需要过热度）。通常，接触角处于 $0 \sim \pi/2$，则 ϕ 处于 $0.5 \sim 1$。然而，气泡通常是在固体壁面的空穴中产生的，即如图表示的夹角 θ 中。表观接触角（β'）为

$$\beta' = \beta + \frac{\pi - \theta}{2} \tag{8-14}$$

因此，在空穴中形成气泡所需的能量比在平面和主流中更少，所以气泡的核化优先在空穴产生。相比于小空穴，较大空穴拥有更大的 θ，其 β' 值更接近 β，这意味着较大空穴会优先核化。

对于绝大多数液体与壁面的接触问题，二者的接触角通常是未知的，也没有可靠的预测方

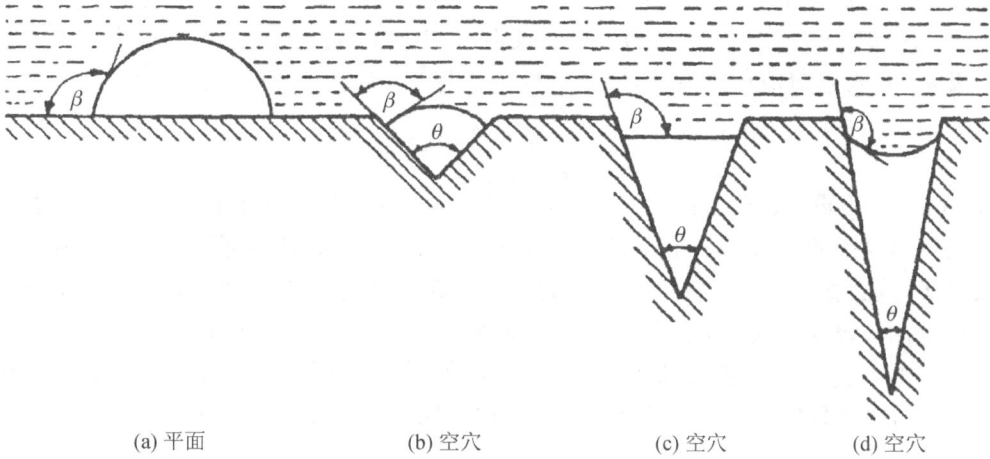

(a) 平面   (b) 空穴   (c) 空穴   (d) 空穴

图 8-2 核化过程

法,这导致核化过热度的预测变得复杂。接触角是表面粗糙度的函数,与表面是否干净、氧化、污垢、抛光或可湿润有关,也取决于界面是凸还是凹。表 8-1 列出了一些常见流体在砂纸抛光表面上的接触角。在空穴处核化机理如下:随着空穴的壁温(T_w)高于 T_{sat},空穴内的气核不断膨胀,直到到达空穴口。如果突出的气核周围的液体过热,气泡就会长大。随着气泡的增长,保持其界面稳定性所需的过热度越来越小。因此,正是这个空穴口的半径决定了激活沸腾点所需的过热程度。

表 8-1 接触角

流体	表面	$\beta/(°)$
水	铜	86
	黄铜	84
苯	铜	25
	黄铜	23
乙醇	铜	14~19
	黄铜	14~19
甲醇	铜	25
	黄铜	22
n-丙醇	铜	13
	黄铜	8

注:来源于 Shakir(沙基尔)等[1]。

8.2.2 活化核心尺寸

前面的讨论假设壁面和液体有均匀一致的温度,实际的情况是壁面附近因热边界层而存在温度梯度,如图 8-3 所示的锥形核化位置,半径为 r_{nuc} 的气核位于该位置的穴口处。液体温度为 T_∞,壁温为 T_w(其中 $T_w \geqslant T_\infty$),并且在厚度为 δ 的热边界层中假定存在线性温度梯度。如果 α_{nc} 是自然对流传热系数,λ_f 是液体的热导率,则边界层厚度近似为

$$\delta = \frac{\lambda_f}{\alpha_{nc}} \tag{8-15}$$

Hsu(许)[3]假设,处于温度梯度中的气核如果顶部的过热度大于其平衡所需的过热度,包括由于气核本身引起的温度分布畸变,那么它就会被激活。如果局部液体温度分布曲线与平衡曲线相交,就会发生核化。第一个激活的位置是在核化过热曲线和液体温度分布曲线之间的相切处。他假设变形使该温度所处的位置为距表面 $2r_{nuc}$ 处,而 Han(汉)等[4]根据势流理论将距离定为 $1.5r_{nuc}$。如果液池处于饱和温度(即如果 $T_\infty = T_{sat}$,并且假设等温线位移为 $1.5r_{nuc}$),满足切线条件的空穴尺寸为 $r_{nuc} = \delta/2$,对常规沸点下的水而言约为 $50\ \mu m$。

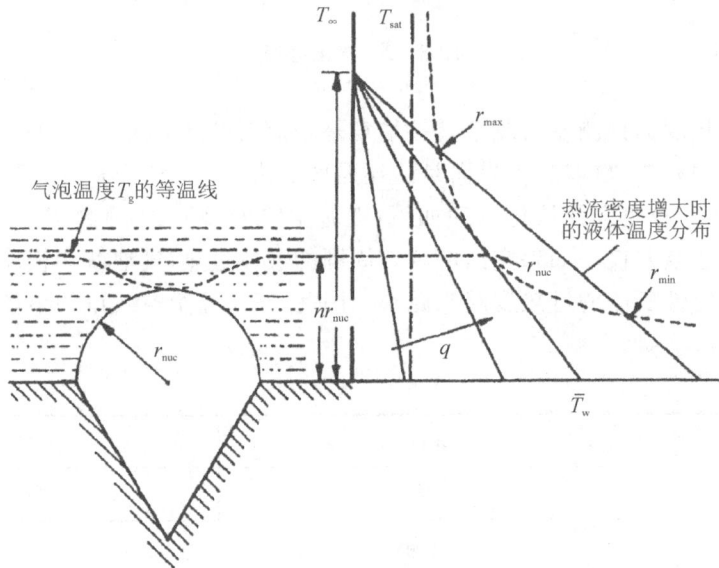

图 8-3 不同温度梯度内的活化核心

然而,在加热表面上通常需要足够大的过热度或热流密度才能引发沸腾。这种差异是由于实际表面上存在的一系列空穴,其尺寸与上述讨论的空穴尺度大都不符。在这种情况下,壁温 T_w 必须不断增加,直到液体温度曲线与对应于较小空穴的平衡气泡曲线相交。因此,这些空穴中存在激活活化核心的最大成核半径(r_{max})和最小成核半径(r_{min}),其中 r_{max} 是满足成核标准的最大空穴尺寸,同样,r_{min} 是满足成核标准的最小空穴尺寸。实际上,也可能没有这样的空穴,或者只有一个在切点处,也可能在 $r_{min} \sim r_{max}$ 的尺寸范围内有许多空穴,于是引入了活性核心尺寸的概念。由于我们对实际可用空穴的大小和形状缺乏了解,对表面成核的实际预测变得复杂。因此,实际分析中通常通过实验获得活化核心生成处的过热度,然后使用式(8-10)计算有效成核半径。

8.2.3 活化核心密度

随着表面热流密度的增加,越来越多的活化核心被激活,关键是确定单位面积的活化核心

数量。可以使用以下几种方法来确定活化核心密度:第一种,活化核心密度可以用热流密度或壁面过热度作为自变量来计算,通常借助沸腾过程的照片或动态视频;第二种,通过假设一些传热机制,可以根据测量的热流密度推断出活化核心密度,但是这两种方法很难形成一致的结果;第三种,可以使用电子显微镜来确定表面上空穴的大小和分布。然而,这项工作较为繁琐,并且只能描述实际所研究的表面。因此,对活化核心密度的预测只是一个近似估计。

　　Wang(旺)等[5]采用电子显微镜对打磨的铜表面的空穴尺寸和形状进行测量,并通过控制表面氧化程度,获得不同润湿性表面,统计不同润湿性加热表面的活化核心密度,进一步归纳得到不同润湿性表面的活化核心密度预测公式:

$$Ns = 5.0 \times 10^5 (1 - \cos\theta) D_{ca}^{-6.0} \tag{8-16}$$

式中,D_{ca} 为活化空穴的最小直径;θ 为前面提到的气泡与加热表面的接触角。

　　Gaertner(盖特纳)等[6]测量了沸腾过程中镍盐水溶液在铜表面上的活化核心密度,发现其与热流密度的 2.1 次方成正比。而 Paul 等[7]的实验表明活化核心密度与热流密度成正比,Hsu 等[9]则认为该指数处于 1.0~2.0。Cornwell(康韦尔)等[10]测量沸腾过程中水在铜表面上的活化核心密度,统计发现其与表面过热度的 4.5 次方成正比。

8.3　气泡动力学

　　气泡成长是一种极为复杂的物理现象。例如,气泡的成长和脱离受表面方向、热边界层的厚度和温度分布,相邻气泡的接近程度,壁面附近液体的瞬态热扩散行为,气泡尾流效应,成长过程中的气泡形状,等等。气泡动力学在池式沸腾传热系数预测模型开发中发挥着关键作用,最简单的例子就是单个球形气泡在远离壁面的无限均匀过热液体中成长过程。Stralen(施特拉伦)[8]对气泡成长理论进行了综述。

8.3.1　气泡成长

　　对在均匀过热流体中球形气泡生长的几何分析是最简单的。气泡内的压力和温度分别为 p_g 和 T_g;气泡半径 R 是时间 t 的函数(生长速率为 dR/dt)。液体中的压力和温度为 p_∞ 和 T_∞,忽略影响气泡的其他因素,如流体的静压头;并且假设气泡的中心点静止(不动)。成长过程开始时,过热度足以形成气泡核心。然后,随着气泡的增大,气泡内的压力降低,气泡界面处的 T_{sat} 也随之降低。气泡界面附近的过热液体中储存的焓在界面处转化为潜热,因此界面温度下降,在气泡周围形成热扩散壳。由于气泡生长,周围的液体获得动量,热量以与界面处释放潜热速率相等的速率,从过热液体扩散到界面位置。此外,假设采用平衡蒸汽压力曲线描述这一动态过程,并假设气泡中的蒸汽压力等于蒸汽温度下的饱和压力[即 $p_g = p_{sat}(T_g)$]。这些条件下的气泡增长受以下两个因素控制。

　　1)惯性。气泡的初始增长速度非常快,仅受可用于推开周围液体的动量限制,即液体惯性必须考虑,使其在不断生长的气泡面前加速离开。

　　2)热扩散。随着气泡尺寸的增大,惯性的影响变得可以忽略不计,并且通过过热液体向界面的热扩散继续变大,尽管增长速度比惯性控制的增长阶段慢得多。

　　对于惯性控制的气泡生长初始阶段,瑞利[11]模拟了球形气泡周围液体的不可压缩径向对称流动,微分单元半径为 r,厚度为 dr,气泡半径为 R。瑞利方程为

$$R \frac{\mathrm{d}^2 R}{\mathrm{d}t^2} + \frac{3}{2}\left(\frac{\mathrm{d}R}{\mathrm{d}t}\right)^2 = \frac{1}{\rho_\mathrm{f}}\left(p_\mathrm{g} - p_\infty - \frac{2\sigma}{R}\right) \tag{8-17}$$

式中，p_g 为气泡内的蒸汽压力，p_f 为界面处的蒸汽压力。当 $2\sigma/R \ll p_\mathrm{g} - p_\infty$ 时，$2\sigma/R$ 可被忽略，瑞利方程简化为

$$R \frac{\mathrm{d}^2 R}{\mathrm{d}t^2} + \frac{3}{2}\left(\frac{\mathrm{d}R}{\mathrm{d}t}\right)^2 = \frac{\rho_\mathrm{g}}{\rho_\mathrm{f}} \frac{T_\infty - T_\mathrm{sat}(p_\infty)}{T_\mathrm{sat}(p_\infty)} h_\mathrm{fg} \tag{8-18}$$

最后，基于初始条件 $R=0$ 和 $t=0$，对上式积分，得到惯性控制增长的瑞利气泡生长方程：

$$R(t) = \left\{ \frac{2}{3}\left[\frac{T_\infty - T_\mathrm{sat}(p_\infty)}{T_\mathrm{sat}(p_\infty)}\right] \frac{h_\mathrm{fg}\rho_\mathrm{g}}{\rho_\mathrm{f}} \right\}^{1/2} t \tag{8-19}$$

对于热扩散控制的气泡生长过程，Plesset（普勒塞特）和 Zwick（兹维克）[12] 推导出了较大过热度下的气泡生长方程：

$$R(t) = Ja \sqrt{\frac{12 a_\mathrm{f} t}{\pi}} \tag{8-20}$$

式中，a_f 为液体的热扩散率，其表达式为

$$a_\mathrm{f} = \frac{\lambda_\mathrm{f}}{\rho_\mathrm{f} c_{p\mathrm{f}}} \tag{8-21}$$

式中，雅各布数为

$$Ja = \frac{\rho_\mathrm{f} c_{p\mathrm{f}} (T_\infty - T_\mathrm{sat})}{\rho_\mathrm{g} h_\mathrm{fg}} \tag{8-22}$$

因此，对于热扩散控制的气泡生长阶段，半径 R 随时间增加，正比于 $t^{1/2}$。而在惯性控制的气泡生长的初始阶段，半径 R 随时间线性增长。Mikic（米基察）等[13] 结合瑞利和 Plesset-Zwick 方程得出了适用于整个气泡生长期的气泡成长方程：

$$R^+ = \frac{2}{3}\left[(t^+ + 1)^{3/2} - (t^+)^{3/2} - 1\right] \tag{8-23}$$

式中，

$$R^+ = \frac{RA}{B^2} \tag{8-24}$$

$$t^+ = \frac{tA^2}{B^2} \tag{8-25}$$

$$A = \left\{ \frac{2\left[T_\infty - T_\mathrm{sat}(p_\infty)\right] h_\mathrm{fg}\rho_\mathrm{g}}{3\rho_\mathrm{f} T_\mathrm{sat}(p_\infty)} \right\}^{1/2} \tag{8-26}$$

$$B = \left(\frac{12 a_\mathrm{f}}{\pi}\right)^{1/2} Ja \tag{8-27}$$

此表达式在 t^+ 的两个极值处分别简化为式（8-19）和式（8-20）。

由于气泡生长可能发生在比气泡本身更厚或更薄的热边界层中，因此受热壁面上的气泡生长与上述理想条件有很大不同。气泡生长导致的液体内部的速度场受壁面以及施加在液体上的惯性力影响，可能会将气泡从球形变为半球形或其他更复杂的形状。气泡离开时所产生的流体尾迹可能会干扰下一个气泡或相邻气泡的速度场。此外，快速增长的气泡在受热面上捕获了一层薄薄的蒸发液体微层。图 8-4 为 Stralen[14] 提出的气泡成长下的微层蒸发和从热边界层到气泡的宏观层蒸发的模型。

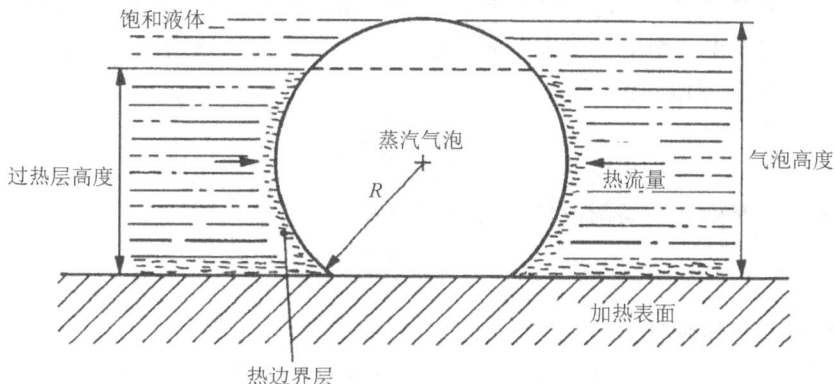

图 8 - 4　Stralen 气泡生长模型

8.3.2　气泡脱离

气泡脱离是泡核沸腾中一个重要的基本过程。气泡在生长过程中,其离开表面的直径受浮力和惯性力(二者将气泡从表面分离)以及表面张力和流体的动力阻力(二者都阻止气泡离开)控制。此外,气泡的形状可能会明显偏离理想的球形。虽然缓慢增长的气泡倾向保持球形,但快速增长的气泡倾向半球形。使用高速摄影机或相机可以观察到许多其他的形状。

最简单的分析案例是在一个朝上的平面上有一个大的、缓慢增长的气泡,流体动力和惯性力可以忽略不计。当气泡的浮力克服其表面张力时,气泡就会脱离。表面张力还取决于接触角 β(接近 90°的接触角会增加表面张力,从而增加气泡脱离直径)。Fritz(弗里茨)[15]第一个提出了气泡脱离方程,将这两种力等同起来。Fritz 方程利用接触角 $\beta(\beta=90°)$ 和表面张力 σ,给出了气泡脱离直径的计算式:

$$d_{0F} = 0.0208\beta \left[\frac{\sigma}{g(\rho_f - \rho_g)} \right]^{1/2} \tag{8-28}$$

式中,接触角单位为度(°)。Fritz 方程的适用压力已扩展至 $0.1\sim19.8$ MPa,并对 d_{0F} 进行了以下修正:

$$d_0 = 0.0012 \left(\frac{\rho_f - \rho_g}{\rho_g} \right)^{0.9} d_{0F} \tag{8-29}$$

更复杂的气泡脱离模型包括惯性力、浮力、阻力和表面张力。当气泡开始脱离表面时,表面张力也会起到挤压气泡的作用。在此介绍 Keshock(凯肖克)等[16]提出的理论模型,假设气泡为球形,作用在脱离气泡上的静态力和动态力的平衡关系如下:

$$F_b + F_p = F_i + F_\sigma + F_D \tag{8-30}$$

其中,F_b 和 F_p 分别为浮力和表压力,用于将气泡从表面脱离;F_i、F_σ 和 F_D 分别为抵抗气泡脱离的惯性力、表面张力和液体阻力。浮力表达式为

$$F_b = \frac{\pi d_0^3}{6} (\rho_f - \rho_g) g \tag{8-31}$$

附着在干燥区域的气泡附加压力计算式如下:

$$\Delta p = \frac{2\sigma \sin\beta}{d_b} + \frac{\sigma}{r_b} \approx \frac{2\sigma \sin\beta}{d_b} \tag{8-32}$$

上式第一项来自应用于气泡底部直径的拉普拉斯方程(8-1),考虑了接触角 β 的影响;而第二项给出了气泡曲率的影响。Keshock 等假设第二项与第一项相比可以忽略不计,因此作用在直径 d_b 底面积上的附加压力为

$$F_p = \frac{\pi d_b}{2}\sigma\sin\beta \qquad (8-33)$$

不断增长的气泡施加在周围液体上的惯性力为

$$F_i = \frac{\mathrm{d}}{\mathrm{d}t}\mu \qquad (8-34)$$

假设受影响的液体是气泡体积的 11/16,惯性力为

$$F_i = \frac{\mathrm{d}}{\mathrm{d}t}\left\{\left[\frac{11}{16}\rho_f\frac{4\pi(R(t))^3}{3}\right]\left[\frac{\mathrm{d}R(t)}{\mathrm{d}t}\right]\right\}_{d=d_0} \qquad (8-35)$$

界面速度 $\mathrm{d}R(t)/\mathrm{d}t$ 可以用前面介绍的 Plesset-Zwick 气泡生长模型确定。作用在直径为 d_b 的气泡底部圆周长上的表面张力为

$$F_\sigma = \pi d_b\sigma\sin\beta \qquad (8-36)$$

假设球形气泡在液体中自由上升,速度等于离开时气泡的生长速度,则抵抗气泡脱离的曳力为

$$F_D = \frac{1}{2}\rho_f C_D\pi\left[R(t)\right]^2\left[\frac{\mathrm{d}R(t)}{\mathrm{d}t}\right]^2 \qquad (8-37)$$

或者

$$F_D = \frac{\pi}{4}C_D Re_{bub}\mu_f\left[R(t)\right]\frac{\mathrm{d}R(t)}{\mathrm{d}t} \qquad (8-38)$$

式中,阻力系数为 C_D,气泡雷诺数为

$$Re_{bub} = \frac{\rho_f\left[2R(t)\right]\left[\dfrac{\mathrm{d}R(t)}{\mathrm{d}t}\right]}{\mu_f} \qquad (8-39)$$

阻力系数与气泡雷诺数有关:

$$C_D = \frac{a}{Re_{bub}} \qquad (8-40)$$

式中,Keshock 等[11]采用 $a=45$,因此阻力为

$$F_D = \frac{\pi}{4}a\mu_f\left[R(t)\right]\frac{\mathrm{d}R(t)}{\mathrm{d}t} \qquad (8-41)$$

在上述模型中,阻力通常可以忽略不计,而惯性力仅在 ΔT 较大时才变得显著。对于实际情况,由于 d_b 未知,因此很难计算实际情况的附加压力和表面张力(d_b 通常会大于空穴口,因为在不断生长的气泡下捕获的液膜会部分干涸)。

8.3.3 气泡脱离频率

当气泡在加热表面开始生长时,需要经过时间间隔 t_d 才能从壁面脱离。Griffith[17]提出,液体的惯性有助于使气泡脱离壁面并将其带走,然后过冷液体流入气泡脱离后的位置并接触加热表面。如前所述,需要时间间隔 t_w 加热新的液体层来确保核化过程发生,这是在同一位置产生下一个气泡的前提。如果 t_d 表示气泡脱离时间,t_w 表示一个气泡离开和下一个气泡开

始生长之间的等待时间，则气泡脱离频率（f_b）可以定义为 $1/(t_w+t_d)$。

　　热流密度的增大会产生更多的活化核心，从而增加气泡的数量。热流密度的增大还会减少等待时间和气泡脱离时间。气泡的迅速生长会对气泡产生强烈的惯性效应，使其脱离壁面，因此减小了脱离气泡的尺寸。压力的增加会提高饱和温度，这反过来减小了表面张力（σ）。表面张力的减小会导致更小的气泡直径或所需的过热度。气泡脱离直径与脱离频率的关系式如下，Peebles（皮布尔斯）[18]观察到在重力场中气泡的上升速度为

$$V_b = 1.18 \left[\frac{\sigma g_c g (\rho_f - \rho_g)}{\rho_f^2} \right]^{1/4} \tag{8-42}$$

　　根据 Jakob（雅各布）等[19-20]提出的气泡上升速度表达式为

$$V_b = D_b f_b \left(\frac{t_w + t_d}{t_d} \right) \tag{8-43}$$

式中，D_b 为气泡脱离直径。因此有

$$D_b f_b = \frac{t_d}{t_d + t_w} (1.18) \left[\frac{\sigma g_c g (\rho_f - \rho_g)}{\rho_f^2} \right]^{1/4} \tag{8-44}$$

通过假设 $t_d = t_w$，Jakob 得到如下关系式：

$$D_b f_b = \frac{1.18}{2} \left[\frac{\sigma g_c g (\rho_f - \rho_g)}{\rho_f^2} \right]^{1/4} \tag{8-45}$$

　　这个假设并没有被 Hsu 等[21]或 Westwater（韦斯特沃特）等[22]证实。后者观察到四氯化碳的 $D_b f_b$ 约为 366 m/h，然而 Jakob 通过实验得到的液体的 $D_b f_b$ 约为 280 m/h，二者明显不同。Westwater 等还发现气泡的产生情况在高热流密度下并不是不变的。在高热流密度下（如 $q'' > 0.2 q_{cr}$），t_w 通常比 t_d 小。如果热流密度足够高以至于使 $t_w \ll t_d$，则会达到气泡产生的最大速率，因为连续气泡间的垂直距离基本为零。因此有如下的关系式：

$$V_b = D_b f_b \tag{8-46}$$

　　Ivey（艾维）[23]根据他自己以及其他人对水和甲醇的实验结果，证明了式（8-46）在较高的热流密度以及较大的气泡直径时是近似准确的。在这些条件下，气泡脱离直径和脱离频率都受到流体动力学因素的控制。他还认为 f_b 和 D_b 之间单一关系式并不能适用于 D_b 的全部范围，因为他发现不同流体的实验结果根据气泡直径和热流密度可以分为三个不同的区域，并且每个区域关于 D_b-f_b 的关系式都不同。这三个区域为：①流体动力控制区，其中作用在气泡上的力主要是浮力和阻力；②热力控制区，其中气泡形成的频率主要受生长过程中的热力学条件控制；③上述二者之间的过渡区，其中浮力、阻力和表面张力处于同一数量级。

　　1）多年来，流体动力控制区受到了相当大的关注。式（8-42）和式（8-44）遵循浮力-曳力平衡原理，如果假设 $\rho_f \gg \rho_g$，则有

$$D_b^{1/2} f_b = \left(\frac{1.18}{2^{1/4} C_d^{1/2} \phi^{1/2}} \right) \left(\frac{t_d}{t_w + t_d} \right) g^{1/2} \tag{8-47}$$

其中，常压下，C_d 对于普通流体为 0.0148，ϕ 通常取 45°，而流体力学控制区域 $t_d/(t_w + t_d)$ 近似为 1。进一步整理式（8-47），可得

$$D_b^{1/2} = 1.2 g^{1/2} \tag{8-48}$$

上式的系数是近似的，且只适用于普通液体。

　　对于 $\rho_f \gg \rho_g$ 的普通液体，Cole（科尔）[24]假设 $V_b = D_b f_b$，推导出了一个类似的关系式：

$$D_b^{1/2} f_b = 1.15 g^{1/2} \qquad (8-49)$$

Ivey[23]根据两组水和一组甲醇的实验数据(均属于流体动力学区域),推导出了如下关系式:

$$D_b^{1/2} f_b = 0.9 g^{1/2} \qquad (8-50)$$

由于实验中发现有相当多分散的数据点,他建议将他的关系式应用于大气泡($D_b >$ 5 mm),其中热流密度的变化范围从中等到高($q'' > 0.2 q_{cr}$);或者在高热流密度的条件下($q'' > 0.8 q_{cr}$)应用于中等大小的气泡($1 < D_b < 5$ mm),其中主要的力为阻力和浮力。可以得出结论,这三个适用于普通液体的简化关系式是一致的[25]。

2)在热扩散控制区,Ivey 只发现了一组水和一组氮的数据,关系式如下:

$$D_b^{1/2} f_b = C \qquad (8-51)$$

这两种液体常数(C)完全不同。他得出结论,这种类型的关系式通常适用于小气泡($D_b < 0.5$ mm)和在低热流密度条件下中等大小的气泡($0.5 < D_b < 5$ mm)。

3)根据六组水、两组甲醇以及各一组异丙醇和四氯化碳的数据(均属于过渡区),Ivey 得到如下关系式:

$$(D_b)^{3/4} f_b = 0.44 g^{1/2} \qquad (8-52)$$

其中,系数 0.44 的单位为 cm$^{1/4}$。他发现这个关系式适用于气泡直径从高热流密度下的 0.5 mm 到低热流密度下的 10 mm。

Malenkov(马林科夫)[26]推荐了一个适用于三个区域的关系式:

$$f_b D_b = \frac{1}{\pi(1-\bar{\alpha})} \left[\frac{g D_b (\rho_f - \rho_g)}{2(\rho_f + \rho_g)} + \frac{2 g_c \sigma}{D_b (\rho_f + \rho_g)} \right]^{1/2} \qquad (8-53)$$

式中,$\bar{\alpha}$ 为加热面上方边界层的无量纲含气量,由下式定义:

$$\bar{\alpha} = \frac{G_g}{G_g + V_b} \qquad (8-54)$$

其中,G_g 为单位加热面积的蒸汽体积流量;式(8-53)右侧括号中的项表示气泡的上升速度 V_b;式(8-53)使用的前提是气泡脱离频率是由围绕一系列上升气泡的液体振荡频率决定的,并且该频率和气泡直径的关系式如下:

$$f = \frac{V_b}{\pi D_b (1 - \bar{\alpha})} \qquad (8-55)$$

他表示式(8-53)有效地将五组水、三组甲醇以及各一组乙醇、正戊烷和四氯化碳的数据关联在一起,并且所有数据都是在同一大气压的条件下获得的。

8.3.4　气泡破碎与聚并

气泡的产生和消灭是由聚并和破碎的过程引发的,如鼓泡塔中液体湍流引起的气泡破碎,类似地,鼓泡塔中也会发生气泡聚并。

对于体积为 V_i 的气泡,由聚并得到的产生率(Br_{ag})和消失率(Dr_{ag})分别为

$$Br_{ag} = \frac{1}{2} \int_0^{V_i} \beta(V_i - V_j, V_j) n(V_i - V_j, t) n(V_j, t) \, dV_j \qquad (8-56)$$

$$Dr_{ag} = \int_0^\infty \beta(V_i, V_j) n(V_i, t) n(V_j, t) \, dV_j \qquad (8-57)$$

式中，$\beta(V_i,V_j)$ 为体积为 V_i 的气泡与体积为 V_j 的气泡的聚并速率；$n(V_j,t)$ 为体积为 V_j 的气泡数密度函数。

对于体积为 V_i 的气泡，由破碎得到的产生率（Br_{br}）和消失率（Dr_{br}）分别为

$$Br_{br} = \int_0^\infty p g_d(V_j) \gamma(V_i \mid V_j) n(V_j,t) \, dV_j \tag{8-58}$$

$$Dr_{br} = g_d(V_i) n(V_i,t) \tag{8-59}$$

式中，$g_d(V_j)$ 为体积为 V_j 的气泡的破碎速率；$\gamma(V_i \mid V_j)$ 为破碎后子气泡分布函数的概率密度函数；p 为破碎后子气泡的分布函数[27]。

1. 气泡破碎机理

引起气泡破碎的机理主要分为由湍流涡与气泡碰撞引起的破碎和大气泡由于表面不稳定性引起的破碎。这种行为对两相系统的影响是由气泡的破碎速率和破碎后子气泡尺寸分布决定的。

气泡破碎主要分为多重破碎和双重破碎，而目前气泡破碎主要还是以双重气泡破碎为主，应用广泛的气泡模型主要以 Luo（卢奥）和 Lehr（莱尔）破碎模型为主[28-29]，Lehr 的破碎模型认为初始气泡与湍流涡碰撞引起的动压大于气泡破碎后较小气泡内部的压力时，气泡会发生破碎；Luo 则认为气泡的破碎是湍流涡与气泡的碰撞时，湍流涡体的动能大于气泡破碎引起的表面能增量时气泡就会破碎，下式为 Luo 气泡破碎速率定义式：

$$b(f_g,d) = \int_{\lambda \min}^d P_b(f_g \mid d,\lambda) \sigma_\lambda(d) \, d\lambda \tag{8-60}$$

$$b(d) = \int_0^{0.5} b(f_g,d) \, df_g \tag{8-61}$$

$$\bar{\omega}_\lambda(d) = \frac{\pi}{4}(d+\lambda)^2 \bar{u}_\lambda n_\lambda n \tag{8-62}$$

$$\bar{u}_\lambda = \sqrt{2}\,(\varepsilon\lambda)^{1/3} \tag{8-63}$$

$$n_\lambda \rho_f \frac{\pi}{6} \lambda^3 \frac{\bar{u}_\lambda^2}{2} d\lambda = E(k) \rho_f (1-\alpha_g)(-dk) \tag{8-64}$$

$$n_\lambda = \frac{0.822(1-\alpha_g)}{\lambda^4} \exp\left[-\frac{3}{2}\pi\beta\alpha^{1/2}\left(\frac{2\pi}{\lambda}\right)^{-4/3}\right] \tag{8-65}$$

$$\bar{\omega}_\lambda(d) = 0.923(1-\alpha_g) n\varepsilon^{1/3} \frac{(\lambda+d)^2}{\lambda^{11/3}} \tag{8-66}$$

式中，λ 为湍流涡体的尺寸；$b(d)$ 为气泡破碎概率；n_λ 为尺寸为 λ 的湍流涡数密度；$\bar{\omega}_\lambda(d)$ 为碰撞频率；$\bar{u}_\lambda^2$ 为湍流涡体的平均速度。

$$P_b(f_g \mid d,\lambda) = \int_0^\infty P_b[f_g \mid d,e(\lambda),\lambda] P_e[e(\lambda)] \, de(\lambda) \tag{8-67}$$

式中，$p_b(f_g \mid d,\lambda)$ 为破碎概率密度；$e(\lambda)$ 为湍流涡体动能。

$$P_e[e(\lambda)] = \frac{1}{\bar{e}(\lambda)} \exp\left[\frac{-e(\lambda)}{\bar{e}(\lambda)}\right] \tag{8-68}$$

式中，$\bar{e}(\lambda)$ 为湍流涡体的平均动能。

Martinez-bazan（马丁内斯-巴赞）等[30]使用皮下注射针头在水下注入空气，采用相位多普勒方法进行测量，并根据测量结果提出新的破碎机理：

$$g(D) = \frac{K}{t_b} \tag{8-69}$$

其中，t_b 为直径为 D 的气泡破碎过程所需的时间。

$$t_b \propto \frac{D}{u_b} = \frac{D}{\sqrt{\Delta \bar{u}^2(D) - \dfrac{12\sigma}{\rho D}}} \tag{8-70}$$

于是可得

$$g(D) = k_g \frac{\sqrt{\gamma(oD)^{2/3} - \dfrac{12\sigma}{\rho D}}}{D} \tag{8-71}$$

其中，γ 为常数，值为 8.2；k_g 由实验数据测得为 0.25。

2. 气泡聚并机理

在气液两相混合系统中，气泡在连续液相中运动，在周围力的作用下会发生碰撞聚并，而造成气泡总体积的增长。引起气泡碰撞的机制主要分为湍流涡引起的碰撞、剪切碰撞、气泡上升速度差引起的碰撞及气泡尾涡机制引起的碰撞。

根据 Luo 等[27] 提出的聚并模型，气泡的聚并过程被定义为由于二元碰撞而导致的气泡体积变化率：

$$\beta(V_i, V_j) = \omega_d(V_i, V_j) p_d(V_i, V_j) \tag{8-72}$$

式中，$\beta(V_i, V_j)$ 为气泡之间的 $\omega_d(V_i, V_j)$（体积为 V_i 的气泡和体积为 V_j 的气泡的碰撞频率）和 $p_d(V_i, V_j)$（体积为 V_i 的气泡和体积为 V_j 的气泡的聚并效率）的乘积。

碰撞频率定义为

$$\omega_d(V_i, V_j) = \frac{\pi}{4} \omega_{jg}(d_i^2 + d_j^2) n_i n_j (d_i^{2/3} d_j^{2/3})^{1/2} \varepsilon^{1/3} \tag{8-73}$$

其中，d_i 和 d_j 为两个气泡的直径；n_i 和 n_j 为气泡数密度；ω_{jg} 为气泡和气流路径的长度比；ε 为湍流能量。

聚并效率表达式为

$$P_d = \exp\left\{ -\frac{[0.75(1 + x_{ij}^2)(1 + x_{ij}^3)]^{1/2}}{\left(\dfrac{p_2}{p_1} + 0.5\right)^{1/2}(1 + x_{ij})^3} \cdot \left(\dfrac{\rho_1 d_i}{\sigma}\right)^{1/2} (d_i^{2/3} + d_j^{2/3})^{1/2} \varepsilon^{1/3} \right\} \tag{8-74}$$

其中，x_{ij} 为体积为 V_i 的气泡直径 d_i 与体积为 V_j 的气泡直径 d_j 之比；p_i 和 p_j 分别为第一相和第二相密度。

而根据 Smoluchowski（斯莫卢霍夫斯基）[31] 提出的聚并模型，真实的气泡聚集和分裂的频率（或内核）与其空间位置有关。特别地，非常小的气泡由于布朗运动引起的碰撞而聚集在一起。在这种情况下，碰撞频率依赖于气泡大小，通常以下式计算：

$$\beta(V_i, V_j) = \frac{2k_b T}{3\mu} \frac{(V_i + V_j)^2}{V_i V_j} \tag{8-75}$$

其中，k_b 为玻尔兹曼常数；T 为绝对温度；μ 为连续相动力黏度。

8.4　气液交界面不稳定性

在池式沸腾下，当热流密度达到某一最大值时，脱离加热面的气泡阻挡了冷流体流向加热面,使它无法对加热面进行冷却,发生临界热流现象。这种流动和传热现象可以采用亥姆霍兹不稳定性进行分析。在膜态沸腾下,密度较小的蒸汽膜滞留在密度较重的液体之下,加热面上存在气膜,其流动与换热过程可以采用泰勒不稳定性进行分析。

8.4.1 亥姆霍兹不稳定性

当两种不相溶流体沿分离界面相对流动时,存在一个最大相对速度,超过该速度时,界面的小扰动将放大和增长,从而扭曲流动,这种现象被称为亥姆霍兹不稳定性。Lamb(兰姆)[32]和 Zuber[33] 提出,表面波沿垂直蒸汽射流的传播速度(c),向上蒸汽射流的速度(V_g),以及相邻的向下液体射流的速度(V_f)之间关系可以表示为

$$c^2 = \left(\frac{n}{m}\right)^2 = \frac{mg_c\sigma}{\rho_f + \rho_g} - \frac{\rho_f\rho_g}{(\rho_f + \rho_g)^2}(V_g - V_f)^2 \tag{8-76}$$

其中,波数 m 为 $2\pi/\lambda$,波角速度 n 为

$$n = \left(\frac{2\pi}{\lambda}\right)c = mc \tag{8-77}$$

对于谐波波形,振幅为

$$\eta = \eta_0 e^{-int}\cos(mx) \tag{8-78}$$

其中,式(8-76)是通过假设流体无限深且不考虑重力而得出的。稳定射流的条件是波角速度(n)为实数,即

$$\left(\frac{n}{m}\right)^2 > 0 \tag{8-79}$$

根据此条件,由式(8-76)得到

$$\frac{mg_c\sigma}{\rho_f + \rho_g} > \frac{\rho_f\rho_g}{(\rho_f + \rho_g)^2}(V_g - V_f)^2 \tag{8-80}$$

在稳态下,进入的液体流量等于蒸汽流量。因此,由连续性得到

$$-V_f = \left(\frac{\rho_g}{\rho_f}\right)V_g \tag{8-81}$$

将式(8-80)代入式(8-81)并整理可得

$$\frac{\rho_f\sigma mg_c}{\rho_g(\rho_f + \rho_g)} > V_g^2 \tag{8-82}$$

因此,表面稳定蒸汽流的最大蒸汽速度为

$$V_g = \sqrt{\frac{\rho_f\sigma mg_c}{\rho_g(\rho_f + \rho_g)}} \tag{8-83}$$

如果蒸汽流速度超过该值,蒸汽不容易离开,因此可能发生局部蒸汽覆盖(膜态沸腾)。此结果通过关联热流密度与蒸汽速度来预测最大热流密度。

8.4.2 泰勒不稳定性

由泰勒不稳定性可以得到向上水平表面稳定膜态沸腾的判据,这表明两种密度不同的流体之间(毛细管)波形界面的稳定性取决于表面张力能与波的动能、势能之和的平衡。当前者大于后者时,较轻的液体可以留在较重的液体下面,这是水平表面沸腾形成稳定膜的条件,如

图 8 - 5 所示。由于动能和势能，前进波每个波长的总能量为[33]

$$\left(\frac{E}{\lambda}\right)_{\text{tot}} = \frac{g\left(\rho_{\text{f}} - \rho_{\text{g}}\right)\eta_0^2}{2g_{\text{c}}} \tag{8 - 84}$$

其中，η_0 依然是波的最大振幅。由于表面张力，波的能量为

$$\left(\frac{E}{\lambda}\right)_{\sigma} = \left(\frac{1}{\lambda}\right)\int_0^{\lambda}\Delta P\eta\,\text{d}k \tag{8 - 85}$$

其中，波形曲面压差为

$$\eta = \eta_0\sin(mx) = \eta_0\sin\left(\frac{2\pi x}{\lambda}\right) \tag{8 - 86}$$

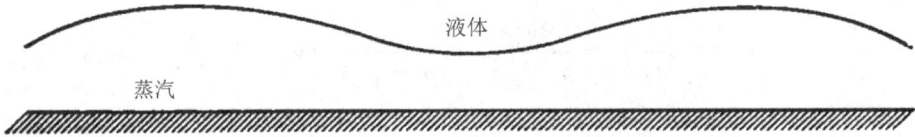

图 8 - 5　水平表面沸腾形成的稳定膜

可根据表面微元 $\text{d}s$ 上的力平衡获得（见图 8 - 6）

$$\Delta p\,\text{d}s = \sigma\sin(\text{d}\theta) \cong \sigma\text{d}\theta \tag{8 - 87}$$

或

$$\Delta p = \sigma\left(\frac{\text{d}\theta}{\text{d}s}\right) \tag{8 - 88}$$

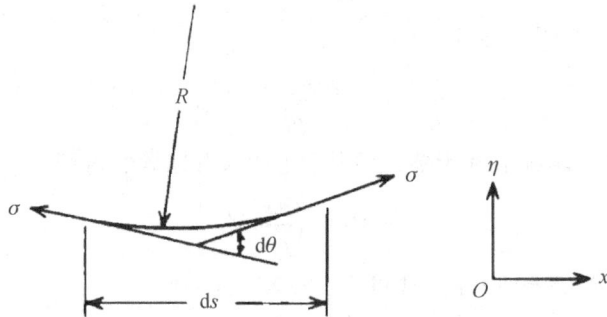

图 8 - 6　曲面微元上的力平衡

从曲线界面的几何形状来看：

$$\frac{\text{d}\theta}{\text{d}s} = \frac{1}{R} \cong \frac{\text{d}^2\eta}{\text{d}x^2} \tag{8 - 89}$$

则有

$$\Delta p = \sigma\left(\frac{\text{d}^2\eta}{\text{d}x^2}\right) = \left(\frac{2\pi}{\lambda}\right)^2\sigma\eta_{\text{c}}\sin(mx) \tag{8 - 90}$$

将 Δp 代入式（8 - 84），可得

$$\left(\frac{E}{\lambda}\right)_{\sigma} = \left(\frac{\sigma\eta_0^2}{\lambda}\right)\int_0^{2\pi}\frac{2\pi}{\lambda}\sin^2(mx)\,\text{d}(mx) = \frac{\sigma\eta_0^2}{\lambda}\left(\frac{2\pi}{\lambda}\right)\pi \tag{8 - 91}$$

为满足稳定波的条件，$(E/\lambda)_{\text{tot}} < (E/\lambda)_{\sigma}$，波长必须小于某个临界值（$\lambda_{\text{c}}$）：

$$\lambda_0 < \lambda_c = 2\pi\left[\frac{g_c\sigma}{g(\rho_f - \rho_g)}\right]^{1/2} \tag{8-92}$$

在物理系统中,扰动波长可以解释为成核点之间的距离或气泡脱离尺寸。Zuber[34]使用此标准来预测临界热流密度的起始点,假设蒸汽从圆柱状加热表面上升,其平均直径为 $\lambda_0/2$,中心间距为 λ_0(见图 8-7),其中 $\lambda_c \leqslant \lambda_0 \leqslant \lambda_d$。基于实验可视化结果,Lienhard(林哈德)等[35]建议对于尺寸比 λ_d 大的水平加热平板,亥姆霍兹临界波长的估计值为 λ_d,即"最危险"波长,由 Bellman(贝尔曼)等[36]定义为

$$\lambda_d = 2\pi\left[\frac{3g_c\sigma}{g(\rho_f - \rho_g)}\right]^{1/2} \tag{8-93}$$

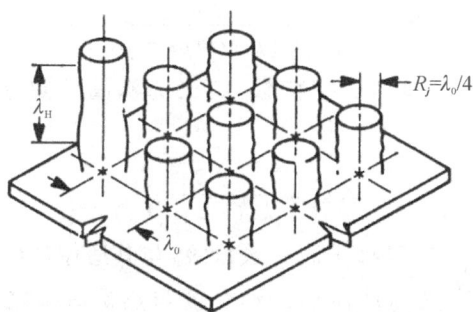

图 8-7　Zuber[34]假设中水平加热平板表面沸腾的蒸汽射流结构

8.5　沸腾传热无量纲数

虽然在沸腾传热方面积累了大量不同的沸腾传热实验研究和工程应用经验,但由于该过程的复杂性及应用条件千差万别,尚未形成合理且通用的描述沸腾换热过程的微分方程组和边界条件。不少学者基于不同前提假设建立的微分方程组,虽然无法用于分析沸腾传热实际过程,但可以用来确定两相流动沸腾换热无因次组合量形式以及它们之间的函数关系式。本节将沸腾换热与两相流中的无量纲数进行归纳,虽然其中部分无量纲数并不常用,但都以某种方式表示沸腾机制。

沸腾数(Bo)表示离开加热面的蒸汽速度与平行于壁面的液体流动速度之比。其中蒸汽速度根据潜热传输进行估算。

$$Bo = \frac{q''}{H_{fg}\rho_g V} \tag{8-94}$$

浮力系数(Bu)定义为液体与蒸汽密度差与液体密度之比。

$$Bu = \frac{\rho_f - \rho_g}{\rho_f} \tag{8-95}$$

欧拉数(Eu)定义为压力与惯性力之比,它反映了流场压力降与其动压头之间的相对关系,体现了在流动过程中动量损失率的相对大小。

$$Eu = \frac{g_c\Delta p}{\rho V^2} \tag{8-96}$$

式中，ρ 为气液混合物或单相的密度；Δp 为流动的摩擦压降或气泡边界的压差。

弗劳德数（Fr）是液体惯性力与重力之比。

$$Fr = \frac{V^2}{gD_b} \quad (8-97)$$

雅各布数（Ja）是液体携带的显热与相同体积气泡携带的潜热之比，表明了气-液交换的相对有效程度。

$$Ja = \frac{c_p \rho_f (T_w - T_b)}{H_{fg} \rho_g} \quad (8-98)$$

库塔捷拉泽数（B）是池式沸腾危机的相关系数。

$$B = \frac{q''_{crit}}{H_{fg} \rho_g^{1/2} \left[g_c g \sigma (\rho_f - \rho_g) \right]^{1/4}} \quad (8-99)$$

沸腾努塞特数（Nu_b）或气泡的努塞特数，定义为沸腾传热速率与通过液膜的导热速率之比。

$$Nu_b = \frac{\delta q''}{k_f (T_w - T_b)} \quad (8-100)$$

式中，δ 为液膜厚度，可与气泡直径处于同一数量级，与其适用的物理模型有关。

液体的普朗特数（Pr_f）定义为液体的运动黏度与热扩散率之比，表示流体中能量和动量迁移过程相互影响的无因次组合数，表明温度边界层和流动边界层的关系。

$$Pr_f = \frac{c_p \mu}{k_f} \quad (8-101)$$

沸腾雷诺数或气泡雷诺数（Re_b）定义为气泡惯性力与液体黏性力的比值，表示气泡运动引起的液体搅动强度。

$$Re_b = \frac{\rho_g V_b D_b}{\mu_f} \quad (8-102)$$

球状模量（So）定义为气膜传导热流密度与蒸发热流密度之比。

$$So = \frac{\dfrac{k_g (T_w - T_{sat})}{\delta}}{H_{fg} \rho_g V_g} \quad (8-103)$$

基于膜厚（δ）将其与雷诺数结合：

$$(So)(Re_\delta) = \frac{k_g (T_w - T_{sat})}{\delta H_{fg} \rho_g V_g} \left(\frac{\rho_g V_g \delta}{\mu_g} \right) = \frac{k_g (T_w - T_{sat})}{H_{fg} \mu_g} \quad (8-104)$$

这个无量纲数描述了膜态沸腾的球形状态。

过热比（Sr）定义为受热面液体过热度与蒸发热量之比。

$$Sr = \frac{c_f (T_w - T_{sat})}{H_{fg}} \quad (8-105)$$

过热比等于气泡雷诺数与液体普朗特数的乘积除以沸腾努塞特数（Nu_b），沸腾努塞特数等于单相对流换热中的斯坦顿数。

韦伯-雷诺数（Re/We）定义为气泡表面张力与由于气泡运动引起的表面黏性剪切力的比值。

$$\frac{Re}{We} = \frac{\dfrac{g_c \sigma}{D_b}}{\dfrac{\mu_f V_b}{D_b}} = \frac{g_c \sigma}{\mu_f V_b} \tag{8-106}$$

思 考 题

1）均匀核化和非均匀核化有什么区别和联系？

2）确定活化核心密度的方法有哪些？

3）气泡成长过程主要受哪些因素控制？

4）气泡脱离过程主要受哪些力的作用？对气泡有何影响？

5）气泡脱离频率与哪些因素有关？

6）亥姆霍兹不稳定性发生的条件是什么？

习 题

1）在 0.1 MPa 下的液池内，当壁面过热度分别为 8 ℃和 16 ℃时，计算壁面成核活化穴的近似尺寸。

2）求浸于大气压下水池中水平板表面核化所需壁面过热度。①假定该表面具有全部活动穴尺度谱；②假定仅存在<5 μm 的凹穴。

3）有两种介质 l、v，密度分布为 ρ_l、ρ_v，介质 l 位于 v 之上，且 ρ_l 远大于 ρ_v；假设两种介质初始无流动，且界面初始为平界面。试导出界面发生瑞利-泰勒不稳定性时的波长（泰勒波长），以及瑞利-泰勒"最危险"波长。

参 考 文 献

[1] SHAKIR S,THOME J R. Boiling nucleation of mixtures on smooth and enhanced surfaces[C]. International Heat Transfer Conference Digital Library,1986.

[2] LORD K. Hydrokinetic solutions and observations[J]. Philosophical Magazine,1871,42(4)：448.

[3] HSU Y Y. On the size range of active nucleation sites on a heating surface[J]. Journal of Heat Transfer,1962,84(3)：207-213.

[4] HAN C Y,GRIFFITH P. The mechanism of heat transfer in nucleate pool boiling[J]. International Journal of Heat & Mass Transfer,1965,8(6)：887-904.

[5] WANG C H,DHIR V K. Effect of surface wettability on active nucleation site density during pool boiling of water on a vertical surface[J]. ASME Journal of Heat Transfer,1993,115(3)：659-669.

[6] GAERTNER R F,WESTWATER J W. Population of active sites in nucleate boiling heat transfer [J]. ChemicalEngineers Progress Symposium Series. 1960,56：39-48.

[7] PAUL D D,ABDEL-KHALIK S I. A statistical analysis of saturated nucleate boiling along a heatedwire[J]. International Journal of Heat and Mass Transfer,1983,26(4): 509 - 519.

[8] STRALEN S V. Boiling phenomena:physicochemical and engineering fundamentals and applications[M]. Washington,DC: Hemisphere Pub. Corp,1979.

[9] HSU Y Y,GRAHAM R W. Transportprocesses in boiling and two-phasesystems,including near-criticalfluids [M]. Hemisphere,1976.

[10] CORNWELL K,BROWN R D. Boiling surface topography [C]. Proceedings of the 6th International Heat Transfer Conference,Toronto,1978.

[11] LORD RAYLEIGH O M F R S. On the pressure developed in a liquid during the collapse of a spherical cavity[J]. Philosophical Magazine,1917,34(200):94 - 98.

[12] PLESSET M S, ZWICK S A. The growth of vapor bubbles in superheated liquids[J]. Journal of Applied Physics,1954,25(4): 493 - 500.

[13] MIKIC B B,ROHSENOW W M,GRIFFITH P. On bubble growth rates[J]. International Journal of Heat and Mass Transfer,1970,13(4):657 - 666.

[14] STRALEN S. The mechanism of nucleate boiling in pure liquids and in binary mixtures-part Ⅱ [J]. International Journal of Heat & Mass Transfer, 1966, 9 (10): 1021 - 1042.

[15] FRITZ W. Berechnung des maximalvolumes von dampfblasen[J]. Physik. Zeitschr, 1935,36: 379 - 384.

[16] KESHOCK E G, SIEGEL R. Forces acting on bubbles in nucleate boiling under normal and reduced gravity conditions[M]. National Aeronautics and Space Administration,1964.

[17] GRIFFITH P. Bubble growth rates in boiling[J]. Transactions of the American Society of Mechanical Engineers,1958,80(3): 721 - 726.

[18] PEEBLES F N. Studies on the motion of gas bubbles in liquid[J]. Chem. Eng. Prog. , 1953,49(2): 88 - 97.

[19] JAKOB M,LINKE W. Heat transfer from a horizontal plate[J]. Forsch. Geb. Ingenieurwes,1933,4: 434.

[20] JAKOB M. Heat transfer[M]. New York: John Wiley & Sons, 1949.

[21] HSU Y Y, GRAHAM R W. An analytical and experimental study of the thermal boundary layer and ebullition cycle in nucleate boiling[M]. National Aeronautics and Space Administration,1961.

[22] KIRBY D B,WESTWATER J W. Bubble and vapor behavior on a heated horizontal plate during pool boiling near burnout[J]. Chemical Engineering Progress Symposium Series. 1965,61(57): 238 - 248.

[23] IVEY H J. Relationships between bubble frequency,departure diameter and rise velocity in nucleate boiling[J]. International Journal of Heat and Mass Transfer, 1967,10 (8): 1023 - 1040.

[24] COLE R. A photographic study of pool boiling in the region of the critical heat flux [J]. AIChE Journal,1960,6(4): 533 - 538.

[25] DWYER O E. Boiling liquid-metal heat transfer[J]. American Nuclear Society,Hinsdale Ⅲ, 1976,446: 1976.

[26] MALENKOV I G. Detachment frequency as a function of size for vapor bubbles[J]. Journal of engineering physics,1971,20(6): 704 - 708.

[27] LUO H,SVENDSEN H F. Theoretical model for drop and bubble breakup in turbulent dispersions[J]. AIChE Journal,1996,42(5): 1225 - 1233.

[28] LUO H. Coalescence,breakup and liquid circulation in bubble column reactors[D]. The Norwegian Institute of Technology,1993.

[29] LEHR F,MEWES D. A transport equation for the interfacial area density applied to bubble columns[J]. Chemical Engineering Science,2001,56(3): 1159 - 1166.

[30] MARTÍNEZ-BAZÁN C,MONTAÑS J L,LASHERAS J C. On the breakup of an air bubble injected into a fully developed turbulent flow. part 1. breakup frequency[J]. Journal of Fluid Mechanics,1999,401: 157 - 182.

[31] SMOLUCHOWSKI M V. Versuch einer mathematischen theorie der koagulationskinetik kolloider lösungen [J]. Zeitschrift Für Physikalische Chemie, 1918, 92 (1): 129 - 168.

[32] LAMB H. Hydrodynamics[M]. New York: Dover publications,1945.

[33] ZUBER N. On stability of boiling heat transfer[J]. Transactions of the American Society of Mechanical Engineers,1958,80: 711 - 720.

[34] ZUBER N. Hydrodynamic aspects of boiling heat transfer[D]. United States: University of California,1959.

[35] LIENHARD J H,DHIR V K. Extended hydrodynamic theory of the peak and minimum pool boiling heat fluxes[R]. NASA,1973.

[36] BELLMAN R,PENNINGTON R H. Effects of surface tension and viscosity on Taylor instability[J]. J. appl. math,1953,12(2): 151 - 162.

第9章 池式沸腾传热

9.1 池式沸腾传热概述

沸腾传热是工质发生相变汽化生成气泡,通过气泡运动带走加热面热量并使其冷却的一种传热方式。大部分学者认为存在着两种基本的沸腾形式,即池式沸腾(大容积沸腾)和流动沸腾。其中,池式沸腾的定义为,由浸没在具有自由表面且无宏观流速的大容积液体内的受热面所产生的沸腾。在池式沸腾中,蒸汽产生于过热的壁面,液体的运动是由沸腾过程本身引起的,类似于在无界流体中加热壁处的单相自然对流,因此存在流体流速很低的特点。

池式沸腾是一种高效的换热模式,被广泛应用于核电工业中。在压水堆中发生冷却剂丧失事故的末期,经过紧急注水后,堆芯中的燃料元件又重新浸没在水中,这种情况下产生的沸腾就属于池式沸腾。池式沸腾对反应堆堆内换热具有重要的意义,特别是近些年来非能动安全理念提出后,如非能动余热排出系统(passive residual heat removal system,PRHRS)、非能动安全壳冷却系统(passive containment cooling system,PCCS)和非能动乏燃料池的冷却系统等,采用池式沸腾来实现热量的转移和排出,能够极大提高系统的安全性。

要将池式沸腾传热应用到反应堆堆内,需要充分认识池式沸腾传热机制和影响因素。本章对池式沸腾传热研究中的关键内容进行了总结,详细介绍池式沸腾传热的重要进展。

9.2 池式沸腾曲线

针对大容积池内加热情况,传热描述通常采用热流密度(q)与加热壁面过热度(ΔT_{sat},加热表面和液体饱和温度的温差,定义为 $T_w - T_{sat}$)的曲线图。Nukiyama(拔山)[1]最先建立了该沸腾曲线,如图 9-1 所示,从这个曲线中可以分辨出以下四种传热区域。

1)自然对流区。其特征是在加热表面与饱和液体之间发生的单相自然对流,且在加热表面上没有气泡生成。

2)核态沸腾区。这是一个两相自然对流过程,该过程中气泡成核、生长,并从加热表面脱离。

3)过渡沸腾区。这是核态沸腾区与膜态沸腾区之间的过渡区域。

4)膜态沸腾区。其特征是在加热面与液体之间有稳定的蒸汽层,因此气泡在自由交界面而不是壁面上生成。

这四个区域间有三个过渡点。第一个过渡点称为沸腾起始点(onset of nucleate boiling,ONB 或 incipience of boiling,IB),在该点时加热面上将出现第一个气泡。第二个过渡点是沸腾曲线在核态沸腾区域的极大值点,对应的热流密度是临界热流密度(critical heat flux,CHF)或称为烧毁热流密度。最后一个过渡点是在膜态沸腾区域的极小值点,被叫作最小膜

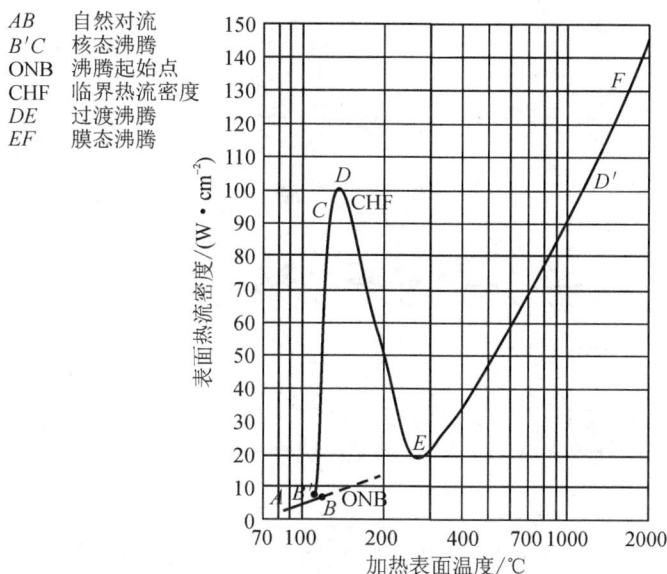

图 9-1　Nukiyama 曲线

态沸腾(minimum film boiling，MFB)点，亦被称为 Leidenfrost(莱登弗罗斯特)点。这些过渡点和区域都在图 9-1 中标示出，其具体示意图如图 9-2 所示。

在曲线的自然对流区域，直至产生第一个气泡前，壁面温度将随着热流密度增大而增大，气泡的产生标志着沸腾的开始。这些气泡在加热面的一些小腔室产生(或成核)，这些地点被称为汽化核心(nucleation sites)。最可能成为汽化核心的地方是表面的凹坑或划痕处。随着热流的增加，越来越多的汽化核心被激活，直到加热表面被迅速生长并脱离的气泡覆盖。在此之后，即便 ΔT_{sat} 产生非常微小的增长，热流密度也会明显增大。当继续增大热流密度，脱离的气泡会聚集成蒸汽射流，进而改变核态沸腾曲线的斜率。热流密度的持续增大最终会导致流体无法与加热壁面接触，即到达偏离核态沸腾(departure from nucleate boiling，DNB)点或 CHF。这种情况下加热表面完全被蒸汽所覆盖，随之而来的是为抵消施加的热流密度而造成的加热表面温度飞升。

在到达 DNB 点之后，沸腾的进程取决于热流密度施加于加热表面的方式。对于电阻元件或核燃料棒这种直接加热件，在加热过程中热流密度保持为常数，壁面过热度将直接从点 D 飞跃到点 D'，如图 9-1 所示，加热表面发生膜态沸腾现象，此时蒸汽气泡将直接从气液交界面脱离，而不再从加热表面产生。此时极其微小的 q 的增加也可能导致加热表面到达烧毁点(burnout point，图中 F 点)。此后减少热流密度，膜态沸腾曲线从点 D' 到达点 E，即 MFB 点。此时，进程的发展再次取决于加热的模式。对于一个外加的热流，过程路径将水平地跳跃到核态沸腾曲线 BC。因此，对于控制的边界条件是 q 时，如果加热表面直到超过 DNB 点，再冷却到比 MFB 点低，可能会形成一个滞后循环。如果是控制壁面温度，如通过改变在管内冷凝的蒸汽的饱和温度，来控制管外的沸腾，那么过程路径将会跟随过渡沸腾路线从 DNB 点移动到 MFB 点，反之亦然。在过渡沸腾区域，沸腾进程会在核态沸腾和膜态沸腾之间摇摆，两种沸腾都可能同时存在于加热面，也可能在加热面的同一个地点交替出现。在膜态沸腾中，壁面完全被一个蒸汽薄膜覆盖，因此热量通过穿过蒸汽膜的导热以及壁面对液体或者容器壁面

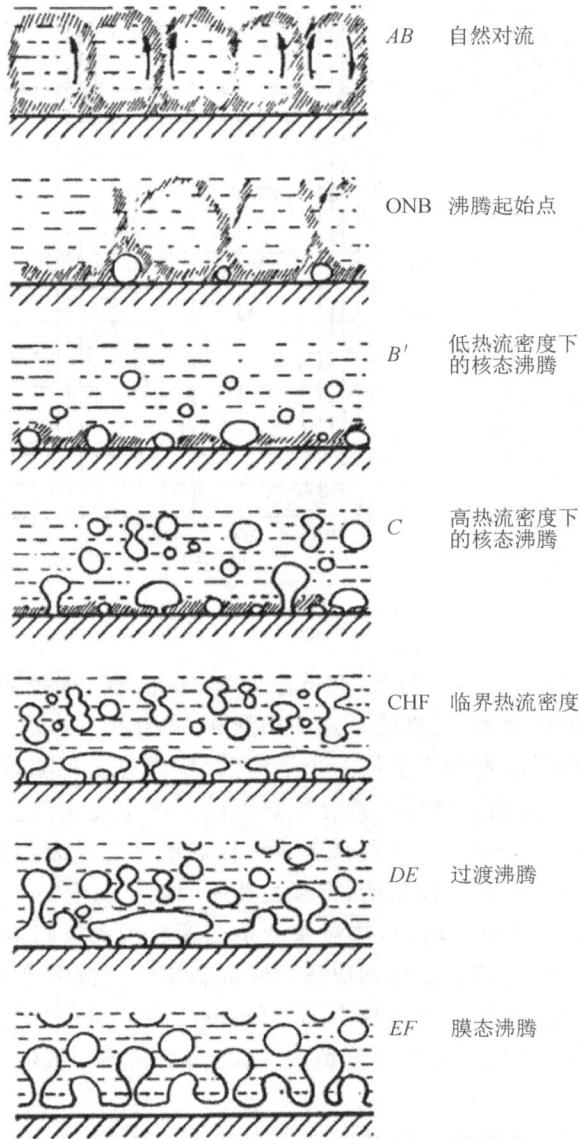

图 9-2　池式沸腾区域

的辐射来传递。蒸汽薄膜比较稳定,因此液体通常不能润湿加热表面,自由气液交界面蒸发形成较大的气泡,这些气泡随后脱离并在液池内上升。

9.3　池式核态沸腾

9.3.1　池式核态沸腾机理模型

1. 气泡搅拌机理［见图 9-3(a)］

Hsu 等[2-3]的可视化实验结果表明,沸腾过程中加热表面附近出现了大量流动混合现象。

尽管这个机理是核态沸腾高效传热的重要因素,但这似乎并不是导致核态沸腾传热系数高的唯一原因[3-4]。

2. 气液交换机理[见图 9 - 3(b)]

该模型[4]与气泡搅拌模型在某些方面有相似性,但是它避免了后者遇到的一些异议。这个机理直观地展示了一团热流体从壁面抽吸走并被一团更冷的流体取代的过程,其中抽吸的来源是气泡的成长和脱离,该过程中雅各布数高达 100,证明了流体交换机理起主导地位。Froster(福斯特)等认为气液交换机理能解释过饱和与过冷流体的沸腾机理,但关于参与交换的热流体的体积假设仍有一些争议[5]。

3. 微层蒸发机理[见图 9 - 3(c)]

这种模型是在沸腾过程中,考虑气泡下方存在着由一层足够薄的水发生的汽化过程。理论传热率可以通过流体蒸发得出:

$$q = (a H_{fg}) \left(\frac{2\pi R_g T_{sat}}{g_c M} \right)^{-1/2} (\rho_f - \rho_g) \tag{9-1}$$

式中,a 为汽化系数[6];R_g 为气体常数;M 为分子量。

在真空($\rho_g = 0$)状态的稳态蒸发这一高度理想情况下,Hsu 等[3]使用式(9-1)来计算 1 atm(101325 Pa,后同)饱和压力下汞、水及其他物质的传热率。水和汞的值如下所示。

水:
$$T_{sat} = 373 \text{ K}, H_{fg} = 2.26 \times 10^6 \text{ J/kg}, M = 18, a = 0.04, q'' = 8.8 \times 10^6 \text{ W/m}^2$$

汞:
$$T_{sat} = 631 \text{ K}, H_{fg} = 2.93 \times 10^5 \text{ J/kg}, M = 200.6, a = 1.0, q'' = 1.4 \times 10^8 \text{ W/m}^2$$

尽管以上这些理想化假设并不能代表核态沸腾的换热能力,但由蒸发产生的高效传热机理是显而易见的。

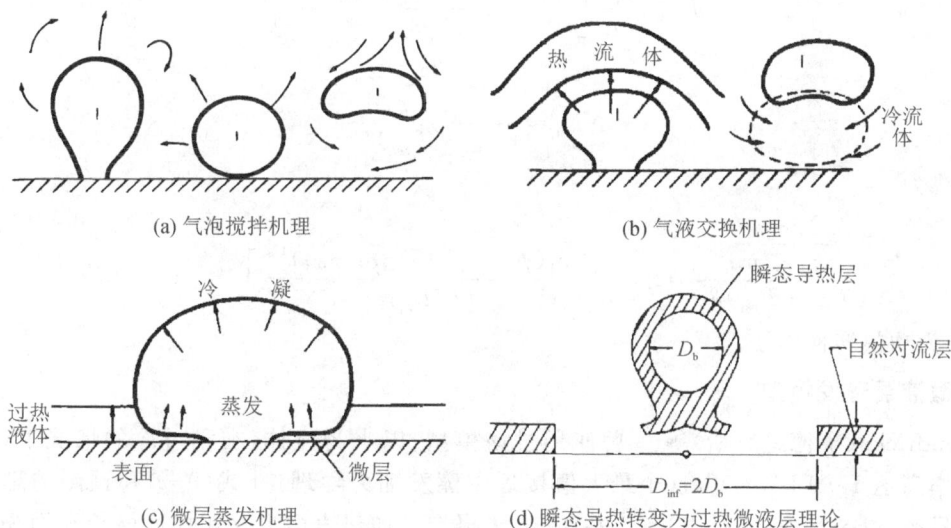

(a) 气泡搅拌机理　　　　　　　　　(b) 气液交换机理

(c) 微层蒸发机理　　　　　　　　　(d) 瞬态导热转变为过热微液层理论

图 9 - 3　沸腾模式示意图

4. 瞬态导热转变为过热微液层理论［见图 9 - 3(d)］

Mikic(米基奇)等[7]认为,这个最早由 Han 等[8]提出来的模型是核态沸腾传热分析中最重要一个模型。一个从加热表面离开的气泡将带走(通过在其尾部产生的涡流环的作用)一部分过热层。过热层被去除的区域称为影响区域,这个区域与离开的气泡直径有如下近似关系:

$$D_{inf} = 2D_b \tag{9-2}$$

伴随气泡和过热层从影响区域离开,主流体中温度为 T_{sat} 的液体与温度为 T_w 的加热面直接接触。这与气液交换机理有一些相似之处,只是涉及的液体体积不同。

9.3.2 核态沸腾经验关系式

1. Rohsenow 的早期关系式

Rohsenow(罗斯瑙)[9]采用一个直径为 0.6 mm 的铂线对蒸馏水进行加热,并假设气泡脱离引起的对流机制起主导作用,提出了如下形式的池式核态沸腾经验关系式:

$$\frac{Re_b Pr_f}{Nu_b} = C(Re_b)^{m'}(Pr_f)^{n'} \tag{9-3}$$

上式可转变为

$$\frac{c_f(T_w - T_{sat})}{H_{fg}} = 0.013 \left[\frac{q''}{\mu_f H_{fg}} \sqrt{\frac{g_c \sigma}{g(\rho_f - \rho_g)}} \right]^{0.33} \left(\frac{c_f \mu_f}{k_f} \right)^{1.7} \tag{9-4}$$

当 $C = 0.0027 \sim 0.015$ 时,该式不仅适用于工作压力为 $0.1 \sim 16.8$ MPa 的介质水,还适用于其他流体-加热面组合:水-含镍不锈钢,四氯化碳-铜,异丙醇-铜,碳酸钾-铜。

2. 气液交换关系式

Forster 等[4]基于气液交换机理,基于努塞特数的经典表达形式提出了一个关系式。式中的 Re_b 和 Nu_b 定义分别为

$$Re_b = \frac{\rho_f}{\mu_f} \left[\frac{c_f(T_w - T_{sat})\rho_f (\pi \alpha_f)^{1/2}}{H_{fg} \rho_g} \right]^2 \tag{9-5}$$

$$Nu_b = \frac{q \left(\frac{2\sigma}{p_g - p_f} \right)}{(T_w - T_{sat})k_f} \tag{9-6}$$

最终为

$$\frac{\dfrac{2\sigma q}{p_g - p_f}}{(T_w - T_{sat})k_g} = C_1 \left\{ \frac{\rho_f}{\mu_f} \left[\frac{c_f(p_g - p_f)T_{sat}\rho_f(\pi \alpha_f)^{1/2}}{J(H_{fg}\rho_g)^2} \right]^2 \right\}^{1/5} (Pr_f)^{1/3} \tag{9-7}$$

式中,J 为功热转换因子。

3. 微液层蒸发模型

Hendricks(亨德里克斯)等[10]曾使用过该模型,以水为流体,在稍过冷的情况下,得到其传热速率高达 1580 kW/m²,这个最大值接近由蒸发动力学理论［式(9-1)］预测的理想热流密度的量级。Bankoff(班科夫)等[5]在 1962 年报告了加热表面上存在快速增长和坍缩气泡现象的传热系数值,为 $74 \sim 1700$ kW/(m² · ℃)。尽管部分实验证据证明存在微液层蒸发,Mikic 仍质疑:如果蒸发模型确实是核态沸腾的控制机制,为什么加热面上气泡生长理论[11-12]忽

略了微液层蒸发贡献,却与基于均匀过热液体中气泡生长机理的扩展模型预测值和实验数据符合良好。

4. Mikic-Rohsenow 关系式

基于 9.3.1 节中描述的瞬态导热转变为过热微液层理论,Mikic 和 Rohsenow[7] 提出了一种新的关系式:

$$q''_{boil} = 2(\pi f)^{1/2}(k_f \rho_f c_f)^{1/2}(D_b)^2 n(T_w - T_{sat}) \tag{9-8}$$

式中,q''_{boil} 为整个加热表面(A_T)的平均热流密度;f 为气泡从高度活跃穴脱离的频率;D_b 为气泡脱离时的直径。上式假设受影响的面积与 D_b 成正比,如 $A_i = \pi D_b^{2[11]}$;此外,相邻气泡的影响区域不重叠。因此有

$$q''_{boil} = q''_{A_i} \pi D_b^2 n \tag{9-9}$$

式中,n 为受热面单位面积上的活化穴数量(N/A_T)。进一步假设:

1)接触面积/影响面积 $A_i \ll 1$;

2)由于热毛细管效应对气泡与液体交界面的影响,气泡空穴内的液体循环可忽略不计;

3)$\dfrac{(脱离时的接触面积) \times q''_{micro}}{A_i \times q''_{A_i}} \ll 1$,$q''_{micro}$ 是微液层传递的平均热流密度。

通过以上假设,可获得单个气泡影响区域内的平均热流:

$$q''_{A_i} = f \int_0^{1/f} q''_{tran} dt = 2\left(\frac{f}{\pi \alpha}\right)^{1/2} k(T_w - T_{sat}) \tag{9-10}$$

式中,q''_{tran} 表示随着气泡和过热层的离开,从受热表面到与之接触的液体的瞬态热传导通量,也可以表示为

$$q''_{tran} = \frac{k(T_w - T_{sat})}{(\pi \alpha t)^{-1/2}} \tag{9-11}$$

针对 n、D_b 和 f 的计算,他们使用了如下关系式:

$$n = C_1 r_s^m \left(\frac{H_{fg}\rho_g}{2T_{sat}\sigma}\right)^m (T_w - T_{sat})^m \tag{9-12}$$

式中,C_1 为无量纲常数(1/单位面积);r_s 为单位面积 n 为 1 对应的半径;m 为 Brown(布朗)[13] 提出的经验指数,与活化穴累计数量有关。

$$D_b = C_2 \left[\frac{\sigma g_c}{g(\rho_f - \rho_g)}\right]^{1/2}(Ja^*)^{5/4} \tag{9-13}$$

式中,对于水,$C_2 = 1.5 \times 10^{-4}$;对于其他流体,$C_2 = 4.65 \times 10^{-4[14]}$。$Ja^*$ 为修正后的雅各布数:

$$Ja^* = \frac{\rho_f c_f T_{sat}}{\rho_g H_{fg}} \tag{9-14}$$

并且

$$f D_b = \phi(\rho_g, \rho_f, \sigma, g) \tag{9-15}$$

上述公式在三个不同区域可能有不同的形式[15]。因为 f 在式(9-8)中被解释为整个受热面上的平均值,并且热流密度受频率影响不大,因此在整个范围内使用最佳单一近似:

$$f D_b = C_3 \left[\frac{\sigma g_c g(\rho_f - \rho_g)}{\rho_f^2}\right]^{1/4} \tag{9-16}$$

式中，当 $C_3 = 0.6$ 时，预测值与 Cole(科尔)[16]实验值符合得最好。将式(9-12)、式(9-13)和式(9-16)代入式(9-8)中后，得到仅由受热表面沸腾引起的热流密度表达式如下：

$$\frac{q''_{\text{boil}}}{M_{\text{f}} H_{\text{fg}}} \left[\frac{g_{\text{c}} \sigma}{g (\rho_{\text{f}} - \rho_{\text{g}})} \right]^{1/2} = B_1 \phi^{m+1} (T_{\text{w}} - T_{\text{sat}})^{m+1} \tag{9-17}$$

式中，B_1 和 ϕ 为与加热热面特性相关的无量纲数：

$$B_1 = \frac{C_1 C_2^{5/3} C_3^{1/2} \left(\frac{r_s J}{2} \right)^m \left(\frac{2}{\sqrt{\pi}} \right) (g_{\text{c}})^{11/8}}{(g)^{9/8}} \tag{9-18}$$

$$\phi^{m+1} = \frac{k_{\text{f}}^{1/2} \rho_{\text{f}}^{17/8} c_{\text{f}}^{19/8} H_{\text{fg}}^{(m-23/8)} \rho_{\text{g}}^{(m-15/8)}}{\mu_{\text{f}} (\rho_{\text{f}} - \rho_{\text{g}})^{9/8} \sigma^{(m-11/8)} T_{\text{sat}}^{(m-15/8)}} \tag{9-19}$$

整个沸腾表面的总热流密度可以表示为

$$q'' = \left(\frac{A_{\text{n.c.}}}{A_{\text{tot}}} \right) (q''_{\text{n.c.}}) + q''_{\text{boil}} \tag{9-20}$$

式中，$A_{\text{n.c.}}$ 和 $q''_{\text{n.c.}}$ 分别代表自然对流分量的面积和热流。$q''_{\text{n.c.}}$ 关系式为[12,17]

$$q''_{\text{n.c.}} = 0.14 k_{\text{f}} \left[\left(\frac{g \beta}{v_{\text{f}}^2} \right) \left(\frac{\mu_{\text{f}} c_{\text{f}}}{k_{\text{f}}} \right) \right]^{1/3} (T_{\text{w}} - T_{\text{bulk}})^{4/3} \tag{9-21}$$

基于该模型，对于给定的表面和给定的流体(即常数 B)，有

$$N_{\text{R}} = \frac{\left[\frac{\sigma g_{\text{c}}}{g (\rho_{\text{f}} - \rho_{\text{g}})} \right]^{1/2}}{q''_{\text{boil}}} \tag{9-22}$$

式(9-22)可以表示为 $\phi (T_{\text{w}} - T_{\text{sat}})$ 的函数。B、ϕ 及热流密度与过热度之间的关系，均取决于沸腾表面的空穴分布特性。然而，N_{R} 和 $\phi \Delta T$ 之间的关系与压力无关。因此，如果表面沸腾性质未知，可以由 q'' 和 ΔT 的数据确定 m 和 B，并用 m 值来预测任意压力下的沸腾换热。该方法被 Addoms(阿杜姆斯)[18]采纳，其获得了两种不同直径铂丝表面水的池式沸腾实验数据，如图 9-4 所示。m 的取值为 2.5，于是，Mikic 和 Rohsenow 认为

$$q'' \propto (T_{\text{w}} - T_{\text{sat}})^{3.5} \tag{9-23}$$

类似地，Cichelli(奇凯利)[17]绘制了铬为加热面时正戊酸酯、苯和乙醇池式沸腾的 N_{R} 与 $\phi \Delta T$ 关系图，如图 9-5 所示。在所有工况下，m 的值均为 3。由于热流密度足够大，因此可忽略自然对流影响，实验数据测得的 q'' 即视为 q''_{boil}。式(9-17)对四种液体的实验结果预测效果均较好，因此该式也被推荐用于预测普通液体的池式沸腾换热系数。

值得一提的是，Anderson(安德森)等[19]对五种不同流体在透明的氧化膜玻璃表面核态沸腾进行了可视化实验研究，基于 Gaertner(盖特纳)[20-21]的空穴激活理论，得到了活化密度数据与壁面温度的关系式：

$$\frac{N}{A} = N_0 \exp \left\{ \left[\frac{-16 \pi \sigma^3 M^2 N_{\text{Av}}}{3 \rho_{\text{f}}^2 R_{\text{g}}^3 \left(\ln \frac{p_{\infty}}{p_{\text{g}}} \right)^2} \right] (\phi) \left(\frac{1}{T} \right)^3 \right\} \tag{9-24}$$

式中，N_0 为位置常数；N_{Av} 为阿伏伽德罗常数；R_{g} 为通用气体常数；M 为分子质量；ϕ 为常数。

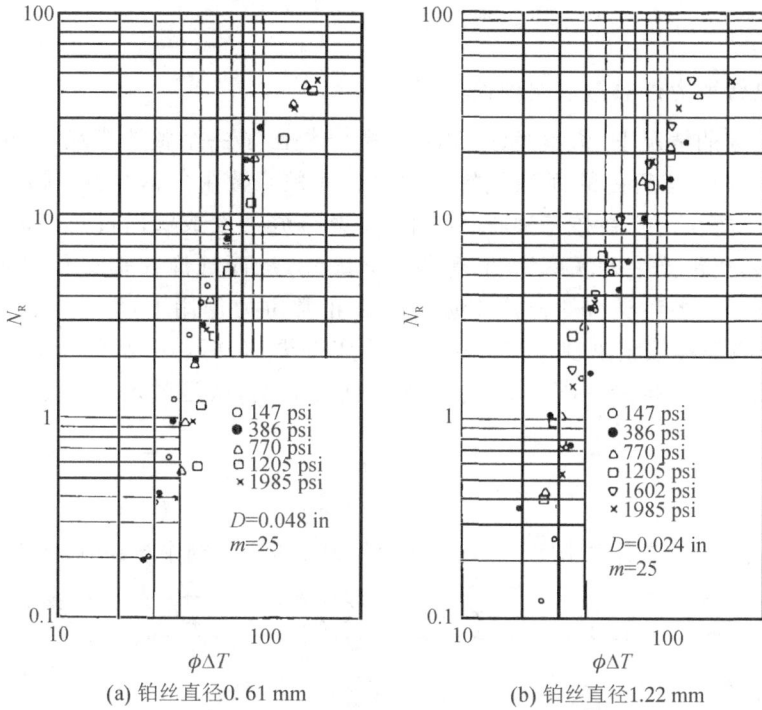

(a) 铂丝直径0.61 mm　　　　　　　(b) 铂丝直径1.22 mm

图 9-4　不同压力下铂丝加热水的池式核态沸腾[①]

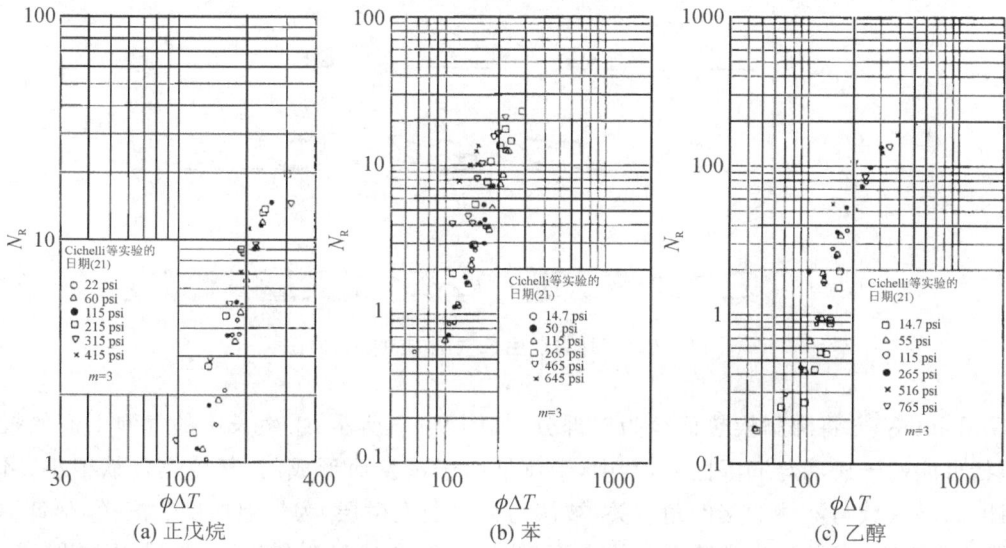

(a) 正戊烷　　　　　　　(b) 苯　　　　　　　(c) 乙醇

图 9-5　不同压力下正戊烷在扁平铬表面上的池式核态沸腾

Anderson 等发现对于特定表面 $\{16\pi\sigma^3 M^2 N_{Av}/\{3\rho_f^2 R_g^3 [\ln(p_\infty/p_g)]^2\}\}(\phi)$ 是恒定的,与流体性质无关,甚至对其他文献中的一些加热表面,其规律也是如此。因此,式(9-24)可简化为

---

① 　1 psi＝6.89476×10^3 Pa。后同。

　　1 in＝2.54 cm。

$$\frac{N}{A} = N_0 \exp\left[\frac{-3.305 \times 10^9}{T_{\mathrm{w}}^3}\right] \qquad (9-25)$$

5. 瞬态导热转变为过热微液层理论

在低热流密度的情况下,格雷姆(Graham)等[22]提出了一个整体模型,该模型通过权衡各种传热过程和每个过程所占的面积分数来建立。面积函数由气泡数量、沸腾周期、表面润湿性、气泡脱离直径等决定。在核态沸腾状态下,随着热流密度或壁面过热度的增加,激活的核化空穴越来越多,气泡产生的频率增加,等待时间缩短,进而气泡在垂直和横向方向上进行聚合,如图 9-6 显示了各种类型的合并气泡[23]。在正常重力作用下,垂直方向合并的Ⅱa型气泡不像Ⅱb型气泡那样频繁出现。当Ⅱb型合并变得更加频繁,并且两个以上数量的气泡开始聚合时则为Ⅱc型。Gaertner[21]对气泡分布的研究表明,气泡的位置是随机分布的,可以用泊松分布来表示:

$$P(Na) = \frac{\left[\mathrm{e}^{-\overline{N}a}(\overline{N}a)^{Na}\right]}{(Na)!} \qquad (9-26)$$

式中,$P(Na)$ 为当平均位点种群密度为 $\overline{N}$ 时,在面积为 a 的单元格中找到 Na 个空穴点的概率。

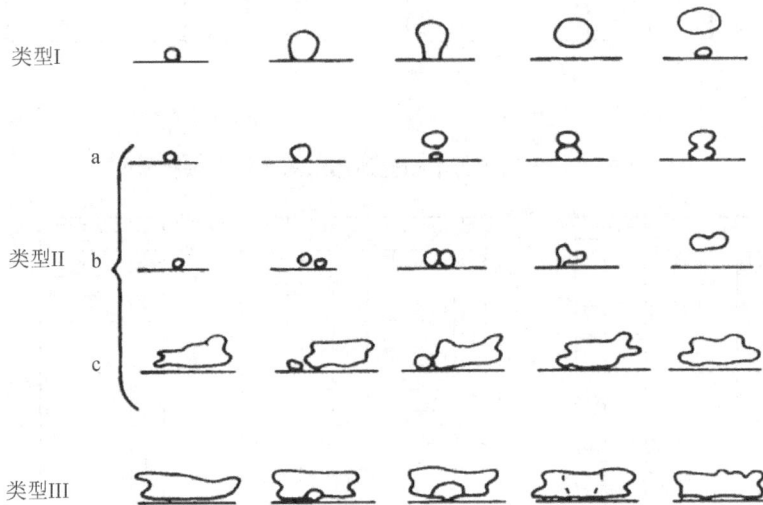

图 9-6　三种离散生长气泡的想象剖面图

Graham 等[22]将沸腾换热面分为三部分,如图 9-7 所示:①生长中的气泡下面的投影表面,包括可能的干斑和与润湿区域,其中,干斑是由于蒸发而形成的,其传热贡献很小,可以忽略不计,润湿区域与液体的接触角有关,被认为存在蒸发微层,为气泡提供蒸汽;②孕育沸腾的瞬态导热层表面;③不发生沸腾活动的表面(热量通过自然对流传递)。当采用 Mikic-Rohsenow 模型时,区域①内的蒸发和湍流对流强化过程被瞬态热传导和气泡抽运过程所代替。对于这一争论问题,Judd(贾德)[24]建议将微层蒸发传热考虑在内,这是因为气泡成长期间微液层蒸发会周期性地汲取加热表面热量。在区域②,q''_{boil} 为气泡等待周期内,填充前一个气泡夹带走的液体中累计的、被周期性带走的热量。这两种效应是相辅相成的,虽然它们都发生在成核点附近,但它们发生的时间不同,因此并不冲突。Judd 将实验结果[25]与只考虑泡核沸腾效应的模型,考虑泡核沸腾和自然对流效应的模型,以及考虑泡核沸腾、自然对流和微层蒸发效应的模型的预测结果进行了比较,结果如图 9-8 所示。从图 9-8(c)中可以看出,在整个过冷度范围内,$N/A_T = 14000$ 位点/m^2 的实验结果和理论预测之间有良好的一致性。在图 9-8(a)中,虽然 $N/A_T = 19000$ 位点/m^2 处的实验气泡周期与预测结果大致一致,证实了泡核沸腾机制是传热强化的主导因素,但仍不能支持泡核沸腾是唯一的换热机制。图 9-8(b)中使用的是考虑泡核沸腾和自然对流效应的模型,虽然在较高的过冷度下有较好的一致性,但仍然不能完全验证上述模型。

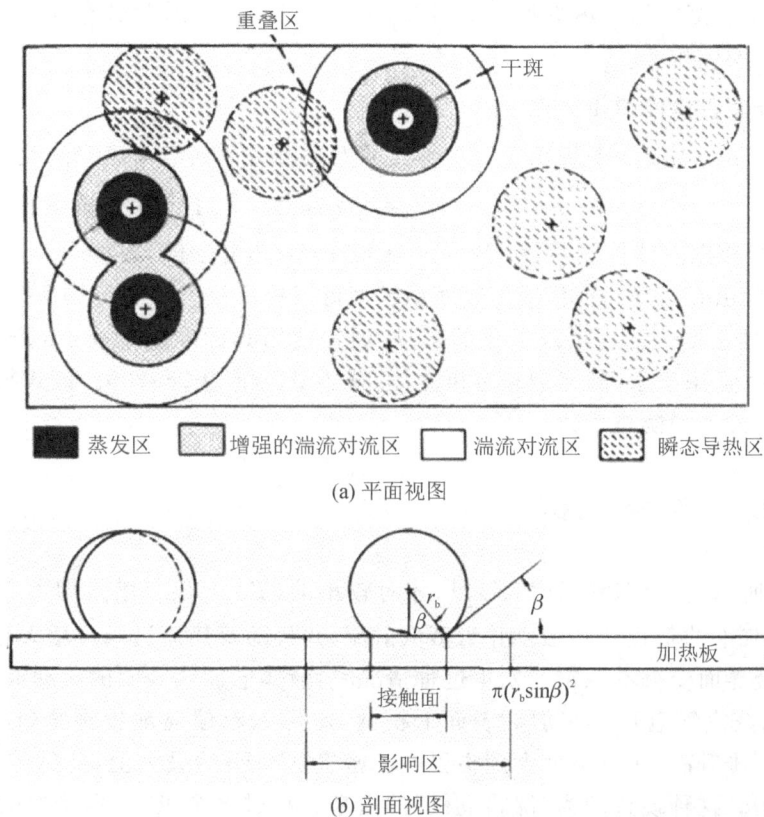

图 9-7　饱和沸腾表面传热机制图

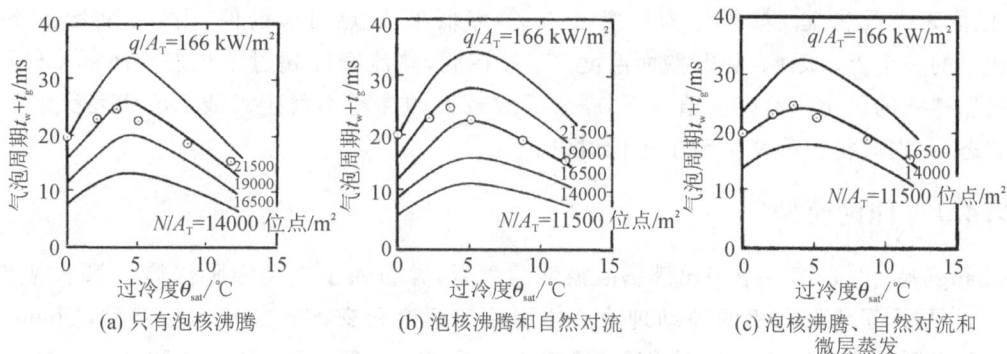

图 9-8　气泡周期的实验结果与包含不同机制的模型的预测结果的比较

将同时考虑泡核沸腾、自然对流和微层蒸发效应的沸腾传热模型表示为

$$\frac{q}{A_T} = q''_{boil} + \left(\frac{q_{n.c.}}{A_{n.c.}}\right)\left[1 - \left(\frac{A_{n.b.}}{A_T}\right)\right] + \left(\frac{q_{micro}}{A_T}\right) \qquad (9-27)$$

式中,

$$\left(\frac{q''_{micro}}{A_T}\right) = \rho_f H_{fg} V_{micro} f\left(\frac{N}{A_T}\right) \qquad (9-28)$$

式(9-28)描述微层蒸发的传热贡献。根据 Judd[24] 提供的微层瞬时分布 $\delta(r,t_g)$,可计算 $t = t_g$ 时刻的蒸发微层体积。

6. 压降与表面粗糙度的相关性

1984 年,Cooper(库珀)[26] 提出了以下池式核态沸腾传热系数与压降的关系式:

$$\alpha_{nb} = 55 p_r^{0.12-0.4343\ln R_p}(-\log_{10} p_r)^{-0.55} M^{-0.5} q^{0.67} \qquad (9-29)$$

其中,α_{nb} 为池式核态沸腾传热系数,$W/(m^2 \cdot K)$;q 为热流密度,W/m^2;M 为分子量;R_p 为平均表面粗糙度,μm。式子表明,增加表面粗糙度可以提高核态沸腾传热系数。

由于 R_p 可能会受表面污垢或氧化的影响,通常使用其标准值 $1.0~\mu m$ 表示 R_p。该关系式适用范围较宽,适用于水、制冷剂和有机流体,分子量范围为 $2\sim200$。该式乘以 1.7 即为水平铜柱表面的池式沸腾换热系数。

9.4　池式沸腾危机

如图 9-1 所示,在核态沸腾($B'C$)段,相对较小的($T_w - T_{sat}$)增量即可获取热流的大幅增长,直到离散气泡的垂直链开始合并为蒸汽射流,并且随着热流进一步增大会导致这些蒸汽射流周围的气液界面变得不稳定。发生这种情况时,液体向加热表面的流动被阻塞,核态沸腾阶段到达 C 点,蒸汽气泡开始在加热表面上扩散,这标志着偏离泡核沸腾(DNB)点的开始。随着温度的进一步升高,热流会增大到临界热流密度(CHF)的最大值,此后传热系数陡降,加热表面温度激增。这种现象即为"沸腾危机"的由来。超过这个点,根据受控的自变量是 q'' 还是 T_w,曲线可能遵循线 CE 变化(即过渡沸腾区域),或者 T_w 可能会从点 C 处跳到 EF 线上的一个点。当发生后一种现象时,有些加热表面无法承受温度的大幅升高,从而熔化。因此,CHF 也称为烧毁热流。如果作为自变量的 q'',略低于 D 点对应的值,则 T_w 将突然下降到 $B'C$ 线上的一个点。因此,除非壁面温度 T_w 被控制,热流密度超过了核态沸腾的 CHF 或降低到膜态沸腾的最小热流密度值以下,就会导致较大的沸腾不稳定。线 EF 代表稳定的膜态沸腾状态,此内容将在第 9.7 节中进行讨论。

9.4.1　理论模型

Chang(昌)[27] 是第一个提出沸腾波模型的学者,并引入了有关沸腾传热的基本观点。而 Zuber[28-29] 提出了沸腾危机的波动理论。使用波动理论和亥姆霍兹稳定性条件,Chang 推导出在有无强制对流和过冷情况下 CHF 的通用关系式。一般认为,池式沸腾危机受加热表面单位面积气泡生长最大速率的限制。他将其视为一个气泡在强烈的湍流场中生长或运动的稳定性问题。表面张力会产生稳定作用,但动态力倾向于破坏运动的稳定性。因此,CHF 与临

界韦伯数密切相关。他假设：①存在气泡最终大小、气泡产生频率和加热表面单位面积气泡产生位置数量的统计平均值；②气泡是球形的或近似于球形；③在 CHF 发生时，加热表面上的气泡在动力学平衡和热力学平衡下，发展到其脱离尺寸（饱和沸腾不需要最后一个假设）。他的模型认为，CHF 发生时与壁面接触的气泡处于受力平衡状态，如图 9-9 所示。作用力有

浮力：

$$F_{B} = \frac{C_{B} (r_{b})^{3} (\rho_{f} - \rho_{g}) g}{g_{c}} \tag{9-30}$$

表面张力：

$$F_{s} = C_{s} r_{b} \sigma \tag{9-31}$$

切向惯性力：

$$F_{t} = \frac{C_{t} (r_{b})^{2} \rho_{f} (u_{rel})^{2}}{g_{c}} \tag{9-32}$$

图 9-9　气泡的平衡条件

法向惯性力：

$$F_{n} = \frac{C_{n} (r_{b})^{2} \rho_{f} (v_{rel})^{2}}{g_{c}} \tag{9-33}$$

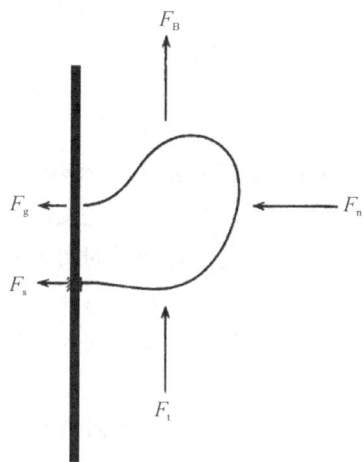

这里的 u_{rel} 和 v_{rel} 分别是液体和气泡之间相对速度的分量，分别平行于壁面和法线。C_{B}、C_{s}、C_{t}、C_{n} 都是常数。

忽略法向的惯性力，他得到了垂直壁上气泡的力平衡关系式：

$$C_{B} \left(\frac{g}{g_{c}} \right) (\rho_{f} - \rho_{g}) r_{b}^{2} + C_{t} \rho_{f} (u_{rel})^{2} \frac{r_{b}}{g_{c}} - C_{s} \sigma = 0 \tag{9-34}$$

从中可以得到气泡最终脱离尺寸为

$$r_{b} = \left(\frac{g_{c} C_{t}}{2 C_{B}} \right) \left[\frac{\sigma (u_{rel})^{2}}{\rho_{f} (V_{b})^{4}} \right] \left\{ \left[1 + 4 \frac{C_{s} C_{B}}{(C_{t})^{2}} \left(\frac{V_{b}}{u_{rel}} \right)^{4} \right]^{1/2} - 1 \right\} \tag{9-35}$$

这里的 V_{b} 是个无量纲数组，与气泡脱离速度成正比，由 Peebles（皮布尔斯）等[30]给出：

$$V_{b} = \left[\frac{g g_{c} \sigma (\rho_{f} - \rho_{g})}{\rho_{f}^{2}} \right]^{1/4} \tag{9-36}$$

对于在垂直表面上的饱和池式沸腾，韦伯数单独决定了上升气泡的稳定性：

$$We_{b} = \frac{\rho_{f} (v_{rel})^{2} r_{b}}{g_{c} \sigma} \tag{9-37}$$

通过进一步的简化，Chang[31]获得了垂直加热面的临界热流密度：

$$q''_{sat\,vert} = 0.098 (\rho_{g})^{1/2} H_{fg} [\sigma g (\rho_{f} - \rho_{g})]^{1/4} \tag{9-38}$$

对于水平表面的沸腾，根据 Bernath（贝尔纳特）[32]对竖直方向与水平方向加热表面大量 CHF 的比较，采用了 $(q''_{sat\,vert}/q''_{sat\,hor}) = 0.75$ 的固定比率。因此有：

$$q''_{sat\,hor} = 0.13 (\rho_{g})^{1/2} H_{fg} [\sigma g (\rho_{f} - \rho_{g})]^{1/4} \tag{9-39}$$

以上方程与 Kutateladze（库塔捷拉泽）[33]关系式的预测值符合良好，Kutateladze 关系式基于无量纲分析推导而得：

$$q''_{\text{crit}} = K^{1/2} \left\{ H_{\text{fg}} (\rho_{\text{g}})^{1/2} \left[\sigma g_{\text{c}} (\rho_{\text{f}} - \rho_{\text{g}}) g \right]^{1/4} \right\} \tag{9-40}$$

式中，L 为一个特征长度（如凹穴直径）；K 为无量纲数组的乘积：

$$K = \frac{V_{\text{b}}^2}{Lg} \left(\frac{\rho_{\text{g}}}{\rho_{\text{f}} - \rho_{\text{g}}} \right) \frac{q''}{H_{\text{fg}} \rho_{\text{g}} V_{\text{b}}}^2 \left[\frac{g(\rho_{\text{f}} - \rho_{\text{g}}) L^2}{g_{\text{c}} \sigma} \right]^{1/2} \tag{9-41}$$

Kutateladze 的水平线状和圆盘加热表面条件的数据表明，$K^{1/2}$ 的平均值为 0.16，范围为 0.13～0.19。这个方程与 Cichelli 等[34] 获得的用于许多有机液体的池式沸腾 CHF 非常吻合。

对于垂直加热面的过冷池式沸腾，式（9-39）变为

$$q''_{\text{sub pool}} = (C_3)^{1/4} \left[0.0206 (\rho_{\text{g}} \rho_{\text{f}})^{1/2} H_{\text{fg}} + C_2 \rho_{\text{f}} c_p \Delta T_{\text{f}} \right] V_{\text{b}} \tag{9-42}$$

式中，C_2 为下列方程中的比例常数：

$$q''_{\text{crit}} = C_2 \rho_{\text{g}} H_{\text{fg}} v^*_{\text{rel}} \tag{9-43}$$

C_2 和 $(C_3)^{1/4}$ 的值如表 9-1 所示[31]。

表 9-1　公式中相关常数的取值

类型/液体	加热面	C_1	C_2	$(C_3)^{1/4}$
过冷池沸腾，水	竖直	0.0206	0.0106 ·	6.62
过冷池沸腾，乙醇	水平	0.0206	0.0065	6.30

Ivey（艾维）等[35] 提出，当压力在 $0.3 \times 10^5 \sim 3.4 \times 10^6$ Pa 条件下，水、乙醇、氨、四氯化碳和异辛烷的池式沸腾过冷 CHF 与饱和 CHF 的比值可以表示为

$$\frac{q''_{\text{crit sub}}}{q''_{\text{crit sat}}} = 1 + 0.1 \left(\frac{\rho_{\text{g}}}{\rho_{\text{f}}} \right)^{1/4} \left[\frac{c_p \rho_{\text{f}} (T_{\text{sat}} - T_{\text{b}})}{H_{\text{fg}} \rho_{\text{g}}} \right] \tag{9-44}$$

Zuber 从过渡沸腾段接近 CHF，这种方法下流体的动力学现象更有序且定义更方便。他[36] 假设在过渡沸腾中，蒸汽膜将受热面与沸腾的液体分离开来，但由于泰勒不稳定性，气液界面呈现二维波的形式，气泡在波的节点处有时空规律地冲破界面。假定热流密度与界面波的频率成正比。随着热流密度的增加，气泡上升速度相对于下降液体速度达到亥姆霍兹不稳定性开始出现的点，阻碍液体流向受热面。因此，过渡沸腾中的 CHF 是由泰勒不稳定性和亥姆霍兹不稳定性共同决定的：

$$q''_{\text{crit}} = H_{\text{fg}} \rho_{\text{g}} V_{\text{b}} \left(\frac{A_{\text{g}}}{A} \right) \tag{9-45}$$

将 $V_{\text{g}} = \left[\dfrac{\rho_{\text{f}} \sigma m g_{\text{c}}}{\rho_{\text{g}} (\rho_{\text{f}} + \rho_{\text{g}})} \right]^{1/2}$ 代入 V_{b}，$V_{\text{b}} = \left(\dfrac{g_{\text{c}} \sigma m}{\rho_{\text{g}}} \right)^{1/2}$，且 $A_{\text{g}}/A = \pi (\lambda_{\text{o}}/4)^2 / (\lambda_{\text{o}})^2 = \pi/16$，则有

$$m = \text{亥姆霍兹临界波数} = \frac{2\pi}{\lambda_{\text{c}}} = \frac{2\pi}{2\pi R_j} = 4/\lambda_{\text{o}} \tag{9-46}$$

由于 $\lambda_{\text{c}} \leqslant \lambda_{\text{o}} \leqslant \lambda_{\text{d}}$，他[36] 建议在 λ_{c} 和 λ_{d} 之间使用一个合理的平均值，如果压力远远小于临界压力，则有

$$q''_{\text{crit}} = 0.13 H_{\text{fg}} \rho_{\text{g}} \left[\frac{g_{\text{c}} g \sigma (\rho_{\text{f}} - \rho_{\text{g}})}{\rho_{\text{g}}^2} \right]^{1/4} \tag{9-47}$$

这与 Kutateladze[33] 和 Chang[31] 的公式相同。

Moissis(莫伊西斯)等[37]也通过流体力学转换推导出了水平面上的池式沸腾 CHF。他们没有在 λ_d 和 λ_c 之间取"λ_o",而是用正比于射流直径的最不稳定波长(D_j)进行描述:

$$\lambda = \frac{2\pi}{m} = 6.48 D_j \tag{9-48}$$

并且

$$D_j = 4.7 \left[\frac{g_c \sigma}{g(\rho_f - \rho_g)} \right]^{1/2} \tag{9-49}$$

其中,V_g 由下式定义:

$$V_g - V_f \leqslant C_1 \left[\frac{g_c \sigma m (\rho_f + \rho_g)}{\rho_f \rho_g} \right]^{1/2} \tag{9-50}$$

式中,C_1 是一个几何因子,与蒸汽柱的三维尺寸和厚度有关。对于水平表面 $\rho_g \ll \rho_f$ 的情况,Moissis 等使用已有 CHF 数据获得了沸腾实验的常数值,并得到以下最终方程:

$$q''_{crit} = 0.18 H_{fg} \rho_g^{1/2} \left[g_c g \sigma (\rho_f - \rho_g) \right]^{1/4} \tag{9-51}$$

还有一个关于 q''_{crit} 的表达式,基于由 Lienhard(林哈德)等[38]提出的 $\lambda_c = \lambda_d$,并在上述方程中引入比例常数为 0.15,表达为

$$q''_{crit} = 0.15 H_{fg} \rho_g^{1/2} \left[g_c g \sigma (\rho_f - \rho_g) \right]^{1/4} \tag{9-52}$$

由实验中确定的系数 B(Kutateladze 数)在不同的液体之间以及不同的压力下都有显著的变化。Kutateladze 等[39]建立了与"沸腾"和"气泡"数据相关的系数 B 的表达式:

$$B = f \left\{ \left(\frac{1}{U_s} \right) \left[\frac{g_c g \sigma}{(\rho_f - \rho_g)} \right]^{1/4} \right\} = \frac{q''_{crit}}{H_{fg} \rho_g^{1/2} \left[g_c g \sigma (\rho_f - \rho_g) \right]^{1/4}} \tag{9-53}$$

式中,U_s 为蒸汽中的声速。基于 5 种不同普通液体在不同压力下的沸腾实验和 6 种不同气液组合的气泡实验共 22 个数据,当无量纲声速 $(1/U_s) [g_c g \sigma / (\rho_f - \rho_g)]^{1/4}$ 取值为 $15 \sim 70 \times 10^{-5}$ 时,B 的值在 $0.06 \sim 0.19$ 范围内变化 10^{-5}。需要注意的是,理想气体的声速与 $(\rho_f / \rho_g)^{1/2}$ 成正比。

9.4.2　影响池内临界热流密度的因素

下面将讨论一些热工水力参数对池式沸腾影响的研究。

1. 表面张力和润湿性的影响

表面张力对 CHF 的影响在上述理论公式 $q''_{crit} \approx \sigma^{1/4}$ 中已说明,然而 Gaertner[40]和 Stock(斯托克)[41]关于表面不润湿性对最大沸腾热流和过渡沸腾热流的影响结果相互矛盾。Liaw(利奥)等[42]在接触角分别为 38°和 107°的竖直铜表面上获取水的核态沸腾数据,其中膜态沸腾数据是稳态的(见图 9-10)。对于给定的壁面过热度,冷却曲线的过渡沸腾热流密度远低于加热曲线的过渡沸腾热流密度。瞬态冷却实验中获得的 CHF 也低于稳态实验值。此外,实验结果表明稳态和瞬态 CHF 之间以及加热和冷却过渡沸腾热流密度之间的差异随着接触角的增加或实验表面润湿性的降低而增加。图 9-11 展示了无量纲 CHF[之前被定义为 Kutateladze 数,简写为 B,如式(9-54)所示]与接触角之间的变化关系。

$$B = \frac{q''_{crit}}{\rho_g^{1/2} H_{fg} \left[\sigma g (\rho_f - \rho_g) \right]^{1/4}} \tag{9-54}$$

CHF 随接触角的增大而减小,而稳态 CHF 与瞬态 CHF 的差值随接触角的增大而增大。当

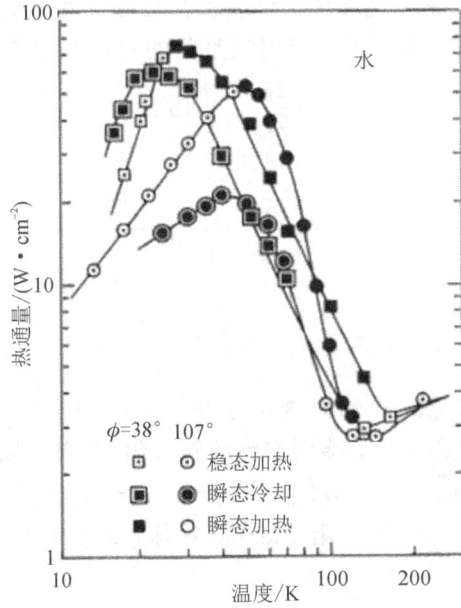

图 9-10　接触角为 38°和 107°的水沸腾曲线

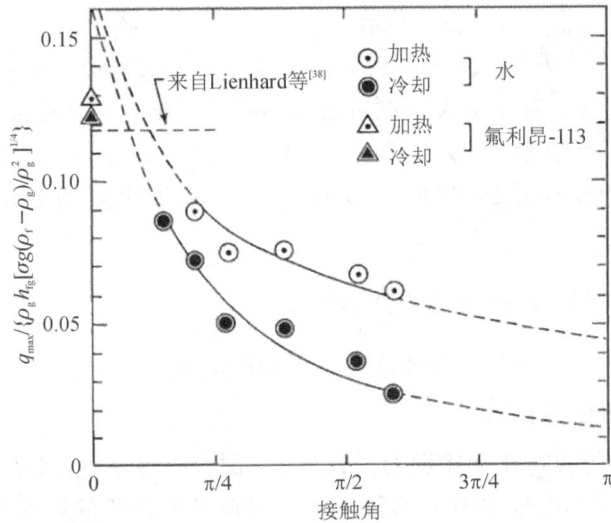

图 9-11　稳态加热和瞬态冷却过程中无量纲临界热流密度与接触角的关系

接触角为 107°时,这些临界热流密度分别仅为流体力学理论预测值的 50% 和 20%[42]。Liaw 等还对氟利昂-113 进行了一些实验,发现其与抛光铜的接触角接近于零;此外,获得了稳态核态沸腾和膜态沸腾数据,以及瞬态加热和冷却模式下的过渡沸腾数据。在这些情况下,加热和冷却过渡沸腾曲线几乎重叠,稳态和瞬态 CHF 在流体力学理论预测值的 10% 以内。

2. 压力的影响

Gorenflo(戈伦夫洛)等[43]将烧干事件解释为气泡局部聚合,并提出了一种基于高气泡密度中心分布假设,利用瞬态导热模型计算核化穴中心传热的方法。结果表明,CHF 与压力相关,并且在热流控制气泡生长的情况下,单个气泡的传热系数相当。假设受热面上气泡总是达到某一特定值后发生烧干现象,压力对 q''_{crit} 的影响关系可用以下方程式很好地描述:

$$\frac{q''_{crit}}{q''_{crit,o}} = 2.8(p_R)^{0.4}(1-p_R) \qquad 当\ p_R \geqslant 0.1 \qquad (9-55)$$

$$\frac{q''_{crit}}{q''_{crit,o}} = 1.05(p_R)^{0.2}(p_R)^{0.5} \qquad 当\ p_R \leqslant 0.1 \qquad (9-56)$$

其中,$q''_{cirt,o}$ 是在 $p_R = 0.1$ 处烧干热流的实验值[44]。这些方程与 Kutateladze[45] 和 Noyes(诺伊斯)[46] 得出的实验关系式一样,证明了临界热流密度与压力的依赖关系。

3. 表面条件的影响

在对过渡沸腾传热的研究中,Berenson(贝伦森)[47] 使用了一个铜块,采用高压蒸汽从下方加热,低沸点流体在铜块顶部发生沸腾现象。实验结果表明,虽然核态沸腾热流密度与表面光洁度密切相关,但加热表面特性对池式沸腾 CHF 无明显影响,由表面粗糙度变化带来的 CHF 改变量仅有 15%,最粗糙加热表面的 CHF 最高。然而,膜态沸腾热流密度与加热表面条件无关。

Ramilison(拉米利森)等[48] 重新开展了 Berenson 的平板过渡沸腾实验,实验降低了加热元件的热阻。在经过镜面抛光、粗糙化和聚四氟乙烯涂层附着的水平扁平铜加热器上,对氟利昂-113、丙酮、苯和正戊烷进行了沸腾实验。实验结果复现并验证了 Berenson[47] 观察到的某些特征:沸腾 CHF 对表面光洁度的依赖性不大,或者说并不严重[48]。丙酮和氟利昂-113 的传热数据分别如图 9-12 和图 9-13 所示。这些数据和 Berenson 的实验数据与 Lienhard 等[38] 的 CHF 预测值进行了对比,一方面,发现粗糙表面 CHF 数据为预测值的 93%~98%,高度抛光表面的 CHF 值为预测值的 81%~87%,另一方面,聚四氟乙烯涂层表面的 CHF 值比预测值高出 4%~10%。

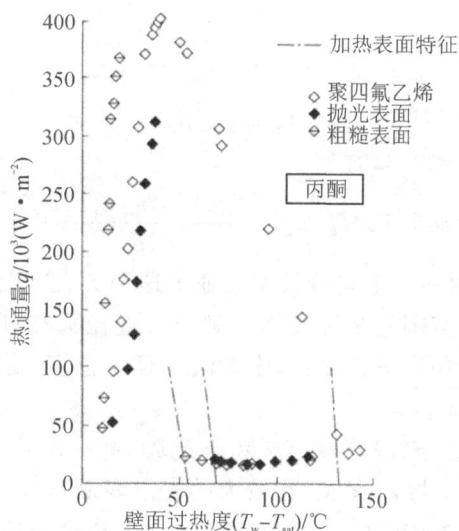

图 9-12　丙酮在聚四氟乙烯、抛光表面、粗糙表面上的沸腾曲线

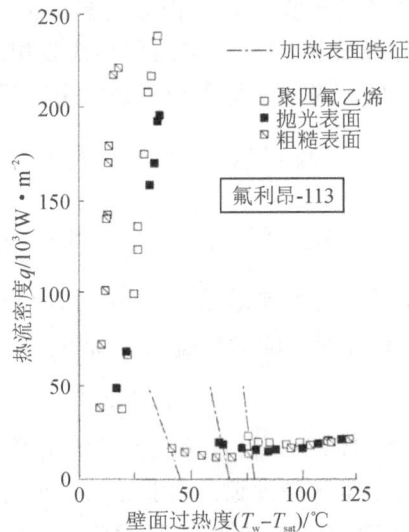

图 9-13　氟利昂-113 在聚四氟乙烯、抛光表面、粗糙表面上的沸腾曲线

Ivey 等[49]也报道了氧化表面能够比干净金属表面产生更高的 CHF。他们发现,对于不易被严重氧化的金属线,CHF 几乎没有差别。给定金属线以及不同材料的 CHF 数据的对比偏差不超过 20%。

4. 加热元件直径、尺寸和方向的影响

Bernath[32]研究了水平圆柱形加热元件的直径对常压下池式沸腾临界热流密度的影响。结果表明,随着加热元件直径增加到约 2.5 mm,CHF 一直增加;继续增大加热元件直径,CHF 变化不大。Sun(孙)等[50]通过对各种液体的大量实验发现,CHF 区域内的气泡脱离形态取决于加热元件的直径。他们将水平圆柱分为大、小直径两类,并将加热元件的半径定义为无量纲量(R'):

$$R' = \frac{R}{\left[\dfrac{g_c \sigma}{g(\rho_f - \rho_g)}\right]^{1/2}} \tag{9-57}$$

在小直径范围,$0.2 < R' < 2.4$,有

$$q''_{\text{crit}} = 0.123 H_{\text{fg}} \rho_g^{1/2} \left[\frac{(g_c)^3 \sigma^3 g(\rho_f - \rho_g)}{R^2}\right]^{1/8} \tag{9-58}$$

Lienhard 等[38]采用大约 900 个实验数据验证了这个方程,无量纲半径范围为 0.2~1.2,覆盖不同压力和不同加速度范围的多种液体。对于大直径圆柱,$R' > 2.4$,Sun 等观察到了水平气液界面最危险的泰勒不稳定波长(λ_d),比射流直径小得多;对于小直径圆柱,λ_d 小于瑞利不稳定波长 $2\pi(R+\delta)$。因此,

$$q''_{\text{crit}} = 0.118 H_{\text{fg}} (\rho_g)^{1/2} \left[g_c g \sigma (\rho_f - \rho_g)\right]^{1/4} \tag{9-59}$$

这表明,对于大直径,q''_{crit} 与 R 无关;在较大的光滑表面,q''_{crit} 正比于 g 的 1/4 次方。

Bernath[32]也研究了加热表面方向对 CHF 的影响,发现在相同条件下,垂直加热表面的临界热流密度仅为水平加热器的 75% 左右。后一种效应的详细讨论将在有关加速度影响的小节中给出。

5. 搅动作用的影响

Pramuk(帕姆)等在 1 atm 甲醇沸腾实验中发现,通过引入搅动可以大大增加池式沸腾的 CHF,如图 9 - 14 所示[50]。

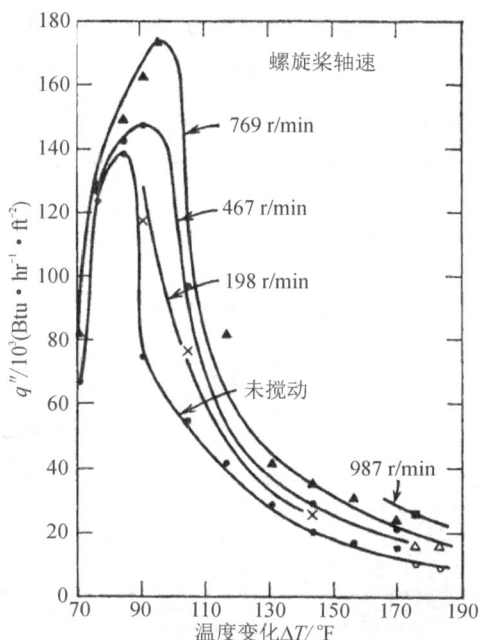

图 9 - 14　1 atm 甲醇沸腾过程中搅动的影响①

6. 加速度的影响

方程(9 - 40)中考虑的加速度效应为 $q''_{\text{crit}} (a/g)^{0.25}$。Merte(默特)等[51]证实了这一点。其他学者在不同的压力和加热表面上发现了 a/g 的其他各种指数。Costello(科斯特洛)等[52]指出该方程的指数是由加热表面特征决定的。

Costello 等[53]也发现,扁平的带状加热元件,安装在较宽一点的块上会引起强烈的侧流。这种对流效应是由 Lienhard 等[54]在研究重力对池式沸腾 CHF 的影响时发现的。他们提出了一种方法,在可变重力、压力和加热面尺寸的条件下,以及在各种沸腾的液体(如甲醇、异丙醇、丙酮和苯)条件下,能够综合考虑这些因素对池式沸腾的影响。通过在拥有重力范围为 87 倍、宽度范围为 22 倍、减压范围为 15 倍离心机中对水平带式加热元件进行 CHF 实验,获得了大量实验数据,发现这种对流效应是真实存在的,并验证了相关关系式。通过量纲分析,他们得到了以下关系式:

$$\frac{q''_{\text{crit}}}{q''_{\text{crit F}}} = f\left[L', I, \sqrt{1 + \left(\frac{\rho_g}{\rho_f}\right)}\right] = f\left[L', N, \sqrt{1 + \left(\frac{\rho_g}{\rho_f}\right)}\right] \tag{9-60}$$

其中,对于无限平板,$q''_{\text{crit}} = q''_{\text{crit F}}$;$L$ 为特征长度;L' 为无量纲尺寸,$L' = L\sqrt{g(\rho_f - \rho_g)/\sigma}$;$I$ 为引起对流的尺寸参数,$I = \sqrt{\rho_g L \sigma/\mu^2}$;$N$ 为引起对流的浮力参数,$N = I^2/L'$。

---

①　1 Btu/(hr·ft²)=3.15 W/m²。

对于实验所使用的水平电加热带，$L=W$，则有

$$L' = W' = W \left[\frac{g(\rho_f - \rho_g)}{\sigma} \right]^{1/2} \tag{9-61}$$

图 9-15 显示了一系列等值线生成的相关曲面。相关函数 $f(I, W')$ 变化特性如图 9-15(a)所示，它展示了 $q''_{crit}/q''_{crit\,F}$ 随 I 变化的等值线。方程(9-60)也适用于其他几何形状，包括带状、有限板[38]和球体[55]。通过比较各种几何形状的烧毁曲线，Lienhard 等[38]发现，当 R'（或 L'）较大（>2）时，方程(9-60)中的函数会变成一个常数，因此，q''_{crit} 随 $g^{1/4}$ 变化。

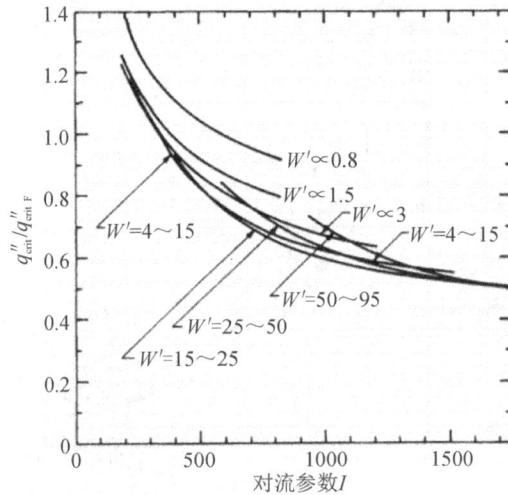

(a) 8种 W' 下，$q''_{crit}/q''_{crit\,F}$ 关于 I 的等值线图

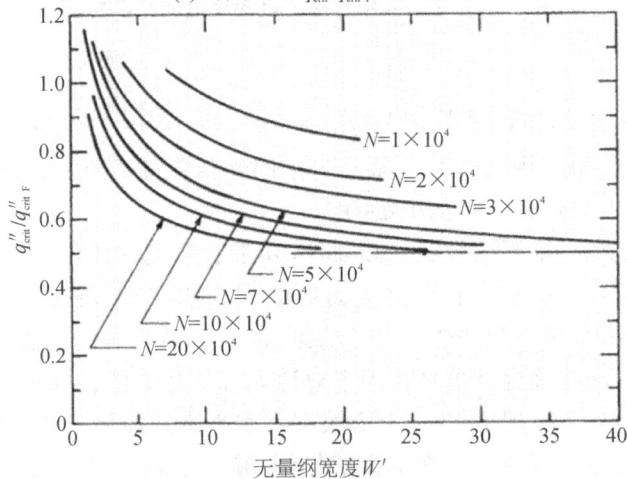

(b) 7种 N 下，关于 $q''_{crit}/q''_{crit\,F}$ 关于 W' 的等值线图

图 9-15　不同条件下 $q''_{crit}/q''_{crit\,F}$ 与 I、W' 的等值线图

对于小直径圆柱（或较低的重力工况），重力的相关性更为复杂。Lienhard[56]得出结论，大尺寸加热元件的 q''_{crit} 是 $g^{1/4}$ 的变量，但在阵列弹状流型区域（见图 9-16），q 一定与重力无关，因为射流带走了蒸汽。该结论来源于 Nishikawa（西川）等[57]的实验数据。Nishikawa 等的实验对象为一加热平板，平板角度从水平方向 0°变化到 175°（加热面朝下）。实验分析了板块倾斜超过 90°时射流的弯曲情况，并指出该区域的 q''_{crit} 需要新的修正理论，这与 Katto（卡

托)提出的说法一致[58]。Katto 提出，q''_{crit} 的发生可能是亥姆霍兹不稳定的结果，并且不是在主要射流中，而是在合并气泡形成的小区域射流中(在明显射流以下)。这种流体动力机制会导致传统方法预测的 q''_{crit} 偏低，并且只有在大射流被消除时才会发挥作用，如过冷沸腾或加热表面倾斜超过 90°的情况。

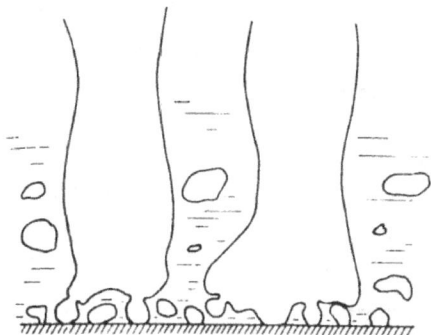

图 9 - 16　核态池式沸腾下蒸汽脱离时形成的阵列弹状流型区域

7. 过冷度的影响

Ivey 等[49]用方程(9 - 62)拟合了他们的实验数据和 Kutateladze[59]获得的水平圆柱表面临界热流密度实验数据(工作介质为水，过冷度为 0~72 ℃，圆柱直径为 1.22~2.67 mm)。这个关系式的预测偏差在±25%以内，但无法精确预测其他几何形状受热面的 CHF。

$$\frac{q''_{crit\ sub}}{q''_{crit\ sat}} = 1 + 0.1\left(\frac{\rho_g}{\rho_f}\right)^{1/4}\left[\frac{c_p\rho_f(T_{sat} - T_b)}{H_{fg}\rho_g}\right] \quad (9 - 62)$$

Elkassabgi(埃卡萨比)等[60]得到了 631 组过冷池式沸腾 CHF 数据，圆柱形电阻加热件的直径为 0.80~1.54 mm，实验工质为异丙醇、丙酮、甲醇和氟利昂-113 等四种液体。实验压力为大气压，过冷度为 140 ℃。如图 9 - 17 所示，他们采用 Sun 等[50]基于参数 B 预测的 $q''_{crit\ SL}$ 对 $q''_{crit\ sub}$ 进行了拓展，这使得当 ΔT_{sub} 增加时，可以观测 $q''_{crit\ sub}$ 在三个可识别的沸腾区域时的变化。

$$B = \frac{q''_{crit}}{(\rho_g)^{1/2}H_{fg}\left[\sigma g(\rho_f - \rho_g)\right]^{1/4}} = 0.1164 + 0.297\exp(-3.44\sqrt{R'}) \quad (9 - 63)$$

三个过冷沸腾区域的烧干行为在 Lienhard[61]的图中表现得更为明显，分别是低过冷沸腾区、中过冷沸腾区和高过冷沸腾区。

对于低过冷沸腾区，有

$$\frac{q''_{crit\ sub}}{q''_{crit}} = 1 + f(R')(Ja)(Pe)^{-1/4} = 1 + 4.28(Ja)(Pe)^{-1/4} \quad (9 - 64)$$

式中，佩克莱数为 $Pe = \sigma^{3/4}/\{\alpha\left[g(\rho_f - \rho_g)\right]^{1/4}\rho_g^{1/2}\}$。$q''_{crit}$ 取决于实验值，式(9 - 64)的均方根误差在±5.95%以内。

对于中过冷沸腾区，有

$$Nu = 28 + 1.50(Ra)^{1/4}(\beta\Delta T_{sub})^{7/8} \quad (9 - 65)$$

式中，$Nu = \dfrac{q''_{crit\ sub}(2R_{eff})^3}{k\Delta T_{sub}}$；$Ra = \dfrac{g\beta\Delta T_{sub}(2R_{eff})^3}{\alpha\nu}$，$R_{eff} = R\left(1 + \dfrac{0.02\theta}{R'}\right)$，$R' = R\left[\dfrac{\sigma}{g(\rho_f - \rho_g)}\right]^{-1/2}$；$\alpha$ 为

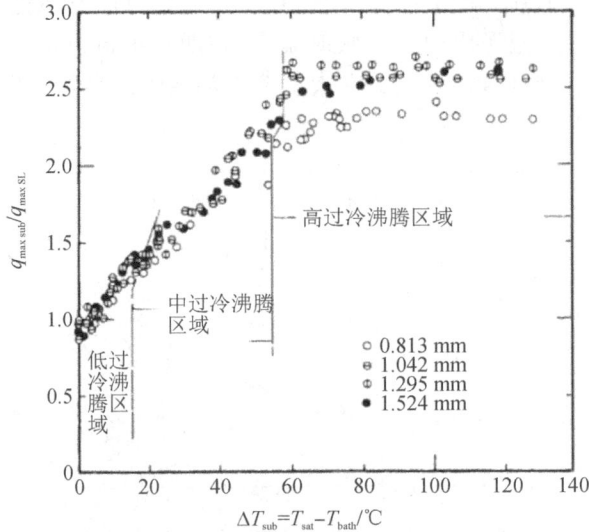

图 9-17　过冷度对最大热流密度的影响

热扩散率；ν 为动力黏度；β 为热扩散的体积系数；θ 为接触角。式(9-65)的均方根误差在 $\pm 7.96\%$ 以内。

对于高过冷沸腾区，$q''_{crit\,sub}$ 和沸腾热流密度上限为

$$\phi = \frac{q''_{crit\,sub}}{\rho_g H_{fg} \sqrt{\dfrac{R_g T_{sat}}{2\pi}}} = 0.01 + 0.0047 \exp(-1.11 \times 10^{-6} X) \tag{9-66}$$

其中，R_g 为理想气体常数；$X = R(R_g T_{sat})^{1/2}/\alpha$。式(9-66)的均方根误差为 $\pm 6.82\%$。

Elkassabgi 等[60]发现大部分现有水平圆柱表面过冷沸腾(R')数据都非常小，这是因为水平圆柱表面流动存在明显的液体横掠效应，与该效应相关的参数缺失。一个尚未解决的重要问题是在给定加热圆柱尺寸和给定液体过冷度(ΔT_{sub})的条件下，三种 q''_{crit} 的预测中究竟哪一种更准确，目前只有在实验之后才能做出选择。

9.5　过渡沸腾

过渡沸腾区如图 9-1 中的 DE 曲线所示，它处于临界热流密度和最小膜态沸腾热流密度之间，上边界为 q_{CHF}，下边界为 q_{min}，采用控制加热面平均温度的办法测定其变化特性。过渡沸腾区内的传热特性不同于其他几种沸腾传热的特性，该区内 $q = f(\Delta T_w)$ 曲线呈负斜率，即随着壁温升高，可以传递的热量反而减少。其原因是随着壁温升高，加热面上干斑面积逐渐增多，与液体直接接触的表面相应减少。干斑处，表面与液-气接触，以骤冷蒸发的微爆形式带走热量，尽管整个加热面的平均温度保持定值，但整个表面温度分布呈脉动状态。

长期以来，对过渡沸腾区的研究并没有获得人们的关注，相信与这种特殊沸腾机制的重要性与应用性不大相关。此外，使用电加热的实验段进行研究是非常困难的，由于此电加热器固有的不稳定特性，加大了开展过渡沸腾研究的难度。

过渡沸腾区的存在主要是在 1937 年由 Drew（德鲁）等[62]首次提出。不同于当时对膜态沸腾的认识，他们将所有超过临界热流密度点的沸腾视作膜态沸腾，认为在临界温度点稍高的区域，存在一个过渡范围，在这个过渡范围内存在一种不同于膜态沸腾和核态沸腾的机制。他们还报告了过渡区域一些定性的实验数据。

关于过渡沸腾机制的特殊性至今仍存在相当大的争论。例如，Westwater（韦斯特沃特）等[63]根据他们的实验照片得出结论，认为以前的大多数工作人员都没有意识到过渡沸腾完全不同于核状沸腾和膜状沸腾，它没有活动核存在，也不存在液固接触。过渡沸腾中加热的管壁完全被一层水蒸气覆盖，但气膜没有平滑和稳定。这层膜是不规则的且在剧烈地运动。他们认为蒸汽是沿气膜随机位置突然爆发形成的。液体冲向热的管道壁面，但在二者接触之前，发生了小规模的蒸汽爆炸，液体被猛烈地推了回去。新形成的蒸汽段最终破裂，周围的液体再次涌向管道壁面，这个过程将不断重复。

另一方面，Berenson[64]根据大量的实验数据得出结论，认为过渡沸腾是不稳定的膜态沸腾和不稳定的核态沸腾的组合，二者交替存在于受热面的给定位置。平均传热率随温差的变化主要是在给定位置上的每种沸腾状态存在的时间分数的变化所引起的。当然，上述两种矛盾的说法也有可能只是表达同一件事的两种不同方式。

图 9-18 是 Drew 等[62]、Farber（法伯）等[65]、McAdams（麦克亚当斯）[66]得出的典型过渡沸腾区域沸腾曲线。Ellion（埃利翁）[67]报道了从沸腾过渡到流动过冷液体的附加数据。这些数据如图 9-19 所示，同样具有温差增大、热流密度减小的特征。Berenson[47]展示了主要侧重于过渡区沸腾传热的实验结果。他的测试部分由一个直径为两英寸的向上定向传热表面组成，使用正戊烷作为测试的流体，传热表面是铜、铬镍和镍，所有数据都是在一个大气压下测量的。结果表明除少数情况外，热流密度都随着加热壁面过热度变化而变化。如果把数据画在对数坐标轴上，它们会沿着一条直线从临界热流密度变化至最小膜沸腾热流密度，如图 9-20

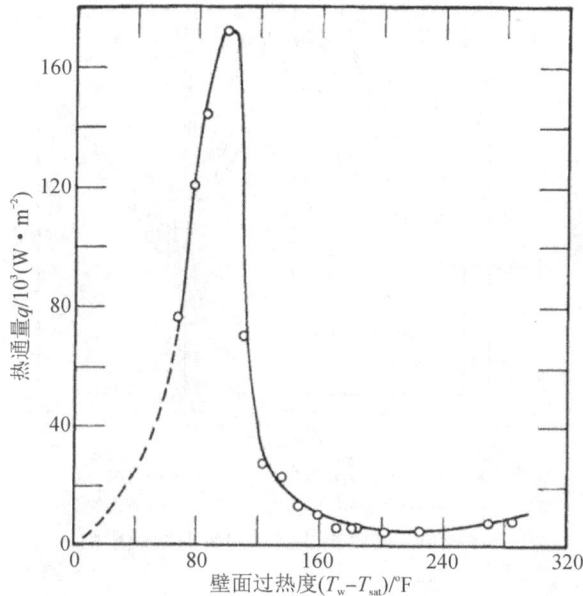

图 9-18　甲醇从一个水平的圆柱形加热器中自然对流沸腾

所示。可以看出,临界热通量点随着表面粗糙度和材料的变化而变化,而最小的膜态沸腾热通量不受表面条件的影响。

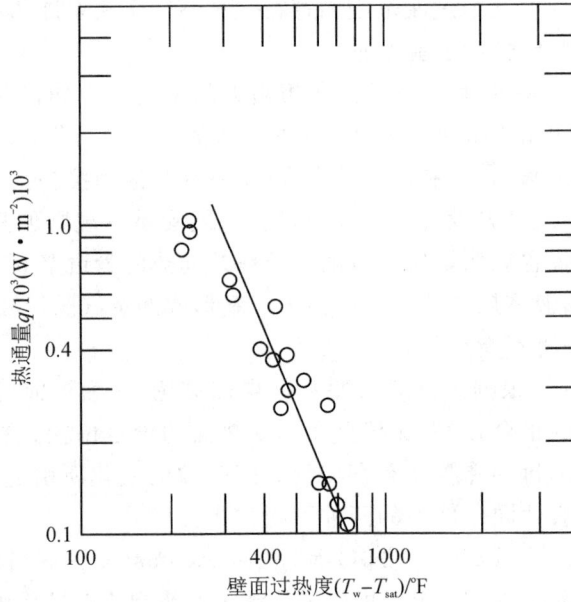

图 9 - 19　强迫对流过渡沸腾中水从环状管向上流出

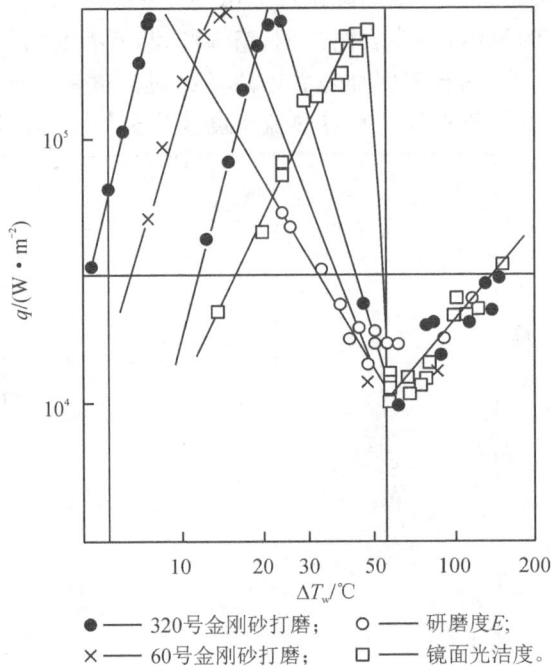

●　—— 320号金刚砂打磨;　　　○　—— 研磨度E;
×　—— 60号金刚砂打磨;　　　□　—— 镜面光洁度。

图 9 - 20　表面光洁度对沸腾曲线的影响

Berenson 认为,过渡沸腾区沸腾曲线是表面条件的函数,说明过渡沸腾过程中存在液固接触。然而这种接触的持续时间非常短,以至于在 Westwater 等的高速照片中没有观察到这个事件[63]。如图 9 - 21 所示,Berenson 的实验结果发现,造成图中热通量随壁面过热度变化规律的差异原因是传热表面存在污垢颗粒或灰尘,这种污染导致液体-固体接触时液体在固体上扩散。如果污染现象是差异原因的正确解释,则必然得出结论:在过渡沸腾过程中,液体确实接触了固体。

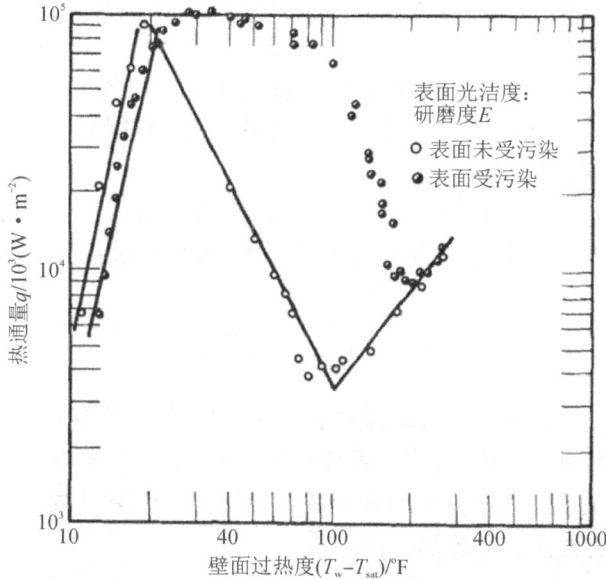

图 9 - 21　面朝上被污染的和未被污染的铜表面正戊烷池式沸腾曲线

基于这一结论,Berenson 提出过渡沸腾是泡核沸腾和膜态沸腾的结合。在泡核沸腾存在的一段时间内,较大的过热度导致蒸汽的产生速率大于其移除速率。Zuber[36] 对最大蒸汽去除率进行了分析,最大蒸汽移除速率被认为是由垂直于传热面的蒸汽及液体逆流的亥姆霍兹不稳定性所控制。Berenson 提出,产生的过量蒸汽导致蒸汽段塞在加热器表面形成,然后开始膜态沸腾。然而,过渡沸腾过程中温差不足以达到维持膜态沸腾的蒸汽去除机制所需的蒸汽产生速率,Zuber 也对这一机理进行了分析。简单地说,通过使用泰勒不稳定性确定气泡间距和气泡生长速率来预测蒸汽膜中的蒸汽移除能力。当蒸汽生成速率低于能够维持这种蒸汽移除机制的最小速率时,膜就会崩溃,再次开始进入泡核沸腾。

这种不稳定泡核沸腾与不稳定膜态沸腾交替进行的过程被视为可在给定的温差下无限期地持续。热流密度随温差的变化可解释为由泡核沸腾和膜态沸腾发生时间占比的变化引起。在临界热流密度发生时,整个过程基本上是都是泡核沸腾,随着温差的增大,泡核沸腾程度逐渐减小。

Bankoff 等[68]在对过渡沸腾的分析中使用了 Berenson 的解释。他们提出,主要的能量移除机制与"淬火"作用有关。他们推断,在传热表面上任何给定点都有液体与固体接触并被加热的热传导过程。这个过程类似于许多文献中讨论的热接触问题[69]。对于这个瞬态问题,温度分布由一个误差函数给出,界面的热速率与时间的平方根有关。然而,由于液固接触的周期时间未知,Bankoff 等无法将他们的理论与实验数据进行比较。

Pramuk 等[70]报告了搅拌对过渡沸腾曲线的影响。他们发现,浸泡在甲醇池中的 3 英寸三叶螺旋桨高速旋转（高达 1000 r/min）所引起的搅动，在给定的温差下，大大增加了热流。Lowery(洛厄里)等[71]以及 Dunskus(东斯库斯)等[72]的研究表明添加剂对过渡沸腾的沸腾特性的影响要大于对核态沸腾的影响。例如，在 100 ℉ 的温差下，每 1000 mol 异丙醇中加入 1 mol 的添加剂 Igepal CO-210，热流密度就会增加约 2.5 倍。Tong(唐)[73]建议，在任何强制对流分析中，实际保守的方法是假设稳定的膜态沸腾在泡核沸腾结束后立即开始。

　　由于过渡沸腾区内以液-气与壁面直接接触的形式带走热量，传热特性受到加热表面特性的影响。如图 9-20 所示，表面粗糙度可以使过渡沸腾区的位置和斜率发生变化。而且，若有微量添加物加入，可以改善该区的传热效果。因为这类添加剂趋于聚集在液-气交界面，使该处表面黏性发生变化，增加润湿特性。

　　Bankoff 等[68]假定，液体与炽热表面发生瞬间接触时，通过直接接触导热，带走了表面热量，他们用半无限大平板一维暂态导热方程进行计算，求得每次接触每单位表面积传给液体的热量（E）为

$$E = 2kT_{w}\left(\frac{\tau_{c}}{a\pi}\right)^{1/2} = \frac{q}{f} \tag{9-67}$$

式中，τ_{c} 为接触时间；f 为接触频率；a 为热扩散系数（导温系数）。利用图 9-20 的数据，Bankoff 等发现，E 基本为一常值，与表面温度无关，略受表面粗糙度影响。

　　目前尚无好的分析过渡沸腾传热的理论方法，工程上利用对数坐标的沸腾曲线，取 q_{CHF} 和 q_{min} 线性内插的办法去估计其传热强度。

9.6　Leidenfrost 现象与最小膜态沸腾温度

　　Leidenfrost 现象是一种特殊类型的膜态沸腾，又称 Leidenfrost 蒸发。当小液滴落在炽热的加热表面时，液滴为一气垫承托，不与加热面直接接触，并在加热面上呈跳跃状态，直到壁温降落到泡核沸腾点。若那时液体尚未蒸发殆尽，液滴便与加热面接触，终止膜态沸腾过程。液体量会影响这一过程，小液滴始终保持球形；液体质量稍大时，则呈液块状且被气垫承托，液块内部形成气泡，块厚几乎为一常数；随着液体质量再增加，虽然仍呈等厚液块状，但液块内部开始出现气泡，气泡随液体质量增加而增多；当液体质量增加到具有一定静压时，便形成普通的池式膜态沸腾。由于其传热过程复杂，且与加热表面特征和液体到达加热面的方向有关，虽有一些计算式，但均不理想。Baumeister(鲍迈斯特)[74-75]对纯液体在光滑表面上的 Leidenfrost 现象进行了分析，将液滴理想化为扁圆柱体，得到了与计算膜态沸腾相似的关系式：

$$h = 0.68\left(\frac{k_{g}^{3}h_{f}'g\rho_{f}\rho_{B}}{\Delta T\mu L_{e}}\right)^{1/4} \tag{9-68}$$

式中，$L_{e} = V/\pi^{2}L^{2}$ 为等效长度，其中 V 为液滴体积，$L = V/\pi r_{max}^{2}$，r_{max} 为液滴的最大半径。

　　传统抑制 Leidenfrost 效应的方法是构造材料的表面纹理，如微米柱阵列或者多孔结构来作为排气通道并产生毛细力，促进固液接触，增强传热。这些研究为降低热阻主要围绕导热材料展开，将 Leidenfrost 温度点从 200 ℃ 仅提升至 600 ℃ 左右，甚至要以牺牲传热效率为代价。传统方法的局限性在于，继续升高温度，液体在接触导热材料前即快速蒸发并积累成完整的蒸汽层，屏蔽了固体表面的纹理。

　　为解决上述方法的局限性，香港城市大学的王钻开团队构建了导热与绝热材料相结合的

热异相及多层级拓扑结构,从最根本的物理机制上突破 Leidenfrost 效应对传热的限制,将 Leidenfrost 效应的限制从复杂的物理层面转换为材料的耐温极限层面[76]。

该结构热装甲具有热异质性和多层级拓扑结构:突出的导热不锈钢微柱阵列作为热桥以快速传热,中间嵌入一层绝热的无机多孔膜以吸取和蒸发液体,底层为 U 形通道用于气体排出,如图 9 - 22(a)所示。其中无机多孔膜作为绝缘超亲水膜,将流入的液体吸干;膜的位置同时创造了通道,可以疏散蒸汽。设计巧妙实现了液体在极端高温表面(1000 ℃以上)的超浸润,气、液自发相分离及高效接触沸腾,从而在大范围温度区间均具有高效、可控且持续的液冷效果,即使在 1150 ℃的极端高温下仍能完全抑制 Leidenfrost 效应。图 9 - 22(b)与(c)对比了三种结构的传热性能差异,可以看出柔性结构热装甲(structured thermal armor,STA)能够有效地缩短水滴的寿命时间,并在 100～1150 ℃温度区间均具有高效、可控的冷却性能。

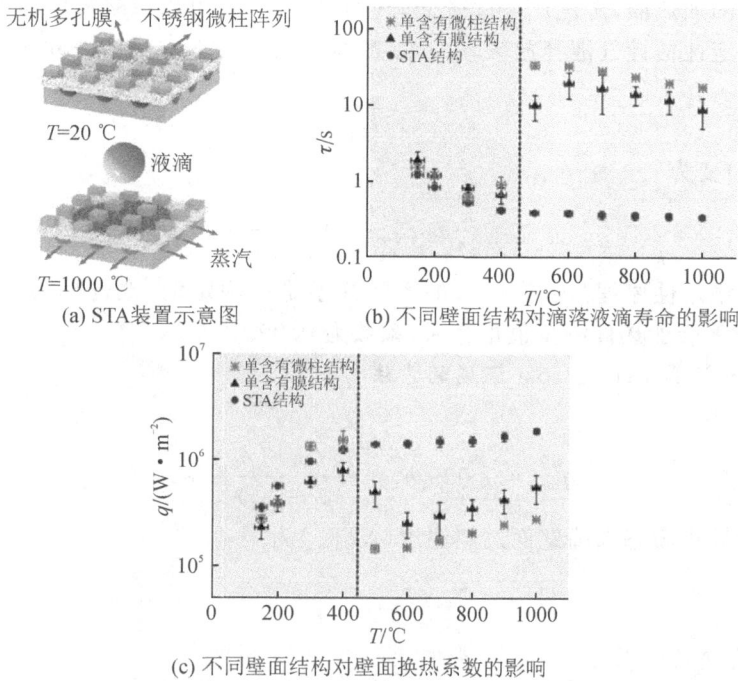

(a) STA装置示意图

(b) 不同壁面结构对滴落液滴寿命的影响

(c) 不同壁面结构对壁面换热系数的影响

图 9 - 22　STA 装置结构及性能对比图[76]

9.6.1　Leidenfrost 现象

在池式沸腾工况下,处于稳定膜态沸腾工况的加热面,热流密度降低到最小热流密度 $q_{\min}$ 时,表征膜态沸腾将终止,并向泡核沸腾过渡,故又称最小膜态沸腾温度点。由于这一过渡所经历的现象与 Leidenfrost 现象相似,故也称为 Leidenfrost 热流密度。出现这一转变,意味着膜态沸腾结束,便为确定最大液体润湿表面的温度提供了一个准则。

最小膜态沸腾温度与流体和壁面材料有关,还与加热面粗糙度、体积力大小、表面方位、温度变化历史和温度分布有关,并不是一个确定的数值,实验值往往在一个范围内变化。迄今为止,人们对其研究还远不如对 q_{CHF} 的研究,需要继续深入探讨。

9.6.2 最小膜态沸腾温度

1. 等温加热面理想模型

常用的预测方法,或者为计算 q_{min},或者为计算壁面温差 ΔT_{min}。

(1)Zuber 计算 q_{min} 的方法[28]

Zuber 认为 Leidenfrost 过渡是泡核沸腾向膜态沸腾过渡的逆过程,是泰勒不稳定性破坏了膜态沸腾。他假定壁面气膜的气液交界面呈波形,气柱带走全部加热热量,在滞止波节上有气泡运动,在以 λ 为边长的方形面积上产生两个气泡,其直径为 $\lambda/2$。于是

$$q = \rho_g h_g \frac{4\pi}{3} \left(\frac{\lambda}{4}\right)^3 \frac{2}{\lambda^2} f = \frac{\pi}{24} \rho_g h_g \lambda f \qquad (9-69)$$

处于 q_{min} 下的加热面,蒸汽产生率较低,气相速度较小,可以忽略流体动力效应,因此可以直接用泰勒不稳定性估计气泡释放频率(f)。对应的临界波长(λ_c)的波动频率为

$$f^2 = \frac{2\pi\sigma}{\lambda_c^3 (\rho_f + \rho_s)} \qquad (9-70)$$

则式(9-69)变为

$$q_{min} = \frac{\pi}{24} \rho_B h_{fg} \left[\frac{\sigma g (\rho_f - \rho_s)}{(\rho_f + \rho_g)^2}\right]^{1/4} \qquad (9-71)$$

他认为按泰勒不稳定性原理,式(9-71)的系数并不是一确定值,他选择为 $0.13 \sim 0.177$。而 Berenson 用他的平板加热件测量值拟合后,系数为 0.09。

(2)Berenson 计算 Leidenfrost 温度的方法

Berenson 运用

$$q_{min} = 0.09 \rho_g h_{GB} \left[\frac{\sigma g (\rho_f - \rho_B)}{(\rho_f + \rho_g)^2}\right]^{1/4} \qquad (9-72)$$

计算对应的最小膜态沸腾壁面过热温度(ΔT_{min})为

$$\Delta T_{min} = \frac{q_{min}}{h} \qquad (9-73)$$

式中,h 为膜态沸腾传热系数。

(3)小直径圆管经验式

对于圆柱体加热面,必须考虑因曲率引起的二维效应,Lienhard 等[77]提出下述半经验式:

$$q_{min} = 0.057 \frac{\rho_g h_f}{R} \left[\frac{2g(\rho_f - \rho_g)}{\rho_f + \rho_g} + \frac{\sigma}{R^2(\rho_f + \rho_g)^2}\right]^{1/2} \cdot \left[\frac{g(\rho_f + \rho_g)}{\sigma} + \frac{1}{2R^2}\right]^{-3/4} \qquad (9-74)$$

此式适用于半径 $R < 0.0762$ 的圆管,管径增大,可用式(9-71)计算。

2. 非等温加热面的 Leidenfrost 过渡

在核反应堆事故工况下的骤冷前沿变化过程就是一种非等温加热面的 Leidenfrost 过渡现象,这类问题研究尚不多。这里仅定性描述其特点。图 9-23 是一种分析简化模型,图中有液-气-固(L-V-S)交界处壁面温度定性分布。L-V-S 交界线向何处运动取决于干涸区的扩大或收缩特性。

1)若液体的冷却率低,或($\Delta T_w)_2$ 高,交界线向右移,使干涸区扩展。

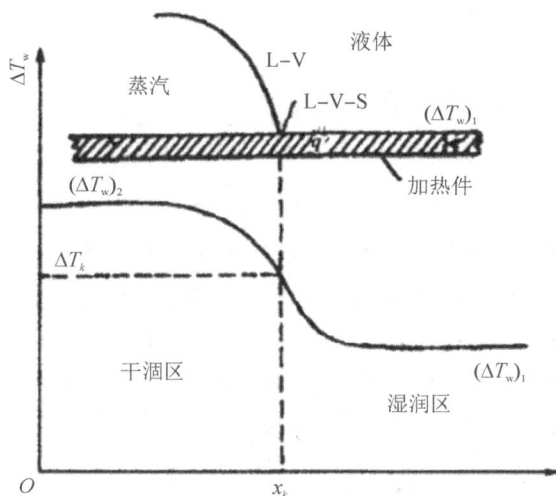

图 9 - 23　液-气-固交界面处壁面温度分布

2)若液体的冷却效率高,或$(\Delta T_w)_2$低,交界线向左移,促使润湿前沿推进。

3)干涸区扩展率或润湿前沿推进率与固体导热性有关。

4)若 L-V-S 处位置 x_k 不动,则表示交界线处平衡,则有$\partial x_k/\partial \tau = 0$。如果$\partial x_k/\partial \tau > 0$ 则干涸区扩展;$\partial x_k/\partial \tau < 0$ 则润湿前沿推进。

5)液体润湿区,表面呈泡核沸腾,干涸表面处于膜态沸腾,交界线处附近呈 Leidenfrost 过渡。

3. 表面效应

上述计算式仅适用于纯液体和清洁表面,表面特征对 ΔT 有很大影响。例如新磨光的铝表面,水滴的 Leidenfrost 过渡温度为 155 ℃,工作几次后,上升到 230 ℃。

9.7　池式膜态沸腾

在达到临界热流密度后,沸腾会立刻变得不稳定,这种状态被称为部分膜态沸腾或过渡沸腾。在过渡沸腾过程中,突发的爆裂形成蒸汽,爆裂发生在随机位置,这个现象可以在高速动态图像中观察到[63]。蒸汽爆发的频率非常高。甲醇在 9.5 mm 铜管过渡沸腾过程中,壁面过热度 ΔT 为 74 ℃,实验发现每一英寸长管道区域每秒发生 84 次爆发。过渡沸腾的热流密度介于核态沸腾和稳定膜沸腾,如图 9 - 1 的 DE 段曲线所示。

随着壁温进一步升高,沸腾再次趋于稳定,称为稳定膜态沸腾。在这种情况下,加热壁面温度非常高使得液体和热表面之间迅速蒸发出蒸汽,其动量形成一个蒸汽层以防止液体湿润表面。该阶段对应的状态转变点也称为 Leidenfrost 点[78]。这代表对于给定压力的正常润湿液体-固体系统中液体不会润湿受热面的最小 T_w 值。在稳定膜态沸腾过程中,传热通常通过气膜导热和辐射来完成。根据沸腾压力和受热面温度的不同,辐射贡献可以有很大的变化。因此,总传热系数 h 一般表示为对流系数(h_c)和有效辐射系数$(f \cdot h_r)$的和,其中 f 为常数。

9.7.1　理论模型

9.7.1.1　膜态沸腾的对流换热关系式

1. 水平平板膜态沸腾

继 Chang[27,79] 和 Zuber[28,36] 将泰勒不稳定性理论应用于水平平板的相变和膜态沸腾传热之后，学者们开发了各种波动理论计算模型，这些模型区别主要在于假设气泡释放是规律的还是随机的，以及是否假设膜态中的蒸汽流为层流或惯性主导[80]。针对这四种代表性模型，Sciance(赛恩斯)等[81] 发现，与四种有机液体的实验结果比较时，采用蒸汽规律释放和蒸汽层流运动假设的模型表现得更好。这组假设由 Berenson[47] 提出，采用泰勒不稳定性理论中的"最危险"波长(λ_d)和气泡直径关系进行推导，其中"最危险"波长(λ_d)为

$$\lambda_d = 2\pi \left[\frac{3 g_c \sigma}{g(\rho_f - \rho_g)} \right]^{1/2} \tag{9-75}$$

气泡直径计算式为

$$D_b = 4.7 \left[\frac{g_c \sigma}{g(\rho_f - \rho_g)} \right]^{1/2} \tag{9-76}$$

上式的建立是基于水、苯、乙醇和四氯化碳在水平表面的膜态沸腾实验数据[82]，Berenson 导出了最小热流方程：

$$q''_{min} = 0.09 \rho_g H'_{fg} \left[\frac{g(\rho_f - \rho_g)}{\rho_f + \rho_g} \right]^{1/2} \left[\frac{g_c \sigma}{g(\rho_f - \rho_g)} \right]^{1/4} \tag{9-77}$$

式中，H'_{fg} 为"有效"汽化潜热，最早由 Bromley(布罗姆利)[83] 定义，是指温度为 T_r 的蒸汽热量与温度为 T_{sat} 的液体热量之差。

热流量接近 q''_{min} 时，对流换热系数的方程变为

$$h_c = 0.425 \left\{ \frac{(k_g)^3 H'_{fg} \rho_g g(\rho_f - \rho_g)}{\mu_g (T_w - T_{sat}) \left[\frac{g_c \sigma}{g(\rho_f - \rho_g)} \right]^{1/2}} \right\}^{1/4} \tag{9-78}$$

该方程可用广义形式表示为

$$(Nu_B)_f = 0.045 (Ra_B^*)_f^{1/4} \left[\frac{H'_{fg}}{c_{pg}(T_w - T_{sat})} \right]_f^{1/4} \tag{9-79}$$

其中，$(Nu_B) = \dfrac{h_c B}{k_g}$；$(Ra_B^*) = Gr_B^* Pr_g = \left[\dfrac{B^3 \rho_g (\rho_f - \rho_g) g}{\mu_g^2} \right] \left(\dfrac{c_{pg} \mu_g}{k_g} \right)$，$B = \left[\dfrac{g_c \sigma}{g(\rho_f - \rho_g)} \right]^{1/2}$；下标"f"表示蒸汽在压力($p_f$)和温度($T_f$)下的物理性质。

Hamill(哈米尔)等[84] 推导了一个类似的方程，但不包括有效汽化潜热 H'_{fg} 的定义。

2. 水平圆柱膜态沸腾

Bromley[83] 提出了一个适用于水平圆柱表面膜态沸腾计算的无量纲形式经典理论方程：

$$(Nu_D)_f = 0.62 (Ra_D^*)_f^{1/4} \left[\frac{H'_{fg}}{c_{pg}(T_w - T_{sat})} \right]_f^{1/4} \tag{9-80}$$

其中，$(Nu_D) = \dfrac{h_c D}{k_g}$；$(Ra_D^*) = (Gr_B^*)(Pr_g) = \left[\dfrac{D^3 \rho_g (\rho_f - \rho_g) g}{\mu_g^2} \right] \left(\dfrac{c_{pg} \mu_g}{k_g} \right)$。

Sciance 等[81]通过修改平板上膜态沸腾的 Berenson 方程(9-79),提出了如下关系式:

$$(Nu_B)_f = 0.369 \left[\frac{Ra_B^*}{(T_r)^2}\right]_f^{0.267} \left[\frac{H_{fg}'}{c_{pg}(T_w-T_{sat})}\right]_f^{0.267} \tag{9-81}$$

上式的建立是基于他们对直径为 20.6 mm、长为 100 mm 水平镀金圆筒表面的甲烷、乙烷、丙烷和正丁烷膜态沸腾实验数据。当与各种非金属液体实验结果进行对比时,发现该方程与方程(9-80)的预测值在很宽的压力和直径范围内大致吻合[36]。

3. 垂直表面膜态沸腾

只要圆柱体的直径远远大于蒸汽膜的厚度,圆柱体和平板的热行为及流体力学行为基本相同。因此,Bromley[83]推荐了一个与式(9-80)非常相似的公式,其中特征长度 D 变为 L,L为到板底的垂直距离。图 9-24 显示了蒸汽如何从垂直板的底部边缘开始以层流运动上升,并且气液界面是平滑的。气膜厚度随着高度的增加而增加,直到板上方一小段距离处,界面开始出现毛细波。层流子层在某个高度(L_c)处达到临界厚度(δ_c),此时,从层流过渡到湍流(见图 9-24)。Hsu 等[85]计算出在水平平面管内局部流动沸腾系数为 0.943,并使用了新的有效汽化潜热(H_{fg}''),因此得到关系式:

$$(Nu_L)_f = 0.943 \left[(Ra_L^*)_f\right]^{1/2} \left[\frac{H_{fg}''}{c_{pg}(T_w-T_{sat})}\right]_f^{1/2} \tag{9-82}$$

式中,$L \leqslant L_c$;$T_f = (T_w+T_{sat})/2$;$H_{fg}'' = H_{fg}[1+0.34c_{pg}(T_w-T_{sat})/H_{fg}]^2$。因此,

$$(Nu_L)_f = 0.943 \left[(Ra_L^*)\right]_f^{1/2} \left\{\frac{H_{fg}\left[1+\dfrac{0.34c_{pg}(T_w-T_{sat})}{H_{fg}}\right]^2}{c_{pg}(T_w-T_{sat})}\right\}^{1/2} \tag{9-83}$$

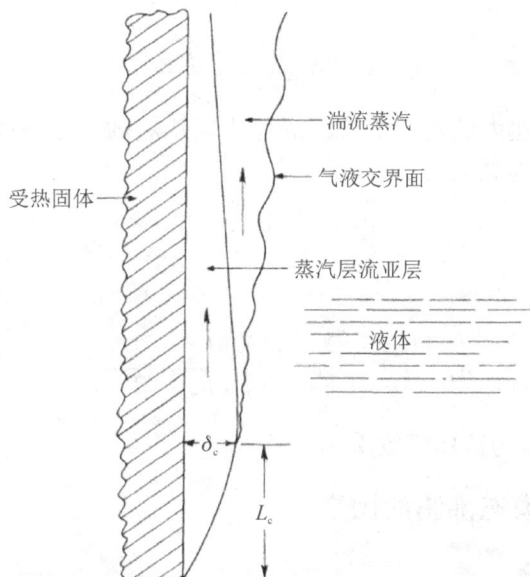

图 9-24　垂直表面上膜态沸腾时蒸汽膜生长示意图[86]

L_c 和 δ_c 的值分别根据层流膜中速度分布的标准理论关系(抛物线关系)和膜厚度与垂直距离的变化关系(四分之一幂关系)计算得出。Hsu 等获得了湍流区域局部传热系数的表

达式：

$$(h_{c,x})_{turb} = k_g \left[\frac{2}{3} \left(\frac{3A}{3B'+1} \right) (x - L_c) + \left(\frac{1}{\delta_c} \right)^2 \right]^{1/2} \qquad (9-84)$$

式中，x 为距受热面底部的距离，A、B' 的值分别由下式给出：

$$A = \left[\frac{g(\rho_f - \rho_{gt})}{\rho_{gt}} \right] \left(\frac{\rho_g}{\mu_g Re^*} \right)^2 \qquad (9-85)$$

$$B' = \frac{\mu_g + f\rho_{gt} \dfrac{\mu_g Re^*}{2\rho_g} + \dfrac{k_g (T_w - T_{sat})}{H_{fg}}}{\dfrac{k_g (T_w - T_{sat})}{H_{fg}}} \qquad (9-86)$$

式中，ρ_g 为层流膜中蒸汽的平均密度；ρ_{gt} 为湍流核心中的蒸汽密度；f 为气液分界面摩擦系数[79]。因此对流换热系数在垂直距离（L_c 到 L）上的平均值为

$$(h_{c,L})_{turb} = \int_{L_c}^{L} \frac{(h_{c,x})_{turb} \mathrm{d}x}{L - L_c} \qquad (9-87)$$

则从加热面底部到垂直距离 $L(L > L_c)$ 处的对流换热系数为

$$\bar{h}_c = \frac{h_c L_c + (h_{c,L})_{turb}(L - L_c)}{L} \qquad (9-88)$$

式中，h_c 基于式(9-83)得到。

9.7.1.2　膜态沸腾中的辐射换热

根据沸腾压力和受热面温度的不同，相应的辐射贡献可以有很大的变化。对于低温和低沸点的普通液体，辐射贡献通常可以忽略，而对于液态金属大多需要考虑辐射传热。利用以下表达式计算辐射传热：

$$h_r = \frac{\sigma_{S-B} F_e (T_w^4 - T_{sat}^4)}{T_w - T_{sat}} \qquad (9-89)$$

其中，F_e 为包括表面条件在内的辐射角系数；σ_{S-B} 为斯特藩-玻尔兹曼常数。

无限大平行板间的辐射角系数为

$$\frac{1}{F_e} = \frac{1}{e} + \frac{1}{\alpha} - 1 \qquad (9-90)$$

式(9-89)可写为[83]

$$h_r = \left(\frac{\sigma_{S-B}}{\dfrac{1}{e} + \dfrac{1}{\alpha} - 1} \right) \left(\frac{T_w^4 - T_{sat}^4}{T_w - T_{sat}} \right) \qquad (9-91)$$

其中，e 为受热面发射率；α 为液体吸收率。

9.7.2　影响池式膜态沸腾的因素

1. 折算温度 T_r 的影响

Clements(克莱门茨)等[87]于 1964 年基于不同直径水平圆柱上多种液体沸腾数据，通过对式(9-80)进行修改，修正后的经验公式预测精度明显提高：

$$(Nu_D)_f = 0.9 \left(\frac{Ra_D^*}{T_r^2} \right)^{1/4} \left[\frac{H_{fg} + 0.5 c_{pg}(T_w - T_{sat})}{c_{pg}(T_w - T_{sat})} \right]^{1/4} \qquad (9-92)$$

该式与式(9-81)很相似。

2.直径的影响

1962 年,Breen(布林)等[88]通过分析细钢丝到大直径水平圆柱体表面异丙醇和氟利昂-113 的沸腾实验数据,得出结论:临界波长(λ_c)有时比直径更适合作为努塞特数和修正格拉晓夫数的特征长度。根据无量纲数 λ_c/D 的值,沸腾特性分为三种不同的区域。他们用以下关系式成功预测了全部工况数据:

$$(Nu_{\lambda_c})_f = \left(\frac{0.59 + 0.069\lambda_c}{D}\right)(Ra_{\lambda_c}^*)_f^{1/4} \times \left[\frac{H_{fg}\left(1 + \frac{0.34c_{pg}\Delta T}{H_{fg}}\right)^2}{c_{pg}\Delta T}\right]_f^{1/4} \quad (9-93)$$

3.过热度($T_w - T_{sat}$)对 h_c 的影响

迄今为止,除式(9-84)外,所有关于 h_c 的关系式都表明,如果所有其他条件都相同,h_c 应与壁面过热度(ΔT)的四分之一次方成反比。然而如果 ΔT 条件发生变化,相应的结果是 h_c 对 ΔT 的依赖性明显增大(与功率三分之一成反比关系)。

4.加速度的影响

对于水平或垂直表面上膜态沸腾的 g 效应,公开发表的数据很少。Graham 等[89]于 1965 年报告了一些不同加速度条件下的液氢膜态沸腾数据。当重力的指数比提高到四分之一次方时,传热系数增强。对于大直径水平圆柱体,其正比于 $g^{3/8}$。对于小圆柱体,表面张力更为重要,重力效应影响减弱。基于外径为 4.8 mm 的管外氟利昂-113 膜态沸腾数据,加速度比(a/g)范围为 1~10,Pomerantz(波梅兰茨)[90]提出了一个经验公式:

$$h_c = 0.62\left[\frac{k^3\rho_g(\rho_f - \rho_g)gH_{fg}\left(1 + \frac{0.5c_{pg}\Delta T}{H_{fg}}\right)}{\mu_g(T_w - T_{sat})D}\right]^{1/4}\left(\frac{D}{\lambda}\right)^{0.172} \quad (9-94)$$

正如 Siegel(西格尔)[91]所讨论的,亚重力加速度的影响随着接近零重力条件而减小。

5.速度和过冷度的影响

1968 年,Baumeister 等[75]研究了受热面与 Leidenfrost 液滴的相对运动,他们通过经验关系式将移动液滴的蒸发时间与静止液滴的蒸发时间联系起来。随后,Hamill 等[84]分析了高过冷度液体湍流对流和辐射对平面膜沸腾的综合影响,得出了以下表达式:

$$h_T = h_{sat\ film} + 0.88h_r + 0.12h_{turb\ conv}\left(\frac{T_{sat} - T_f}{T_w - T_{sat}}\right) \quad (9-95)$$

需要注意的是,当过冷度很高时,可能无法维持膜态沸腾。

6.小结

对一般液体的膜态沸腾,可使用以下方程式。

1)水平板情况下:基于 Berenson[47]的研究成果,建议采用式(9-78)。

2)水平线、圆柱体情况下:基于 Sciance 等[81]的研究成果,建议采用式(9-81)。

3)垂直板情况下:基于 Bromley[83]的研究成果,建议采用式(9-80);基于 Hsu 等[85]的研究成果,建议采用式(9-83)。

思考题

1）当加热温度一定时，饱和泡核沸腾的传热系数几乎为一定值，为什么？

2）用"热得快"（电加热器）做池内沸腾实验，能否出现过渡沸腾，为什么？

3）沸腾曲线的过渡沸腾段是否总是存在的？

4）试讨论微重力条件对 Leidenfrost 现象的影响。

5）如何识别沸腾起始点，它对反应堆安全有何意义？

6）池式膜态沸腾传热对反应堆安全有何意义？

7）池式泡核沸腾经验关系式基本考虑哪些影响因素？

8）反应堆运行过程中，哪些情况会出现池式沸腾危机？该如何避免？

9）在反应堆中，还有哪些池式沸腾的现象？对反应堆安全有何影响？

10）试讨论控制热流加热条件下，出现临界热流现象时，流体温度与加热热流的变化规律，以及壁面温度的瞬时变化规律。

11）试分析计算过渡沸腾有哪些困难。

习题

1）一直径为 30 cm 的平底锅，使 2.3 kg/h 的水在 0.1 MPa 下沸腾，问锅底表面需保持多高温度？

2）一不锈钢带，厚 1 mm、宽 10 mm，浸入 0.1 MPa 下 100 ℃ 的水中，其比电阻为 $1.0×10^{-6}$ Ω/m，通电加热，求达到 q_{CHF} 的加热电流。

3）直径 1.25 cm、长 5 cm 的钢棒，从一 1200 ℃ 温度的炉子中移出，并立即置于 1 个大气压下的水容器中，计算钢棒初置在水中的热传递率。

4）两根直径 15 mm、长 50 mm 的水平圆管分别浸于压力为 0.16 MPa 的水池与压力为 2 MPa 的液钠池中，试计算产生 0.2 MW/m 热流密度所需的表面温度。

5）水在 0.1 MPa 的压力下做饱和沸腾时，要使直径为 0.1 mm 及 1 mm 的气泡在水中存在并长大，问加热面附近水的过热度各为多少？

6）在一氨蒸发器中，氨液在一组水平管外沸腾，沸腾温度为 −20 ℃。假设这一沸腾过程可近似地作为大容器沸腾看待，试估计每平方米蒸发器外表面所能承担的制冷量。

7）重力热管是一种封闭竖直放置的容器，其蒸发段吸收的热量在其冷凝段放出，其中绝热段连接蒸发段及冷凝段。现用抛光的不锈钢制成一热虹吸管，管径为 20 mm，蒸发段、绝热段、冷凝段长度分别为 20 mm、40 mm、40 mm。设 0.1 MPa 压力下的饱和水在沸腾段沸腾热流密度 q 是临界热流值的 30%。试计算：①蒸发段的平均壁温 t_{eva}；②冷凝段的平均壁温 t_{con}。

8）试计算水在月球上并分别在 0.1 MPa、1.0 MPa 下做池式沸腾时，核态沸腾的最大热流密度（月球上的重力加速度为地球的 1/6）比地球上的相应数值小多少？

9）在一个氟利昂-134a 的大容器沸腾实验台中，以机械抛光的直径为 12 mm 的不锈钢管作为加热表面，其内为水蒸气凝结放热。在一次实验中，氟利昂-134a 的沸腾温度为 30 ℃，加热表面温度为 35 ℃，试确定此时氟利昂-134a 的沸腾传热状态及沸腾表面传热系数。

10) 实验研究发现沸腾传热的临界热流密度与液体的汽化潜热 r、蒸汽密度 ρ_g、表面张力 σ 及气泡直径参数 $\sqrt{\sigma/[g(\rho_f-\rho_g)]}$ 有关。试用量纲分析法证明：

$$q_{cr}=Cr\rho_g^{1/2}\{\sqrt{\sigma/[g(\rho_f-\rho_g)]}\}^{-1/2}\sigma^{1/2}$$

式中，C 为待定常数。

参 考 文 献

[1] 拔山四郎. 金屬面と沸騰水との間の傳達熱の極大値竝に極小値決定の實驗[J]. 機械學會誌,1934,37(206): 367 - 374.

[2] HSU Y,GRAHAM R W. An analytical and experimental study of the thermal boundary layer and ebullition cycle in nucleate boiling [R]. United States,1961.

[3] HSU Y Y,GRAHAM R W. Transport processes in boiling and two-phase systems,including near-critical fluids [M]. Washington,1976.

[4] ENGELBERG-FORSTER K,GREIF R. Heat transfer to a boiling liquid-mechanism and correlations [J]. Journal of Heat Transfer,1959,81(1): 43 - 52.

[5] BANKOFF S G,MASON J P. Heat transfer from the surface of a steam bubble in turbulent subcooled liquid stream [J]. AIChE Journal,1962,8(1): 30 - 33.

[6] WYLLIE G,MOTT N F. Evaporation and surface structure of liquids [C]. Proceedings of the Royal Society of London Series A Mathematical and Physical Sciences,1949.

[7] MIKIC B B,ROHSENOW W M. A new correlation of pool-boiling data including the effect of heating surface characteristics [J]. Journal of Heat Transfer,1969,91(2): 245 - 250.

[8] CHI-YEH H,GRIFFITH P. The mechanism of heat transfer in nucleate pool boiling-Part I: Bubble initiaton,growth and departure [J]. International Journal of Heat and Mass Transfer,1965,8(6): 887 - 904.

[9] ROHSENOW W M. A method of correlating heat transfer data for surface boiling of liquids[R]. Cambridge,Mass. : MIT Division of Industrial Cooporation,1951.

[10] HENDRICKS R C,SHARP R R. Initiation of cooling due to bubble growth on a heating surface[M]. National Aeronautics and Space Administration,1964.

[11] HAN Y,GRIFFITH P. The mechanism of heat transfer in nucleate pool boiling[J]. International Journal of Heat and Mass Transfer,1965,8(6):887 - 904.

[12] MIKIC B B,ROHSENOW W M,GRIFFITH P. On bubble growth rates[J]. International Journal of Heat & Mass Transfer,1970,13(4):657 - 666.

[13] BROWN W T. A study of flow surface boiling[D]. Massachusetts Institute of Technology,1967.

[14] COLE R. Boiling nucleation[M]. Advances in heat transfer. Elsevier,1974.

[15] IVEY H J. Relationships between bubble frequency,departure diameter and rise velocity in nucleate boiling[J]. International Journal of Heat and Mass Transfer,1967,10(8): 1023 - 1040.

[16] COLE R. Bubble frequencies and departure volumes at subatmospheric pressures[J]. AIChE Journal,1967,13(4): 779 - 783.

[17] CICHELLI M T,BONILLA C F. Heat transfer to liquids boiling under pressure[J]. Transactions of the American institute of chemical engineers,1945,41(6): 755 - 787.

[18] ADDOMS J N. Heat transfer at high rates to water boiling outside cylinders[J]. Massachusetts Institute of Technology,1948:431 - 437.

[19] ANDERSON D L,JUDD R L,MERTE H J R. Site activation phenomena in saturated pool nucleate boiling[C]. Heat Transfer and Lubrication Conf. , ASME Paper 70-HT-14,Fluids Engineering, 1970.

[20] GAERTNER R F. Distribution of active sites in the nucleate boiling of liquids[J]. Chem. Engr. Prog. Symp. Ser. 1963,59: 52 - 61.

[21] GAERTNER R F. Photographic study of nucleate pool boiling on a horizontal surface [J]. Heat Transfer,1965,87(2): 17 - 29.

[22] GRAHAM R W,HENDRICKS R C. Assessment of convection,conduction and evaporation in nucleate boiling. [J]. Bubbles,1967:1 - 47.

[23] KIRBY D B,WESTWATER J W. Bubble and vapor behavior on a heated horizontal plate during pool boiling near burnout [J]. Chemical Engineering Progress Symposium Series. 1965,61(57):238 - 248.

[24] JUDD R L. The influence of subcooling on the frequency of bubble emission in nucleate boiling[J]. Journal of Heat Transfer,1989,111: 747 - 751.

[25] IBRAHIM E A,JUDD R L. An experimental investigation of the effect of subcooling on bubble growth and waiting time in nucleate boiling[J]. Journal of Heat Transfer, 1985,107(1): 168 - 174.

[26] COOPER M G. Heat flow rates in saturated nucleate pool boiling-a wide-ranging examination using reduced properties[M]. Advances in heat transfer. Elsevier,1984.

[27] CHANG Y P. A theoretical analysis of heat transfer in natural convection and in boiling[J]. Transactions of the American Society of Mechanical Engineers,1957,79(7): 1501 - 1509.

[28] ZUBER N. On the stability of boiling heat transfer[J]. Transactions of the American Society of Mechanical Engineers,1958,80(3): 711 - 714.

[29] ZUBER N. The dynamics of vapor bubbles in nonuniform temperature fields[J]. International Journal of Heat and Mass Transfer,1961,2(1 - 2): 83 - 98.

[30] PEEBLES F N. Studies on the motion of gas bubbles in liquid[J]. Chem. Eng. Prog. , 1953,49(2): 88 - 97.

[31] CHANG Y P. An analysis of the critical conditions and burnout in boiling heat transfer [J]. USAEC Rep. TID - 14004,Washington,DC,1961:1 - 124.

[32] BERNATH L. A theory of local-boiling burnout and its application to existing data[J]. Chem. Eng. Progr. ,1960,56:95.

[33] KUTATELADZE S S. Heat transfer in condensation and boiling[M]. US Atomic En-

ergy Commission,Technical Information Service,1959.

[34] CICHELLI M T,BONILLA C F. Heat transfer to liquids boiling under pressure[J]. Transactions of the American institute of chemical engineers,1945,41(6): 755 - 787.

[35] IVEY H J. On the relevance of the vapor liquid exchange mechanism for subcooled boiling heat transfer at high prossure [R]. UKAEA,1962.

[36] ZUBER N. Hydrodynamic aspects of boiling heat transfer[D]. United States: University of California,1959.

[37] MOISSIS R,BERENSON P J. On the hydrodynamic transitions in nucleate boiling[J]. Journal of Heat Transfer,1963,85(3):221.

[38] LIENHARD J H,DHIR V K. Extended hydrodynamic theory of the peak and minimum pool boiling heat fluxes[R]. NASA,1973.

[39] KUTATELADZE S S,MALENKOV I G. Heat transfer at boiling and barbotage,similarity and dissimilarity[C]. International Heat Transfer Conference Digital Library. Begel House Inc. ,1974.

[40] GAERTNER R F. Effect of surface chemistry on the level of burnout heat flux in pool boiling[J]. GE Report 63-RL-3449C,1963.

[41] STOCK B J. Observations on transition boiling heat transfer phenomena[R]. Argonne National Lab. ,Ill. ,No. ANL - 6175,1960.

[42] LIAW S P,DHIR D V K. Effect of surface wettability on transition boiling heat transfer from a vertical surface[C]. International Heat Transfer Conference Digital Library. Begel House Inc. ,1986.

[43] GORENFLO D,KNABE V,BIELING V. Bubble density on surfaces with nucleate boiling-its influence on heat transfer and burnout heat flux at elevated saturation pressures [C]. International Heat Transfer Conference Digital Library. Begel House Inc. ,1986.

[44] BEJAN A, KRAUS A D. Heat transfer handbook[M]. Wiley Interscience, 2003.

[45] KUTATELADZE S S. Kritische wärmestromdichte bei einer unterkühlten flüssigkeitsströmung[J]. Energetica,1959,7: 229 - 239.

[46] NOYES R C. An experimental study of sodium pool boiling heat transfer [J]. Journal of Heat Transfer,1963,85:125 - 131.

[47] BERENSON P J. Transition boiling heat transfer[C]. 4th Natl. Heat Transfer Conf. , AIChE preprint 18,Buffalo. 1960.

[48] RAMILISON J M,LIENHARD J H. Transition boiling heat transfer and the film transition regime[J]. Journal of Heat Transfer,1987,109:746 - 752.

[49] IVEY H J,MORRIS D J. The effect of test section parameters on saturation pool boiling burnout at atmospheric pressure [J]. AIChE Chem. Eng. Prog. , 1965, 61: 157 - 166.

[50] SUN K H,LIENHARD J H. The peak pool boiling heat flux on horizontal cylinders [J]. International Journal of Heat and Mass Transfer,1970,13(9): 1425 - 1439.

[51] MERTE Jr H,CLARK J A. A study of pool boiling in an accelerating system[J]. Journal of Heat Transfer,1961,83:233-242.

[52] COSTELLO C P,ADAMS J M. Burnout heat fluxes in pool boiling at high accelerations[J]. Int. Dev. Heat Transfer,1961,2: 230.

[53] COSTELLO C P,FREA W J. A salient non-hydrodynamic effect on pool boiling burnout of small semi cylindrical heaters[J]. Chemical Engineering Progress Symposium Series, 1965,61(57):258-268.

[54] LIENHARD J H,KEELING JR K B. An induced-convection effect upon the peak-boiling heat flux[J]. Journal of Heat Transfer,1970,92:1-5.

[55] DED J S,LIENHARD J H. The peak pool boiling heat flux from a sphere[J]. AIChE Journal,1972,18(2): 337-342.

[56] LIENHARD J H. On the two regimes of nucleate boiling[J]. Journal of Heat Transfer,1985,107(1):262-264.

[57] NISHIKAWA K,FUJITA Y,UCHIDA S,et al. Effect of heating surface orientation on nucleate boiling heat transfer[C]. Proc. ASME-JSME Thermal Engineering Joint Conference. Honolulu,HI,1983.

[58] KATTO Y,HARAMURA Y. Critical heat flux on a uniformly heated horizontal cylinder in an upward cross flow of saturated liquid[J]. International Journal of Heat and Mass Transfer,1983,26(8): 1199-1205.

[59] KUTATELADZE S S, SCHNEIDERMAN L L. Experimental study of influence of temperature of liquid on change in the rate of boiling[J]. USAEC Report,AECtr,1953, 3405: 95-100.

[60] ELKASSABGI Y,LIENHARD J H. The peak pool boiling heat fluxes from horizontal cylinders in subcooled liquids[J]. Journal of Heat Transfer,1988,110: 479-496.

[61] LIENHARD J H. Burnout on cylinders[J]. Journal of Heat Transfer, 1988, 110: 1271-1286.

[62] DREW T B, MUELLER A C. Boiling[J]. Trans. Amer. Inst. Chem. Engrs,1937, 33: 449-473.

[63] WESTWATER J W,SANTANGELO J G. Photographic study of boiling[J]. Ind. Eng. Chem,1955,47:1605.

[64] BERENSON P J. Experiments on pool-boiling heat transfer[J]. International Journal of Heat and Mass Transfer,1962,5(10): 985-999.

[65] FARBER E A, SCORAH R L. Heat transfer to water boiling under pressure[J]. Trans. Amer. Soc. mech. Engrs,1948,70: 369-384.

[66] MCADAMS W H. Heat transmission[M]. 3rd Ed. McGraw-Hill,1954.

[67] ELLION M E. A study of the mechanism of boiling heat transfer[R]. Jet Propulsion Lab. Pasadena,California,1954.

[68] BANKOFF S G,MEHRA V S. A quenching theory for transition boiling[J]. Industrial & Engineering Chemistry Fundamentals,1962,1(1): 38-40.

[69] SCHNEIDER P J. Conduction heat transfer[M]. Addison-Wesley Publishing Company,1955.

[70] PRAMUK F S,WESTWATER J W. Effect of agitation on the critical temperature difference for a boiling liquid[J]. Chemical Engineering Progress Symposium Series. 1956,52(18): 79 - 83.

[71] LOWERY A J,WESTWATER J W. Heat transfer to boiling methanol effect of added agents[J]. Industrial & Engineering Chemistry,1957,49(9): 1445 - 1448.

[72] DUNSKUS T,WESTWATER J W. The effect of trace additives on the heat transfer to boiling isopropanol[J]. Chem. Eng. Prog. Symp. Ser. 1961,57(32): 173 - 181.

[73] TONG L S. Boiling heat transfer and two-phase flow[M]. Wiley,New York,1965.

[74] BAUMEISTER K J,SCHOESSOW G J. Creeping flow solution of Leidenfrost boiling with a moving surface[C]. Natl. HEAT TRANSFER CONF, 1968.

[75] BAUMEISTER K J, HAMILL T D,SCHOESSOW G J. A generalized correlation of vaporization times of drops in film boiling on a flat plate[C]. Proc. 3rd Int. Heat Transfer Conf. 1966.

[76] JIANG M,WANG Y,LIU F,et al. Inhibiting the Leidenfrost effect above 1 000 ℃ for sustained thermal cooling[J]. Nature,2022,601(7894): 568 - 572.

[77] LIENHARD J H,WONG P T Y. The dominant unstable wavelength and minimum heat flux during film boiling on a horizontal cylinder[J]. Journal of Heat Transfer, 1964,86:220 - 226.

[78] LEIDENFROST J G. De aguae communis nonnullis qualitatibus tractatus[M]. Duisburg: Impensis H. Ovenii,1756.

[79] CHANG Y P. Wave theory of heat transfer in film boiling[J]. Journal of Heat Transfer,1959,81(1): 1 - 8.

[80] FREDERKING T H K,WU Y C,CLEMENT B W. Effects of interfacial instability on film boiling of saturated liquid helium I above a horizontal surface[J]. AIChE Journal, 1966,12(2): 238 - 244.

[81] SCIANCE C T, COLVER C P,et al. Film boiling measurements and correlations for liquified hydrocarbon gases[J]. Journal of Chem. Eng,1967.

[82] BORISHANSKY V M. Heat transfer to a liquid freely flowing over a surface heated to a temperature above the boiling point[J]. Problems of Heat Transfer during a Change of State,1953.

[83] BROMLEY L A. Heat transfer in stable film boiling[J]. Chem. Eng. Prog,1950,46: 221.

[84] HAMILL T D. Effect of subcooling and radiation on film-boiling heat transfer from a flat plate[M]. National Aeronautics and Space Administration,1967.

[85] HSU Y Y,WESTWATER J W. Theory for film boiling on vertical surfaces[J]. AIChE Chem. Eng. Prog. Symp. Ser,1960,56(30):15.

[86] DWYER O E. Boiling liquid-metal heat transfer[M]. LaGrange Park,IL: American

Nuclear Society,1976.

[87] CLEMENTS L D,COLVER C P. Generalized correlation for film boiling[J]. Trans. ASME,Heat Transfer,1964,86:213.

[88] BREEN B P,WESTWATER J W. Effect of diameter of horizontal tubes on film boiling heat transfer[J]. Chem. Eng. Prog,1962,58(7):67 - 72.

[89] GRAHAM R W,HENDRICKS R C,EHLERS R C. Analytical and experimental study of pool heating of liquid hydrogen over a range of accelerations [M]. National Aeronautics and Space Administration,1965.

[90] POMERANTZ M L. Film boiling on a horizontal tube in increased gravity fields[J]. Journal of Heat Transfer,1964,86: 213 - 219.

[91] SIEGEL R. Effects of reduced gravity on heat transfer[M]. Advances in Heat Transfer. Elsevier,1967.

第 10 章   流动沸腾传热

10.1   流动沸腾传热概述

在沸腾传热研究中,池式沸腾和流动沸腾的区别主要在于回路中流体的流动是由自然循环驱动产生的还是外部泵驱动产生的。当两种沸腾处于稳态系统时,其流动都会呈现出强迫流动的特性。本章对沸腾传热的研究主要关注其流型和传热特点,因此不对二者进行区分。

为了直观展示流动沸腾中的各种传热和沸腾状态,本章采用具有加热壁面的垂直上升流管道作为研究对象。当加热壁面的热流密度超过一定值时,对流换热带走的热量将不足以阻止壁面温度上升到冷却流体的饱和温度。而后随着壁温升高,与壁面接触的流体将过热,并在该处逐渐核化,产生气泡,进而产生初期的沸腾。起初,核化只发生在加热壁面的局部小块区域,此时强制对流换热持续作用于壁面,这种状态被称为局部泡核沸腾。而随着热流密度的增加,更多的区域产生核化,发生沸腾的表面持续扩张,直到形成充分发展的泡核沸腾,此时所有的近壁面流体都处于泡核沸腾阶段。当热流密度进一步增加,更多的核化点被激活,直到达到临界热流密度,这个过程与池式沸腾一致。在达到临界热流密度之后,会出现一个不稳定的传热区域,称为部分模态沸腾或过渡沸腾。当表面温度升高到 Leidenfrost 温度以上时,沸腾形式逐渐转变为稳定膜态沸腾。

由于传热形式与流型密切相关,一种形式的变化会导致另一种形式发生相应变化。图 10-1 显示了垂直管道竖直方向流动中的各种流型以及相应的传热区域[1]。

区域 B 表示在存在过冷液体的情况下开始形成蒸汽,这种传热机制被称为过冷核态沸腾。在该区域,壁温基本上保持恒定,并略高于饱和温度几度,而流体平均温度达到饱和温度。壁温超过饱和温度的部分称为过热度(ΔT_{sat}),流体主体温度低于饱和温度的部分称为过冷度(ΔT_{sub})。区域 B 到 C 为从过冷核态沸腾到饱和核态沸腾的过渡,该过程在热力学上有着明确的定义,即液体达到饱和温度的过程($x=0$)。然而,如图 10-1 左侧所示,在液体(液芯)平均温度达到饱和温度之前,由于液体径向温度分布存在,仍然可以看到蒸汽形成过程。在这种情况下,即使在定义为饱和核态沸腾的区域,过冷液体也可能在液芯中持续存在。而在其他条件下,在平均液体温度超过饱和温度之前,可能不会在壁面形成蒸汽(如液态金属)。随着更多蒸汽的产生,气泡数随着高度的增加而增加,从壁面生长的气泡分离形成泡状流,并发生聚结形成弹状流,然后沿管道进一步演变为环状流(区域 D 和 E)。接近这一区域时,壁面产生的蒸汽逐渐减少,而更多的蒸汽通过液膜-气核界面蒸发产生。随着气芯中速度的增加,液体将以液滴形式被蒸汽夹带(区域 F)。此时,由于成核过程被完全抑制,传热过程变为两相强制对流和蒸发,并通过夹带和蒸发将液膜中的液体耗尽,最终导致液膜完全干燥(干燥点)。随着液膜消失,液滴将继续存在于 G 区(缺液区),相应的流型称为液滴流。该区域中的液滴(如区域 H

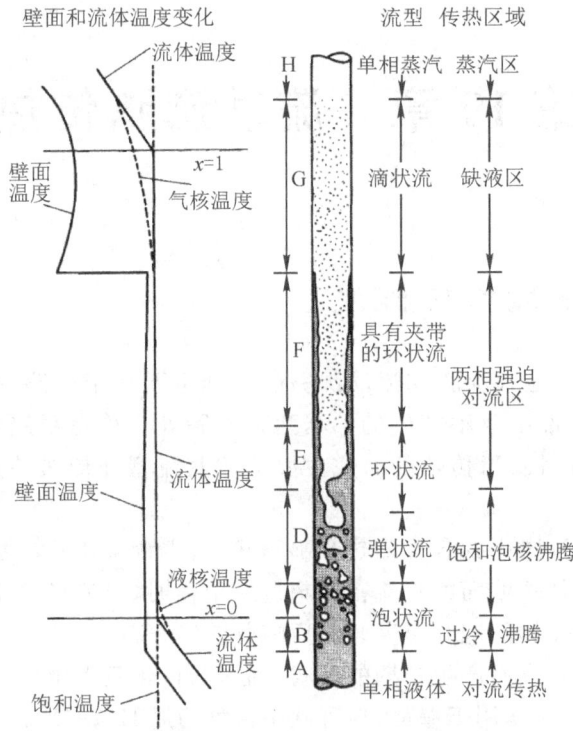

图 10-1 流动沸腾传热区与流型

所示)缓慢蒸发,直到只存在单相蒸汽。

上述竖直管内向上流动流体传热演变分析表明,随着流体沿途蒸发,流型发生变化,表征传热特性发生变化。随着含气率变化,传热系数也在改变。局部传热系数和平衡含气率分别定义为

$$h(z) = \frac{q}{T_a - T_b} \tag{10-1}$$

$$x(z) = \frac{q\pi D(Z - Z_{BC})}{Wh_{fg}} \tag{10-2}$$

式中,T_b 为主流温度;Z_{BC} 为流体平均焓达到液体饱和焓时的流道长度。将 $q-x$ 图或 $h-x$ 图称为沸腾图,分别示于图 10-2 和图 10-3。

图 10-2 显示了强迫对流沸腾中两相传热的各个区域中热流密度与含气率(x)的曲线图[3],其中 x 为负值,表示过冷液体。标有 Ⅰ、Ⅱ 等标记的线表示增加值恒定的热流密度线。因此,当流动系统通过恒定流量 Ⅱ 加热时,它将沿着流动方向从单相强迫对流区域 A 到过冷沸腾区域 B;当液体温度达到饱和温度且 $x=0$ 时,将进入饱和核态沸腾区域 C 和 D。随着含气率(x)的进一步增加,系统进入两相强迫对流换热区域 E 和 F,对应于图 10-1 所示的相同区域。图 10-2 还显示了偏离泡核沸腾(DNB)和干涸线,其超过了临界热流密度(CHF)。如本书前面所定义的,如果达到 CHF 之前的初始条件是在过冷或低质量含气率区域内成核,则该转变称为偏离泡核沸腾。该现象可能发生在过冷区或饱和核态沸腾区,如曲线 Ⅲ 所示,冷却过程会突然恶化。在超过临界热通量(DNB 或干燥)的条件下,传热机制取决于初始条件是沸

腾过程(即过冷或低质量区域的气泡成核)还是蒸发过程(即液膜-气芯界面的蒸发)。从曲线Ⅵ和Ⅶ可以看出,热通量的进一步增加导致过冷区域出现 DNB,整个饱和或缺液区域首先被"膜沸腾"占据,膜沸腾区域被任意划分为两个区域:"过冷膜沸腾"和"饱和膜沸腾"。强制对流中的"膜沸腾"与池沸腾基本相似。隔热蒸汽膜覆盖热量必须通过加热表面。传热系数比超过临界热通量之前的相应区域低几个数量级,这主要是由于蒸汽的热导率较低。

$x=1$ 线右侧的区域 H 表示存在单一气相,其机制变为向蒸汽的强迫对流传热。通过平滑和连续变化的冷却剂温度、加热壁面温度和传热系数,可以发现热力学边界线 $x=0$ 标志着饱和沸腾的开始。如果冷却剂温度等于 T_{sat},则用于拟合过冷区实验数据的公式在该区域仍然有效,正如过冷区的传热机制与过冷度和质量流速无关一样,该区域的传热过程也与干度(x)和质量流速(G)无关。

对应地,在图 10-3 内,由于温度对液体物理性质的影响,单相液体区的对流传热系数随液体温度升高缓慢地呈线性增加趋势;在欠热沸腾区内,因沸腾传热加强,使 $h(z)$ 快速增大;饱和沸腾区内,液体的平均温度处于饱和状态,传热主要由沸腾控制,传热温差基本不变,因此 $h(z)$ 基本为一定值;在强制对流区内,由于流速不断增加,对流传热逐渐增强,$h(z)$ 再次快速呈线性升高趋势,直到干涸点;进入缺液区后,由于蒸汽速度增加,传热系数降到最低点后,又相应增加。在 q-x 图内,由于是均匀加热,上述变化表现为一条平行于 x 轴的直线。干涸(或临界热流密度)之前的区域称为临界热流前传热区,干涸(或临界热流密度)之后的区域($x>1$),则称为临界热流后传热区(Post-CHF)。

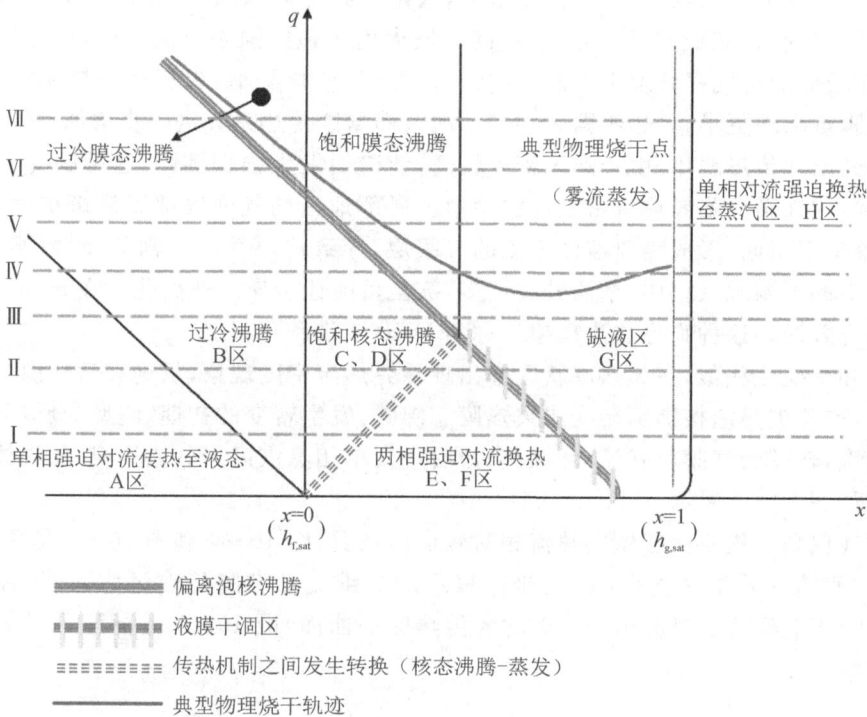

图 10-2　两相强迫对流换热区域 q-x 关系图

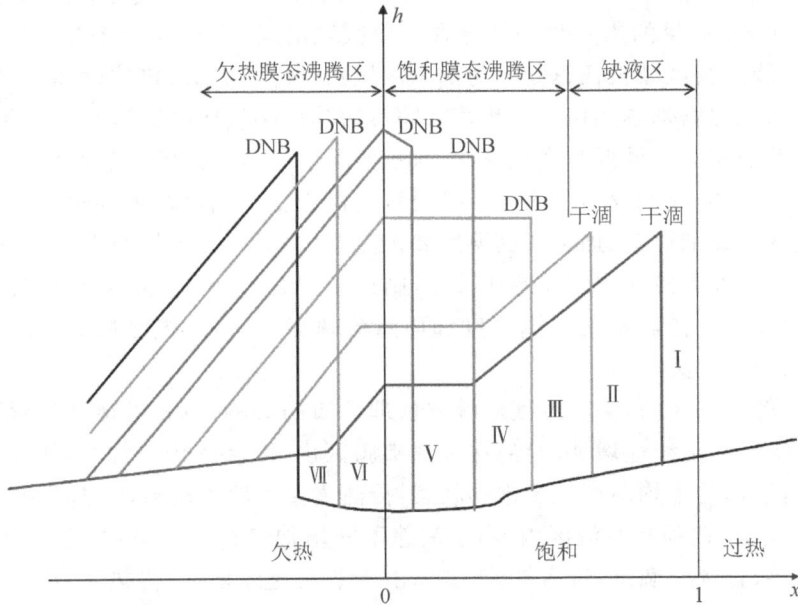

图 10 - 3   随热通量的增加，两相强迫对流换热区域 h - x 关系图

     图 10 - 3 中的七条曲线，是在相同入口流量、不同加热热流密度下的定性变化过程。曲线 Ⅱ 与曲线 Ⅰ 变化基本相同，由于热流密度增大，起始沸腾点向入口方向移动，更早出现沸腾现象。泡核沸腾区内，传热温差基本不变，h 随 q 增大而增强。强制对流区中，传热系数没有明显变化，仅在较低的含气率处发生干涸。曲线 Ⅲ、Ⅳ、Ⅴ 变化类似，由于加热热流密度增大，一方面起始沸腾点出现更早，欠热沸腾区和饱和泡核沸腾区传热系数进一步增加；另一方面在更低的含气率处出现传热恶化，由于热流密度较高，使壁面发生强烈沸腾，这种临界热流密度现象与大容器池式沸腾的临界热流密度现象相似。局部地区的气泡底部干涸斑扩大，或大量产生气泡，并聚集于壁面，形成隔离液体主流的气膜层，导致传热系数急剧下降，壁温骤然升高。与高含气率下的干涸现象相比，壁温升高更多，甚至可能让金属迅速融化。在 q - x 图中，标注了这种实际烧毁线。这种临界热流现象又称为 DNB 或沸腾危机。

     曲线 Ⅵ 和 Ⅴ 变化相似，在欠热沸腾区即出现临界热流密度现象，从饱和泡核沸腾转变成饱和膜态沸腾，或从欠热泡核沸腾转变成欠热膜态沸腾，发生转变的初期，流型为反环状流，而后随含气量增大，转变为气膜块状流、弥散流，最后进入单相蒸汽区。其流型演变、流体温度变化及壁温变化如图 10 - 2 所示。

     上述描述仅限于提供给管壁的热流相对较低的情况，图 10 - 4 和图 10 - 5 是用温度(T)、热流密度(q)和流动质量含气率(x)为坐标表示的三维流动沸腾传热区曲面图，称为沸腾曲面[2]。图 10 - 4 上标注了对应图 10 - 1 的各传热区的曲面，图 10 - 5 上标注了对应 Ⅰ～Ⅶ 工况的变化迹线。

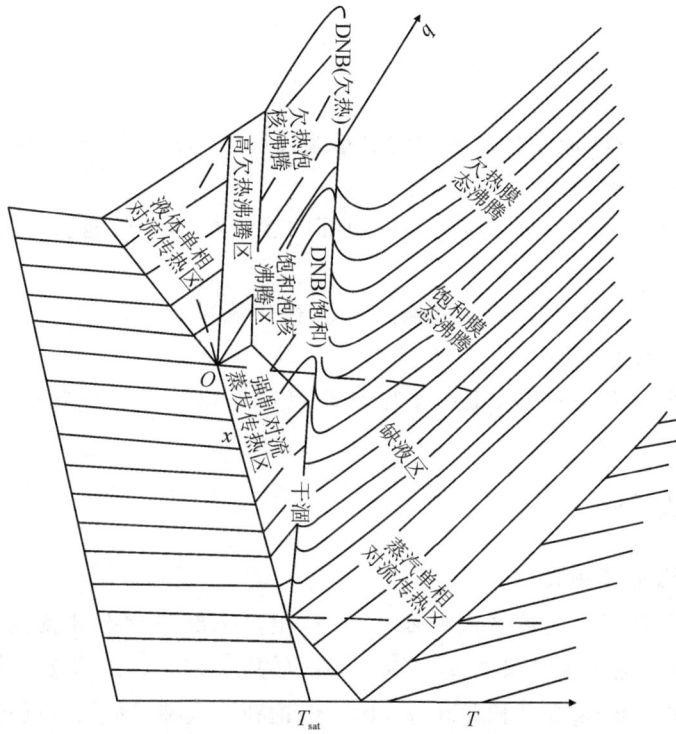

图 10 - 4　T、q、x 三维坐标流动沸腾曲面

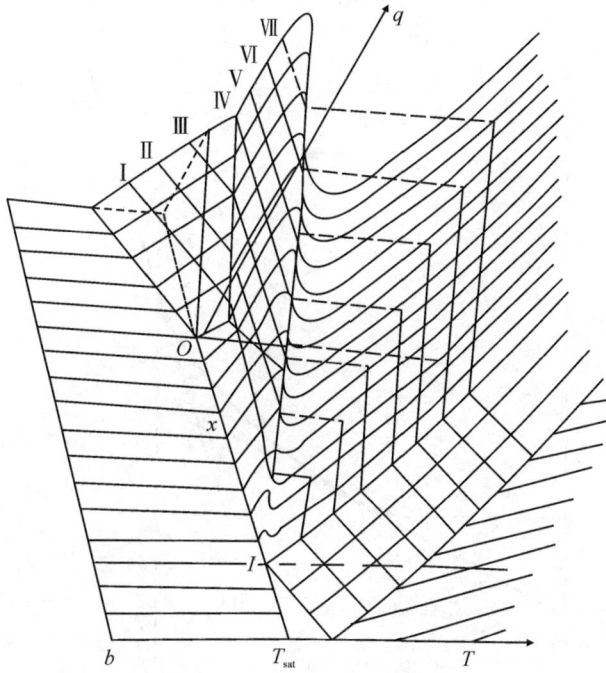

图 10 - 5　T、q、x 三维坐标流动沸腾工况变化迹线

10.2　流动核态沸腾

与池式核态沸腾一样,流动核态沸腾的热量通过以下几种机制从受热面传递到液体。

1)通过相变潜热换热,q''_{b1}。

2)当气泡仍然附着在壁上时,通过气泡根部的连续蒸发和气泡顶部的冷凝进行热传递,q''_{b2}(微表层蒸发)。

3)边界层气泡搅混引起的气液交换换热,q''_{b3}(微对流)。

4)气泡间单相对流换热,$q''_{f.c.}$。

在流动沸腾的研究和分析中,主要工作是确定每种机制在流动核态沸腾不同区域中的贡献。

10.2.1　欠热沸腾

10.2.1.1　局部泡核沸腾

图 10-6 显示了从强制对流到核沸腾的转变,相当于部分核态沸腾的状态。强制对流线上,即沸腾开始时的热流密度定义为 $q''_{f.c.}$(或者图中的 q''_{conv})。针对充分发展核态沸腾起始点的判定,建议使用 McAdams 等[2]和 Kutateladze[3]的饱和池式沸腾数据来确定 q''_{FDB}。图 10-6 给出了 Forster 等[4]建议的方法:

$$q''_{FDB} = 1.4 q''_0 \tag{10-3}$$

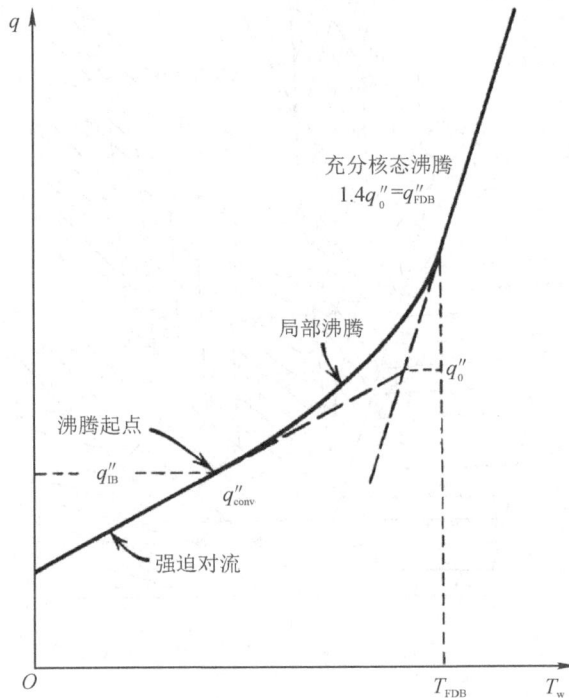

图 10-6　部分核态沸腾曲线

其中,q_0'' 位于强迫对流和池式沸腾曲线交点处。过渡区中的沸腾曲线变为一条连接初始沸点 q_{conv}'' 和 q_{FDB}'' 的直线。Bergles 等[5] 发现流动沸腾的流体力学不同于饱和池式沸腾,因为过冷度对流动沸腾影响很大。由这一观察结果得出结论:流动沸腾曲线应基于实际流动沸腾数据。Bergles 等的流动沸腾和池式沸腾数据如图 10-7 所示,他们提出了以下过渡区沸腾曲线的简单插值公式:

$$\frac{q''}{q_{f.c.}''} = \left\{ 1 + \left[\left(\frac{q_B''}{q_{f.c.}''} \right) \left(1 - \frac{q_{Bi}''}{q_B''} \right) \right]^2 \right\}^{1/2} \quad (10-4)$$

式中,q_B'' 可根据不同壁温下的充分发展沸腾公式计算;q_{Bi}'' 为初期局部沸腾在 T_{LB} 处充分发展的壁面热流密度。

Bergles 等通过图形化求解 Hsu[6] 假设的气泡生长方程和液体温度分布,他们指出,只有当气泡表面的最低温度大于平衡方程中要求的壁面过热度时,加热壁空腔上的气泡核才会增长,即

$$q_{IB}'' = 15.60(p)^{1.156} (T_w - T_{sat})^{2.3/p^{0.0234}} \quad (10-5)$$

其中,q_{IB}'' 为初始局部沸腾热流,Btu/(hr·ft²)[①];p 为压力,psi[②];T 为温度,°F[③]。Davis(戴维斯)等[7] 进行了分析,得出了 q_{IB}'' 的表达式:

$$q_{IB}'' = \left(\frac{K_f H_{fg} \rho_g}{8 \sigma T_{sat}} \right) (T_w - T_{sat})^2 \quad (10-6)$$

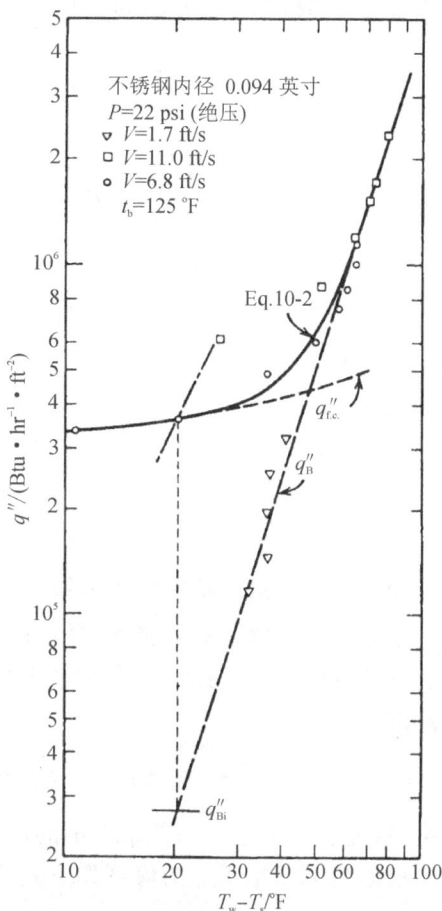

图 10-7　局部核态沸腾曲线的构造过程

式(10-5)和式(10-6)非常一致,充分预测了 Bergles 等实验中的成核起始。式(10-6)需假设有足够大范围的活动空腔尺寸可用;否则,必须估计受热面上可用的最大活动空腔尺寸。他们发现,使用 1 μm 半径的最大活性空腔尺寸,水和苯的数据合理一致。

壁温和冷却液温度之间的关系如图 10-8 所示。壁温在过冷沸腾开始时出现弯曲变化趋势,其中冷却剂温度定义为 T_{IB}。壁温遵循部分沸腾曲线,然后在充分发展的核态沸腾时达到近似恒定值,其中冷却剂温度定义为 T_{LB}。Treshchev(特雷舍夫)提出了预测早期充分发展水的核态沸腾关系式 q_{LB}'' 或 q_{FDB}''[8]:

$$q_{LB}'' = (1.04 \times 10^3) (\Delta T_{sub}) V^{0.8} \quad (10-7)$$

式中,ΔT_{sub} 的单位为 °F,V 的单位为 ft/s[④],q_{LB}'' 的单位为 Btu/(hr·ft²)。建议使用式(10-6)

----

① 　1 Btu/(hr·ft²)=3.15 W/m²。后同。

② 　1 psi=6.89476×10³ Pa。后同。

③ 　1 °F=-17.22℃。后同。

④ 　1 ft=0.3048 m。后同。

预测初期局部核态沸腾;使用式(10-7)预测充分发展的核态沸腾。

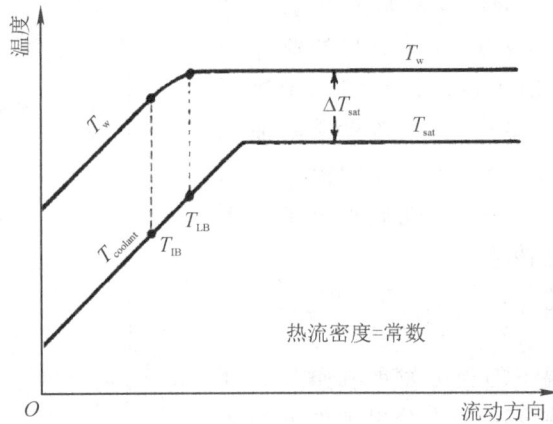

图 10-8 流动沸腾时壁温和冷却剂温度

10.2.1.2 充分发展核态沸腾

在充分发展核态沸腾的过程中,热流密度受压力和壁温影响,而不受流速影响。一些研究人员发现,对于给定的 p 和 q'',壁温和冷却剂温度之间的差值是恒定的。对于相对光滑表面,该差值为[9]

$$\Delta T_{sat} = T_w - T_{sat} = 0.072 \exp\left(\frac{-p}{1260}\right) q''^{0.5} \tag{10-8}$$

其中,系统压力 p 的单位为 psi,q'' 的单位为 Btu/(hr·ft^2),ΔT_{sat} 的单位为℉。

根据图 10-8,T_{LB} 的值可如下式计算:

$$T_{LB} = T_{sat} + \Delta T_{sat} - \left(\frac{q''}{h_{conv}}\right) \tag{10-9}$$

其中

$$h_{conv} = 0.023 \left(\frac{k_f}{D_e}\right) (Re_f)^{0.8} (Pr_f)^{0.4} \tag{10-10}$$

Brown(布朗)[10]指出,温度梯度中的气泡会受到表面张力变化的影响,往往会移动界面液膜。反过来,这种运动会拖曳相邻的热流体,从而在气泡周围产生一个从热区域到冷区域的净流动,在气泡尾迹中以射流的形式释放(见图 10-9)。他提出,这种称为热毛细现象的机制可以传递相当大的一部分热流,该理论或许能解释许多关于气泡边界层的观测结果,包括边界层中的平均温度低于饱和温度这一事实[11]。

对于低热流密度沸腾,如压水堆中蒸汽发生器的壳侧流动,Elrod(埃尔罗德)等[12]获得了 33.6～10.5 MPa 压力下的流动沸腾实验数据,将这些数据直接应用于蒸汽发生器设计是可行的,因为其结果是在该设计的通用参数下进行测试的。

对于棒束沸腾,Kor'kev(科尔科夫)等[13]测量了 7 棒束和 19 棒束水的过冷流动沸腾的传热系数,工况参数范围:$p = 9.5$ MPa,$V = 0.5 \sim 3.9$ m/s,$x = -0.4 \sim 0$。基于该部分数据得到以下关系式:

$$h = (60 - 0.085 T_{sat})^{-1} \times 10^6 \left(\frac{q''}{10^6}\right)^{0.7} \tag{10-11}$$

式中，h 单位为 $Btu/(hr \cdot ft^2 \cdot ℉)$[①]，$q''$ 单位为 $Btu/(hr \cdot ft^2)$，T_{sat} 单位为 ℉。

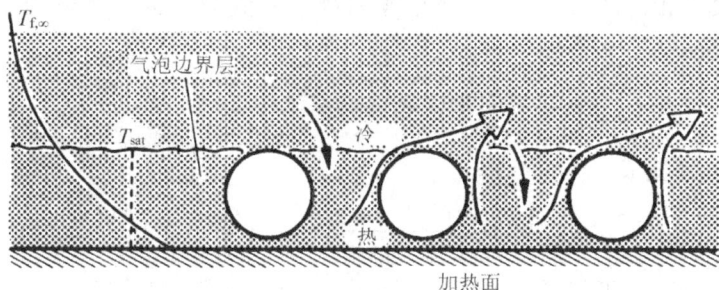

图 10-9　过冷沸腾的热毛细性机理

10.2.2　饱和核态沸腾

如图 10-1 所示，饱和核态沸腾包括 C 区和 D 区，其中核态沸腾发生在壁面上，流型通常为泡状流、塞状流或低气速环状流。在大多数实际情况下，通常使用相间热力学平衡假设，但压降值（P_r）较小的情况和沸腾液态金属的情况除外。

为了维持表面的核态沸腾，壁温必须超过规定热流密度的某一临界值。如前所述，核态沸腾在有温度梯度时的稳定性，对于两相区壁面过热度降低的核态沸腾抑制也是有效的。换言之，如果壁面过热度小于式（10-5）和式（10-6）中给出的外加表面热流，则不会产生成核现象。这些方程中的 ΔT_{sat} 值可以通过比率（q''_{IB}/h_{tp}）计算得出，其中 h_{tp} 是无成核情况下的两相传热系数。假设所有温降都发生在边界子层上，并使用 Dengler（当格莱）等[14] 的 h_{tp} 计算方程，式（10-6）变成

$$q''_{IB} = \frac{2\sigma T_{sat}}{h_{fg}\rho_g}\left(\frac{49(h_{fo})^2}{k_f X_{tt}}\right) \tag{10-12}$$

式中，h_{fo} 为假设全部为单相流体的对流换热系数；X_{tt} 为 Martinelli 参数，定义为

$$X_{tt} = \frac{\left(\dfrac{dp}{dz}\right)_f}{\left(\dfrac{dp}{dz}\right)_g} = \left(\frac{1-x}{x}\right)^{0.9}\left(\frac{\rho_g}{\rho_f}\right)^{0.5}\left(\frac{\mu_f}{\mu_g}\right)^{0.1} \tag{10-13}$$

Chen[15] 针对其他学者获得的 594 组实验数据进行了对比分析，提出了一种新的关系式，认为在饱和泡核沸腾区和两相强制对流蒸发区内均存在两相基本传热模式：泡核沸腾传热和强制对流传热，可表示为

$$h_{tp} = h_{NB} + h_{f.c.} \tag{10-14}$$

其中，h_{NB} 和 $h_{f.c.}$ 分别为核态沸腾和强迫对流的贡献。对于对流部分的 $h_{f.c.}$，他提出了 Dittus-Boelter（迪图斯-贝尔特）型公式：

$$h_{f.c.} = 0.023(Re_{tp})^{0.8}(Pr_{tp})^{0.4}\left(\frac{k_{tp}}{D}\right) \tag{10-15}$$

其中，导热系数（k_{tp}）、雷诺数（Re_{tp}）和普朗特数（Pr_{tp}）与两相流体物性相关。由于热量通过环

---

①　$1\ Btu/(hr \cdot ft^2 \cdot ℉) = 5.67826\ W/(m^2 \cdot K)$。后同。

状流液膜与弥散流能够有效地传递,他认为液体导热系数(k_f)可用于计算 k_{tp}。液体和蒸汽的普朗特数通常具有相同的量级,因此液相普朗特数的值 Pr_f 也将接近两相普朗特数 Pr_{tp}。参数 F 的定义如下:

$$F = \left(\frac{Re_{tp}}{Re_f}\right)^{0.8} = \left[\frac{Re_{tp}\mu_f}{G(1-x)D}\right]^{0.8} \tag{10-16}$$

于是,$h_{f.c.}$ 的方程变成

$$h_{f.c.} = 0.023F\left[\frac{G(1-x)D}{\mu_f}\right]^{0.8}\left(\frac{\mu c_p}{k}\right)_f^{0.4}\left(\frac{k_f}{D}\right) \tag{10-17}$$

式中,F 是唯一未知的,且可能是 Martinelli 因子(X_{tt})的函数,如式(10-16)所示。针对核态沸腾项 h_{NB},采用 Forster-Zuber 池式沸腾公式。然而,穿过边界层的实际液体过热度不是恒定的,而是下降的。气泡成长过程中,气泡附近液体的平均过热度(ΔT_o)要低于壁面过热度(ΔT_{sat})。这两个值之间的差异在池沸腾情况下很小,Forster 和 Zuber 忽略了这一差异,但在强迫对流沸腾情况下必须考虑。因此,

$$h_{NB} = 0.00122\left[\frac{(k_f)^{0.79}(c_{pf})^{0.45}(\rho_f)^{0.49}}{(\sigma)^{0.5}(\mu_f)^{0.29}(H_{fg})^{0.24}(\rho_g)^{0.24}}\right](\Delta T_o)^{0.24}(\Delta P_o)^{0.75} \tag{10-18}$$

Chen 定义抑制因子 S,与液相平均过热度(ΔT_o)和壁面过热度(ΔT_{sat})的比值相关,即

$$S = \left(\frac{\Delta T_o}{\Delta T_{sat}}\right)^{0.99} = \left(\frac{\Delta T_o}{\Delta T_{sat}}\right)^{0.24}\left(\frac{\Delta p_o}{\Delta p_{sat}}\right)^{0.75} \tag{10-19}$$

式(10-18)变为

$$h_{NB} = 0.00122S\left[\frac{(k_f)^{0.79}(c_{pf})^{0.45}(\rho_f)^{0.49}}{(\sigma)^{0.5}(\mu_f)^{0.29}(H_{fg})^{0.24}(\rho_g)^{0.24}}\right](\Delta T_{sat})^{0.24}(\Delta P_{sat})^{0.75} \tag{10-20}$$

上式中,S 与壁面层特征有关:低流量下接近池式沸腾,$S \rightarrow 1$;高流量下,$S \rightarrow 0$。Chen 提出 S 可以表示为两相雷诺数(Re_{tp})的函数,并且函数 F 和 S 是基于实验数据确定的经验系数,如图 10-10 和图 10-11 所示。最终得到的经验关系式是式(10-17)和式(10-19),预测精度在 ±15% 以内。目前,这种形式的关系式仍是饱和强迫对流沸腾区域可用的最佳关系式,适用于大多数单组分非金属流体,但制冷剂除外,若对其使用要进行修正。尽管 Chen 最初的推导过程是针对环状流区域的饱和沸腾,但随着实验数据的增加,实际的应用范围已经不局限于饱和沸腾,且经过修正后应用范围已经涵盖了过冷沸腾和非水流体。

一些学者试图通过分析研究扩大 Chen 公式的应用范围。对于普朗特数不为 1 的流体,Bennett(本内特)等[16]于 1980 年通过改进的 Chilton-Colburn(奇尔顿-科尔伯恩)类比分析,得出了 F 系数的一种修改形式:

$$F = (Pr)_f^{0.296}\left[\frac{\dfrac{dp}{dz}}{\left(\dfrac{dp}{dz}\right)_f}\right]^{0.444} \tag{10-21}$$

Sekoguchi(世古口)等[17]对过冷沸腾区和饱和沸腾区的 F 系数提出了另一种修改。基于大量的实验数据,总热流 q'' 减去 $q''_{f.c.}$,即为 q''_{NB},对应式(10-14)。这里,$q''_{f.c.}$ 的计算基于 Colburn 的 h_{fo} 关系式和以下 F 关系式:

$$F = \frac{1-x}{1-\varepsilon} \tag{10-22}$$

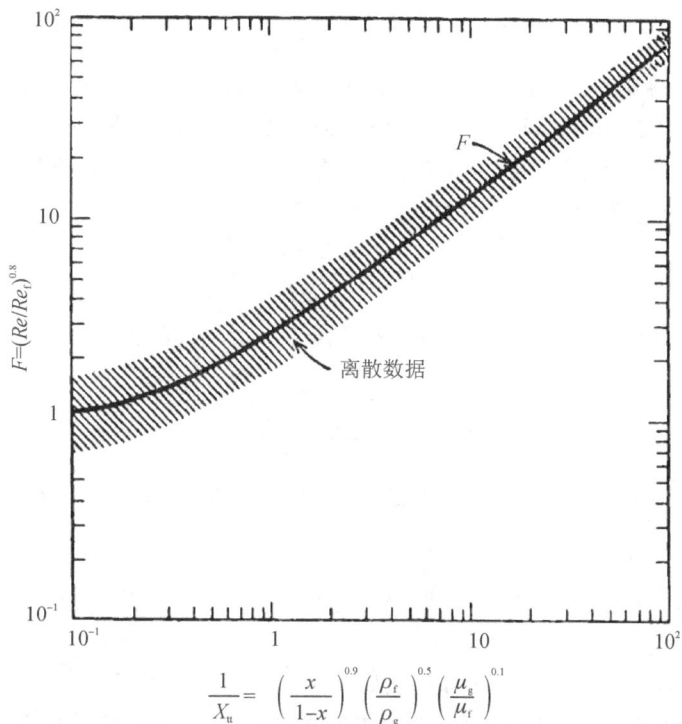

$$\frac{1}{X_{tt}} = \left(\frac{x}{1-x}\right)^{0.9}\left(\frac{\rho_f}{\rho_g}\right)^{0.5}\left(\frac{\mu_g}{\mu_f}\right)^{0.1}$$

图 10-10　强迫对流系数 F

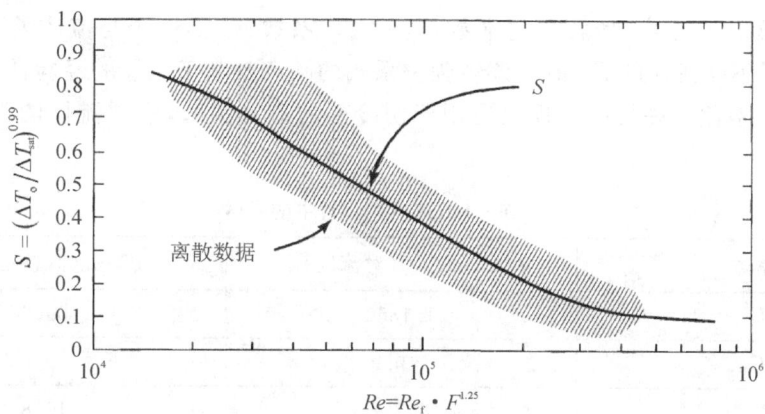

图 10-11　沸腾抑制因子 S

式中，x 为质量含气率；ε 可由 Sekoguchi 等空泡份额公式计算得到。

Bennett 等也仔细研究了核态沸腾贡献的 S 因子。他们假设受热面上的温度呈现指数分布，对应的气泡成长区域厚度为 δ，从而通过理论分析得出该系数为

$$S = \left[\frac{k_f}{h_{fo}F\delta}\right]\left[1 - \exp\left(\frac{-h_{fo}F\delta}{k_f}\right)\right] \tag{10-23}$$

其中，气泡生长区域（热边界层）厚度（δ）表示为

$$\delta = 0.041 \left[\frac{\sigma}{g\left(\rho_f - \rho_g\right)} \right]^{0.5} \tag{10-24}$$

1983 年，Herd(赫德)等[18]提出了对关于沸腾氟碳制冷剂的 Chen 公式。Kandlikar(凯特里卡)[19]还基于水、R-11、R-12、R-113、R-114、环己烷、氖和氮在垂直管和水平管中的实验数据，给出了相关的经验关系式。她考虑了水平流情况下弗劳德数对对流项和沸腾项的影响，以及水平流和垂直流核态沸腾贡献项中的流体相关参数 Fr_f：

$$Fr_f = \frac{G^2}{\rho_f^2 gD} \tag{10-25}$$

使用对流数(Co)代替 Martinelli 参数(X_{tt})作为 F 因子，在忽略蒸汽黏度效应的情况下可表示为

$$Co = \left(\frac{1-x}{x}\right)^{0.8} \left(\frac{\rho_g}{\rho_f}\right)^{0.5} \tag{10-26}$$

使用沸腾数(Bo)表示核态沸腾项，因此，结合以上各种影响因子，她得出的垂直流换热关系式为

$$h_{tp} = C_1 (Co)^{C_2} (h_{fo}) + C_3 (Bo)^{C_4} Fr_f h_{fo} \tag{10-27}$$

对于水平流：

$$h_{tp} = C_1 (Co)^{C_2} (25Fr_f)^{C_5} (h_{fo}) + C_3 (Bo)^{C_4} (25Fr_f)^{C_6} Fr_f h_{fo} \tag{10-28}$$

每种流体的常数 $C_1 \sim C_6$ 和 Fr_f 与实验工况参数有关。由此获得的关系式与实验数据相一致。1989 年，她[20]将上述方程归纳简化为可同时适用于垂直和水平管道的形式：

$$h_{tp} = h_{fo} \left[C_1 (Co)^{C_2} (25Fr_f)^{C_5} + C_3 (Bo)^{C_4} F_k \right] \tag{10-29}$$

表 10-1 给出了与 Co 值相关的常数 $C_1 \sim C_5$。系数 F_k 是一个与流体类型相关的参数，表 10-2 列出了不同流体的 F_k 值。该经验关系式的缺点是基于大量的经验常数，这可能会给用户的使用带来不便。并且该方程仅适用于制冷剂的流动沸腾，不同流体的常数 F_k 已由表 10-2 给出。

表 10-1 式(10-27)中的常数

常数	$Co < 0.65$(对流区)	$Co > 0.65$(核态沸腾区)
C_1	1.1360	0.6683
C_2	-0.9	-0.2
C_3	667.2	1058.0
C_4	0.7	0.7
C_5	0.3	0.3
$C_5, Fr_f > 0.04$	0	0

表 10-2 式(10-27)中各种流体的 F_k

流体	水	R-11	R-12	R-13B1	R-22	R-113	R-114	R-152a	N_2	Ne
F_k	1.00	1.30	1.50	1.31	2.20	1.30	1.24	1.10	4.70	3.50

10.2.3　污垢沸腾表面影响

污垢表面上的多孔沉积物增加了强制对流中的热阻,这是由于多孔沉积物中存在半稳定水层。在反应堆堆芯中,这种表面沉积物通常被称为污垢。水层和污垢层的有效导热系数取为 $0.87\ \mathrm{W/(m \cdot \text{℃})}$。然而,在泡核沸腾中,污垢的行为完全不同。首先,它增加了汽化核心的数量,从而增强了沸腾传热;其次,它充当加热表面上的热管,因为冷水通过污垢孔的毛细作用力被吸到壁上,蒸汽通过污垢颗粒之间的间隙被吹走,事实上,在 $0.2\ \mathrm{MPa}$ 的低压沸水中,可观测到污垢表面大量汽化核心在释放小气泡。此外,光滑表面的成核位置相对较少,产生相当大的气泡,特别是在低压下。这就是为什么污垢在低压下比在高压下能更好地改善沸腾传热。人造多孔金属表面也会出现类似的情况。为了计算污垢表面的壁过热度,污垢的外表面温度保持在饱和状态:

$$\Delta T_{\mathrm{sat}} = (T_{\mathrm{w}} - T_{\mathrm{sat}})_{\mathrm{crud}} = \frac{q''}{\dfrac{k_{\mathrm{c,B}}}{s}} \tag{10-30}$$

其中,$k_{\mathrm{c,B}}$ 为核态沸腾中污垢的有效热导率;s 为污垢的厚度。

10.3　强迫对流蒸发

随着流体速度变大或空泡份额继续增大,两相流流型会进一步发生演变。如图 10-1 所示,对于竖直向上流动,泡状流会逐渐转变为弹状流、搅混流和环状流。当气液两相密度差很大(低压下的水和蒸汽)时,泡状流向环状流转变,以及搅混流向环状流转变的发展区域将很短,气相速度很快并且气液相界面湍流度很强,此时两相流动传热机理将转变为通过液膜的强迫对流蒸发。当 X_{tt} 较小时,沸腾传热系数主要取决于强迫对流,核态沸腾将受到抑制。当 X_{tt} 较大时,液膜厚度增大,核态沸腾将不再被对流效应抑制,两相流动传热机理将以充分发展泡核态沸腾为主,流速对 h_{tp} 的影响可忽略不计。

强迫对流蒸发区域的换热系数关系式可以表示为

$$\frac{h_{\mathrm{tp}}}{h_{\mathrm{fo}}} = A\left(\frac{1}{X_{\mathrm{tt}}}\right)^{n} \tag{10-31}$$

式中,不少学者针对各自的实验工况范围提出了常数 A 和 n 的值。Schrock(施罗克)等[21]:$A=2.50, n=0.75$。Wright(赖特)[22]:$A=2.72, n=0.58$。Dengler 等:$A=3.5, n=0.50$。

对于核电蒸汽发生器两相沸腾传热系数的计算,Campolunghi(坎波伦吉)等[23]基于 762 个实验数据点,提出了以下关系式,工况范围:$P=7\ \mathrm{MPa}, G=300 \sim 4500\ \mathrm{kg/(m^2 \cdot s)}$。

$$h_{\mathrm{sat.b.}} = 150(Pr_{\mathrm{g}})\left(\frac{k_{\mathrm{f}}}{D_{\mathrm{e}}}\right)\left[\frac{q''\sigma}{g(\rho_{\mathrm{f}}-\rho_{\mathrm{g}})}{H_{\mathrm{fg}}\mu_{\mathrm{f}}}\right]^{0.65}\left(1+\frac{H_{\mathrm{fg}}G\times10^{-4}}{q''}\right)\left(1+\frac{1}{X_{\mathrm{tt}}}\right)^{0.13} \tag{10-32}$$

式中,$h_{\mathrm{sab.b.}}$ 为饱和沸腾传热系数。过冷沸腾传热系数($h_{\mathrm{sub.b.}}$)表示为

$$h_{\mathrm{sub.b.}} = \frac{q''}{\Delta T^{*} + (\Delta T_{\mathrm{f.c.}} - \Delta T^{*})\left[\left(\dfrac{H_{\mathrm{fg}}-H(z)}{H_{\mathrm{fg}}-H_{\mathrm{IP}}}\right)^{0.5}\right]} \tag{10-33}$$

其中,$\Delta T^{*} = q''/h_{\mathrm{sat.b.}}$;$\Delta T_{\mathrm{f.c.}} = q''/h_{\mathrm{f.c.}}$;$H_{\mathrm{IP}}$ 为核态沸腾开始时的液体焓。

对于很长的螺旋管,如液态金属快中子增殖反应堆(liquid metal fast breeder reactor, LMFBR)的螺旋管蒸汽发生器,管侧产生蒸汽,Campolunghi 等通过实验获得了沸腾段整体传热系数关系式($x=0\sim1$):

$$\bar{h} = 11.226(q'')^{0.6}\exp(0.0132\bar{p}) \tag{10-34}$$

式中,$\bar{h}$ 的单位为 W/(m² · K)。该式适用范围:$G=1000\sim2500$ kg/(m² · s),$q''=10\sim300$ kW · m²,$p=8\sim17$ MPa。对于压水堆蒸汽发生器正方形通道顺流,蒸汽在壳侧产生,Caira(卡伊拉)[24] 提出了整个沸腾段的传热系数关系式($x=0\sim1$):

$$h_{tp} = F_2 h_{f.c.} - S_2 h_{N.B.} \tag{10-35}$$

其中,

$$F_2 = \left[1 + \frac{a}{X_{tt}} + \left(\frac{1}{X_{tt}}\right)^2\right]^{0.4} \tag{10-36}$$

$$S_2 = \frac{1}{(F_2)^{0.5}} \tag{10-37}$$

$$h_{N.B.} = 44.405(q'')^{0.5}\exp(0.0115p) \tag{10-38}$$

$$h_{f.c.} = (0.0333E + 0.0127)\left(\frac{k_f}{D_e}\right)\left(\frac{GD_e}{\mu_f}\right)^{0.8}(Pr)^{0.4} \tag{10-39}$$

该式适用范围:$G=180\sim1800$ kg/(m² · s);$q''=30\sim300$ kW/m²;$p=3.5\sim8$ MPa。当 $G \geqslant 1500$ kg/(m² · s)时,$a=1$;当 $G<1500$ kg/(m² · s)时,$a=1500/G$。E 定义为无限阵列中的自由流面积与棒束总流通截面积的比值。

10.4 流动沸腾危机

10.4.1 沸腾危机现象与机理

核态沸腾具有极高的传热效率,广泛应用于换热设备,特别是核反应堆中。但核态沸腾受热流密度的限制,当热流密度大于某一临界值时,会出现加热壁面温度突然升高,壁面与流体传热受到阻滞的现象,即对于一个给定工况来说,当热流密度超过某个阈值,就会出现沸腾临界,这个阈值就称为 CHF。通常来说,沸腾临界可分为偏离泡核沸腾(DNB)和液膜干涸(Dryout)两种类型。DNB 型沸腾临界通常发生的工况是高流速、高过冷度,发生临界时出口含气率较低;而干涸型沸腾临界通常发生在低流速、低过冷度条件下,一般这类沸腾临界发生时,出口流体已经饱和,且出口含气率较高。CHF 的出现有可能会破坏包容放射性裂变产物的燃料棒的完整性。因此,反应堆堆芯的设计必须防止在正常运行和预期的运行瞬变期间发生 CHF。

随着核动力的发展,对反应堆的设计要求越来越高,因此堆芯内的两相流计算需要更加精确的模型以得到更加准确的参数。目前,对于圆管内 CHF 现象的研究已较为充分,取得了大量实验数据,也有较多经验关系式。然而,大量的研究表明,不同尺寸下的流动沸腾换热,其气泡行为、流动和传热特性存在差异,而异型通道与常规圆管通道有着很大的不同,通道几何形状的差异将影响流场和温度场的空间分布特性,从而可能对热工水力特性产生影响,现有针对圆管的研究结果不能简单类推到异型通道上。因此,有必要开展异型通道内 CHF 机理模型的研究,针对堆芯通道内的流动情况与传热特点,开发出适合堆芯通道热工水力条件的壁面热流分配模型和 CHF 机理模型,这对反应堆热工水力特性的准确分析具有重要意义[25]。

沸腾危机主要是由于受热面附近缺乏冷却液引起的。沸腾临界的发生与流型密切相关。如图 10-12 所示,各种流型的局部份额分布大致可分为两类,因此,沸腾临界也大致分为以下两类。

第一类-DNB 型:在过冷泡状流中,核态沸腾的受热面通常被气泡层覆盖。气泡层厚度的增加会导致沸腾表面过热,并导致沸腾危机。因此,气泡层增厚会导致偏离核态沸腾。

第二类-干涸型:在饱和环状流沸腾中,环状液膜通常覆盖受热面并充当冷却介质。因此,液膜环隙变薄会导致干涸现象。

对于这两种流动沸腾危机现象,以下将分小节详述。

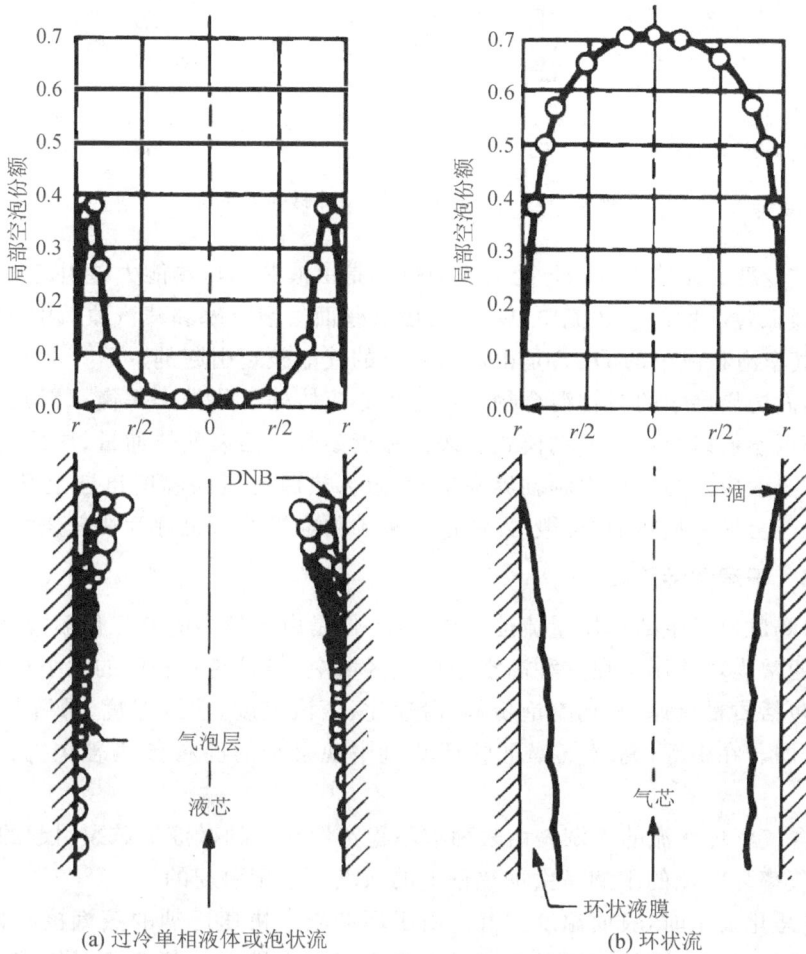

图 10-12　不同流型对应的沸腾临界机理

10.4.1.1　DNB 型沸腾临界

这类沸腾仅发生在相对较高的热通量区域。高热流密度导致剧烈的沸腾,由于受热面上逸出的气泡数量太多,以至于阻碍了液体的补充。在沸腾临界时,气泡在加热表面上形成了一个蒸汽隔热层并且核态沸腾消失,取而代之的是膜态沸腾。因此,也称为偏离泡核沸腾

（DNB）。这种沸腾临界通常发生在高流速下，流动模式称为反向环状流。图 10-13 描绘了在过冷或低含气量下观察到的沸腾临界现象，并按照过冷度递减的顺序列出。

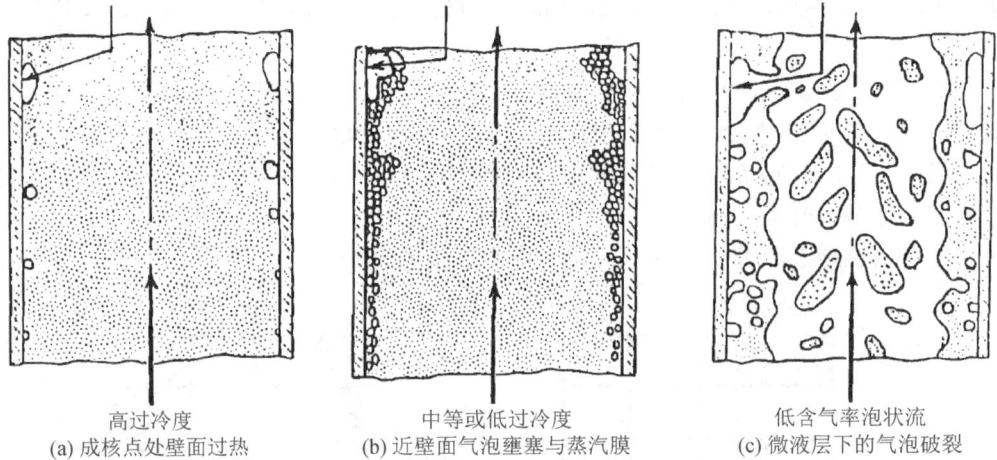

图 10-13　泡状流 DNB 型沸腾临界机理

（a）在高过冷度的流体中，CHF 处的表面过热是由液芯的传热能力差引起的；

（b）中等或低过冷度的泡状流中，DNB 是由近壁面气泡壅塞和蒸汽覆盖引起的。

（c）低含气率泡状流中的 DNB 是由微液层下的气泡破裂引起的。

靠近受热面边界层中的两相混合物很难与中心流体处于热力学平衡。因此，CHF 的大小取决于表面邻近参数以及局部流动模式。表面邻近参数包括表面热通量、局部空泡份额、边界层行为及其上游效应。当这种沸腾临界发生时，内部热源使表面温度迅速上升到一个非常高的值。高温可能会导致加热面"烧毁"。所以这种沸腾临界有时也称为快速烧毁。

10.4.1.2　干涸型沸腾临界

干涸型沸腾危机发生的总质量流速可能很小，但是由于较高的空泡份额，蒸汽速度可能仍然很高，流型通常为环状流。在这种高空泡份额区域中，临界热流密度的大小很大程度上取决于流型参数，包括质量流速、平均空泡份额、滑速比、蒸汽速度、液层厚度、沸腾长度等，表面参数影响可能较弱。在中等、高含气率下的环状流中观察到的沸腾传热恶化机制如图 10-14 所示：

（a）中等含气率环状流的干涸是由表面波不稳定性导致的微液层破裂引起的；

（b）高含气率环状流的干涸是由加热壁上的微液层干涸引起的。

沸腾传热恶化发生时，表面温度上升。由于环形流中快速运动的蒸汽核心具有相当好的传递系数，高质量区域干涸后的壁温升高量通常小于过冷沸腾传热恶化时的壁温升高量。甚至有可能在中等壁温下建立稳态条件，这样就不会立即发生物理烧毁。因此，干涸也被称为缓慢烧毁。

Hewitt（休伊特）[26] 研究了在低压和高压下环形通道内加热棒壁面的液膜行为。水通过多孔壁引入，实验测量了临界热流密度和加热棒上的残余膜流。一组典型测量结果如图 10-15 所示，可以看出，在膜破裂时（出现干斑时），残余液膜流速非常小，功率非常接近烧毁功率。可视化实验结果表明，攀升液膜破裂时，干涸斑块周围有小溪流。该结果表明，环状流

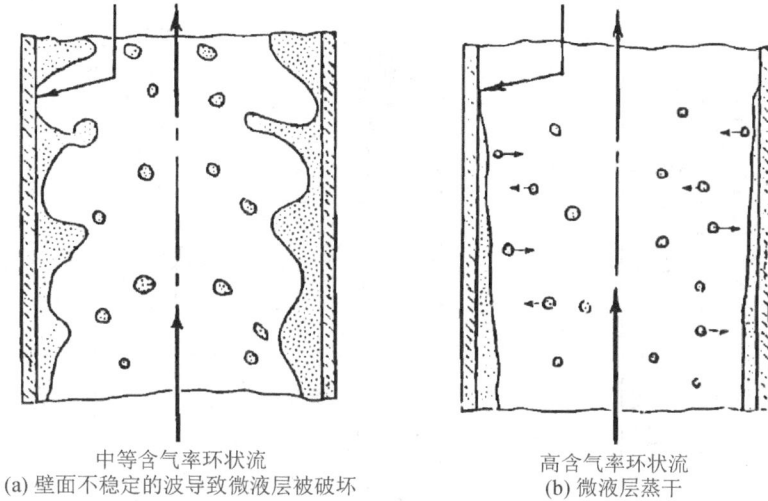

中等含气率环状流
(a) 壁面不稳定的波导致微液层被破坏

高含气率环状流
(b) 微液层蒸干

图 10-14　环状流干涸型沸腾临界机理

的沸腾危机主要由液膜蒸发引起,夹带作用和临界热流密度的局部值是次要的。

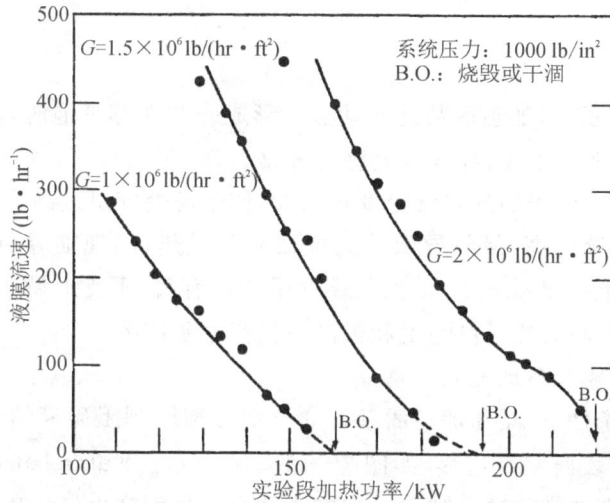

图 10-15　干涸液膜厚度[①]

10.4.2　临界热流密度微观机理

10.4.2.1　DNB 型 CHF

由于 DNB 型 CHF 现象十分复杂,众多研究者提出了不同的机理模型,较为成熟的模型有气泡下形成干斑模型、气泡壅塞机理模型及气泡下附壁液膜层蒸干机理模型等,如图10-16 所示。

---

① 　1 lb/hr≈0.4536 kg/h 。后同。

　　1 lb/(hr·ft²)=4.88243 kg/(h·m²)。后同。

　　1 lb/in²=7.03070×10² kg/m²。后同。

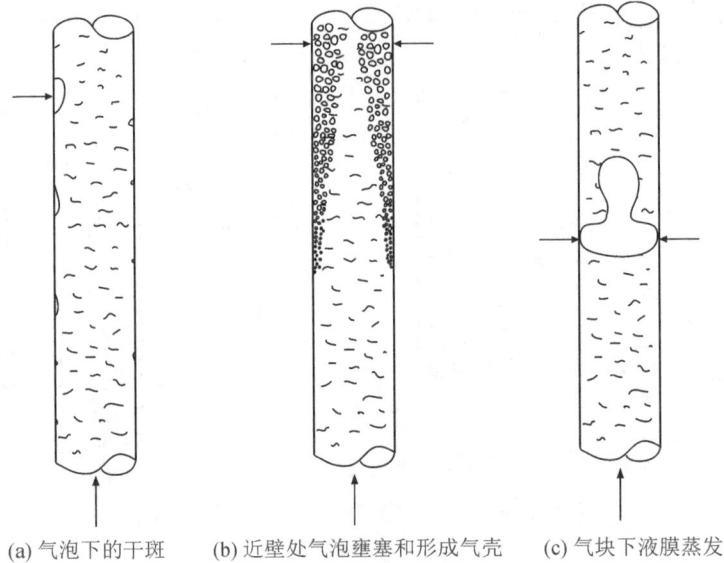

(a) 气泡下的干斑　　(b) 近壁处气泡壅塞和形成气壳　　(c) 气块下液膜蒸发

图 10 − 16　DNB 型 CHF 机理模型

(1) 气泡下的干斑

如图 10 − 16(a) 所示，当加热面某处活动点上形成一个大蒸汽泡时，其底部的微液膜不断蒸发，一定条件下可能形成干斑，导致该处壁温异常升高，传热恶化，气泡逸离后，表面可能被再润湿，过程重复发生。但若加热热流密度相当大，使干斑处壁温过高导致液体无法再润湿该处时，则干斑处温度继续升高，最终导致该处壁面异常过热，出现临界热流密度工况。Kirby (柯比) 等[27] 认为这种传热恶化的 q_{CHF} 仅与该处平均焓有关，不受上游条件影响，即无流动累积效应。一般发生在极高欠热 (过冷) 度和极高质量流速条件下。

(2) 近壁处气泡壅塞和形成气壳

在一定的含气量条件下，毗邻加热面某处的气泡层增厚到阻碍液体进入，蒸汽无法逸离，该气壳堵塞液体通路，表面发生过热，如图 10 − 16(b) 所示。Kutateladze 等[28]、Tong[29] 先后采用流体附面层分离概念解释这一现象。但有人认为加热面产生气泡壅塞是蒸汽无法及时排出所致；也有人认为某处蒸汽喷射率过大，不再以气泡形式产生蒸汽而进入膜态沸腾，一般发生在极低含气量、中等欠热 (过冷) 度和高质量流速工况下。

(3) 气块下液膜蒸发

此现象一般发生在低含气量、低欠热 (过冷) 度和低质量流速的弹状流工况下。在高加热热流密度下，气块与加热面之间的液膜蒸发速度大于液体润湿壁面速度；或气块之下的液膜内形成壅塞气泡并阻碍液体到达加热面时，导致壁面异常过热而干涸 [见图 10 − 16(c)]。对于这种干涸机理，采用较多的模型是假设在管壁附近存在一个蒸汽泡，当热流密度大到气泡下液膜完全烧干时，就认为发生了 CHF。

本书将对近壁处气泡壅塞和形成气壳机理模型及微液膜蒸干模型进行介绍，详见文献[30 − 31]。

1. 近壁处气泡壅塞和形成气壳机理模型

近壁处气泡壅塞和形成气壳机理模型将流道截面分为气泡区和主流区,如图 10-17 所示。主流区和气泡区存在质量交换。假设在壁面气泡区中的气泡拥挤到一定程度,从而阻止了主流区液体到达壁面,导致气泡区和主流区液体之间的热量传递过程受到限制,由于壁面热量不能及时导出,而发生沸腾临界。该模型假设:①在欠热(过冷)沸腾和低含气量时,CHF 是一个局部现象;②在 CHF 发生时,假设气泡层内的气泡以最密集的方式排列,气泡层的厚度假设为一个气泡直径大小;③当 CHF 发生时,气泡层蒸汽的空泡份额达到临界空泡份额,由于气泡区和主流区流体传递达到平衡,从而导致二者之间径向热量传递受到限制;④气泡区和主流区径向热量传递由该处的质量、能量和动量守恒方程控制。

气泡区总的质量守恒方程:

$$\frac{\mathrm{d}G_b A_b}{\mathrm{d}Z} + G_{bc} Pr_i - G_{cb} Pr_i = 0 \tag{10-40}$$

气泡区的液体质量守恒方程:

$$\frac{\mathrm{d}G_b(1-x_b)A_b}{\mathrm{d}Z} + \frac{q_{evap} Pr_w}{H_{fg}} + G_{bc}(1-x_b)Pr_i - G_{cb}(1-x_c)Pr_i = 0 \tag{10-41}$$

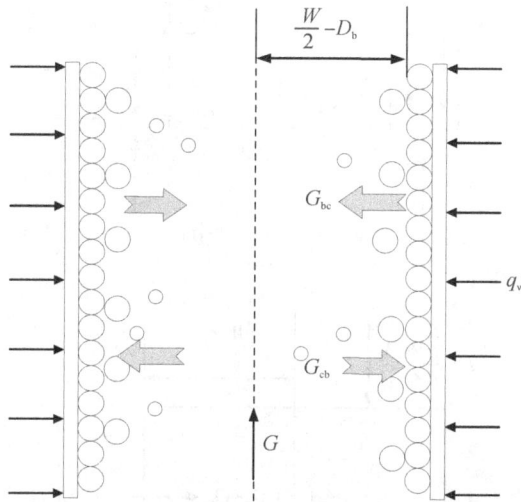

图 10-17　气泡壅塞 CHF 机理模型简图

结合式(10-40)和式(10-41)可得

$$q_{evap} = G_c(x_b - x_c)H_{fg}\frac{Pr_i}{Pr_w} \tag{10-42}$$

对气泡区建立能量方程有

$$\frac{\mathrm{d}G_b A_b H_b}{\mathrm{d}Z} + G_{bc}H_b Pr_i - G_{cb}H_c Pr_i + q_w Pr_w = 0 \tag{10-43}$$

式中,$H_b = H_f(1-x_b) + H_g x_b$;$H_c = H_f(1-x_c) + H_g x_c$。

结合假设式(10-40)和式(10-43)可得到

$$q_w = G_{ab}(H_b - H_c)\frac{Pr_i}{Pr_w} \tag{10-44}$$

引入参数 F_q，可得到式（10-42）与式（10-44）的关系如下：

$$q_w = \frac{q_{evap}}{F_q} \tag{10-45}$$

式中，$F_q = \dfrac{(x_b - x_c)H_{fg}}{H_b - H_c}$，表示壁面热流用于产生蒸汽的份额。

在气泡区和主流区分别沿流体流动方向取一个高度为 ΔZ 的微元体进行分析，如图 10-18、图 10-19 所示。根据微元体的受力平衡，气泡区和主流区的动量方程为

$$-\frac{dP}{dZ} + \frac{\tau_i Pr_i}{A_b} - \frac{\beta\tau_{w,v}Pr_w}{A_b} - \frac{F_d N_{bub}}{A_b dZ} - \rho_b g + \frac{(G_{cb}U_c - G_{bc}U_b)Pr_i}{A_b} = \frac{1}{A_b}\frac{d}{dZ}(\rho_b U_b^2 A_b) \tag{10-46}$$

$$-\frac{dP}{dZ} + \frac{\tau_i Pr_i}{A_c} - \rho_c g + \frac{(G_{bc}U_b - G_{cb}U_c)Pr_i}{A_c} = \frac{1}{A_c}\frac{d}{dZ}(\rho_c U_c^2 A_c) \tag{10-47}$$

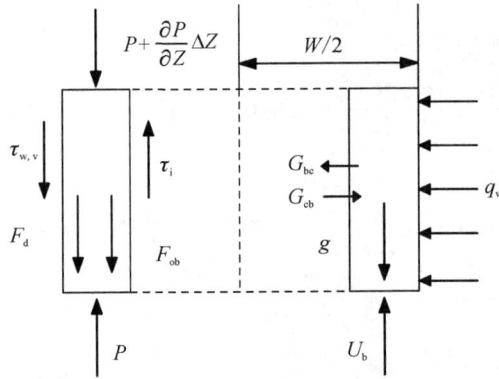

图 10-18 气泡区

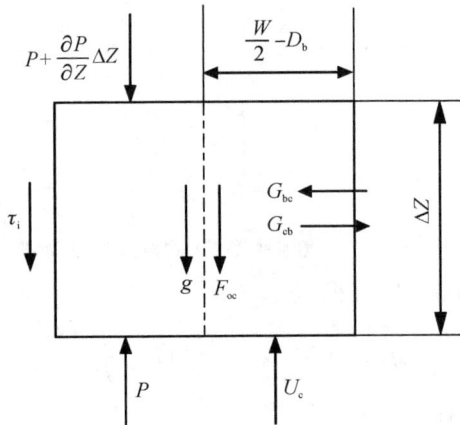

图 10-19 主流区

由于假设干涸发生时，气泡区和主流区流体质量交换达到平衡。结合式（10-46）和式（10-47），消去两式中的压降部分，可得到干涸发生时气泡区与主流区交换的质量流量为

$$G^* = \left[\frac{-\tau_i Pr_i}{\eta_c (1-\eta_c) A} + \frac{\beta \tau_{w,v} Pr_w}{(1-\eta_c) A} + (\rho_c - \rho_b) g + \frac{Pr F_d}{D_b^2 (1-\eta_c) A} + \Phi_{acc} \right] \frac{A(1-\eta_c)\eta_c}{(U_c - U_b) Pr_i}$$

$$(10-48)$$

式中，$\eta_c = \dfrac{A_c}{A}$；$\Phi_{acc} = \dfrac{1}{A_b} \dfrac{\mathrm{d}}{\mathrm{d}Z}(\rho_b U_b^2 A_b) - \dfrac{1}{A_c} \dfrac{\mathrm{d}}{\mathrm{d}Z}(\rho_c U_c^2 A_c)$。

以上方程组尚未封闭，还需要相应的辅助方程。壁面气泡区临界空泡份额（α_b）采用下式计算：

$$\alpha_b = 0.83 - 0.29 \exp(-4.17 x_{ex} - 1.89) \tag{10-49}$$

式中，x_{ex} 为出口含气量。该式仅适用于干涸点通道空泡份额小于 0.8 的情况。

采用 Levy 关系式计算气泡脱离点位置，气泡脱离直径为

$$D_b = 0.015 \sqrt{\frac{8\sigma D \rho_{avg}}{f G^2}} \tag{10-50}$$

气泡拖曳力采用下式计算：

$$F_d \approx \frac{\lambda \rho_c U_c^2}{2} \left(\frac{\pi D_b^2}{4} \right) \tag{10-51}$$

式中，$\dfrac{1}{\sqrt{\lambda}} = 3.48 - 4 \lg \left(\dfrac{2D_b}{D} + \dfrac{9.35}{Re_{2\phi} \sqrt{\lambda}} \right)$，$Re_{2\phi} = \dfrac{GD}{\mu_{2\phi}}$，$\mu_{2\phi} = \mu_f (1-\alpha_{avg})(1+25\alpha_{avg})$。

气泡区的厚度很小，可以采用线性速度分布，因此有 $U_b = 0.5 u_c$（对应 $y = D_b$）。同时，认为 Karman 湍流速度分布适用于主流区域：

$$u^+ = Y^+, \qquad Y^+ < 5 \tag{10-52}$$

$$u^+ = 5 \ln Y^+ - 3.05, \qquad 5 \leqslant Y^+ < 30 \tag{10-53}$$

$$u^+ = 2.5 \ln Y^+ + 5.5, \qquad Y^+ \geqslant 30 \tag{10-54}$$

式中，$u^+ = u_c \sqrt{\dfrac{\rho_c}{\tau_w}}$（其中 u_c 为局部速度）；$Y^+ = \dfrac{D_b \sqrt{\tau_w \rho_c}}{\mu_{2\phi}}$；$\tau_w = \dfrac{\lambda G^2}{2\rho_c \eta_c^2}$。

主流区平均流速（U_c）为

$$U_c = \frac{G - U_b \rho_b (1-\eta_c)}{\rho_c \eta_c} \tag{10-55}$$

式中，$G = G_b(1-\eta_c) + G_c \eta_c$。

真实含气量与平衡含气量的关系如下：

$$x_{avg} = \frac{x_{em} - x_d \exp\left(\dfrac{x_{em}}{x_d} - 1 \right)}{1 - x_d \exp\left(\dfrac{x_{em}}{x_d} - 1 \right)} \tag{10-56}$$

式中，x_{em} 和 x_d 分别为出口平衡含气量和气泡脱离点平衡含气量。

平均空泡份额的计算关系式由 Zuber 和 Findlay 提出，Dix（迪克斯）做了修改：

$$\alpha_{avg} = \frac{x_{avg}}{C_o \left[x_{avg} + \dfrac{\rho_g}{\rho_f}(1-x_{avg}) \right] + \dfrac{\rho_g V_{gj}}{G}} \tag{10-57}$$

式中，$G_o = \gamma \left[1 + \left(\dfrac{1}{\gamma} - 1 \right)^b \right]$，$b = \left(\dfrac{\rho_g}{\rho_f} \right)^{0.1}$；$\gamma = \dfrac{x_{avg}}{x_{avg} + \dfrac{\rho_g}{\rho_f}(1-x_{avg})}$。

2. 微液层蒸干机理模型

微液层蒸干模型的基本假设如下。

1)在过冷和饱和流动沸腾下,加热壁面净蒸汽产生点之后的气泡在脱离壁面后相互融合形成气块;气块底层与壁面间存在非常薄的微液膜。

2)气块滑移速度(U_B)为主流速度和气块相对速度的叠加;气块相对速度由加载在气块上的浮力和拖曳力相平衡得到。

3)由于微液层的蒸发及气泡的聚合,导致气块在流动方向上的长度增大;气块长度被亥姆霍兹不稳定性所打断,气块长度(L_B)受限于亥姆霍兹对应的临界波长。

4)壁面处热流若能在一个气块通过周期内将该气块底层的微液膜完全蒸干,使得壁面被气块直接包覆,从而导致壁面传热恶化触发沸腾危机。

微液层蒸干模型示意图如图 10-20 所示,所对应临界热流密度可以表示为

$$q_{cr} = \rho_f \delta H_{fg} \frac{U_B}{L_B} \tag{10-58}$$

式中,q_{cr} 为沸腾危机触发所对应临界热流密度,kW/m^2;ρ_f 为液相密度,kg/m^3;δ 为微液膜厚度,m;H_{fg} 为汽化潜热,kJ/kg;U_B 为气块滑移速度,m/s;L_B 为气块长度,m。

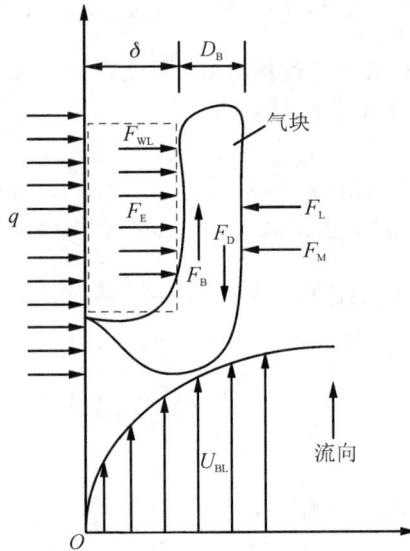

图 10-20　微液层蒸干模型示意图

气块的 U_B 由施加在气块轴向方向上的浮力(F_B)和拖曳力(F_D)间的平衡进行计算[31]:

$$F_B = \frac{\pi}{4} D_B^2 L_B (\rho_f - \rho_g) g \tag{10-59}$$

$$F_D = \frac{1}{2} C_D \rho_f (U_B - U_{BL})^2 \frac{\pi D_B^2}{4} \tag{10-60}$$

式中,F_B 为气块所受浮力,N;D_B 为气块当量直径,m;C_D 为拖曳系数;ρ_g 为气相密度,kg/m^3;g 为重力加速度,m/s^2;F_D 为气块所受拖曳力,N;U_{BL} 为壁面边界层中的液相速度,m/s。

联立上述两式,可得 U_B 的表达式为

$$U_{\mathrm{B}}=U_{\mathrm{BL}}+\left[2L_{\mathrm{B}}(\rho_{\mathrm{f}}-\rho_{\mathrm{g}})\frac{g}{\rho_{\mathrm{f}}C_{\mathrm{D}}}\right] \tag{10-61}$$

拖拽系数 C_{D} 采用 Chan 等推荐的表达式[31]：

$$C_{\mathrm{D}}=\frac{48\mu_{\mathrm{f}}}{\rho_{\mathrm{f}}D_{\mathrm{B}}(U_{\mathrm{B}}-U_{\mathrm{BL}})} \tag{10-62}$$

式中，μ_{f} 为水的动力黏度，kg/(m·s)。

壁面边界层内的速度分布使用 Karman 速度分布方程求解。由于近壁面区的气块一般处在速度分布的缓冲区范围内，为简化计算，本书模型直接采用缓冲区速度公式来计算当地流速分布，可得距离壁面 $y=\delta+D_{\mathrm{B}}/2$ 处的当地流速，表达为

$$U_{\mathrm{BL}}=\frac{f^{0.5}G}{\rho_{\mathrm{f}}}\times\left\{1.768\ln\left[\frac{f^{0.5}G}{\mu_{\mathrm{f}}}\left(\delta+\frac{D_{\mathrm{B}}}{2}\right)\right]-2.916\right\} \tag{10-63}$$

式中，f 为范宁摩擦系数；G 为质量流速，kg/(m²·s)。

气块的当量直径（D_{B}）假设为气泡脱离壁面时所对应的气泡直径，由 Levy 模型计算如下：

$$D_{\mathrm{B}}=0.015\left(\frac{\sigma D}{\tau_{\mathrm{w}}}\right)^{0.5} \tag{10-64}$$

式中，σ 为表面张力，N/m；D 为管道直径，m；τ_{w} 为壁面剪切应力，kg/(m·s²)。L_{B} 通过求解亥姆霍兹临界波长得到

$$L_{\mathrm{B}}=\frac{2\pi\sigma(\rho_{\mathrm{f}}+\rho_{\mathrm{g}})}{\left[\rho_{\mathrm{f}}\rho_{\mathrm{g}}(U_{\mathrm{B}}-U_{\mathrm{sb}})\right]^{2}} \tag{10-65}$$

式中，U_{sb} 为微液层中液体流速，m/s。由于加热壁面附近的微液层非常薄且微液层中液体流速相对气块移动速度非常小，可假设以 U_{sb} 等于零。

微液层的厚度（δ）由施加在气块径向（垂直于加热壁面）上各种力的平衡来确定。Lee（李）等[31]提出了 2 个施加在气块上相反方向的力，分别为蒸发力（F_{E}）和侧面提升力（F_{L}）：

$$F_{\mathrm{E}}=\frac{D_{\mathrm{B}}L_{\mathrm{B}}q^{2}}{\rho_{\mathrm{g}}h_{\mathrm{fg}}^{2}} \tag{10-66}$$

式中，F_{E} 为蒸发力，N；q 为壁面热流密度，kW/m²。

Beyerlein（拜尔莱因）等[32]经过推导得到垂直管道内两相紊流流动中的侧面提升力的表达式：

$$F_{\mathrm{L}}=C_{\mathrm{L}}\rho_{\mathrm{f}}(U_{\mathrm{B}}-U_{\mathrm{BL}})\frac{\partial U_{\mathrm{L}}}{\partial y_{\mathrm{w}}}\frac{\pi}{4}D_{\mathrm{B}}^{2}L_{\mathrm{B}} \tag{10-67}$$

式中，U_{L} 为当地液相流速，m/s；y_{w} 为离加热壁面的垂直距离，m；C_{L} 为侧面提升力系数。

基于临界点的紊流波动和当地气泡分布情况确定 C_{L} 的表达式为

$$C_{\mathrm{L}}=\left[40+700(\alpha-0.4)^{2}\right]Re^{-0.35-0.23\exp(1.8\alpha)} \tag{10-68}$$

式中，Re 为雷诺数；α 为空泡份额。

近壁面滑移气块还需考虑壁面润滑力（F_{WL}）和 Marangoni（马兰戈尼）力（F_{M}）[33]。壁面润滑力将非常靠近壁面处的气泡推向中心区，而对离壁面距离较远的气泡作用力则非常小。Marangoni 力是由相界面处随温度变化的表面张力梯度引起的，该力相对其他几个径向力比较小，可以忽略不计。

Antal（安塔尔）等[34]最早给出了 F_{WL} 表达式：

$$F_{\mathrm{WL}}=L_{\mathrm{B}}\frac{\pi D_{\mathrm{B}}^{2}C_{\mathrm{WL}}\rho_{\mathrm{f}}(U_{\mathrm{B}}-U_{\mathrm{BL}})^{2}}{D_{\mathrm{B}}} \tag{10-69}$$

壁面润滑系数(C_{WL})，由下式求出：

$$C_{WL} = C_L \max\left(0,\ C_1 + C_2 \frac{D_B}{y_w}\right) \tag{10-70}$$

式中，C_L 为提升力系数；C_1 和 C_2 为经验常数。

基于气块径向上的受力分析，即可得 δ 的计算式：

$$\delta = \frac{D_B}{\xi} \tag{10-71}$$

式中，$\xi = \exp\left\{\dfrac{\dfrac{q^2}{\rho_g h_{fg}^2} + \dfrac{\pi}{4} C_{WL} \rho_f (U_B - U_{BL})^2}{1.964 C_L G L_B^{0.5} \left[\dfrac{f(\rho_f - \rho_g) g}{C_D \rho_f}\right]^{0.5}}\right\} - 1$

微液层蒸干模型的计算流程图如图 10-21 所示：

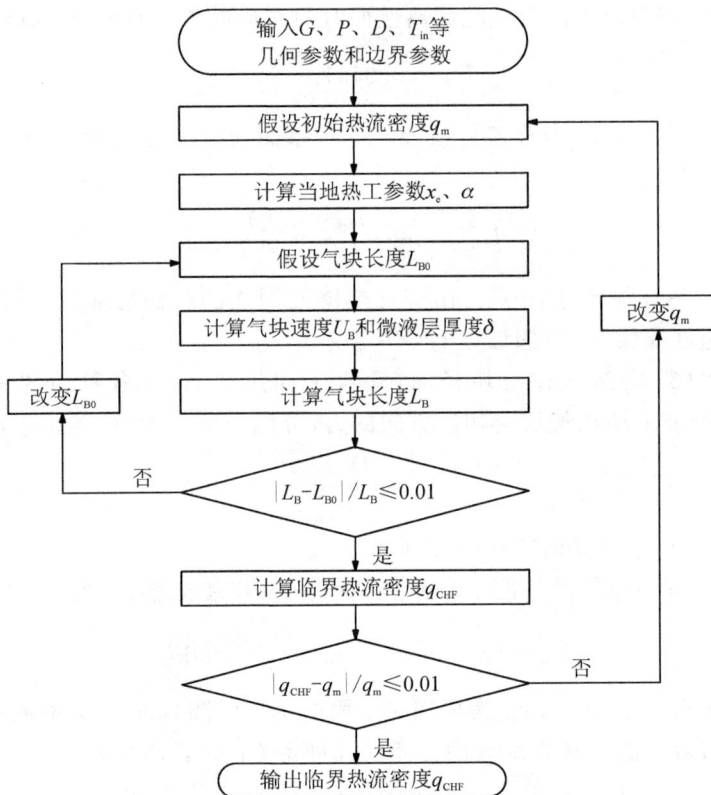

图 10-21　微液层蒸干模型计算流程图

10.4.2.2　干涸型 CHF

对于向上流动的环状流,液膜紧贴壁面向上流动,形成连续的环状液膜。同时,带有液滴的气芯在通道中央流动。本小节将以液膜质量、动量、能量守恒方程,气芯动量方程,及气芯中夹带液滴的夹带率和沉积率关系式为基础,建立一个用于计算通道干涸型临界热流密度的三流体模型。

均匀加热圆形通道内环状流液膜的形成如图 10 - 22 所示。为了建立环状流的理论模型,需做如下假定。

1)流体的流动是不可压缩的。

2)流动是稳定的。

3)壁面上液膜的周向分布是均匀的。

4)压力沿通道径向是均匀的。

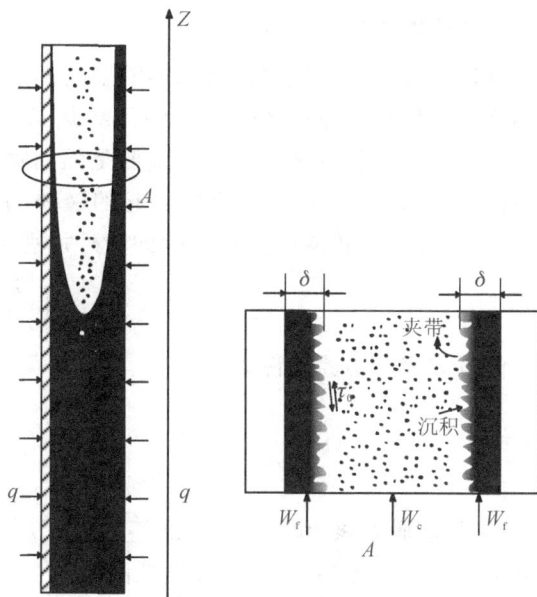

图 10 - 22　双面加热环形通道内环状流示意图

5)气芯中液滴的分布是均匀的,液滴和气体之间没有滑移,且保持热力学平衡。

1. 液膜的连续方程

在环状流中,气芯中的液滴和液膜之间不断发生质量交换,即气芯中的液滴向液膜表面沉降,同时气芯的高速流动将卷吸液膜产生液滴,进入气芯中形成液滴的夹带。气芯中蒸汽的来源有两部分:①气液交界面处的汽化;②液膜内由于沸腾而产生的气泡。由于液滴的夹带和沉降,液膜质量流量沿通道轴向 Z 不断发生变化。通道液膜在 Z 处的连续方程为

$$\frac{\mathrm{d}W}{\mathrm{d}Z} = P_{\mathrm{r}}\left(D - E - \frac{q}{H_{\mathrm{fg}}}\right) \tag{10-72}$$

式中,W_{f} 为液膜的质量流量,kg/s;P_{r} 为液膜的流动周界,m;D 为液膜表面上的沉积率,kg/($\mathrm{m}^2 \cdot \mathrm{s}$);$E$ 为液膜表面上的夹带率,kg/($\mathrm{m}^2 \cdot \mathrm{s}$);$q$ 为壁面热流密度,$\mathrm{kW/m^2}$;H_{fg} 为汽化潜热,kJ/kg。

2. 液膜的动量守恒方程

在液膜内沿流动方向取一个高度为 ΔZ、距离中轴为 y 的液膜微元体进行分析。根据微元体的受力平衡,忽略处于壁面的液膜加速效应,则内液膜动量守恒方程为

$$-\frac{\mathrm{d}P}{\mathrm{d}Z}\Delta Z(y - y_{\mathrm{c}})P_{\mathrm{ry}} + \tau_{\mathrm{c}}P_{\mathrm{rc}}\Delta Z - \tau P_{\mathrm{ry}}\Delta Z - \rho_{\mathrm{f}}g(y - y_{\mathrm{cr}})P_{\mathrm{ry}}\Delta Z = 0 \tag{10-73}$$

式中,y_{c} 为液膜距中轴的距离,m;P_{ry} 为距中轴 y 处的流动周界,m;τ_{c} 为液膜和气芯交界面上的剪应力,$\mathrm{N/m^2}$;ρ_{f} 为液体的密度,$\mathrm{kg/m^3}$;g 为重力加速度,$\mathrm{m/s^2}$;$\mathrm{d}P/\mathrm{d}Z$ 为 Z 方向压力梯度,Pa/m,可由气芯动量方程确定。

液膜内剪应力的分布为

$$\tau = -\frac{\mathrm{d}P}{\mathrm{d}Z}(y - y_{\mathrm{c}}) + \tau_{\mathrm{c}}\frac{P_{\mathrm{rc}}}{P_{\mathrm{ry}}} - \rho_{\mathrm{f}}g(y - y_{\mathrm{c}}) \tag{10-74}$$

3. 液膜的能量守恒方程

在环状流动中，当液膜很薄时，液膜内温度梯度不断减小，可抑制泡核沸腾。此时，壁面与两相之间的传热是通过液体薄膜中的导热与对流以及气液交界面上的液体的强烈蒸发进行的。可以认为环状流区域的传热主要是强制对流蒸发传热。严格地讲，热量除由壁面加入外，还有随压力降低、饱和温度变化引起的液体的放热。但后一热源远小于外加热量，故一般假定，气液交界面处传递的热流密度即为外加总热流密度。可建立如下的液膜能量守恒方程：

$$u \frac{\partial T}{\partial Z} = \left(\frac{\lambda}{\rho_f c_p} + \varepsilon_H \right) \frac{\partial^2 T}{\partial y^2} \tag{10-75}$$

能量方程的边界条件为

$$\begin{cases} q_w = -\lambda_f \dfrac{\mathrm{d}T}{\mathrm{d}y} & y = 0 \\ T = T_{sat} & y = \delta \end{cases} \tag{10-76}$$

式中，u 为液膜速度，m/s；c_p 为液体的比定压热容，J/(kg·K)；T 为温度，K；λ_f 为液体的导热系数，W/(m·K)；ε_H 为涡流热扩散率，m^2/s，当液膜的流动为层流时，$\varepsilon_H = 0$；q_w 为壁面的热流密度，$\mathrm{W/m}^2$；T_c 为气芯的温度，K；T_{sat} 为液体的饱和温度，K。

4. 气芯的动量守恒方程

假设气芯中液滴的分布是均匀的，液滴和气芯之间没有滑移，且保持力学平衡，因此，气芯的动量方程可由均相流模型来确定：

$$-\frac{\mathrm{d}P}{\mathrm{d}Z} = \left(-\frac{\mathrm{d}P}{\mathrm{d}Z} \right)_f + \left(-\frac{\mathrm{d}P}{\mathrm{d}Z} \right)_a + \left(-\frac{\mathrm{d}P}{\mathrm{d}Z} \right)_g \tag{10-77}$$

式中，$\left(-\dfrac{\mathrm{d}P}{\mathrm{d}Z} \right)_f$ 为摩擦压降梯度，Pa/m；$\left(-\dfrac{\mathrm{d}P}{\mathrm{d}Z} \right)_a$ 为加速压降梯度；$\left(-\dfrac{\mathrm{d}P}{\mathrm{d}Z} \right)_g$ 为重位压降。以上三项可表达为

$$\left(-\frac{\mathrm{d}P}{\mathrm{d}Z} \right)_f = \frac{\tau_c P_{rc}}{A_c} = \frac{\tau_c P_{rc}}{A \alpha_c}$$

$$\left(-\frac{\mathrm{d}P}{\mathrm{d}Z} \right)_a = \frac{1}{\alpha_c} \frac{\mathrm{d}}{\mathrm{d}Z} (\rho_c \alpha_c V_c^2) \tag{10-78}$$

$$\left(-\frac{\mathrm{d}P}{\mathrm{d}Z} \right)_g = \rho_c g$$

式中，ρ_c 为气芯平均密度，$\mathrm{kg/m}^3$；α_c 为气芯空泡份额；V_c 为气芯平均速度，m/s。

ρ_c 和 V_c 的表达式分别为

$$\rho_c = \left(\frac{W_g + W_f \varphi}{W_g} \right) \rho_g = \frac{x + (1-x)(1-\varphi)}{x} \rho_g \tag{10-79}$$

$$V_c = \frac{W[x + \varphi(1-x)]}{\rho_c A_c} = \frac{G[x + \varphi(1-x)]}{\rho_c \alpha_c} \tag{10-80}$$

式中，W 为流体总的质量流量，kg/s；W_g 为气相的质量流量，kg/s；ρ_g 为气相的密度，$\mathrm{kg/m}^3$；G 为流体的总质量流速，$\mathrm{kg/(m}^2 \cdot \mathrm{s)}$；$x$ 为含气量；φ 为气芯中夹带液滴的质量流量占液体总质量流量的份额；A_c 为气芯的横截面积，m^3。

在上述方程中，由于热力学平衡的假设，气芯和液膜只有动量交换，质量和能量交换通过

气芯中液滴的卷吸夹带和沉积进行。

为了求解从环状流初始到液膜烧干所有加热长度上液膜内的压力、气相流速、液膜流速、液膜厚度、饱和温度,需对上述液膜的连续方程、动量方程、能量方程和气芯动量方程进行联立求解。为了使上述方程组封闭,还需要补充夹带率、沉积率、气液交界面上的剪应力和环状流起始条件等方程。

5. 环状流起始条件

环状流初始含气量推荐采用广泛应用的 Wallis 关系式[35]:

$$x = \frac{0.6 + 0.4 \dfrac{\sqrt{gD(\rho_f - \rho_g)\rho_f}}{G}}{0.6 + \sqrt{\dfrac{\rho_f}{\rho_g}}} \tag{10-81}$$

6. 夹带率和沉积率模型

在两相环状流中,液相的一部分沿着壁面流动(液膜),另一部分(液滴)被夹带在气芯中流动。高速流动的气芯夹带液滴的份额对传热和传质过程有很大的影响。同时液膜和气芯中的液滴之间不断发生质量交换,气芯中液滴的夹带量与液滴的沉积率和夹带率密切相关,是二者相互平衡的结果。因此,准确地计算沉积率和夹带率有着非常重要的实际意义。目前,对环状流的沉积率和夹带率的研究有很多模型。

(1)夹带率模型

夹带率对环状流质量、动量和热量传递非常重要,在很大程度上影响干涸的发生以及干涸后的传热。在垂直向上流动的环状流中,当气体速度高到足以在气液界面上产生搅动波并且从波峰上剥去液膜,或者气体速度低到不能支持液膜的重力时,夹带发生。在绝热环状流中,液滴的夹带主要是由气液交界面处的剪应力引起波纹状的气液交界面破裂而形成的。因此,夹带率正比于气液交界面处的剪应力。同时,它还正比于交界面的粗糙度或交界面处波纹的幅度。表面张力作用对夹带具有抑制作用,所以夹带率反比于表面张力。

1)Kataoka(片冈)等[36]的绝热两相环状流的夹带率关系式:

$$\begin{cases} \dfrac{E_{nh}D_e}{\mu_f} = 0.72 \times 10^{-9} Re_f^{1.75} We(1-\phi_\infty)^{0.25} \times \left(1 - \dfrac{\phi}{\phi_\infty}\right) + \\ \qquad 6.6 \times 10^{-7} (Re_f We)^{0.925} \left(\dfrac{\mu_g}{\mu_f}\right)^{0.26} (1-\phi)^{0.185} \qquad \dfrac{\phi}{\phi_\infty} \leqslant 1 \\ \dfrac{E_{nh}D_e}{\mu_f} = 6.6 \times 10^{-7} (Re_f We)^{0.925} \left(\dfrac{\mu_g}{\mu_f}\right)^{0.26} (1-\phi)^{0.185} \qquad \dfrac{\phi}{\phi_\infty} > 1 \\ E_{nh} = 0 \qquad\qquad\qquad\qquad\qquad\qquad\qquad\qquad Re_{ff} < Re_{ff,c} \end{cases} \tag{10-82}$$

式中,ϕ_∞ 为平衡夹带份额,$\phi_\infty = \tanh(7.25We^{1.25}Re_f^{0.25})$;$We$ 为韦伯数,$We = \dfrac{\rho_g j_g^2 D_e}{\sigma}$ ·

$\left[\dfrac{\rho_f - \rho_g}{\rho_g}\right]^{\frac{1}{3}}$;$Re_f$ 为液体雷诺数,$Re_f = \dfrac{G(1-x)D_e}{\mu_f}$;$Re_{ff}$ 为液膜雷诺数,$Re_{ff} = \dfrac{G(1-x)D_e}{\mu_{ff}}$;$\sigma$

为表面张力;j_g 为气相表观速度;$Re_{ff,c}$ 为产生夹带所需的最小液膜雷诺数,$Re_{ff,c} = \left(\dfrac{y^+}{0.347}\right)^{1.5}$

$$\left(\frac{\rho_f}{\rho_g}\right)^{0.75}\left(\frac{\mu_g}{\mu_f}\right)^{1.5}, y^+ = 10。$$

2)Okawa(冈和)等[37]的夹带率关系式：

在准平衡状态的绝热环状流中，由于液膜和液滴的流速沿通道几乎不变，因此沉积和夹带是一个动态平衡的关系，由此概念出发，结合大量的实验数据整理拟合出夹带率的经验关系式为

$$E_{nh} = \rho_f \cdot \min(0.0038\pi_{el}, 0.0012\pi_{el}^{0.5}, 0.0012) \tag{10-83}$$

式中，$\pi_{el} = \dfrac{f_i\rho_g(J_g^2 - J_{gc}^2)}{\sigma/\delta}$，$J_{gc} = J_{gc}^* \dfrac{\sigma}{\mu_f}\sqrt{\dfrac{\rho_f}{\rho_g}}$。其中

$$\begin{cases} J_{gc}^* = 1.5Re_f^{-1/2} & Re_f < 160 \\ J_{gc}^* = \min(11.78N_\mu^{0.8}, 1.35)\,Re_f^{-1/3} & 160 \leqslant Re_f \leqslant 1635 \\ J_{gc}^* = \min(N_\mu^{0.8}, 0.1146) & Re_f > 1635 \end{cases} \tag{10-84}$$

$$N_\mu = \frac{\mu_f}{\sqrt{\rho_f\sigma}}\left(\frac{g\Delta\rho}{\sigma}\right)^{1/4} \tag{10-85}$$

限于本书篇幅，其他夹带率关系式参照文献[36-39]。

3)加热对夹带率的影响关系式：

对于受热环状流动，还要考虑到由于液膜的蒸发和液膜内气泡进入气芯所引起的夹带。Ueda(上田)[38]对垂直加热管道内液膜做自由下降的环状流的夹带率进行了实验研究，提出了加热对夹带率影响的关联式：

$$E_{nq} = 4.77\times10^2\,\frac{q}{H_{fg}}\left[\frac{\left(\dfrac{q}{H_{fg}}\right)^2\delta}{\sigma\rho_g}\right]^{0.75} \tag{10-86}$$

式中，液膜厚度(δ)需要结合 Karman 速度分布计算得到。

Milashenko(米拉申科)[39]提出的关于加热影响的关联式为

$$E_{nq} = \frac{1.75W_f}{(\pi D_e)^2}\left(q\times10^{-3}\times\frac{\rho_g}{\rho_f}\right)^{1.3} \tag{10-87}$$

因此，夹带率的最终表达式为

$$E = E_{nh} + E_{nq} \tag{10-88}$$

绝热流动引起的夹带率正比于液膜厚度，反比于交界面处的表面张力。

(2)沉积率模型

1)Kataoka[36]沉积率关系式：

Kataoka[36]对静止条件下绝热两相环状流的沉积率和夹带率进行了实验研究，得到的沉积率的关系式为

$$\frac{D_{ep,h} \cdot D_e}{\mu_f} \approx 0.022Re_f^{0.74}\left(\frac{\mu_g}{\mu_f}\right)^{0.25}\phi^{0.74} \tag{10-89}$$

式中，$Re_f = \dfrac{G(1-x)D_e}{\mu_f}$；$D_{ep,h}$ 为总的水力沉积率。

2)Okawa 等[37]沉积率关系式：

通常认为沉积率与气芯中液滴浓度 C 有关，即

$$D_{ep,h} = k_d C \tag{10-90}$$

式中，k_d 为液滴沉积系数；$C = W_d / (W_d / \rho_f + W_g / \rho_g)$，$W_d$ 和 W_g 分别为液滴和蒸汽的流量。Okawa 认为液滴沉积系数在低夹带份额情况下会随着气体表观速度的增加而增加，而在高夹带份额情况下会随着液滴夹带份额的增加而降低。

$$
\begin{cases}
k_d = 0.17 u_f \left(0.4 + 0.6 e^{-0.05 \frac{x_d}{D_e}} \right) & \dfrac{C}{\rho_g} \leqslant 0.15 \\[4mm]
k_d = \min \left[0.19 \left(\dfrac{C}{\rho_g} \right)^{-0.2}, 0.105 \left(\dfrac{C}{\rho_g} \right)^{-0.8} \right] \dfrac{0.28 + 0.72 - 0.06 \dfrac{x_d}{D_e}}{\sqrt{\dfrac{\rho_g D_e}{\sigma}}} & \dfrac{C}{\rho_g} \geqslant 0.2
\end{cases}
$$

$$(10-91)$$

其中，当 $0.15 < C/\rho_g < 0.2$ 时进行插值计算。式中，x_d 为沉积长度；D_e 为当量直径；σ 为表面张力。

限于本书篇幅，其他沉积率关系式详见文献[36-39]。

3）加热对沉积率的影响关系式：

上述关系式适用于绝热充分发展环状流，对于受热通道内的环状流，由于气液交界面上的蒸发对液滴的沉积有阻碍作用，要考虑液膜的蒸发对沉积率的影响。Milashenko[39] 的关联式考虑了这方面的影响：

$$
D_{ep,q} = -k_q C \tag{10-92}
$$

式中，k_q 为液膜沉积阻碍系数，$k_q = \rho_g V_g / (0.065 \rho_f)$，$V_g$ 为液膜的液体蒸发速度，$V_g = q / (h_{fg} \rho_g)$；$C$ 为气芯中液滴浓度，$C = W_{IE} / (W_{IE} / \rho_f + W_g / \rho_g)$，$W_{IE}$ 和 W_g 分别为气芯中液滴和气体的质量流量。

因此，沉积率的最终表达式为

$$
D = D_{ep,h} + D_{ep,q} \tag{10-93}
$$

7. 液膜内速度分布方程

根据牛顿黏度定律有

$$
\tau = \mu_e \frac{du}{dy} \tag{10-94}
$$

$$
\frac{du}{dy} = \frac{\tau}{\mu_e} = \frac{\tau}{\mu_f + \varepsilon_m \rho_f} \tag{10-95}
$$

将剪应力方程代入上式即可得液膜内速度的分布，从而得到流道每个截面上液膜内的流动速度，也可得到每个截面上的液膜质量流量：

$$
W_f = \int_0^\delta Pr \cdot u \rho_f dy \tag{10-96}
$$

8. 气液交界面剪应力方程

当液膜速度相对较低时，气液交界面处是光滑的。在较高的液膜速度下，气液交界面有小的波纹扰动，致使交界面摩擦系数（f_i）逐渐增加，超过光滑管的值 f_s。随着液膜内开始紊乱，在气液交界面处产生大得多的扰动波。许多学者研究表明，气液交界面处摩擦系数或粗糙度是液膜厚度的函数。Wallis 的关系式为

$$\tau_i = \frac{1}{2} f_i \rho_g u_g^2 \qquad (10-97)$$

$$\frac{f_i}{f_s} = 1 + 300 \frac{\delta}{D_e} \qquad (10-98)$$

$$f_s = 0.079 Re_g^{-0.25} \qquad (10-99)$$

式中，$u_g = Gx/\rho_g$；$Re_g = GxD_e/\mu_g$。但是，当液膜厚度相对很小时，式（10-98）预测的摩擦系数偏高，因此本书推荐采用改进的 Wallis 的关系式，其中对摩擦系数的改进如下：

$$f_i = 0.005 \left[1 + 300 \left(\frac{\delta}{D_e} - 0.0015 \right) \right] \qquad (10-100)$$

9. 涡流黏度和紊流普朗特数经验关系式

在环状流中，很难测量液膜内紊流状态下的参数（紊态参数），通常，人们认为环状流时液膜内的紊态特性与单相液体紊态流动时相似，并且把适用于单相流动的紊态参数经验关系式应用于环状流来计算液膜内的紊态参数。虽然这种假定还没有得到实验的验证，但改进的单相流动涡流黏度和紊流普朗特数已被一些学者应用于他们的研究中。Kays（凯斯）经验关联式[40]为

$$\begin{cases} \dfrac{\varepsilon_m}{v} = 0.001 y^{+3} & y^+ < 5 \\[2mm] \varepsilon_m = \left\{ 0.41 y \left[1 - \exp\left(-\dfrac{y^+}{25} \right) \right] \right\}^2 \cdot \left| \dfrac{du}{dy} \right| \left(1.0 - \dfrac{y}{\delta} \right)^{1.5} \phi & y^+ \geqslant 5 \end{cases} \qquad (10-101)$$

式中，$v = \mu/\rho$；$y^+ = yu^*/v$，$u^* = (\tau_w/\rho_f)^{1/2}$。引入 ϕ 来表示液膜的蒸发对液膜内紊态特性的影响，其表达式为 $\phi = Bo^{0.3} [(1-x)/x]^{0.1}$。$Bo$ 为沸腾数，表达式为 $Bo = q/(GH_{fg})$。

液膜内涡流黏度和涡流热扩散率之间的关系式如下：

$$Pr_t = \frac{\varepsilon_m}{\varepsilon_H} \qquad (10-102)$$

式中，Pr_t 为紊流普朗特数，由下式表示：

$$\begin{cases} Pr_t = 1.07 & y^+ < 5 \\ Pr_t = 1.0 + 0.855 - \tanh[0.2(y^+ - 7.5)] & y^+ \geqslant 5 \end{cases} \qquad (10-103)$$

10.4.3　临界热流密度的主要影响参数

反应堆运行参数用于预测沸腾危机，以便在反应堆运行期间保持适当的安全裕度。核反应堆运行有七个关键堆芯热工水力参数：表面热通量（q''）、系统压力（p）、质量通量（G）、局部焓（H_{loc}）、入口焓（H_{in}）、通道直径（D_e）和通道长度（L）。它们不是全部独立，而是通过加热通道的能量平衡相互关联。对于均匀的热通量分布，测试对象的能量平衡方程可写为

$$H_{ex} - H_{in} = \frac{A_u \bar{q''}}{A_0 G} = \left(\frac{4L}{D_e} \right) \left(\frac{\bar{q''}}{G} \right) \qquad (10-104)$$

由于相关参数变量相互影响，上式给沸腾危机分析引入了额外的复杂性。每当其中某个参数改变，另一个参数必定根据能量平衡而改变，这两个同时变化的参数影响将无法区分，通常被称为参数失真，必须予以研究。

对于不均匀的热通量分布，测试对象的能量方程变为

$$H_{ex} - H_{in} = \left(\frac{4}{GD_e}\right) \int_0^L q'' dz \qquad (10-105)$$

实验结果表明,针对 CHF 发生在通道出口处的情况,非均匀加热临界功率是 H_{in}、L、D_e、G 和 p 的函数,对应的临界热流密度关系式可表示为

$$q''_{crit} = F_1(H_{in}, L, D_e, G, p) \qquad (10-106)$$

在过冷或低含气率区域,非均匀加热的沸腾危机可能发生在加热通道上游。局部 CHF 的预测关系式为

$$q''_{crit} = F_2(H_{loc}, l_{cr}, D_e, G, p, F_c) \qquad (10-107)$$

式中,F_c 为非均匀热流分布形状因子。对于给定的热流分布,基于能量守恒原理,式(10-107)中的局部热流密度与沿程焓升相关,可表示为

$$H_{loc} - H_{in} = \frac{4}{GD_e} \int_0^{l_{cr}} q'' dz \qquad (10-108)$$

式中,l_{cr} 为沸腾危机的位置。轴向热流分布(q'')通常在反应堆设计中作为位置 z 的函数给出。

经验关系式给出的运行参数对 CHF 的影响通常局限于给定的工况范围。如若选取参数拟合 CHF 关系式,则需首先确定 CHF 发生机理,可借助可视化结果及微观现象进行分析确定。

10.4.3.1　压力影响

对于一个均匀加热的实验段,CHF 随某个参数的变化而变化,与此同时另一个参数也随之变化。如图 10-23 所示[41],Aladyev(阿拉季耶夫)等获得了给定出口含气率工况下不同压力和进口过冷度对应的临界热流密度实验数据。CHF 发生在实验段出口处,出口焓为饱和状态对应的值。由于临界热流密度随压力变化,进口温度也必然随之变化。因此,低压下 CHF 较高是进口温度较低导致的,低压下水和蒸汽良好的物理性质也有助于核心气泡层界面的传热。

图 10-24 也展示了压力对 CHF 影响的曲线[42]。CHF 随压力变化的同时,出口焓值也随之改变。该趋势与图 10-23 中的完全不同。对于沸腾系统设计,如果进口温度已知,图 10-24 可以给出系统压力单独对 CHF 的影响规律。

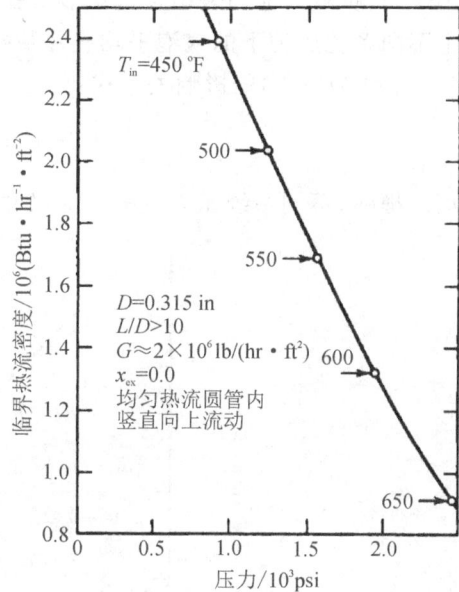

图 10-23　压力和入口过冷度对 CHF 的影响①

低压下局部含气率(x_{crit})增大对 CHF 的影响似乎可由饱和水和水蒸气的有效传热作用补偿。该结论表明系统压力和局部含气率对 CHF 的作用具有耦合效应,且从曲线形状来看,这种耦合作用是非线性的。

———————————

① 1 in = 2.54 cm。后同。

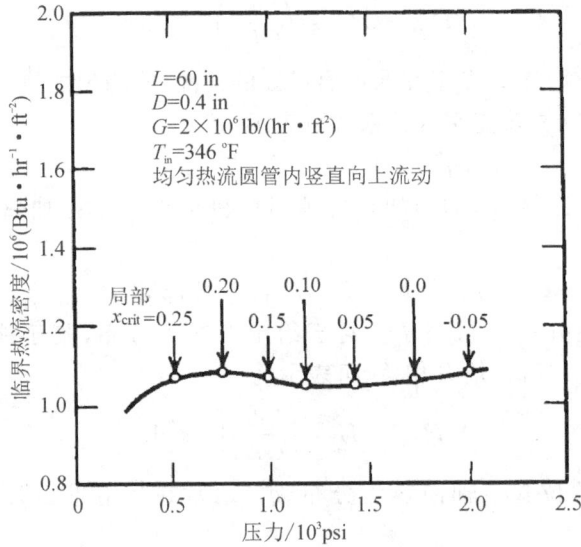

图 10 - 24　压力和局部焓对 CHF 的影响

Cumo(库莫)等[43]指出,对于氟利昂-114 流动介质,压力对气泡直径的影响是线性关系,如图 10 - 25 所示。他们采用竖直矩形实验段,质量流速为 100 g/(cm² · s),采用高速摄像机获得了不同系统压力下的气泡平均直径数据,建立了折算压力 p/p_{cr} 对氟利昂-114 气泡平均直径(D,单位为 mm)的影响关系式:

$$D = -0.42\left(\frac{p}{p_{cr}}\right) + 0.39 \tag{10-109}$$

可以推断,不同系统压力下的气泡尺寸会影响流型,因为耦合效应会影响 CHF。

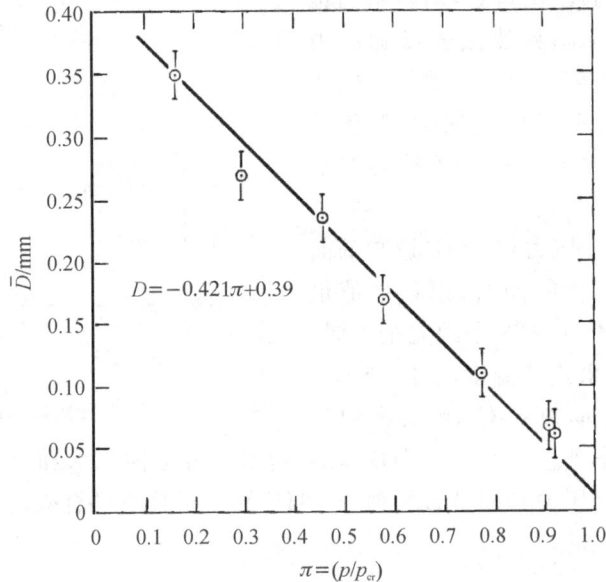

图 10 - 25　不同系统压力下的氟利昂-114 气泡平均直径

10.4.3.2　质量流速影响

1. 逆流影响

图 10-26 和图 10-27 给出了阿贡国家实验室[44]获得的均匀热流下三种不同质量流速的临界热流密度实验数据。图 10-26 中曲线的交叉通常被称为逆质量流速效应,表现为局部条件概念下的局部质量效应与流型的耦合效应。然而,如图 10-27 所示,在入口焓达到饱和前,相同的三组数据互不交叉,这表明基于系统参数概念,不存在逆质量通量效应,局部含气率效应被嵌入质量流速效应中。

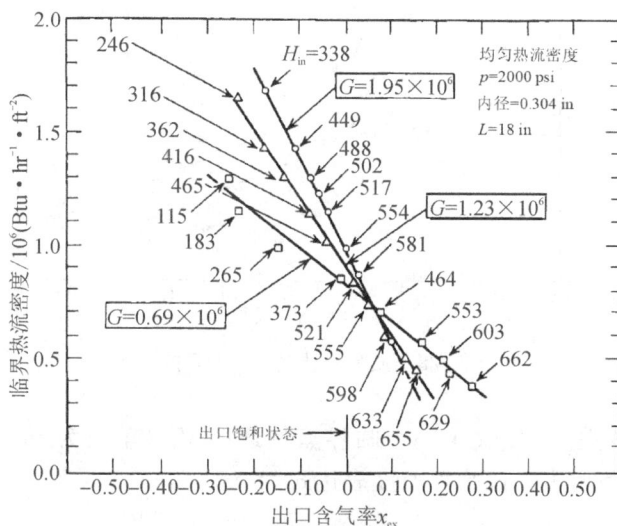

图 10-26　质量流速对临界热流密度的影响(局部条件下)

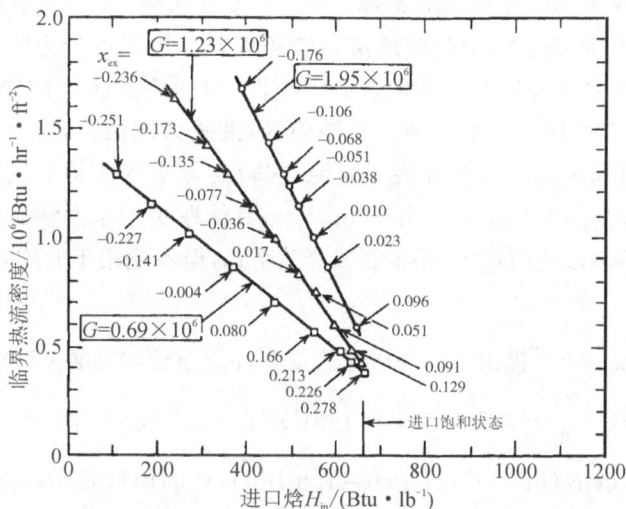

图 10-27　质量流速对临界热流密度的影响(系统参数下)

Griffel(格里费尔)等[45]开展了均匀热流下圆管内沸腾临界特性实验,进一步研究了逆质量流速效应。典型实验结果如图 10-28 所示,在给定压力下,局部焓和质量流速效应是耦合的。高含气率下会出现逆质量流速效应,此时较高的蒸汽流速会加强液滴夹带效应。这一结果表明,不同流型下质量流速对 CHF 的影响是不同的,在拟合 CHF 关系式时需考虑质量流速与局部含气率的耦合效应。当蒸汽速度非常高时,逆向质量流速效应变得十分强烈。当蒸汽速度为 15～18 m/s 时,热流密度在 6.9 MPa 时迅速下降。

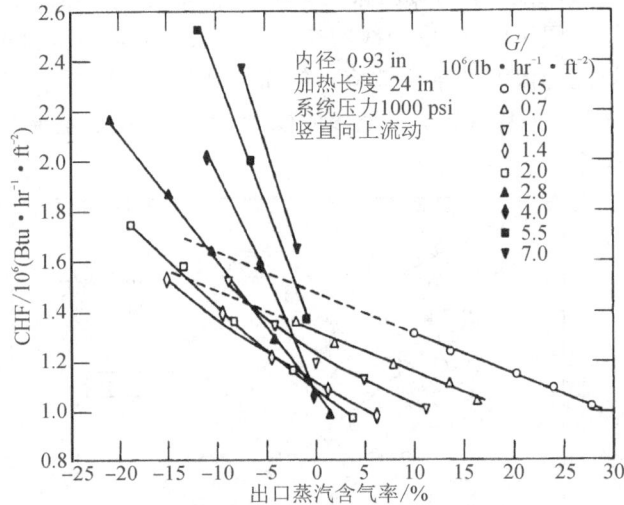

图 10 - 28　质量和流速对 CHF 的影响

Mozharov(莫扎罗夫)[46]定义了一个临界蒸汽速度 V_g^*(单位为 m/s),在该速度下,管壁液膜的水滴夹带量显著增多。该临界速度表达式为

$$V_g^* = 115 \left(\frac{\sigma}{\rho_g}\right)^{1/2} \left[\frac{x}{D(1-x)}\right]^{1/4} \tag{10-110}$$

其中,σ 为表面张力,N/m;ρ_g 为蒸汽密度,kg/m³;x 为含气率;D 为管壁内径,m。

Simon(西蒙)等[47]研究了沿受热面的液膜破碎现象。液膜可分为薄膜区和厚膜区。在薄膜区,临界热流密度和加热段长度的乘积是流体物性(包括表面张力的温度系数)和初始薄膜厚度与零加热薄膜厚度之比的对数函数。在厚膜区,液膜为波浪形,这导致受热面间歇干燥和潮湿。Kirby[48]针对环状流蒸干现象开展了研究,在较高和中等质量流速下存在两种类型干涸现象,对应的质量流速范围为 136～678 kg/(m²·s),具体取决于压力和通道长度[42]。均匀热流下干涸型 CHF 可采用 p、x 和 $D^{1/2}G$ 等参数拟合关系式,但不适用于非均匀热流分布情况。

2. 向下流动影响

Mirshak(米尔沙克)等[49]提出了中高质量流量下环形通道内稳态 CHF 关系式($V > 3$ m/s):

$$\frac{Q}{A} = 92700(1 + 0.145V)(1 + 0.031\Delta T_{sub}) \tag{10-111}$$

式中,Q/A 的单位是 Pcu/(hr·ft²)(1 Pcu=1.8 Btu);V 的单位是 ft/s;ΔT_{sub} 为过冷度,℃。

实验结果表明,在高质量流速下,过冷度增大,CHF 增大,这与向上流动的规律相同。然而,对于低质量流速向下流动,过冷度增大并没有显著增大 CHF,因为在这种情况下浮力的影响更加显著。在极低质量流速下,干涸型 CHF 现象与中、高质量流量下的现象不同。极低流量的 CHF 伴随着流动不稳定或液泛现象,从而使 CHF 减小。相较于向上流动,这种效应在向下流动时更明显。图 10-29 和图 10-30 展示了零流量附近的 CHF 特性。Mishima 等[50]

提出了窄矩形流道零流量附近 CHF 关系式：

$$q''_{cr,F} = \frac{C^2 A_c H_{fg} \sqrt{2\rho_g g \Delta\rho W}}{A_h \left[1 + \left(\frac{\rho_g}{\rho_f} \right)^{1/4} \right]^2} \tag{10-112}$$

式中，A_h 为加热面积；A_c 为流道截面积；C 为经验常数，取决于实验参数，对于内管加热的实验段，$C = 0.73$，对于内、外管均加热的实验段，$C = 0.63$。

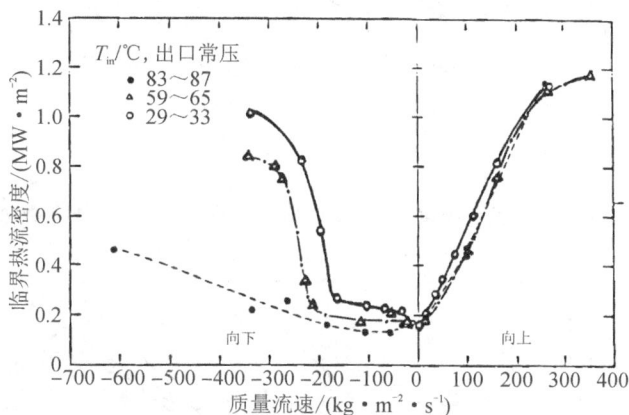

图 10 - 29　实验段内管加热的临界热流密度

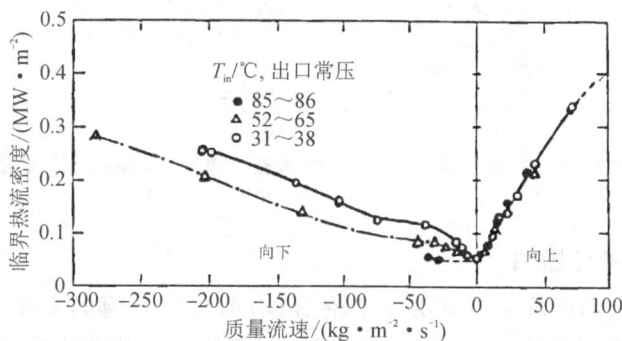

图 10 - 30　实验段内、外管均加热的临界热流密度

当入口温度小于 70 ℃时，过冷度对 CHF 影响较小，其对 CHF 的影响关系式为

$$\frac{q''_{cr}}{q''_{cr,F}} = 1 + 2.9 \times 10^5 \left(\frac{\Delta H_{in}}{H_{fg}} \right)^{6.5} \tag{10-113}$$

液泛现象发生时，由于向上运动的气相作用，液体无法向下流动，气泡可能滞留在壁面上静止不动。这种情况下的壁面传热效果可能比以自然对流为主的池式沸腾更糟糕。两种情况的 CHF 对比结果如图 10 - 31 和图 10 - 32 所示，横、纵坐标分别为无量纲质量流速（G^*）和无量纲 CHF（q^*），定义如下：

$$q^* = \frac{q''}{H_{fg} (\lambda \rho_g g \Delta\rho)^{1/2}} \tag{10-114}$$

$$G^* = \frac{G}{(\lambda \rho_g g \Delta\rho)^{1/2}} \tag{10-115}$$

式中,泰勒不稳定的长度尺度 $\lambda = (\sigma / g \Delta \rho)^{1/2}$。

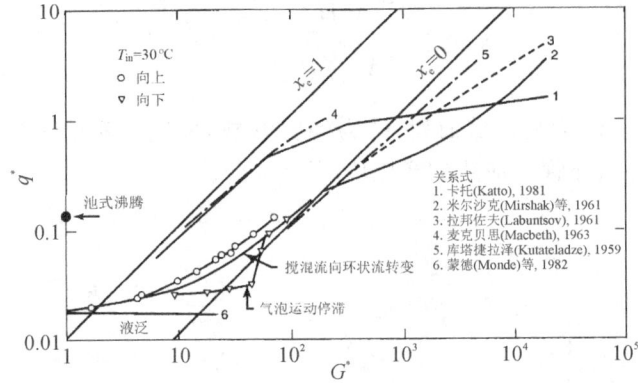

图 10 - 31　进口温度为 30 ℃时实验段内管加热的 CHF 数据

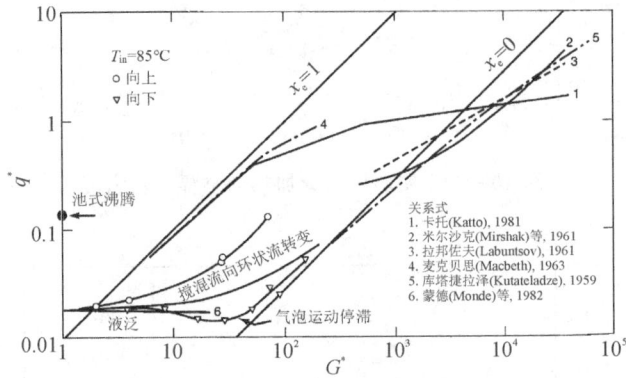

图 10 - 32　进口温度为 85 ℃时实验段内管加热的 CHF 数据

10.4.3.3　局部焓值影响

局部焓值对 CHF 的影响主要取决于空泡份额,即局部焓值的变化直接影响到气泡的形成、成长和脱离,从而影响到 CHF。在沸腾过程中,流体吸收热量后在加热表面上形成气泡。随着局部焓值的增加,气泡内的压力也会增加,导致气泡更容易成长并从加热表面脱离。气泡的脱离有助于热量的传递,因为新的流体可以接触到加热表面,继续吸收热量。

局部焓值的增加意味着流体能够携带更多的热量,这有助于减少加热表面的热阻抗。较低的热阻抗有助于热量的传递,从而提高 CHF。然而,如果局部焓值过高,可能会导致气泡合并和液膜破裂,从而增加热阻抗并降低 CHF。

其次,空泡份额会影响流型,局部焓值的变化会导致流型从核态沸腾转变为过渡沸腾,最终可能转变为膜态沸腾。在核态沸腾中,局部焓值的增加有助于气泡的形成和脱离,从而提高 CHF。但在过渡沸腾和膜态沸腾中,局部焓值过高可能导致液膜不稳定,增加热传递失效的风险。

Griffel[45]首次提出了过冷泡状流中局部过冷度与流速的耦合效应 CHF 经验公式(忽略压力影响):

$$q''_{\text{crit}} = 3.1544(384000 + 0.0553G)(8 + \Delta T_{\text{sub}})^{0.27} \tag{10-116}$$

该式适用范围：$D = 0.56 \sim 3.76$ cm；$L = 0.61 \sim 2.0$ m；$\Delta T_{\text{sub}} = 0 \sim 61$ ℃；$G = 676 \sim 9460$ kg/(m^2 · s)，$p = 3.4 \sim 10.2$ MPa。其中，q''_{crit} 的单位为 W/m^2，式（10-117）同。

其他数据来自于压力范围 $2.0 \sim 20$ MPa、直径 $0.2 \sim 0.3$ cm 的小尺寸圆管内的过冷水流动[51]。压力与局部过冷度的耦合影响关系式如下：

$$q''_{\text{crit}} = 3.1544 q''_0 (1 + B\Delta T_{\text{sub}}) \left(1 + \frac{V}{V_0}\right)^{0.8} \tag{10-117}$$

式中，q''_0 为给定压力下零过冷度、零速度的 CHF；B 为压力相关系数（1/℉），如表 10-3 所示；V 为速度；V_0 为压力相关速度。

部分均匀热流下的 CHF 经验关系式可简化为如下形式：

$$q''_{\text{crit}} = C_1(C_2 - x_0) \tag{10-118}$$

式中，x_0 对 q''_{crit} 的影响非常大，然而这种影响仅限于中等含气率工况范围。

表 10-3　式（10-118）中对应的压力相关系数与相关速度

p/atm	q''_0/(W · m^{-2})	B/(℉$^{-1}$)	V_0/(m · s^{-1})
20	2.912×10^6	0.0378	6.00
35	3.224×10^6	0.0306	7.00
50	3.375×10^6	0.0306	6.95
70	3.318×10^6	0.0306	6.85
100	2.934×10^6	0.0297	6.91
150	1.978×10^6	0.0279	4.20
200	0.262×10^6	0.0270	1.50

10.4.3.4　p-G-x 对 CHF 的影响表格

为了总结 p-G-x 对 CHF 的影响，1986 年 Groeneveld（格罗内维尔德）等[52]采用了加拿大原子能公司（Atomic Energy of Canada Limited, AECL）的 CHF 数据库。该数据库实验工况范围非常宽广，基于水的 15000 多个 CHF 数据点，制作了 CHF 参考表。该表适用于均匀加热竖直向上流动的 8 mm 圆管，揭示了 p-G-x 对 CHF 的影响规律，很好地预测了 p-G-x 影响的总体趋势，其对 CHF 的预测结果比 1972 年 Bowring（鲍林）[53]和 1968 年 Biasi（比亚西）等[54]的关系式更加精确。然而，为了将其应用于反应堆设计，需要考虑堆芯棒束通道与圆管几何形状不同对 CHF 的影响，因此需要进行适当的修正。通常情况下这种修正非常复杂，因此，在这种情况下，参考表格方法并没有提供更多的便利。

此外，在反应堆瞬态过程中，由于流型的不断变化，在程序中需要耦合不同流型下的模型。因此需要找到一种能简单有效地预测 CHF 的方法，如查询表，它来源于一个很大的数据库，具有以下优点[55]：①高预测精度；②宽应用范围；③正确的参数趋势；④使用方便，计算时间少；⑤便于更新。尽管现在的查询表是基于圆管做出的，但经过修正后，也可用于其他几何形状。CHF 查询表已广泛应用于各个领域，其预测精度是所有预测方法中最高的，但在有些区间 CHF 的预测依然需要进一步的改进。Shan（单）等[55]根据 2005 版[56]和 1995 版[57]查询表的区别，介绍了 CHF 查询表的现状，并分析了需要进一步解决的问题。

下面给出 2006 CHF 查询表（部分），AECL-UO 表[58]的数据如下。

表 10-4　2006 CHF 查询表（部分）

X→ 为干度值（行首标注）。

Pressure [kPa]	Mass Flux [kg m⁻² s⁻¹]	-0.50	-0.40	-0.30	-0.20	-0.15	-0.10	-0.05	0.00	0.05	0.10	0.15	0.20	0.25	0.30	0.35	0.40	0.45	0.50	0.60	0.70	0.80	0.90	1
100	0	8111	7252	6302	4802	4086	3057	1990	1142	637	415	284	223	188	165	152	142	133	123	114	110	96	55	0
100	50	8317	7271	6326	5035	4236	3453	2420	1570	1011	784	641	587	553	531	475	443	419	387	347	277	239	204	0
100	100	8390	7295	6371	5322	4586	3640	2942	2103	1558	1275	1013	885	847	811	789	758	745	715	700	600	459	359	0
100	300	10698	9288	7795	6020	5009	3865	3196	2479	1961	1707	1317	1177	1172	1159	1150	1100	1085	1041	1031	675	517	366	0
100	500	12882	10946	9224	6791	5348	3938	3369	2685	2087	1808	1412	1347	1311	1303	1282	1260	1212	1193	1071	605	450	295	0
100	750	16982	14405	11641	7496	5662	4234	3471	2780	2229	1970	1649	1606	1591	1563	1510	1495	1400	1280	595	415	243	206	0
100	1000	19441	16278	13255	8232	5971	4495	3533	3012	2653	2349	2070	2000	1980	1930	1715	1550	1359	1165	503	302	172	105	0
100	1500	22781	19225	15465	9100	6603	5358	3741	3524	3166	2917	2635	2572	2467	2378	1908	1350	1005	815	302	210	126	51	0
100	2000	25268	21321	17143	9141	7059	6036	4074	3855	3556	3402	3167	2986	2720	2549	1696	1105	805	595	247	105	87	39	0
100	2500	28026	23599	18346	9503	7506	6516	4502	4047	3852	3599	3228	3019	2676	2458	1148	956	708	485	290	120	46	22	0
100	3000	30294	25465	19383	9779	8063	7088	4826	4182	3976	3389	2968	2706	2369	1829	940	846	665	532	302	159	55	20	0
100	3500	32227	27043	21068	10156	8518	7302	5113	4384	4106	3196	2769	2557	2311	1729	1158	891	817	670	402	210	75	28	0
100	4000	33928	28471	22722	10512	8728	7528	5582	4709	4228	3119	2736	2504	2282	1850	1470	1160	1030	823	475	248	96	38	0
100	4500	35406	29774	23890	10945	9088	8067	6267	5013	4272	3287	2769	2541	2304	1972	1718	1405	1185	969	585	289	129	61	0
100	5000	36808	30988	24979	11185	9592	8576	6748	5113	4342	3410	2890	2629	2355	2066	1779	1498	1247	1030	647	347	167	81	0
100	5500	38232	32141	25791	11929	10084	8940	6867	5175	4389	3465	2954	2680	2406	2128	1848	1595	1334	1118	729	409	206	101	0
100	6000	39525	33222	26637	13026	10396	9347	6919	5241	4423	3580	2921	2681	2447	2170	1908	1651	1418	1204	807	468	244	121	0
100	6500	40727	34244	27480	14371	10748	9701	6995	5295	4491	3620	2918	2694	2477	2209	1965	1719	1493	1281	878	523	282	142	0
100	7000	41950	35224	28165	15045	11091	10522	7062	5370	4513	3668	2958	2724	2501	2247	2013	1780	1559	1349	943	576	319	162	0
100	7500	43448	36075	28604	15822	11538	10726	7087	5381	4585	3699	2996	2751	2526	2285	2060	1838	1622	1414	1000	615	347	180	0
100	8000	44338	36803	29089	16599	12085	10900	7313	5392	4689	3780	3031	2778	2553	2320	2103	1890	1679	1473	1054	651	371	196	0
300	0	8027	7043	6206	4761	3131	2483	1374	883	606	420	313	248	205	180	165	148	141	135	131	125		67	0
300	50	8153	7058	6287	5304	4564	3729	2847	2071	1587	1315	1052	871	709	599	516	499	457	389	372	362	274	207	0
300	100	8418	7315	6499	5509	4883	4013	3238	2638	2150	1869	1528	1373	1262	1183	1127	1065	1057	1033	902	691	502	394	0
300	300	10397	8974	7805	6085	5320	4107	3429	3011	2617	2263	1862	1657	1614	1576	1513	1480	1446	1403	1193	722	572	419	0
300	500	12787	10894	9193	6962	5664	4134	3563	3285	2821	2405	2001	1832	1688	1663	1610	1610	1520	1504	1112	616	452	297	0
300	750	16084	13658	11132	7493	5853	4282	3743	3512	2747	2538	2062	1868	1698	1676	1636	1598	1447	1300	656	440	253	207	0
300	1000	17866	15378	12753	8194	6408	4572	3898	3610	3224	2791	2450	2220	2070	1990	1805	1570	1369	1173	523	334	184	112	0
300	1500	21559	18208	14718	9252	7091	6091	4818	4243	3557	3134	2981	2720	2658	2491	2042	1365	1016	813	308	210	130	57	0
300	2000	23993	20257	16367	10134	8179	6790	5171	4462	3759	3490	3410	3232	2894	2672	1803	1108	822	599	254	118	88	41	0
300	2500	26215	22280	18013	10477	8534	7134	5245	4519	3951	3681	3444	3248	2846	2521	1168	981	732	488	292	132	47	23	0
300	3000	27747	23975	19028	10840	8691	7393	5326	4551	4081	3502	3082	2977	2523	1868	945	852	681	534	304	161	56	21	0
300	3500	29254	25440	20427	10948	8793	7585	5600	4681	4195	3283	2967	2695	2389	1788	1170	895	820	675	410	226	76	29	0
300	4000	30763	26771	21520	11006	8997	8017	6253	5184	4271	3344	2951	2648	2383	1960	1500	1170	1050	850	499	264	97	39	0
300	4500	32150	27994	22599	11137	9082	8517	6725	5594	4329	3504	2981	2677	2408	2094	1746	1423	1228	998	600	304	126	59	0
300	5000	33465	29133	23700	11600	9705	8845	7103	6052	4369	3655	3048	2739	2449	2139	1843	1542	1289	1061	665	358	165	80	0
300	5500	34919	30223	24325	12512	10147	9115	7281	6122	4427	3720	3070	2776	2501	2200	1881	1636	1377	1153	748	418	206	100	0
300	6000	36122	31241	25169	13522	10870		7398	6323	4481	3685	3104	2773	2543	2247	1942	1708	1462	1241	828	476	244	121	0
300	6500	37231	32198	25960	14708	11330	10024	7446	6440	4571	3705	3123	2783	2578	2288	2004	1783	1543	1320	902	532	268	142	0
300	7000	38099	33093	26558	15513	11759	10532	7599	6469	4650	3772	3155	2812	2605	2327	2037	1844	1611	1391	970	586	303	150	0
300	7500	38989	34027	27263	16123	12062	10765	7689	6500	4702	3794	3221	2839	2625	2361	2095	1898	1673	1456	1029	627	331	166	0
300	8000	39744	34510	27900	16757	12891	11128	7784	6544	4760	3892	3228	2867	2649	2395	2126	1946	1728	1514	1083	664	356	181	0
500	0	7743	6834	5910	4720	4136	3342	2518	1607	1129	798	557	404	308	245	209	188	163	159	157	156	137	105	0
500	50	7983	7004	6274	5355	4711	3853	2989	2170	1731	1344	1119	958	852	775	684	556	495	465	407	395	282	235	0
500	100	8478	7421	6632	5627	5080	4057	3317	2754	2201	1988	1704	1399	1316	1229	1188	1122	1116	1109	940	711	523	417	0
500	300	10280	8983	7804	6235	5491	4193	3498	3165	2835	2537	2243	2028	1826	1647	1611	1545	1503	1464	1255	749	592	449	0
500	500	12694	10885	9073	7008	5780	4281	3671	3339	3157	2811	2462	2253	1933	1711	1651	1630	1534	1506	1177	676	476	300	0
500	750	15186	12992	10624	7610	5957	4356	3855	3630	3442	2994	2680	2379	1982	1740	1699	1615	1469	1307	684	503	274	209	0
500	1000	17460	14778	12501	8057	6145	4692	4062	3870	3684	3304	3109	2885	2613	2251	1937	1651	1410	1178	707	423	186	119	0
500	1500	20438	17191	13972	9365	7340	6298	5248	4711	4048	3594	3491	3278	3149	2774	2123	1382	1056	833	310	215	134	65	0
500	2000	22719	19293	15591	10327	8310	7309	5675	5017	4215	3772	3693	3578	3169	2795	1850	1115	832	603	260	132	89	43	0
500	2500	25104	20961	17081	10751	8703	7765	5987	5151	4435	3863	3759	3017	2647		1116	1009	780	492	296	145	48	24	0
500	3000	26621	22486	18273	11002	8920	8034	6194	5168	4595	3955	3690	3216	2761	1905	948	862	698	560	306	163	58	22	0
500	3500	28248	23838	19186	11141	9008	8154	6399	5384	4757	3992	3489	3066	2723	1856	1201	899	825	681	420	229	77	30	0
500	4000	29719	25104	20125	11201	9267	8238	6955	5858	4922	4029	3257	2991	2692	2090	1540	1180	1060	870	532	271	98	39	0
500	4500	31075	26215	20508	11429	9919	8968	7201	6212	5083	4098	3257	2958	2663	2204	1776	1437	1240	1003	612	315	124	54	0
500	5000	32376	27279	21190	11913	10245	9208	7321	6399	5162	4132	3186	2907	2639	2230	1858	1551	1310	1085	693	368	153	70	0
500	5500	33684	28306	22359	12695	10581	9306	7407	6229	5195	4190	3175	2882	2652	2287	1985	1728	1482	1263	850	478	186	86	0
500	6000	34756	29261	23302	14018	11114	9598	7526	6332	5399	4190	3180	2947	2652	2287	1985	1728	1482	1263	850	478	220	103	0
500	6500	35781	30153	24141	14945	11567	9948	7751	6496	5481	4230	3246	2666	2319	2029	1797	1560	1342		927	534	254	121	0
500	7000	36804	30962	24952	15581	12151	10333	8027	6828	5588	4307	3294	2939	2682	2361	2077	1864	1632	1416	997	588	288	139	0
500	7500	38036	31979	25616	16185	12686	10753	8176	6845	5700	4330	3351	2947	2697	2398	2127	1918	1695	1480	1060	631	315	153	0
500	8000	39197	33017	26712	17016	13200	11107	8256	6896	5794	4485	3389	3069	2734	2442	2177	1967	1751	1540	1120	672	342	166	0
1000	0	7347	6383	5570	4657	4175	3535	2776	2159	1820	1320	940	678	492	377	318	291	269	254	231	220	193	145	0
1000	50	7700	6956	6204	5406	4891	4169	3412	2702	2473	1966	1607	1351	1179	1068	933	770	723	706	586	522	369	282	0
1000	100	8581	7702	6906	5824	5173	4600	4000	3609	3069	2549	2380	2216	2087	1949	1798	1700	1652	1541	1280	1078	708	501	0

10.4.3.5　通道尺寸和冷壁效应影响

1. 通道尺寸影响

由于气泡尺寸不会随通道尺寸而缩小,因此,小尺寸通道中的壁面空泡所占横截面积比例远远高于大尺寸通道。在小通道内,过冷沸腾危机的尺寸效应可视为壁面空泡份额对液芯节流的影响。同样地,高含气率区沸腾危机的尺寸效应可被视为由于壁面环状液膜导致的气芯的节流效应。因此,通道尺寸改变了核心层和壁面层(无论是气泡层还是环状液膜)之间界面处的湍流混合强度,从而影响 CHF。然而,高含气率区内通道尺寸对 CHF 的影响弱于过冷区域。Macbeth(麦克贝思)[59]获得了均匀热流下通道尺寸对 CHF 的影响数据,如图 10-33 和图 10-34 所示。应注意在图 10-33 中,对于恒定的 G 和 L,局部焓值随流道直径的增大而减小;相反地,在图 10-34 中,入口焓值随流道直径的增大而增大。上述分析中参数(H_{loc} 或 H_{in})也发生了变化,因此不能认为是流道直径 D 对 CHF 的单独影响。

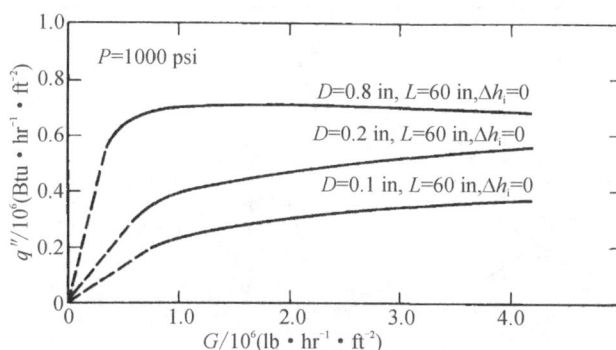

图 10-33　参数 D、L、G 对 CHF 的影响

在单相对流传热中,通道尺寸用当量直径表示。然而,这一概念是否能够用于两相沸腾危机问题分析,尚待进一步讨论验证。传统的当量直径概念(D_e),仅用于近似描述矩形通道和棒束通道,可能需要一个修正系数去考虑矩形通道拐角附近和棒束间隙中水流的减速效应。在环形通道或具有较大面积未加热壁面的其他通道中,当量直径(D_h)可重新定义为流通截面积除以加热周长的 4 倍。

2. 不加热壁面对 CHF 的影响

冷壁是指不发热或发热量相对较小的固体壁面。研究者普遍认为,冷壁附近流体的温度较低、黏度相对较高,冷壁面会形成一层冷的液膜,进而影响通道内局部含气率分布,使得加热壁面附近的流体含气率较高,更多流体经冷壁一侧流过。相比于典型通道,冷壁通道中流经加热壁面的流体更少,即一部分冷却剂未有效参与传热。

图 10-35、图 10-36 分别为圆管实验段[60]和环形实验段[61]内的临界热流密度实验数据,其中环管实验段内表面加热、外表面未加热。如图 10-35 所示(局部条件概念),不加热壁面效应使环形通道内的热流密度明显降低。如图 10-36 所示(系统参数概念),不加热壁面效应导致更高的热流密度出现。从图中可以看出,前者存在一个改变进口焓的附加效应,而后者存在改变出口含气率的附加效应。当核反应堆中的燃料组件由这两种类型的平行通道和一个共同的进口腔室组成时,该情况下的 CHF 变化趋势如图 10-36 所示。

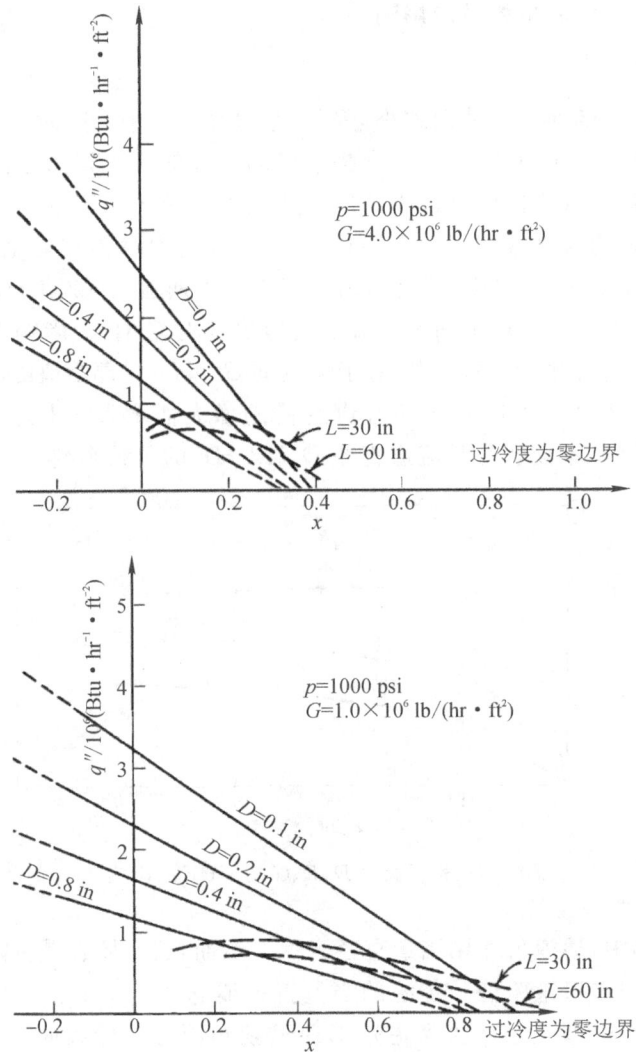

图 10-34 参数 D、L、x 对 CHF 的影响

然而,在具有不加热壁面的通道中,不加热壁面可能会形成厚液膜,无法冷却受热面,这部分冷流体相当于"浪费"了,因此该通道内冷却剂的冷却效果降低。Tong[62] 基于环形通道内 CHF 实验数据建立了冷壁效应经验关系式:

$$\frac{(\mathrm{CHF})_{\mathrm{coldwall}}}{(\mathrm{CHF})_{\mathrm{w}\text{-}3,\mathrm{Dh}}} = 1.0 - Ru\left[13.76 - 1.372\mathrm{e}^{1.78x} - 4.732\left(\frac{G}{10^6}\right)^{-0.0535} - 0.0619\left(\frac{p}{10^3}\right)^{0.14} - 8.509(D_{\mathrm{h}})^{0.107}\right]$$

$$(10-119)$$

式中,所有参数均采用英制单位。$R_{\mathrm{u}} = 1 - D_{\mathrm{e}}/D_{\mathrm{h}}$,$D_{\mathrm{e}}$ 和 D_{h} 分别为基于湿周和热周的当量直径。各参数适用范围如下:$x \leqslant 0.10$;$G = 1356 \sim 6780\ \mathrm{kg/(m^2 \cdot s)}$;$p = 6.9 \sim 15.86\ \mathrm{MPa}$;$L \geqslant 25.4\ \mathrm{cm}$;间隙 $\geqslant 2.5\ \mathrm{mm}$。

为减弱对传热不利的冷壁效应,可以采用安装"粗糙内衬"的方法,或在环形通道不加热壁面上安装高度为 2 mm、边长为 23~66 mm 的方形环,以阻断冷液膜。Janssen(詹森)等[61] 获

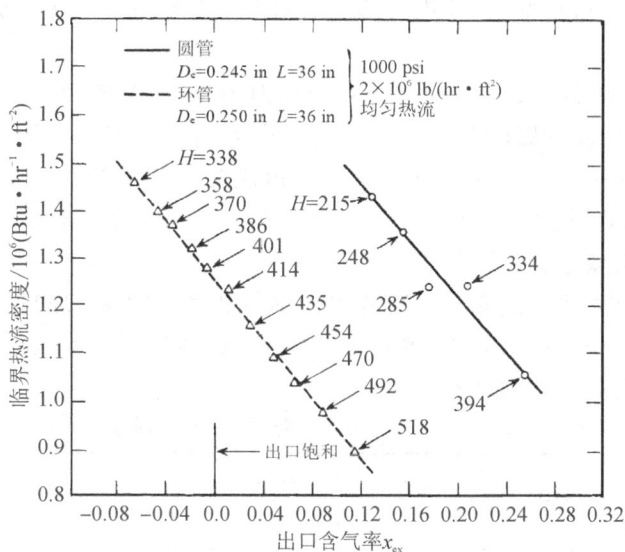

图 10-35　不加热壁面对临界热流密度的影响（局部条件概念）

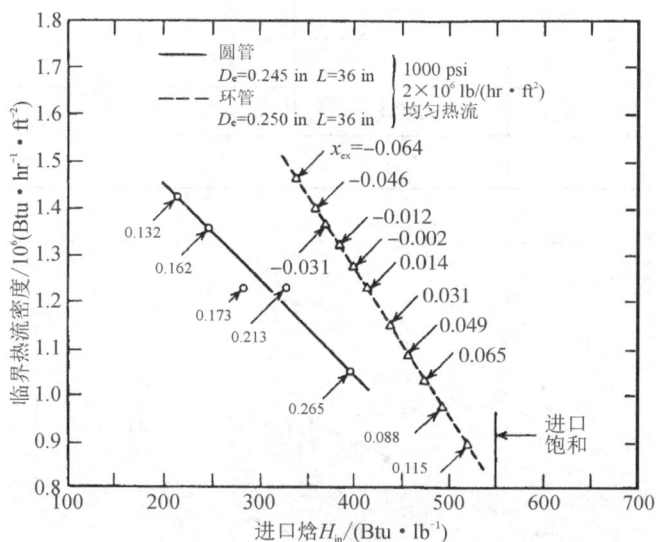

图 10-36　不加热壁面对临界热流密度的影响（系统参数概念）

得了约 1000 psi 压力下的 CHF 实验数据,发现当含气率比较低(<0.05)时,方形环阻断冷液膜方法并没有明显效果;然而当含气率较高时,效果显著,整个流道中的湍流流动可以提高 CHF。

10.4.3.6　通道长度、进口焓值和流道角度影响

1. 通道长度和进口焓值效应

进口焓决定了沿整个通道长度流动焓水平,它直接影响 CHF 的局部焓。此外,高进口焓引入了"软入口",这可能导致流动不稳定,从而降低 CHF。如果出口含气率(x_0)保持不变,通

道长度将根据给定的进口焓变化,使用局部参数和入口参数两个概念表示这种影响。

(1)局部参数概念

Styrikovich(斯特里科维奇)[63]研究了系统压力为 10.2 MPa、出口含气率恒定、8 mm 圆管内长度对临界热流密度的影响规律。表 10-5 中列出了它们在不同 L/D 值(伴随 H_{in} 变化)下测得的 CHF,这表明了在出口质量含气率恒定时小长度效应和 H_{in} 效应对 CHF 的影响。L/D 非常小的实验段出现较高 CHF 可能是入口湍流效应造成的。L/D 的较大值表明实验段较长,其进口焓效应和长度效应均较弱。

Gaspari(加斯帕里)等[64]绘制了棒束临界功率与沸腾长度(L_B)的关系图,如图 10-37 所示。可以看出,每增加一倍通道长度,沸腾临界功率就会降低 10%,这可能是局部参数 CHF 关系式中的"真实长度"效应的影响。

表 10-5　x_0 恒定但 H_{in} 可变时的 CHF(基于 L/D)

L/D	临界热流 q_{crit}					
	$x_0=0$		$x_0=0.2$		$x_0=0.4$	
	$/10^6(\mathrm{Btu \cdot hr^{-1} \cdot ft^{-2}})$	$/\mathrm{kW \cdot m^2}$	$/10^6(\mathrm{Btu \cdot hr^{-1} \cdot ft^{-2}})$	$/(\mathrm{kW \cdot m^2})$	$/10^6(\mathrm{Btu \cdot hr^{-1} \cdot ft^{-2}})$	$/(\mathrm{kW \cdot m^2})$
188	—	—	—	—	0.63	1990
50	1.40	4420	1.10	3470	0.85	2680
20	1.40	4420	1.20	3780	1.02	3220
15	1.48	4670	1.30	4100	1.15	3630
7.5	1.62	5110	1.60	5050	1.59	5020

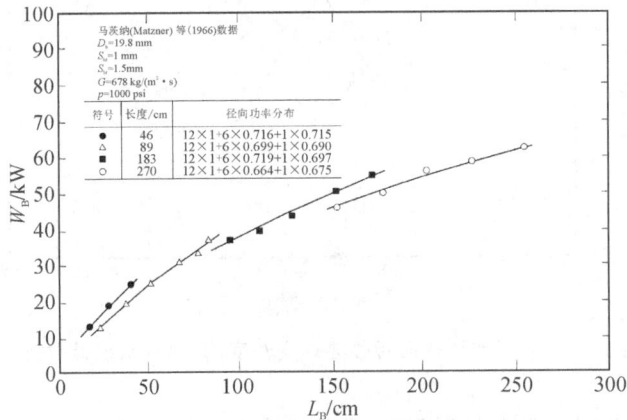

图 10-37　19 棒束通道长度效应示例

(2)入口参数概念

基于进口焓的 CHF 关系式必须含有一个长度项,以预测不同长度实验段的 CHF,如图 10-38~图 10-39 所示,Δi_i 表示进口焓(ΔH_{in})。图中所示的烧毁条件预测曲线基于 Becker(贝克尔)关系式[65]:

$$\left(\frac{q}{A}\right)_{BO} = \frac{G(450 + \Delta H_{in})}{40\left(\dfrac{L}{D}\right) + 156(G)^{0.45}}\left[1.02 - \left(\frac{p}{p_{cr}} - 0.54\right)^2\right] \tag{10-120}$$

该式适用范围：$p = 120 \sim 200$ bar[①]；$L = 2000 \sim 8500$ mm；$d = 8 \sim 25$ mm；$G = G(p) \sim 7000$ kg/(m² · s)；$x_{BO} = 0 \sim 0.60$。式中，ΔH_{in} 的单位为 kJ/kg；函数 $G(p)$ 从图 10-38 中获得。

该式仅与均匀热流下直径为 10 mm 的圆管内 CHF 实验数据进行了对比，均方根误差为 5.7%，预测效果很好，如图 10-39 所示。Becker 关系式表明进口焓（或进口过冷度）与通道长度之间存在不可分割的关系。如前所述，只有较短实验段建立的 CHF 关系式，这种长度效应才能被忽略。

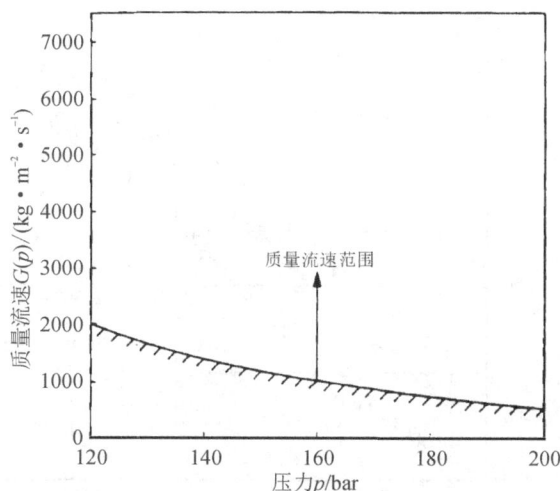

图 10-38　烧毁条件的质量流速范围

Aladyev（阿拉季耶夫）等[66]证明，如果实验段入口有一段可压缩容积，流动会发生振荡，从而降低 CHF。实验段中的流量波动还取决于上游流体的可压缩性和流过实验段的压降。由于水的可压缩性近似为仅由温度影响的函数，入口温度会影响沸腾临界。

高含气率区域的长度效应强于低含气率区域。对于长沸腾通道，可得出以下结论：由于通道内的流体可压缩性较大，在长沸腾通道中观察到出口区域的局部流速波动[67]。出口速度波动频率通常与通道固有频率相同。Dolgov（多尔戈夫）等[68]建议，在 $L/D > 250$ 的超长沸腾通道的热设计中应采取额外的预防措施。

Janssen 等[61]认为，对于具有相同 H_{in}、L、D、G 和 p 的含气率状态下的实验段，如果临界热流密度峰值与平均值之比不超过 1.6，则均匀热流和非均匀热流下的临界热流密度将大致相同。

2. 水平管内临界热流密度

水平方向的 CHF 数据比较稀缺，因此相较于竖直流动，预测水平方向 CHF 所用的关系式在精确度上要稍差一些。Groeneveld 等[52]建议使用一个修正系数（K）：

$$q''_{crit,hor} = K q''_{crit,vert} \tag{10-121}$$

①　1 bar＝1×10⁵Pa。后同。

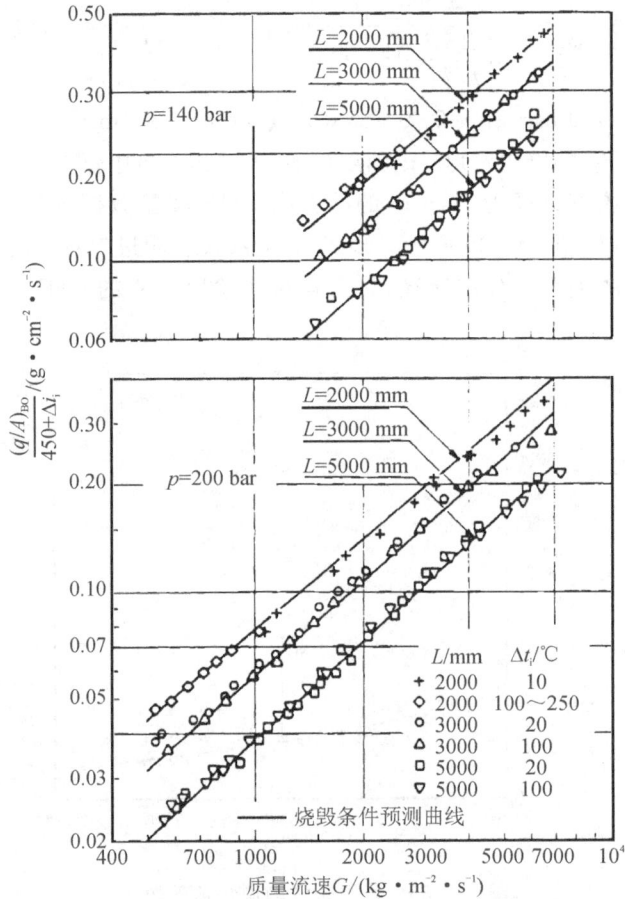

图 10-39 测量和预测的烧毁条件

式中，$q''_{crit,hor}$ 与 $q''_{crit,vert}$ 分别为水平流动与竖直流动的 CHF。

对于高质量流速工况，管道方向对 CHF 的影响可以忽略不计；对于中低质量流速工况，水平流动的 CHF 要比竖直流动的 CHF 低得多。在水平流动中，干涸出现在低含气率区域，气泡会在此处聚集并沿管道上部形成连续的蒸汽层[69]。随着下游的持续蒸发，蒸汽速度增大导致在液-气界面形成高振幅的波动。快速流动的蒸汽对波动的冲击会使液体被夹带到气芯区域，一部分被夹带的液体则沉积在管道上部，再次覆盖整个流道，形成环状流。

在低含气率、低流速工况下，壁面的气泡会沿着流道上部表面形成蒸汽带。这些带状蒸汽会阻碍因蒸发而损失的液体的填充效应，因此，可能会过早地出现 CHF 现象[70]。与低含气率工况不同，中等含气率下的 CHF 触发机制则是较大的交替飞溅波会将液体携带至管道的上部表面，但因为蒸汽没有夹带液滴，管道顶部没有液体补充，如果在下一个飞溅波到达之前，经过足够长的时间，上部表面的液膜就会蒸发或因重力效应掉落，进而发生干涸。高含气率工况下，则更可能是环状流。因为重力效应，流道顶部的环形液膜要比其他地方的液膜更薄。在通道底部，振幅更大的波动会导致大量的液滴被夹带到气芯中。达到 CHF 时，顶部液膜完全消失导致干涸。

因此，修正系数（K）主要取决于流动条件[Wong（翁）等[71]]。一方面，对于低于限值 G_{min}

的质量流速,流动完全分层,则 $q''_{\text{crit,hor}}$ 为 0,或者 $K=0$。另一方面,如果质量流量很高,或者 $G>G_{\max}$,如前所述,管道方向对于 CHF 的影响变得可以忽略,则 $q''_{\text{crit,hor}}$ 可以认为与 $q''_{\text{crit,vert}}$ 相等。上、下边界 $G_{\min}$ 与 $G_{\max}$ 的估值可以从 Taitel(泰特尔)等[72]给出的流动区域图中得到。Wong 等提出修正系数(K)的一种指数形式表达式为

$$K = 1 - \exp\left[-\left(\frac{T_i}{A}\right)^B\right] \tag{10-122}$$

式中,T_i 表示 $T_1 \sim T_6$:

$T_1 = C_1 (Re_{\text{f}})^{-0.2}\left(\frac{1-X_{\text{a}}}{1-\alpha}\right)\left[\frac{G^2}{g D \rho_{\text{f}}(\rho_{\text{f}}-\rho_{\text{g}})\alpha^{0.5}}\right]$,湍流力/浮力(环状流);

$T_2 = C_2 \left(\frac{\rho_{\text{g}}}{\rho_{\text{f}}}\right)\left[\frac{G^4}{g\sigma\rho_{\text{f}}^2(\rho_{\text{f}}-\rho_{\text{g}})}\right]\left[\frac{(\rho_{\text{f}}/\rho_{\text{g}})(1-\alpha)X_{\text{a}}-\alpha(1-X_{\text{a}})}{1-\alpha}\right]^4$,阻力/浮力(泡状流);

$T_3 = C_3 (Re_{\text{f}})^{-0.2}(\rho_{\text{g}})^2 \frac{u_{\text{f}}^2(u_{\text{g}}-u_{\text{f}})^2}{g(\rho_{\text{f}}-\rho_{\text{g}})}$,湍流力/浮力(泡状流);

$T_4 = C_4 \left(\frac{\rho_{\text{g}}}{\rho_{\text{f}}}\right)\frac{G^4}{g\sigma(\rho_{\text{f}})^2(\rho_{\text{f}}-\rho_{\text{g}})}\left[\frac{(\rho_{\text{f}}/\rho_{\text{g}})(1-\alpha)X_{\text{a}}-\alpha(1-X_{\text{a}})}{\alpha(1-\alpha)}\right]^4$,阻力/浮力(滴状流);

$T_5 = C_5 \frac{G}{\sqrt{g D \rho_{\text{g}}(\rho_{\text{f}}-\rho_{\text{g}})}}\left(\frac{X_{\text{a}}}{\alpha}\right)\left(\frac{D}{L_{\text{h}}}\right)$,输运时间比(泡状流);

$T_6 = C_6 \frac{G}{\sqrt{g D \rho_{\text{f}}(\rho_{\text{f}}-\rho_{\text{g}})}}\left(\frac{1-X_{\text{a}}}{1-\alpha}\right)\left(\frac{D}{L_{\text{h}}}\right)$,输运时间比(滴状流)。

以上 6 个参数都在修正因子的推导中进行了测试。在式(10-123)中使用参数 T_1 以及常数 $B=0.5$ 和 $A=3.0$ 时,预测效果最好,关系式如下:

$$K = 1 - \exp\left[-\left(\frac{T_1}{3}\right)^{0.5}\right] \tag{10-123}$$

10.4.3.7　局部堵流和流道表面特性影响

1. 堵流效应

在极端情况下,燃料组件子通道可能因为棒束肿胀、异物堆积等发生通道堵流、传热恶化等现象,甚至超温、堆芯融化等危险工况,Shiralkar(希拉尔卡)等[73]在绝热空气/水实验中研究了各种形状和大小的堵块以测定临界液膜流速(即上游干涸沸腾临界发生的液膜流速)。从图 10-40 可以看出,有些形状的堵块带来的 CHF 降低效应要比其他形状好得多。一般来说,堵块(如形状 3)越接近流线型,临界液膜流速就越低,越难发生干涸型沸腾危机,与轻水堆燃料棒束中发生的流体动力学情况是完全类似的。因此,栅型格架中包含的部件会强烈影响燃料棒束的热性能,建议尽可能使格架设计成流线型。

2. 壁面热容效应

在沸水流动中,只有在气泡尺寸较大、壁面温度波动周期较长的低压条件下,壁面热容对临界热流密度的影响才较为明显。Fiori(菲奥里)[74]在 200～600 kPa 的水中开展 CHF 实验,采用两个内径为 2.39 mm 的圆管实验段,壁厚分别为 0.30 mm 和 1.98 mm。实验结果发现厚壁管的 CHF 相比薄壁管的 CHF 增大高达 58%。

为了评价表面材料性质对 CHF 的影响,首先简要回顾池式沸腾对 CHF 的影响。Carne

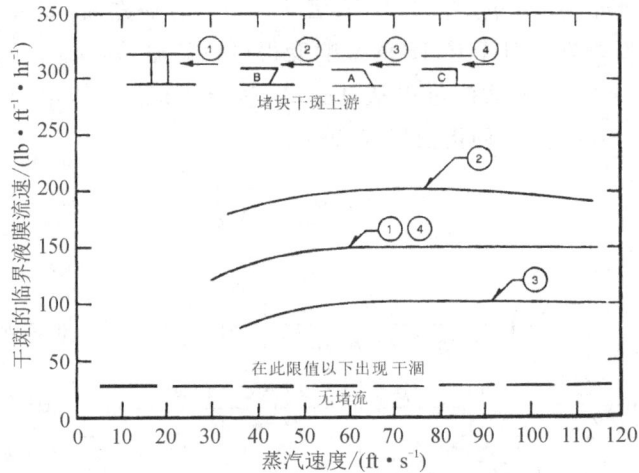

图 10-40　不同堵块的临界液膜流速对比

（卡恩）等[75]在正丙醇沸腾的饱和池中，在大气压力下对不同垂直受热表面进行了 CHF 实验，发现 CHF 应是热导率（k）和受热面厚度（t）的函数。Ivey[76]指出，铝丝氧化表面的 CHF 比干净金属表面的 CHF 要高。还有一些学者也在沸水池中开展了 CHF 实验，发现有固体沉积物的加热面 CHF 比干净表面高 2～3 倍。由此可见，表面条件对池式 CHF 沸腾有不可忽略的影响。

流动沸腾过程中表面沉积（或结垢）的现象已在许多场合出现，但尚未表明对 CHF 有不良影响。Knoebel（克内贝尔）等[77]利用不锈钢和铝的环形几何结构提出了过冷 DNB 关系式（适用于 $\Delta T_{sub} > 25$ ℃）：

$$q''_{crit} = 1360 \left(\frac{We}{Re}\right)^{0.573}_{\mathrm{H_2O}} (\rho c_p \Delta T_{sub})^{0.759}_{\mathrm{H_2O}} (\rho c_p)^{0.621}_{\mathrm{SS/Al}} (k)^{0.190}_{\mathrm{SS/Al}} \qquad (10-124)$$

式中，所有单位均为英制单位。实验发现铝表面的 CHF 比不锈钢表面高 20％。此外，铝加热器壁厚为 0.9 mm 的 CHF 比 0.5 mm 的高 20％。

3. 肋片或定位格架效应

Mirshak 等[49]实验研究了定位肋片对 CHF 的影响。实验段采用竖直平面加热，平面表面布置有纵向定位肋片，水流方向竖直向下。结果表明，纵向定位肋片会导致临界热流降低将近 32％。基于 22 组实验数据（压力为 2～3.3 MPa，流速为 5.2～12 m/s，过冷度为 62～67 ℃）获得了以下关系式：

$$\frac{q''_{crit, w/o\ rib}}{q''_{crit, w/rib}} = 1 + 28\left(\frac{W}{\sqrt{ky}}\right) \exp(-50C), \quad \left(\frac{W}{\sqrt{ky}}\right) < 0.02 \qquad (10-125)$$

其中，C 为肋片端部与受热表面之间的距离，in；W 为（肋尖宽度）/2，ft；k 为被加热面热导率，Btu/（hr·ft·℉）；y 为加热面厚度，ft。

定位格架上一般设置搅混翼片来增强换热，其目的是通过在加热表面上创造扰流来改善流体的流动特性，从而提高 CHF。其作用过程为，搅混格架改善加热表面上的流体分布，确保热量更均匀地传递给流体，减少局部过热的风险。此外在沸腾过程中，气泡的形成和脱离对于热量的有效传递至关重要。搅混格架可以通过扰流作用促进气泡的形成和脱离，从而提高换热效率。

10.4.3.8 反应堆瞬态效应

瞬态沸腾危机是在池式沸腾功率激增期间进行的实验。如图 10-41 所示,Tachibana(橘)等[78]发现瞬态 CHF 随着功率脉冲时间减小而增大。CHF 的增加可能是由于同时激活的成核点数量的增加,因为根据高速摄影照片显示,在达到临界条件之前,受热面上的所有气泡都处于第一代阶段。这些结果与 Hall(霍尔)等[79]的观测结果一致,即在 $\Delta t < 1$ ms 的快速指数脉冲中,在相同的水条件下,膜态沸腾前总有一个短爆发的核态沸腾,其热流密度约为稳态值的 5~10 倍。正如 Rosenthal(罗森塔尔)等[80]以及 Spiegler(施皮格勒)等[81]的结论:功率激增对 CHF 的影响随着初始指数周期的增加而减小,并在 14~30 ms 时接近零。

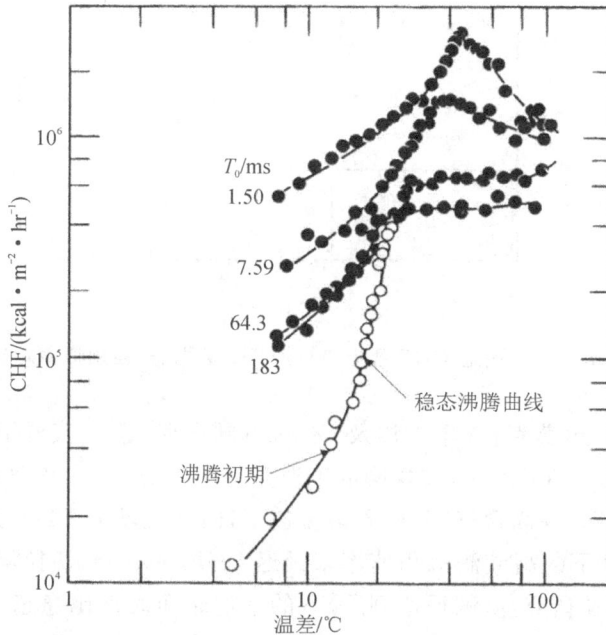

图 10-41 瞬态 CHF

然而,在水的流动沸腾中,Martenson(马腾森)[82]发现瞬态 CHF 值略高于 Bernath[83]关系式预测的稳态值。Schrock(施罗克)等[84]也在 0.3 m/s 的流速下测试了瞬态 CHF。他们还给出了瞬态 CHF 值高于稳态条件下的值。Borishansky(博里尚斯基)等[85]测试了常压下水流动沸腾时的瞬态 CHF。他们发现水中的瞬态 CHF 与稳态值大致相同。根据 Bernath 关系式[83]和 Schrock 等[84]的数据,Redfield(雷德菲尔德)[86]提出了一种瞬态 CHF 关系式:

$$q''_{\text{crit}} = \left[12300 + \frac{67V}{D_e^{0.6}} \right] \left[102.5 \ln(p) - 97 \left(\frac{p}{p+5} \right) + 32 - T_{\text{bulk}} \right] \exp \left(\frac{4.25}{\Delta t} \right) \qquad (10-126)$$

式中,V 为冷却剂速度,ft/s;D_e 为管道当量直径,ft;Δt 为初始指数周期,ms。

Lee 等[87]以 Fe-13Cr-6Al 合金、锆合金-4 和铬镍铁合金 600 为材料,在固定入口温度(40 ℃或 60 ℃)和质量流速[300 kg/(m² · s)]的常压条件下,进行了稳态和瞬态(升温速率为 685 ℃/s)流动 CHF 实验。对所有测试材料应用相同的工况环境,进行了一致的比较。在同一试样上进行了多次实验,以研究由于 CHF 发生导致的表面特征(即粗糙度、润湿性和氧化垢形态)变化规律。尽管 CHF 发生时润湿性、粗糙度和氧化层特性发生了显著变化,但在对被测材料的重复性实验过程中,没有观察到流动沸腾 CHF 对这些参数的敏感性。这一结果表明,在测试的流动条件下,表面性质对流动沸腾 CHF 的影响是有限的。Fe-13Cr-6Al 在升温速率为 685 ℃/s 时的瞬态 CHF 实验值,分别比查表预测值和稳态条件实验结果高 39% 和 23%(见图 10-42)。这一结果表明,在包括反应性引入事故(RIA)在内的快速瞬变条件下,需要对核燃料包壳的温度预测进行沸腾曲线修正。

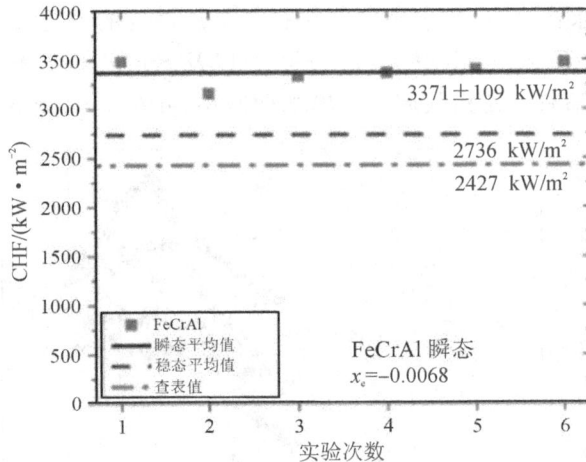

图 10-42 瞬态 CHF 数据、稳态 CHF 数据、查表预测值对比

Tong 等[88-89]、Moxon(莫克森)等[90]以及 Cermak(瑟马克)等[91]获得了高压下棒束通道瞬态临界热流密度特性。实验结果表明,在相同的工况条件下,采用相同几何结构的棒束稳态 CHF 数据可以预测瞬时 CHF。在高含气率、低质量流速下,向下流动的 CHF 受沉积控制,因此可以通过在低表面热流密度下的高液滴沉积速率来延迟 CHF。Celata(切拉塔)等[92]开展了制冷剂 R-12 向下流动 CHF 实验研究,所测得达到 DNB 的平均时间通常比稳态 DNB 关系式预测的时间长 1~2 s。这表明,利用稳态 DNB 关系式预测向下流动过程中的瞬态 DNB 是保守的。

10.4.4　堆芯临界热流密度预测关系式

经验关系式基于大量可靠的 CHF 实验数据和基本的参数趋势分析,是最早用来预测 CHF 的方法,它根据一定参数范围内的 CHF 实验结果,分析 CHF 的形成机理和关键参数对 CHF 的响应趋势,采用相似理论或数学/统计学分析方法得到表达式。下面以典型关系式 W-3 为例进行介绍。

如前所述,p-G-x 对流型和 CHF 的影响具有耦合作用特性。系统压力决定饱和温度及其相关的热力学性能,它与局部焓相结合,共同决定了气泡冷凝的局部过冷度及气泡形成所需潜热(H_{fg})。饱和物性(黏度和表面张力)影响气泡尺寸、气泡浮力和流型中的局部空泡份额分布。在一定压力下,局部焓与质量流速共同决定空泡滑速比和冷却剂交混情况,进而影响泡状流的气泡层厚度或环状流的液滴夹带。

通过拟合当时可用的最佳 q''_{crit} 数据,Tong[89]提出了均匀热流下 W-3 DNB 关系式:

$$q''_{crit} = F(x, p) \times F(x, G) \times F(D_e) \times F(H_{in}) \tag{10-127}$$

式中,

$$F(x,p) = \Big[(2.022 - 0.0004302p) + (0.1722 - 0.0000984p) \times$$

$$\exp(18.177 - 0.004129p)x \Big](1.157 - 0.869x) \qquad (10-128)$$

$$F(x,G) = (0.1484 - 1.596x + 0.1729x \,|\, x \,|)\Big(\frac{G}{10^6}\Big) + 1.037 \qquad (10-129)$$

$$F(D_e) = [0.2664 + 0.8357\exp(-3.151D_e)] \qquad (10-130)$$

$$F(H_{in}) = [0.8258 + 0.000794(H_{sat} - H_{in})] \qquad (10-131)$$

图 10-43～图 10-46 分别给出了压力、含气率、质量流速、当量直径和进口焓等参数对 CHF 的影响,将所有相关函数的表达式代入带定位格架的均匀加热通道的 W-3 DNB 相关式,可得

$$\frac{q''_{crit,EU}}{10^6} = \{(2.022 - 0.0004302p) + (0.1722 - 0.0000984p)\exp[(18.177 - 0.004129p)x]\} \times$$

$$(1.157 - 0.869x) \times \Big[0.1484 - 1.59x + 0.1729x \,|\, x \,|\, \frac{G}{10^6} + 1.037\Big] \times$$

$$[0.2664 + 0.8357\exp(-3.151D_e)][0.8258 + 0.000794(H_{sat} - H_{in})]F_s$$

$$(10-132)$$

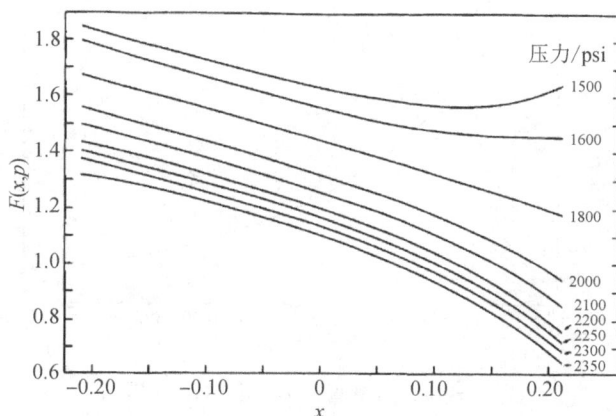

图 10-43　含气率和压力对 CHF 的耦合影响

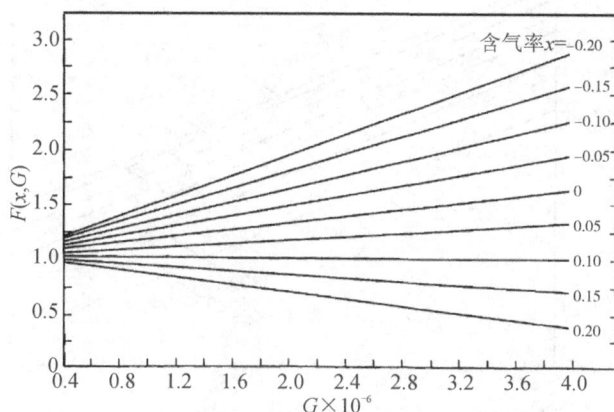

图 10-44　质量流速和含气率对 CHF 的耦合影响

式中,F_s 为定位格架无量纲修正因子;$p=1000\sim2000$ psi;$G=1.0\times10^6\sim5.0\times10^6$ lb/(hr·ft^2);$D_e=0.2\sim0.7$ in;$x\leqslant0.15$;$H_{in}\geqslant400$ Btu/lb;$L=10\sim144$ in;热周(D_h)/湿周(D_e)$=0.88\sim1.0$。对于非均匀加热通道,应使用热流不均匀分布修正因子(F_c),即式(10-133):

$$q''_{\text{crit,non}} = \left(\frac{q'_{\text{crit,EU}}}{F_c}\right) \tag{10-133}$$

式中,$q''_{\text{crit,non}}$ 为非均匀加热通道的临界热流密度。热流不均匀分布修正因子(F_c)计算式为

$$F_c = \frac{C}{q_{\text{loc}}\left[1-\exp(Cl_{\text{DNB,EU}})\right]} \int_0^{l_{\text{DNB,non}}} q''(z)\exp\left[-C(l_{\text{DNB,non}}-z)\right]\mathrm{d}z \tag{10-134}$$

式中,$l_{\text{DNB,EUC}}$ 和 $l_{\text{DNB,non}}$ 分别为均匀热流和非均匀热流下 DNB 发生轴向位置,in;x_{DNB} 为非均匀热流下 DNB 发生位置处的含气率;C(单位为 1/in)可由下式计算:

$$C = 0.15\frac{(1-x_{\text{DNB}})^{4.31}}{\left(\dfrac{G}{10^6}\right)^{0.478}} \tag{10-135}$$

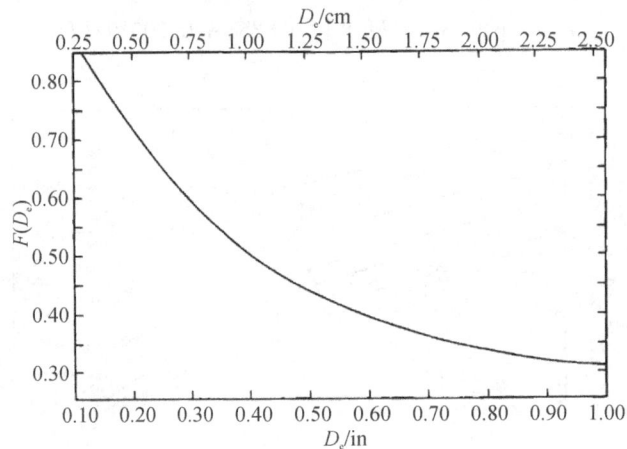

图 10-45　当量直径 D_e 对 CHF 的影响

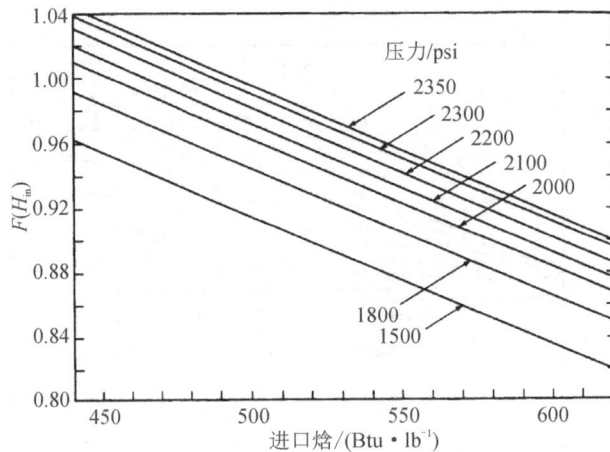

图 10-46　进口焓对 CHF 的影响

考虑定位格架的搅混效应,翼片格架修正因子(F_s)为

$$F_s = 1.0 + 0.03\left(\frac{G}{10^6}\right)\left(\frac{\alpha'}{0.019}\right)^{0.35} \tag{10-136}$$

式中,G 为质量流速,lb/(hr·ft²)。当搅混翼片格架处于 $T_{in} = 500 \sim 560$ ℉时,$\alpha' =$ 无量纲热扩散系数 $= \varepsilon/Vb = 0.019 \sim 0.060$。

此外,包含未加热壁的流道中的 DNB,应采用冷壁修正因子进行校正,该系数的表达式如下:

$$\frac{q''_{DNB, unheated\ wall}}{q''_{DNB, (W\text{-}3), D_h}} = 1.0 - R_u\left[13.76 - 1.372e^{1.78}x - 4.732\left(\frac{G}{10^6}\right)^{-0.0575} - \right.$$
$$\left. 0.0619\left(\frac{p}{1000}\right)^{0.14} - 8.509D_h^{0.107}\right] \tag{10-137}$$

$$R_u = \frac{D_h - D_e}{D_h} \tag{10-138}$$

对于非均匀热流密度 $q''_{DNB, non}$ 的预测,使用均匀热流单管获得的 $q''_{DNB, W\text{-}3}$ 和形状因子(F_c)计算的 CHF 数值,与 Biancone(比安科内)等[93]、Judd 等[94] 和 Lee 等[95] 测量的非均匀热流条件 $q''_{DNB, non}$ 实验值吻合得较好。

为了验证 W-3 DNB 公式和 THINC-Ⅱ子通道分析程序,1974 年西屋公司 Rosal(罗萨尔)等[96]针对 16 根全尺寸棒束通道临界热流密度开展了系统性实验研究。实验研究了以下因素影响:径向和轴向热流非均匀分布,定位格架几何形状(有无搅混翼片),加热棒长度(约 4.3 m),定位格架的轴向间距。实验工况参数:压力 10.3～16.5 MPa,入口温度 221～330 ℃,质量流速 1383～5357 kg/(m²·s)。均匀加热的单通道和非均匀加热的棒束通道的 DNB 型 CHF 是不同的,主要受以下几个因素影响:①轴向和径向热流密度分布;②棒束通道间相邻子通道的搅混;③定位格架的几何形状和搅混叶片;④定位格架的轴向距离;⑤非加热壁面的边界条件。

在棒束通道中,轴向热流密度分布对于临界热流密度的影响与单通道相似。而径向热流密度分布对于临界热流密度的影响则必须通过子通道分析来实现,因为相邻通道间的流动搅混和径向功率梯度对局部流场影响非常大。定位格架和搅混叶片通常能够促进流动的扰动和搅混。当流体流向下游并远离定位格架后,扰动逐渐衰减。因此,流动搅混强度受定位格架间距影响。由定位格架产生的流动搅混对于临界热流密度的影响可以用格架因子(F_s)来描述。无量纲热扩散因数(α')可以定义为

$$\alpha' = \frac{\varepsilon}{Vb} \tag{10-139}$$

式中,$b = a \times f$(格架间距),a 为棒间距(单位为 ft)。在子通道分析中,对于特定几何形状的定位格架使用了不同的热扩散系数。对于没有搅混叶片的定位格架,取 $\alpha' = 0.019$;对于有搅混叶片的格架,α' 随格架间距变化,即当间距为 10 in 时,α' 值为 0.108,20 in 时为 0.061,26 in 时为 0.051。

不加热壁面系数被用于表征与实验段非加热边界接触的流体。实验段的 16 根加热棒呈 4×4 方形阵列布置,加热长度为 8 ft,轴向热流密度呈余弦(cos$u$)或正弦($u$sin$u$)分布。为了实现这种非均一化的轴向热流密度,加热管在制造时,在保证了外径不变的情况下,管壁在不同轴向位置有着适当的厚度。为了使热流密度最大值出现在加热段的中间位置(cos$u$),或者

中间偏上位置($u\sin u$),将两根加热管的薄端焊接在一起。通过用更高的功率水平加热中间四根棒来实现非均匀的径向热流密度分布。

该实验目的是采用实验数据验证是否可使用以上三个 W-3 公式来预测棒束通道临界热流密度。由于设备误差和制造公差所导致的实验误差如表 10-6 所示。考虑到仪器测量误差,实验测得的临界热流密度误差为 ±2%,由壁厚变化所产生的误差为 ±3%,重复性误差平均值为 ±1.6%。因此临界热流密度最大误差为 ±6.6%,最大概率误差为 ±4%。

表 10-6　设备误差和制造公差所导致的实验误差

参数	误差
入口温度/℃	±0.7
压力/kPa	±34
流量	测量值±1%
功率	测量值±0.7%
加热棒壁厚/mm	±0.013
加热棒外径/mm	±0.013

通过在 THINC 程序子通道分析和定位格架系数方程中实验不同的热扩散系数来评价由于搅混装置(叶片)和格架间距所产生的效应,以此来找到与实验参数最吻合的数值。从表 10-7 可以看出,带搅混叶片的 T-H 网格,即使在 α' 比较高的情况下,仍然有更高的平均误差。

表 10-7　不同棒束和格架类型测量数据与预测值对比

测试棒束	Ⅵ	Ⅴ	Ⅹ	Ⅳ	Ⅸ	Ⅶ	Ⅷ
格架类型	简单格架	T-H 无叶片	T-H 有叶片	T-H 无叶片	T-H 有叶片	搅混叶片格架	搅混叶片格架
格架间距/in	10	10	10	20	20	20	26
α' 系数	0.019	0.019	0.108	0.019	0.061	0.061	0.051
1-预测平均值/测量平均值	−0.1%	6.2%	9.2%	1.8%	7.3%	−1.6%	−5.9%

为了展现临界热流密度预测值和局部临界热流密度测量值之间的功率差异,局部临界热流密度在实际功率高至可以产生 DNB 的轴向位置测量,而不是在实际 DNB 位置,以此来给出偏离泡核沸腾比(departure from nucleate boiling ratio, DNBR)。然而,修正后的 DNBR 测量值依然等于热流密度的比值,如图 10-47 所示,即

$$\left(\frac{q''_{测量}}{q''_{预测}}\right) = \frac{q''_F}{q''_C} = \frac{q''_E}{q''_{C'}} = \frac{功率\ Ⅰ}{功率\ Ⅱ} \tag{10-140}$$

式中,q''_E 为功率 Ⅰ 时 CHF 测量值;$q''_{C'}$ 为功率 Ⅱ 时 CHF 测量位置(Z_E)的热流密度;q''_F 为功率 Ⅰ 时 DNBR 最小值位置(Z_D)处的热流密度;q''_C 为功率 Ⅱ 时 Z_D 处的热流密度;功率 Ⅰ 为功率测量值;功率 Ⅱ 为 F_s(定位格架系数)与功率 Ⅲ 的乘积,功率 Ⅲ 通过 DNBR=1 时分析得出(实验入口

条件、无定位格架下,通过 W-3 公式给出)。

另外,图中 Z_A 为功率Ⅲ时最小 DNBR 发生的高度值;Z_D 为功率Ⅱ时最小 DNBR 发生的高度值;Z_E 为实际测得得 DNB 高度;q''_A 为无 F_s 时 W-3 预测的临界热流密度;q''_B 为有 F_s 时 W-3 预测的临界热流密度:

$$q''_B = F_s \times q''_A$$

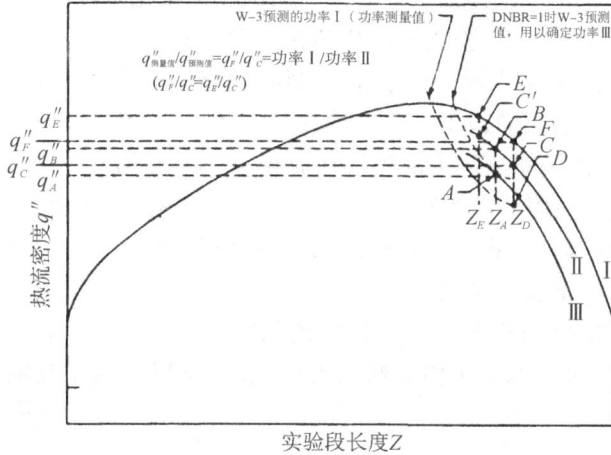

图 10-47　对比临界热流密度测量值和预测值的方法

通过对比验证可以得出以下结论。

1)对于轴向非均匀加热棒束,通过将 284 个 DNB 数据与带有定位格架的子通道 W-3 关

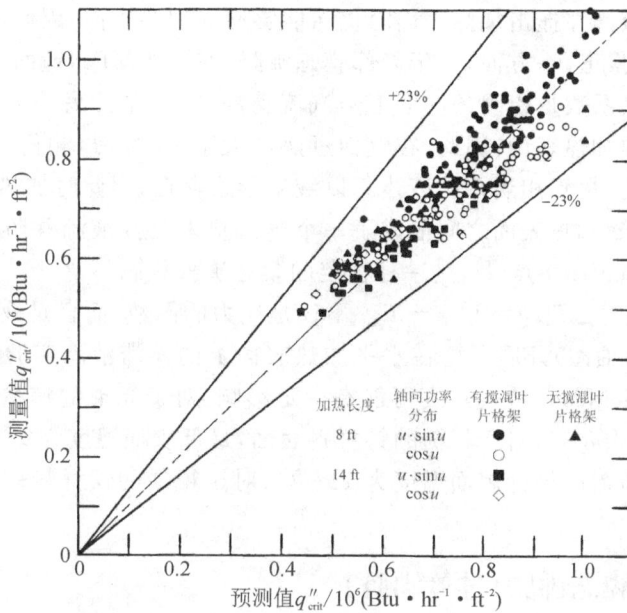

图 10-48　16 棒中非均匀轴向热流 CHF 数据(适用范围:流量 $G = 1.0 \times 10^6 \sim 3.8 \times 10^6$ lb/(hr·ft²),入口温度 430~620 °F,压力 1500~2400 psi,CHF 含气率 0.15,格架间距 10~26 in,使用格架因子)

联式进行对比(见图 10 - 48),验证了非均匀热流密度下 W-3 关系式的适用性,标准误差为 7.4%。

2)基于验证结果,W-3 关系式适用的压力范围可拓展到 15.8~16.5 MPa。

3)有搅混叶片的 T-H 格架比无搅混叶片的格架有更高的临界热流密度。

4)对于同类型的格架,更短的格架间距有更高的临界热流密度。

通常而言,棒束 CHF 关系式的开发有 2 条途径:①以圆管 CHF 关系式为基础,考虑棒束中格架效应、冷壁效应等的修正;②直接利用棒束 CHF 实验数据开发关系式,其包括最小偏离泡核沸腾比(DNBR)点法和烧毁(BO)点法。Hall(哈勒)等[97]评估了 100 多个均匀加热圆管过冷流动沸腾 CHF 关系式的适用性和准确性。其中,W-3、Bowring、Katto(卡托)、Biasi 等关系式凭借较宽的适用范围和较高的准确性而获得了广泛使用。

目前,已有多个直接利用特定燃料组件的 CHF 实验数据开发的经验关系式[98],如美国西屋公司的 WRB-1、WRB-2、WRB-2M 关系式,法国阿海珐集团的 FC-2000、FC-2002r 关系式,中国核工业集团公司的 CF 关系式等。

不同于经验关系式的 CHF 查表法[57]提供离散的压力、质量流速和含气率下的 CHF 值,用于棒束 CHF 预测时,也考虑了不同的修正因子,被广泛用于核反应堆的热工水力与安全分析程序中。

10.5　膜态沸腾和缺液区传热

沸腾临界后的气液混合物传热机理可分为局部膜态沸腾和稳定膜态沸腾。二者之间的差异在于加热表面温度的大小,而加热表面温度又取决于流速和含气率。对于相对较低的加热表面温度,流动中的液滴在撞击加热表面时仍然能够润湿加热表面,因此可以通过与加热表面直接接触而蒸发。据报道,一方面,由于局部膜态沸腾,在 0.2 MPa,壁面过热度小于 28 ℃时,蒸汽-水混合物的传热系数是相同条件下干蒸汽流动的 3~6 倍。另一方面,加热表面温度较高时,液滴不能再润湿加热表面,因此,在壁面过热度大于 28 ℃时,测得的传热系数几乎与干蒸汽的传热系数相同。尽管相当多的液体仍以液滴形式存在,但此时加热表面非常热,以至于快速蒸发的蒸汽在液滴和热表面之间形成了一个蒸汽垫来支撑液滴并防止液体润湿表面,这称为球形状态或 Leidenfrost 点[99],是一种稳定的膜态沸腾状态。

Leidenfrost 过热度 $\Delta T_{LDF} = T_{LDF} - T_{sat}$ 不仅是压力的函数,而且是液滴大小、流动条件和力场的函数。Berger(伯杰)开展了落在水平加热表面上的停滞液滴实验,结果表明加热表面材料和粗糙度对 Leidenfrost 特过热度可能有一定影响,对于光滑的锌材料表面,球形状态所需的最低表面温度为 108 ℃;对于粗糙的锌材料表面,最低表面温度为 116 ℃。对于光滑的铁材料表面,球形状态所需的最低表面温度为 127 ℃;对于粗糙的铁材料表面,最低表面温度为 140 ℃。

10.5.1　局部膜态沸腾(过渡沸腾)

局部膜态沸腾(过渡沸腾)是一种微观上不稳定的传热模式,其中核态沸腾和膜态沸腾都存在。局部壁温的波动本质上是这两种不同的沸腾机制间歇发生的结果。壁温波动幅度由加热壁面的热扩散率控制,加热壁面的表面粗糙度为 0.05~0.075 mm,即可扰动流体边界层,从而显著降低壁温波动幅度,这表明壁温波动是由这两种不同传热机制之间的局部位移引起的。过渡沸腾的平均传热系数只能通过测量微观平均(时间和空间)壁温来获得。对于 13.6 MPa 的水,Tong[101] 提出了用于水冷反应堆过渡沸腾传热系数 h_{TB} 的关系式。当 $T_w < 427$ ℃时,有

$$h_{TB} = h_{FB} + 16860\exp\left[-0.01(T_w - T_{sat})\right] \tag{10-141}$$

其中,h_{FB} 为稳定的膜态沸腾传热系数,在这种情况下假定其为 890 Btu/(hr·ft²)。当 $T_w > 427$ ℃时,有

$$h_{TB} = h_{FB} = 0.0193\left(\frac{k}{D_e}\right)_f (Re)_f^{0.8} (Pr)_f^{1.23} \left(\frac{\rho_g}{\rho_{bk}}\right)^{0.68} \left(\frac{\rho_g}{\rho_f}\right)^{0.068} \tag{10-142}$$

式中,f 为膜温度,等于 $(T_w + T_{bk})/2$。对于恒定热源和小热容加热壁面,T_w 迅速增大,过渡沸腾存在的时间间隔很短。然而,核燃料棒的热量由 UO_2 芯块通过芯块和包壳之间的气体间隙(高热阻)传向金属包壳,导致相当长的过渡沸腾期。在上述方程中,427 ℃的壁温是加热条件下稳定膜沸腾起始点(Leidenfrost 点)的保守估计值。

10.5.2　稳定膜态沸腾

如前所述,Leidenfrost 温度是传热机制的第二次转变。基于大量实验数据,Bishop(毕晓普)等[100] 在 1965 年提出了膜态沸腾传热系数 h_{FB} 的关系式:

$$\left(\frac{h_{FB}D}{k}\right)_f = 0.0193(Re)_f^{0.8}(Pr)_f^{1.23}\left(\frac{\rho_g}{\rho_{bulk}}\right)^{0.68}\left(\frac{\rho_g}{\rho_f}\right)^{0.068} \tag{10-143}$$

适用范围:$q''=346\sim1918$ kW/m²;$G=1190\sim3380$ kg/(m²·s);$P=3.95\sim21.7$ MPa;内径为 2.5~8.1 mm;$T_{coolant}=250\sim374$ ℃;$T_w=348\sim598$ ℃。

对于 9.2 mm 和 12.8 mm 的大直径管,压力在 13.6~17.7 MPa 下,Lee 在 1970 年针对单通道进行了蒸汽传热实验,发现如果 $q''/G>0.2$ Btu/lb,上述方程可用于预测传热系数;对于 $q''/G<0.2$ Btu/lb,他提出了一个新的关系式[102]:

$$T_w - T_{sat} = 191.5\left[\frac{10q''}{G\left(x - \dfrac{1-x}{4.15}\right)}\right]^2 \tag{10-144}$$

10.5.3　弥散流传热

弥散流传热是向含有大量细小液滴的连续气相传热,其中液滴直径约为 $50\sim1000$ μm,仅占两相总体积的 0~10%。尽管液滴体积占比很低,但其质量分数可高达总质量流量的 90%。如前所述,膜态沸腾发生于壁面温度高到液体不会润湿加热面时,称为 Leidenfrost 点或干涸点。除了环状流干涸外,反环状流干涸也会发生,这取决于质量流量和热流密度或壁面温度。当流体质量流量高到能维持较低的壁温使加热表面发生核态沸腾时,就会发生环状流干涸。图 10-49(a)显示了这种情况下弥散流的发展。当液体进入具有高热流密度或高壁温的加热段时,反环状流干涸发生。蒸汽在壁面附近迅速生成,并围绕液芯形成一个蒸汽环,如图 10-49(b)所示。因为蒸汽流动速度比液体快得多,导致液芯不稳定并破裂成液滴,该流型蒸汽质量和体积分数较低。

弥散流发生时壁面传热的主要形式是蒸汽的强迫对流,由于在膜态沸腾过程中液体不会

润湿加热面,通过液滴与壁面之间碰撞传递的热量相对较小,从而导致壁面与液滴传热较少(仅占总传热量的百分之几)。大部分液滴蒸发发生于蒸汽与液滴的传热过程中。刚干涸后,气液两相接近饱和温度,蒸汽与液滴的换热几乎为零,壁面与蒸汽的对流换热大于蒸汽与液滴的换热。随后,气相变得过热,只有这时才能发生向液滴的传热。这就解释了为什么弥散流膜态沸腾中的流动常处于热不平衡状态,且实际的含气率均小于假定热平衡时的值。流体为低干涸含气率和高质量流量时,其温度特性接近于完全热平衡状态;高干涸含气率和低质量流速时,其温度特性接近于完全非平衡状态[103]。蒸汽和壁面的温度取决于从蒸汽到液滴的传热量,继而取决于蒸汽和液滴之间的相对速度或滑移速度和液滴大小分布,而滑移速度和液滴大小分布取决于干涸状态。总之,当发生反环状流干涸时[见图 10-49(b)],液滴具有少量且体积较大的特点,并随着蒸汽加速会分解成泡沫状的混合物,最终转变为弥散流。当环状流干涸发生时,弥散流会在干涸点后立即形成。较小的液滴原始尺寸将带来更好的界面传热和较小的蒸汽过热。

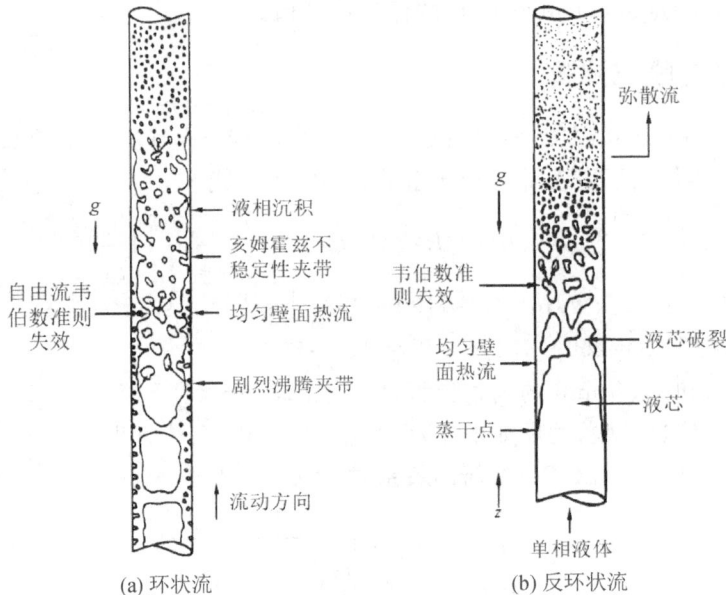

图 10-49　弥散流中液滴形成过程

　　尽管液滴与壁面的传热系数在高壁面温度情况下通常较小,但如果蒸汽对流传热变得足够强,壁面温度可能会下降到足以允许液滴润湿壁面。在这种情况下,壁面温度处于再润湿温度,其大小取决于质量流速、含气率和壁面状况(粗糙度或氧化程度)。关于弥散流膜态沸腾的文献较多,弥散流基础研究中的大量数据源于具有恒定热通量的垂直向上圆管内流动。

10.5.3.1　弥散流模型

　　为了在已知干涸条件下计算实际含气率、蒸汽温度、壁温和热流密度与干涸后的轴向位置的函数关系。Yoder(约德)等[104]基于质量、动量和能量平衡构建了圆管内稳态垂直向上流动的计算模型。重点考虑以下传热机理。

　　1)从管壁到蒸汽的直接传热量。

　　2)在液滴和壁面碰撞过程中,从管壁到液滴的直接传热量。

3)从蒸汽到夹带液滴的传热量。

Yoder 指出,辐射传热和管壁的轴向热传导对管壁温度预测的影响可以忽略不计。Yoder
等以及早期的 Bennett 等[105]、Hynek(海尼克)[106]和 Groeneveld[107]均使用了以下公式。

液体速度梯度:

$$\frac{\mathrm{d}u_f}{\mathrm{d}z} = -\frac{g}{u_f}\left(1-\frac{\rho_g}{\rho_f}\right) + \frac{3}{4}C_D\left(\frac{\rho_g}{\rho_f}\right)\left(\frac{u_f}{d}\right)(S-1)^2 \qquad (10-145)$$

式中,u_f 为液体速度;C_D 为液滴阻力系数;S 为滑速比。

液滴直径梯度:

$$\frac{\mathrm{d}(d)}{\mathrm{d}z} = -2\left[\frac{h_{vd}(T_g-T_{sat})}{u_f\rho_f H_{fg}} + \frac{dv_f}{3D_t u_f}E\right] \qquad (10-146)$$

式中,v_f 为液滴沉积速度;h_{vd} 为蒸汽与液滴之间的传热系数;D_t 为圆管直径;E 为壁面与液滴之间的传热系数。

$$E = \frac{q''_{wd}}{\dot{n}_p\frac{\pi}{6}D^3\rho_f H_{fg}} \qquad (10-147)$$

式中,$\dot{n}_p$ 为液滴撞击壁面的通量。

含气率梯度:

$$\frac{\mathrm{d}(W_f)}{\mathrm{d}z} = \frac{\pi}{2}\dot{n}\rho_f d^2\frac{\mathrm{d}(d)}{\mathrm{d}z} \qquad (10-148)$$

式中,

$$W_f = \dot{n}\rho_f\frac{\pi d^3}{6} \qquad (10-149)$$

其中,$\dot{n}$ 为液滴矢量,在任一轴向方向上假定为常数。根据定义:$1-x = W_f/W$,式(10-149)
可简化为实际含气率梯度的表达式:

$$\frac{\mathrm{d}x}{\mathrm{d}z} = -3\left[\frac{(1-x)}{d}\right]\frac{\mathrm{d}(d)}{\mathrm{d}z} \qquad (10-150)$$

蒸汽温度梯度:

$$\frac{\mathrm{d}T_g}{\mathrm{d}z} = \frac{4q''_w}{GxD_t c_{pg}} - \left[\frac{H_{fg}}{c_{pg}} + (T_g-T_{sat})\right]\left(\frac{\mathrm{d}x}{x\mathrm{d}z}\right) \qquad (10-151)$$

式中,G 为质量流速,c_{pg} 为蒸汽比热容。

壁面能量平衡方程式为

$$T_w - T_g = \frac{q''_w}{H_{wv}\alpha} - \left[\frac{(1-\alpha)H_{fg}v_f\rho_f\beta_1}{2h_{wv}\alpha\beta_2}E\right] \qquad (10-152)$$

式中,β_1、β_2 为壁面与液滴之间效率计算的系数;T_g 为代表蒸汽特性的整体温度。

10.5.3.2　干涸液滴直径计算

Tatterson(塔特森)等[108]、Cumo 等[109]以及其他人的研究表明,大部分液体质量主要由
少量大液滴提供,该模型假设液滴直径分布可以用一个平均液滴尺寸表示。Varone(瓦罗内)
等[103]建议,对于环状流干涸和反环状流干涸的情况,应单独评估液滴直径。可以确定影响干
涸时平均液滴直径的四个过程如下。

1)液膜中的沸腾可以将大块液体抛入气芯,这可以用基于气芯和液膜之间的局部相对速

度的韦伯数来表征。

2）流过液膜的蒸汽会在其表面产生波，并以液滴的形式夹带液体，即亥姆霍兹不稳定性夹带。

3）液滴被夹带到气芯后可能会破裂。由于热量的增加，蒸汽不断产生，导致混合物速度加快且滑速比增大。以这种方式形成的液滴大小可以用基于滑速比（S）的韦伯数来表征。

4）形成的液滴又沉积到下游液膜，减少了在每个轴向位置形成的液滴数量，这些液滴在干涸之前一直被夹带。

对于反环状流干涸，液体质量流速足够低，壁面热流密度足够高，导致蒸汽在壁面附近快速生成，在液芯周围形成蒸汽环[见图 10-49（b）]。壁面附近的蒸汽产生速度非常快，以至于两相的速度大致相等，即 $S=1$。因此干涸时的空泡份额（α_{do}）表达式可以根据已知的干涸含气率（x_{do}）计算：

$$\alpha_{do} = \left[\left(\frac{\rho_g}{\rho_f} \right) \left(\frac{1 - x_{do}}{x_{do}} + 1 \right) \right]^{-1} \tag{10-153}$$

当液芯破裂时，液滴大小应为管径（D_t）的量级，因此，反环状流干涸液滴直径可以表示为

$$d_{do} = (1 - \alpha_{do})^{1/2} D_t \tag{10-154}$$

当气液混合物速度增加时，液滴在下游破裂，出现在加速的蒸汽流中，两相之间的相对速度增大。这个相对速度进一步将液滴分成更小的液滴，与韦伯数（We）相关：

$$We = \frac{d\rho_g (U_g - U_f)^2}{\sigma} \tag{10-155}$$

存在一个临界 We，当超过该临界 We 时，液滴将破裂。Varone 等[110]使用的临界 We 值为 6.5。

在比较模型预测的壁温和实际壁温时，Varone[103]发现需要修改壁面蒸汽传热系数，因为壁面附近存在液滴，这可能会影响流动的基本湍流结构。因此，使用弥散流的努塞特数与单相流的努塞特数之比，范围约为 0.7~2.0，具体取决于流体与壁面的黏度比和含气率（见图 10-50）。模型的进一步修改包括液滴破碎和临界韦伯数（We_c）的测定。修改后的模型预测壁温的精度比前面介绍的 Yoder[104]模型高得多。

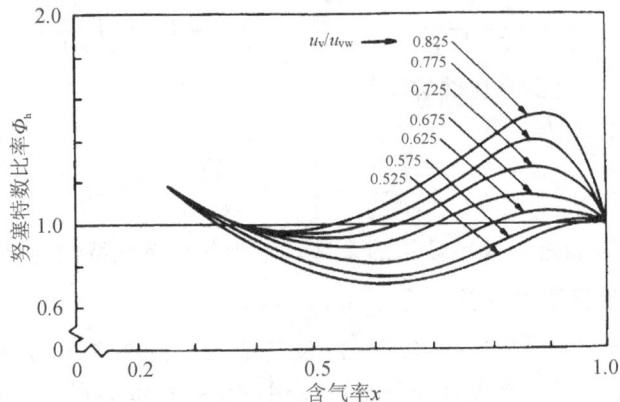

图 10-50 努塞特数比与含气率曲线族

10.5.4　骤冷过程中的换热特性

弥散流膜态沸腾在水堆的安全分析中具有重要意义,这是由于在冷却剂丧失事故(LO-CA)的反应堆堆芯再淹没阶段,反应堆的最高包壳温度发生在骤冷(quench)前沿的下游,流动状态很可能是弥散流膜态沸腾。为了保证 LOCA 事故期间堆芯冷却的需要,促使人们对骤冷过程进行大量研究。骤冷是一个瞬态过程,高温金属壁面遇到冷却剂时就会发生骤冷。反应堆 LOCA 事故喷放末期,堆芯内冷却剂蒸干后,燃料棒温度升高,应急堆芯冷却系统运行过程就会出现骤冷现象。当金属壁面为圆形、环形通道或棒束燃料元件等情况时,冷却剂既可以从通道的上部进入(顶部淹没)也可以从通道的底部进入(底部淹没),有时两种方法同时使用。

10.5.4.1　喷放过程中的堆芯传热

在水冷反应堆中,喷放通常发生在 LOCA 事故期间,反应堆堆芯中的燃料棒首先通过冷却剂(水)的喷放进行冷却。反应堆停堆后,各种沸腾机制应该带走储存在燃料棒中的大部分热量。在喷放末期,燃料将不再被水淹没,并由核燃料产生的衰变热加热,由低传热率的热辐射进行冷却。因此,在应急堆芯冷却措施发挥作用前燃料温度将会再次升高。

在喷放期间存在三种传热机理:核态沸腾、过渡沸腾和稳定膜态沸腾。这些传热机理对应的传热系数分别约为 1.0×10^5 W/m²、1.6×10^4 W/m² 和 629 W/m²。如前所述,将临界热流密度(CHF)作为泡核沸腾和过渡沸腾分界,而过渡沸腾和稳定膜态沸腾的分界由壁温指定,对于水堆的工况,根据经验确定[101]的壁温约为 427 ℃。在典型压水堆核电厂发生 LOCA 事故时,燃料包壳最大温度处的这两个分界点可以通过如下不同场景进行说明。

1)冷腿发生双端断裂后 0 s 发生干涸,从 0 s 到燃料裸露,$h_{FB}=629$ W/m²,在热点恢复后 $h_f=78$ W·m²。最大包壳温度可达 1316 ℃。

2)0.5 s 后发生干涸,在干涸发生前 $h_{NB}=1.6 \times 10^5$ W·m²,在发生干涸后到燃料裸露期间,$h_{FB}=629$ W/m²,在热点恢复后 $h_f=78$ W/m²。最大包壳温度可降低 39 ℃。

3)0.5 s 后发生干涸,在干涸发生前 $h_{NB}=1.6 \times 10^5$ W·m²,在发生干涸后到燃料裸露期间,$h_{TB}=1.6 \times 10^4$ W/m²,在热点恢复后 $h_f=78$ W/m²。最大包壳温度降低 278 ℃。

这清楚地表明,对 CHF 延迟的准确预测以及过渡沸腾的存在对评估 LOCA 事故过程中的最大包壳温度十分重要。Tong 等[88-89]以及 Cermak 等[91]的研究结果表明,使用稳态 CHF 关系式来预测压水堆骤冷或喷放现象是可行的。

10.5.4.2　应急堆芯冷却系统投入后的堆芯传热

在水冷堆中采用两种类型应急堆芯冷却方式——顶部喷淋和底部淹没方式。一方面,顶部喷淋在燃料温度较高时的换热效果较差,因为蒸汽的烟囱效应会阻碍冷却液的向下流动。另一方面,由于沸水堆底部插入控制棒,底部淹没时通常不能有效地充满较大的下腔室。因此,压水堆采用底部淹没方式,沸水堆采用顶部喷淋方式。

竖直向上两相流加热通道壁面冷却换热行为如图 10-51 所示,出现了"热滞后"现象。在喷放时核态沸腾换热可以有效地降低燃料包壳的温度,直至达到偏离泡核沸腾点,燃料包壳温度急剧上升。在堆芯冷却过程中,燃料包壳最初是非常热的,不能发生骤冷,因此可以认为是偏离膜态沸腾(departure from film boiling,DFB)或第二个过渡点。骤冷只有在热表面冷却到可润湿(再润湿温度下)时才会发生。Bergles 等[111]对加热和冷却得到的饱和池式沸腾曲线进行了比较,他们发现,与清洁表面相比,污染表面的骤冷会发生在更高的壁温下,并有更高的热流密度。Kutateladze 等[112]得到了水和异丙醇的流动 DFB 数据,表明 DFB 发生时的热流密度随液体流速的增大而增大。他们提出了饱和池式骤冷换热关系式:

$$q''_{DFB} = 300 H_{fg}(\rho_g)^{0.5} \left[\sigma(\rho_f - \rho_g) \right]^{0.25} \tag{10-156}$$

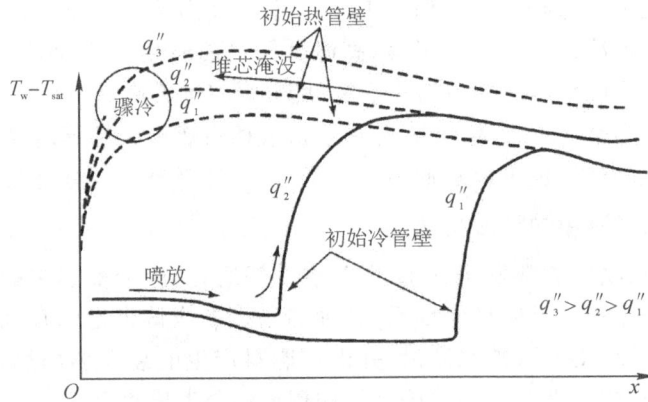

图 10-51　喷放和堆芯冷却过程中不同热流密度下壁温的滞后效应

过冷对 DFB 的影响是由 Witte(威特)等[113]在一个充满水的管道中放入一个加热的银球得到的。对于低壁温球体,关系式为

$$(T_w - T_{sat})_{DFB} = 3.6(\Delta T)_{sub} + 20℃ \tag{10-157}$$

在壁面温度较高的情况下(即 871 ℃),在 1 atm 的水池中,Bradfield(布拉德菲尔德)[114]提出的关系式为

$$(T_w - T_{sat})_{DFB} = 6.15(\Delta T)_{sub} + 355℉ \tag{10-158}$$

这两个关系式表明,骤冷时壁面过热度的大小与初始壁面温度有着密切关系。Stevens(史蒂文斯)等[115]使用直径为 19 mm 的移动铜球在速度为 3~6.1 m/s 的过冷水中骤冷,发现 DFB 在流动液体中的行为与在静止液体中的行为有很大不同。较高的液体(或初始壁面)温度具有较低的表面张力,进而增大了 DFB,而液体的移动速度似乎不影响骤冷温度。

1. 底部淹没方式

图 10-52 给出了底部淹没的传热系数和机理。可以看出,骤冷前的冷却机制有四种:蒸汽冷凝、液滴弥散流、液块弥散流和稳定膜态沸腾。随着加热棒高度的降低和含液率的增大,这四种冷却模式依次发生。底部淹没过程中的空泡份额和流型图如图 10-53 所示[91],各流型发生的判据取决于局部液体含量和蒸汽速度。液块弥散流通常发生在液体含量为 0.1~0.7 的范围。

2. 顶部喷淋方式

在过热堆芯的顶部喷淋冷却过程中,壁面温度通常高于 Leidenfrost 温度,这导致水在蒸汽的剧烈运动下从壁面溅射出去,然后被较低位置产生的蒸汽流的烟囱效应向上推,如图 10-54 所示。Riedle(里德尔)等[116]进行了沸水堆棒束的喷淋冷却换热实验,发现干涸热流密度与喷淋速率和系统压力有关。

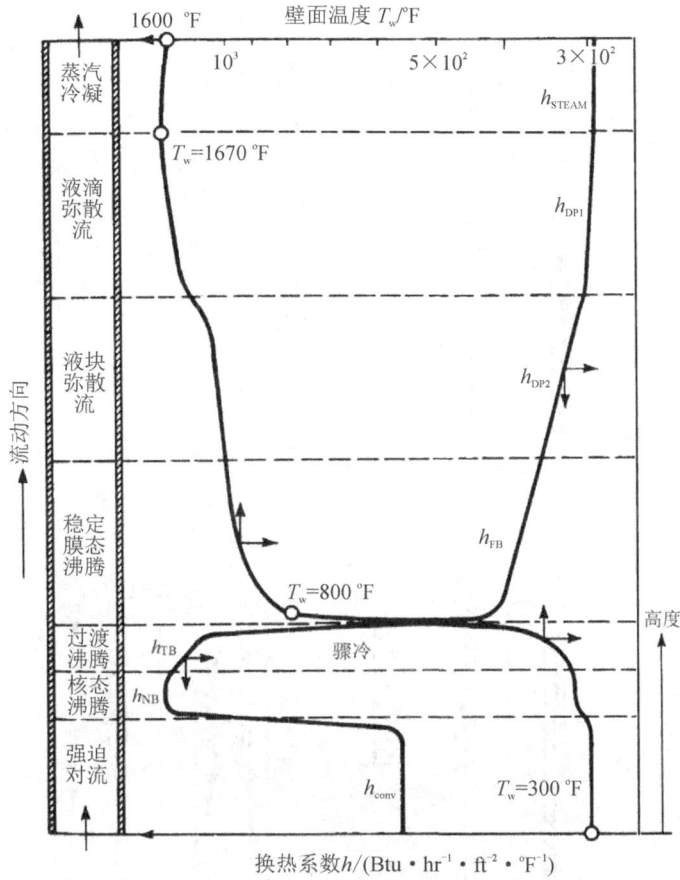

图 10-52 底部淹没方式换热系数及流型

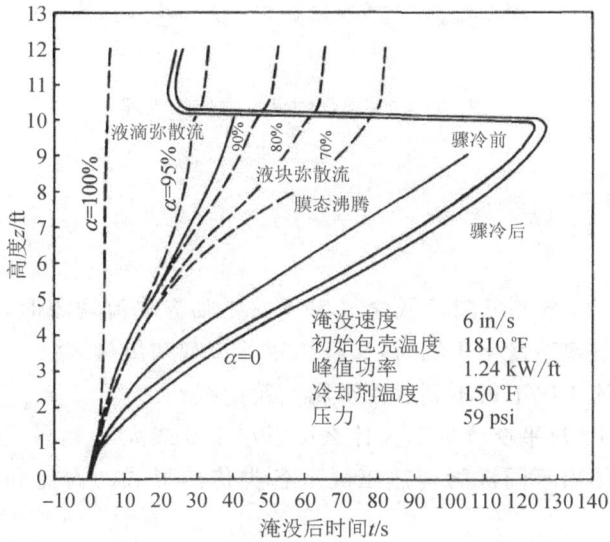

图 10-53 底部淹没过程空泡份额变化规律

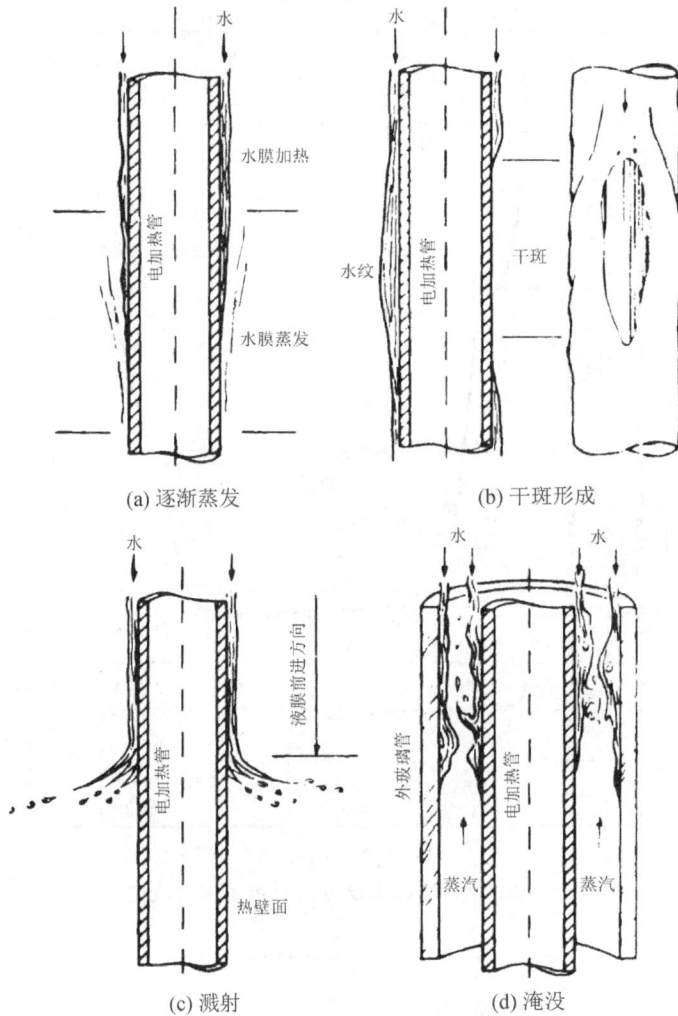

(a) 逐渐蒸发　　　　　　　　(b) 干斑形成

(c) 溅射　　　　　　　　(d) 淹没

图 10-54　顶部喷淋方式传热机理

思考题

1)若入口为欠热水,当工况满足低含气率下发生临界热流现象时,经历哪些流型和传热区?当工况满足高含气率下发生干涸时,又经历哪些流型和传热区?

2)为什么均匀热流工况下得不到过渡沸腾实验曲线?

3)流动沸腾工况下,热平衡含气率为什么可以小于 0 或大于 1,各代表什么工况?

4)定性分析并总结出不同沸腾传热工况下各类传热形式的占比和影响换热效率的主要因素。

5)根据沸腾图,对应于 CO_2、氨气、丙烷、氢氟碳化物、水等工质,分析一个存在相变的换热器应该设计在何种工况下工作,才可以统筹其经济性、安全性、换热效率?

6)将图 10-1 上部继续延伸,降低其壁面温度构造一个凝结过程,其对应的流型演变过程和传热区域将如何变化？是否与沸腾部分相对称？添加的延长管会对下方的沸腾端产生何种影响？

7)若将图 10-1 的出入口对调,流型转变过程会发生变化吗？

8)针对本章的干涸型临界热流密度机理模型,能否直接用于水平通道内的环状流,若要用于水平通道内该如何修正？

9)对于本章微液层蒸干模型临界热流密度的表达式,其值在适用工况范围内是否有较大范围,主要受到哪些因素的影响？

10)针对本章近壁处气泡壅塞和形成气壳模型,气泡蒸汽层未达到临界空泡份额会发生CHF 吗？若发生 CHF 时气泡蒸汽层未达到临界空泡份额,模型该如何改进？

11)针对本章所描述的三类临界热流密度机理模型,思考如何确定不同工况下临界热流密度的值。

12)堵流效应对 CHF 的影响规律可以给格架设计带来哪些启示？

13)能否尝试用 W-3 公式进行临界热流密度影响因素分析？

14)壁面的粗糙度会如何影响临界热流密度？

15)弥散流传热过程存在哪些传热方式,为什么弥散流膜态沸腾中的流动常处于热不平衡状态？

参考文献

[1] BARBOSA J R. Two-phase non-equilibrium models: the challenge of improving phase change heattransfer prediction[J]. J. Braz. Soc. Mech. Sci. Eng. ,2005,27:31-45.

[2] MCADAMS W H, WOODS W K, BRYAN R L. Heat transfer at high rates to water with surface boiling[J]. Ind. Eng. Chem. ,1949,41:1945-1955.

[3] KUTATELADZE S S. Boiling heat transfer[J]. Int. J Heat and Mass Transfer,1961, 4:31-45.

[4] FORSTER H K, GREIF R. Heat transfer to boiling liquid, mechanism and correlations [J]. Trans. ASME,J. Heat Transfer,1959,81:43-53.

[5] BERGLES A E, ROHSENOW W M. The determination of forced convection surface boiling heat transfer[J]. Trans. ASME,J. Heat Transfer,1964,86:365-372.

[6] HSU Y Y. On the size range of active nucleation cavities in a heating surface[J]. Trans. ASME,J. Heat Transfer,1962,84(3):207-216.

[7] DAVIS E J, ANDERSON G H. The incipience of nucleate boiling in forced convection flow[J]. AIChE J. ,1966,12:774-780.

[8] BORISHANSKY V M, PALEEV I I E. Convective heat transfer in two-phase and one-phase flows[C]. Transl. from Russian-Israeli Program for Scientific Translation, U. S. Dept. of Commerce, Washington, DC,1969.

[9] THOM J R S, WALKER W M, FALLON T A, et al. Boiling in subcooled waterduring flow up heated tubes or annuli[J]. Proc. Inst. Mech. Eng. 180 (Part 3C),1966.

[10] BROWN W T Jr. A study of flow surface boiling[D]. D. Sci. thesis, Massachusetts In-

stitute of Technology,Cambridge,MA,1967.

[11] JIJI L M,CLARK J A. Bubble boundary layer and temperature profiles for forced convection boiling in channel flow[J]. Trans. ASME,J. Heat Transfer,1964,86: 50 - 58.

[12] ELROD E C,CLARK J A,LADY E R,et al. Boiling heat transfer data at low heat flux [J]. Trans. A SME,J. Heat Transfer,1967,89: 235 - 241.

[13] KOR′KEV A A,BARULIN Y D. Heat transfer in boiling subcooled water[J]. Teploenergetika,1966,13: 50.

[14] DENGLER C E,ADDOMS J N. Heat transfer mechanism for vaporization of water in a vertical tube[J]. AIChE Chern. Eng. Prog. Symp. , 1956,52(18): 95 - 103.

[15] CHEN J C. A correlation for boiling heat transfer to saturated fluids in convective flow [J]. Ind. and Eng. Chern. ,Process Design and Dev. ,1966,5(3): 322 - 329.

[16] BENNETT D L,CHEN J C. Forced convective boiling in vertical tubes for saturated pure components and binary mixtures[J]. AIChE J,1980,26(3): 454 - 461.

[17] SEKOGUCHI K H,FUKUI H K,SATO Y. Flow characteristics and heat transfer in vertical bubble flow,in two-phase Flow dynamics Japan-US Seminar[C]. Hemisphere, New York,1981.

[18] HERD K G,GOSS W P,CONNELL J W. Correlation of forced flow evaporation heat transfer coefficient in refrigerant systems[J]. in Heat Exchangers for Two-Phase Applications National Heat Transfer Conf. ,Seattle,WA,1983.

[19] KANDLIKAR S G. An improved correlation for predicting two-phase flow boiling heat transfer coefficient in horizontal and vertical tubes[C]. ASME HTD Heat Exchangers for Two-Phase Flow Applications,21st Natl. Heat Transfer Conf. ,Seattle,WA,1983.

[20] KANDLIKAR S G. A general correlation for saturated two-phase flow boiling heat transfer inside horizontal and vertical tubes[J]. Trans. ASME,J. Heat TransJer, 1989,112: 219 - 228.

[21] SCHROCK V E,GROSSMAN L M. Forced convection boiling studies[R]. Forced Convection Vaporization Project-Final Rep. 73308 UCX 2182,University of California, Berkeley,CA,1959.

[22] WRIGHT R M. Downflow Forced convection boiling of water in uniformly heated tubes[R]. USAEC Rep. UCRL-9744,Los Angeles,CA,1961.

[23] CAMPOLUNGHI F,CUMO M,PALAZZI G,et al. Subcooled and bulk boiling correlations for thermal design of steam generators[R]. CNEN RT/ING 77: 10,Comitato Nazionale Per L′Energia Nucleare,Milan. Italy,1977.

[24] CAIRA M,CIPOLLONE E,CUMO M,et al. Heat transfer in forced convective boiling in a tube bundle[C]. 3rd Int. Topic Meeting on Reactor Thermohydraulics,ANS,Saratoga,New York,1985.

[25] COLLIER J G,THOME J R. Convective Boiling and Condensation[M]. 3rd edition. McGraw-Oxford Univ. Press,London & New York,1949.

[26] HEWITT G F. Experimental studies on the mechanisms of burnout in heat transfer to

stearn water mixtures[C]. in Heat Transfer, U. Grigull and E. Hahne, Eds. , Elsevier, Amsterdam, 1970.

[27] KIRBY G J,STANIFORTH R,KINNEIR J H. A visual study of forced convection boiling part I, results for a flat vertical heater [R]. UK Rep. AEEW-R-281, UK AEEW,Win frith,England,1965.

[28] KUTATELADZE S S,LCONTEV A I. Some application of the asymptotic theory of the turbulent boundarylayer [C]. Pro Of the 3rd Inter Heat Trans Conf, Chicago, Ⅲ ,1996.

[29] TONG L S. Boundary layer analysis of the flow boiling crisis[J]. Int J of Heat and Mass Transfer,1968,11: 1208 - 1211.

[30] YOUNG M K,SOON H C. A mechanistic critical heat flux model for wide range of subcooled and low quality flow boiling[J]. Nuclear Engineering and Design,1999,188: 27 - 47.

[31] LEE C H,MUDAWAR I. A mechanistic critical heat-flux model for subcooled flow boiling based on local bulk flow conditions[J]. International Journal of Multiphase Flow,1988,14(6):711 - 728.

[32] BEYERLEIN S W,COSSMARM R K,RICHTER H J. Prediction of bubble concentration profiles in vertical turbulent 2-phase flow[J]. International Journal of Multiphase Flow,1985,11(5):629 - 641.

[33] LIU W X, TIAN W X,WU Y W,et al. An Improved mechanistic critical heat flux model and its application to motion conditions[J]. Progress in Nuclear Energy,2012, 61:88 - 101.

[34] ANTAL S P,LAHEY R T,FLAHERTY J E. Analysis of Phase distribution in fully-developed laminar bubbly 2-phase flow[J]. International Joumal of Multiphase Flow, 1991,17(5):635 - 652.

[35] WALLIS G B. One-Dimensional Two-Phase Flow [M]. New York: McGraw-Hill,1969.

[36] KATAOKA I,ISHI M,NAKAYAMA A. Entrainment and deposition rates of droplets in annular two-phase flow [J]. Int J of Heat and Mass Transfer,2000,43(9): 1573 - 1589.

[37] OKAWA T,KATAOKA I. Correlations for the mass transfer rate of droplets in vertical upward annular flow[J]. Int J of Heat and Mass Transfer,2005,48(23 - 24): 4766 - 4778.

[38] UEDA T, ISAYAMA Y. Critical heat flux and exit film flow rate in a flow boiling system[J]. Int J of Heat and Mass Transfer, 1981, 24(7): 1257 - 1266.

[39] MILASHENKO V I, NIGMATULIN B I. Burnout and distribution of liquid in evaporative channels of various lengths[J]. Int J Multiphase Flow, 1989, 15(3): 393 - 402.

[40] GOVAN A H,HEWITTG F,OWEN D G,et al. An improved CHF modeling code[C]. Proceedings of the second UK national heat transfer conference,1988.

[41] ALADYEV J T, MIROPOLSKY Z L, DOROSHCHUK V E, et al. Boiling crisis in tubes[C]. in International Developments in Heat Transfer. ASME, New York, 1961.

[42] MACBETH R V. Burnout analysis: Pt. 2, The basic burnout curve, UK Rep. AEEW-R-167; Pt. 3, The low velocity burnout regime, AEEW-R-222; Pt. 4[R]. Application of Local Conditions Hypothesis to World Data for Uniformly Heated Round Tubes and Rectangular Channels, AEEW-R-267, UK AEEW, Winfrith, England, 1963.

[43] CUMO M, FARELLO G E, FERRARI G. Bubble flow up to the critical pressure[C]. ASME, Natl. Heat Transfer Conf. , Minneapolis, MN, 1969.

[44] WEATHERHEAD R J. Hydrodynamic instability and the critical heat flux occurrence in forced convection vertical boiling channels[R]. USAEC Rep. TID-1 6539, Washington, DC; USAEC Rep. ANL-6675, Argonne National Lab, Argonne, IL, 1962.

[45] GRIFFEL J, BONILLA C F. Forced convection boiling burnout for water in uniformly heated tubular test sections[J]. Nuclear Structural Eng. , 1965, 2: 1 – 35.

[46] MOZHAROV N A. An investigation into the critical velocity at which a moisture film breaks away from the wall of a steam pipe[J]. Teploenergetika, 1959, 6(2): 50 – 53.

[47] SIMON F F, HSU Y Y. Thermocapillary induced breakdown of a falling liquid film [C]. NASA-TN-D-5624, NASA Lewis Res. Ctr. , Cleveland, OH, 1970.

[48] KIRBY G J. A model for correlating burnout in round tubes[R]. UK Rep. AEEW-R-511, UK AEEW, Winfrith, England, 1966.

[49] MIRSHAK S, TOWELL R H. Heat transfer burnout of a surface contacted by a spacer rib[R], USAEC Rep. DP-262, Washington, DC, 1961.

[50] MISHIMA K, NISHIHARA H. The effect of flow direction and magnitude on CHF for low pressure water in thin rectangular channels[J]. Nuclear Eng. Design, 1985, 86: 165 – 181.

[51] POVARNIN P I, SEMENOV S T. An investigation of burnout during the flow of sub-cooled water through small diameter tubes at high pressures[J]. Teploenergetika, 1960, 7(1): 79 – 85.

[52] GROENEVELD D C, SNOEK C W. A comprehensive examination of heat transfer correlations suitable for reactor safety analysis[R]. in Multiphase Science & Technology 2, G. F. Hewett, J. M. Delhaye, and N. Zuber, Eds. , Hemisphere, Washington, DC-Suitable for Reactor Safety Analysis, in Multiphase Science & Technology 2, G. F. Hewett, J. M. Delhaye, and N. Zuber, Eds. , Hemisphere, Washington, DC, 1986.

[53] BOWRING R W. A Simple but accurate round tube, uniform heat flux, dryout correlation over pressure range $0.7 - 17$ MN/m^2 $(100 - 2500$ psia)[R]. Rep. AEEW-R-789, UK Atomic Energy Authority, Winfrith, England, 1972.

[54] BIASI L, CLERICI G C, SALA R, et al. Extention of A. R. S. correlation to burnout prediction with non-uniform heating[J]. J Nuclear Energy, 1968, 22: 705 – 716.

[55] SHAN J Q, ZHU Y L, LI C Y, et al. Status and existing problems of critical heat flux lookup table[J]. Nuclear Power Engineering, 2007, 28.

[56] GROENEVELD D C,SHAN J Q,VASIC A,et al. The 2005 CHF LUT[C]. The 11th International Topical Meeting on Nuclear Reactor Thermal-Hydraulics (NURETH-11). Popes' Palace Conference Center,Avignon,France, 2005.

[57] GROENEVELD D C,LEUNG L K H,KIRILLOV P L,et al. The 1995 look-up table for critical heat flux in tubes[J]. Nuclear Engineering and Design,1996,163 (1): 1 – 23.

[58] GROENEVELD D C,SHAN J Q,VASIC A Z,et al. The 2006 CHF look-up table[J]. Nuclear engineering and design,2007,237(15 – 17): 1909 – 1922.

[59] MACBETH R V. Forced convection burnout in simple,uniformly heated channels: a detailed analysis of world data,European Atomic Energy Community Symp. on Two Phase Flow,Steady State Burnout and Hydrodynamic Instability[R]. Stockholm,Sweden,1963b.

[60] BABCOCK D F. Heavy water moderated power reactors[R]. Progress Rep. ,Jan.-Feb. ,USAEC Rep. DP-895,1964.

[61] JANSSEN E,LEVY S,KERVINEN J A. Investigation of burnout-internally heated annulus cooled by water at 600 to 1450 psia[C]. ASME Annual Meeting,1963.

[62] TONG L S. An evaluation of the departure from nucleate boiling in bundles of reactor fuel rods[J]. Nuclear Sci. Eng. ,1968,33: 7 – 15.

[63] STYRIKOVICH M A. Effect of upstream elements on critical boiling in a vapor generating pipe[J]. USAEC Rep. AEC-tr-4740,translated from Teploenergetika,1960,7 (5): 81 – 87.

[64] GASPARI G P,HASSID A,VANOLI G. Some consideration on critical heat flux in rod clusters in annular dispersed vertical upward two-phase flow[C]. Proc. IntI. Heat Transfer Conference,Vol 6,Paper B 6. 4,Paris,Hemisphere,Washington,DC,1970.

[65] BECKER K M,DJURSING D,LINDBERG K,et al. Burnout conditions for round tubes at elevated pressures[C]. in Progress in Heat and Mass Transfer. Vol. 6,Pergamon Press,New York,1973.

[66] ALADYEV J T,MIROPOLSKY Z L,DOROSHCHUK V E,et al. Boiling crisis in tubes[C]. in International Developments in Heat Transfer. ASME,New York,1961.

[67] PROSKURYAKOV K N. Self oscillation in a single steam generating duct[J]. Thermal Eng. (USSR),1965 12(3): 96 – 100.

[68] DOLGOV V V,SUDNITSYN O A. On hydrodynamic instability in boiling water reactors[J]. Thermal Eng. (USSR) (Eng. transl.),1965,12(3): 51 – 55.

[69] BECKER K M. Measurement of burnout conditions for flow of boiling water in horizontal round tubes[C]. Atomenergia-Aktieb Rep. AERL-1262,Nykoping,Sweden,1971.

[70] HETSRONI G. Two-phase heat transfer[C]. Workshop on Multiphase Flow and Heat Transfer,University of California,Santa Barbara,CA,September,1993.

[71] WONG Y L,GROENEVELD D C,CHENG S C. Semi-analytical CHF predictions for horizontal tubes[J]. Int. J Multiphase Flow,1990,16: 123 – 138.

[72] TAITEL Y,DUKLER A E. A model for predicting flow regime transitions in horizontal and near horizontal gas-liquid flow[J]. AIChE J,1976b,22:47－55.

[73] SHIRALKAR B S,LAHEY R T. The effect of obstacles on a liquid film[J]. Trans. ASME,J Heat Transfer,1973,95:528－533.

[74] FIORI M P,BERGLES A E. Model of critical heat flux in subcooled flow boiling[M]. Heat Transfer,U. Grigull and E. Hahne,Eds. ,Elsevier,Amsterdam,1970.

[75] CARNE M,CHARLESWORTH D H. Thermal conduction effects on the critical heat flux in pool boiling[J]. Chem. Eng. Prog. Symp. Ser. ,1966,62(64):24－34.

[76] IVEY H J,MORRIS D J. The effect of test section parameters on saturation pool boiling burnout at atmospheric pressure[J]. A IChE Chem. Eng. Prog. Symp. Ser. , 1965,61(60):157－166.

[77] KNOEBEL D H,HARRIS S D,CRAINK B,et al. Forced convection subcooled critical heat flux[R]. USAEC Rep. DP－1306 Savannah River Lab. ,Aiken,Sc,1973.

[78] TACHIBANA F, AKIYAMA M, KAWAMURA H. Heat transfer and critical heat flux in transient boiling,Ⅰ. An experimental study in saturated pool boiling[J]. J Nuclear Sci. Technol. Of Japan,1968,5(3):117－126.

[79] HALL W B, HARRISON W G. Transient boiling of water at atmospheric pressure [C]. Proc. Third Int. Heat Transfer Conf. ,AIChE,New York,1966.

[80] ROSENTHAL M W,MILLER R L. An experimental study of transient boiling[R]. USAEC Rep. ORNL-2294,Oak Ridge Natl. Lab. ,Oak Ridge,TN,1957.

[81] SPIEGLER P,HOPENFELD J,SILVERBERG M,et al. In-pile experimental studies of transient boiling with organic reactor coolant[R]. USAEC Rep. NAA-SR-9010,North American Aviation,Rockwell Int. ,Inc. ,Canoga Park,CA,1964.

[82] MARTENSON A J. Transient boiling in sSmall rectangular channels[D]. Ph. D. thesis,University of Pittsburgh,Pittsburgh,PA,1962.

[83] BERNATH L. A theory of local boiling burnout and its application to existing data[J]. Chern. Eng. Prog. ,Syrnp. Ser. ,1960,56(30):95－116.

[84] SCHROCK V E,JOHNSON H H,GOPALAKRISHNAN A,et al. Transient boiling phenomena[R]. USAEC Rep. SAN-1013,University of California,Berkeley,CA,1966.

[85] BORISHANSKY V M,FOKIN B S. Onset of heat transfer crisis with unsteady increase in heat flux[J]. Heat Transfer Sov. Res. ,1967,1(5):27－55.

[86] REDFIELD J A. A fortran program for intermediate and fast transients in a water moderated reactor[R]. USAEC Rep. WAPD TM-479,Westinghouse Electric Corp. , Pittsburgh,PA,1965.

[87] LEE S K,LIU M,BROWN N R,et al. Comparison of steady and transient flow boiling critical heat flux for FeCrAl accident tolerant fuel cladding alloy,zircaloy,and inconel [J]. International Journal of Heat and Mass Transfer,2019,132:643－654.

[88] TONG L S,BISHOP A A,CASTERLINE J E,et al. Transient DNB test on CVTR fuel assembly [R]. ASME Paper 65-WAINE-3 Winter Annual Meeting, ASME, New

York,1965.

[89] TONG L S. Prediction of departure from nucleate boiling for an axially non-uniform heat flux distribution[J]. J Nuclear Energy,1967,21:241-248.

[90] MOXON D,EDWARDS P A. Dryout during flow and power transients[R]. UK Rep. AEEW-R-553,UK AEEW,Harwell,England,1967.

[91] CERMAK J O,FARMAN R F,TONG L S,et al. The departure from nucleate boiling in rod bundles during pressure blowdown[J]. Trans. ASME,Ser. C,J. Heat Transfer, 1970,92(4):621-627.

[92] CELATA G P,CUMO M, ANNIBALE F D,et al. Critical heat flux in flow transients [R]. in Advances in Heat Transfer. Vol. IV,ENEA Publicatione,Rome,1985.

[93] BIANCONE F,CAMPANILE A,GALIMI G,et al. Forced convection burnout and hydrodynamic instability. Experiments for water at high pressure. I. Presentation of data for round tubes with uniform and non-uniform power distribution[R]. Italian Rep. EUR-2490 e,European Atomic Energy Community,Brussels,Belgium,1965.

[94] JUDD D F,WILSON R H,WELCH C P,et al. Nonuniform heat gener ation experimental program[R]. Quarterly Progress Rep. 7,Jan.-Mar. USAEC BAW-3238-7, Babcock & Wilcox Co. ,Lynchburg,VA,1965.

[95] LEE D H,OBERTELLI J D. An experimental investigation of forced convection burnout in high pressure water,Part 2. Preliminary results for round tubes with non-uniform axial heat flux distribution[R]. UK Rep. AEEW-R-309,UK AEEW,Winfrith, England,1963.

[96] ROSAL E E,CERMAK J O,TONG L S,et al. High pressure rod bundle DNB data with axially non-uniform heat flux[J]. Nuclear Eng. Design,1974,31:1-20.

[97] HALL D D,MUDAWAR I. Critical heat flux (CHF) for water flow in tubes—II.: subcooled CHF correlations[J]. International Journal of Heat and Mass Transfer, 2000,43(14):2605-2640.

[98] 刘伟,彭诗念,江光明,等.压水堆堆芯临界热流密度的预测方法综述[J].核动力工程, 2018,39(S1):84-87.

[99] LEIDENFROST J G. De Aguae Communis Nonnullis Qualitatibus Tractatus[R]. Duisburg,1756.

[100] BISHOP A A,SANDBERG R O,TONG L S. Forced convection heat transfer to water at near-critical temperature and super-critical pressures[R]. USAEC Rep. WCAP-2056-Part I1IB,and also Paper 2-7,AIChE/IChE Joint Meeting,London,June,1965.

[101] TONG L S. Heat transfer in water-cooled nuclear reactors[J]. Nuclear Eng. Design, 1967,6:301-318.

[102] LEE D H. Studies of heat transfer and pressure drop relevant to subcritical once-through evaporator[R]. Paper IAEA-SM-130/56,Symp. on Progress in Sodium-Cooled Fast Reactor Engineering,Monte Carlo,Monaco,1970.

[103] VARONE J A,ROHSENOW W M. The influence of the dispersed flow film boiling

[R]. MIT Rep. 71999-106,Heat Transfer Lab. ,Massachusetts Institute of Technology,Cambridge,MA,1990.

[104] YODER G L,ROHSENOW W M. Dispersed flow film boiling[R]. MIT Heat Transfer Lab. Rep. 85694 – 103, Massachusetts Institute of Technology, Cambridge, MA,1980.

[105] BENNETT A W,HEWITT G F,KEARSEY H A,et al. Heat transfer to steam water mixture in uniformly heated tubes in which the CHF has been exceeded[R]. UK Rep. AERE-R-5373,Harwell,England,1967b.

[106] HYNEK S J. Forced convection dispersed flow film boiling[D]. Ph. D. thesis,Massachusetts Institute of Technology,Cambridge,MA,1969.

[107] GROENEVELD D C. The thermal behavior of a heated surface at and beyond dryout [R]. AECL-4309,Chalk River,Canada,1972.

[108] TATTERSON D E,DALLMAN J C,HANRATTY T J. Drop sizes in annular gas-liquid flows[J]. AIChE J. ,1977,23(1): 68 – 76.

[109] CUMO M,NAVIGLIO A. Thermal hydraulics[J]. CRC Press,Boca Raton,FL,1988, 49:118.

[110] VARONE J A F,ROHSENOW W M. Post-dryout heat transfer prediction[J]. Nuclear Eng. Design,1986,95: 315 – 317.

[111] BERGLES A E,THOMPSON W G. The relationship of quench data to steady state pool boiling data[J]. Int. J Heat Mass Transfer,1970,13: 55 – 68.

[112] KUTATELADZE S S,BORISHANSKY V M. A concise encyclopedia of heat transfer [C]. J. B. Arthur,trans. ,Pergamon Press,New York,1966.

[113] WITTE L C,STEVENS J W,HEMINGSON P J. The effect of subcooling on the onset of transition boiling[J]. Am. Nuclear Soc. Trans. ,1969,12(2): 806.

[114] BRADFIELD W S. On the effect of subcooling on wall superheat in pool boiling[J]. Trans. A SME. J Heat Transfer,1967,89: 269 – 270.

[115] STEVENS J W,BULLOCK R L,WITTE L C,et al. The vapor explosion-heat transfer and fragmentation Ⅱ, transition boiling from sphere to water[R]. Tech. Rep. ORD-3936-3,University of Houston,Houston,TX,1970.

[116] RIEDLE K,GAUL H P,RUTHROF K,et al. Reflood and spray cooling heat transfer in PWR and BWR bundles[C]. ASME,Natl. Heat Transfer Conf. ,S1. Louis,MO, ASME,New York,1976.

第 11 章　复杂系统的两相流模化分析

11.1　复杂系统的两相流模化概述

核反应堆热工水力学自 20 世纪 50 年代至 60 年代以来在核电厂设计中逐步得到广泛应用,核反应堆热工水力学前五十年的研究重点主要围绕复杂两相流体动力学,创建基本模型并利用试验数据进行验证,从而获得能够描述两相现象的物理模型。由于当时技术水平限制,系统整体的测试和分析没有得到足够的重视。如今,开展系统整体测试、开发系统分析程序已被重视起来。造成这种转变的原因有以下几点。

首先,核电站的许可条例[10CFR52.47(b)(2)(i)(A)]要求:①通过分析、适当的试验方案或者经验来验证每个设计的安全性能;②通过分析、适当的试验方案或者经验,验证设计的安全特性之间的影响在可接受范围内;③在正常操作条件、瞬态条件和指定事故序列的范围内,有足够的试验数据验证系统安全分析软件。以上这些需求只有通过系统级综合交互测试试验和程序分析才能实现。

其次,大型系统计算机如今已经用来模拟复杂系统在正常服役、瞬态操作及事故工况下的性能。人们依赖计算机程序进行仿真,而不是开展成本非常高的大型试验。此外,通常情况下,系统程序的计算结果不能直接应用于复杂原型系统,各种瞬态或事故结果只能通过系统程序进行模拟评估。这种模拟的关键问题就是预测结果的准确性,以及如何确定计算偏差,以使其保持在规定的安全范围内。

再次,代码必须通过试验进行验证。验证试验一般可分为四类:单元现象效应试验、部件分离效应试验、系统集成效应试验和原型工程运行试验。前两种类型的测试用于基本的模型开发,后两种测试用于验证复杂系统的总体性能及系统程序的准确性。

最后,大多数原型设计都要经过关键的启动测试,以比较程序预测结果与试验瞬态特性数据。大多数核电机组还配备在线仪表来记录启动后的异常事件,即使测量范围有限,这些运行设备也能提供计算机程序的最佳验证数据。

复杂系统两相流特性只有在对不同单元、组件和整体系统进行了广泛试验验证后才能准确预测。如果试验设备、试验初始及边界条件合适,试验数据可用于原型系统。在对复杂两相流系统进行试验时,通常并不会在所有测试环节中都采用原型尺寸及运行工况开展试验,而是使用合理的模化方法对原型进行分析并模化,确保关键现象的重要物理过程在模化过程中不会发生失真,最终针对模化后的系统开展测试试验。模化试验的主要优点:可以使工程中发生或会发生的现象在实验室中展现出来,而且还可以对试验的主要影响因素进行敏感性测试,与原型试验相比,可以进行前期的优化,具有省时、省力、可控与经济性好的优点。主要的不足:模型与原型的差别不可避免,因此相似指标难以完全满足,常常只能考虑主要因素而忽略其他次要因素。

　　相似理论及量纲分析是一切模化试验的理论基础,在各领域中都有广泛的使用,具有重要的指导作用与实用价值。早在 1638 年,伽利略在《关于两门新科学的对话》中曾有这样一段描述,按比例放大的大船在自重作用下船有断裂的危险,但小型船却没有。1687 年牛顿在《自然哲学的数学原理》一书中阐述了力学系统相似的概念。经过 19 世纪的漫长发展,20 世纪基尔皮契夫与 Buckingham(白金汉)分别提出了较为成熟的量纲分析理论与相似理论[1-2]。

　　19 世纪初,单相流模化领域通过运用量纲分析和相似法取得了重大进展。弗劳德把它应用到造船上,瑞利把它应用到航空学上,雷诺把它应用到水力学上,普朗特、努塞特和斯坦顿把它应用到传热上。量纲分析表明,试验过程中涉及的参数可以被划分为一定数量独立的无量纲数,试验结果可以用这些无量纲数来表示。当这些无量纲数在模型和原型中相等时,表明试验模型与原型相似。从量纲分析的角度,相似是指无量纲数相等,有量纲的量则体现为现象的外在特征,无量纲的量反映了现象过程或结果的内在特性或规律。

　　而反应堆领域较为关注的现象,如流动沸腾、临界热流密度等都是复杂的两相流系统,对复杂的两相流系统进行无量纲分析十分困难,系统唯一可用的整体模型是计算机代码。然而,系统代码中使用的质量、动量和能量守恒方程并不总是基于机理,而是在空间上进行平均。众所周知,系统程序依赖于大量(通常超过 100 个)经验关系式,通常称为封闭或本构方程。它们的无量纲分析对于模化没有太大帮助,因此需要为复杂系统开发一个集成的测试分析方法,该方法依靠工程经验来识别重要的物理过程以及它们之间的相互作用,并确保重要现象在模型和原型中发挥相同的作用。目前较为成熟的模化方法有线性比例分析方法、功率-体积法、Ishii 三级法和 H2TS 方法,这些方法在反应堆领域得到广泛运用。但这些模化方法均基于初始参数或稳态参数的比例准则,对于比例失真的评估也是静态的。近年来有学者提出了 FSA 方法和 DSS 方法,可考虑动态过程中关键参数随时间变化而变化产生的比例失真,然而这些方法对于复杂两相系统的模化仍然存在或多或少的问题,例如 DSS 方法在两相流领域暂无对应的模型或理论,只能运用于单相领域的动态过程分析。

　　Yadiroglu(亚迪罗卢)[3]指出:"模化试验不必提供原型系统的精确模拟结果,并且尝试获取这样的精确结果既不实用也不可取。"然而模化装置自上而下和自下而上的行为不能与原型有较大差异。换句话说,模化装置和原型系统中所涉及的重要现象及过程应表现出相同的重要性。

11.2　复杂系统模化准则

11.2.1　流体物性与初始条件

　　模化装置与原型系统的流体特性和初始条件相同,具有显著优点。两相流动和传热模化应用涉及许多性质,如密度、比热、黏度和热导率,这些性质大多取决于温度和压力。在这种情况下,如果不采用相同的流体和初始条件,难以推导无量纲参数。

　　在少数情况下,使用不同的流体是合理的。例如,出于对试验安全性的考虑,氦气已被用来代替氢气,空气被用来代替纯氮气。在进行可视化研究时,可以使用不同的流体以允许在减压条件下进行试验。制冷剂流体属于这一类,这种试验有助于提高对两相流过程的理解。

　　此外,一些相关现象可能发生在不同的系统条件下。例如,当核电站的反应堆堆芯在发生大破口失水事故(LBLOCA)后被重新注水时,反应容器中的压力很低,而在全压反应堆试验设施中测量重新注水的换热系数的成本极高。但是,必须定义低压模化装置中预期的初始条件。一种做法是只要识别出测试初始条件程序的不确定性,就可以采用经过 LBLOCA 验证的系统程序。另一种可接受的做法是采用经证明的保守初始条件或生成保守的测试结果。

总之,对于涉及相变的复杂系统,最好采用与原型相同的流体、属性和等效的初始条件。

11.2.2 几何模化

本节主要介绍两相流系统几何模化的几个指导意见。

1)模化试验应该在尽可能大的几何尺度上进行。在核电站中,具有模块化特性的组件(如燃料组件、汽水分离器等)往往会在其整个运行工况范围内进行全尺寸测试。如果组件在缩小装置上进行测试,经验表明,大约 1/3 模化的两相流模化装置可能可以外推应用到全尺寸系统。但是,明智的做法是通过在不同的尺度上进行相应的测试来证明这种外推的可行性。

2)在所有三个维度上按相同比例模化分析的方法称为线性缩放,这种缩放方法通常是不必要的,尤其是存在相、热或质量传输变化的情况。如果流动方向对于研究的现象很重要,最好在流动方向上保持原尺寸。例如,在研究 LOCA 时,主要研究的参数是燃料包壳的峰值温度,它主要取决于燃料中存储和产生的热量以及该位置的主要传热条件(即沿燃料径向方向的局部流动条件),因此,在研究 LOCA 时,相比其他方向,在轴向或者径向方向保留长度的原尺寸要重要得多。

3)对于特定现象评估,有时需要强调流动方向的横向分量。例如,为研究反应堆堆芯上方的喷淋水与上升的蒸汽之间的相互作用时,建立了反应堆堆芯顶部 30°扇区试验装置[4]。30°扇区布置于核心的顶部区域及其上方,以研究水和蒸汽的两相逆流流动。这里存在由 30°扇区的壁产生的扭曲影响,有必要证明它对于扇形区域尺寸的选择不重要。

4)在进行几何尺寸的模化时,尺寸不能减小到影响研究现象的程度。例如,在一些核电厂的安全壳中,气体的混合、不凝结气体的分布以及温度和密度的分层很重要,对于这种设施的模化,必须保证模化结果的几何尺寸足够大以研究热羽流、温度以及不凝结气体分布不均的发展,同时还需要考虑因尺寸缩小而产生的壁面效应。

5)复杂系统中的许多组件通过管道连接,重要的是此类连接通道的缩小不会影响组件瞬态行为和重要组件之间的压差。在实践中,为了便于模化,管道流通面积通常偏大,这就导致试验设备中的速度和形阻损失降低。由于测试设备的管道尺寸较小,摩擦损失往往更大。但由局部损失主导的总压降通常最终比原型略小,所以增加了局部孔口以匹配总压降。

6)两相流动传热与流型密切相关,系统程序使用的本构方程也是如此。通常情况下系统模化很难在整个流型范围内均满足条件,如对于流型转变准则的研究,失真是难以避免的。经验表明,最好关注最重要的流型(如可能在原型系统中出现的流型),以及何时何地出现对复杂两相系统行为产生的影响。

11.3 复杂系统的模化

11.3.1 模化分析方法

目前应用于核反应堆热工水力领域的模化方法包括早期的线性比例法、功率-体积法,发展较为完善的 Ishii 三级法、H2TS 法,21 世纪初发展的 FSA 法、DSS 法。本节将对这些模化方法进行简单介绍。

11.3.1.1 线性比例法与功率-体积法

一般认为,如果模型与原型的质量、动量、能量控制方程和状态方程相似,即认为模型与原型中流体的物理过程相似[5]。在绝大多数反应堆系统中,流体速度相对较快,流动一般为湍流。在这种情况下,流体涡流动量、能量通量较分子动量、能量扩散要大得多,因此在方程中仅考虑了涡流动量、能量通量项。所用的通用控制方程,可用于描述单相、两相系统中任意微元流体。

根据相似原理,将控制方程和状态方程无量纲化[6],令:

$$x_i^+ = \frac{x_i}{L_0}, x_j^+ = \frac{x_j}{L_0}, t^+ = \frac{t}{t_0}, u^+ = \frac{u}{u_0}, \rho^+ = \frac{\rho}{\rho_0}, h^+ = \frac{h}{h_0}, T_f^+ = \frac{T_f}{T_{f,0}}, \dot{q}^+ = \frac{\dot{q}}{\dot{q}_0}, \beta^+ = \frac{\beta}{\beta_0}, c_{pf}^+ = \frac{c_{pf}}{c_{pf,0}}$$

$$(11-1)$$

可得无量纲连续方程:

$$\frac{\partial \rho^+}{\partial t^+} + \frac{\partial \rho^+ u_i^+}{\partial x_i^+} = 0 \tag{11-2}$$

无量纲动量方程:

$$\frac{\partial u_i^+}{\partial t^+} + u_j^+ \frac{\partial u_i^+}{\partial x_j^+} = \frac{F_{i,0} t_0}{u_0} F_i^+ - \frac{t_0 p_0}{\rho_0 u_0 l} \cdot \frac{1}{\rho^+} \cdot \frac{\partial p^+}{\partial x_j^+} - \frac{1}{\rho^+} \cdot \frac{\partial}{\partial x_j^+} (\rho^+ \overline{u'_i} \overline{u'_j}) \tag{11-3}$$

无量纲能量方程:

$$\rho^+ \left(\frac{\partial h^+}{\partial t^+} + u_j^+ \frac{\partial h^+}{\partial x_j^+} \right) = -\frac{c_{p,0} T_{f,0}}{h_0} \cdot \frac{\partial}{\partial x_j^+} \cdot (\rho^+ c_{pf}^+ \overline{u'_j} \overline{T'_j}^+) +$$

$$\frac{T_{f,0} \beta_0 p_0}{\rho_0 h_0} \cdot \left(\frac{\partial p^+}{\partial t^+} + u_j^+ \frac{\partial p^+}{\partial x_j^+} \right) + \frac{\dot{q}_0 t_0}{\rho_0 h_0} \dot{q}^+ \tag{11-4}$$

无量纲状态方程:

$$\rho^+ = \rho(h^+, p^+) \tag{11-5}$$

式中,x 为笛卡儿坐标;t 为时间;u 为速度;ρ 为密度;h 为流体的焓;T 为温度;$\dot{q}$ 为单位体积释热率;β 为体积膨胀系数;c_{pf} 为流体比定压热容;p 为压力;下标"i""j"分别表示 i、j 方向,"0"表示参考常量,"f"表示液相;上标"+"表示无量纲数。

为保证模型与原型控制方程相似,需满足以下条件:

$$\left(\frac{F_{i,0} t_0}{u_0} \right)_R = 1, \quad \left(\frac{p_0 t_0}{\rho_0 u_0 l_0} \right)_R = 1, \quad \left(\frac{c_{p,0} T_{f,0}}{h_0} \right)_R = 1, \quad \left(\frac{p_0 \beta_0 T_{f,0}}{\rho_0 h_0} \right)_R = 1, \quad \left(\frac{\dot{q}_0 t_0}{\rho_0 h_0} \right)_R = 1$$

$$(11-6)$$

式中,R 表示模型与原型参数比。

在等压等物性条件下,以上条件可简化为

$$u_R = 1 \tag{11-7}$$

$$\dot{q}_R t_R = 1 \tag{11-8}$$

由上式可得:$u_R = 1$,$t_R = l_R$,$\dot{q}_R = l_R^{-1}$,加速度比 $a_R = l_R/t_R^2 = l_R^{-1}$。

此时若定义面积比为 l_R^2,即得到线性比例方法。若定义 $t_R = 1$,则 $l_R = 1$、$\dot{q}_R = 1$ 即可得到功率-体积法的比例准则。

线性比例法能简单模拟实物模型,流程较为简单。但是由通用控制方程发展的线性比例方法中,有一点很难满足,即要求模型中的加速度等于原型的 $1/l_R$,该要求在水平方向的影响不大,但在竖直方向,流体系统的加速度为重力加速度,即要求试验装置的重力加速度等于原型的 $1/l_R$,是很难满足的。对于破口事故的喷放过程、水锤现象等,重力加速度对流体驱动力所做贡献很小,模型中的失真是不重要的。但对于涉及密度波现象的瞬变、自然循环等过程,高度差所产生的重力作用是主要因素,在这些现象中用线性比例方法所建立的模型存在较大失真。

功率-体积法是一种直接、简单的方法,它也可以通过 H2TS 方法的控制方程得到。功率-体积法中模型流体速度比和时间比与原型相同,模化装置所得数据可直接用于分析和预测原型电站中的重要瞬变过程,对于物理过程相对简单、瞬变过程较快的系统,功率-体积法是一种很好的选择。功率-体积法的缺点是,所建造的模型台架属于高、瘦型[7],即 $l_R=1$,则 $V_R=Q=A_R$,这使得回路中流动阻力由于横截面积的减小而显著增加。且模化装置中偏大的表面积与体积之比(A/V),会使系统热损失较按原型比例模化后的热损失大,这会使瞬变较慢的现象产生一定失真。例如,对小破口事故后的系统现象,过大的热损失使系统内能量偏低,从而使系统内流体传热、流型或 CHF 等现象的模拟产生失真。此时,需通过外部加热的方法来补偿损失的热量。

11.3.1.2　Ishii 三级法

三层次方法由 Ishii[8] 基于美国核管会(NRC)严重事故比例分析方法的概念框架,针对整体试验装置研究提出,并应用于普渡大学的多维度沸水堆整体试验装置(PUMA)。该方法包括针对整个系统的比例分析和针对局部现象的比例分析。三个层次如下:①整体响应的比例分析;②控制体和边界流动的比例分析;③局部现象的比例分析。前两个层次被称为从上到下(top-down),第三个层次被称为从下到上(bottom-up)。其基本思想和结果与 H2TS 方法大致相同,主要区别是对局部部件或现象的相似准则处理方法。例如,三层次方法重点关注整个回路的阻力,而后续介绍的 H2TS 方法强调管道的摩擦阻力和局部阻力的单独相似。

Ishii 三层次模化方法的第三个层次针对一些主要的局部现象(如流动不稳定性、阻塞、非阻塞流、流型、CHF、自然循环等)进行分析研究,以弥补从上到下模化分析的偏差。整个模化分析方法的流程如图 11-1 所示。

第一部分分为两个层次,第一层模化分析主要采用积分响应函数对系统的瞬态响应进行分析,该层模化分析适用于整个系统循环环路,对每个组件的稳态和瞬态工况都进行了考虑,守恒方程为一维形式的单相和两相流动,分别对单相和两相进行了讨论。对单相流动来说,主要利用了流体面积平均形式的连续性方程、积分形式的动量方程、能量方程、固体部件能量方程及适当的边界条件,再通过对方程进行无量纲化,得到无量纲准则数,具体流程如图 11-2 所示。

单相流动中无量纲准则数如下。

理查德数:

$$R=\frac{g\beta\Delta T_0 l_0}{u_0^2} \tag{11-9}$$

时间比例数:

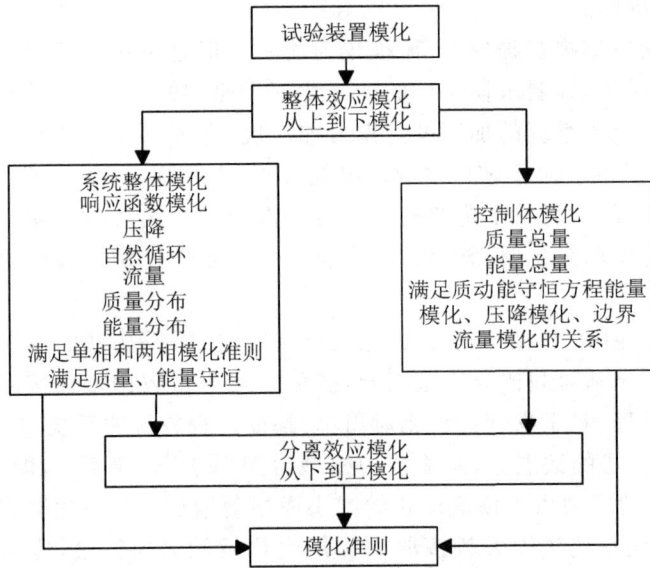

图 11-1　整体模化流程

图 11-2　单相流动模化流程图

$$T_i^* = \left(\frac{\dfrac{l_0}{u_0}}{\dfrac{\delta^2}{\alpha_s}}\right)_i \tag{11-10}$$

摩擦数：

$$F_i = \left(\frac{fl}{d} + K\right)_i \tag{11-11}$$

热源数：

$$Q_{si} = \left(\frac{q'''_s l_0}{\rho_s c_{ps} u_0 \Delta T_0}\right)_i \tag{11-12}$$

修正斯坦顿数：

$$St_i = \left(\frac{4hl_0}{\rho_f c_{pf} u_0 d}\right)_i \tag{11-13}$$

毕渥数：

$$Bi_i = \left(\frac{h\delta}{k_s}\right)_i \tag{11-14}$$

上述各式中，下标"i""f""s"分别代表整个系统中的第 i 个部件、流体部件和固体部件。同时 u_0、ΔT_0、l_0 分别代表参考速度、参考温差和参考长度。

$$(R)_R = (St_i)_R = (T_i^*)_R = (Bi_i)_R = (Q_{si})_R$$

式中，R 表示模型与原型的比值，即 $\Psi_R = \Psi_m / \Psi_p$，下标"m"表示模型、"p"表示原型。

对以上无量纲数进行分析可得以下有量纲量的模化比：

$$(Q_{si})_R = 1 \Rightarrow (\Delta T_0)_R = \left(\frac{q'''_s l_0}{\rho_s c_{ps} u_0 \Delta T_0} \right)_R \tag{11-15}$$

$$(T_i^*) = 1 \Rightarrow \delta_R = \left(\frac{\alpha_s l_0}{u_0} \right)_R^{1/2} \tag{11-16}$$

$$(Bi_i) = 1 \Rightarrow (h_i)_R = (h)_R = (k_s)_R \left(\frac{u_0}{\alpha_s l_0} \right)_R^{1/2} \tag{11-17}$$

$$(d)_R = \left(\frac{\rho_s c_{ps}}{\rho_f c_{ps}} \right)_R \left(\frac{\alpha_s l_0}{u_0} \right)_R \tag{11-18}$$

对于两相流动（如自然循环或者事故工况下的 ECC 系统），主要是利用漂移流模型的两相质量方程、动量方程、能量方程和气相连续性方程等四个方程，通过小扰动方法分析得到系统的积分响应函数，即速度扰动和压降扰动的关系、速度与压降之间的关系式称为传输函数，再将传输函数进行无量纲化得到无量纲准则数，主要流程图如图 11-3 所示。

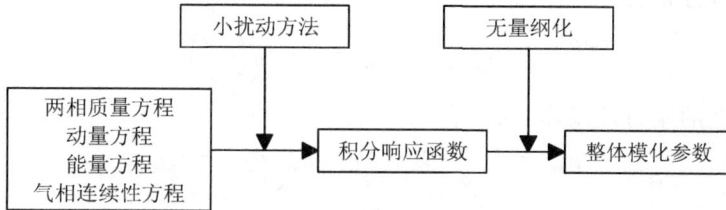

图 11-3　两相流动模化流程图

小扰动方法主要是将速度、压降看作均值量和扰动量的和，即

$$v = \bar{v} + \delta v, \qquad \delta p = \overline{\delta \bar{p}} + \delta \Delta p \tag{11-19}$$

其中，考虑速度的小扰动，有 $\delta v(s,t) = \varepsilon e^{st}$，同样考虑密度会随时间变化。

密度的扰动量是通过能量方程、连续方程共同求解得到其与速度扰动量的关系，即密度扰动量和速度扰动量的传输函数，最后将压降、速度和混合密度含扰动量的表达式代入混合物动量方程，此时动量方程含速度和压降扰动量，对动量方程进行积分可得速度扰动量和压降扰动量的传输函数，对该传输函数进行无量纲化后得到以下无量纲数。

两相的无量纲准则数如下。

相变数：

$$N_{pch} = \left(\frac{4q'''_0 \delta l_0}{d u_0 \rho_f i_{fg}} \right) \left(\frac{\Delta \rho}{\rho_g} \right) = N_{zu} \tag{11-20}$$

漂移流数：

$$N_d = \left(\frac{V_{gj}}{u_0} \right)_i \tag{11-21}$$

过冷数：

$$N_{sub} = \left(\frac{i_{sub}}{i_{fg}} \right) \left(\frac{\Delta \rho}{\rho_g} \right) \tag{11-22}$$

弗劳德数：

$$N_{Fr} = \left(\frac{u_0^2}{g l_0 \alpha_0}\right)\left(\frac{\rho_f}{\Delta \rho}\right) \tag{11-23}$$

热惯性数：

$$N_{thi} = \left(\frac{\rho_s c_{ps} \delta}{\rho_f c_{pf} d}\right)_i \tag{11-24}$$

摩擦数：

$$N_{fi} = \left(\frac{fl}{d}\right)_i \left[\frac{1 + x\left(\frac{\Delta \rho}{\rho_g}\right)}{\left(1 + x\frac{\Delta \mu}{\mu_g}\right)^{0.25}}\right]\left(\frac{a_0}{a_i}\right)^2 \tag{11-25}$$

孔板数：

$$N_{0i} = K_i \left[1 + x^{3/2}\left(\frac{\Delta \rho}{\rho_g}\right)\right]\left(\frac{a_0}{a_i}\right)^2 \tag{11-26}$$

$$(N_{pch})_R = (N_{sub})_R = (N_{Fr})_R = (N_d)_R = (N_{thi})_R = (N_{fi})_R = (N_{0i})_R = (N_i^*)_R = 1$$

对稳态下能量方程有

$$\left(\frac{\Delta \rho}{\rho_g}\right)x_e = N_{zu} - N_{sub} \Rightarrow (x_e)_R \left(\frac{\Delta \rho}{\rho_g}\right)_R = 1 \tag{11-27}$$

若原型与模型的压力及流体一致，有

$$\rho_R = \rho_{gR} = \beta_R = c_{pR} = k_R = \mu_R = \mu_{gR} = i_{fgR} = 1$$

则

$$(\alpha_e)_R \left(\frac{\Delta \rho}{\rho_g}\right)_R = 1, \qquad (\alpha_e)_R \approx 1 \tag{11-28}$$

$$\left.\begin{array}{c}(N_{Fr})_R = 1 \\ \alpha_R = 1\end{array}\right\} \Rightarrow \left(\frac{u_0^2}{l_0}\right)_R = 1 \Rightarrow u_R = l_R^{1/2} \tag{11-29}$$

在一个高度缩小的系统中，速度和时间也会相应缩小：

$$\tau_R = \left(\frac{l_0}{u_0}\right)_R = l_R^{1/2} \tag{11-30}$$

$$(N_{pch})_R = 1 \Rightarrow (q_0''')_R = \left(\frac{\rho_f \rho_g i_{fg}}{\Delta \rho}\right)_R \left(\frac{d}{\delta}\right)_R \left(\frac{u_0}{l_0}\right)_R \Rightarrow (q_0''')_R = l_R^{1/2} \tag{11-31}$$

$$P_R = (q_0''')_R \cdot V_R = l_R^{-1/2} \cdot l_R \cdot d_R^2 = l_R^{1/2} \cdot d_R^2 \tag{11-32}$$

$$\delta_R = \left(\frac{\alpha_s l_0}{u_0}\right)_R = l_R^{1/4}(\alpha_s)_R^{1/2} \tag{11-33}$$

$$(N_{sub})_R = 1 \Rightarrow (i_{sub})_R = \left(\frac{i_{fg} \rho_g}{\Delta \rho}\right)_R \tag{11-34}$$

第二层模化是控制体模化，对于一个由各种组件组成的整体系统，不同组件间的相互关联也需要进行模化的考虑，该层次的模化主要关注的是质量和能量的累积，特别是针对阻塞流和由动量控制的流动，利用质量及能量守恒方程得到连接管路间的主要模化准则。该层次表明原型和模型间的降压过程一致。例如，对于冷却剂的质量存量有以下关系式：

$$\frac{d}{dt}M = \sum m_{in} \tag{11-35}$$

对上式进行无量纲化可得

$$\frac{\mathrm{d}}{\mathrm{d}t^*}(\rho^*) = \sum m_{\mathrm{in}}^* - \sum m_{\mathrm{out}}^* \tag{11-36}$$

其中，$t^* = t/(l_0/u_0)$；$\rho^* = \rho/\rho_0$；$m_{\mathrm{in}}^* = \dfrac{m_{\mathrm{in}}\tau_0}{\rho v} \sim \dfrac{\rho_{\mathrm{in}}}{\rho_0}\left(\dfrac{a_{\mathrm{in}}}{a_0}\right)\left(\dfrac{u_{\mathrm{in}}}{u_0}\right)$。

当 $P_{\mathrm{R}} = 1$ 时，$(\rho_{\mathrm{out}}^*)_{\mathrm{R}} = (\rho_{\mathrm{out}}/\rho)_{\mathrm{R}} \approx 1$，因此对边界流动（如破口流动、各种 ECC 注水流动）的模化有

$$\left(\frac{a_{\mathrm{in}}}{a_0}\frac{u_{\mathrm{in}}}{u_0}\right)_{\mathrm{R}} = 1 \tag{11-37}$$

$$\left(\frac{a_{\mathrm{out}}}{a_0}\frac{u_{\mathrm{out}}}{u_0}\right)_{\mathrm{R}} = 1 \tag{11-38}$$

三层次方法中第三层次的模化着眼于主要局部现象的模化，同时满足前两层的模化准则会导致局部现象的一些失真，因此需要对某些特别关注的现象进行具体分析，以此弥补同时满足前两层模化造成的失真。

例如，对于对于破口流动中的阻塞流动，当 $P_{\mathrm{R}} = 1$ 时，$(Ma)_{\mathrm{R}} = 1 \Rightarrow (u_{\mathrm{out}})_{\mathrm{R}} = 1$：

$$\left.\begin{array}{l}(u_{\mathrm{out}})_{\mathrm{R}} = 1 \\ (u_0)_{\mathrm{R}} = (l_{0\mathrm{R}})^{1/2} \\ \left(\dfrac{a_{\mathrm{out}}}{a_0}\dfrac{u_{\mathrm{out}}}{u_0}\right)_{\mathrm{R}} = 1\end{array}\right\} \Rightarrow \left(\frac{a_{\mathrm{out}}}{a_0}\right)_{\mathrm{R}} = (l_{0\mathrm{R}})^{1/2} \tag{11-39}$$

对破口流动中的组件间的非阻塞流动，有

$$\Delta p_{\mathrm{m}} = K_{\mathrm{m}}\frac{\rho(u_{\mathrm{line}})_{\mathrm{m}}^2}{2} \tag{11-40}$$

$$\Delta p_{\mathrm{p}} = K_{\mathrm{p}}\frac{\rho(u_{\mathrm{line}})_{\mathrm{p}}^2}{2} \tag{11-41}$$

式中，下标"line"表示组件间连接管路。

由于 $(\Delta p_{ij})_{\mathrm{R}} = 1$，下标"$i$""$j$"分别表示两个组件，因此

$$\frac{K_{\mathrm{m}}}{K_{\mathrm{p}}} = \left[\frac{(u_{\mathrm{line}})_{\mathrm{p}}}{(u_{\mathrm{line}})_{\mathrm{m}}}\right]^2 = \frac{1}{(u_{\mathrm{line}})_{\mathrm{R}}^2} \tag{11-42}$$

破口流动中的组件间的非阻塞流动模化由 Eu 数给出

$$Eu = \frac{\Delta p}{\rho u_{\mathrm{line}}^2} \quad \text{或}(Eu)_{\mathrm{R}} = \frac{1}{(u_{\mathrm{line}})_{\mathrm{R}}^2} \tag{11-43}$$

需要说明的是第三层的模化不可避免也会有偏差，这来源于两个方面：①难以匹配局部模化准则；②对局部现象本身认识不够。因此将试验数据直接外推到原型工况是非常困难，甚至是不可能的。

Ishii 方法的优点是不需要和功率-体积法一样保持 $l_{\mathrm{R}} = 1$，这意味着试验装置不需要和原装置保持相同高度，为试验装置设计提供了较大灵活性。缺点是由于缺乏系统破口流动的判定准则以及蒸汽发生器内部换热的模化分析，致使该方法对自然循环局部现象的分析不够全面[9]。

11.3.1.3　基于积分模化分析方法

基于积分模化分析（fractional scaling analysis，FSA）方法使用场景如下[10]。

1)处理和量化有限空间区域内和周围的状态变量的变化。

2)适用于交互部件的集合。

3)在模化分析中引入了与特定问题相关的初始或边界条件。

4)路径积分在标度分析中引入了动作的概念,将初始能量和周转时间联系起来。因此,力学和流体力学中的标度准则可以用两个尺度来表示——能量和时间。

1. 分数变化率

空间区域(M)以状态变量(V)为特征,发生了一个由变量(Φ)引起的变化:

$$\frac{\mathrm{d}V}{\mathrm{d}t} = \Phi \qquad (11-44)$$

定义(V)的分数变化率为

$$\omega = \frac{1}{V}\frac{\mathrm{d}V}{\mathrm{d}t} \qquad (11-45)$$

从式(11-44)和式(11-45)可以得到

$$\omega = \frac{\Phi}{V} \qquad (11-46)$$

上述公式在不同的物理现象中有不同的解释。例如,在力学中如果状态变量(V)是动量,那么变化的动因就是力,由式(11-46)得到动量的分数变化率为

$$\omega = \frac{F}{mv} \qquad (11-47)$$

同样地,如果V为能量,则Φ为功率。FSA法考虑模块内部发生的变化,着重于信号传播(改变)的方式。

(1)空间尺度

考虑建立空间尺度的几何方法。对于通过区域(A)传输变化的变量和在体积(V)内积分变化的变量,空间尺度由传输区域面积"浓度"给出:

$$\frac{1}{\lambda} = \frac{A}{V} \qquad (11-48)$$

式中,λ为过程的特征长度。

例如,考虑两种流动,一种通过圆形管道,另一种沿水平板流动。速度剖面是由管壁剪切应力(变化因子)引起的跨越管道的速度变化。对于半径为R的管道,其特征长度为$\lambda = R/2$。λ是依赖过程的,因为它是由容纳变化的体积和施加变化的面积的比例给出。当影响体积和传输面积的概念难以识别时,可以将特征长度(λ)定义为完成变化过程所需的长度。

(2)时间模化

模块分配了两个时间尺度。一个是"时钟τ",即观测到变化的时间;另一个是过程时间,描述了由一个特定的变化主体引起的状态变量的变化。可以将这种变化看作是状态变量对模块边界施加的约束适应(边界条件)。忽略化学反应,模块内部有三种模式传输变化:对流、扩散或波。此处简要给出对流及扩散过程的时间尺度。

1)对流过程。对于一个对流过程,时间尺度为

$$\frac{1}{\tau} = \frac{Q}{V} = \omega_\tau \qquad (11-49)$$

式中,Q为体积流量;V为模块体积。对于通过截面面积恒定的管道的一维流动,式(11-49)

是管道长度(L)和面积平均速度($\langle v \rangle$)的函数。因此：

$$\tau = \frac{L}{\langle v \rangle} \tag{11-50}$$

对于单位体积，有

$$\tau = \frac{\lambda}{\langle v \rangle} \tag{11-51}$$

对于给定的体积(V)，τ 为内部流体更新时间，同时也意味着体积内流体置换频率为 w_r。式(11-50)和式(11-51)定义流体颗粒在管道中的停留时间。

2)扩散过程。考虑扩散方式控制的过程，时间尺度由状态变量的分数变化率给出。以确定流过圆形管道的时间尺度为例。状态变量是动量 $\rho \langle v \rangle V$，变化的媒介是壁面剪力 $\sigma_w A_w$。动量分数变化率为

$$\omega_m = \frac{\sigma_w A_w}{\rho \langle v \rangle V} \tag{11-52}$$

壁面剪应力为

$$\sigma_w = -\mu \frac{dv}{dr} \tag{11-53}$$

平均速度为

$$\langle v \rangle = \frac{1}{\pi R^2} \int_0^R v(r) 2\pi r \, dr \tag{11-54}$$

式(11-52)可被表示为

$$\omega_m = \frac{v}{\lambda^2} \frac{1}{\int_0^1 v(r^+) 2r^+ \, dr^+} \frac{dv}{dr^+} \tag{11-55}$$

式中，λ 为式(11-48)给出的特征长度；r^+ 为无量纲半径，$r^+ = r/R$。

由式(11-60)可知，动量的分数变化率由几何形状和速度分布决定。对于由分子扩散控制的过程，给出了满足边界条件的速度分布：

$$v(r^+) = v_{max}(1 - r^{+2}) \tag{11-56}$$

式(11-55)中可以得到通过圆形管道的扩散控制流的动量(时间尺度)分数变化[11]：

$$\omega_m = \frac{2v}{\lambda^2} \tag{11-57}$$

式(11-57)可被用来定义过程速度：

$$v_p = \omega_m \lambda = \frac{2v}{\lambda} \tag{11-58}$$

和过程操作：

$$S_p = v_p \lambda = \omega \lambda^2 = 2v \tag{11-59}$$

式(11-57)中的数值系数是由满足问题边界条件的几何形状和速度分布决定的。对于平行板间扩散控制流动，动量的分数变化率为

$$\omega_m = \frac{3v}{\lambda^2} \tag{11-60}$$

对库埃特流,则有

$$\omega_{\mathrm{m}} = \frac{2v}{\lambda^2} \qquad (11-61)$$

式中,λ 为式(11-48)定义的特征长度。

由对流、扩散或波传播所引起的状态变量(动量、能量等)的每一次变化都以一个过程特定的时间常数为特征。分数变化率可以用来推导适用于特定变化过程的时间常数的倒数。对于单个模块 M,其特征是状态变量 V。

2. 分数模化模式

假设包含状态变量 V 的模块 M 正经历变化 Φ 导致的变化。为了量化 δV 对 V 产生的影响,以 V_0 参考值,定义分数变化为

$$\Omega = \frac{\delta V}{V_0} \qquad (11-62)$$

由式(11-45)和(11-46)可以得出

$$\Omega = \omega \delta t = \frac{\Phi}{V_0} \delta t \qquad (11-63)$$

分数变化(Ω)也被表示为"影响度量"[12],量化了变化 Φ 对状态变量的影响。具有相同效果度量 Ω 的过程相似,它们的状态变量被相同的小数更改,相似性只要求 Ω 相等。这种模化方法被称为基于等分变化的原则"分数模化",依赖于确定的分数变化率,即对流、扩散或波传播所带来变化的过程时间尺度。

分数模化方法可以应用于任何研究层次,使量化变化的问题得到解决。可应用于以下几种情况。

1)单一状态变量,由单一变化主体作用 $1V/1\Phi$。

2)单一状态变量,由变化主体的集合作用 $1V/\sum\Phi$。

3)状态变量的集合,由单一变化主体作用 $\sum V/1\Phi$。

4)状态变量的集合,由变化主体的集合作用 $\sum V/\sum\Phi$。

11.3.1.4　复杂系统分层模化方法

近年来,Zuber 开发了一种结构化方法来模化复杂系统,解决了两个层次的模化问题:自上而下(归纳)系统方法,自下而上(演绎)过程和现象方法,这种方法称为复杂系统分层模化(hierarchical two-tiered scaling, H2TS)方法。也是近年来国内外大型整体性台架模化常使用的方法之一。其目的有以下几点。

1)创建一个系统的、可审计的、可追踪的方法。

2)制定模化与相似准则。

3)确保正确识别和处理重要过程,并提供一种方法来确定和选择优先级。

4)创建测试装置设计和操作规范,并提供对装置设计、测试条件和结果进行全面审查的程序。

5)确保重要过程的试验数据与原型一致,并量化由于尺度失真或非原型测试条件造成的偏差。

运用场景的特征是与相互作用和反应介质相关的瞬态过程,包括交换质量、动量和能量的

不同相的许多组分。相互作用的组分的数量和组成因场景而异。考虑到复杂的物理化学相互作用和相关的协同效应,分别对每一个过程进行详细的分析可能无法有效地解决问题。解决协同效应需要全局考虑,加上每个过程具有多个尺度特征的存在,因此可用分层方法来处理。分层方法的目标是在复杂的交互之间建立联系。

分层系统理论是在 20 世纪 70 年代发展起来的[13],用于分析大规模的复杂系统。

1)分析大型复杂系统的核心是从时间和空间尺度的差异中建立层次。

2)系统的层次结构通常伴随着空间、时间和能量层次。

3)流程可以按相似的比例分组。如果各组明显不同,就可以相互解耦,从而形成层次化的组织。

4)层次结构中的级别是相互隔离的,因为它们的模化比例不同。

5)层次结构中的较低层次只与较高层次通信其平均值。

6)更大的特征空间尺度与更长的特征时间尺度相关联。

7)每一个较低的层次提供更详细的信息。

基于物理的系统分解在提供系统层次结构的方法学的第一个元素中执行,需要确定三个特征尺度(量度):第一个尺度指定系统中给定成分、相位或几何形状的数量;第二个尺度指定特定传输过程的传输区域;第三个尺度为各种系统部件和各种物理化学过程指定特征时间常数。建立一个系统层次结构,并为复杂的过程和交互开发层次结构。

1. 两层模化

两层的模化方法流程[14]如图 11-4 所示,它是一种基于自上而下(自顶向下)思想的系统方法,除此之外还有自下而上的过程方法。采用自上而下或系统方法推导以结合过程和系统观点的特征时间比率表示模化组,利用特征时间比建立标度层次结构,该层次结构具有以下两个重要功能。

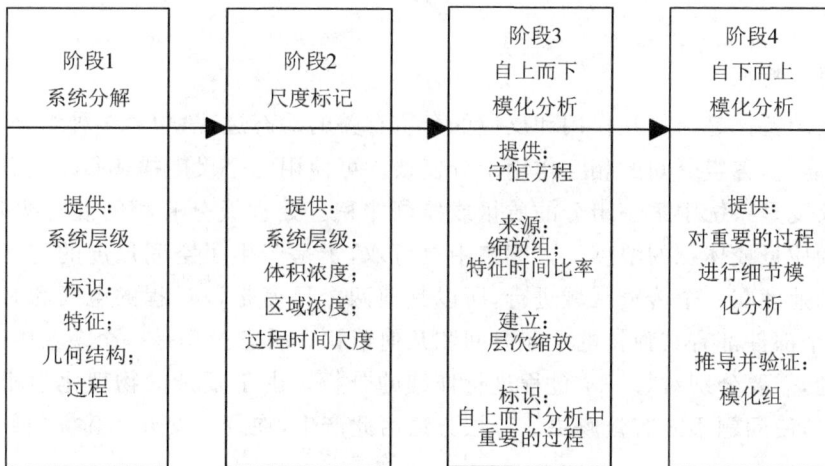

图 11-4　两层模化流程图

1)建立合理的理论方法,确保模化试验和原型系统之间相似性的顺序。

2)进行自下而上或过程扩展分析,确定需要细化处理的重要过程。

层次结构的每一层中每个元素(传输过程)的功能都可以被评估。自上而下或系统方法提供了一种全面、系统的方法,根据过程的重要性将问题组织成层次结构;自下而上或过程方法则主要关注重要的过程,确保所有重要的过程都得到合理分析,从而保证试验数据的适用性。因此,自上而下的系统方法提供了效率;自下而上的过程方法确保了比例分析的充分性。每种模化过程的扮演角色如图 11-5 所示。

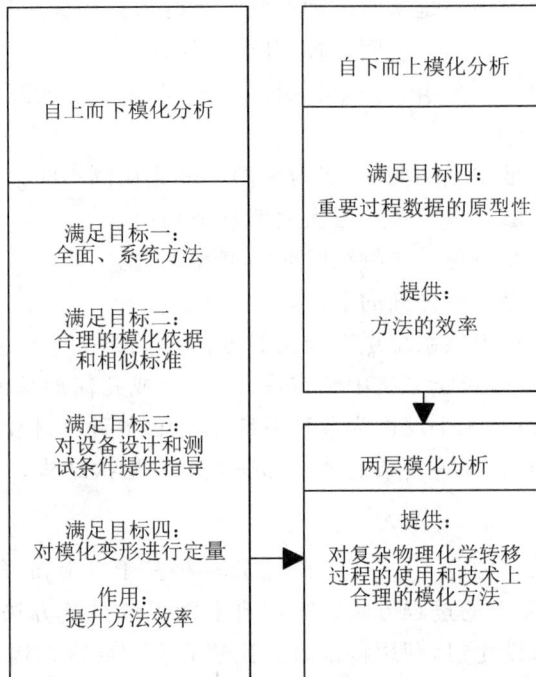

图 11-5　两层模化分析

2. 严重事故特征

严重事故的特征是与相互作用和反应的介质有关的瞬态过程,包含多种组分、不同的交换质量、动量和能量,各组分间的相互作用十分复杂。可使用三个尺度描述每个组分和过程。

第一个尺度是系统中某一组分的质量或控制体积。处理成分和相的混合物时,可以把这个尺度表示为质量或体积的浓度。体积集中更可取,于是产生了空间尺度的定义。每个传输过程以给定的速度在一个传输区域进行,所以其他两个尺度是该过程的空间和时间尺度。此外,系统的每个部件都有其独特的响应时间和几何形状。瞬态过程是一个多集中度、空间和时间尺度的问题,需要分别对每一个过程进行详细的分析。由于复杂的物理化学相互作用和相关的协同效应,使问题不能有效解决。分层方法由此产生,在复杂交互中建立组织。

3. 系统分解和层次结构

基于物理分解建立系统的层次结构,该分解如图 11-6 所示。

1)每个系统可分为(相互作用的)子系统。

2)每个子系统可分为(相互作用的)模块。

3)每个模块可分为(相互作用的)组元(物质)。

4)每个组元可分为(相互作用的)组分(固液气相)。

5)每个组分都可以用一种或多种几何构型来表征。

6)每种几何构型都可以用三个场方程来描述,即质量、能量和动量守恒方程。

7)每个场可以有几个特征过程。

对系统进行分解是因为传输过程是由传输速率(时间尺度)和可用传输面积(空间尺度)决定的。传输面积取决于相互作用的组分或相数量。例如,系统组成的一部分可以是固体形式,另一部分是池、薄膜或液滴形式;每一种都有不同的传输区域,必须考虑不同的空间尺度。空间尺度(L)表示某一特定过程的传输面积;时间尺度(τ)表示传输速率;体积浓度(α)表示给定相所占的体积。图 11-6 所示的架构可用于为这三个度量建立层次结构。

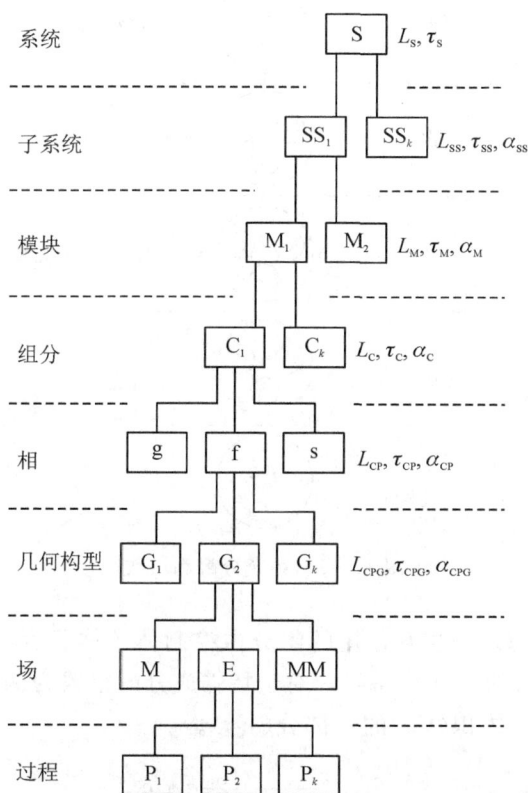

图 11-6　系统分解和层次结构(过程)

如图 11-7 所示,低层次上,一个特定几何构型的特定传输过程,只能用两个尺度来描述:空间尺度和时间尺度。在更高的层次上,由于其他组分、相或几何构型的存在更为复杂,必须考虑第三个尺度,即体积浓度。图 11-7 中每个层次有三个基本变量(质量或体积、长度和时间),不同层次的量级尺度不一致,需要为每个度量建立一个层次树。

4. 特征体积分数层次

给定成分和质量的初始数量决定了模化层次树遵循的路径。对于各种组分和相的相互作用混合物,空间尺度量度可由浓度提供,浓度可以用质量或体积来表示。可按照图 11-8 所示的架构建立体积分数的层次树。

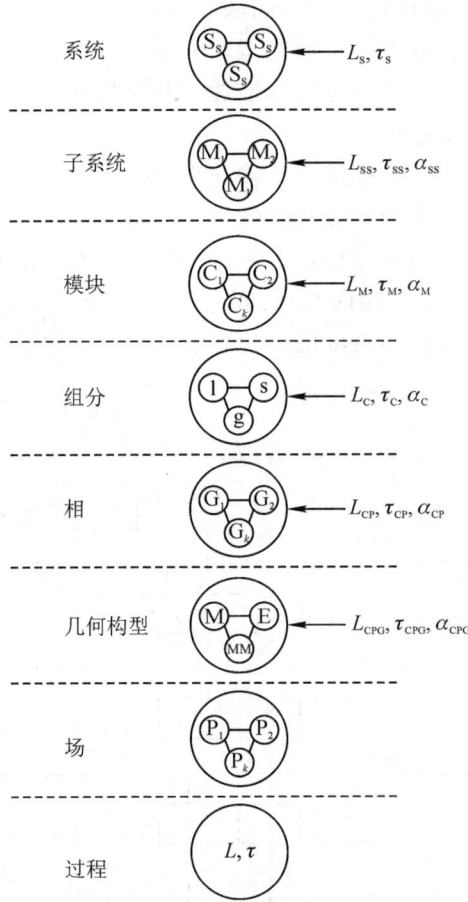

图 11-7 系统分解和层次

如图 11-8 所示,考虑几个相互作用的组分占控制体的体积为 V_{CV}。由特定组分 C 所占体积 V_C 是控制体积(V_{CV})的一部分(α_C)。对于特殊成分的组成为两相情况,考虑相 P 所占体积为 V_{CP},它是组分 C 所占体积(V_C)的一部分(α_{CP})。

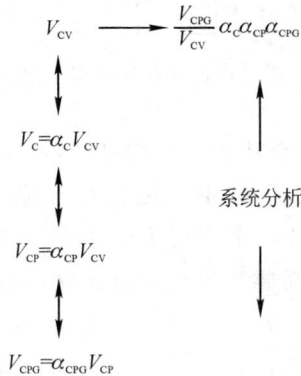

图 11-8 控制体积 V_{CV} 中几何构型 G 的体积分数层次

固体或液相有不同几何构型,液体可以是池、薄膜或液滴等形式。每一种几何构型都有其特有的传输区域,因此设 V_{CPG} 为组分 C 中相 P 的特定几何构型 G 所占的体积,该体积为组分 C 中相 P 所占体积(V_{CP})的一部分。

最后一步建立分级树用于评估特定几何构型的体积分数。某一特定几何构型的体积分数是三个体积分数的乘积,每个分数的值都小于 1。因此,每存在一个特定的几何构型就会使每一个更高层次的体积分数减小。

5. 特征空间尺度的层次

为传输过程的特征空间尺度建立其层次树。首先,需要注意的是从一个控制体到另一个控制体,传输过程发生在特定区域(接触面积),即体积是容量的量度单位;传输面积是传输过程强度的度量。因此,特定几何构型传输过程的空间尺度是传输面积浓度,即传输面积与体积的比率。

例如,流体流经直径为 D、长度为 L 的圆形管道时,传热面积浓度为 $4/D$,流体流动的面积浓度为 $1/L$。对于直径为 d 的球体,传输面积浓度为 $6/d$。对于厚度为 δ 的液膜,其传输面积浓度为 $1/\delta$。对于每一个传输过程和几何构型,都有一个特定(特定于过程和几何构型)的空间尺度。

将这一概念扩展到控制体积(V_{CV})中相互作用的组分和不同相。现考虑在控制体积(V_{CV})中,通过区域 A_{CPG} 到 P 相、C 组分组成的几何构型 G 的传输过程。该过程的空间尺度即为 A_{CPG}/V_{CV}。

为了计算该比值,可以注意到几何构型 G 体积为 V_{CPG},并且特定于传输过程和几何构型的尺度,可以写为

$$\frac{A_{CPG}}{V_{CPG}} = \frac{1}{L_{CPG}} \tag{11-64}$$

对于指定的传输过程,具体的空间尺度仅取决于几何构型。可根据式(11-64)和体积分数、层次来评估指定传输过程的空间尺度。

$$\frac{A_{CPG}}{V_{CV}} = \alpha_C \alpha_{CP} \alpha_{CPG} \left(\frac{1}{L_{CPG}} \right) \tag{11-65}$$

描述控制体积中传输过程的空间尺度 A_{CPG}/V_{CV} 不仅取决于特定的空间尺度,也是三个体积浓度的函数,可用三种尺度来说明控制体积中可能存在的不同数量(包括组分、相和几何构型)。

6. 特征时间尺度层次

区分两类时间尺度:一类与系统响应有关,另一类与传输过程有关。对于给定的控制体积(V_{CV})和体积流量(Q),系统响应由在控制体积中的停留时间表征,即

$$\tau_{CV} = \frac{V_{CV}}{Q} = \frac{1}{\omega_{CV}} \tag{11-66}$$

停留时间的倒数是一个频率,可以解释为控制体积每秒改变的数量。假定 Q 作为边界处的流量源,那么这个频率就是其强度的量度。每个传输过程都有一个速率和一个传输区域,被传输的特性可以是质量、动量、能量等。为了得到与这种传输相关的时间尺度的广义表达式,设 ψ 为单位体积的一个属性,即

$$\psi = \rho, \rho v, \rho U \tag{11-67}$$

式中,ρ 为密度;ρv 和 ρU 分别为单位体积的动量和内能。对于控制体积(V),ψV 为 V 中属性 ψ 的总量。设 j_i 是穿过传输区域(A_T)到控制体积(V)的 ψ 特定流量,那么 $j_i A_T$ 就是由于 j_i 而对 ψ 产生的总改变率。

为了获得与特定通量相关的时间尺度(τ_i),形成传输强度与容量(数量)的比值:

$$\frac{j_i A_T}{\psi V} = \frac{1}{\tau_i} = \omega_i \qquad (11-68)$$

式中,τ_i 的倒数即特征频率 ω_i(特指传输过程和几何构型),可以解释为每秒的次数;控制体积 (V) 中属性 ψ 的(参考或原始)量由于传输过程 $j_i A_T$ 而被改变。

例如,考虑一个直径为 d 的球体的传热,其特征频率为

$$\omega = \frac{q''}{\rho U} \frac{6}{d} \qquad (11-69)$$

其中,ρU 为球体单位体积的内能。

对于长度为 L、直径为 D 的管道中某一组分的单相流体传热,特征频率为

$$\omega = \frac{q''}{\rho H} \frac{4}{D} \qquad (11-70)$$

式中,ρH 为单位体积的流体参考焓值。

上述两个例子说明了由式(11-68)定义的特征频率具有显著特征,即对于特定的传输过程和传输区域,结合了几何构型(特定空间尺度)和传输速率(时间效应)的影响。因此,一种结合了两种效果的方法完全描述了传输过程。

将这一概念扩展到控制体积(V_{CV})中几种组分和不同相的相互作用。考虑一个在控制体积(V_{CV})的场(质量、动量或能量),与特征空间尺度相同,同样考虑几何构型、相与组分,确定该场一个特定的传输过程所指定的通量(j_i)的影响,评估的比率为 $j_i A_{CPG}/(\psi V_{CV})$。

对于这个过程的通量和几何构型,特征频率为

$$\frac{j_i A_{CPG}}{\psi V_{CPG}} = \frac{j_i}{\psi} \frac{1}{L_{CPG}} \frac{A_{CPG}}{V_{CV}} = \omega_{CPG} \qquad (11-71)$$

控制体积(V_{CV})中传输过程的特征频率为

$$\omega_i = \frac{j_i A_{CPG}}{\psi V_{CPG}} \qquad (11-72)$$

可以根据式(11-71)和体积分数等级进行计算,如图 11-9 所示。

$$\omega_i = \alpha_C \alpha_{CP} \alpha_{CPG} \frac{j_i}{\psi} \frac{1}{L_{CPG}} = \alpha_C \alpha_{CP} \alpha_{CPG} \omega_{CPG} \qquad (11-73)$$

式(11-73)清楚地表明,特定的传输过程对包含在控制体 V_{CV} 的场的影响,不仅取决于其速率和几何构型,也取决于三种体积分数。因此,如果不考虑(组分、相和几何构型)量,就不能进行适当的比例分析。

7. 特征时间的比率

前面的章节描述了传输过程的三个度量(质量或体积、长度和速率/时间),开发了相应的层次树。这三种度量方法可以合并为一种方法,即完全表征控制体积内某一特定传输过程对某一场影响的特征频率。

可使用时间频率来建立一个适合于特定过程的无量纲(模化)组,这些组可用于建立模化

$$\text{控制体} \quad \longrightarrow \quad \frac{j_i A_{\mathrm{CPG}}}{\psi V_{\mathrm{CV}}} \alpha_C \alpha_{\mathrm{CP}} \alpha_{\mathrm{CPG}} \omega_{\mathrm{CPG}}$$

$$\text{组分} \quad \longrightarrow \quad \frac{j_i A_{\mathrm{CPG}}}{\psi V_{\mathrm{C}}} \alpha_{\mathrm{CP}} \alpha_{\mathrm{CPG}} \omega_{\mathrm{CPG}}$$

$$\text{相} \quad \longrightarrow \quad \frac{j_i A_{\mathrm{CPG}}}{\psi V_{\mathrm{CP}}} \alpha_{\mathrm{CPG}} \omega_{\mathrm{CPG}}$$

几何构型

系统分析

场

$$\frac{j_i A_{\mathrm{CPG}}}{\psi V_{\mathrm{CPG}}} = \frac{j_i}{\psi} \frac{1}{L_{\mathrm{CPG}}} = \omega_{\mathrm{CPG}}$$

过程

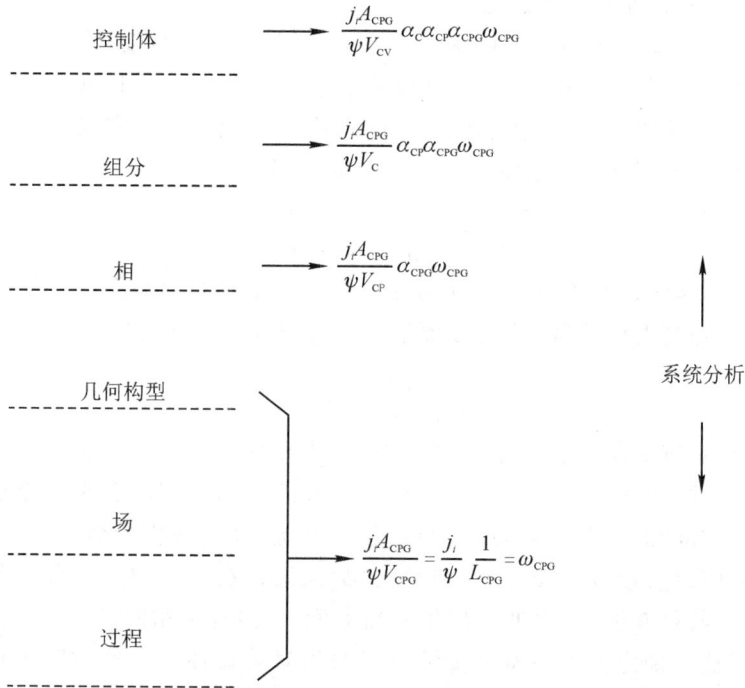

图 11-9　控制体 V_{CV} 中传输过程 (j_i) 的特征频率 $(\omega_i$,时间尺度)层次体系

层次结构。使用时间比的优势在于所有的传输过程(质量、动量和能量)只能用时间一个尺度来评估。

为了评估各种传输进程对系统(控制体)的影响,我们将使用系统响应时间 τ_{CV} 作为所有进程的规范化尺度。频率 (ω_i) 描述了这一过程,并给出时间比率:

$$\Pi_i = \frac{\tau_{\mathrm{CV}}}{\tau_i} = \omega_i \tau_{\mathrm{CV}} \tag{11-74}$$

也可以用式(11-66)和式(11-73)来表示:

$$\omega_i \tau_{\mathrm{CV}} = \alpha_C \alpha_{\mathrm{CP}} \alpha_{\mathrm{CPG}} \frac{j_i}{\psi} \frac{1}{L_{\mathrm{CPG}}} = \alpha_C \alpha_{\mathrm{CP}} \alpha_{\mathrm{CPG}} \omega_{\mathrm{CPG}} \tau_{\mathrm{CPG}} \tag{11-75}$$

例如,考虑单相流体在长度为 L、直径为 d 的管道内流动,当热流密度为 q'' 时,特征时间比为

$$\Pi = \omega \tau_{\mathrm{CV}} = \frac{q''}{\rho H} = \frac{4}{D} \frac{V_{\mathrm{CV}}}{Q} = \frac{q'' A_{\mathrm{T}}}{\rho H V_{\mathrm{CV}}} \frac{V_{\mathrm{CV}}}{Q} = \frac{q'' \Pi D L}{W H} = \frac{q''}{\rho \vartheta H} \frac{4L}{D} \tag{11-76}$$

式中,W 为质量流量,$\mathrm{kg/s}$;ϑ 为速度。

可以看到特征时间比是两个已知无量纲数的乘积,即斯坦顿数和几何数 $4L/D$ 的乘积,因为这两个无量纲数扩展了特定条件下的传输过程,相较于式(11-74)结合系统和过程的观点定义的特征时间率,前者由过程在系统中的停留时间(控制体)决定,后者由过程的特征频率 (ω_i) 决定。由式(11-73)定义的这个频率,指定了控制体 V_{CV} 中的属性(质量、动量、能量)参考量每秒有多少次由于特定的传输过程而被改变。因此,特征时间比表示在停留时间 (τ_{CV}) 期间,某一特定传输过程所带来的参考量 (V_{CV}) 的总变化,为这一进程的相关性提供了一种衡量

标准。比例越大，这种传输过程就越重要。

因此，如果一个过程要在两个不同无量纲设施中产生相同的效果，就必须保持特征时间比。例如，使用特征时间比式(11-74)来推导用于设计和操作所有 LOCA 整体测试台架的功率体积比例准则。考虑热流(q'')、换热面积(A_T)、控制体积(V_{CV})、单位体积熔(ρH)、(过程)停留时间(τ_{CV})，对于模型(m)和原型(p)，保持特征时间比为

$$\left[\frac{q''A_T}{\rho H V_{CV}}\tau_{CV}\right]_m = \left[\frac{q''A_T}{\rho H V_{CV}}\tau_{CV}\right]_p \tag{11-77}$$

所有 LOCA 整体测试装置都被设计为在原型压力下运行，使用相同的流体，并在模化装置和原型系统之间保持时间相等(等时性要求)，保持特征时间比的要求为

$$\left[\frac{q''A_T}{V_{CV}}\right]_m = \left[\frac{q''A_T}{V_{CV}}\right]_p \tag{11-78}$$

体积模化的优势确保了试验数据与原型相关，是解决类似 LOCA 问题的关键。方程中给出的特征时间比为式(11-74)和式(11-75)，可用来模化相当广泛和更复杂的一组物理化学传输过程，考虑了空间和时间(速度)尺度的过程和系统，以及体积分数的影响。因此，过程和系统的所有重要度量(质量或体积、空间和时间)都被组合在一个单一的无量纲组中。每一个过程都对应着一个特征频率，所以通过使用停留时间(τ_{CV})这个相同的系统量度来评估每个过程，使用特征时间比来确定系统中每个传输过程的相对重要性。上述过程提供了对整个系统进行分解的思路，在后续的模化过程中，将结合控制方程从上到下模化，以及对关注的重点现象进行从下到上模化，经过失真分析后反复迭代得到最终的模化结果。

H2TS 可广泛应用于各类不同的复杂系统，不再局限于个别物理过程，能深入认识不同层次不同类型物理过程的本质，应用于复杂系统能够量化评价失真。然而整个模化过程依赖于具有经验性质的现象识别与分级表(phenomenon identification and ranking table, PIRT)，并且复杂系统有些重要现象的发生具有并行性和强耦合性，不能简单根据时间进展划分阶段，由此形成的无量纲特征数可能自身具有矛盾性。

11.3.1.5　DSS 方法

DSS 模化分析方法由 Reyes(雷耶斯)提出[15]，是一种用来优化系统比例并评估整个过程产生的比例失真的方法。DSS 方法将物理过程描述为一种在动力系统研究中典型的归一化坐标系中的轨迹。其中，过程近似与几何近似都归因于坐标变换下过程度量的不变性，因此如果有两个过程在相空间的轨迹是相似的，那么可以认为这两个过程是相似的。研究表明在这种归一化坐标系下的双参数仿射变换产生了五种不同的比例缩放方法，其中包括著名的功率-体积法。同时可以对原型与模型进行比较，使用微分几何中的方法对时间有关偏差进行量化。

DSS 方法是在 H2TS 方法与 FSA[16]方法基础上，将系统的动态响应纳入模化框架产生的一种新的方法。

DSS 方法的第一步是在一个特殊的坐标系中用点和弧长来描述物理过程，在动力学系统研究中也被称为相空间[17]。用几何物体来描述物理过程的想法并不新颖。Klein(克莱因)[18]提出物理过程可以用几何对象的不变性来描述。通过对过程进行几何描述，提出了利用几何相似度原理来评价过程相似度的方法。在 DSS 方法中，过程相似，就像几何相似一样，可以简单地视为坐标变换下的不变性。本节需要使用的底层数学知识和基本原理如下。

1)将外部测量的参考时间尺度(即时钟)与"自然"过程(通常是非线性的时间尺度)联系

起来。

2)将过程的演变描述为在过程坐标下定义的表面上的轨迹,并由过程时间参数化。

将系统定义为一个包含多个守恒量的(如质量、动量和能量)由内因、外因发生变化的有限控制体。将过程定义为系统状态的变化顺序;传输序列由系统初始状态和边界条件约束的积分系统平衡定律控制。

参考时间由爱因斯坦等[19]定义,认为时钟是能产生恒定时间间隔的一种特殊类型的过程;参考时间坐标是由这样一个过程产生的恒定时间间隔叠加起来构成的。参考时间产生的时间标度定义为 t 坐标。参考时间与被测量的过程没有物理关系,它们只能为以恒定时间间隔演化的物理过程提供自然参数。参考时间后续将被证明是过程时间的一个子集。

考虑一个任意控制体积,它包含一个守恒量(如特定质量、动量或能量),是一个带有控制体位置 X 的函数,并相对于外部参考时间(t)变化。假设空间和时间坐标是连续的,进一步假定控制体的控制面可以发生变形。控制面瞬时速度为 v_s,外法线向量为 n。用 $\psi(X,t)$ 表示在系统内某一时刻控制体内的守恒量的分布。这个值能够通过进出控制体的物质输运 $\psi(v-v_s) \cdot n$(如流体焓值输运)产生变化,也能通过控制体表面上的通量 $j \cdot n$ 产生变化(如表面换热)。同样守恒量也能由体积源或阱(ϕ_v)产生变化。最后,守恒量的大小也能被重力场、磁场、电场等外部场(ϕ_f)改变。将所有能改变控制体守恒量的因素统一由 φ_i 来表示($i = 1, 2, \cdots, n$),则系统的平衡方程可以写为

$$\frac{\mathrm{d}}{\mathrm{d}t}\iiint_V \psi(X,t) \, \mathrm{d}V = \iiint_V (\phi_v + \phi_f) \, \mathrm{d}V + \iint_A (j \cdot n) \, \mathrm{d}A - \iint_A \psi(v - v_s) \cdot n \, \mathrm{d}A = \sum_{i=1}^n \varphi_i$$

$$(11-79)$$

在给定时刻下,守恒量的归一化积分量为

$$\beta(t) = \frac{1}{\psi_0}\iiint_V \psi(X,t) \, \mathrm{d}V \tag{11-80}$$

式中,ψ_0 为过程中一个和时间无关的积分守恒量的值(最大理想值),也是相对于参考量的最大间隔。

$$\omega(t) = \frac{1}{\psi_0}\left[\iiint_V (\phi_v + \phi_f) \, \mathrm{d}V + \iint_A (j \cdot n) \, \mathrm{d}A - \iint_A \psi(v - v_s) \cdot n \, \mathrm{d}A\right] \tag{11-81}$$

参数 $\omega(t)$ 的单位为时间的倒数,正比于改变量的总和,由上式可以得到以时间为单位的积分平衡方程:

$$\frac{\mathrm{d}\beta}{\mathrm{d}t} = \omega \tag{11-82}$$

过程时间的定义为

$$\tau = \frac{\beta}{\omega} \tag{11-83}$$

式(11-83)来自 Zuber[20] 的定义,过程时间被定义为守恒量变化率的倒数,他的研究取得了非常好的结果,因此在现象模化中得到了广泛的应用。由于控制体内守恒量的改变可正可负,因此过程时间线也可以朝正方向或负方向发展。

式(11-83)对时间求导可得

$$\frac{\mathrm{d}\tau}{\mathrm{d}t} = \frac{1}{\omega}\frac{\mathrm{d}\beta}{\mathrm{d}t} - \frac{\beta}{\omega^2}\frac{\mathrm{d}\omega}{\mathrm{d}t} \tag{11-84}$$

将式(11-82)代入式(11-84)中,式(11-84)改写为

$$\frac{\mathrm{d}\tau}{\mathrm{d}t} = 1 - \frac{\beta}{\omega^2}\frac{\mathrm{d}\omega}{\mathrm{d}t} \tag{11-85}$$

通过定义时间转换速率(D),可以得到关于过程时间转换规律的关系式为

$$D = \frac{\mathrm{d}\tau - \mathrm{d}t}{\mathrm{d}t} \tag{11-86}$$

该式定义类似于描述材料变形的延伸率[21],将式(11-85)代入式(11-86)可得

$$D = -\frac{\beta}{\omega^2}\frac{\mathrm{d}\omega}{\mathrm{d}t} \tag{11-87}$$

综上,微分形式的转换规律可以写成

$$\mathrm{d}\tau = (1+D)\,\mathrm{d}t \tag{11-88}$$

式(11-88)是对于微元过程时间间隔与微元参考时间间隔相互转换规律的描述。当$D >$ 0时,过程时间间隔大于参考时间间隔;当$D < 0$时,过程时间间隔小于参考时间间隔。对于加速变化,D被定义为一个非0值。过程时间间隔可以通过对积分得到

$$\tau_2 - \tau_1 = \int_{t_1}^{t_2} (1+D)\,\mathrm{d}t \tag{11-89}$$

对于恒定变化率的过程,控制体内的守恒量变化率$\sum_{i=1}^{n}\varphi_i$是个常数,即$\mathrm{d}\omega/\mathrm{d}t = 0$(或$D = 0$)。将$D = 0$代入式(11-89),则过程时间间隔等于参考时间间隔($\Delta\tau = \Delta t$)。这个结果也与爱因斯坦对恒定速率时间的定义类似。式(11-89)也揭示了参考时间是过程时间的子集,即参考时间是当$D = 0$的一种特殊情况下的过程时间。

综上所述,对过程时间的定义,统一了外部测量的参考时间尺度和系统内守恒量变化产生的时间尺度概念。此外,式(11-89)表明,所有的过程时间尺度是相对的,换句话说,每个过程都存在一个时间尺度并能与任何参考时间尺度相关联,再通过特定的过程时间转换速率扩展到其他过程时间尺度。

在目前大多数运用于核反应堆热工水力分析试验的台架中,大部分使用的模化方法是H2TS法。需要注意的是,在这些试验台架中模化的参数通常是试验的初始参数,或是稳态参数。此外,对尺度失真的评估是针对静态条件下的,对动态系统过程的模化会存在失真。

而DSS方法最大的特点就是经过双参数仿射变换后的原型与模型过程的时间相同,可以评估与时间有关的尺度失真。DSS影响因子与很多无量纲数存在联系包括理查德数(Ri)、流体阻力系数、环路特征长度数、环路时间常数等。此外,DSS影响因子还解释了过程下时间的变化,对现有模化方法有很大的贡献。

目前的DSS方法,仍然存在很多的不足,在处理两相流动问题中,该方法理论发展不完善,同时无法处理复杂台架的模化。因此该方法的劣势主要在于无法适用于复杂系统与缺少对两相系统的模化理论。

11.3.1.6 小结

本小节介绍了几种在反应堆领域运用的模化分析方法:线性比例法、功率-体积法、Ishii三级法、基于积分模化分析方法(FSA法)和分层模化方法(H2TS法),同时还介绍了最新提出的DSS法。目前在反应堆领域运用较为广泛的是FSA法与H2TS法,前者使用分数变化

率分别考虑在圆管和水平流动两种空间因素;考虑了对流和扩散两种时间因素进行模化;考虑了分数变化,提出了分数模化范式,对范式的应用场景进行了区分。后者首先指出了分层的必要性,然后总体介绍了分层模化的流程;指出了针对严重事故的特征,以及分层模化可以满足严重事故模化方法的五个目标;对复杂系统的具体分层细节首先进行了总体性概括,然后分别从特征体积分数、空间、时间三个角度细化了模化分析方法;最后从时间频率角度建立了适合于特定过程的无量纲(模化)组群,这些组群可用于开发可伸缩层次结构,强调了使用时间比的优势在于所有的传输过程(质量、动量和能量)只能用时间一个尺度来评估。

11.3.2　整体台架模化典型举例

以目前主流的模化分析方法——H2TS 方法为例[22],介绍 APEX 整体性试验台架的模化过程。

俄勒冈州立大学(Oregon State University,OSU)为先进核电厂试验设施(APEX)的设计和测试条件进行了最先进模化方面的研究[23]。这种模化代表了 H2TS 方法在整体系统测试设施设计中首次、也是最全面的应用。APEX 测试设施是在这种模化分析的基础上设计和建造的,是西屋电气 AP600 核电厂蒸汽供应系统最精确的展示。

APEX 台架模化使用 H2TS 方法,使用四个层次对试验进行模化设计。

1. 系统分解

将原型反应堆系统分解为(如主回路冷却剂系统和非能动安全系统等)各种系统;子系统再细化组元(物质),判断各个系统内部工质;组元再细分为组分(相态),判断工质在运行中的状态(单相气或液,两相);组分再通过若干特性参数来描述。这些经过系统分解形成的特性参数及其变化描述了事故过程中不同的物理现象变化,满足质量能量动量三个方程。在该层次要求对原型工况进行分析,确定典型物理现象特征,如破口事故中的喷放、再灌水、再淹没过程,需要分阶段进行模化分析。

2. 系统分层与识别

根据所研究的物理现象,识别比例分析的层次并得到其相似准则。对于系统内的热工水力过程,如主回路降压、整个回路自然循环过程,在系统层面分析;对 ADS 降压过程、非能动安注过程等在子系统层面分析;对反应堆内的单个独立部件在模块层面讨论;对气液两相混合物和固体边界之间相互作用在组元层面分析;对气液两相之间的质量、动量和能量传输在组分层面分析。将整个几何结构、物化现象复杂的系统进行分解,在不同阶段、不同层级分别进行模化分析。

3. 从上到下比例分析

关注各 PIRT 识别关键物理过程,根据不同比例分析层次、重点关注的现象列出控制体守恒方程,利用边界条件和初始条件对方程进行无量纲化,得到特征 Π 群,并识别所有的重要过程。例如,在对破口事故的分析中,关注反应堆冷却剂系统,对破口事故下的反应堆冷却剂系统的守恒方程,以质量方程为例,有

$$\tau_{\text{RCS}} \frac{\mathrm{d}M^+}{\mathrm{d}t} = \Pi_{\text{m}} \sum \dot{m}_{\text{dvi}}^+ - \sum \dot{m}_{\text{brk}}^+ \tag{11-90}$$

其中,在破口事故下关注的 τ_{RCS} 代表反应堆冷却剂系统(reactor coolant system,RCS)的停留时间常数,表示破口下冷却剂排出的时间:

$$\tau_{RCS} = \frac{M_O}{\sum \dot{m}_{brk,o}} \tag{11-91}$$

关注特征时间比可以得到

$$\Pi_m = \frac{\sum \dot{m}_{INJ,o}}{\sum \dot{m}_{brk,o}} \tag{11-92}$$

同样地,对于能量方程,也可以得到相应各项的特征时间比与相应的无量纲组群。

4. 从下到上比例分析

这部分关注的是 PIRT 识别出的对系统工作性能至关重要的局部独立物理过程,关注特定物理过程,如临界流,相分离等,并提供相应部件设计应满足的要求。

例如,对于破口事故中的临界流现象,有相应的相似准则。

气相:

$$\frac{\dot{m}_{brk}}{\dot{m}_{brk,o}} = \left(\frac{P}{P_O}\right)^{\frac{1+\gamma}{2\gamma}} \tag{11-93}$$

液相:

$$\frac{\dot{m}_{brk}}{\dot{m}_{brk,o}} = \left(\frac{P}{P_O}\right)^{0.7063} \tag{11-94}$$

同时需要确定下一步重点关注的物理过程及现象,注意同一种物理现象在不同的过程阶段对整个系统的重要程度不同,如临界流现象在喷放、再灌水、再淹没过程中对整个系统影响逐渐降低,即重要程度逐渐降低。将上一步得到的无量纲组群数依据重要程度进行排序。由于几何尺寸和物性参数的差别,模化试验台架不可能模拟全部物理过程,只能优先保证最关键的物理过程相似。因此需要对次要物理现象进行比例失真评价,使用各物理现象相应的无量纲组群数的比值来判断该现象是否模化合理。

在 AP600 整体系统测试装置中,OSU 建立的 APEX 装置是西屋 AP600 的最佳代表,是唯一一个能够用于校验 AP600 地坑长期再循环冷却系统设计合理性的试验装置。该装置由主回路、非能动安全系统、余热排出系统等组成:包括一个反应堆压力容器用于模拟反应堆的上下内部构件、芯筒、稳压器和堆芯;采用电加热棒束模拟堆芯,可提供 600 kW 热功率;主回路包括 AP600 设计中的一个稳压器、两个蒸汽发生器、两个热腿、四个冷腿、四个反应堆冷却剂泵、两个直接注入冷却管线、两个堆芯补偿容器、压力平衡管;APEX 装置包括一个完整的非能动安全系统、一个四级自动降压系统、两个蓄能器、两个堆芯补偿容器、一个非能动余热排出换热器,一个安全壳内置换料水箱、一个主容器和一个安全壳二次侧隔间冷阱。图 11-10 给出了包括关键非能动安全系统的主系统示意图,表 11-1 展示了 OSU APEX 装置的缩放比例。

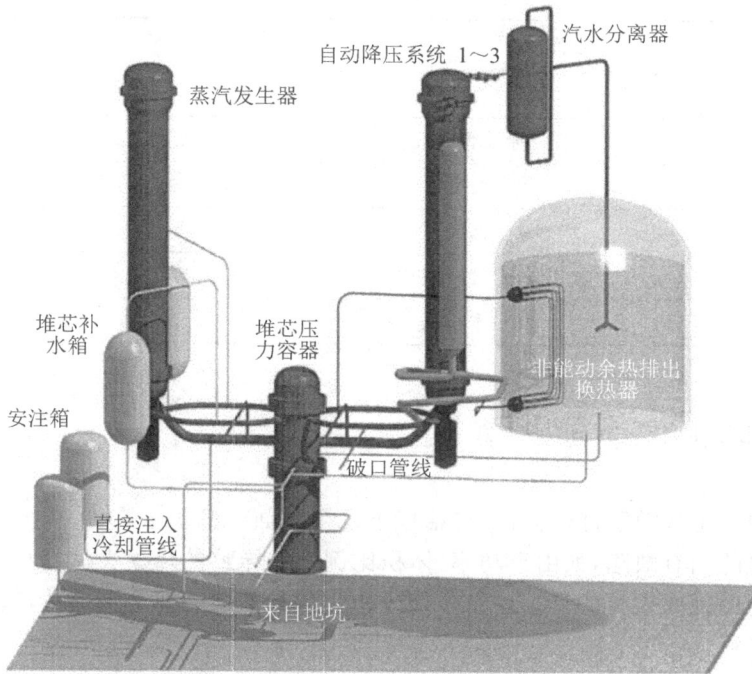

图 11 - 10　APEX 装置非能动安全系统示意图

表 11 - 1　APEX 台架缩放比例

参数		比例
堆芯	长度比	1∶4
	棒直径比	2.78∶1
	水力直径比	4.28∶1
	流动区域比	1∶48.04
	功率比	1∶96
	速度比	1∶2
	停留时间比	1∶2
	质量流量比	1∶4
热腿、冷腿	长度比	5
	管径比	6.2
	管流量比	38.44
	管体积比	192.16
	速度比	2.5
	停留时间比	2
	质量流量比	96.08

参数		比例
压力脉动	长度比	4
	脉动管直径比	4
其他管道部件	长度比	4
	直径比	6.93
	流量区域比	48.04
	体积比	192.16

11.4　模化偏差与失真度

模化偏差的产生来源于许多方面,包括以下几个方面[24-28]。

1)模化装置的固有缺陷,如由于功率-体积比例缩放导致的热损失偏差与摩擦损失偏差。

2)未能复制原型的重要特征。在非平衡或相变条件下使用非典型流体可能会产生不容易评估的偏差。

3)模化后新的物理效应占据主导因素产生的偏差,对原型影响不大的物理效应对模型产生较大影响,如槽道流动下表面张力、流动表面光洁度造成的摩擦损失,以及一些应力应变偏差。

4)由于模化要求的冲突,无法满足所有重要的无量纲分组。此时只能保证满足重要的相似关系。

5)由于控制现象及其相对重要性在事件的不同阶段发生变化,无法模化复杂系统瞬态或事故的各个阶段,即关键参数随时间的变化而变化造成的比例失真。可以使用 FSA 方法或DSS 方法减少动态过程产生的偏差。

6)自然规律无法控制产生的偏差,如重力效应无论采用什么模化方法,重力加速度的数值都不会发生改变,此时只能通过改变配重或预先假定重力加速度相似比为 1,以减少失真。

上述模化偏差,无论来源如何,都必须对其进行评估和量化,以确定其对模化结果的影响是否可被接受。为了达到说明的目的,这里考虑了几个具体的例子:热损失、重力和流型偏差。

11.4.1　热损失偏差

假设有一个圆柱形装置[27],热量从它的周围损失,同时采用功率-体积比例缩放的方法。在这种情况下,原型的功率和横截面积与模型的功率和横截面积之比为 R。它们的外周长和热损失表面积的相应比率是 $R^{1/2}$。这意味着模型输入热量损失的比例将远远大于原型。可以通过采用以下几种方法来减少这种影响:最简单方法是增加模型的绝热性;另一种常用的方法是在模型的外部周边增设加热器,通过调节加热器以获得正确的热量损失;再者,在一些情况下,可增加对模型的热输入以补偿热损失,然而这种技术可能会影响模型内的热工水力特性,应谨慎使用。

11.4.2　重力偏差

目前绝大部分试验均在重力场[28]下进行,重力效应无法避免,且原型与模型的相似系数比为 1 且恒定,而按照相似理论的量纲分析要求,所有加速度系数必须相等,如使用线性比例法建立的模型,其重力加速度为原型的 $1/l_R$,因此在模拟一些密度波瞬变、自然循环等过程时会存在较大失真。

11.4.3　流型偏差

在水平管道中的小破口失水事故期间,该管道中的流型会影响通过破口的质量流量。尤其是采用功率-体积法缩放时,模化装置中的水平流型转换可能发生变化,需要进行评估。Zuber[29]通过 Taitel(泰特尔)和 Dukler(达克勒)开发的流型图[30]进行分析,如图 11-11 所示,流型边界取决于无量纲液体深度 H_f/D 和蒸汽的弗劳德数:

$$Fr = \frac{j_g \sqrt{\rho_g}}{\sqrt{g(\rho_f - \rho_g)D}} \qquad (11-95)$$

式中,D 为直径;j_g 为气体表观流速;ρ_f 和 ρ_g 分别为液体和气体的密度;g 为重力常数。

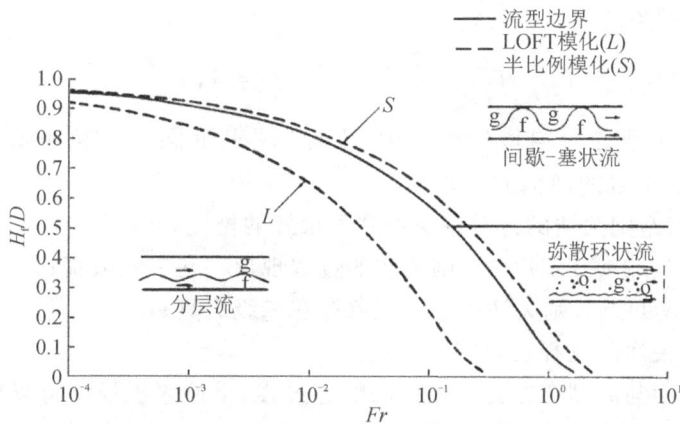

图 11-11　Taitel-Dukler 流型图

图 11-11 表明,如果弗劳德数和无量纲液体深度的值相等,模型和原型中的流体从分层流到塞状流或弥散环状流的转变将是相同的。随着功率-体积的比例缩放,原型中的功率与模型中的功率之比为 R,管道流动面积与气体流量之比也为 R,或者

$$\frac{P_p}{P_m} = \left(\frac{D_p}{D_m}\right)^2 = R = \frac{j_{gp}}{j_{gm}}\left(\frac{D_p}{D_m}\right)^2 \qquad (11-96)$$

式中,P 为产生的功率;D 为管道直径;下标"p""m"分别代表原型和模型。如果在模型和原型中使用相同的流体,它们的弗劳德数之比将变为

$$\frac{Fr_p}{Fr_m} = R\left(\frac{D_p}{D_m}\right)^{-5/2} \qquad (11-97)$$

这引起了如下的模化失真:

$$\Delta = \frac{1}{R}\left(\frac{D_p}{D_m}\right)^{5/2} \qquad\qquad (11-98)$$

Zuber[31]对模化失真度进行了计算,其结果列于表 11-2 中。这些模化失真度值意味着当原型位于流型转换线时,LOFT 装置将位于其下方并仍处于分层流区域,而半比例模化装置将位于其上方并处于塞状流或弥散环状流区域。此外,还观察到半比例模化装置更接近原型的行为现象。实际上,Zuber 对于 $Fr=0.157$ 的情况,原型和半比例模化装置的空泡份额较为接近,为 $0.49\sim0.5$;无量纲液体深度仅相差 10%(原型为 0.5,半比例模化装置为 0.56)。

表 11-2　水平流型转变的模化失真度

装置	直径 D/mm	模化比 R	模化失真度 Δ
压水堆原型	737	1	1
LOFT 装置	280	64	0.176
半比例模化装置	34	1500	1.46

对于模化失真通常使用失真度来进行量化。失真度通常以原型与模型或模型与原型的模化准则数的比值确定,对于不同的模化方法,H2TS 方法通常使用 Π 模化组群数的比值,FSA 方法使用影响指标 Ω 的比值量化失真程度。同时也可以使用其他相似准则数的比值来判断需要评估的一物理现象的失真程度。

$$D_i = \frac{\Omega_{i,\text{model}}}{\Omega_{i,\text{prototype}}}, \qquad i=1,n \qquad\qquad (11-99)$$

式中,D_i 为模型与原型的影响指标的比值,下标"i"表示同一对象需要评估的不同失真。Wulff(伍尔夫)[32]对失真的评估方式如下:

1)若 $1/2<D<2$,则关注的过程现象得到了很好的模化;

2)若 $1/3<D<1/2$ 或 $2<D<3$,则关注的过程现象存在一级失真;

3)若 $D<1/3$ 或 $D>3$,则关注的过程现象存在二级失真;

4)若 $D<0$,则关注的过程现象完全失真。

其中,$D<0$ 表示模型与原型存在完全相反的物理过程,举例来说模型将以热损失替代原型的热产生,或者以凝结替代蒸发。这种情况应当尽可能避免,如果在模化过程中无法避免这种现象,应当尽可能减弱这种完全失真现象的同时减少持续时间。

这几个模化失真的例子通常是不可避免。选择这几个例子更多地为了说明在模化过程中必须把模化带来的失真作为模化的一部分工作进行评估,确定所有的失真都保持在一个较低的水平,不会影响测试的结果,同时对于整个系统来说必须识别重要的参数,对于影响不大的参数可以放宽失真的指标。

思考题

1)为什么说模型试验的失真是无法避免的? 试举身边"模化"失真的例子说明。

2)经过各种模化方法的学习后,思考 DSS 方法是如何将时间效应加入模型试验中的,FSA 方法又是如何考虑"变化"的。

3)在 H2TS 方法中各种无量纲组群数是如何影响模化的? 对于反应堆严重事故模化,如何选择需要的无量纲组群数?

4)为什么说模化试验时,需要达到主要的相似而忽略次要的影响?怎样才能做到两个物理现象相似?

5)在对整体性试验进行模化的过程中,如何确定整体的几何尺寸比例?模型与原型之比是如何确定的?

习题

1)两种密度和动力黏度相等的液体从几何相似的喷嘴中喷出。一种液体的表面张力为 0.04409 N/m,出口流束直径为 7.5 cm,流速为 12.5 m/s,在离喷嘴 12 m 处破裂形成雾滴;另一液体的表面张力为 0.07348 N/m。如果二者流动相似,另一液体的出口流束直径、流速、破裂形成雾滴的距离应为多少?

2)按 1:30 比例制成一根与空气管道几何相似的模型管,用黏性为空气 50 倍、密度为空气 800 倍的水做模型试验,若空气管道中的流速为 6 m/s,则模型管中水的流速为多少才能与原模型相似? 若在模型中测得压降为 226.8 kPa,则原型中的压降应为多少?

3)在一台缩小为实物 1/8 的模型中,用 20℃的空气来模拟实物中平均温度为 200℃的加热过程。实物中空气的平均流速为 6.03 m/s,问模型中的流速应为多少? 若模型中的平均表面传热系数为 195 W/(m² · K),求相应实物的值。在这一试验中,模型与实物中流体的 Pr 数不严格相等,问这样的模化试验有没有实用价值?

参考文献

[1] 李之光. 相似与模化(理论及应用)[M]. 北京:国防工业出版社,1982.

[2] 杨世铭,陶文铨. 传热学[M]. 3 版. 北京:高等教育出版社,1998.

[3] YADIROGLU G. GE Nuclear energy report[R]. NEDO-32288,1995.

[4] BARTON J E. BWR refill-reflood program[R]. GE Report NUREG/CR-2133,1982.

[5] 房芳芳,常华健,秦本科. 核反应堆试验台架比例分析方法的发展和应用[J].原子能科学技术,2012,46(6):658-664.

[6] 陈炳德,张富源. AC-600 PWR 蒸汽发生器模拟体设计[J]. 核动力工程,1995(3):227-230.

[7] 叶子申,李玉全,陈炼,等. 整体比例试验中 PRHR 比例分析与相似准则[J]. 节能技术,2016,34(3):205-210.

[8] ISHII M,REVANKAR S,LEONARDI T,et al. The three-level scaling approach with application to the Purdue University Multi-Dimensional Integral Test Assembly (PUMA)[J]. Nuclear Engineering and Design,1998,186(1):177-211.

[9] MESAROVIĆ M D, MACKO D,TAKAHARA Y. Theory of hierarchical,multilevel,systems[M]. Academic Press,2000.

[10] ZUBER N,ROHATGI U S,WULFF W,et al. Application of fractional scaling analysis (FSA) to loss of coolant accidents (LOCA)[J]. Nuclear Engineering & Design,2007,

237(15):1593 - 1607.

[11] ZUBER N. A general method for scaling and analyzing transport processes[M]. Springer Berlin Heidelberg,1999.

[12] ZUBER N. The effects of complexity,of simplicity and of scaling in thermal-hydraulics [J]. Nuclear Engineering & Design,2001,204:1 - 27.

[13] MESAROVIC M D,MACKO D,TAKAHARA Y. Theory of hierarchical,multilevel, systems[M]. Academic Press,2000.

[14] ZUBER N,WILSON G E,ISHII M,et al. An integrated structure and scaling methodology for severe accident technical issue resolution: Development of methodology[J]. Nuclear Engineering & Design,1998,186(1):1 - 21.

[15] REYES J N. The dynamical system scaling methodology[C]. The 16th International Topical Meeting on Nuclear Reactor Thermal Hydraulics (NURETH - 16),2015.

[16] DZODZO M,ORIOLO F,AMBROSINI W,et al. Application of fractional scaling analysis for development and design of integral effects test facility[J]. Journal of Nuclear Engineering and Radiation Science,2019,5(4):1 - 21.

[17] CRASSIDIS J L,JUNKINS J L. optimal estimation of dynamic systems[M]. Second Edition. Chapman and Hall/CRC,2011.

[18] KLEIN F C. A comparative review of recent researches in geometry[J]. Bulletin of the American Mathematical Society,2008,2(10):215 - 249.

[19] EINSTEIN A,INFELD L. The evolution of physics: from early concepts to relativity and quanta[M]. Simon and Schuster,1938.

[20] ZUBER N. The effects of complexity,of simplicity and of scaling in thermal-hydraulics,[J]. NuclearEngineering and Design,2001, 204(21):1 - 27.

[21] DYM C L,SHAMES I H. Solid mechanics. a variational approach[M]. Augmented edition of the 1973 original[M]. McGraw-Hill,1973.

[22] REYES J N,HOCHREITER L E,LAFI A Y,et al. AP600 low-pressure integral system test at Oregon State University,Facility scaling report[R]. Westinghouse Electric Corporation,WCAP-14270, 1995.

[23] REYES J N,HOCHREITER L. Scaling analysis for the OSU AP600 test facility (APEX)[J]. Nuclear Engineering & Design,1998,186(1):53 - 109.

[24] 胡健,石兴伟,雷蕾,等. CERT 试验台架传热特性比例分析失真评价[J]. 核技术,2018, 41(3):6.

[25] 毛喜道,刘洋,贾海军,等. 燃料转运通道热工水力学试验设计与失真分析[J]. 原子能科学技术,2017,51(11):6.

[26] 赵冬建,李胜强,李玉全. 一维自然循环比例分析的结果与讨论[J]. 原子能科学技术, 2010,44(9):5.

[27] LIU L,PETERSON P,ZHANG D,et al. Scaling and distortion analysis using a simple natural circulation loop for FHR development[J]. Applied Thermal Engineering,2019, 168:114849.

[28] LI X, LI N, WU Q, et al. application of dynamical system scaling method on simple gravity-driven draining process[J]. Journal of nuclear science and technology,2017,55 (1):11 - 18.

[29] ZUBER N. Problems of small break LOCA[R]. NUREG-0724,1980.

[30] TAITEL Y, DUKLER A E. A model for predicting flow regime transition in horizontal and near horizontal gas-liquid flow[J]. AIChE Journal, 1976,22(1):47 - 55.

[31] ZUBER N. Scaling and analysis of complex systems[Z]. Invited lecture,Ljubljana,Slovenia, 1994.

[32] WULFF W. System Scaling for the Westinghouse AP600 PWR and related facilities [R]. NUREG/CR - 5541, 1998.

第 12 章　两相流体计算动力学

虽然实验方法可以获得设计所需的大部分参数和经验关系式,但其存在耗时长、代价高、设计迭代成本大等不足。同时,部分物理量在实际实验中难以获得,如精细的速度场分布、高压状态的沸腾流动特征。相比之下,数值模拟作为一种热工水力设计分析手段具有很多优势。若能开发可靠的数值模型,可以一定程度上替代实验。由于两相流在反应堆系统中应用广泛,其数值模拟技术也经历了不断的发展。得益于计算机技术的发展,计算流体动力学(computational fluid dynamics,CFD)在两相数值分析技术方面突飞猛进[1],相比于以往常用的系统程序和子通道程序分析方法,两相流模拟方法可以得到更为精细的流场参数空间分布。本章将对两相流动的 CFD 模拟技术进行介绍,包括其模型方法、难点和拓展应用。

如图 12-1 所示,目前常用的两相流模拟方法包括均相流模型、漂移流模型、VOF(volume of fluid)模型、两相流体模型及一些基于粒子法的模型,这些模型分别适用于不同的两相流问题,也分别应用于子通道或系统程序与 CFD 技术中,并在各自的应用范围内取得了大量成功的应用案例[2-6]。

均相流模型和漂移流模型用于求解两相混合物的控制方程,漂移流模型可通过假设气液相速度差的方式获得不同的两相速度,但是这两个模型均基于能量平衡假设,即两相的温度相同。而在过冷沸腾中,液相在主流区过冷、壁面边界层内过热,气相与液相的温度不同;在热流密度达到 CHF 时,壁面直接对气相加热,气相温度远高于液相。对于这两种相间存在的强烈热不平衡现象,均相流模型和漂移流模型均不适用。

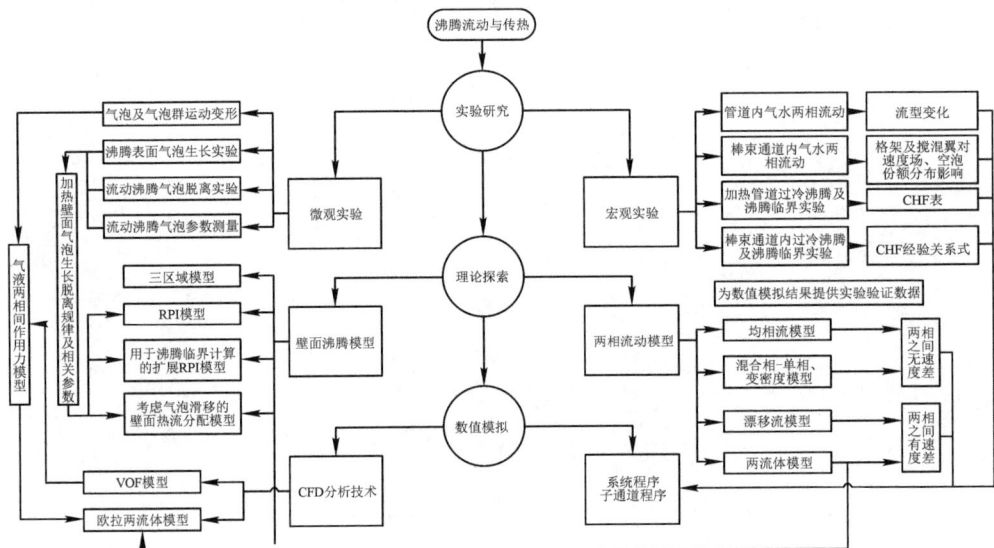

图 12-1　沸腾传热与两相流动研究体系

VOF 模型和基于粒子法的模型通过区域标记的方式分辨气液两相,可以准确捕捉相界面并求解相间传热传质,但是对于复杂工程级别的两相流动传热问题,相界面的形式极其复杂,对此进行捕捉的计算量远超过目前计算机的承受能力。

两流体模型分别求解每一相的控制方程,并通过辅助方程来求解相界面特性和相间的传热传质过程,可以很好地描述相间的动量和能量的不平衡特性,不需要过高的计算量即可获得较高的求解精度。

目前,CFD 分析普遍采用欧拉两流体模型对气液两相的质量、动量和能量守恒进行计算。两流体六方程模型分别对应于液相和气相的质量、动量、能量方程,气液两相之间的质量、动量和能量交换作为各自守恒方程的附加源项,壁面处气泡脱离、热量传递等现象则依靠壁面沸腾模型进行模拟。和均匀流三方程模型相比,两流体六方程模型对两相流的热工水力特性具有更精确的描述,当然也复杂得多。为了对该模型进行简化,研究者们采用了各种假设,如假设相间的热力学平衡、水力学不平衡或热力学不平衡、水力学平衡等,从而使方程数减少。但简化后的方程仍属于两流体六方程的特例,为同一范畴。

系统级代码可以模拟所有的两相流流型,但因其以宏观方式建模,无法预测精细的 3D 几何效应。两相 CFD 工具虽然目前仍无法实现所有的流型,但其发展潜力十足。针对完善两相 CFD 分析模型这一目标,有学者提出了"全流型 CFD 模型"的理论[7],其具有"可确定局部界面结构""空间分辨率足够高"和"时间分辨率足够细"的特点。其中,"RANS 模型结合两流体模型"与"LES 模型结合四场模型"具有较高的可行性,可在不同方面展开应用,有许多学者正在对此工作进行完善。

因为存在平衡压力(equilibrium pressure)的假设,采用单压力模型在部分情况下计算是不合适的,有人在此基础上提出了双压力模型,形成两流体七方程模型。同时,有部分学者针对相界面假设进行研究,将相界面也视为一项独立的相,形成更复杂与精确的多相模型。

12.1　计算流体动力学方法介绍

计算流体动力学(CFD)是当今流体力学的重要分支,它由近代流体力学、计算机科学和数值数学三门科学融合形成。随着计算机性能的不断提升,CFD 方法的应用领域也越来越广泛,现如今已经变得相当成熟。CFD 软件的种类越来越丰富,计算的精度也不断提升,在如今的科学研究与工程应用中,CFD 都体现了无可比拟的重要作用。

CFD 方法在最近 20 年中得到了飞速的发展,除了计算机硬件工业的发展给它提供了坚实的物质基础外,还因为部分实验方法的限制,如某些问题十分复杂,既无法做分析解,也因费用昂贵而无法进行实验确定。CFD 方法具有成本低和能模拟较复杂或较理想的过程等优点。经过一定考核与检验的 CFD 软件可以拓宽实验研究的范围,减少成本昂贵的实验工作量。在给定的参数下用计算机对现象进行一次数值模拟相当于进行一次数值实验,历史上也曾有过首先由 CFD 数值模拟发现新现象而后由实验予以证实的例子。CFD 软件一般都能推出多种优化的物理模型,如定常和非定常流动、层流、紊流、不可压缩和可压缩流动、传热、化学反应等等。对每一种物理问题的流动特点,都有适合它的数值解法,用户可对显式或隐式差分格式进行选择,以期在计算速度、稳定性和精度等方面达到最佳。CFD 软件之间可以方便地进行数值交换,并采用统一的前、后处理工具,省却了科研工作者在计算机方法、编程、前后处理等方面投入的重复、低效的劳动,且可以将主要精力和智慧用于物理问题本身的探索上。

CFD 方法通过把流体力学中控制方程的微分项和积分项通过数值数学方法,以离散的形式代替,使其转变为代数方程组,然后令计算机计算求解,从而获得离散的时间或空间点上的数值解。CFD 方法大都遵循以下求解步骤:①问题的前处理,包括流动计算域的定义与离散,计算控制方程的指定,初始边界条件等的给定,求解参数与输出参数的定义;②计算求解过程,即由计算机进行求解;③计算的后处理,将计算得到的数据,如温度、压力、速度等物理量进行各种后处理,以便能够更直观地展现和分析。

CFD 方法有很多优势。①CFD 计算的成本低、安全性高。不同于实际的模拟实验,CFD 为仿真计算,这使得 CFD 计算的成本很低,因为既不需要搭建昂贵的平台,也不需要保证严苛的实验条件,实验可能造成的安全隐患也得以避免。②效率高。模拟实验耗时长,重复实验效率低下,而并行计算的 CFD 的效率较高,且随着计算机计算能力的进一步发展,效率也会进一步提升,计算精度也能更好。③数据直观,分析结果方便。CFD 计算拥有各种物理量的数据,且可视化操作方便,更利于直观地分析结果。

CFD 方法发展至今,各种软件种类很多,主流的 CFD 软件有 CFX、FLUENT、STAR-CD、STAR-CCM+、Phoenics、Comsol、OpenFOAM 等。CFD 软件内置多种算法,涵盖了隐式、显式等各方面。内置多求解器算法和多模型让 CFD 方法的适用范围变得很广,既可以分析航空航天、汽车设计等大型工业项目,又可以分析散热器等小型零件,针对两相计算,CFD 相关理论也有较为完善的发展。

12.2 两相流体动力学基本框架

欧拉两流体模型包含六个控制方程,分别对应于气相和液相的守恒方程,其具体形式如下。

1)连续性方程:

$$\frac{\partial}{\partial t}(\alpha_f \rho_f) + \nabla \cdot (\alpha_f \rho_f \boldsymbol{v}_f) = \dot{m}_{gf} - \dot{m}_{fg} \tag{12-1}$$

$$\frac{\partial}{\partial t}(\alpha_g \rho_g) + \nabla \cdot (\alpha_g \rho_g \boldsymbol{v}_g) = \dot{m}_{fg} - \dot{m}_{gf} \tag{12-2}$$

2)动量方程:

$$\frac{\partial}{\partial t}(\alpha_f \rho_f \boldsymbol{v}_f) + \nabla \cdot (\alpha_f \rho_f \boldsymbol{v}_f \boldsymbol{v}_f) = -\alpha_f \nabla p + \nabla \cdot \boldsymbol{\tau}_f + \alpha_f \rho_f \boldsymbol{g} + (\dot{m}_{gf} \boldsymbol{v}_g - \dot{m}_{fg} \boldsymbol{v}_f) + \boldsymbol{M}_{fg} \tag{12-3}$$

$$\frac{\partial}{\partial t}(\alpha_g \rho_g \boldsymbol{v}_g) + \nabla \cdot (\alpha_g \rho_g \boldsymbol{v}_g \boldsymbol{v}_g) = -\alpha_g \nabla p + \nabla \cdot \boldsymbol{\tau}_g + \alpha_g \rho_g \boldsymbol{g} + (\dot{m}_{fg} \boldsymbol{v}_f - \dot{m}_{gf} \boldsymbol{v}_g) + \boldsymbol{M}_{gf} \tag{12-4}$$

3)能量方程:

$$\frac{\partial}{\partial t}(\alpha_f \rho_f h_f) + \nabla \cdot (\alpha_f \rho_f \boldsymbol{v}_f h_f) = \alpha_f \frac{\mathrm{d}p}{\mathrm{d}t} + \boldsymbol{\tau}_f \cdot \nabla \boldsymbol{v}_f - \nabla \cdot \boldsymbol{q}_f + S_f + Q_{fg} + \dot{m}_{fg} h_{fg} - \dot{m}_{gf} h_{gf}$$

$$\tag{12-5}$$

$$\frac{\partial}{\partial t}(\alpha_g \rho_g h_g) + \nabla \cdot (\alpha_g \rho_g \boldsymbol{v}_g h_g) = \alpha_g \frac{\mathrm{d}p}{\mathrm{d}t} + \boldsymbol{\tau}_g \cdot \nabla \boldsymbol{v}_g - \nabla \cdot \boldsymbol{q}_g + S_g + Q_{gf} + \dot{m}_{gf} h_{gf} - \dot{m}_{fg} h_{fg}$$

$$\tag{12-6}$$

当求解域仅存在气相和液相时,气、液两相的体积分数满足

$$\alpha_g + \alpha_f = 1 \tag{12-7}$$

式中,下标"f""g"分别表示液相、气相;ρ 为密度,kg/m^3;v 为度,单位 m/s;α 为体积份额;$\dot{m}_{fg}$ 和 $\dot{m}_{gf}$ 分别为液相蒸发率和气相冷凝率,$kg/(m^3 \cdot s)$;h 为焓值,J/kg;τ 为某一相的应力张量,N/m^2;M 为相间动量相互作用,即相间作用力,包括曳力和非曳力,N/m^3;q 为某一相的热流密度,W/m^2;S 为附加的能量源,W/m^3;Q 为通过相界面的相间能量传递,W/m^3;g 为重力加速度,m^2/s。

上述方程构成了两流体模型的基本控制方程。从方程中可以看出,相间存在着质量、动量、能量的转化或相互作用。为了使方程组闭合,需要在理论或经验上寻找这些相关参数与未知变量(主要热工水力参数)之间的关系式,这些关系式称为构造方程。整个两相沸腾流动力学的基本框架如图 12-2 所示,一套完整闭合的两相流方程组包含两相流动的基本方程、湍流模型、相间的相互作用模型和沸腾模型。

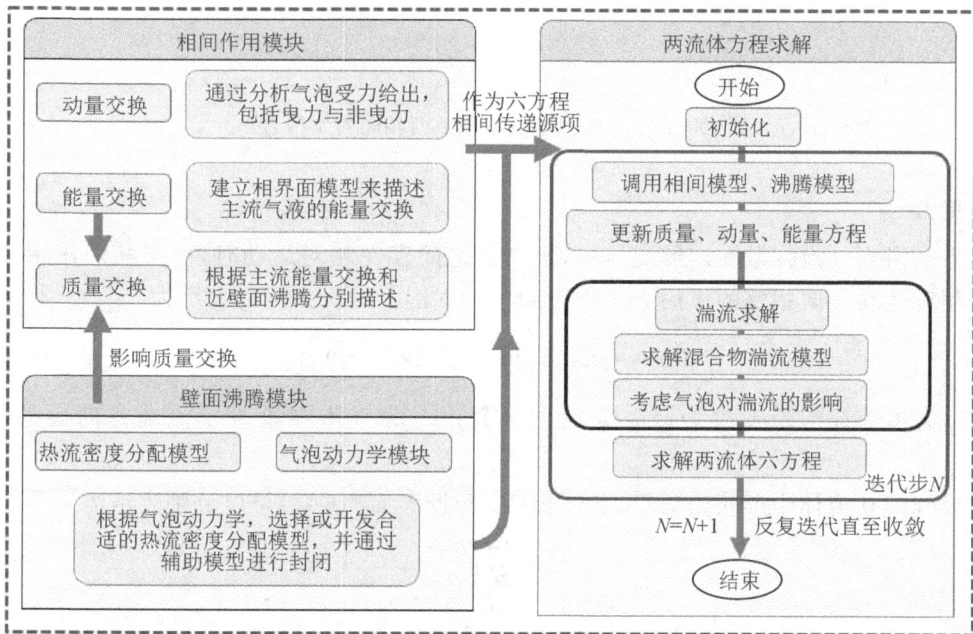

图 12-2　两相流方程组的基本构成

12.3　相间作用力模型

气泡在流动中受到液相的各种作用力,式(12-3)与式(12-4)中 M 表征的即为相间作用力。研究者根据实验、理论分析得到了力的表达式和系数。在两相流模拟中,作用力影响气相运动速度,进而改变空泡份额分布,与其直接相关的是沸腾换热,气相在壁面过度聚集会直接导致传热恶化。相间作用力包括曳力和非曳力两大类,非曳力又包含升力、壁面润滑力和湍流耗散力。图 12-3 简要介绍了加热通道中气液两相之间的作用力。曳力与虚拟质量力作用于

流动相反方向,影响气液两相参数的轴向分布,升力、壁面润滑力和湍流耗散力则作用于径向方向,决定气液两相参数的径向分布。

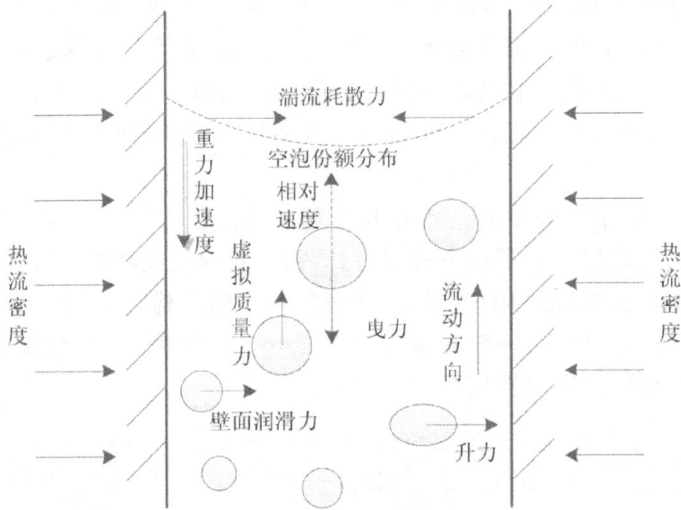

图 12-3 加热通道中气液两相间的作用力

1. 曳力

曳力是指当气泡弥散在连续流体中,且二者之间存在相对运动时,由于黏性作用,气泡受到的与相对运动方向相反的作用力。作用到单个气泡上的曳力可以表示为

$$\boldsymbol{D}_g = \frac{1}{2} C_D \rho_f \left| \boldsymbol{v}_f - \boldsymbol{v}_g \right| (\boldsymbol{v}_f - \boldsymbol{v}_g) A_g \tag{12-8}$$

其中,$\boldsymbol{D}_g$ 为单个气泡所受曳力;C_D 为曳力系数;A_g 为气泡在垂直于流动方向上的投影面积,m^2。

假设气泡在流体中形状为球形,其体积(V)和投影面积(A_g)可以分别表示为

$$V = \frac{4\pi}{3} \left(\frac{d_b}{2} \right)^3 \tag{12-9}$$

$$A_g = \frac{\pi}{4} d_b^2 \tag{12-10}$$

式中,d_b 为气泡直径,m。

而单位体积内气泡的数目 n_0 可以表示为

$$n_0 = \frac{\alpha_g}{V} = \frac{6\alpha_g}{\pi d_b^3} \tag{12-11}$$

于是可得单位体积内液相施加在气相上的曳力为

$$\boldsymbol{F}_D = n_0 \boldsymbol{D}_g = \frac{3\alpha_g}{4 d_b} C_D \rho_f \left| \boldsymbol{v}_f - \boldsymbol{v}_g \right| (\boldsymbol{v}_f - \boldsymbol{v}_g) \tag{12-12}$$

曳力系数(C_D)的取值与主流流动状态及气泡在液相中的几何形状密切相关,当流动处于层流区域时,曳力受气相雷诺数和由黏性作用引起的表面摩擦力的影响。当流动处于湍流流动状态时,气泡在相间曳力作用下会发生变形,由球形变为椭球形或者帽状气泡,在此过程中

表面张力的作用关键不可忽略，此时 C_D 的取值和雷诺数无关，而与一表征重力和表面张力作用大小的无量纲数（Eo 数）有关。针对不同的两相流动状态，目前学者们已开展多个 C_D 的计算模型[8-10]，如 Ishii 模型、Tomiyama（富山）模型等。

表 12 - 1 曳力模型

模型	表达式
Stokes（斯托克斯，1851）	$C_D = 24/Re \quad Re \ll 1$
Hadamard（阿达马，1911）	$C_D = 16/Re \quad Re \ll 1$
Naumann（瑙曼）等（1935）	$C_D = \begin{cases} \dfrac{24}{Re}(1+0.1Re^{0.687}) & Re \leqslant 1000 \\ 0.44 & Re > 1000 \end{cases}$
Levich（列维奇，1949）	$C_D = \dfrac{48}{Re}\left(1 - \dfrac{2.21}{\sqrt{Re}}\right) \quad Re \gg 1$
Ville（维尔，1948）	$C_D = 0.63 + 4.8/\sqrt{Re_b}$
Clift（克利夫特）等（1978）	$C_D = \begin{cases} \dfrac{29}{Re} - \dfrac{3.8889}{Re^2} + 1.222 & Re \leqslant 10 \\ \dfrac{24}{Re}(1+0.1Re^{0.687}) & 10 < Re \leqslant 200 \end{cases}$
Ishii（石井）等（1979）	$C_D = \dfrac{2}{3}Eo^{0.5}$
Lain（莱恩）等（2002）	$C_D = \begin{cases} 16/Re & Re \leqslant 1.5 \\ 14.9/Re^{0.78} & 1.5 \leqslant Re < 80 \\ \dfrac{16}{Re}\left(1 - \dfrac{2.21}{\sqrt{Re}}\right) + (1.86e-15)Re^{4.756} & 80 \leqslant Re < 1500 \\ 2.61 & Re \geqslant 1500 \end{cases}$
Tomiyama（富山，2004）	$C_D = \dfrac{8}{3}\dfrac{Eo(1-E^2)}{E^{2/3}\ddot{E}o + 16(1-E^2)E^{4/3}}\left(\dfrac{\sin^{-1}\sqrt{1-E^2} - E\sqrt{1-E^2}}{1-E^2}\right)^{-2}$
Murray（默里）等（2007）	$C_D = \begin{cases} \dfrac{24}{Re_b} & Re_b \leqslant 1 \\ \dfrac{24}{Re_b}\left[1 + \dfrac{24}{Re_b^{0.313}}\left(\dfrac{Re_b-1}{19}\right)^2\right] & 1 < Re_b \leqslant 20 \\ \dfrac{24}{Re_b}(1+0.15Re_b^{0.687}) & Re_b > 20 \end{cases}$

2. 升力

由于流场的不均匀性，液相速度在垂直于流动方向上不可避免地会存在速度梯度，当弥散的气泡在液相剪切流场中运动时将受到升力作用,升力的方向与气液两相相对速度方向垂直,可以表示为两相相对速度与液相速度旋度的表达式,即

$$\boldsymbol{F}_{\mathrm{L}} = -C_{\mathrm{L}}\rho_{\mathrm{L}}\alpha_{\mathrm{g}}(\boldsymbol{v}_{\mathrm{g}} - \boldsymbol{v}_{\mathrm{f}}) \times (\nabla \times \boldsymbol{v}_{\mathrm{f}}) \tag{12-13}$$

式中,C_{L} 为升力系数。

目前公开发表的文献中,升力系数根据不同的实验可取为不同的值,Bertodano(贝托达诺)[11]推荐管内泡状流动中使用常数 0.1;Drew 等[12]针对球形气泡,使用简单的切应力模型描述气泡在无黏性流体中所受的升力,通过理论计算获得的升力系数为 0.5;Wang[13]等发现在黏性流动中,当升力系数取值为 0.01 时,可以得到与实验符合良好的结果。这些升力系数均为正值,升力的作用效果会推动气泡向壁面运动。

对于竖直向上的管内流动[14-15],当气泡在主流中的存在形态为小体积球状时,液相作用于气相的升力会推动气泡向液相速度降低的方向运动,即朝壁面方向运动;当气泡在主流中发生变形,为椭球形或帽形时,升力系数的符号将由正值变为负值,推动气泡向流道中心运动,如图 12-4 所示。

为准确描述不同尺度的气泡受到的升力的方向不同这一特性,有学者对此开展了新的模型研究。Tomiyama[16] 和 Moraga(莫拉加)等[17]在模型中考虑了气泡直径的影响,并给出新的模型。这两个模型均以特定的气泡直径为临界点,体积小的气泡在升力作用下朝管壁方向运动,作用在体积大的变形气泡上的升力则会推动气泡向流道中心运动。Moraga 模型升力系数计算模型为

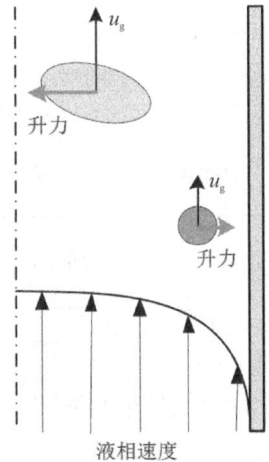

图 12-4　升力示意图

$$C_{\mathrm{L}} = \begin{cases} 0.00767 & \varphi > 6000 \\ -(0.12 - 0.2\mathrm{e}^{-\frac{\varphi}{3600}})\,\mathrm{e}^{\frac{\varphi}{3} \times 10^{-7}} & 6000 \leqslant \varphi \leqslant 1.9 \times 10^{5} \\ -0.002 & \varphi > 1.9 \times 10^{5} \end{cases} \tag{12-14}$$

3. 壁面润滑力

壁面润滑力是液相之间静压差的体现。在近壁面位置,由于黏性作用的存在,液相流速小于主流流速,导致气泡靠近壁面的一端流体速度小,所受到的静压力大,而靠近主流的一端流体速度大,静压力小。静压力之差产生作用力将气泡推离加热表面,使之进入主流区。壁面润滑力通过下式计算:

$$\boldsymbol{F}_{\mathrm{w}} = C_{\mathrm{w}}\rho_{\mathrm{f}}\alpha_{\mathrm{g}}\,|\,\boldsymbol{v}_{\mathrm{f}} - \boldsymbol{v}_{\mathrm{g}}\,|^{2}\boldsymbol{n}_{\mathrm{w}} \tag{12-15}$$

式中,$\boldsymbol{n}_{\mathrm{w}}$ 为壁面法向单位向量;C_{w} 为壁面润滑力系数。

Antal(安塔尔)模型[18]的壁面润滑力系数计算关系式如下:

$$C_{\mathrm{w}} = \max\left(\frac{C_{1}}{d_{\mathrm{b}}} + \frac{C_{2}}{y_{\mathrm{w}}}, 0\right) \tag{12-16}$$

式中,C_{1} 和 C_{2} 为无量纲常数,分别为 -0.01 和 0.05;y_{w} 为距离壁面的距离。

壁面润滑力仅作用于液相速度有梯度的区域,即近壁面附近流体域,当近壁面距离满足条件 $y_{\mathrm{w}} > d_{\mathrm{b}} \cdot C_{2}/C_{1}$ 时,壁面润滑力为 0,表明该位置已处于湍流充分发展的区域,液相速度沿径向梯度很小,壁面润滑力可忽略不计。

4. 湍流耗散力

湍流耗散力是主流区中湍流脉动的体现，使得离散相从高浓度区域向低浓度区域运动。在流动沸腾中，液相在壁面附近蒸发产生气泡，湍流耗散力会推动气泡从近壁面区域逐渐运动到流道中心，对流体域空泡份额垂直于流动方向分布有显著影响，该力与升力、壁面润滑力的相互作用决定了含气率的径向分布。Burns（伯恩斯）等[19] 提出了基于相间曳力的计算模型，该模型认为湍流耗散力是由相间曳力作用造成的液相湍流涡旋引起的，对相间曳力进行Favre（法夫尔）平均得到湍流耗散力计算关联式。伦斯勒理工学院的研究者 Bertodano[20] 提出了基于空泡份额梯度的湍流耗散力计算模型。前者最初见刊于 2004 年，物理机理较好，系数选取范围较小。后者开发于 1991 年，计算稳定性好，但系数的选取范围大，具有较大的计算不确定性，Burns 模型和 Bertodano 模型分别如下：

$$\boldsymbol{F}_{TD} = C_{TD} \frac{C_D \mu_f \mu_{t,f} A_i Re_g}{8 d_g \rho_f \sigma_{fg}} \left(\frac{\nabla \alpha_g}{\alpha_g} - \frac{\nabla \alpha_f}{\alpha_f} \right) \tag{12-17}$$

$$\boldsymbol{F}_{TD} = C_{TD} \rho_g k_g \nabla \alpha_f \tag{12-18}$$

式中，C_{TD} 为湍流耗散力系数。

5. 虚拟质量力

当离散相相对于连续相加速运动时，需要加入虚拟质量力的作用。其表达式为

$$\boldsymbol{F}_{VM} = 0.5 \rho_f \alpha_g \left\{ \frac{\delta v_f}{\delta t} + (v_f \cdot \nabla) v_f - \left[\frac{\delta v_g}{\delta t} + (v_g \cdot \nabla) v_g \right] \right\} \tag{12-19}$$

6. 湍流模型及气泡诱发湍流效应

在介绍完相间作用力后针对两相的湍流模型进行简单的介绍。目前计算流体力学中通常使用的湍流计算方法包括直接数值模拟（direct numerical simulation，DNS）、大涡模拟（large eddy simulation，LES）和雷诺时均法（Reynolds average Navier-Stokes，RANS）三种，其中DNS 方法和 LES 方法由于求解的计算量非常巨大，一般难以应用于工程实践，目前常用的两相湍流模型为 RANS 方法，工程中使用较为广泛的是基于涡黏性理论开发的两方程模型，典型代表为高雷诺数的 k-ε 模型及低雷诺数 k-ω 模型。

两流体六方程模型框架内可以分别求解各相的湍流参数，类似于质量、动量和能量，也可以求解混合物的整体湍流特性。分别求解每一相的湍流特征参数的方法具有较高的理论精度，但是和动量、能量方程一样，两相的湍流控制方程包含大量的源项以描述相间的湍流输运现象，目前对相间湍流特性的认知水平较低，难以准确模拟相间的湍流作用。目前常用的为基于均相思想的湍流处理方式，即通过求解混合物的湍流方程获得总的湍流参数，无需太多的相间作用模型，反而可能具有较好的精度，以 k-ε 模型为例，其控制方程为

$$\frac{\partial}{\partial t}(\rho_m k) + \frac{\partial}{\partial x_i}(\rho_m k u_{i,m}) = \frac{\partial}{\partial x_j}\left[\left(\mu + \frac{\mu_{t,m}}{\sigma_k}\right)\frac{\partial k}{\partial x_j}\right] + G_{k,m} - \rho_m \varepsilon + \Pi_{k_m} \tag{12-20}$$

$$\frac{\partial}{\partial t}(\rho_m \varepsilon) + \frac{\partial}{\partial x_i}(\rho_m \varepsilon u_{i,m}) = \frac{\partial}{\partial x_j}\left[\left(\mu + \frac{\mu_{t,m}}{\sigma_\varepsilon}\right)\frac{\partial \varepsilon}{\partial x_j}\right] + C_{1\varepsilon}\frac{\varepsilon}{k}G_{k,m} - C_{2\varepsilon}\rho_m \frac{\varepsilon^2}{k} + \Pi_{\varepsilon_m}$$

$$\tag{12-21}$$

由于气泡存在对气液两相湍流流动及气泡行为产生附加的湍流影响，被称为气泡诱发湍流（bubble induced turbulence，BIT）。气泡诱发湍流可以通过在方程中添加源相［式（12-20）、

$(12-21)$中的II项]或修改混合相黏度的方法实现。

12.4 相间传热传质模型

12.4.1 相界面模型

气液两相在主流中发生的蒸发或冷凝现象往往同时伴随着能量传递,为了描述这种现象,有学者提出了相界面模型,相界面的示意图如图$12-5$所示。根据Koncar(康卡尔)等[21]的分析,两相相界面温度假定为相应压力下的饱和温度,根据气、液两相与相界面间温差可以分别获得两相与相界面之间的传热量,两项之和记为气液相通过相界面的传热量。

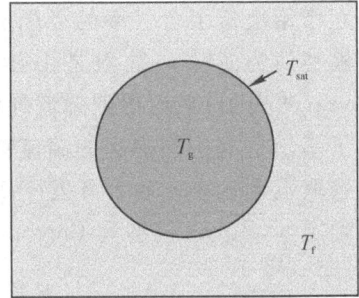

图$12-5$ 相界面模型

在核态沸腾中,气相多以球形气泡形式存在,气泡直径为d_d。则单位体积内的相界面面积为

$$A_i = \frac{6\alpha_v}{d_d} \qquad (12-22)$$

其中,直径(d_d)由液相过冷度(ΔT_{sub})计算,随过冷度增加而减小:

$$d_d = \begin{cases} \max\left\{10^{-5}, 1.5 \times 10^{-4}\exp\left[-\dfrac{5.67(\Delta T_{sub} - 13.5)}{13.5}\right]\right\} & \Delta T_{sub} \geqslant 13.5\ \text{K} \\ 10^{-3} - 8.5 \times 10^{-4}\dfrac{\Delta T_{sub}}{13.5} & \Delta T_{sub} < 13.5\ \text{K} \end{cases}$$

$$(12-23)$$

然而,当局部空泡份额较高时,如某个控制体内气相体积$\alpha_v = 1$,那么实际上该网格内没有相界面,由上式计算得到的相界面较大。因此,实际计算中将气相含量较高的情况考虑为液滴形态的相界面。相界面浓度由下式[6]求得:

$$A_i = \frac{6\alpha_v(1-\alpha_v)}{d_d} \qquad (12-24)$$

12.4.2 相间能量交换

由于相界面温度始终维持在饱和值(T_{sat}),且相界面不具备储存热量的能力,因此液相向相界面的传热量即为液相向气相的传热量,气相向相界面的传热量等于气相向液相的传热量。气泡从加热壁面脱离进入过冷主流区域后,单位体积内过冷流体和气液相界面之间的热量传递(q_{fg})可以表示为

$$q_{fg} = h_{fg}(T_{sat} - T_f) \qquad (12-25)$$

其中,h_{fg}为单位体积内的换热系数,与相界面面积有关,也与Nu数、气泡直径有关,可以由相关相界面模型确定[22]。

气相与相界面之间的传热可以通过松弛时间尺度计算[23],单位体积内的气相与相界面之间的传热量(q_{gf})为

$$q_{gf} = \frac{\alpha_g \rho_g c_{p,g}}{\delta t}(T_{sat} - T_g) \tag{12-26}$$

式中, δt 为松弛时间尺度; $c_{p,g}$ 为气相定压比热。

12.4.3　相间质量交换

两相流动沸腾中,相间质量传递来源于两个过程:加热壁面附近液相的蒸发及主流区气液相通过相界面的蒸发冷凝。

随着壁面热量不断输入,近壁面过热液体层不断蒸发,产生气泡,引起相间的质量交换。壁面附近区域液相的蒸发率(m_e)由壁面热流分配模型中蒸发热流密度计算得到:

$$m_e = \frac{q_e}{h_{fg} + c_{p,f}(T_{sat} - T_f)} \tag{12-27}$$

式中, h_{fg} 为汽化潜热; $c_{p,f}$ 为液相定压比热容。

主流中气液两相间的质量交换速率则取决于两相温度差,当液体过冷时,传质方向是从气相到液相,气相冷凝;当液体温度高于饱和值时,传质方向是从液相到气相,液体汽化,这二者都与气液两相间的换热量和汽化潜热直接相关。根据相界面模型假设,两相与相界面之间的热量传递全部用于液相蒸发或气相冷凝,则气、液两相之间的质量传递由气、液两相之间的能量传递计算获得。

单位体积内由液相蒸发为气相的质量传递速率为

$$m_{fg} = \max\left(\frac{q_{fg}}{h_{fg}}, 0\right) \tag{12-28}$$

单位体积内由气相冷凝为液相的质量传递速率为

$$m_{gf} = \max\left(\frac{q_{gf}}{h_{fg}}, 0\right) \tag{12-29}$$

12.5　沸腾模型

12.5.1　伦斯勒理工学院壁面沸腾模型

在管道中流动的流体会受到来自壁面的加热,还可能产生沸腾现象。壁面沸腾模型通过描述加热壁面上的沸腾过程,求出不同的换热过程占整个沸腾换热的比例,也称为壁面热流密度分配模型。伦斯勒理工学院(Rensselaer Polytechnic Institute,RPI)模型是最经典的壁面沸腾模型之一,最初是 Judd 等[24]基于池式沸腾微液膜蒸发的实验和理论研究成果提出的,该模型自提出以来便受到广泛关注,并成功应用于流动沸腾数值模拟,之后由 Kurul(库鲁尔)等进一步发展并成功耦合进商用 CFD 软件包内,本节将主要介绍 RPI 壁面沸腾模型。

RPI 模型将壁面沸腾过程描述为以下过程:汽化核心处壁温达到过热,气泡开始孕育生长,该过程中液相蒸发不断带走壁面热量;当气泡生长到一定直径,不能再稳定停留在汽化核心处时,会脱离壁面进入主流液相区域;此后液相过冷流体进入原来气泡所占空间,冷却汽化核心处并带走一部分热量,而在其他没有活化的汽化核心处,仍然由单相对流换热带走壁面热流。据此,RPI 模型将从壁面传递到流体中的热流密度分为三个部分,如图 12-6 所示。

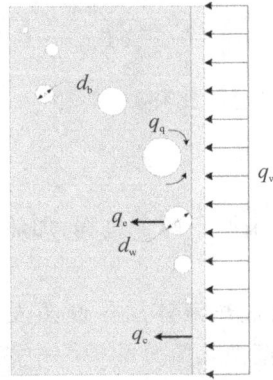

图 12-6 壁面热流密度分区

由于换热机理不同,单位加热面积可划分为两部分:核态沸腾气泡影响区(面积为 A_b)和单相液体对流换热影响区域(面积为 A_c)。加热壁面只受这两相影响且二者之间不存在面积重叠区域,因此这两部分满足归一化要求:

$$A_b + A_c = 1 \qquad (12-30)$$

根据先前所描述的热流分配原理,RPI 模型共包含以下三种热流密度:单相流体对流换热热流密度、液相蒸发热流密度、淬灭热流密度。

1. 单相流体对流换热热流密度

该密度描述的是单相液体强迫对流换热的换热量:

$$q_c = h_f(T_w - T_f)A_c \qquad (12-31)$$

其中,h_f 为单相对流换热系数,在计算中可由壁面函数给出;T_w 为壁面温度;A_c 为单位面积加热壁面上液相影响面积。

2. 液相蒸发热流密度

用于液相蒸发的热流密度(q_e)可以表示为

$$q_e = m_e h_{fg} = V_w \rho_g h_{fg} N_w f \qquad (12-32)$$

其中,V_w 为气泡脱离体积,由气泡脱离直径(d_w)算得,其值为 $V_d = \pi d_w^3 / 6$;h_{fg} 为汽化潜热;N_w 为加热面上的汽化核心密度;f 为气泡脱离频率。式前三项的乘积为蒸发形成单个脱离气泡所需的热量,后两项为单位时间、单位体积上气泡生成的个数。

3. 淬灭热流密度

从气泡壁面核化点脱离进入主流,到该位置下一个气泡生成这段时间内单相过冷液体重新覆盖该位置带走的淬灭热流密度,即冷流体补充脱离气泡所占空间时冷却壁面的换热量为

$$q_q = \frac{2k_f}{\sqrt{\pi \lambda_f \left(\dfrac{0.8}{f}\right)}}(T_w - T_f)A_b \qquad (12-33)$$

将三种热流密度加和,即可得到壁面总热流为

$$q_w = q_c + q_e + q_q \qquad (12-34)$$

总热流主要是壁面温度的函数,给定壁面热流密度的条件下求解该方程,即可得到壁面温度和分热流的值,从而代入相间能量、质量交换模型求得沸腾源项,实现沸腾模拟。

12.5.2　辅助模型

沸腾模型的描述中除了壁面温度、物性等值外,还引入了一些重要的尚未确定的气泡参数,包括气泡脱离直径、汽化核心密度、气泡脱离频率和气泡影响面积份额等。模拟中常使用经验关系式计算这些参数。

1. 气泡脱离直径

研究者对沸腾过程中气泡脱离进行了大量的实验观测,也总结出一系列关系式,主要是气泡接触角、雅各布数和热物性的函数,也与表面状态、运行压力、当地流动状态等因素有关。

Ünal(于纳尔)[25]使用理论气泡生长模型计算,并使用实验数据修正系数,得到了一个适用范围很广的气泡脱离直径关系式。Tolubinsky(托卢宾斯基)等[26]根据实验观测提出的经验模型计算气泡脱离直径:

$$d_{\rm w} = \min\left(d_{\rm ref} \cdot {\rm e}^{\left(-\frac{\Delta T_{\rm sub}}{\Delta T_{\rm ref}}\right)}, d_{\rm max}\right) \tag{12-35}$$

其中,$\Delta T_{\rm sub}$ 为近壁面流体过冷度,$\Delta T_{\rm sub} = T_{\rm sat} - T_{\rm f}$,K;$d_{\rm ref} = 0.6$ mm;$\Delta T_{\rm ref} = 45$ K;$d_{\rm max} = 1.4$ mm。

Krepper(克雷珀)等[27]根据 Tolubinsky 等提出的沸腾模型,认为气泡脱离直径主要与流体过冷度相关,即

$$d_{\rm w} = d_{\rm ref} \exp\left(\frac{-T_{\rm sub}}{\Delta T_{\rm ref}}\right) \tag{12-36}$$

其中,参考直径($d_{\rm w}$)和参考过冷度($\Delta T_{\rm ref}$)可以根据所计算工况进行调整。针对反应堆堆芯模拟应用,他们推荐的参考值分别为 0.6 mm 和 45 K。

2. 汽化核心密度

汽化核心密度与许多加热壁面材料特性有关,如接触角、空穴分布,也与壁面过热度有关,计算中一般将其简化为壁面过热度的幂函数:

$$N_{\rm w} = [n_0(T_{\rm w} - T_{\rm sat})]^m \tag{12-37}$$

其中,参考密度(n_0)和指数(m)根据实际计算工况调整。例如,Kurul 等使用的 n_0 和 m 分别为 210 和 1.805;Koncar 等[28]在计算一组低压过冷沸腾工况时使用的 n_0 为 180.5;Krepper 等[29]在计算三组流动沸腾工况中选取的参考密度 n_0^m 分别为 0.8×10^6、3×10^7 和 5×10^6。

3. 气泡脱离频率

气泡脱离频率可由池式沸腾可视化观测中实验数据拟合得到,也可由气泡生长机理模型计算得到。常用的计算式是 Cole[30]提出的:

$$f = \sqrt{\frac{4g(\rho_{\rm f} - \rho_{\rm g})}{3d_{\rm w}\rho_{\rm f}}} \tag{12-38}$$

4. 气泡影响面积份额

气泡影响面积份额($A_{\rm b}$)由单位面积上气泡个数、每个气泡的影响面积决定,Del Valle(德尔瓦尔)等研究认为,假定壁面上每一个汽化核心处产生的气泡脱离直径相同,都等于气泡脱离直径($d_{\rm w}$),且任意两气泡之间距离均大于气泡直径,即不存在相互重叠区域,气泡影响面积份额可以写成单位加热壁面上核化数目和气泡投影面积的表达式。

$$A_b = \min\left(1, K\frac{N_w \pi d_w^2}{4}\right) \tag{12-39}$$

式中，K 是影响范围因子。最初认为气泡影响面积是气泡脱离时投影面积的 4 倍，即单个气泡会影响 2 倍脱离直径面积范围内的壁面，此时 $K=2$。考虑到气泡间可能存在不同程度的相互影响，不同研究者所推荐的 K 取值有所不同，但大都在 $1.8\sim5.0$。Del Valle 等对汽化核心处气泡进行观测分析，得出的计算公式[31] 为

$$K = 4.8e^{\left(-\frac{\rho_f c p_f (T_{sat} - T_f)}{80 \rho_g h_{fg}}\right)} \tag{12-40}$$

该式考虑了临近 CHF 时气泡密集，相邻气泡的影响面积可能相互重叠的情况。

12.6　过冷沸腾及临界热流密度预测

12.6.1　考虑气相直接换热的沸腾模型

壁面热流密度达到临界热流密度（CHF）时，壁面附近产生的气泡不能顺利进入主流区域，在壁面附近会形成一层具有一定厚度的气泡层，阻碍液相和壁面之间的直接接触，进而触发壁面向气相的直接导热，从而造成壁面温度飞升，如图 12-7 所示。12.4 节中所介绍的 RPI 模型并没有考虑高含气率下 CHF 的状态，因此并没有考虑壁面直接向气相的传热，当研究 CHF 时，原本的 RPI 模型不再满足需求，需要针对原始的三热流密度模型进行改进，有学者经过研究，在原有 RPI 模型基础上，提出了四热流密度模型：单相流体对流换热热流密度（q_c）、蒸发热流密度（q_e）、淬灭热流密度（q_q）和壁面与气相之

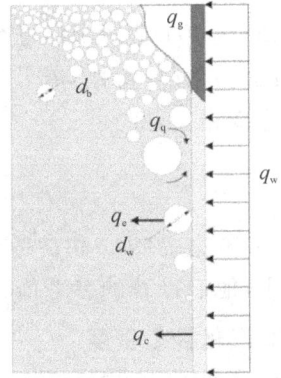

图 12-7　CHF 发生机理示意图

间的单相换热热流（q_g）。此时，壁面热流密度按下式分配：

$$q_w = f(\alpha_f)(q_c + q_e + q_q) + [1 - f(\alpha_f)]q_g \tag{12-41}$$

式中，$f(\alpha_f)$ 为加热表面传热模式的过渡函数。

当 $f(\alpha_f)$ 为 1 时，壁面完全被液相覆盖，此时壁面热流密度分配与 12.5.1 节完全相同，当 $f(\alpha_f)$ 为 0 时，壁面完全被气相覆盖，将所有热量传给气相，当 $f(\alpha_f)$ 为 $0\sim1$ 时，壁面由气相和液相共同覆盖，需要同时考虑壁面向气、液相传热。壁面向气相的传热热流密度为

$$q_g = h_g(T_w - T_g) \tag{12-42}$$

式中，h_g 为气相对流换热系数。

过渡函数 $[f(\alpha_f)]$ 为近壁面网格内空泡份额的函数，当壁面气相空泡份额低于临界值时，气相以气泡的形式弥散在连续液相中，对应的两相流流型为核态沸腾，当壁面空泡份额超过临界值时，流型发生转变，壁面向气相直接传热。为了保证求解过程的稳定性和收敛性，$f(\alpha_f)$ 一般不能是取值为 0 或 1 的阶跃函数。经过过去十多年的发展，研究者提出了不同的过渡函数模型[32-34]，其中，Ioilev（伊奥列夫）等[33] 的模型多用于 CHF 的研究，该模型具体形式如下：

$$f(\alpha_g) = \max\left(0, \min\left\{\frac{\alpha_g - \alpha_{g,1}}{\alpha_{g,2} - \alpha_{g,1}}\right\}\right) \tag{12-43}$$

式中,$\alpha_{g,1}$、$\alpha_{g,2}$ 为气相临界空泡份额,分别为 0.9 和 0.95。

12.6.2　圆管内过冷沸腾模型研究

西安交通大学张蕊[35]利用上述模型对过冷沸腾实验进行了 CFD 模拟分析。图 12-8 为针对 1967 年 Bartolemei(巴托勒梅)等[36]设计搭建的竖直加热圆管内流动沸腾实验回路进行的 CFD 对比分析。在进口 0.2 m 加热段处壁面热流完全用于单相对流换热,蒸发热流密度和淬灭热流均为 0,这是因为进口 0.2 m 加热段处壁面温度低于饱和温度值[见图 12-8(a)],不足以产生气泡。随着壁面温度超过饱和值达到触发核态沸腾的最小壁面过热度,加热壁面开始产生气泡,单相对流热流密度急剧降低,气泡蒸发和淬灭热流密度快速增加。淬灭热流密度在约 1.0 m 高度处达到最大值,这是由于前半段随着气泡核化和脱离过程的增强,冷却气泡脱离点而产生的淬灭热流逐渐增强,但随着近壁面流体温度的升高,快速覆盖气泡脱离点的液体的温度逐渐升高,降低了淬灭传热量。计算域出口处单相对流热流密度为 0,壁面热流全部用于气泡蒸发热流及淬灭热流,表明该位置沸腾极其剧烈,气泡的生长和脱离过程可以影响所有的加热面积。

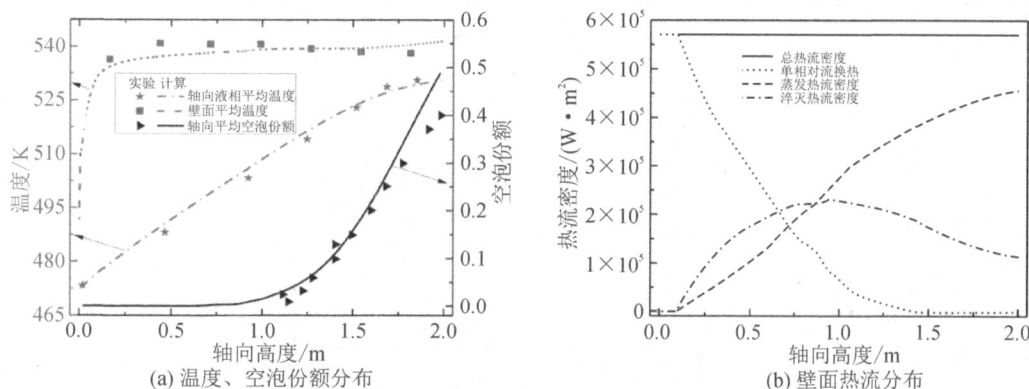

图 12-8　温度、空泡份额及热流密度分布

12.6.3　堆芯典型单通道内过冷沸腾实验的数值模拟

为了给当前压水堆热工水力分析中使用的子通道程序、系统程序以及 CFD 程序提供验证数据,日本经济产业省(Ministry of Economy Trade and Industry, METI)、美国能源部(Department of Energy, DOE)、经济合作与发展组织核能署(OECD Nuclear Energy Agency, OECD/NEA)、宾夕法尼亚大学联合开展日本核动力工程公司压水堆(NUPEC PWR)子通道和棒束基准题(PWR subchannel and bundle tests,PSBT)项目。根据研究内容,PSBT 基准题可分为两个阶段,分别是堆芯典型单通道内的过冷沸腾研究和燃料组件内的过冷沸腾、DNB 型临界热流密度研究,一些实验工况参数如表 12-2 所示[37],该工况是 PSBT 实验中和真实 PWR 堆芯内冷却剂运行工况最为接近的工况之一。实验段是由四根燃料棒包围的一个堆芯典型单通道构成,加热棒直径为 9.5 mm,棒间距为 12.6 mm,轴向加热长度为 1.55 m。单相过冷水从燃料棒束通道底部流入实验段,在燃料棒束加热下温度逐渐升高并发生沸腾。该实验仅通过伽马射线测量了距进口 1.4 m 位置处截面平均空泡份额,该位置接近加热段的出口,处于稳定过冷沸腾阶段,既可以体现过冷沸腾换热特性还可避免出口边界的影响。

表 12 - 2　实验工况

实验参数	编号 1.2211	不确定度
出口压力/MPa	14.72	1%
入口温度/K	568.55	1 K
入口质量流速/(kg·m^{-2}·s^{-1})	3030.6	1.5%
壁面热流密度/(kW·m^{-2})	1.95	1%
平衡含气率	−0.04	—
测量面空泡份额	0.04	0.03
平均液相密度/(kg·m^{-3})	610	—

图 12 - 9 给出沿轴向截面平均空泡份额计算值与实验测量值的比对结果,从图中可以看出,计算结果与实验数据符合良好。计算域截面平均最高空泡份额出现在加热段的末端,仅为 0.058 左右,而测量面局部空泡份额最高值为 0.083。图 12 - 10 为数值计算得到的测量面上空泡份额及温度分布云图;由于壁面加热作用,空泡份额在加热棒壁面附近较高,在距离壁面较远位置减小;主流区域的流体温度远低于饱和温度,此时两相流动传热特性为高过冷的过冷沸腾。

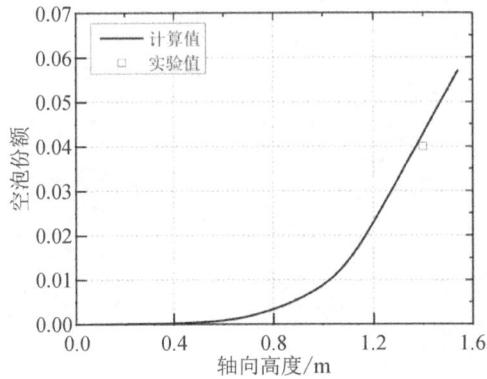

图 12 - 9　沿轴向截面平均空泡份额分布

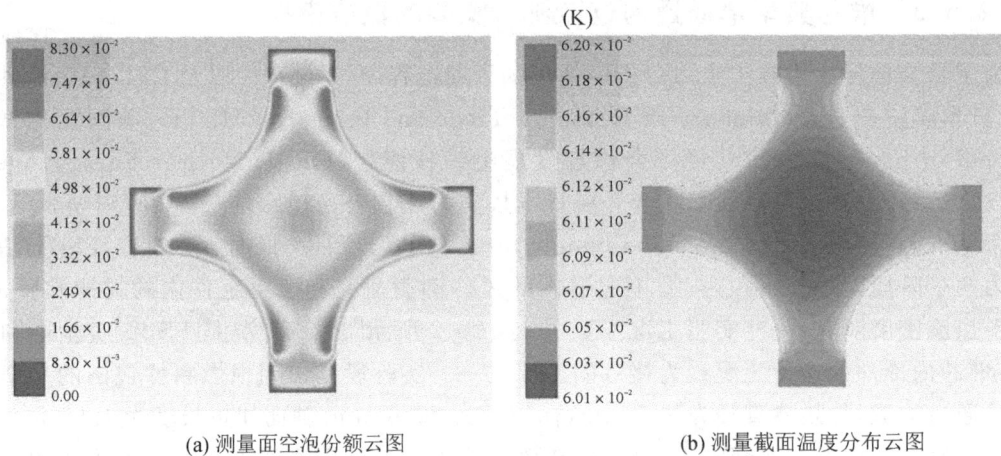

(a) 测量面空泡份额云图　　　(b) 测量截面温度分布云图

图 12 - 10　测量面空泡份额、温度分布云图(见彩图)

12.6.4　圆管内临界热流密度预测方法

Celata（切拉塔）等[38]对竖直简单圆管内超高热流密度下过冷沸腾流动的临界热流密度进行实验研究。实验开展了水介质不同压力、进口速度及进口过冷度下单圆管内临界热流密度（CHF）实验研究。实验通过逐步提高功率并监控壁面热电偶温度的方式获得 CHF。在实验中，Celata 等采用改变功率步长的方式加热实验段并防止加热面损毁，首先采用 Gunther（贡特尔）公式预估CHF，当所施加的热流密度低于 70% 的预估值时，功率提升的步长为 0.5 kW，否则功率提升步长为 0.1 kW。为了获

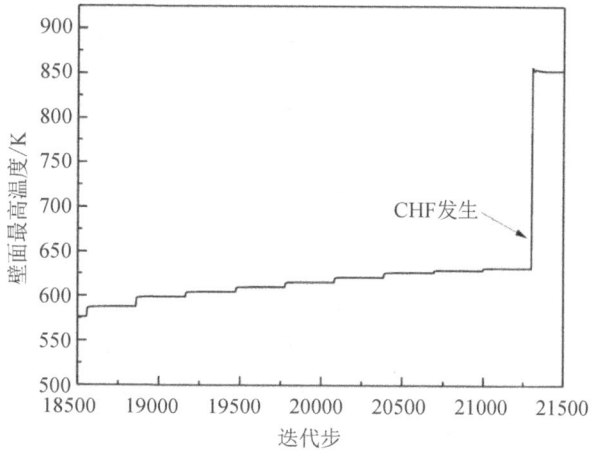

图 12-11　壁面最高温度随迭代步的变化关系

得准确的 CHF 值，数值计算中采用和实验相似的方法，逐步提高加热壁面热流密度并监控壁面最高温度，直至发生 DNB。以其中一个工况为例，初始的热流密度为 15.0 MW/m²，热流密度增量为 0.5 MW/m²，计算过程中监控到的壁面最高温度随迭代步（壁面热流密度）的变化关系如图 12-11 所示，当壁面热流密度达到 CHF 时，壁面最高温度发生飞升，此时的热流密度为 50.5 MW/m²。发生 DNB 之前和发生 DNB 时的壁面温度分布如图 12-12 所示，当壁面热流密度为 50.0 MW/m² 时，未到达临界热流，壁面温度沿轴向基本保持不变，而当壁面热流密度增加至 50.5 MW/m² 时，触发临界，壁面温度在近出口位置出现飞升。

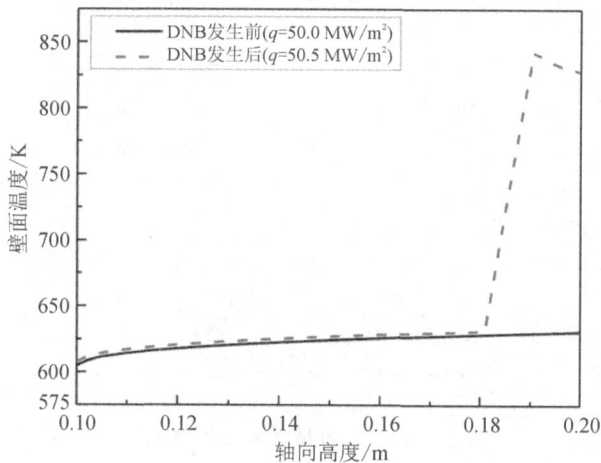

图 12-12　DNB 发生前、后壁面温度分布

对实验中的其他 26 组工况分别开展数值模拟，并将计算得到的 CHF 与实验值进行比对，对比结果如图 12-13 所示。各工况计算值与实验值的偏差均小于 15%，且大部分工况的偏差小于 10%，计算结果与实验值的平均相对误差为 7.1%。通过对比可以发现，该模型用于

预测数值圆管内的 DNB 型的 CHF 时,具有较高的精度。

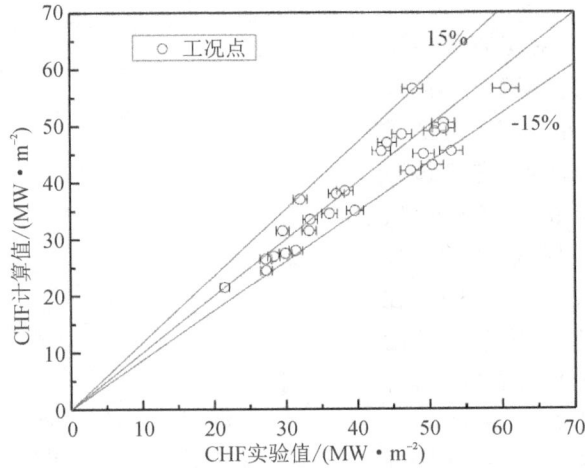

图 12-13　CHF 计算值与实验值的对比

12.6.5　棒束通道内临界热流密度预测方法

建造于捷克核工业设备厂的大型水介质实验回路(large water loop,LWL)[39]是一个针对压水堆堆芯内两相流动沸腾现象研究的高压水介质实验回路,可用于研究不同的燃料组件的 CHF。为了准确模拟堆芯内功率分布不均的现象,实验中加热棒轴向和径向功率可为均匀或不均匀分布。公开发表的实验工况的加热棒的功率沿径向非均匀分布,沿轴向均匀分布。由于实验段和物理现象的对称性,CFD 计算选取 1/12 管,并结合对称边界条件进行数值模拟,最终选取的计算域及网格划分如图 12-14 所示。

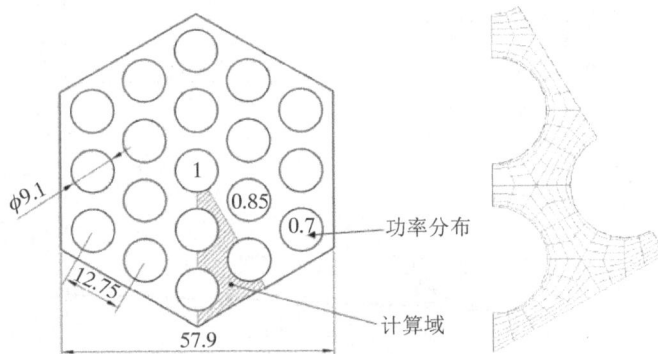

图 12-14　计算域选取及网格划分

在数值模拟计算中,捕捉 CHF 点的方法与前文类似,即以实验测得的临界热流密度的 1% 为增量逐步提高壁面热流密度,直至发生壁面温度飞升,即获得 CHF。图 12-15 展示的是不同工况下 CFD 计算值与实验值的对比结果。根据 Wallis 提出的环状流起始点理论判断发生温度飞升时的 CHF 类型是偏离泡核沸腾型(DNB)还是干涸型(dryout)。当发生 CHF

位置的两相流参数不满足形成环状流的条件时,CHF 为 DNB 型;满足形成环状流的条件时,CHF 为干涸型。通过分析发现,当前 10 组工况中 8 组为典型的 DNB 型的 CHF,另外 2 组为典型的干涸型 CHF(平衡含气率远高于形成环状流所需的临界含气率)。当前模型对 DNB 型 CHF 的预测能力高于对干涸型 CHF 的预测能力,但即便是干涸型的 CHF,其预测精度也较高。

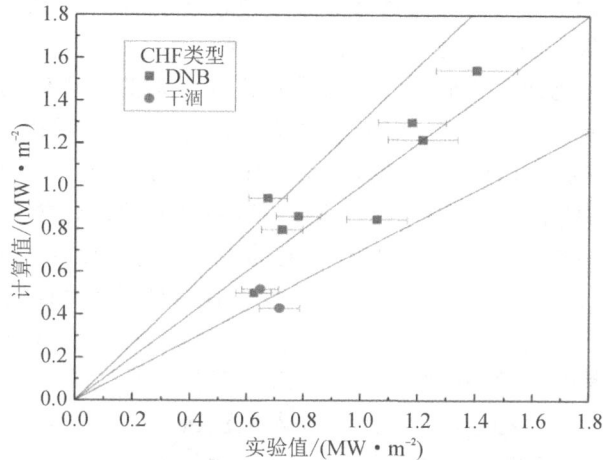

图 12-15　计算值与实验值的对比

12.7　矩形窄缝内两相数值模拟

针对窄矩形通道中的气泡行为,对 RPI 壁面沸腾模型进行改进。首先介绍实验观测到的气泡滑移现象,分析其对沸腾换热的影响;然后对其进行建模,构建滑移热流的数学表达式;在新模型中,对气泡直径这一关键参数,使用气泡受力平衡模型进行计算,该模型相比于脱离直径经验关系式,反映了更多气泡运动机理。

12.7.1　矩形通道中滑移气泡效应

流动沸腾中,加热壁面上的气泡生长过程呈现一定周期行为。12.6.1 节中已经介绍了 RPI 壁面沸腾模型对沸腾过程的抽象描述,即气泡在成核点的孕育、生长和脱离过程。实际上气泡的行为往往比这种描述更加复杂,包括气泡之间的聚合、破裂,间歇地接触壁面又浮升等。气泡在生长过程中,除了最终脱离壁面进入主流,也可能逐渐冷凝消失,或者保持大小不变沿着壁面运动。其中,有些现象对于沸腾换热影响较大,在沸腾模型中则应加以考虑,对其建模。

气泡滑移现象受到了很多学者的关注。Thorncroft(桑克罗夫特)等[40]在竖直通道中对冷却剂 FC-87 的沸腾换热系数进行了测量,发现对于核态沸腾,向上流动时换热系数显著高于向下流动工况;在环状流工况中,流动方向对换热系数则没有显著影响。他们分析认为,向上流动时,气泡可以维持在壁面附近,而向下流动时,气泡会直接运动至主流区域,因此气泡沿着壁面的运动增强了换热。为了验证这一猜想,进行了单相过冷流动实验,同时向通道内注入不同流量的空气气泡。结果表明,空气气泡的引入可以显著增强换热,证实了气泡在壁面附近运动对边界层扰动带来的换热强化。

Li(李)等[41]报告了窄矩形通道中可视化拍摄到的滑移气泡特性。实验段为 2 mm 宽的窄缝通道,运行压力为 1 atm。该实验也是竖直向上的流动沸腾,同样在实验中观察到了频繁的气泡滑移。滑移气泡出现的原因归结于以下两点:首先,通道沿缝方向上的空间受限,且常压情况下,气泡的生长速率更大,因此气泡的生长受到了更明显的非稳态曳力,即气泡生长力的作用;其次,他们认为过于贴近的两侧壁面改变了横截面上速度分布,从而影响了壁面润滑力的大小,造成了气泡无法浮升至主流区域。对于滑移气泡,其运动速度往往略小于液相平均流速。平均流速越大,气泡的直径越大、直径分布也越广。

Yuan(袁)等[42-43]量化计算了滑移气泡对沸腾换热带来的强化作用。基于对 2 mm 宽的窄缝通道观测,他们记录了不同压力下气泡的脱离和浮升直径、滑移距离等参数。他们的实验中,在 0.3 MPa 以下工况中未见滑移气泡,在更高压力工况(直至 1.0 MPa)中则都观察到了气泡滑移。对两种气泡带来的瞬态换热项分别建模,根据壁面汽化核心处产生滑移气泡的比例,得到滑移气泡对换热贡献更大(可达静止气泡的 10 倍)这一结果。此外,他们还解释了气泡聚合的原因。高压工况中气泡生长率更小,因而气泡在壁面运动时会与其经过的其他汽化核心处气泡融合。

气泡在成核点孕育生长后,达到一定直径后离开汽化核心处(脱离),可能直接垂直于壁面浮升进入主流区域然后冷凝,也可能平行于壁面运动(滑移)。滑移过程中由于其与壁面接触处的微液膜蒸发,气泡直径维持增大,当直径达到一定值后,气泡横向受力平衡打破、垂直壁面运动(浮升),进入主流区域。如果遇到临近汽化核心处的气泡,则发生气泡融合,相应地,气泡直径也会增加。RPI 模型将气泡整个生长周期行为固定在汽化核心处,而矩形窄缝通道模型考虑了气泡运动和融合。

针对窄矩形通道中的气泡滑移行为,采用以下过程描述气泡生长的周期,如图 12-16 所示。气泡在脱离汽化核心后将垂直于壁面浮升或平行于壁面滑移。滑移过程中由于其与壁面接触处的微液膜蒸发,并与其他汽化核心处气泡融合,气泡直径持续增大,达到一定值后气泡浮升进入主流区域。

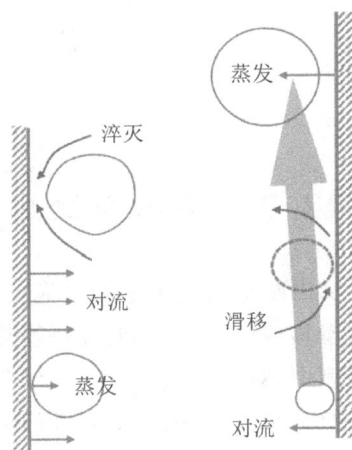

图 12-16　RPI 模型与考虑气泡滑移模型的对比

12.7.2　考虑气泡滑移的热流分配模型

根据对气泡周期行为的分析,一般将沸腾过程的壁面热量传输过程按照气泡影响时间和影响面积,分为四个部分,即将壁面热流分配为四项,如图 12-17 所示。图中横轴表示加热面被分成的不同区域,纵轴表示一个气泡周期内根据换热主导机理区分的不同阶段。

图 12-17(a)是 RPI 模型的热流分配示意图,将加热面分为受气泡影响区域和其他区域。其他区域(A_c)中只有单相对流换热过程,以 q_c 表示;气泡影响区域(A_b)即汽化核心附近,气泡生长阶段($0 \sim t_g$)蒸发热流(q_e)占主导,气泡等待阶段($t_g \sim 1/f$)淬灭热流(q_q)占主导。

图 12-17(b)是滑移热流分配模型示意图。将加热面划分为汽化核心区域($0 \sim \pi d_w^2/4$)、滑移影响区域($\pi d_w^2/4 \sim \alpha_{sl}$,其中 α_{sl} 为滑移影响面积份额)和其他区域($\alpha_{sl} \sim 1$)。

1)气泡生长阶段($0\sim t_g$,其中 t_g 为气泡生长时间)中,汽化核心区域的相变和滑移影响区域的微液层蒸发计入蒸发热流(q_e)。

2)滑移影响阶段($t_g\sim t^*$,其中 t^* 为换热增强效果消失时刻)中,在汽化核心区域,固体侧由淬灭热流主导(q_q),而流体侧为由气泡扰动带来的滑移热流(q_s)。在滑移影响区域,由气泡滑移的扰动带来的额外换热增强计入滑移热流(q_s)。

3)在流场恢复阶段($t^*\sim 1/f$,其中 f 为气泡脱离频率)中,单相对流换热(q_c)重新占据主导,而其他区域在整个气泡周期中仅存在单相对流换热(q_c)过程。

据此,考虑气泡滑移的热流分配模型将壁面总热流(q_w)分为四项热流,分别为单相对流热流(q_c)、蒸发热流(q_e)、淬灭热流(q_q)和滑移热流(q_s),其表达式为

$$q_w = q_c + q_e + q_q + q_s \tag{12-44}$$

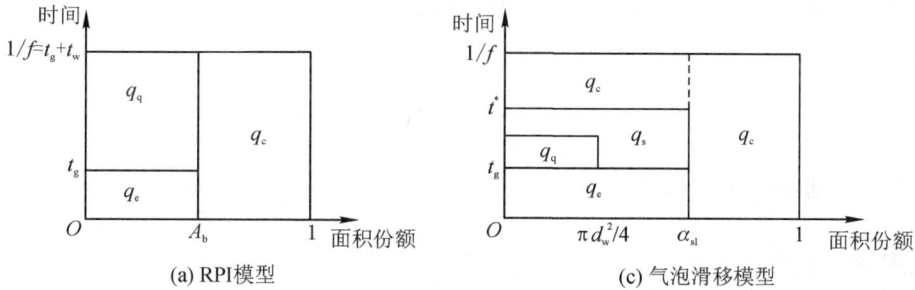

图 12-17　壁面沸腾模型对总热流的分配

根据以上描述,将气泡生长演化过程中的两个关键直径分别记作:脱离直径(d_w),气泡离开其孕育核心处、开始滑移时的直径;浮升直径(d_1),气泡垂直壁面运动离开壁面、进入主流时的直径。下面对各相热流进行逐一分析,得到其表达式。

（1）蒸发热流

蒸发热流的表达式为

$$q_e = \rho_g h_{fg} \cdot \frac{\pi d_1^3}{3} \cdot f N^* \tag{12-45}$$

式中,h_{fg} 为汽化潜热;f 为气泡脱离频率;N^* 为汽化核心密度。

（2）滑移热流

由于气泡滑移扰动,来自主流区域的较低温度流体补充气泡原先占据的位置,并与过热壁面接触换热。将其简化为半无限大区域冷却平板瞬态导热问题,则壁面瞬态热流表达式为

$$q_w(\tau) = \frac{k_f(T_w - T_f)}{\sqrt{(\pi \eta_f \tau)}} \tag{12-46}$$

式中,k_f 为液相导热系数;T_w 为壁面温度;T_f 为流体温度,此处取液相近壁面温度;η_f 为液相热扩散率;τ 为瞬态过程时间,即滑移热流的影响时间,从气泡滑移开始至换热增强效果消失,即瞬态导热系数与单相对流换热系数相等时为止,记作 $0\sim\tau^*$。

令瞬态导热系数与单相对流换热系数相等,得到滑移影响时间表达式

$$\tau^* = \left(\frac{k_f}{h_{fc}}\right)^2 \frac{1}{\pi \eta_f} \tag{12-47}$$

式中,h_{fc} 为流动恢复时的单相对流换热系数。

考虑气泡影响时间和影响面积，积分可得滑移过程中的瞬态导热热流，即滑移热流为

$$q_s = \left[\int_0^{\tau^*} q_w(\tau) d\tau \right] \cdot (\alpha_{sl} f N^*) = \frac{2k_f(T_w - T_f)}{\sqrt{\pi \eta_f \tau^*}} \tau^* \cdot (\alpha_{sl} f N^*) \qquad (12-48)$$

式中，α_{sl} 为气泡的影响面积。

（3）单相对流热流

单相对流热流根据近壁面对流换热系数（h_{fc}）计算：

$$q_c = h_{fc}(T_w - T_f)\{[1 - \alpha_{sl} N^*] + [\alpha_{sl} N^* \cdot (1 - \tau^* f)]\} \qquad (12-49)$$

（4）淬灭热流

Gilman（吉尔曼）[44]认为，气泡生长时底部存在高温干斑；当气泡脱离后，这部分壁面显热会释放到流体中，组成新的淬灭热流。具体地，认为气泡底部干斑呈圆形，其直径为气泡脱离直径的一半。干斑下的半球形高温区比其他区域温度高 ΔT_h，淬灭点与周围壁面的温差约为 3 K。因此淬灭热流表达式为

$$q_q = \rho_h c p_h \Delta T_h \left[\frac{2}{3} \pi \left(\frac{d_d}{4} \right)^3 \right] f N^* \qquad (12-50)$$

12.7.3 辅助模型

1. 气泡受力模型

现有经验关系式的适用范围有限或未区分气泡脱离直径和浮升直径，需要建立气泡受力模型计算气泡脱离直径和浮升直径。Sugrue（萨格鲁）等[45]推荐使用的受力表达式和系数组合列于表 12-3，其在反应堆典型应用场景内得到了一定的验证。一个倾斜壁面上气泡受力情况如图 12-18 所示，图中 x 方向平行于壁面为流动方向，y 方向垂直于壁面为浮升方向，θ 为壁面水平倾角。

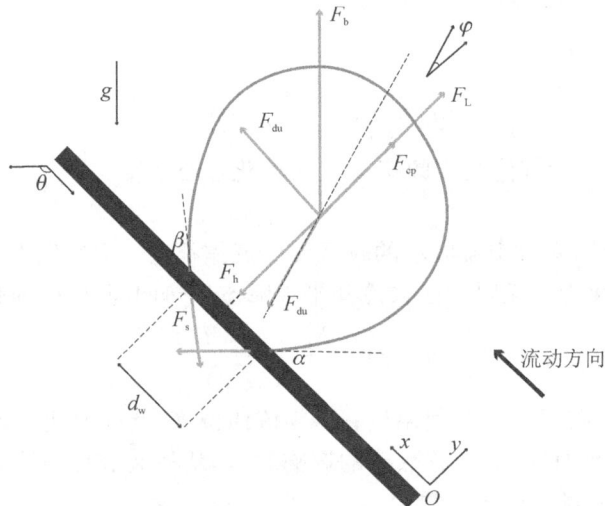

图 12-18　单个静止气泡受力示意图

对于静止气泡，两方向上的合力分别为

$$\begin{cases} \sum F_x = F_{sx} + F_{qs} - F_b \sin\theta + F_{du} \sin\varphi \\ \sum F_y = F_{sy} + F_L + F_b \cos\theta - F_h + F_{cp} + F_{du} \cos\varphi \end{cases} \quad (12-51)$$

式中，θ 为加热壁面的倾角；φ 为气泡偏向流动方向的倾角，一般假设气泡生长方向与壁面法向的夹角为 $\pi/15$。当 $\sum F_x > 0$ 时，气泡达到脱离直径（d_w）并平行于壁面运动；当 $\sum F_y > 0$ 时，气泡达到浮升直径（d_1）并垂直于壁面运动。

表 12-3　气泡所受作用力表达式

作用力	表达式	说明
表面张力 （F_s）	$F_{sx} = -1.25 d_w \sigma \dfrac{\pi(\alpha-\beta)}{\pi^2 - (\alpha-\beta)^2}(\sin\alpha + \sin\beta)$ $F_{sy} = d_w \sigma \dfrac{\pi}{\alpha-\beta}(\cos\beta - \cos\alpha)$	气泡后沿、前沿的接触角分别为 α 和 β；d_w 为气泡和壁面接触区的直径，推荐值为气泡脱离直径的 $1/40$；σ 为表面张力系数
稳态曳力 （F_{qs}）	$F_{qs} = 6\pi\mu_f \Delta U R \left\{ \dfrac{2}{3} + \left[\left(\dfrac{12}{Re_b} \right)^{0.65} + 0.796^{0.65} \right]^{-\frac{1}{0.65}} \right\}$	μ_f 为液相黏度；ΔU 为相间相对速度，当气泡静止时为液相近壁面速度（v_f），通过壁面函数获得；R 为气泡半径；Re_b 为以气泡直径为参考长度，以相间相对速度为参考速度的雷诺数
瞬态曳力 （F_{du}）	$F_{du} = -\rho_f \pi R^2 \left(\ddot{R}R + \dfrac{3}{2}\dot{R}^2 \right)$	选用 $R(t) = 2bJa\sqrt{\dfrac{\eta_f t}{\pi}}$ 计算气泡生长，$\ddot{R}$ 和 $\dot{R}$ 分别为二阶导数和一阶导数，其中：b 为常数，其值为 1.56；Ja 为壁面过热度雅各布数；η_f 为液相热扩散率
剪切升力 （F_L）	$C_L = \dfrac{F_L}{1/2\rho_i U^2 \pi D^2} = 3.877 G_s^{0.5} \cdot \left[Re_b^{-2} + (0.344 G_s^{0.5})^4 \right]^{0.25}$	C_L 为升力系数；F_L 为剪切升力；U 为近壁面液相速度；G_s 为近壁面液相无量纲剪切场，$G_s = \left\| \dfrac{dU}{dy} \right\| \cdot \left(\dfrac{D}{U} \right)$；$D$ 为气泡直径

作用力	表达式	说明
浮力（F_b）	$F_b = \dfrac{4}{3}\pi R^3 (\rho_f - \rho_g) g$	三者均来自于作用在气泡界面上的压力，d_w 为气泡和壁面接触区域的直径；r_r 为气泡与加热壁面接触线上的平均曲率
接触压力（F_{cp}）	$F_{cp} = \dfrac{\pi d_w^2}{4}\dfrac{2\sigma}{r_r}$	
动力学压力（F_h）	$F_h = \dfrac{9}{8}\rho_f U^2 \dfrac{\pi d_w^2}{4}$	

2. 气泡滑移模型

通过滑移过程中气泡生长方程计算气泡滑移时间，进而得到气泡滑移距离，Maity（迈蒂）[46] 拟合的气泡直径关系式如下：

$$\frac{d_2^2 - d_1^2}{\tau_s \eta_f Ja_{sup}} = \frac{1}{15(0.015 + 0.0023 Re_b^{0.5})(0.04 + 0.023 Ja_{sub}^{0.5})} \tag{12-52}$$

式中，d_1 和 d_2 分别为气泡滑移起始和终止时的直径；τ_s 为滑移时间；η_f 为液相热扩散率；Ja_{sup} 和 Ja_{sub} 分别为壁面过热度和液相过冷度雅各布数；Re_b 为以气泡平均直径、气泡滑移速度计算的雷诺数。

根据 Basu（巴苏）[47] 对滑移气泡的建模，在气泡由上一个汽化核心与当地气泡融合并向下一个汽化核心滑移过程中，气泡直径由 d_{N-1} 不断增大，在该过程中判断气泡是否脱离即可得到气泡滑移距离：

$$l = N_m \cdot s + l_{d_{N-1} \sim d_1} \tag{12-53}$$

式中，N_m 为融合的气泡数目；s 为相邻汽化核心之间的平均距离，按正方形均匀排布，$s = 1/\sqrt{N_w}$；$l_{d_{N-1} \sim d_1}$ 为自上一个汽化核心至脱离的气泡滑移距离，$l_{d_{N-1} \sim d_1} = \tau_s \cdot v_b$，其中 v_b 为气泡滑移速度。

滑移过程中单个气泡的影响面积为

$$\alpha_{sl} = l \cdot \frac{(d_d + d_1)}{2} \tag{12-54}$$

此外，当浮升直径小于气泡脱离直径时，气泡将不发生滑移而直接浮升。此时，气泡行为实际上与 RPI 模型的描述相同，气泡影响面积按下式计算：

$$A_b = \pi \left(\frac{K d_d}{2}\right)^2 N_w \tag{12-55}$$

式中，K 为影响范围因子。根据 Del Valle 等[48] 对汽化核心处气泡的观测分析使用以下公式计算：

$$K = 4.8 \exp\left(-\frac{Ja_{sub}}{80}\right) \tag{12-56}$$

3. 气泡脱离频率模型

气泡脱离频率使用 Cole 关系式计算，其表达式如下：

$$f = \left[\frac{4g(\rho_f - \rho_g)}{3 d_d \rho_f}\right]^{0.5} \tag{12-57}$$

式中，g 为重力加速度。

4. 汽化核心密度模型

汽化核心密度使用 Lemmert-Chawla（莱默特-查拉）公式计算：

$$N_w = [n_0(T_w - T_{sat})]^m \tag{12-58}$$

式中，参考密度 n_0 和指数 m 分别取 210 和 1.805。根据气泡滑移距离，气泡融合个数可以按 l/s 估计，则修正后的汽化核心密度为

$$N^* = N_w \cdot \frac{1}{\dfrac{l}{s}+1} \tag{12-59}$$

12.7.4　过冷沸腾模拟

西安交通大学反应堆热工水力研究室梁振辉[49]开展了竖直放置的窄矩形通道过冷沸腾实验。实验段流道宽度为 50 mm，窄缝间隙为 1.5 mm 和 2.5 mm。实验段的加热方式为电加热，有效加热长度为 0.8 m。图 12-19 展示了分别使用考虑气泡滑移的改进沸腾模型和

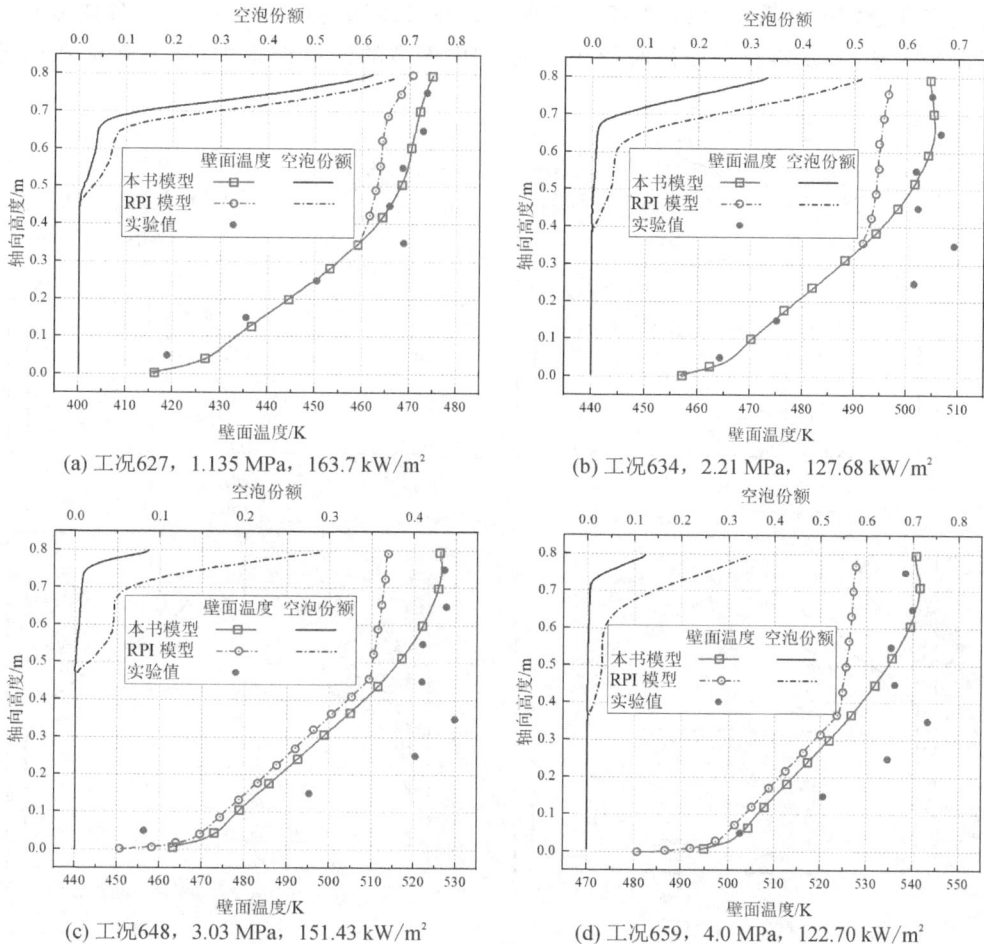

(a) 工况 627，1.135 MPa，163.7 kW/m²　(b) 工况 634，2.21 MPa，127.68 kW/m²

(c) 工况 648，3.03 MPa，151.43 kW/m²　(d) 工况 659，4.0 MPa，122.70 kW/m²

图 12-19　壁面温度和近壁面空泡份额计算结果

RPI 壁面沸腾模型进行模拟,得到壁面温度和近壁面空泡份额的计算结果。

由于过冷沸腾阶段的高换热效率,壁面温度沿流动方向出现拐点,壁温上升减缓,出现一段壁温平台,近壁面空泡份额相应上升。通道壁面自沸腾起始点的平均过热度计算结果与实验结果的对比列于表 12-4,可见 RPI 模型的计算结果偏低,而改进后的模型计算得到的沸腾区过热度与实验值符合良好,对壁面过热度的预测精度较高。

表 12-4　壁面平均过热度计算结果与实验结果的误差

编号	实验值/K	改进模型计算值/K	改进模型计算值误差	RPI 模型计算值/K	RPI 模型计算值误差
Nuthel-627	11.62	12.28	5.7%	9.48	−18.5%
Nuthel-634	13.19	12.07	−8.5%	3.91	−70.4%
Nuthel-648	15.90	13.17	−17.1%	3.07	−80.7%
Nuthel-659	13.98	15.05	7.7%	2.86	−79.5%

热流密度分配的计算结果如图 12-20 所示。改进模型的计算结果中,滑移热流和单相对流热流占据主导,蒸发热流份额相对较小。而 RPI 模型的计算结果中,蒸发热流在通道后段

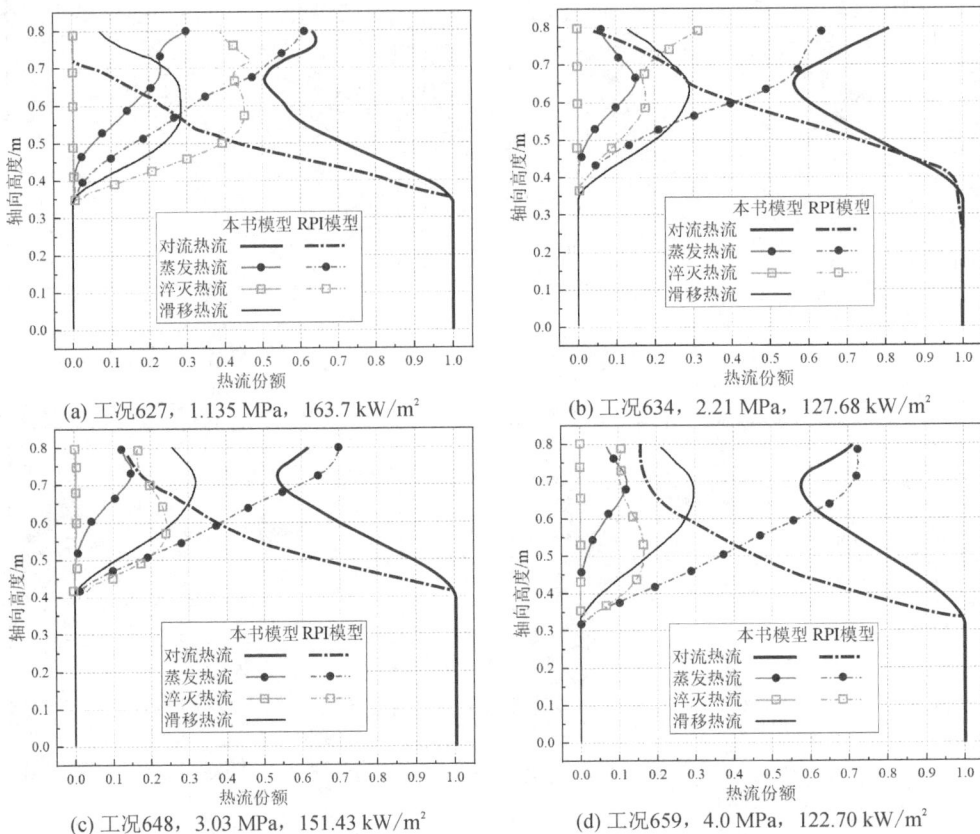

(a) 工况627,1.135 MPa,163.7 kW/m²　　(b) 工况634,2.21 MPa,127.68 kW/m²

(c) 工况648,3.03 MPa,151.43 kW/m²　　(d) 工况659,4.0 MPa,122.70 kW/m²

图 12-20　热流密度分配计算结果

占据主导,单相对流热流和淬灭热流份额都相对较小。

思考题

1)在进行两相 CFD 计算时,如何确定计算所选用的模型是否合适?

2)当数值计算结果与实验工况发生偏差时,应如何分析计算的误差来源,以及如何修正理论模型?

3)许多模型为半经验半理论模型,其模型中出现参数是否具有更显著的物理意义?

4)尝试自己构筑由整个两相计算引入的模型框架,并梳理其相互作用关系。

习题

如图 12-21 所示,一竖直管道内发生了沸腾现象,该管道内径为 15.4 mm、长度为 2 m、出口压力保持为 45 atm、外壁面热流为 345.6 kW/m²。水以 1 m/s 的速度从下向上流入,其初始温度为 200℃。随着流体不断加热,温度逐渐上升,当超过液体饱和温度后,壁面上将会产生蒸汽泡,气泡向上运动长大最终离开壁面。由于主流流体为过冷流体,气泡在管道中心附近被冷凝。尝试使用 CFD 软件对该上述过程进行模拟,计算竖直管管内的空泡份额分布。

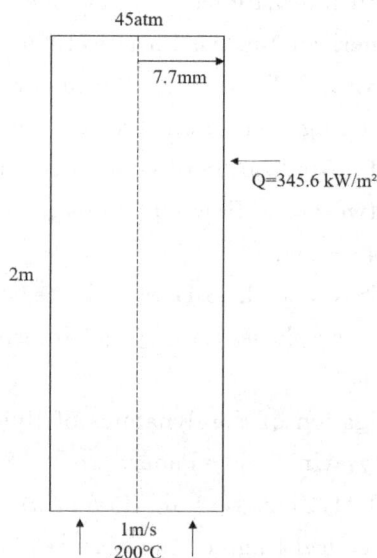

图 12-21　习题图

参考文献

[1] ILIC M M,PETROVIC M M,STEVANOVIC V D. Boiling heat transfer modelling—a review and future prospectus [J]. Thermal Science,2019,23 (1):87-107.

[2] FANG J,CAMBARERI J J,LI M N,et al. Interface-resolved simulations of reactor

flows [J]. Nuclear Technology,2020,206 (2): 133 – 149.

[3] ALIPCHENKOV V M,NIGMATULIN R I,SOLOVIEV S L,et al. A three fluid model of two-phase dispersed-annular flow [J]. International Journal of Heat and Mass Transfer,2004,47: 5323 – 5338.

[4] LEE S I,NO H C. Assessment of an entrainment model in annular-mist flow for a three-field TRACM [J]. Nuclear Engineering and Design,2007,237: 441 – 450.

[5] OKAWA T,GOTO T,MINAMITANI J,et al. Liquid film dryout in a boiling channel under flow oscillation conditions [J]. International Journal of Heat and Mass Transfer,2009,52: 3665 – 3675.

[6] AD/DC Module User's Guide. COMSOL multiphysics[M]. Stockholm, Sweden, 2021.

[7] BENGUIGUI W. Numerical simulation of two-phase flow induced vibration [D]. Chatou: University of Paris-Saclay,2018.

[8] ISHII M,ZUBER N. Drag coefficient and relative velocity in bubbly,droplet or particulate flows[J]. AIChE Journal,1979,25(5): 843 – 855.

[9] SCHILLER L. ber die grundlegenden berechnungen bei der schwerkraftaufbereitung[J]. Ver Deut Ing,1933,77: 318 – 321.

[10] TAKAMASA T,TOMIYAMA A. Three-dimensional gas-liquid two-phase bubbly flow in a C-shaped tube[C]. 9th International Topical Meeting on Nuclear Reactor Thermal hydraulics, California:American Nuclear Society,1999.

[11] BERTODANO M L,LAHEY R,JONES O. Turbulent bubbly two-phase flow data in a triangular duct[J]. Nuclear Engineering and Design,1994,146(1): 43 – 52.

[12] DREW D A,LAHEY R T. Application of general constitutive principles to the derivation of multidimensional two-phase flow equations[J]. International Journal of Multiphase Flow,1979,5(4):243 – 264.

[13] WANG S,LEE S,JONES O,et al. 3-D turbulence structure and phase distribution measurements in bubbly two-phase flows [J]. International Journal of Multiphase Flow,1987,13(3): 327 – 343.

[14] SCHMIDTKE M. Investigation of the dynamics of fluid particles using the volume of fluid method[D]. Germany: University Paderborn,2008.

[15] TOMIYAMA A,TAMAI H,ZUN I,et al. Transverse migration of single bubbles in simple shear flows[J]. Chemical Engineering Science,2002,57(11): 1849 – 1858.

[16] TOMIYAMA A. Struggle with computational bubble dynamics[J]. Multiphase Science and Technology,1998,10(4): 369 – 405.

[17] MORAGA F,BONETTO F,LAHEY R. Lateral forces on spheres in turbulent uniform shear flow[J]. International Journal of Multiphase Flow,1999,25(6): 1321 – 1372.

[18] ANTAL S,LAHEY Jr R,FLAHERTY J. Analysis of phase distribution in fully developed laminar bubbly twophase flow[J]. International Journal of Multiphase Flow,1991,17(5): 635 – 652.

[19] BURNS A D,FRANK T,HAMILL I,et al. The Favre averaged drag model for turbu-

lent dispersion in Eulerian multi-phase flows[C]. 5th international conference on multi-phase flow. Japan：Yokohama Pacifico Conference Center,2004.

[20] BERTODANO M L. Turbulent bubbly flow in a triangular duct[D]. New York,Rensselaer Polytechnic Institute,1991.

[21] KONCAR B,KREPPER E,EGOROV Y. CFD modeling of subcooled flow boiling for nuclear engineering applications [C]. Nuclear Energy for New Europe. Slovenia：CEA,2005.

[22] RANZ W E,MARSHALL W R. Evaporation from drops[J]. Chemical Engineering Progress,1952,48：141－146.

[23] LAVIEVILLE J,QUEMERAIS E,MIMOUNI S,et al. NEPTUNE CFD theory manual [M]. France：CEA/EDF,2006.

[24] JUDD R,HWANG K. A comprehensive model for nucleate pool boiling heat transfer including microlayer evaporation[J]. Journal of Heat Transfer,1976,98(4)：623－629.

[25] ÜNAL H C. Maximum bubble diameter,maximum bubble-growth time and bubble-growth rate during the subcooled nucleate flow boiling of water up to 17.7 MN/m^2[J]. International Journal of Heat and Mass Transfer,1976,19 (6)：643－649.

[26] TOLUBINSKY V,KOSTANCHUK D. Vapour bubbles growth rate and heat transfer intensity at subcooled water boiling[J]. Heat transfer,1970,23：1－5.

[27] KREPPER E,RZEHAK R. CFD for subcooled flow boiling：simulation of DEBORA experiments [J]. Nuclear Engineering and Design,2011,241 (9)：3851－3866.

[28] KONCAR B,KLJENAK I,MAVKO B. Modelling of local two-phase flow parameters in upward subcooled flow boiling at low pressure [J]. International Journal of Heat and Mass Transfer,2004,47 (6)：1499－1513.

[29] KREPPER E,RZEHAK R,LIFANTE C,et al. CFD for subcooled flow boiling：coupling wall boiling and population balance models [J]. Nuclear Engineering and Design,2013,255：330－346.

[30] COLE R. A photographic study of pool boiling in the region of the critical heat flux [J]. AIChE Journal,1960,6(4)：533－538.

[31] ANSYS. ANSYS Fluent Theory Guide 15.0 [M]. Cannosburg,PA：ANSYS,2013.

[32] TENTNER A,LO S,IOILEV A,et al. Advances in computational fluid dynamics modeling of two phase flow in a boiling water reactor fuel assembly[C]. 14th International Conference on Nuclear Engineering. USA：American Society of Mechanical Engineers,2006.

[33] IOILEV A,SAMIGULIN M,USTINENKO V,et al. Advances in the modeling of cladding heat transfer and critical heat flux in boiling water reactor fuel assemblies[C]. 12th International Topical Meeting on Nuclear Reactor Thermal Hydraulics. USA：American Nuclear Society,2007.

[34] LAVIEVILLE J,QUEMERAIS E,MIMOUNI S,et al. NEPTUNE CFD theory manual [M]. France：CEA/EDF,2006.

[35] 张蕊. 压水堆堆芯棒束通道内过冷沸腾及临界热流密度特性研究[D]. 西安：西安交通大学，2018.

[36] BARTOLEMEI G G，CHANTURIYA V M. Experimental study of true void fraction when boiling subcooled water in vertical tubes[J]. Thermal Engineering，1967，14(2)：123 – 128.

[37] BAUDRY C，GUINGO M，DOUCE A，et al. Numerical study of the steady-state sub-channel test-case with NEPTUNE_CFD for the OECD/NRC NUPEC PSBT benchmark [J]. Science and Technology of Nuclear Installations，2012，1：1 – 11.

[38] CELATA G P，CUMO M，MARIANI A. Burnout in highly subcooled water flow boiling in small diameter tubes[J]. International Journal of Heat and Mass Transfer，1993，36(5)：1269 – 1285.

[39] BESTION D，ANGLART H，CARAGHIAUR D，et al. Review of available data for validation of NURESIM twophase CFD software applied to CHF investigations[J]. Science and Technology of Nuclear Installations，2009：1 – 14.

[40] THORNCROFT G E，KLAUSNER J F. The influence of vapor bubble sliding on forced convection boilingheat transfer [J]. Journal of Heat Transfer，1999，121 (1)：73 – 79.

[41] LI S，TAN S，XU C，et al. An experimental study of bubble sliding characteristics in narrow channel [J]. International Journal of Heat and Mass Transfer，2013，57 (1)：89 – 99.

[42] YUAN D，CHEN D，YAN X，et al. Bubble behavior and its contribution to heat transfer of subcooled flow boiling in a vertical rectangular channel [J]. Annals of Nuclear Energy，2018，119：191 – 202.

[43] YUAN D W，PAN L M，CHEN D，et al. Bubble behavior of high subcooling flow boiling at different system pressure in vertical narrow channel [J]. Applied Thermal Engineering，2011，31 (16)：3512 – 3520.

[44] GILMAN L，BAGLIETTO E. A self-consistent physics-based boiling heat transfer modeling framework for use in computational fluid dynamics[J]. International Journal of Multiphase Flow，2017，95：35 – 53.

[45] SUGRUE R，BUONGIORNO J. A modified force-balance model for prediction of bubble departure diameter in subcooled flow boiling[J]. Nuclear Engineering and Design，2016，305：717 – 722.

[46] MAITY S. Effect of velocity and gravity on bubble dynamics[D]. United States：University of California，Los Angeles，2000.

[47] BASU N. Modeling and experiments for wall heat flux partitioning during subcooled flow boiling of water at low pressures[D]. United States：University of California，Los Angeles，2003.

[48] VALLE V H D，KENNING D B R. Subcooled flow boiling at high heat flux[J]. Heat Mass Transf. ，1985，28(10)：1907 – 1920.

[49] 梁振辉. 板状燃料元件热工水力特性研究[D]. 西安：西安交通大学，2013.

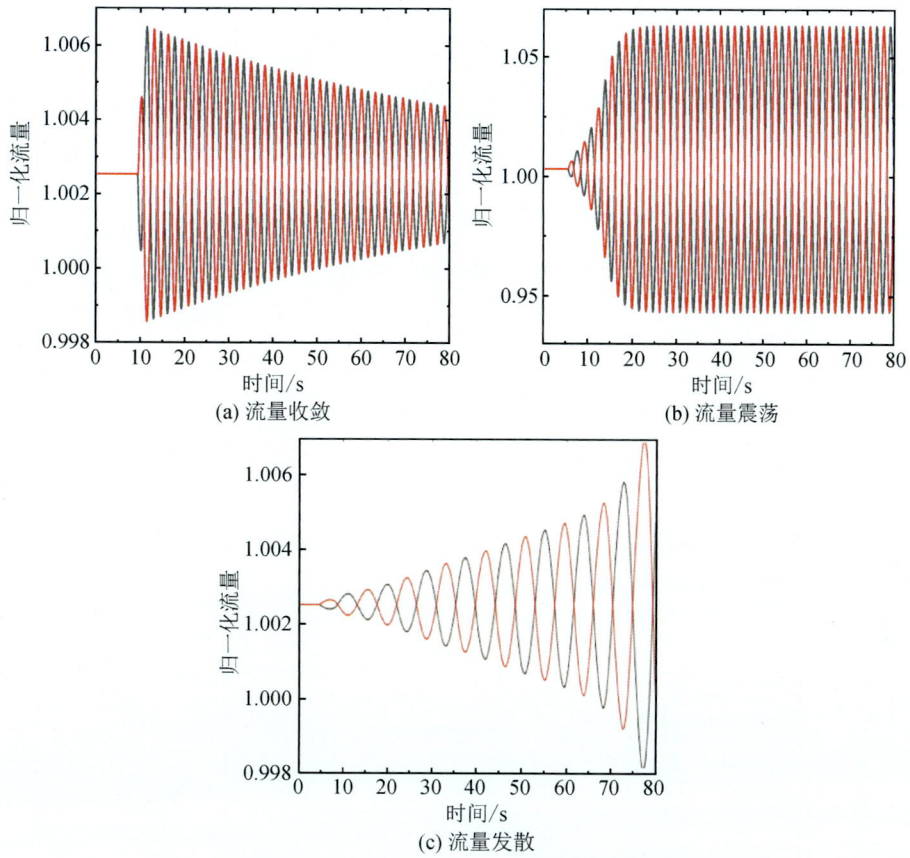

(a) 流量收敛

(b) 流量震荡

(c) 流量发散

图 7-15　小扰动作用下并联通道流量变化

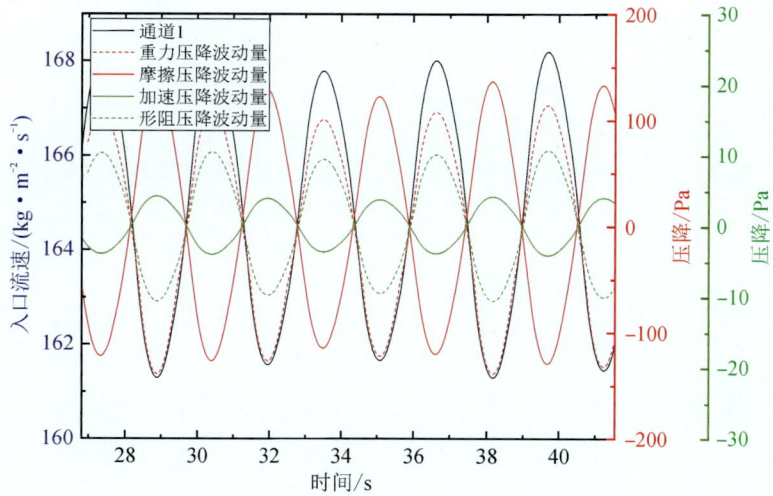

图 7-16　小扰动后各压降成分的波动量

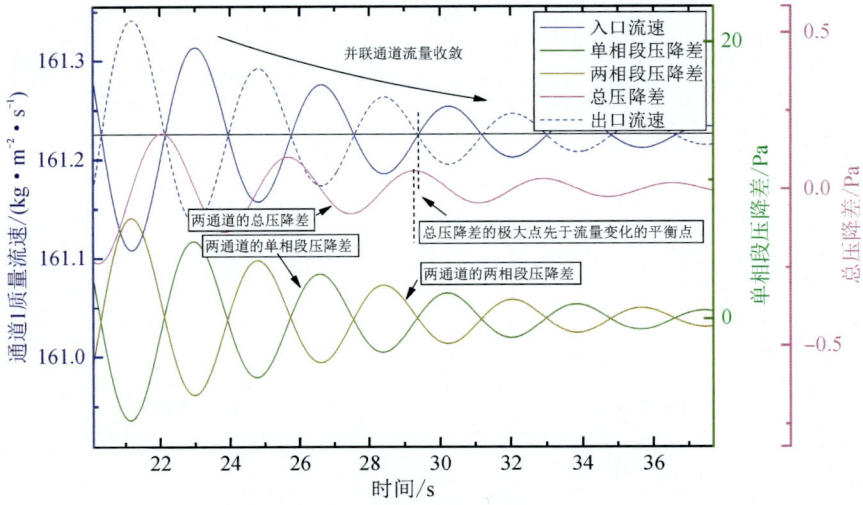

图 7-17　小扰动后并联通道流量收敛情况下各段压降及进出口流量

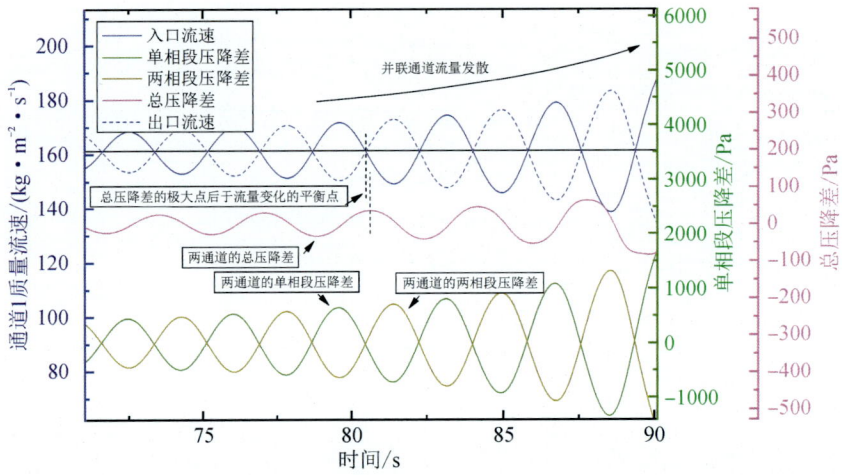

图 7-18　小扰动后并联通道流量发散情况下各段压降及进出口流量

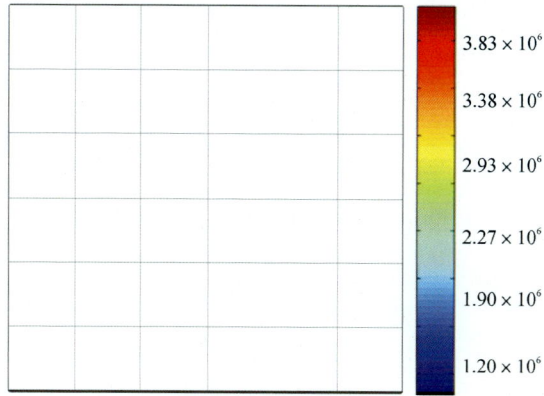

P=15 MPa；T_{in}=480 K；Q=96.04 MW。

(a) 径向功率

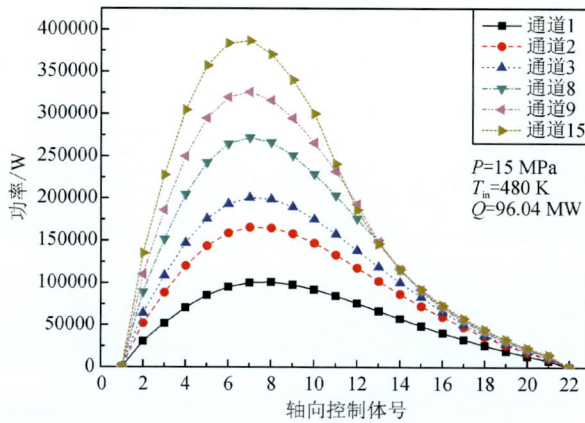

(b) 轴向功率

图 7-25 堆芯径向和轴向功率分布示意图

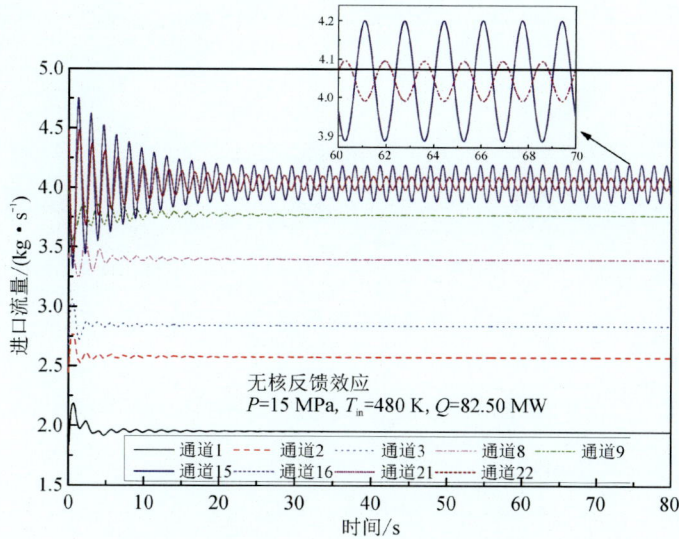

图 7-27 无核反馈效应系统处于临界功率的各类通道的流量脉动曲线

3

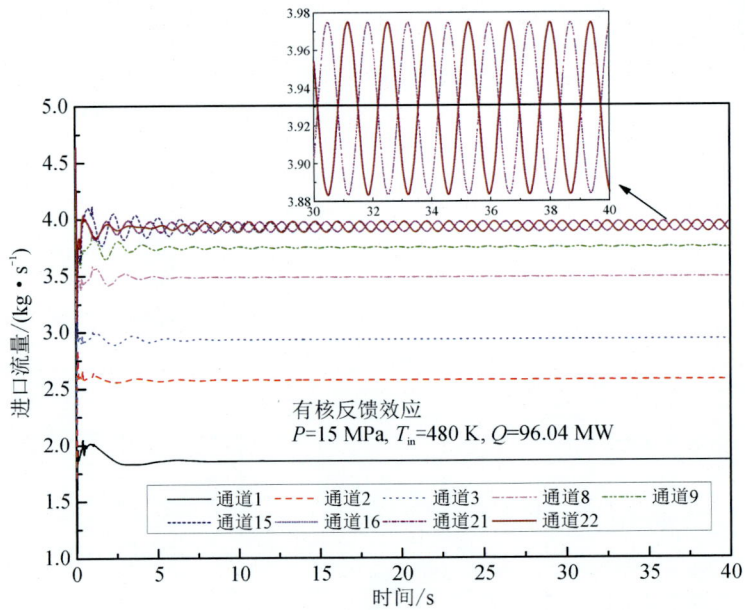

图 7-28　有核反馈效应系统处于临界功率的各类通道流量脉动曲线

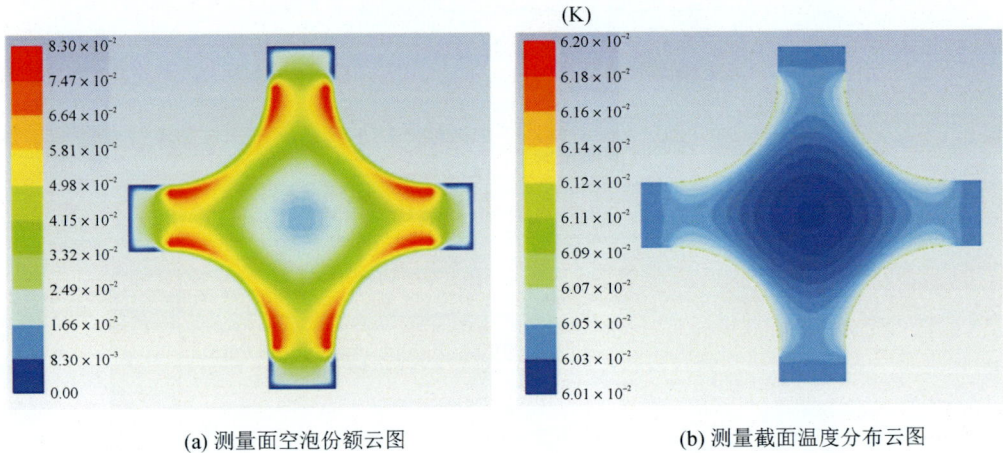

(a) 测量面空泡份额云图

(b) 测量截面温度分布云图

图 12-10　测量面空泡份额、温度分布云图